전기 · 전자 · 통신공학

Electrical Electronic & Communication Engineering

공학박사 나 승 권 저

도서출판 상 학 당

欲爲大者 當爲人役

크고자 하거든 남을 섬기라

이 책을 내면서

우리는 서점에 가면 수많은 전기와 전자, 그리고 통신에 관련된 책을 접하게 된다. 그러나 이러한 학문들은 너무 포괄적이어서 특정한 기기들을 다루는 데에 직접적인 도움은 되지 않는다. 그래서 전기이론, 전자공학, OP-Amp, 디지털, 전기 · 전자계측, 정보통신들을 내용에 포함시켜 전기 · 전자 · 통신적 내용들과 기계적 내용들로 구성된 책을 집필하게 되었으며, 전기적인 것과 전자적 정보와 통신에 관련된 정보를 기초적으로 나열하였다. 특히 우리는 전기적인 법칙들을 잘 이해하고 이를 실상에 적용할 수 있어야 한다.

전기의 기초적 지식들과 전자회로를 초보자도 이해할 수 있도록 다음과 같이 서술하였다.

제1장은 전기회로로서 전기의 기초적인 지식을 습득할 수 있도록 하였다.

제2장에서는 반도체, 다이오드, 트랜지스터 등의 전자회로에 대해 서술하였다.

제3장에서는 OP-Amp 회로에 대해 서술하였다.

제4장에서는 논리회로와 조합회로, 플립플롭 등에 관한 디지털 회로에 대해 서술하였다.

제5장에서는 전기 · 전자계측에 대해 서술하였다.

제6장에서는 정보통신에 대해 서술하였다.

제7장에서는 각 장에 서술된 부분들에 대한 공학적 정리와 기초적인 지식 및 사용법 그리고 실물의 사진들을 나타내었다.

끝으로 전기 · 전자 · 통신을 전공하는 이들에게 진정으로 학습에 도움이 되는 책이 되길 바라며, 집필 중 많은 고심에도 불구하고 손길이 미치지 못한 곳은 계속적으로 보완할 것이다.

마지막으로 출판과정에 도움을 주신 도서출판 상학당 남승우 사장님과 이 책에 관심과 애정을 주신 모든 분들께 감사의 말씀을 전한다.

공학박사 나 승 권 씀

이 책의 차례

제1장 전기회로(Electrical Circuits)

제2장 전자회로(Electronic Circuit)

제3장 OP-Amp 회로(OP-Amp Circuit)

제 4 장 디지털 회로 (Digital Circuit)

제 5 장 전기 · 전자계측 (Electrical · Electronic Instrumentation)

제6장 정보통신(Information And Communication)

제7장 전기 · 전자공학 정리(Electrical · Electronic Engineering Cleanup)

제1장 전기회로(Electrical Circuits)

01 전기(Electricity)

전기의 발견은 인류발전의 모체가 되었고, 또한 현대사회에서 전기가 미치는 영향은 그 범위를 헤아릴 수 없다. 집이나 학교, 사무실에 전기가 없어 암흑같다면 어떻게 될 것인가? 가끔씩 일어나는 정전에도 우리들의 일상생활이 마비된다.

그러므로 전기를 공기나 물에 비교해도 큰 무리는 없을 정도이다. 우리가 매일 접하고 우리 생활에 없어서는 안 될 소중한 전기가 무엇이며, 어떻게 해서 발생하는지, 어떠한 특성을 가지고 있는가에 대해서 명확하게 알고 있는 사람은 그리 많지 않다. 또한, 전기의 발생 및 특성과 더불어 우리 생활에 어떻게 이용되고 있는지에 대해서도 많은 사람들은 무심코 지나쳐 버린다. 우리들의 일상생활에 유용하게 쓰이는 전자제품은 전기적 에너지를 바탕으로 하여 전자를 응용하여 사용하는 것이다.

그렇다면 전자란 무엇인가? 우리 생활에 꼭 필요한 TV, 냉장고, 컴퓨터 등은 전기의 전자적 특성을 가지고 만들어졌다. 이것들은 전기와 어떻게 융화되어 사용되고 있는 것인가?

우리는 이러한 궁금증들을 해결하기 위해 전기·전자·통신공학개론을 통해 전기와 전자를 명확하게 이해하며, 전기·전자에 대한 실습으로 전기·전자·통신을 공부하는데 보다 깊이 있는 지식을 알기 위한 밑거름을 쌓을 수 있을 것이다. 전기와 전자의 근원 및 특성과 물질과 전기 사이의 관계, 즉 물질이 가지고 있는 전기적 성질과 물질 사이에 일어나는 전기의 발생에 따른 현상을 알아본다.

1. 전기의 역사

(1) 기원전 600년경 : 그리스의 철학자 탈레스

① 모피로 호박(Amber)을 문질렀을 때 그 호박이 먼지나 깃털 등과 같이 가벼운 물질들을 끌어당긴다는 현상(마찰전기)을 발견하였다.

② 전기(Electricity) 발견의 시초로 전기와 자기를 알아내고 그것에 관한 연구를 처음 시작하였다.

탈레스(Thales)

(2) 1544~1603년 : A.P. 영국의 길버트

① 자석에 의한 자기현상에 관하여 조직적인 연구를 시작하였다.

② 전기현상과 자기현상에 관한 실험을 통해 마찰시 발생하는 전기에는 두 가지 종류가 있다고 주장하였다.

③ 지구 자체가 하나의 큰 자석으로 이루어져 있다는 것을 알아냈으며, 자침이 남북을 가리키는 이유를 과학적인 연구로 설명하였다.

길버트(W. Gilbert)의 자석에 관한 연구

(3) 1600년 : 독일의 게리케

① 서로 다른 두 물체의 마찰에 의하여 마찰전기가 발생한다는 것을 발견(회전시킨 유황공에서 마찰 전기가 대량으로 발생한다는 것을 실험)하였다.

② 실험을 통해 정전기 유도작용을 발견하였다.

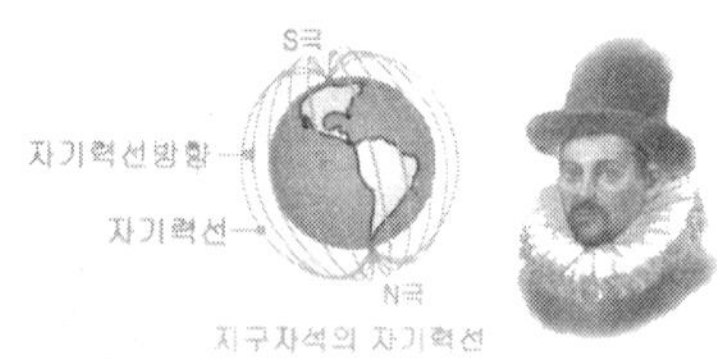

지구자석의 자기력선과 게리케(Guericke)

(4) 1752년 : 미국의 프랭클린

① 건물에 뾰족한 쇠막대를 세우면 벼락으로부터 건축물을 보호할 수 있다고 제안하여 피뢰침을 발명하였다.

② 방전현상을 통해 전하보존법칙을 발견하였다.

③ 마찰에 의한 두 가지의 전하를 양(+)전하와 음(−)전하로 표현하였고 전지, 도체 등의 용어들을 명명하였다.

프랭클린(B. Franklin)과 피뢰침

(5) 1785년 : 프랑스의 쿨롱

① 양(+)전하와 음(−)전하 사이에는 힘이 존재하며 같은 전하 사이에는 반발력, 다른 전하 사이에는 흡인력이 작용한다는 것을 알아냈다.

② 전하 사이에서 쿨롱의 법칙(Coulomb's law)을 발견하였다.

쿨롱(C.A. Coulomb)

(6) 1796년 : 이탈리아의 볼타

① 두 종류 이상의 금속을 서로 접촉시켰을 때 마찰에 의해 전기가 발생하는 것을 증명하고 볼타 전지를 발명하였다.

② 연속적인 전류발생장치인 전원을 제공함으로써 전기의 성질과 전류를 이용하는 연구를 보다 과학적으로 수행하게 되는 계기를 만들었다.

볼타(A. Volta)와 볼타 전지

(7) 1820년 : 덴마크의 외르스테드

① 전류가 흐르는 도선 주위에 나침반을 접근시키면 전류의 흐름에 의해 나침반의 바늘이 움직인다는 것을 발견하였다.

② 전동기의 원리인 전기에 의해서 자기가 형성되는 것을 발견하였다.

외르스테드(H.C. Oersted)

(8) 1820년 : 프랑스의 앙페르

① 외르스테드의 발견을 통해 전류와 자기 사이의 관계를 성립하였다.

② 원통형의 절연물에 전선을 나선 모양으로 감은 원동기의 근본이 되는 솔레노이드를 발명하였다.

앙페르(A.M. Ampere)

(9) 1827년 독일의 물리학자 옴

① 전류는 전압에 비례하고 도선에서의 손실은 전압 · 시간 · 길이에 비례하며 접촉물체는 일정한 전압차를 가진다는 옴의 법칙을 도출해냈다.

② 전기회로에서 저항과 전압 및 전류의 관계에 가장 기본이 되는 옴의 법칙(Ohm's law)을 만들었다.

옴(G.S. Ohm)

(10) 1831년 영국의 패러데이

패러데이(M. Faraday)

① 자기에 의해 전기가 생성된다는 사실을 발견하였다.
② 회로 내에 유발되는 기전력의 크기는 회로를 관통하는 자기력선의 밀도와 같다. 이를 통해 발전기와 변압기의 원리가 되는 전자유도작용을 발견하였다.
③ 전기분해에 의해서 전극에 석출되는 물질의 양은 용액을 통과한 전기량과 물질의 화학당량에 비례한다는 것을 발견하였다.

(11) 1842년 영국의 줄

줄(P. Joule)

열과 전류의 관계(전류가 흐르면 열이 발생함)를 증명하여 줄[J]의 법칙을 만들었다.

(12) 1849년 독일의 키르히호프

키르히호프(Kirchhoff)

전기회로 해석에 관한 키르히호프의 법칙(Kirchhoff's law : 전류법칙, 전압법칙)을 발견하였다.

(13) 1864년 영국의 맥스웰

맥스웰(J.C. Maxwell)

① 기존의 전기 및 자기현상의 연구자료들을 통합 정리하여 맥스웰의 방정식이라고 하는 전자기학의 일반이론을 정립하였다.
② 전자기파의 존재를 예측(1888년 헤르츠에 의해서 실험적으로 실존한다는 것을 확인)하였다.

(14) 1883년 미국의 에디슨

에디슨(Edison)

① 1879년에 필라멘트가 전자를 방출하는 것을 발견하여 백열전구를 발명하였다.
② 최초의 발전소를 세워 전력을 공급하였다.

(15) 1888년 독일의 헤르츠

① 전파발생에 관한 실험을 최초로 실시하였다.
② 맥스웰의 '전자기파 존재 예언'을 증명하였고, 라디오 전파의 송·수신을 실험하였다.
③ 주파수의 단위로 헤르츠 [Hz]를 사용하였다.

헤르츠(H.R. Hertz)

(16) 1901년 이딜리아의 마르코니

① 대서양을 횡단하는 라디오 신호의 전송을 성공시켰다.
② 무선통신의 시대를 열어 주었다.

마르코니(G. Marconi)

(17) 1904년 미국의 플레밍

2극 진공관을 발명하였다.

플레밍(J. Fleming)

(18) 1907년 미국의 드 포레스트

① 신호를 증폭할 수 있는 3극 진공관 증폭기와 발신기를 발명하였다.
② 전자시대의 시작을 열어주었다.

진공관과 드 포레스트(Lee de Forest)

(19) 1916년 독일의 쇼트키

4극 진공관을 발명하였다.

진공관과 쇼트키(W. Schottky)

(20) 1947년 미국의 바딘, 브라텐, 쇼클리

① 트랜지스터를 발명하여 보급시켰다.

② 반도체 사용으로 전자시대를 개척하였다.

바딘(J. Bardeen)

브라텐(W. Brattain)

쇼클리(W. Shockly)

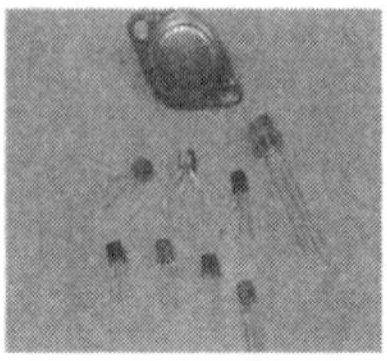
트랜지스터

(21) 1958년 집적회로 IC의 탄생

DIP-8핀

DIP-16핀

SSIP-10핀

TO-126

(22) 1971년 호프(인텔의 수석 디자이너)

마이크로프로세서를 발명하였다.

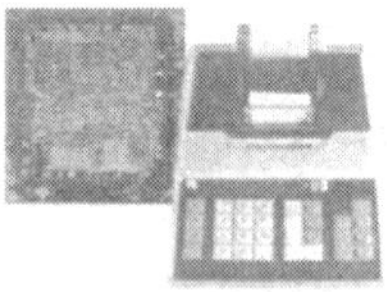
호프(T. Hoff)와 최초의 마이크로프로세서

표 1-1 ◦ 전기전자 발명 연도 및 업적

연구 분야	국적	인 명	연도	업 적
호박과 자석	그리스	탈레스	B.C.600	정전기 발견
자기 · 정전기	영국	길버트	1600년	자기의 연구
	미국	프랭클린	1784년	피뢰침 발명
	이탈리아	갈바니	1791년	'동물전기' 발견
	이탈리아	볼타	1800년	전지발명
	덴마크	외르스테드	1820년	전류에 의한 자기 발견
	프랑스	앙페르	1820년	전류에 의한 자기이론 성립
	독일	옴	1826년	전기저항에 관한 법칙 발견
	영국	패러데이	1831년	전자유도현상 발견
	독일	키르히호프	1849년	전기회로 해석법 발견
유선통신	영국	쿡, 휘트스톤	1837년	5침식 전신기 발명
	미국	모스	1837년	모스 전신기 발명
	영국	영국 해협해저전신회사	1845년	해저케이블 부설
	미국	벨, 그레이	1876년	전화발명
	미국	스트로저	1891년	자동교환기 발명
무선통신	독일	헤르츠	1888년	최초의 전파발생실험
	이탈리아	마르코니	1895년	무선전신 발명
	미국	알렉센드슨	1906년	무선전화 발명
	미국	페센덴	1913년	헤테로다인 수신기 발명
전지	영국	다니엘	1836년	1차전지 개발
	프랑스	프란데	1859년	2차전지 발명
	영국	글로브	1939년	연료전지 발명
	미국	샤핀	1954년	실리콘 태양전지 발명
조명	영국	데이븐	1815년	아크등의 원리인 아크방전 발견
	미국	에디슨	1879년	백열전구 발명
	미국	휴잇	1902년	방전램프 발명
전력기기	프랑스	빅시	1832년	발전기 발명
	러시아	야코비	1834년	직류 전동기 시험 · 제작
	영국	깁스	1882년	변압기 발명
전자회로소자	미국	플레밍	1904년	2극 진공관 발명
	미국	드 포레스트	1907년	3극 진공관 발명
	미국	바딘, 브라텐, 쇼클리	1948년	트랜지스터 발명

2. 물질과 전기

오래 전부터 전기의 근원에 대해 수많은 학자들이 연구하여 왔으며, 전기의 본질에 대해 다음과 같이 규명하였다. 모든 물질은 아주 작은 분자 또는 원자의 집합으로 구성되어 있는데, 이들 원자는 그림 1-1과 같이 태양을 따라 지구가 돌고 있는 것과 같이 양(+)전기를 가진 원자핵(atomic nucleus)과 그 주위를 돌고 있는 음(−)전기를 가진 전자(electron)라는 미립자로 구성되어 있고, 원자핵의 구조나 원자핵을 둘러싸고 있는 전자의 수에 따라 다른 종류의 원자가 된다.

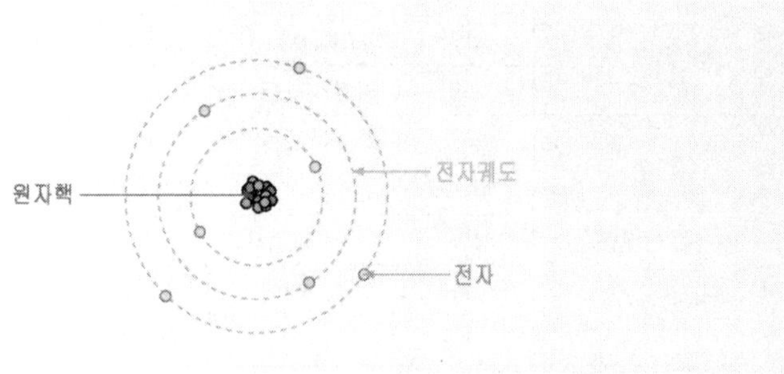

그림 1-1 ◦ 원자의 구조

또한 원자핵을 중심으로 그림 1-2와 같이 여러 개의 전자가 한 원자핵 주위에 동심원을 그리며, 일정한 궤도를 이루며 돌고 있는데 많은 물질 중에서 수소원자는 가장 간단한 결합을 하고 있으며, 원자핵과 1개의 전자로 이루어져 있다. 이러한 수소의 원자핵을 양성자(proton)라고 한다.

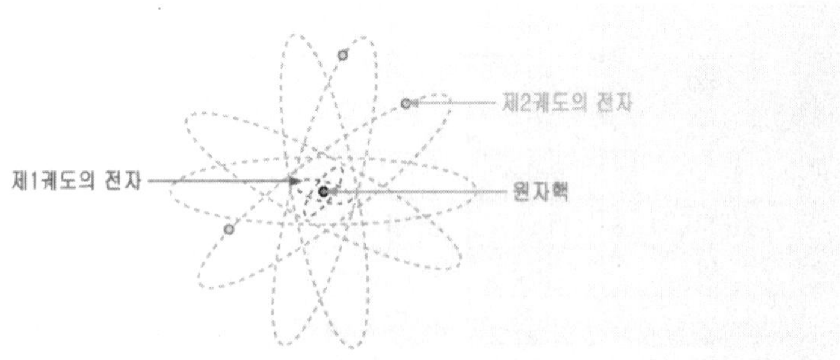

그림 1-2 ◦ 보어의 원자 모델

수소원자의 에너지 준위는 그림 1-3과 같이 가장 안정적이려면 가장 안쪽 껍질에 위치해야 하는데 이것을 바닥상태라고 한다. 바닥상태에서 에너지를 받게 되면 그 위의 껍질들로 이동할 수 있게 되는데 이동한 상태는 불안정한 상태이기 때문에 들뜬상태라고 하며, 언제든지 에너지를 방출하고 원래의 위치로 되돌아갈 수 있다.

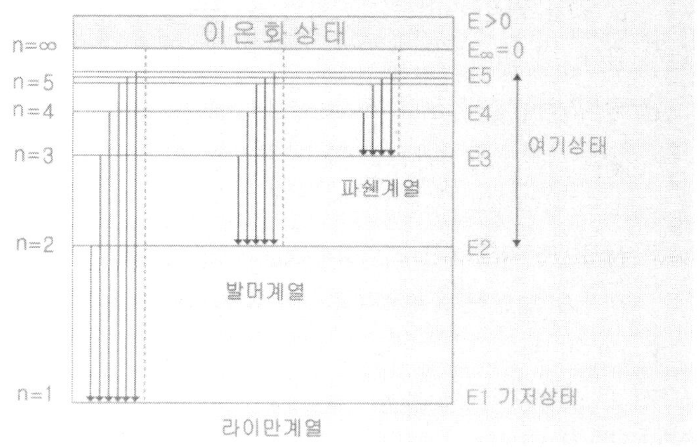

그림 1-3 • 수소원자의 에너지 준위

라이만, 발머, 파쉔 계열은 원자의 역학적 에너지의 위치 에너지를 나타낸 것으로 이온화 상태가 높을수록 에너지가 크고 위험한 상태가 된다. 그리고 전자가 에너지를 아주 많이 받게 되어 수소의 전자껍질을 완전히 벗어나는 현상을 이온화라고 한다. 많은 물질들의 원자의 구조는 수소처럼 간단히 이루어지지 않으며, 원자핵의 바깥쪽 궤도를 돌고 있는 전자와 같은 수의 양전기를 가진 양성자와 전기적으로 중성인 중성자(neutron)로 이루어져 있다. 물질의 기본구조는 그림 1-4와 같다.

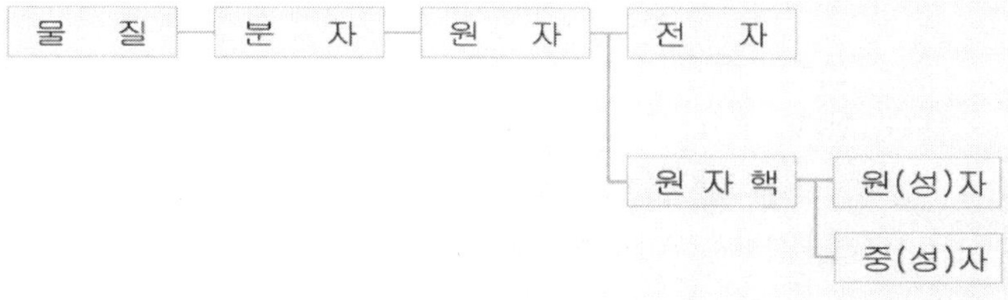

그림 1-4 • 물질의 기본구조

① 각 물질을 이루는 작은 알갱이를 분자라 한다.

② 분자를 이루는 작은 알갱이를 원자라 하고 3개의 소립자(전자, 양성자, 중성자)로 되어 있다.

③ 양성자는 최소량의 (+)전기를 가지고 있는 미립자이고 전자는 최소량의 음(−)전기를 가지고 빛의 속도 1/10 정도의 빠른 속도로 핵의 주위를 돌고 있는 미립자이다.

④ 양성자와 거의 같은 질량이지만 전기를 가지고 있지 않은 미립자를 중성자라 한다.

⑤ 제3의 힘 혹은 원자 핵력으로 알려진 힘에 의하여 양성자와 중성자가 결합되어 있

는 것을 **원자핵**이라 하고 핵의 직경은 10^{-12}[cm]이고, 원자무게의 대부분을 차지한다.

⑥ 양성자는 양(+) 전기, 전자는 음(−) 전기를 지니고 있으며, 같은 종류의 전기적 성질을 가진 것들은 서로 밀어내려 하고, 다른 종류의 전기적 성질을 가진 것들은 서로 끌어당기려는 성질을 가진다.

⑦ 전자의 질량은 매우 적으며 9.10956×10^{-31}[kg]이고, 양성자는 전자보다는 매우 무거운 1.67261×10^{-27}[kg]으로 질량은 전자의 약 1840배이다.

⑧ 1개의 전자와 양성자가 가지고 있는 전기량의 절대값은 같으며 1.60219×10^{-19}[C]값을 가진다(표 1-2 참조). 모든 물질들은 같은 수의 전자와 양성자를 가지고 있으므로, 서로 중화되어 외부에는 전기적 성질을 나타내지 않는 중성상태로 존재한다.

표 1-2 ◦ 양성자 · 중성자 · 전자의 비교

입 자	전하량	질 량
양성자	$+1.60219 \times 10^{-19}$[C]	1.67261×10^{-27}[kg]
중성자	0[C]	1.67491×10^{-27}[kg]
전자	-1.60219×10^{-19}[C]	9.10956×10^{-31}[kg]

㉠ 금속의 경우 : 원자핵을 중심으로 돌고 있는 전자들 중에서 가장 바깥쪽 궤도를 돌고 있는 전자는 원자핵과의 결합력이 약하므로, 전자는 외부의 자극에 의하여 원자핵을 떠나서 물질 안에서 자유로이 움직이는 성질을 가지게 된다. 이와 같은 전자를 **자유전자**(free electron) 또는 **전도전자**(conduction electron)라고 한다. 전기의 여러 가지 현상은 일반적으로 **자유전자 이동의 증감에 따른 것이며, 온도가 상승하면 물질 안의 자유전자의 운동은 활성화된다.**

㉡ 전자각 : 전자들이 취하는 에너지 상태를 간단히 구별하기 위해서 원자핵을 중심으로 **전자들이 이루는 여러 층의 껍질**이며 이 껍질들을 **전자껍질**이라 한다. 핵으로부터 거리가 증가함에 따라 K, L, M, N, O, P, Q라고 기호가 붙어져 있다.

㉢ 원자번호 : 원소를 원자핵의 양성자수가 증가하는 순으로 배열한 **주기율표상의 화학원소의 번호**이며, 원자에서 **양성자수는 전자수와 같으며** 이것이 원자번호이며, 표 1-3은 원자들의 배열순이다.

표 1-3 ◦ 원자번호순 원자배열

원 자	원자번호	K	L		M	
		1s	2s 2p		3s 3p 3d	
H(수소)	1	1				
He(헬륨)	2	2				
Li(리튬)	3	2	1			
Be(베릴륨)	4	2	2			
B(붕소)	5	2	2	1		
C(탄소)	6	2	2	2		
N(질소)	7	2	2	3		
O(산소)	8	2	2	4		
F(플루오린)	9	2	2	5		
Ne(네온)	10	2	2	6		
Na(나트륨)	11	2	2	6	1	
Mg(마그네슘)	12	2	2	6	2	
Al(알루미늄)	13	2	2	6	2	1
Si(규소)	14	2	2	6	2	2
P(인)	15	2	2	6	2	3
S(황)	16	2	2	6	2	4
Cl(염소)	17	2	2	6	2	5
Ar(아르곤)	18	2	2	6	2	6

3. 원자 내의 전자배열과 파울리의 배타율

양자이론에 의하면 원자 및 고체 내에서 전자는 4개의 양자수(주양자수 [n], 방위양자수 [l], 자기양자수 [m], 스핀양자수 [s])에 의하여 궤도전자에 허용된 양자상태를 나타나며 이는 표 1-4와 같다.

[참고] 전자배열의 예

전자배열수는 $2 \times n^2$이다. 여기서 n은 주양자 수이고 전자껍질을 말한다.

$K, L, M, N, \cdots$(주양자수 1, 2, 3, 4, …)순으로 전자껍질을 나타낸다.

산소의 경우 그림과 같이 $K=2$, $L=6$개의 전자가 배치되며 최외각에 들어 갈 수 있는 최대 전자수 8에 2가 부족하므로 2가 원소라 한다.

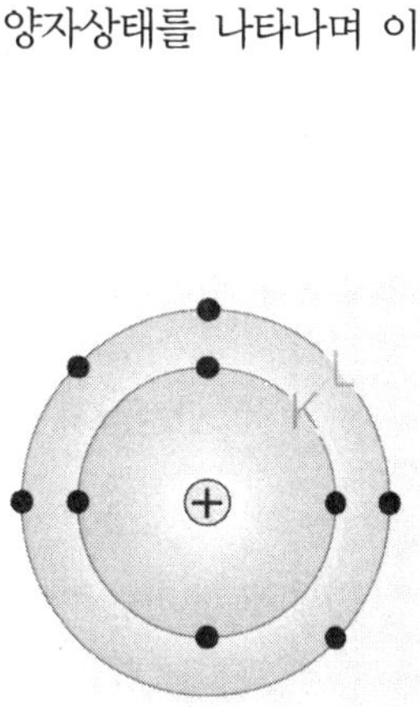

표 1-4 • 전자각과 양자상태

<table>
<tr><th rowspan="2">각</th><th colspan="4">양자수</th><th rowspan="2">양자상태 명칭</th><th colspan="2">양자상태의 수효</th></tr>
<tr><th>주양자수</th><th>방위양자수</th><th>자기양자수</th><th>스핀양자수</th><th colspan="2">전자의 총수</th></tr>
<tr><td></td><td>n</td><td>l</td><td>m</td><td>s</td><td></td><td colspan="2">T</td></tr>
<tr><td>K</td><td>1</td><td>0</td><td>0</td><td>±1/2</td><td>1s</td><td>2</td><td>2</td></tr>
<tr><td rowspan="4">L</td><td rowspan="4">2</td><td>0</td><td>0</td><td>±1/2</td><td>2s</td><td>2</td><td rowspan="4">8</td></tr>
<tr><td rowspan="3">1</td><td>+1</td><td rowspan="3">±1/2</td><td rowspan="3">2p</td><td rowspan="3">6</td></tr>
<tr><td>0</td></tr>
<tr><td>−1</td></tr>
<tr><td rowspan="9">M</td><td rowspan="9">3</td><td>0</td><td>0</td><td>±1/2</td><td>3s</td><td>2</td><td rowspan="9">18</td></tr>
<tr><td rowspan="3">1</td><td>+1</td><td rowspan="3">±1/2</td><td rowspan="3">3p</td><td rowspan="3">6</td></tr>
<tr><td>0</td></tr>
<tr><td>−1</td></tr>
<tr><td rowspan="5">2</td><td>+2</td><td rowspan="5">±1/2</td><td rowspan="5">3d</td><td rowspan="5">10</td></tr>
<tr><td>+1</td></tr>
<tr><td>0</td></tr>
<tr><td>−1</td></tr>
<tr><td>−2</td></tr>
</table>

(1) 주양자수 : n

주양자수(principal quantum number) n : 0이 아닌 양의 정수(n=1, 2, 3, 4, …)로 전자의 에너지 상태와 궤도의 반지름(타원인 경우에는 장축)을 결정한다.

(2) 방위양자수 : l

방위양자수(orbital quantum number) l : 0, 또는 n−1보다 작은 양의 정수 ($0 \leq l \leq n-1$)로 전자의 각운동량을 결정해 주는 양자수로서 전자의 에너지는 l값에 따라 약간의 차이를 나타낸다. 방위양자수는 각운동양자수라고도 한다.

(3) 자기양자수 : m

자기양자수(magnetic quantum number) m : 0, 또는 양, 음의 정수이며 방위양자수 l값에 의하여 제한되며, 그 범위는 $-l \leq m \leq +l$로 주어진다. 자기양자수 m은 자장방향에 대한 전자 궤도면의 기울기를 규정한 것으로 각운동량의 자장방향 성분이 $h/2\pi$의 정수배와 같다는 방위양자화 조건에 의하여 결정되며 전자의 에너지는 m의 값에 따라 극히 적은 차이를 나타낸다.

(4) 스핀양자수 : s

스핀양자수(spin quantum number) s : −1/2 또는 +1/2의 두 가지 값만을 가진다. 스핀양자수 s는 전자가 외부자장의 방향을 축으로 하여 시계방향 또는 반시계 방향으로 궤도전자가 자전하는 것을 나타낸다. 헬륨(He) 이외의 원자들은 최외각에 8개의 전자를 가지면 화학적으로 안정하며 이것을 옥텟(octet)이라고 한다.

4. 전기의 발생

물질은 보통 중성상태이며, 원자는 양전기를 가지고 있는 원자핵과 음전기를 가지고 있는 전자가 견고하게 결합하고 있어 중성상태가 유지된다.

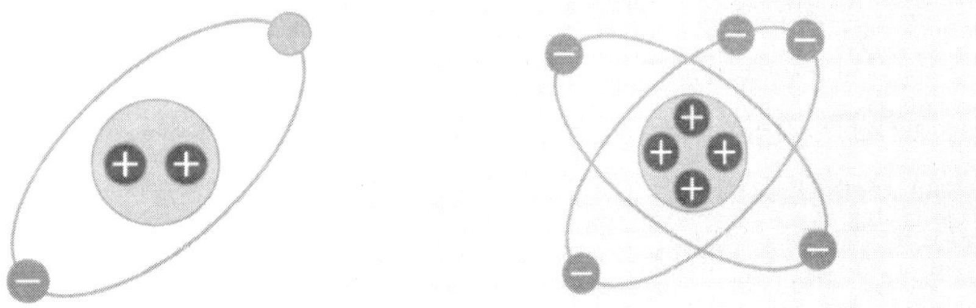

(a) 양(+) 전기적 성질　　　(b) 음(−) 전기적 성질

그림 1-5 ◦ 자유전자

물질 내부의 자유전자는 쉽게 원자핵의 구속력을 이탈할 수 있으므로, 내·외 자극에 의해 그림 1-5(a)와 같이 자유전자가 물질 밖으로 이동하면 물질 속에서는 양전기가 음전기보다 많아지게 되어 물질은 양전기적 성질을 가지게 된다. 또한 그림 1-5(b)와 같이 외부로부터 자유전자가 들어오게 되면 양전기보다 음전기가 많아져서 음전기적 성질을 가진다. 즉 물질이 여분의 양전기나 음전기를 가지게 된 것을 양(+) 또는 음(−)으로 대전되었다고 한다.

5. 전하와 전기량

잘 건조시킨 유리막대를 그림 1-6과 같이 명주헝겊으로 문지를 경우 이 유리막대와 헝겊은 모두 작은 종이조각이나 먼지 등의 가벼운 물체를 끌어당기는 성질이 있는데 이러한 현상을 전기라 한다. 이러한 전기현상은 마찰에 의하여 각각에 마찰전기가 일어났기 때문인데, 즉 유리막대 또는 명주헝겊과 같이 물체에 전기를 띠는 현상을 대전(electrification)이라 하고, 대전된 물체를 대전체(electrified body)라고 한다. 대전에 의해 유리막대와 명주헝

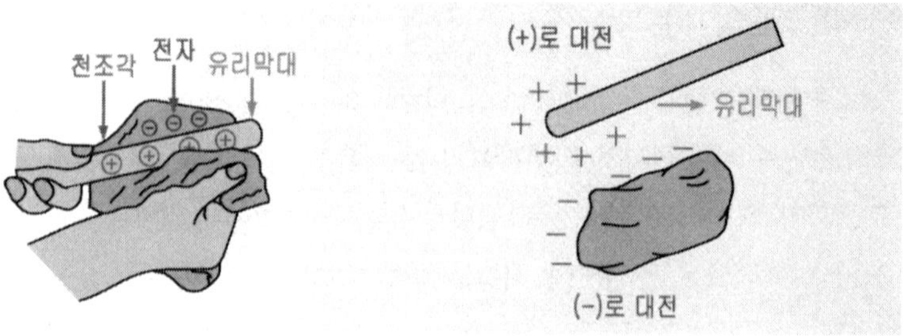

그림 1-6 ◦ 대 전

겊이 가진 전기를 전하(electric charge)라 하는데 유리막대는 정 또는 양(+)전하, 명주헝겊은 부 또는 음(−)전하라고 한다.

같은 종류의 전하는 서로 밀어내고, 다른 종류의 전하는 서로 끌어당기는 성질을 가지고 있으며, 어떤 물체가 대전하였을 때 대전된 물체가 가지고 있는 전하의 양을 전기량이라고 하며 기호는 Q, 단위는 [C](Coulomb)을 사용한다. 전자 한 개는 1.602×10^{-19}[C]의 (−) 전기량을 가지고 있으며, 1[C]의 전기량은 6.24×10^{18}개의 전자가 갖는 전기량이다. 식 (1-1)과 같다.

$$\frac{1}{1.602\times10^{-19}[\mathrm{C}]} \fallingdotseq 6.25\times10^{18}[\text{개}]\text{의 전자} \tag{1-1}$$

6. 도 체

어떤 물질에서 전자가 원자와 원자 사이를 자유롭게 이동하여 전기를 잘 통하게 하는 물체를 '도체'라 하고 일반적으로 모든 금속은 양호한 도체로 전기의 흐름을 방해하는 성질이 매우 작다.

우리가 도체를 사용하는 목적은 저항을 최소한 줄여 전류를 많이 흐르게 하기 위해서다. 많은 도체 중에서 금과 은이 전기를 가장 잘 흐르고, 그 다음으로 구리가 잘 흐른다. 금과 은이 전류가 가장 잘 흐르지만 구리가 금이나 은에 비하여 경제성 때문에 구리선이 많이 사용되고 있다.

7. 절연체

전자가 자신의 궤도 안에 머물러 있으려는 성질이 강해 내·외부의 자극을 가해도 전하의 이동이 어려워 전기를 쉽게 흐르지 않으려고 하는 성질을 가진 물체를 절연체 또는 부도체라고 하며 전류의 흐름을 방해할 필요가 있을 때 사용된다. 도체에 비해 전하를 저장하려는 특성을 가지고 있으며, 유리, 플라스틱, 고무, 종이, 운모와 같은 절연물질을 유전체(dielectrics)라고 한다. 유리, 에보나이트, 다이아몬드, 고무 등은 전류를, 솜, 석면, 재 등은 열의 흐름을 방해하거나 차단한다.

전기적 절연체(insulator)를 보통 부도체 물질로 생각할 수 있지만, 그것보다는 전도도가 나쁜 물체 혹은 전류에 대한 강한 저항을 갖고 있는 물체이다. 또한 절연성과 전도성 물체들은 비저항이라는 물질상수로 서로 비교가능하다. 콘덴서와 같이 전하를 저장할 때에는 유전체를 사용한다.

8. 반도체

전기전도도가 도체와 절연체의 중간 정도인 반도체(semiconductor) 결정형 고체이며, 이러한 물질들을 화학적으로 처리함으로써 전류를 흐르게 할 수도 있고 전류의 흐름을 조절할 수도 있기 때문에 다이오드 · 트랜지스터 · 집적회로 등의 다양한 전자소자를 만드는 데 쓰인다.

9. 물질의 저항률

도체에 전류가 잘 흐르기 쉬운 물질을 도전율 또는 전도율(conductivity)이라고 하며, 반대로 전류가 흐르는 것을 방해하는 성질을 가진 재료를 전기저항 또는 저항이라고 한다. 즉, 저항이란 전류의 흐름을 방해하는 성질이다.

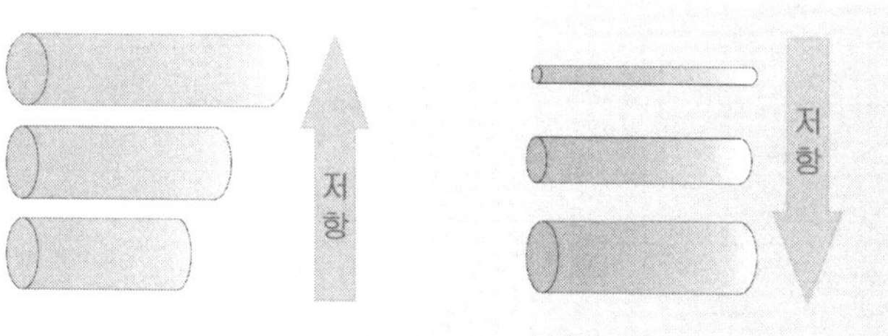

그림 1-7 ◦ 길이, 단면적과 저항의 관계

그림 1-7과 같이 전기저항은 도체의 길이 l[m]에 비례하고, 도체의 단면적 $A[\mathrm{m}^2]$에 반비례하며, 저항의 기호는 R, 단위는 [Ω](Ohm)이며, 식 (1-2)와 같다.

$$R = \rho \frac{l}{A} [\Omega] \tag{1-2}$$

여기에서 ρ(rho)는 물질의 고유저항으로 저항률(resistivity)이고, 단위는 옴[Ω]이며 도체의 재질에 따라 고유저항값을 가지는 비례상수이다.

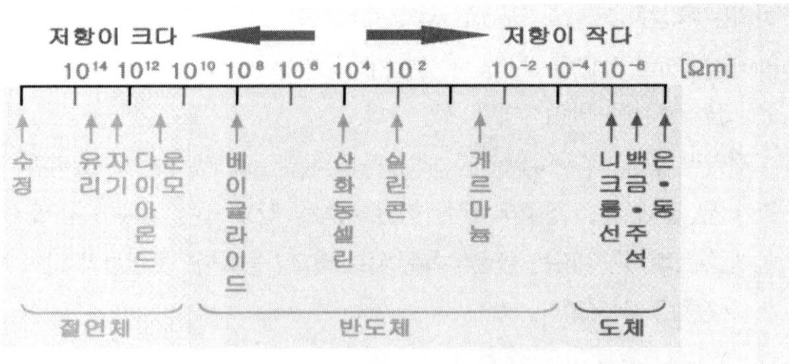

그림 1-8 ◦ 여러 가지 물질의 저항

저항률 ρ의 역수를 도전율이라 하고 기호는 σ1), 단위는 [℧](mho), [℧/m]이며 전선의 도전율에는 [%] 도전율이 있다.

금속의 저항률이 낮은(전도율이 높은) 것부터 순서대로 나열하면 은, 구리, 금, 크롬, 알루미늄, 니켈, 철, 납, 수은 등의 순으로 그림 1-8과 같다.

또한, 표 1-5와 같이 도체 중에서 금속은 온도가 높아지면 저항률이 증가하지만 이와는 반대로 탄소나 반도체에서는 저항률이 감소하는 부(−)의 온도계수를 갖는다.

표 1-5 ◦ 여러 가지 물질의 고유저항

물 질	전도율[%] (20[℃])	고유저항 (ρ[$\mu\Omega$ · cm])	온도계수 (20[℃])
니크롬 1	1.57	109.0	0.00019
니크롬 2	1.54	112.0	0.000172
은	109	1.585	0.00405
순니켈	23.1	7.500	0.0054
순알루미늄	63.3	2.733	0.0042
아연도금 철선	13	13.262	−
경동선	97	1.7774	0.00381
순동	100	1.7241	0.00393

1) $\sigma = \dfrac{1}{\rho[\Omega \cdot \mathrm{m}]} = \dfrac{1}{\rho}[℧/\mathrm{m}]$ Siemens : 전도도의 단위이다. MKS 단위 1[S]=1/[Ω]=1皮, 皮/[m], [s/m]이다.

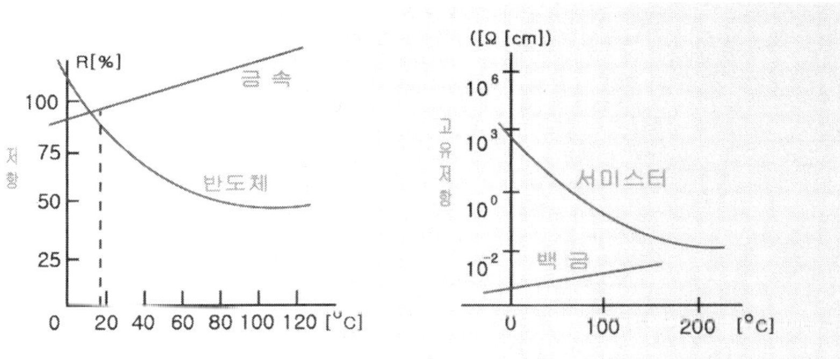

(a) 저항 - 온도특성 (b) 서미스터의 저항 - 온도특성

그림 1-9 반도체의 온도계수

그림 1-9(a) 반도체의 온도계수는 (−)부의 특성을 갖는다. 반도체를 이용하는 컴퓨터의 부품 등은 온도 증가를 방치하면 과전류로 인하여 부품의 손상을 가져오므로 냉각장치를 가지고 있다. 그림 (b) 서미스터는 Thermal+Resistor의 합성어로 온도에 민감한 저항이다. 온도를 감지하는 장치, 기기 등에 사용된다.

02 전류 · 전압과 저항(Current · Voltage And Resistance)

1. 전 류

양전하를 가진 물질 A와 음전하를 가진 물질 B를 금속선으로 그림과 같이 결선하면 두 전하 사이의 흡입력에 의하여 B의 음전하(자유전자)는 A의 양극에 끌려 이동하게 되며 서로 결합해 부분적으로 중화된다. 즉 B로부터 A방향으로 전자가 이동하는 것을 도선에 전류(current)가 흘렀다고 한다. 전류의 흐름은 일반적으로 양전하가 이동하는 방향이며, 전자가 이동하는 방향은 전류의 흐름과 반대방향이다.

전류의 기호는 I 로 나타내며 단위로는 [A](Ampere)를 사용한다. 전류의 크기는 어떤 단면적을 단위시간 t [sec] 동안에 Q [C]의 전하가 이동할 때 통과하는 전하의 양으로 정의하며, 전류 I는 식 (1-3)과 같다.

$$I = \frac{Q}{t}\,[\mathrm{A}], \qquad i = \frac{dq}{dt}\,[\mathrm{A}] = [\mathrm{C/S}] \tag{1-3}$$

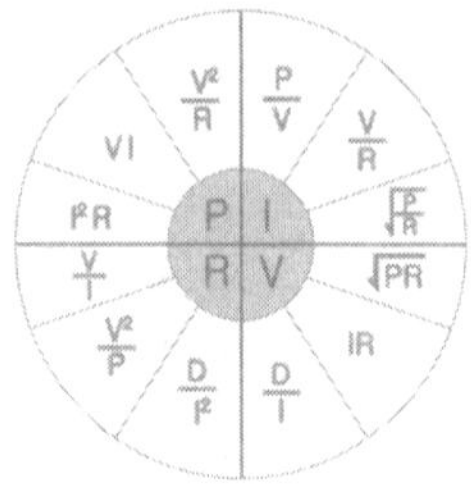

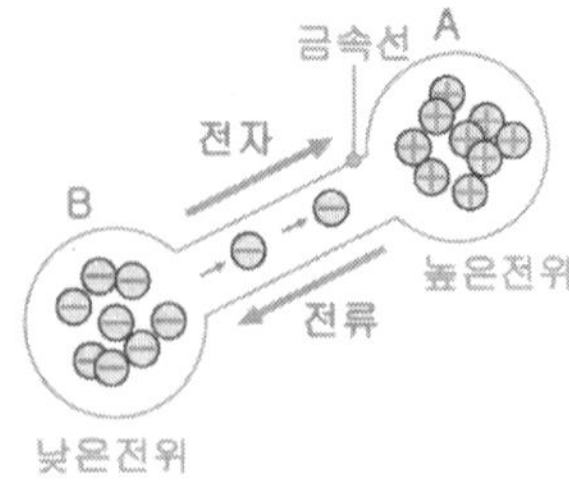

[참고] 형광등을 교류의 주기적인 변화에 따라 점등과 소등을 반복한다. 최근에는 인버터 회로를 이용하여 교류의 주파수를 높여 줌으로써 점등과 소등의 시간간격이 짧아져 사람의 눈으로는 느끼지 못한다.

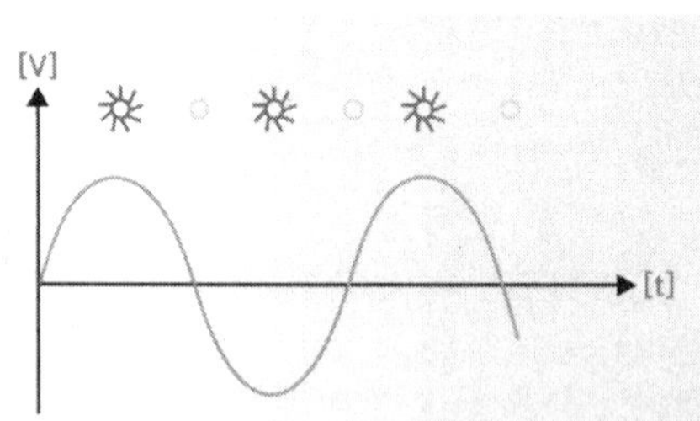

1[A]는 어떤 단면을 1[sec] 동안에 1[C]의 전하가 이동할 때의 전류의 크기이다.

전류는 여러 가지 형태로 분류할 수 있는데 시간에 따라 신호의 **크기**와 **방향**이 변하지 않는 것은 직류이고, 시간에 따라 신호의 **크기**와 **방향**이 주기적으로 바뀌는 것은 교류이다. 직류와 교류의 파형은 그림 1-10과 같다.

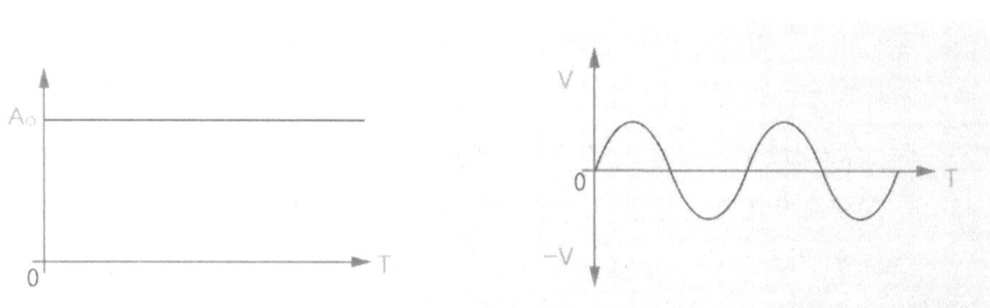

(a) 직류파형 (b) 교류파형

그림 1-10 • 직류와 교류 신호형태

그리고 시간의 경과에 따라 **극성**은 변하지 않고 **크기**만 변하는 것으로 직류성분에 교류성분이 포함된 형태를 **맥류**라고 한다. 그림 1-11과 같이 전류가 도체 내부를 통과하면,

자유전자는 도체 내부에 있는 원자핵과 전자들과 충돌하여 도체에 열을 발생시키며, 전자의 운동으로 인하여 자계가 발생하거나 화학변화를 일으키기도 한다. 이렇듯 전류의 작용에는 발열작용, 자기작용, 화학작용이 있다.

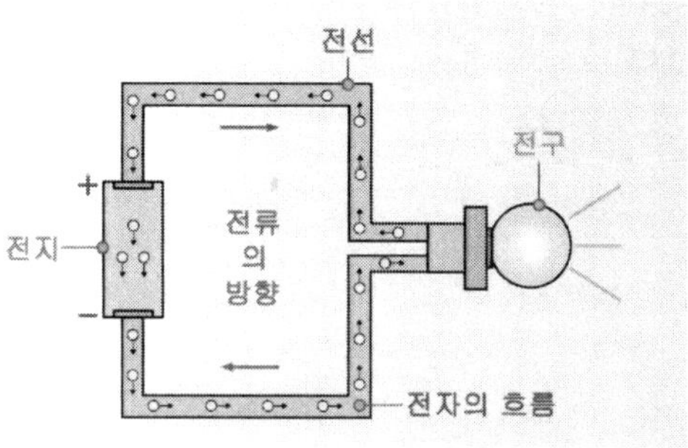

그림 1-11 전하의 흐름과 전류의 방향

① 발열작용 : 저항체에 전류를 흘리면 열이 발생하는데 이러한 발열작용은 빛을 내는 전등, 전열기, 열을 내는 전기다리미와 전기 히터 등이 있다.
② 자기작용 : 전류가 통하고 있는 도체에 자기장이 생기는 현상이며 이러한 자기작용은 전자석, 전동기, 발전기, 스피커 등이 있다.
③ 화학작용 : 전해액에 전류가 흐르면 화학작용이 일어나며 이러한 화학작용은 전기화학공업에 응용된다.

2. 전 압

일반적으로 A점과 B점을 서로 금속선으로 연결하였을 때 그림 1-12와 같이 전하가 A, B 두 점 사이를 이동하게 되면 A와 B 사이에 전류가 흐르게 되고 이 두 점 사이에는 전위차(potential difference), 또는 전압(voltage)이 생긴다. 이러한 경우 전류가 A로부터 B로 흐르는데 A의 전위는 B의 전위보다 높다고 한다.

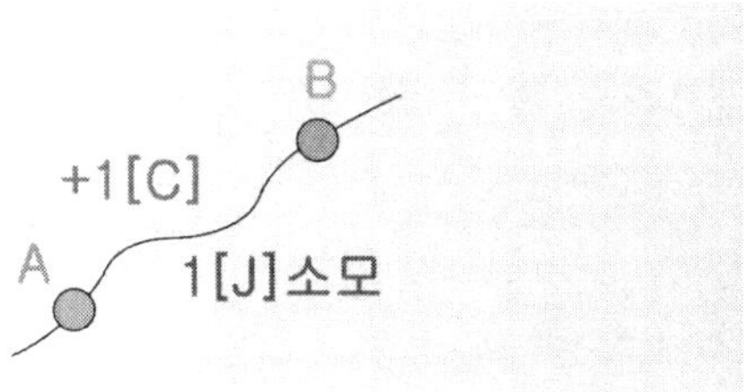

그림 1-12 전압의 차이

일반적으로 전위의 표준을 대지(땅 : earth)에 두고 이것을 영(0 : zero) 전위로 나타낸다. 그러므로 양전하를 가진 도체를 결선하면 대지로부터 자유전자가 흡수되어 전류는 대지로 흐른다.

대지의 전위가 0이기 때문에 양전하는 (+)의 전위를 가지고, 음전하를 가진 물체는 (−)의 전위를 가지는 것이다. 우리가 흔히 쓰는 전지의 구조도 전압차를 이용한 것으로 그림 1-13과 같다.

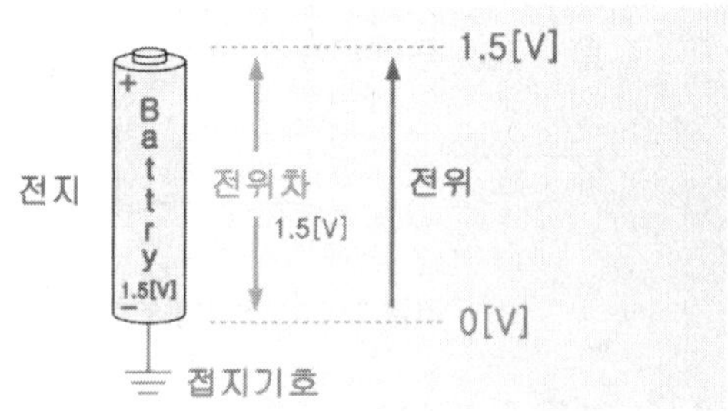

그림 1-13 • 전위의 차이

전압의 실용단위는 [V](Volt)로, Q[C]의 전하가 어떤 두 점 사이를 이동하여 W[J]의 일을 하고, 이때 그 두 점 사이에 V[V]의 전위차가 생겼다면 식 (1-4)와 같다.

$$V = \frac{W}{Q}[\mathrm{V}], \quad W = Q \cdot V[\mathrm{J}] \tag{1-4}$$

즉, 1[V]는 1[C]의 전하가 두 점 사이를 이동할 때 발생하는 에너지가 1[J]일 때의 전압이다.

3. 저 항

도체에 전류가 흐를 때 열이 발생하는 것은 전류가 흐를 때에 전류의 흐름을 방해하는 요소가 있기 때문이며, 전류의 흐름을 방해하는 요소를 전기저항(electric resistance) 또는 간단히 저항(resistance)이라 한다.

일반적으로 도체는 매우 작은 값의 저항을 가지고 있으며, 절연체는 반대로 매우 큰 저항을 가지고 있다. 구리선의 경우 원자 속에는 많은 수의 자유전자를 가지고 있다. 이러한 자유전자는 공급된 전압에 의하여 쉽게 이동할 수 있게 된다. 따라서 구리선에 전압이 공급되었을 때 자유전자의 흐름을 방해하는 요소가 매우 적으므로 저항이 매우 작다. 하지만 탄소는 구리에 비하여 아주 적은 양의 자유전자를 가지고 있기 때문에 구리에 공급한 전압의 양을 탄소의 양단에 인가하더라도 구리보다 적은 양의 전자가 흐르게 되고, 탄소는 구리에 비해 전류의 흐름을 방해하는 정도가 크므로 이에 비례하여 탄소는 구리보다 높은 값의 저항을 갖게 된다.

저항의 기호는 R, 단위는 $[\Omega]$(Ohm)이고, 저항을 통하여 1[A]의 전류가 1[s] 동안 흘러서 0.24[cal]의 열을 발생하였을 경우에 이 저항은 $1[\Omega]$의 저항값을 가진다.

탄소에 흐르는 전류를 증가시키기 위해서는 탄소양단에 공급되는 전압의 양을 증가시켜야 하므로 탄소에 흐르는 전류를 구리에서와 같은 값의 전류로 만들기 위해서는 보다 많은 양의 공급전압이 필요하게 된다. 공급전압이 증가하게 된다는 것은 많은 양의 에너지를 필요로 하게 된다는 것이고 많은 에너지양은 많은 열을 발생시키게 된다. 하지만 일상에서 사용되는 기기에 인가되는 공급전압은 거의 동일하므로 기기의 소비전력이 클수록 기기가 가지게 되는 저항값은 작아지게 된다.

㉮ 저항값이 작은 물체인 구리의 경우에는 1[m]에 $0.03[\Omega]$ 정도의 저항값을 가지고 있는데, 식 (1-5)와 같이 120[V] 600[W] 토스터기에 사용되는 절연선의 저항값은 약 $24[\Omega]$이 된다.

$$W = \frac{V^2}{R} \quad R = \frac{V^2}{W} = \frac{120^2}{600} = \frac{14400}{600} = 24[\Omega] \tag{1-5}$$

식 (1-6)과 같이 120[V], 100[W] 전구에 사용되는 텅스텐 필라멘트의 저항값은 약 $144[\Omega]$이 된다.

$$W = \frac{V^2}{R}, \quad R = \frac{V^2}{W} = \frac{120^2}{100} = \frac{14400}{100} = 144[\Omega] \tag{1-6}$$

저항은 대부분 4색 띠가 많이 사용되며 4색 띠 이외에도 5색 띠, 6색 띠 등이 있으며 4색 띠의 저항값을 읽는 방법은 그림 1-14와 같다.

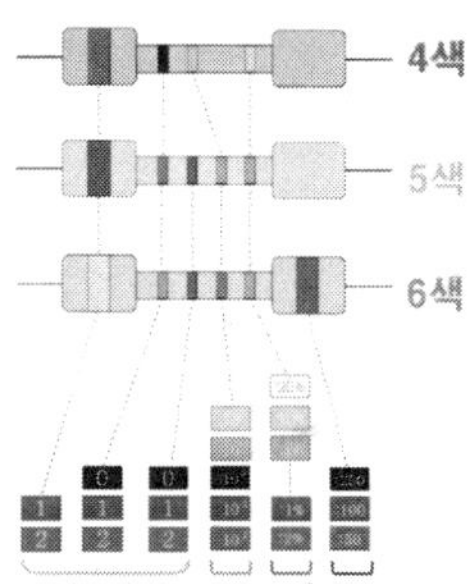

색상	수치	승수	정밀도	온도계수
흑색	0	10^0	-	±250
갈색	1	10^1	±1[%]	±100
적색	2	10^2	±2[%]	±50
등색	3	10^3	±0.05[%]	±15
황색	4	10^4	-	±25
녹색	5	10^5	±0.5[%]	±20
청색	6	10^6	±0.25[%]	±10
자색	7	10^7	±0.1[%]	±5
회색	8	10^8	-	±1
백색	9	10^9	-	-
금색	-	10^{-1}	±5[%]	-
은색	-	10^{-2}	±10[%]	-
무색	-	-	±20[%]	-

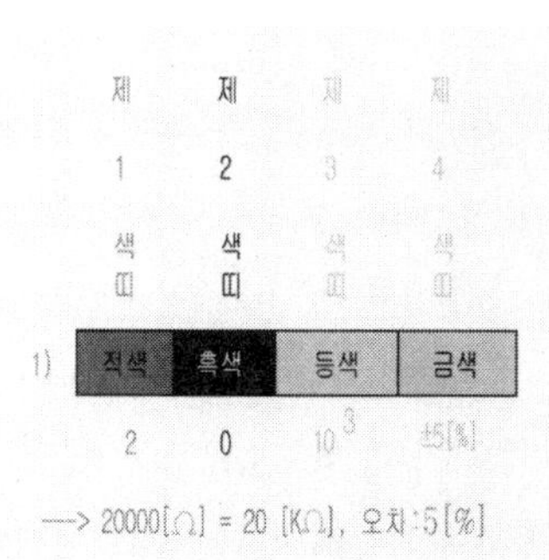

그림 1-14 ◦ 4색 저항 읽는 방법

저항은 크게 고정저항, 반고정저항, 가변저항으로 분류할 수 있는데 일정한 저항값을 지니고 있는 저항은 고정저항이라 하고, 고정저항만을 이용해서 회로의 특성을 변화하기 어려운 경우나 전압과 전류의 변화를 발생시키고자 할 때 사용하는 저항은 가변저항이라 한다.

특히 가변저항은 저항에 의한 전압강하나 전류 등을 분배할 때 사용하는 것으로 주로 3개의 단자가 있는 구조로 되어 있고, 최대의 저항값이 숫자로 표시되어 있다. 그리고 가변저항은 그 값을 유지할 수 있는 반고정저항과 유지할 수 없는 가변저항으로 나눌 수 있다.

4. 전 원

전기적인 에너지를 공급하는 전원장치에는 발전기, 전기, 태양전지, 열전쌍이 있다.

① 발전기 : 기계적 에너지를 전기 에너지로 변환하는 전원장치이다.
② 전기 : 화학변화에 의하여 전기 에너지를 발생하는 전원장치이다.
③ 태양전지 : 빛의 에너지로부터 전기 에너지를 발생하는 전원장치이다.
④ 열전쌍 : 열에너지를 전기 에너지로 변환하는 전원장치이다.

5. 부 하

전기적인 에너지를 다른 에너지로 변환 소비하는 장치이이며, 일상생활이나 산업현장에 쓰이는 모든 전기장치 및 기계기구는 모두 부하(electric load)이다.

6. 옴의 법칙

(1) 전 류

회로에 저항값을 일정하게 하고 전압을 변화시키면 전류의 값이 변한다. 그림 1-15와 같은 기본적인 회로에서 전압을 0[V]에서부터 10[V]까지 서서히 변화시키면서 부하는 10[V]용 백열전구를 사용한다면, 정상적인 밝기의 빛이 발생하기 위해서는 정상적인 전류가 흘러야 한다. 10[V]용 백열전구가 점등되기 위해서는 정격에 맞는 전압을 필요로 하게 된다.

그림 1-15 회로에 10[V]가 가해지고 있다면 전구는 점등된다. 이때 전압을 5[V]로 감소시키면 전류도 같이 감소하므로 전구의 밝기도 같이 감소하게 된다. 회로 내에 전압의 양을 계속해서 감소시키면 전구의 밝기도 이에 따라 감소하게 되며 마침내 전압이 0[V]의 전압이 되면 전류가 흐르지 않게 되므로 전구는 점등되지 않고 소등한다. 전구의 밝기는 공급된 전압의 세기에 따라 전류의 변화량도 같이 변화하며 전구의 빛도 변화한다. 그러므로 전류 I의 값은 전압 V인 전원의 양단에 결선된 저항 R을 통하여 흐르는 전류의 크기이다.

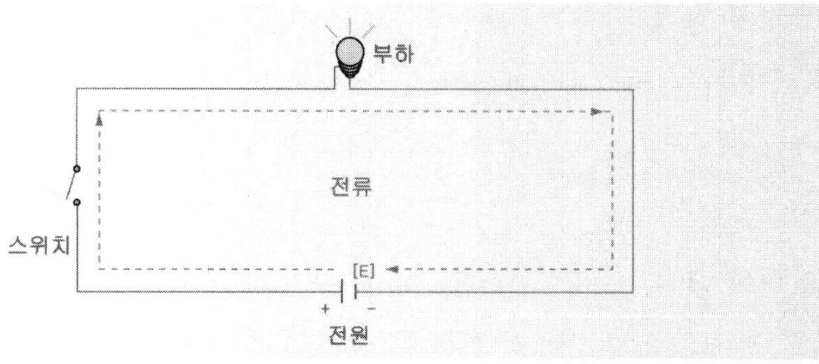

그림 1-15 ◦ 기본회로도

따라서 전류와 전압 사이에는 식 (1-7)과 같다.

$$V \propto I \tag{1-7}$$

등식으로 표현하면 식 (1-8)이 되며 옴의 법칙(Ohm's law)이라 한다.

$$I = \frac{V}{R}[\mathrm{A}] \tag{1-8}$$

(2) 전 압

저항 $R[\Omega]$을 가지는 부하에 그림 1-16(a)와 같이 전압이 전지와 같이 전선으로 결선되었을 때 부하저항 R의 양단에 걸리는 전압값은 전지의 전압값과 같다.

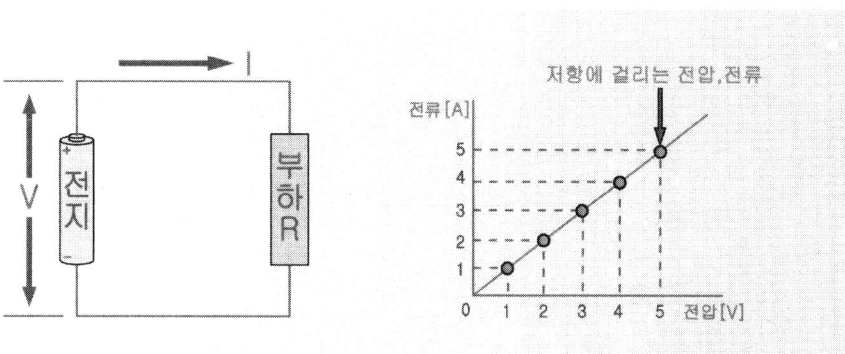

(a) 전지와 부하의 결선　　(b) 저항에서 전압과 전류의 관계

그림 1-16 ◦ 일정한 저항에서 전압과 전류의 관계

전압 V의 숫자상 값은 전류 I와 저항 R의 곱 IR의 결과인 식 (1-9)와 같다.

$$V = IR[\mathrm{V}] \tag{1-9}$$

(3) 저 항

옴의 법칙에서 저항값을 구하는 식은 식 (1-10)과 같다.

$$R = \frac{V}{I}[\Omega] \tag{1-10}$$

(4) 전 력

전력의 기호는 P이고 단위는 [W](Watt)이다. 1[W]의 전력이라는 것은 1초 동안에 1[V]의 전위차에 의하여 1[C]의 전하를 옮기는 데 소요되는 일의 양과 같다. 즉 1초 동안에 변환되거나 전송되는 에너지가 1[J]일 때와 같게 된다. 1[C/s]가 1[A]와 같으므로, 즉 전력의 단위[W]는 전압과 전류의 곱이다. 이는 식 (1-11)과 같다.

$$P = VI[\mathrm{W}] \tag{1-11}$$

전력은 저항 R에서 소비되기 때문에 전력의 공식을 옴의 법칙을 이용하여 저항 R과의 관계로 바꾸어 표시하는 것이 편리하다. 이는 식 (1-12)와 같으며 전력공식에 많이 사용된다.

$$P = I^2 R[\mathrm{W}], \quad P = \frac{V^2}{R}[\mathrm{W}] \tag{1-12}$$

그리고 어느 일정시간 동안의 전기 에너지가 한 일의 양을 전력량이라 하고 식 (1-13)과 같다.

$$W = PT = I^2 R t[\mathrm{J}] \tag{1-13}$$

또, 전력과 열에너지는 변환이 가능한데 1초 동안에 1[W]의 전력을 소비하였을 경우 0.24[cal]의 열에너지 양과 같게 되고 열에너지 H는 식 (1-14)와 같다.

$$H = 0.24PT = 0.24I^2 Rt[\mathrm{cal}] \tag{1-14}$$

(5) 허용전류

저항체 표면에 어느 정도의 전류를 흘릴 수 있는가를 표시하는 경우가 있는데 이 전류를 그 저항체의 허용전류(allowable current)라 한다. 허용전력이 P[W]이고, 저항 $R[\Omega]$인 저항체의 허용전류 I[A]는 식 (1-15)와 같다.

$$I = \sqrt{\frac{P}{R}} \tag{1-15}$$

그리고 저항체가 어느 정도의 전력을 소비할 수 있는가를 나타내는 경우도 많은데 이것을 **허용전력**(allowable electric power)이라 한다. 허용전류 이상을 저항체에 흘리면, 저항체의 표면적이 작거나 소요전력이 클수록 줄열에 의한 저항체 온도상승이 높아져 저항체의 표면 피막이 타거나 단락된다.

7. 직렬회로

(1) 직렬결선

2개 이상의 소자가 그림 1-17(a)와 같이 **연속적으로 결선되어 있는 회로**를 **직렬회로**라 한다. 직렬회로에서는 전자가 흐를 수 있는 길이 하나밖에 없기 때문에 **직렬회로에서의 모든 소자에 흐르는 전류의 값은 같다.**

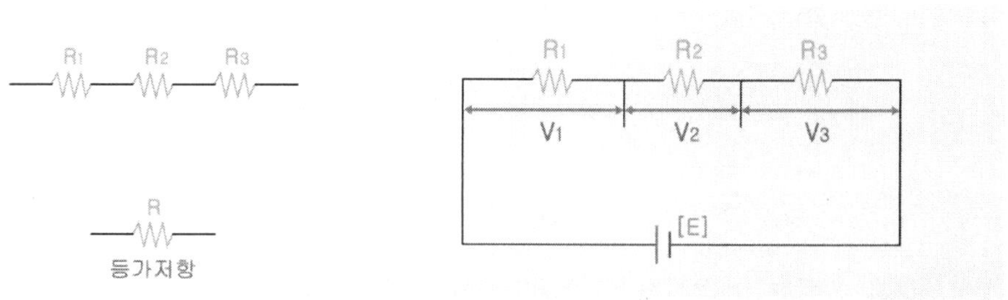

(a) 저항의 직렬회로 (b) 저항과 전압의 직렬회로

그림 1-17 • 저항의 직렬결선

3개의 저항 R_1, R_2, R_3을 그림 1-17(b)와 같이 직렬로 결선하면 **회로 전체에 흐르는 전류는 항상 일정**하다. 각 저항에서 소비되는 전압은 식 (1-16)과 같다.

$$V_1 = R_1 \times I, \quad V_2 = R_2 \times I, \quad V_3 = R_3 \times I \tag{1-16}$$

전체 전압은 식 (1-17)이 된다.

$$V_{TH} = V_1 + V_2 + V_3 = (R_1 + R_2 + R_3) \times I \tag{1-17}$$

전체 저항을 R_{TH}이라 하면 식 (1-18)이 된다.

$$V_{TH} = IR_{TH} \ , \quad R_{TH} = R_1 + R_2 + R_3 \tag{1-18}$$

그러므로 N개의 저항 R_1, R_2, R_3, …, R_N이 직렬로 결선되면 식 (1-19)와 같다.

$$R_{TH} = R_1 + R_2 + R_3 + \cdots + R_N \tag{1-19}$$

(2) 직렬결선의 전압과 전류

그림 1-18과 같이 전체 전류는 1[A]로 항상 일정하게 되며, 각 전압이 2[V], 3[V], 5[V]이므로 모두 합하면 전원전압 10[V]와 같게 된다. 즉, **각 저항의 크기에 비례하며 각 저항마다 전압이 똑같이 분배되는 것을 알 수 있다.** 그러므로 전체 회로에 가한 전압 10[V]는 3개의 저항크기에 비례하여 분배되고 각각의 전압을 더한 값과 같게 된다. 만약 회로에 20[V]를 가했을 때 각 저항에 생기는 전압강하는 저항값에 비례하여 4[V], 6[V], 10[V]가 되고 모두 합하면 전원전압 20[V]와 같게 되며 **전류 $[I]$의 값은 모두 1[A]로 같게 된다.**

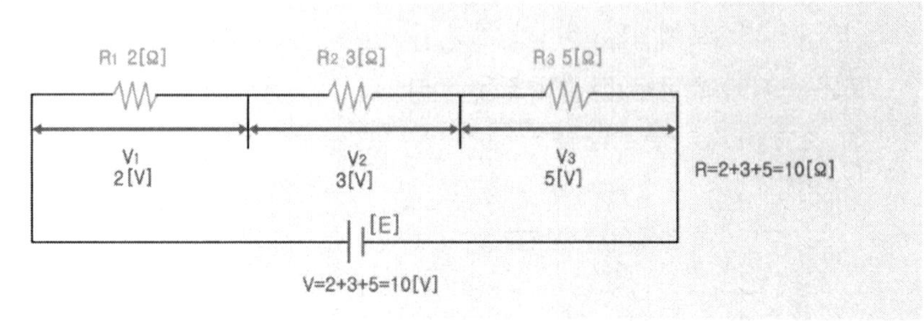

그림 1-18 ◦ 직렬회로에서의 전압분배

다음 식에 식 (1-19)를 대입하면 식 (1-20)과 같다.

$$I = \frac{V}{R_1 + R_2 + R_3} = \frac{V}{R} = \frac{20}{4+6+10} = 1[\mathrm{A}] \tag{1-20}$$

8. 병렬회로

(1) 병렬결선

2개 이상의 저항이 그림 1-19(a)과 같이 전원의 양단에 결선되어 있을 때를 병렬회로

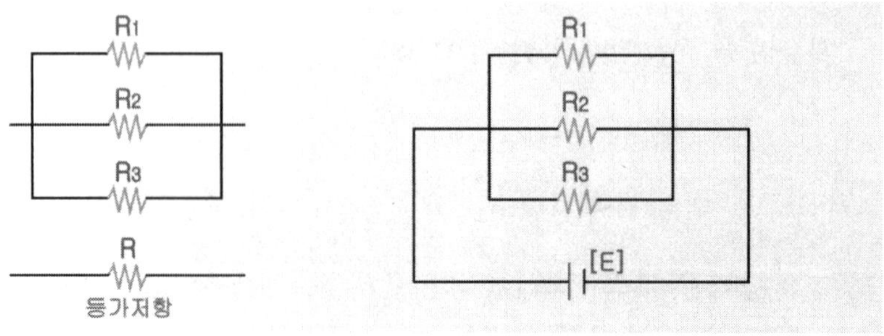

(a) 저항의 병렬회로 (b) 전압과 저항의 병렬회로

그림 1-19 ◦ 저항의 병렬회로

라고 한다. 저항 R_1, R_2, R_3 와 전원은 서로 병렬회로로 결선되어 있고, 회로에서 각 저항은 각각의 전류의 값을 가진다. 병렬회로는 여러 개의 저항 양단에 공통 전원을 가지고 있고, 직렬회로는 한 개의 공통된 통로를 가지고 각각의 전압강하를 가진다.

3개의 저항 R_1, R_2, R_3를 그림 1-19(b)과 같이 병렬로 결선하면 각 저항에 걸리는 전압은 항상 일정한 반면, 전류의 크기는 저항의 크기에 반비례해서 나누어지게 된다. 각 저항에 흐르는 전류는 식 (1-21)이 된다.

$$I_1 = \frac{V}{R_1}, \quad I_2 = \frac{V}{R_2}, \quad I_3 = \frac{V}{R_3} \tag{1-21}$$

회로 전체에 흐르는 전류는 식 (1-22)가 된다.

$$I = \frac{V}{R}, \quad I_{TH} = I_1 + I_2 + I_3 = \left(\frac{1}{R_1} + \frac{1}{R_2} + \frac{1}{R_3}\right) \tag{1-22}$$

전체 저항은 식 (1-23)이 된다.

$$\frac{1}{R_{TH}} = \frac{1}{R_1} + \frac{1}{R_2} + \frac{1}{R_3} \tag{1-23}$$

그러므로 N개의 저항 R_1, R_2, R_3, $\cdots$, R_N이 병렬로 결선되었을 때 합성저항 $R_{TH}[\Omega]$은 식 (1-24), (1-25)와 같다.

$$\frac{1}{R_{TH}} = \frac{1}{R_1} + \frac{1}{R_2} + \frac{1}{R_3} + \cdots + \frac{1}{R_N} \tag{1-24}$$

$$R_{TH} = \frac{1}{\frac{1}{R_1} + \frac{1}{R_2} + \frac{1}{R_3} + \cdots + \frac{1}{R_N}} \tag{1-25}$$

(2) 병렬결선의 전류분배와 전류의 크기

어떠한 회로에 저항이 병렬로 결선되었다면 회로에서는 각 저항마다 동일한 전압이 가해지는 반면 저항에 흐르는 전류는 저항에 반비례하여 흐른다. 결선된 저항의 수만큼 전

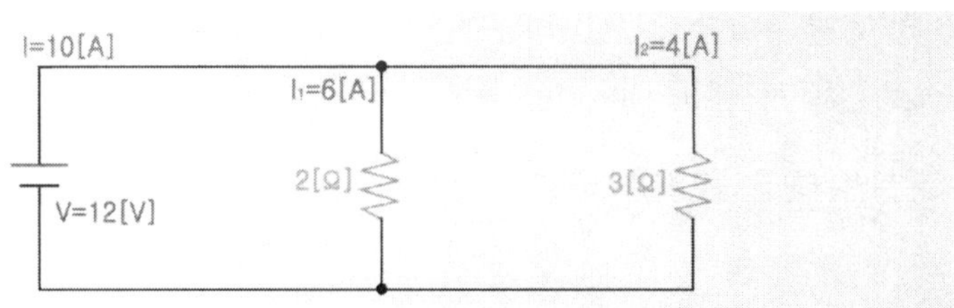

그림 1-20 • 병렬회로의 전류분배

류가 분배되는데, 각 저항에 흐르는 전류는 옴의 법칙으로 구할 수 있다.

회로에서 전체 전류는 각 저항에 흐르는 전류를 모두 더한 값과 같다. 그림 1-20과 같은 경우 전류는 $I_{TH}=6+4=10$[A]이므로 전체 전류는 10[A]이다. 식 (1-26)~(1-28)에 풀이과정을 나타내었다.

$$I_{TH}=I_1+I_2=6+4=10[\mathrm{A}] \tag{1-26}$$

$$V_1=I_1\times R_1=6\times 2=12[\mathrm{V}] \tag{1-27}$$

$$V_2=I_2\times R_2=4\times 3=12[\mathrm{V}] \tag{1-28}$$

9. 직 · 병렬 조합회로

전기회로에서 어느 회로는 같은 양의 전류의 값을 가지게 하기 위하여 직렬로 결선하고 어느 회로는 같은 양의 전압을 공급하기 위하여 병렬로 결선하는 경우가 있다.

그림 1-21의 회로에서 보면 한 개의 전원전압에 의하여 직렬로 결선된 부분과 병렬로 결선된 부분이 있는데 각 회로마다 서로 다른 전압과 전류를 가지게 된다.

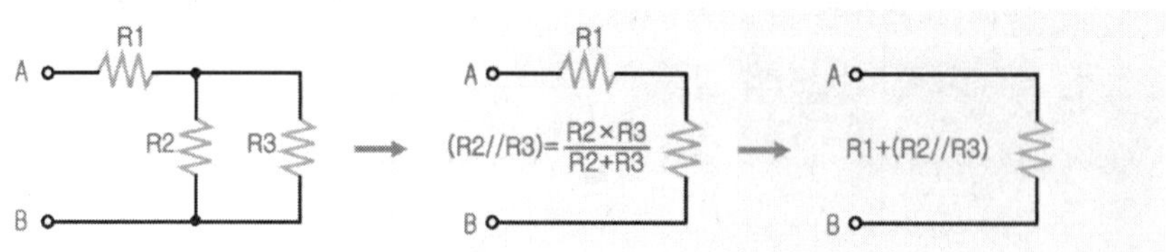

그림 1-21 ◦ 직 · 병렬 조합결선의 등가저항

이렇듯 저항이 직렬 및 병렬로 조합되어 결선되어 있다면 직렬 및 병렬결선을 구분하여 순차적으로 계산하여야 된다.

다음에 제시된 4개의 직렬 및 병렬결선 그림에 대한 합성저항을 구해보자.

① 저항의 직 · 병렬결선(그림 1-22)된 R_1과 R_2의 병렬 합성저항을 먼저 계산한 후 R_1과 R_2의 병렬 합성저항값에 R_3의 저항값을 직렬결선으로 계산하면 직 · 병렬회로의 전체 저항값을 구할 수 있다. 식 (1-29)와 같이 **직 · 병렬회로의 합성저항을 더하면 전체 저항값은** 30[Ω]이 된다.

$$R_{TH}=R_3+\frac{R_1\times R_2}{R_1+R_2}=20+\frac{20\times 20}{20+20}=30[\Omega] \tag{1-29}$$

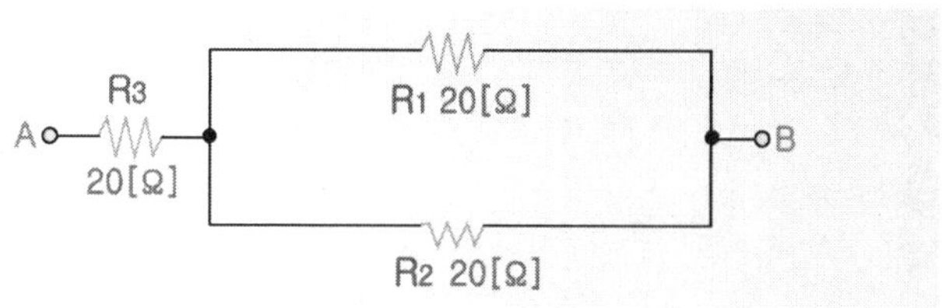

그림 1-22 저항의 직 · 병렬결선(1)

② 저항의 직 · 병렬결선(그림 1-23)된 R_1과 R_2의 병렬 합성저항, R_3과 R_4의 병렬 합성저항을 각각 먼저 계산하고, 병렬과 병렬 저항이 직렬결선된 것과 같으므로 직 · 병렬회로의 합성저항을 더하면 식 (1-30)과 같이 되어 전체 저항값은 7[Ω]이 된다.

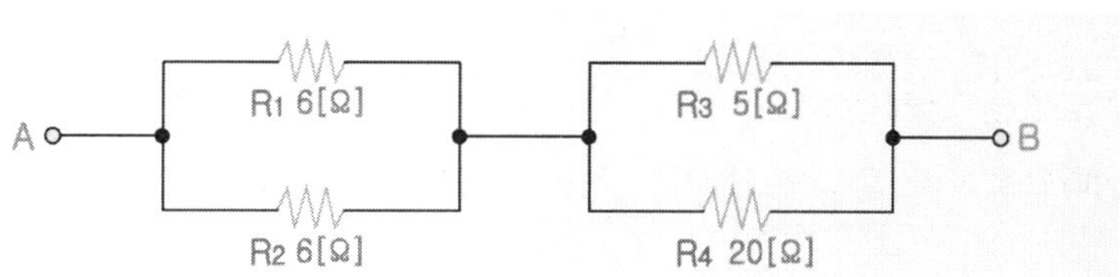

그림 1-23 저항의 직 · 병렬결선(2)

$$R_{TH} = \frac{R_1 \times R_2}{R_1 + R_2} + \frac{R_3 \times R_4}{R_3 + R_4} = \frac{6 \times 6}{6+6} + \frac{5 \times 20}{5+20} = \frac{36}{12} + \frac{100}{25} = 7[\Omega] \quad (1\text{-}30)$$

③ 저항의 직 · 병렬결선된(그림 1-24) R_1과 R_2의 직렬 합성저항을 구하고, R_1과 R_2의 직렬 합성저항과 R_3의 병렬 합성저항을 계산하면 식 (1-31)과 같이 직 · 병렬회로의 합성저항을 더하면 전체 저항값은 50[Ω]이 된다.

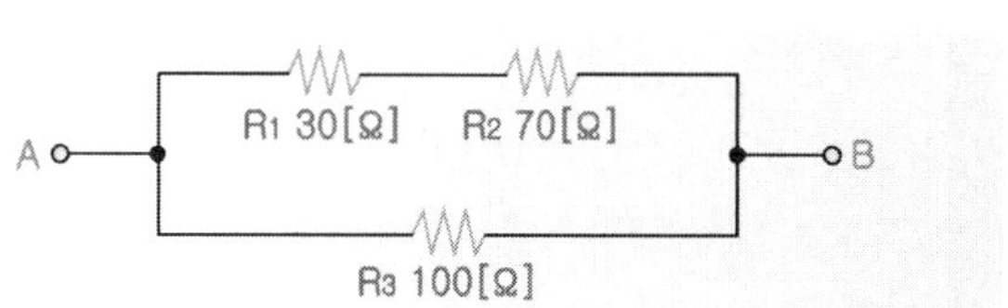

그림 1-24 저항의 직 · 병렬결선(3)

$$R_{TH} = \frac{(R_1 + R_2)\, R_3}{R_1 + R_2 + R_3} = \frac{(30+70)100}{30+70+100} = \frac{10000}{200} = 50[\Omega] \quad (1\text{-}31)$$

④ 저항의 직 · 병렬결선된(그림 1-25) R_1과 R_3의 직렬 합성저항을 구하고 R_2와 R_4의 직렬 합성저항을 계산한 후, R_1과 R_3와 R_2와 R_4의 직렬 합성저항을 병렬 합성저항으로 계산하면 식 (1-32)와 같이 직 · 병렬회로의 합성저항을 더하면 전체 저항값은 50[Ω]이 된다.

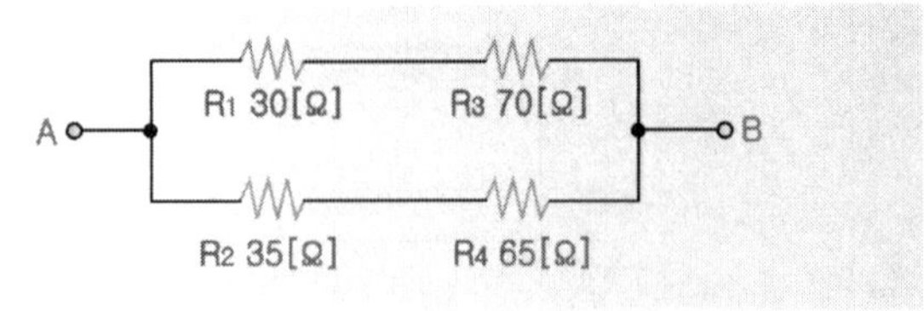

그림 1-25 ◦ 저항의 직 · 병렬결선(4)

$$R_{TH} = \frac{(R_1 + R_3)(R_2 + R_4)}{R_1 + R_3 + R_2 + R_4} = \frac{(30+70)(35+65)}{30+70+35+65} = \frac{10000}{200} = 50[\Omega] \quad (1\text{-}32)$$

10. 휘트스톤 브리지

휘트스톤 브리지(Wheatstone bridge)는 정밀저항을 측정할 때 사용한다. 정밀저항을 측정하므로 여러 종류의 센서를 이용하여 변화량을 측정하는 데 주로 이용되는 회로이다.

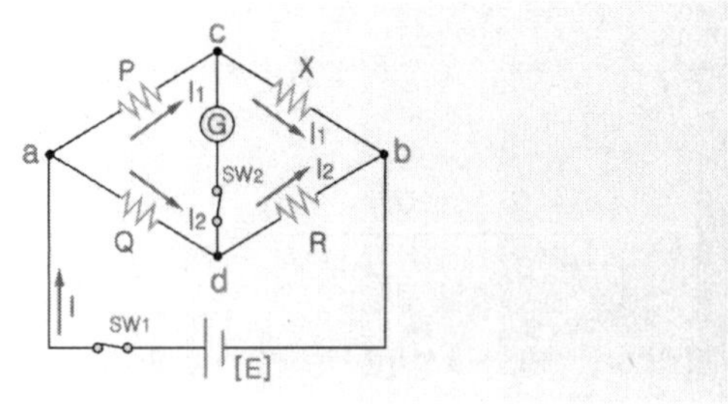

그림 1-26 ◦ 휘트스톤 브리지

4개의 저항을 그림 1-26과 같이 대칭으로 결선시키고 검류계(G)를 브리지 형태로 결선한 후 전압을 인가하면 회로에 전류가 흘러 각 저항에 전압강하가 발생한다.

검류계가 결선된 중간지점인 c-d 간의 전압이 같아지면 전위가 "0"이 되므로 검류계(G)에 전류가 흐르지 않게 된다. 이때, 전위는 평형(같아짐)이 되었다고 한다.

각 저항의 전압강하는 저항의 크기에 비례하므로 저항은 전압강하의 값을 통하여 미리 정해놓은 두 개의 저항값과 나머지 한 개의 저항값은 조정하여 미지의 저항을 구할 수 있다.

브리지가 평형을 이룰 때 마주보는 저항을 서로 곱한 값은 같으며 식 (1-33)과 같다.

$$PR = QX \rightarrow X = \frac{PR}{Q} \quad (1\text{-}33)$$

11. 키르히호프의 법칙

(1) 키르히호프의 제1법칙(전류법칙 : KCL)

회로 내의 임의의 결선점에 흘러 들어오고 나가는 전류의 대수합은 0이다. 즉, 회로 내의 임의의 한 결선점에 흘러 들어오는 전류의 총합은 흘러나가는 전류의 총합과 같다.

회로를 해석하기 위해서 키르히호프(Kirchhoff)의 법칙을 이용할 때에는 전압법칙과 전류법칙에 적용시킬 수 있는 대수부호에 대한 일정한 규칙이 필요하게 된다. 전류법칙에 있어서 임의의 결선점에 들어오는 전류에는 (+)부호를, 흘러나가는 전류에 대해서는 (−)부호를 사용하는 것이 보통이다.

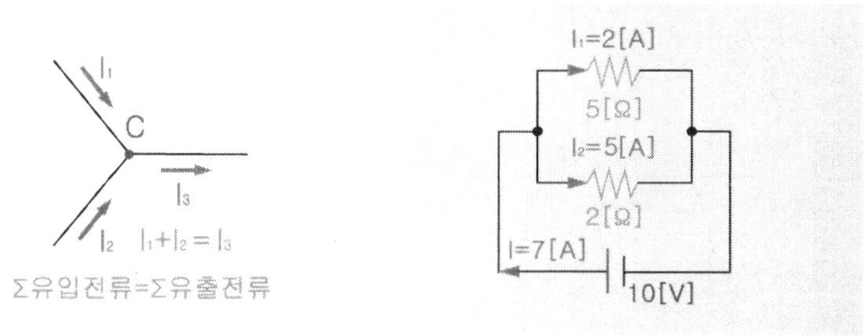

(a) 키르히호프의 전류회로 (b) 키르히호프의 전류 등가회로

그림 1-27 키르히호프의 전류법칙

그림 1-27(a)에서 I_1과 I_2는 C점으로 흘러 들어가기 때문에 (+)부호로, I_3은 흘러나가는 전류이기 때문에 (−)부호로 표시한다. 또한 그림 1-27(b)에서 전체 전류 7[A]가 흐르는 회로에서 양쪽 I_1과 I_2로 흘러나가는 전류의 합은 2[A]+5[A]=7[A]가 된다. 키르히호프의 법칙을 다시 정리하면 식 (1-34)와 같다.

$$I_1 + I_2 - I_3 = 0,\ \Sigma \text{유입전류} = \Sigma \text{유출전류},\ I_1 + I_2 = 2 + 5 = 7[\text{A}] \qquad (1\text{-}34)$$

(2) 키르히호프의 제2법칙(전압법칙 : KVL)

임의의 폐회로에서 기전력의 총합은 저항에서 발생하는 전압강하의 총합과 같고, 만약 임의의 전위를 갖는 한 점에서 출발하여 같은 전위로 동일점에 돌아오면 전위차는 0이 되게 된다.

회로해석을 위하여 전압의 부호를 결정할 때에는 우선 각 전압의 극성을 표시하는데, 극성은 전류가 흘러 들어오는 쪽은 (+), 흘러나가는 쪽은 (−)로 나타낸다. 전류가 한 폐회로 내의 한 점에서 출발하여 한쪽 방향으로 흐른다면, 먼저 접하게 되는 전압단자의 극성이 (+)이면 그 전압의 대수부호는 (+)로 나타내고, 반대로 전압의 극성이 (−)

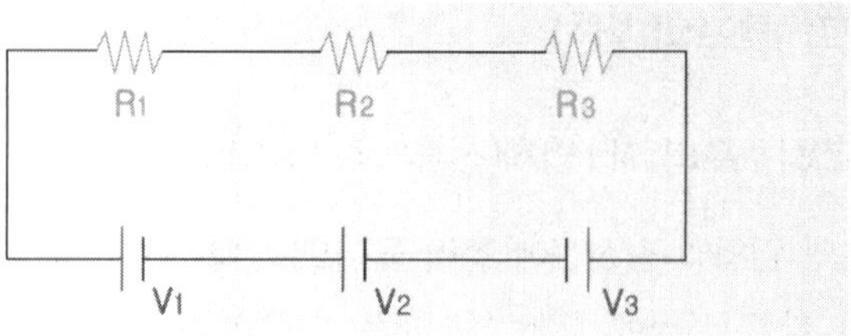

그림 1-28 • 키르히호프의 전압법칙

이면 그 전압의 대수부호는 (−)로 나타낸다.

전원전압과 전압강하 모두에 적용할 수 있으며, 흐르는 방향이 시계방향이든 혹은 시계 반대방향이든 상관이 없다. 어느 경우든 출발점을 기준으로 하여 회로를 흐르게 한 다음 다시 원점으로 흐르게 할 때까지의 경로에서 **전원전압 및 전압강하의 대수합은 0이다.** 그림 1-28에서와 같이 V_1, V_2를 같은 방향으로, V_3를 다른 방향으로 결선하고 R_1, R_2, R_3가 직렬로 결선된 회로에서 **전압상승(+)와 전압강하(−)의 관계는** 식 (1-35)와 같다.

$$V_1 + V_2 - V_3 = IR_1 + IR_2 - IR_3,\ \sum \text{기전력} = \sum \text{전압강하},\ \sum V = RI \quad (1\text{-}35)$$

출발점으로 흐르지 못할 경우에는 출발점으로부터 그 점까지의 **전원전압 및 전압강하의 대수합은 출발점과 동작점 사이의 전위차가** 되는 것이다. 최초의 어느 두 점 사이의 전위차는 어느 폐회로를 선택하여도 동일하므로 전위차를 결정할 때 이용한 경로와는 상관이 없다.

03 전지(Battery)

전지는 내부의 화학변화에 의해서 전기적 에너지를 만들어 내는 셀(cell)의 집합이다. 전지는 일정한 직류전압을 출력하며, 이는 출력전압에 영향을 주는 내부저항을 가진 발전기의 형태와 같다. 가장 일반적인 전지로는 출력이 1.5[V]인 탄소(C) – 아연(Zn) 건전지이며, 납축전지의 출력은 2.2[V]이다. 또 1.35[V]의 수은전지와 1.25[V]의 니켈(Ni) – 카드뮴(Cd) 전지도 사용된다.

1. 기전력의 발생원리

묽은황산(H_2SO_4) 용액 속에 그림 1-29과 같이 구리(Cu)와 아연판(Zn)을 넣으면 구리보다 이온화되는 성질이 강한 아연은 용액 속에 양이온(Zn^{2+})으로 되어 용해된다. 따라서 아연판에는 $2e^-$의 최외각[2] 전자가 남는다.

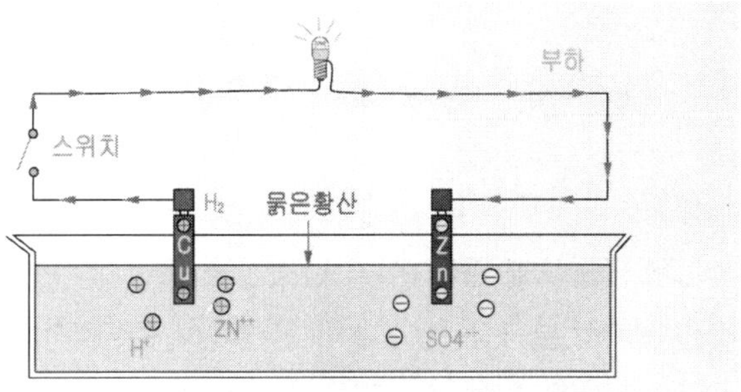

그림 1-29 ◦ 전기분해

또한 묽은황산은 $H_2SO_4 \rightarrow 2H^+ + SO_4^{2-}$상태로 이온화 된다. 이러한 상태에서 아연판에 남아 있는 음전기가 도선을 통해 구리판으로 이동하게 되며, 이 전자가 전해액 속의 수소이온(H+)과 결합하여 수소기체(H_2)로 된다. 이 기체는 구리판 위에서 발생하게 된다. 그 결과, 전자를 밖으로 내보내 아연판이 음극(−)으로 되고, 그 전자를 받는 동판이 양극(+)으로 되어 양 전극 간에는 기전력이 발생하게 된다.

2. 전지의 종류

전지는 화학전지, 물리전지, 연료전지로 크게 나눌 수 있는데 우리가 흔히 말하는 전지라고 하는 경우는 화학전지이다. 이러한 전지 중에 반응이 비가역적이며 재생할 수 없는 1차 전지와 반응이 가역적으로 반복하여 충·방전이 가능한 2차 전지(축전지 또는 충전식 전지)로 크게 나눌 수 있다.

3. 탄소-아연 건전지(1차 전지)

탄소-아연 건전지는 그림 1-30과 같은 구조이며, 전해질을 담은 아연 용기는 음(−)의 전극으로 작용하도록 하고 가운데에 있는 탄소막대는 양(+)의 전극으로 아연이 닿을 수 없도록 짧게 한다. 전해질은 염화암모늄(NH_4Cl)과 물의 혼합용액이나, 액체가 아니고 포화된 탄소입자와 가루상태의 이산화망간(MnO_2)을 염화암모늄 용액에 섞어 반죽한 형태이다.

---

2) 최외각 : 여러 껍질 중에 제일 바깥쪽에 있는 껍질이다.

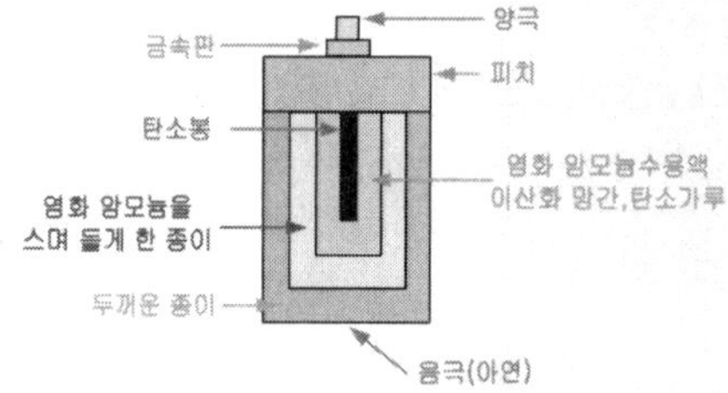

그림 1-30 ◦ 건전지의 구조

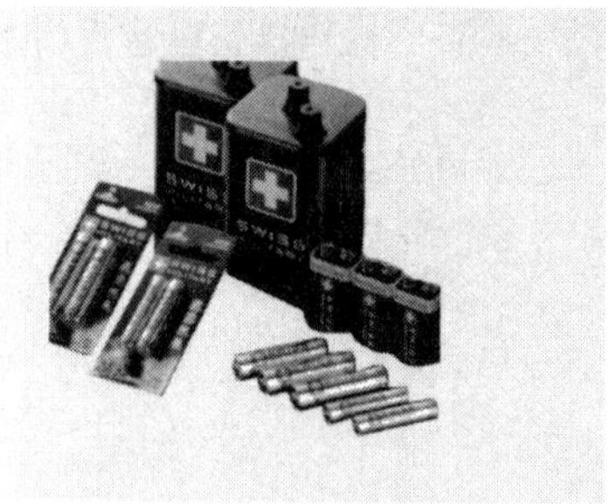

그림 1-31 ◦ 여러 가지 건전지

아연이 염화암모늄에 의해 분해될 때 질소와 수소를 가지고 있는 **암모늄 분자물질은 수소기체(H_2)를 방출**하게 된다. 이때 탄소전극 주위에 수소기포가 모여 전자의 흐름을 방해하는 것을 **전지의 분극작용**[3]이라 하며 **분극작용은 건전지의 기전력**을 **감소시킨다. 건전지 내에 이산화망간을 넣어 수소를 산화시켜 분극작용을 감소시킬 수 있다.**

만약 아연전극이 철과 탄소 같은 불순물을 함유하고 있다면 그 불순물이 양극이 되어 아연 전극 사이에 **국부 전지를 형성하여 순환전류가 흐르게 하고 이 때문에 기전력이 감퇴되는데 이를 국부작용**이라고 한다. **국부작용은** 아연전극을 소모하게 되므로, 이것을 감소시키기 위해 **음극에 수은도금을 하는데 아말감**[4]을 사용한다. 이와 같이 우리 주위에는 여러 가지 건전지는 그림 1-31과 같다.

4. 수은전지(1차 전지)

평편한 것과 원통형의 두 종류가 있으며, 수은 건전지의 구조는 그림 1-32와 같고, 전해액으로 **산화아연(ZnO)과 수산화칼륨(KOH)을 사용**하기 때문에 철제의 케이스 속에 들어있다. **수은전지는 건전지에 비하여 자체 방전이 적어 수명이 길고 사용 중 전압이 일정하기 때문에 항상 같은 조건으로 사용할** 수 있는 장점이 있다. **수은전지의 전압은** 1.35[V]**로서 충전할** 수 없는 **전지** 중에서 **가장 성능이 좋고 초소형**으로 만들 수 있다.

---

3) 분극작용 : 전지에 부하를 걸면 양극 표면에 **수소 가스가 생겨 전지의 기전력을 저하**시키는 현상이다.
① **분극현상** : 볼타 전지를 이용하여 전구를 켜면 켜진 지 몇 분 되지 않아 전구의 불이 꺼진다(이유-구리판 주위에 수소기체가 생겨 전자의 흐름을 방해 → 분극). 그러나 **과산화수소, 이산화망간 등과 같은 산화제를 구리판 주위**에 넣어 주면 **수소기체가 물로 변하여 분극현상이 사라져 전류가 잘 흐르게 된다**. 이와 같은 현상을 **감극**이라 한다.
② **감극제** : 수소기체를 제거하여 **전극의 활동을 활발**하게 유지시키는 물질이다.

4) **아말감 : 수은과 하나 이상의 다른 금속**으로 이루어진 합금이다.

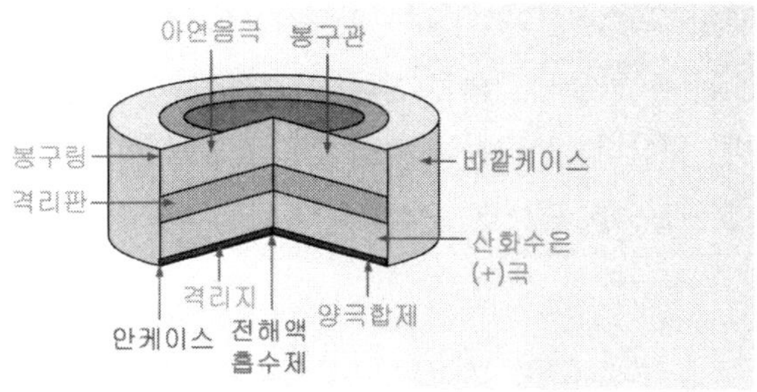

그림 1-32 ◦ 수은전지의 구조

5. 니켈-카드뮴 축전지(2차 전지)

충전이 가능한 니켈-카드뮴 축전지는 대표적인 밀폐형 축전지이며 여러 가지 장점을 가진다.

① 전지의 용적이 매우 작지만 그 용적에 비해 큰 전류를 얻을 수 있다.
② 충전 및 방전이 가능하고 반복 충전이 가능하므로 경제성이 높다.
③ 방전 중의 전압변동이 적으며 전체 방전시간의 약 90[%]는 공칭전압 1.25[V]를 유지할 수 있다.

그렇지만 충전장치가 필요하기 때문에 사용할 수 있는 공간이 확보되어야 하는 결점을 가지고 있으며 니켈-카드뮴 축전지는 그림 1-33과 같다.

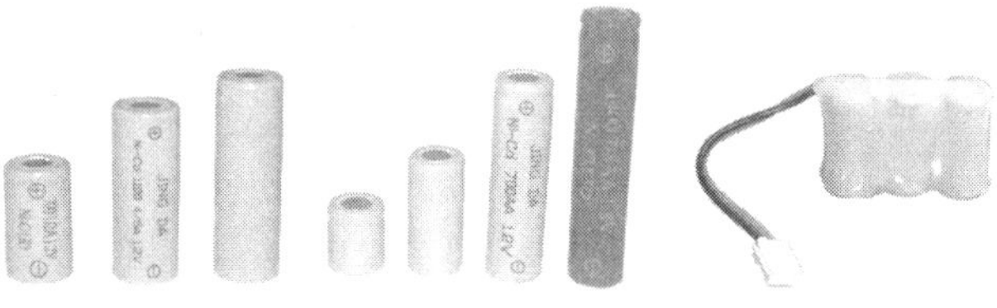

그림 1-33 ◦ 각종 니켈-카드뮴 축전지

6. 축전지(2차 전지)

납(Pb)축전지[5]는 전해액인 묽은 산성용액 내에 산화염의 정전극과 다공성 혹은 스펀지형 염의 음극으로 이루어져 있다. 축전지의 일반적인 구조는 그림 1-34와 같으며, 포스티드 그리드(Posted grid)로, 염과 안티몬 합금이 격자체를 만드는 데 사용된다. 이 격자체는 전기·화학적 형성과정이 끝난 뒤에 페이스트로 채워지게 되며, 산화염을 활성 화학물질

5) 축전지 : 화학 에너지를 전기 에너지로 변환하는 장치이다.

로 만들며, 포스티드 그리드는 화학작용으로 이루어지는 전류를 위한 전지 도체로서 작용하게 된다. 전극판은 묽은 산성용액 내에서 고무나 에보나이트 박판, 유리판으로 지지하게 된다. 화학적 작용은 아주 복잡하게 일어나고 축전지가 방전함에 따라서 양극판에서 활성물질들을 유산염으로 변화시킨다.

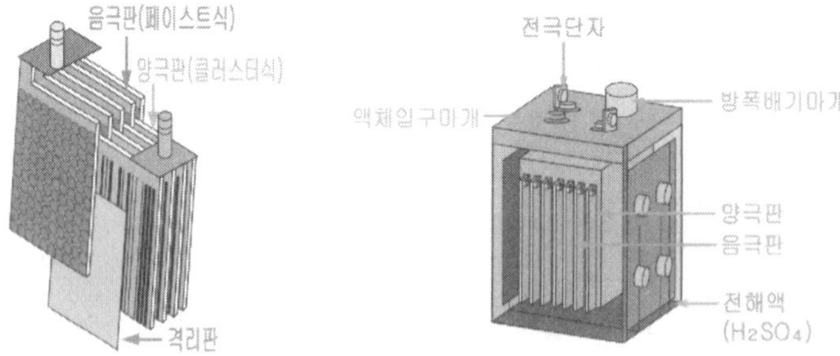

그림 1-34 • 납축전지의 구조

변화상태를 그대로 두면 유산염은 시간이 지남에 따라 결정되고 확장되려고 하는 성질 때문에 시간이 지남에 따라 용액이 증발하므로, 납축전지를 충전된 상태로 보존하기 위해서는 충분히 물을 보충해 주어야 한다.

7. 축전지의 내부저항[6)]

건전지나 축전지에서 에너지의 근원은 화학적 반응이며, 화학적 반작용의 결과물은 전극을 절연시키려 하거나 또는 전류가 전지로부터 흘러나올 때 단자전압을 감소시키는 화학적 혹은 이온결합을 생기게 하려는 성질이 있다. 이 작용을 분극(성극)작용이라고 하며 어떤 경우에는 전류의 흐름이 정지된 후에도 얼마간 계속 전류가 흐르는 경우가 있다.

일반적으로 전지에서 이런 효과를 중화하는 데 약간의 시간이 걸리는데 이를 전지의 내부저항이라 한다. 분극현상은 축전지보다 건전지에서 현저하며, 전지의 내부저항은 식 (1-36)과 같다.

$$r = \frac{V_0 - V_L}{I_L} \tag{1-36}$$

여기서 V_0는 분극작용이 일어나기 전에 측정한 단자전압, V_L은 부하가 걸려 있을 때 전압, I_L은 부하전류이다.

6) 축전지의 내부저항 : 전지 자신이 내부에 가지고 있는 저항이다.

8. 용량의 단위

전지의 용량 단위는 암페어 시(Ampere-hour : Ah)이다. 100[Ah]란 8시간 동안 축전지 또는 건전지를 12.5[A]의 전류를 계속해서 흘릴 수 있다는 의미이다. 마찬가지로 전지가 25[A]로 계속 흐른다면 4시간동안 유지되고, 전지가 50[A]로 계속 흐른다면 2시간 동안 유지될 것이다. 하지만 실제로는 암페어 시 용량은 방전율이 증가할수록 감소하게 된다.

9. 전지의 결선

(1) 직렬결선

2개 이상의 전지를 그림 1-35와 같이 결선할 때 한 전지의 양(+) 단자와 다른 전지의 음(−)단자를 결선한 방법을 직렬결선이라 하는데 직렬로 된 두 단자의 끝부분에 나타나는 전압은 각각 전지전압의 합이 되어 전체 전압은 증가하나 전류의 크기는 1개일 때와 같다.

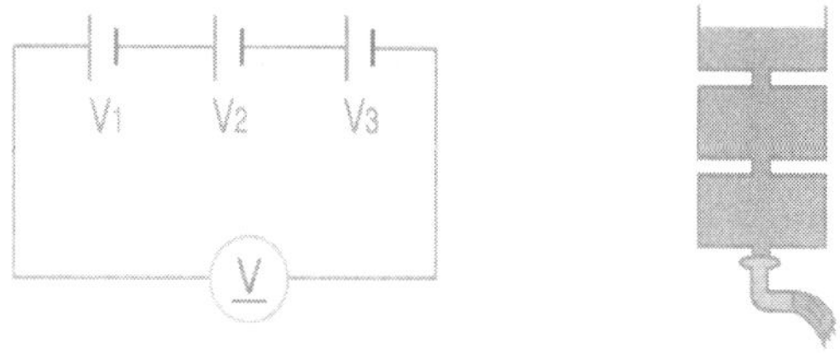

그림 1-35 ◦ 전지와 물통의 직렬결선 비교

(2) 병렬결선

2개 이상의 전지를 그림 1-36과 같이 결선할 때 한 전지의 양(+) 단자와 다른 전지의 양(+)단자를 결선하고 또한 음(−)단자는 음(−)단자끼리 결선한 방법을 병렬결선이라 하는데, 결합된 단자전압은 각각 전지의 단자전압과 같으나, 내부저항은 r/N이 되어 전력요구가 낮은 전압에 많은 전류가 필요한 회로에 이용된다(단, N은 병렬결선된 전지의 수를 나타낸 것이다).

그림 1-36 ◦ 전지와 물통의 병렬결선 비교

10. 건전지와 축전지의 취급방법

1차 전지는 전류를 완전히 소모한 후 버리는 일반적인 전지로서, 얼마나 방전되어야 사용할 수 없는 것인가는 그 전지를 사용하는 장비와 회로에 따라 각기 다르다. 조명장치와 같이 큰 전류를 소모하는 전지는 일찍 소모되지만 적은 전류를 이용하는 완구류, 시계 등에는 장시간 사용할 수 있다. 장비를 가동해 보면 전지의 방전상태를 알 수 있으며, 계속해서 전원을 공급하거나, 긴급을 요하는 주요 장비를 제외하고는 전지를 장비에서 분리하여 별도로 냉암소에 보관하는 것이 좋다.

① 전지검사 : 전지를 정상 부하에 결선하였을 때 전압을 측정하여 확인하는 방법을 쓴다. 전지가 신품일 때는 1.5[V]의 정격전압이 출력되지만, 장시간 사용한 전지는 전압이 감소하여 마침내는 1[V] 이하로 떨어지는데, 여러 개의 전지가 직렬로 결선된 전원에서는 이와 같은 전압의 차이가 더욱 심하게 나타나게 된다. 또한, 정밀을 요하는 장비는 전압이 1.3[V] 이하로 떨어지기 전에 수시로 점검하여 새로운 전지로 교환하여 주어야 장비의 고장을 예방할 수 있다.

② 축전지의 충전상태검사 : 축전지에 사용되는 전해질의 비중을 측정하는 방법을 쓴다.

㉠ 충전이 완전히 된 축전지의 비중은 1.270~1.300이다.

㉡ 방전된 축전지는 1.150~1.210의 비중을 나타낸다.

㉢ 방전이 다된 축전지의 비중이 1.175 이하로 떨어지면 전극이 유산화작용으로 파괴되어 충전이 불가능해진다.

㉣ 비중을 측정하기 위해서는 비중계를 사용한다.

㉤ 전해질의 비중은 온도에 따라서 비중 값이 변화하므로 온도계와 환산표가 없는 비중계는 온도에 따라 비중의 값을 환산해야 한다.

㉥ 모든 축전지는 습기나 기름먼지 등에 의해서 방전이 일어나기 때문에 그것을 방지하기 위해서는 항상 깨끗하게 닦아 두어야 한다.

04 정전기(Static Electricity)

두 종류의 물체를 마찰시키면 마찰전기가 발생하는데 이를 정전기라 하며 이동하는 전기, 즉 동전기와는 그 작용이나 성질이 매우 다르다.

㉬ 플라스틱 책받침을 겨드랑이 사이에 문지른 다음 머리에 대면 머리카락이 달라붙는다. 이것은 책받침이 마찰에 의하여 전기를 띠기 때문인데, 이를 대전현상이라 하고 이때 마찰에 의해 생긴 전기를 마찰전기라고 한다.

마찰전기의 발생은 두 물질이 마찰할 때 한 물질 중의 전자가 다른 물질로 이동하여 양(+)으로 대전되고, 그 전자를 받은 물질은 음(−)으로 대전되기 때문이다. 이때 대전되는 물체를 대전체라 하고, 대전체가 가지는 전기량을 전하라 한다. 또한 대전체에 있는 전기는 물체에 정지되어 있으므로 정전기라고 한다.

1. 정전계과 쿨롱의 법칙

양(+)으로 대전된 유리구와 음(−)으로 대전된 에보나이트 구를 각각 실로 매달아 놓았을 때에는 서로 끌어당기는 흡인력이 생긴다. 그림 1-37과 같다.

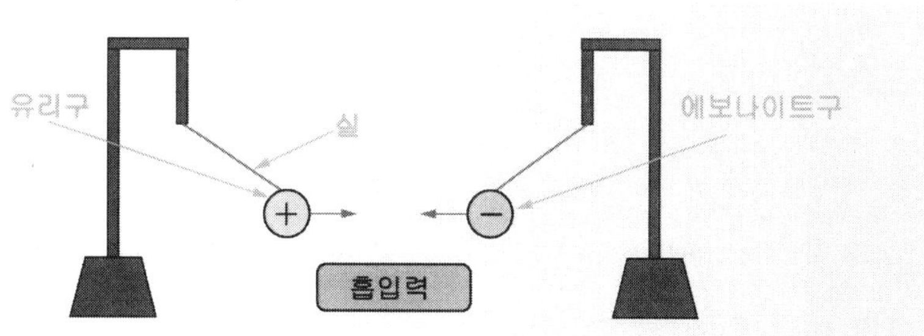

그림 1-37 서로 끌어당기는 흡입력 정전기력

그러나 그림 1-38과 같이 양(+)으로 대전된 유리구를 양쪽에 실로 매달아 놓았을 때에는 서로 밀어내는 반발력이 생긴다. 이와 같이 두 전하 사이에 작용하는 힘을 정전기력(electrostatic force)이라 한다. 이와 같이 정전기력에 의하여 작용하는 힘의 방향은 같은 종류의 전하 사이에는 반발력이 작용하고, 다른 종류의 전하 사이에는 흡인력이 작용한다.

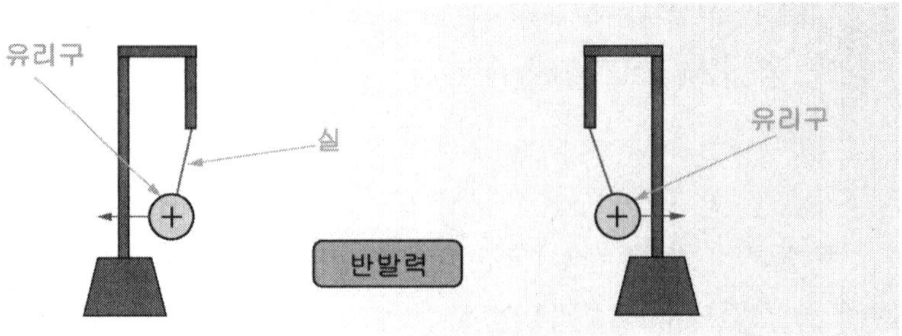

그림 1-38 • 서로 밀어내는 반발력 정전기력

정전기력의 크기에 관하여 쿨롱은 두 점전하 사이에 작용하는 정전기력의 크기는 두 전하의 곱에 비례하고 전하 사이의 거리의 제곱에 반비례한다. 따라서 이를 정전기에 관한 쿨롱의 법칙이라 한다. 그림 1-39는 쿨롱의 법칙의 그림이다.

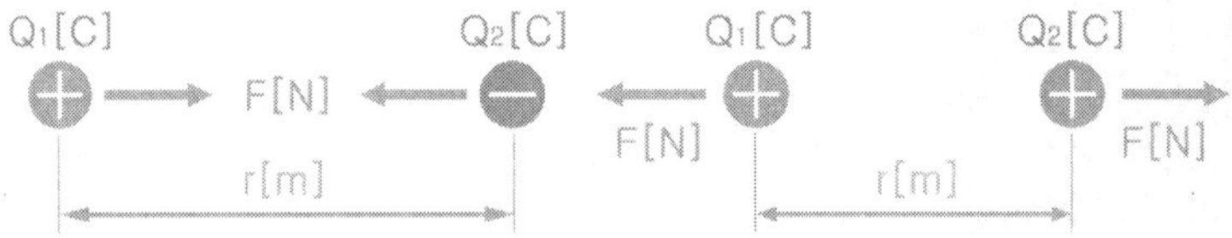

그림 1-39 • 쿨롱의 법칙

식 (1-37)과 같이 두 개의 점전하 사이에 작용하는 힘의 크기는 두 점전하의 곱에 비례하며, 두 점전하 사이의 거리의 제곱에 반비례한다.

$$F = \frac{Q_1 Q_2}{4\pi\varepsilon_0 r^2} = \frac{1}{4\pi\varepsilon_0} \cdot \frac{Q_1 Q_2}{r^2} = 9\times10^9 \cdot \frac{Q_1 Q_2}{r^2}[\mathrm{N}] \tag{1-37}$$

여기서 Q_1, Q_2는 전하[C], r은 두 점전하 사이의 거리 [m]이고 ε을 어떤 물체의 유전율이라 하고 $\varepsilon = \varepsilon_0 \varepsilon_s$[F/m]로 나타낸다. 진공중의 유전율 $\varepsilon_0 = 8.855\times10^{-12}[\mathrm{F/m}]$, 비유전율 ε_s은 물질에 따라 다르다.

2. 전계(=전기장)

어떤 대전체 주위에 전하를 놓으면 전기력(힘)이 작용하고 이러한 전기력이 작용하는 공간을 전계라 한다.

전기장 내에 있는 전하에는 전기장에 의한 힘이 작용하는데, 이 힘의 크기와 방향을 표시한 것을 전기장의 세기 또는 전계강도라 한다. 따라서 전기장 내에 이 전기장의 크기에 영향을 미치지 않을 정도의 미소전하를 놓았을 때 이 전하에 작용하는 힘의 방향을 전기장의 방향으로 하고, 작용하는 힘의 크기를 단위양전하 +1[C]에 대한 힘의 크기로 환산한 것을 전기장의 세기로 정의한다. 그리고 전기장의 세기는 E 라는 기호로 나타내며 단위는 [V/m] 또는 [N/C]로 나타낼 수 있다.

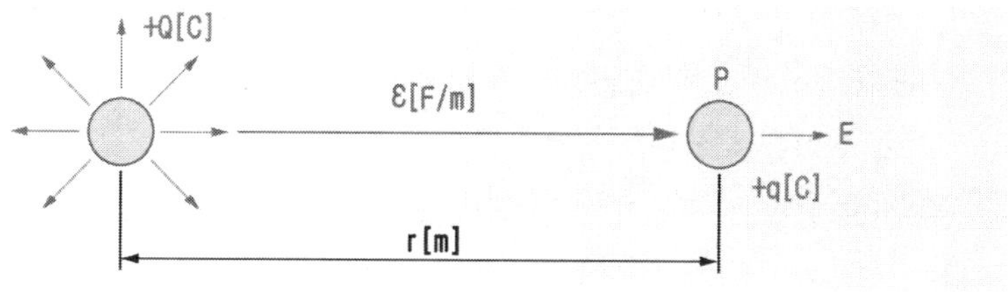

그림 1-40 ◦ 전기장의 세기

그림 1-40과 같이 유전율 ε의 유전체 내의 점전하 Q[C]에 의한 전기장이 형성되고, Q[C]에서 r[m] 떨어진 점 P에 q[C]의 점전하가 놓였을 때 이것에 작용하는 힘은 쿨롱의 법칙에 의하여 식 (1-38)이 성립된다.

$$F = \frac{1}{4\pi\varepsilon} \times \frac{Q \times q}{r^2} \text{[N]} \tag{1-38}$$

그 힘의 방향은 화살표 방향이 된다. 그리고 $q=1$[C]일 때 P점의 전기장의 세기라 정의하며, P점의 전기장의 세기는 식 (1-39)와 같이 된다.

$$E = \frac{1}{4\pi\varepsilon} \times \frac{Q}{r^2} \text{[V/m]} \tag{1-39}$$

단위는 $[N/C] = \frac{[N \cdot m]}{[C \cdot m]} = [J/C] \times \frac{[1]}{[m]}$ =[V/m]이며 전기장의 방향은 정전기력의 방향과 같으므로 화살표 방향이 된다.

3. 전기력선

전하에 의해 발생되는 전기장은 지구 주변에 존재하는 중력장과 마찬가지로 힘이 존재하는 공간이지만 눈으로 확인할 수 없다. 공간상에 존재하는 전장의 세기와 방향을 가시적으로 나타낸 선을 전기력선이라 한다. 반경이 r인 구도전체에 통과하는 전체 전기력선의 수 N을 구해보면 식 (1-40)과 같다.

$$N = \frac{Q}{4\pi\varepsilon_0 r^2} \times 4\pi r^2 = \frac{Q}{\varepsilon_0} \text{[개]} \tag{1-40}$$

즉, 전하 Q[C]는 전공 중에 $\frac{Q}{\varepsilon_0}$[개]의 전기력선을 발산한다.

전기력선의 특징은 다음과 같다.

① 전기력선은 (+)전하에서 시작하여 (−)전하에서 끝나며, 전위가 낮은 쪽으로 향한다.
② 도체 내부에는 전기력선이 존재하지 않는다.
③ 전계가 0이 아닌 곳에서 2개의 전기력선은 서로 교차하지 않는다.
④ 전기력선은 도체 표면에서 직각으로 지나가며, 전기력선의 밀도는 그 점에서의 전계의 세기를 나타낸다.
⑤ 전하가 없는 곳에서는 전기력선의 발생 및 소멸이 없다.

4. 가우스의 정리

점전하 Q를 둘러싸고 있는 임의의 폐곡면 S를 통과하여 나가는 전력선의 총수는 폐곡면 내부에 있는 전하의 $\frac{1}{\varepsilon_0}$배와 같다. 이를 가우스의 정리라 한다. 전기력선의 수는 식 (1-41)과 같다.

$$N = \int_S E \cdot dS = \frac{Q}{\varepsilon_0}[\text{개}] \tag{1-41}$$

여기서 E는 전기장 벡터, Q는 전하량, ε_0는 진공의 유전율, dS는 표면 S위의 미소면적을 나타내는 벡터로 그 지점의 접평면에서 바깥쪽을 향하는 법선 벡터, $\int_S$는 표면 S전체에 대한 면적분이다.

(1) 가우스 정리의 계산

가우스 정리를 이용하여 전하분포에 의한 전속밀도(전계의 세기)를 구하려면 전하분포가 대칭적인 분포를 이루어야 한다. 식 (1-42)와 같이 전속밀도를 구하려면 면적분을 구해야 하는데 다음의 두 가지 조건을 만족하도록 가우스면을 취해주면 실제 적분을 하지 않고 쉽게 구할 수 있다.

① 모든 점에서 D가 폐곡면과 수직이거나 접선방향이다.
② 폐곡면에서 $D \cdot dS$가 0이 아닌 점에서는 D는 일정하다.

$$\int_S D \cdot dS = Q \tag{1-42}$$

식 (1-42)와 같은 조건에서 구한 전속밀도 D로부터 전계의 세기 E는 식 (1-43)과 같다.

$$E = \frac{D}{\varepsilon_0} \tag{1-43}$$

(2) 구 대전체

전하의 분포가 균일하고 반경이 a[m]인 구대전체의 전체 전하량이 Q[C]일 때 구대전체에서의 전계관계는 그림 1-41과 같다.

구 대전체에서 r[m]만큼 떨어진 점에서 구면에 수직한 외부의 전계의 세기는 가우스 법칙에 의해 식 (1-44)가 된다.

$$\int_S EdS = \frac{Q}{\varepsilon_0}, \quad E = \frac{Q}{\varepsilon_o} \cdot \frac{1}{\int_S dS} = \frac{Q}{\varepsilon_0}\frac{1}{A}\,[\text{V/m}] \tag{1-44}$$

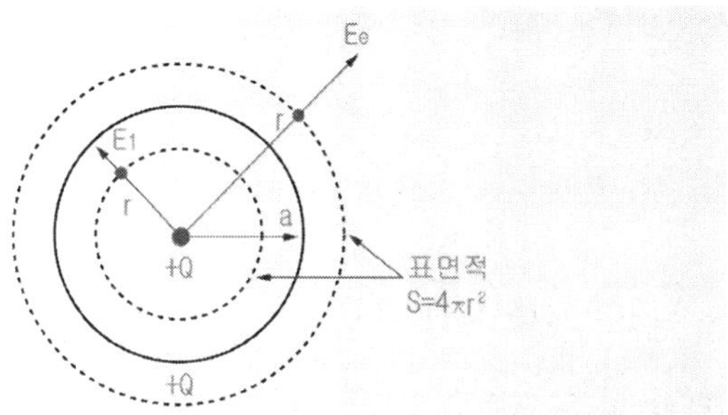

그림 1-41 ◦ 구 대전체에서의 전계

따라서 반경 r[m]인 구의 표면적이 $4\pi r^2$이므로 전계의 세기는 식 (1-45)가 된다.

$$E = \frac{Q}{\varepsilon_0} \cdot \frac{1}{4\pi r^2} = \frac{Q}{4\pi\varepsilon_0 r^2}\,[\text{V/m}] \tag{1-45}$$

(3) 무한장 직선 전하에 의한 전계

무한장 긴 직선 도체를 축으로 하는 반경 a[m]의 원통면상의 전계를 가우스의 정리를 이용하여 정의할 수 있다. 원주형 대전체에서의 전계관계는 그림 1-42와 같다.

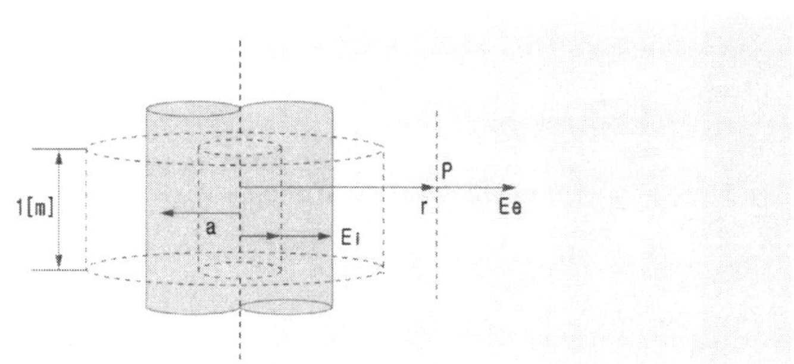

그림 1-42 ◦ 원주형 대전체에서의 전계

원통 외부의 전계를 예를 들어 구해보면 그림 1-42의 점 P는 $r > a$에서의 전계의 세기이므로 전계의 세기 E는 가우스법칙에 의해 식 (1-46)과 같다,

$$\int_S E dS = \frac{\lambda}{\varepsilon_0} \tag{1-46}$$

식 (1-46)로부터 구하면 식 (1-47)이 된다.

$$E = \frac{\lambda}{\varepsilon_0 \int_S dS} [\mathrm{V/m}] \tag{1-47}$$

원둘레의 길이는 $2\pi r$[m]이므로 원주외부의 전계의 세기는 식 (1-48)이 된다.

$$\int_S dS = 2\pi r [\mathrm{m}^2], \qquad \therefore E = \frac{\lambda}{2\pi\varepsilon_0 r} [\mathrm{V/m}] \tag{1-48}$$

(4) 평판 전하분포인 경우

무한히 넓은 평면에 **면밀도** σ[C/m²]의 전하가 분포되어 있는 경우 전력선은 원통의 상 · 하면을 통하여 나간다. 이를 **가우스 법칙**에 의해 정의하면 식 (1-49), (1-50)이 된다.

$$\int E \cdot n dS = 2E \cdot S = \frac{\sigma S}{\varepsilon_0} [\mathrm{V/m}] \tag{1-49}$$

$$\therefore E = \frac{\sigma}{2\varepsilon_0} [\mathrm{V/m}] \tag{1-50}$$

(5) 발산정리

1) 전계의 발산정리

미소체적 dv를 가정하고, dv 내에 균일한 전하밀도 ρ[C/m²]가 분포하고 있다면 dv 내의 미소전하량 dq는 식 (1-51)과 같다.

$$dq = \rho dv \tag{1-51}$$

미소체적 dv의 표면적을 폐곡면으로 하는 **가우스 법칙을 사용**하면 식 (1-52)와 같다.

$$\int E \cdot dS = \frac{dq}{\varepsilon_0} = \frac{\rho dv}{\varepsilon_0} \tag{1-52}$$

식 (1-52)를 dv로 나누면 식 (1-53)과 같다.

$$\frac{\int E \cdot dS}{dv} = \frac{\rho}{\varepsilon_0} \tag{1-53}$$

식 (1-53)에서 dv를 0에 가깝게 한다면 미소체적 dv는 하나의 점으로 간주할 수 있으며 가우스 법칙은 그 점에서의 전계와 전하 사이의 식 (1-54)와 같다.

$$\nabla \cdot E = \lim_{dv \to 0} \frac{\int_S E \cdot dS}{dV} = \frac{\rho}{\varepsilon_0} \tag{1-54}$$

식 (1-54)를 전계의 발산이라 하며 div E 또는 $\nabla \cdot E$로 표시한다.

2) 가우스의 발산정리

폐곡면 내에 존재하는 전하 Q는 전하밀도를 전체 폐곡면에 걸쳐 적분하면 얻을 수 있고 식 (1-55)와 같다.

$$Q = \int_v \rho \, dv \tag{1-55}$$

식 (1-55)을 가우스 법칙을 이용하여 다시 정리하면 식 (1-56)이 된다.

$$Q = \int_S \varepsilon_0 E \cdot dS = \int_S D dS = \int_v \rho dv \tag{1-56}$$

이는 **면적분과 체적적분을 변환하는 공식으로 모든 벡터계에 대해 성립하며 이것을 가우스의 발산정리**라 한다. 즉, 체적 V를 둘러싸는 폐곡면 S에 대하여 벡터 D의 면적은 D의 발산을 V에 대하여 체적적분한 것과 같다.

5. 전 위

전기장 속에 놓인 전하는 전기적인 위치 에너지를 가지게 되는데, 한 점에서 단위전하가 가지는 전기적인 위치 에너지를 전위라 한다. 일반적으로 전위의 기준점은 무한 원점으로 선택하나, 실제 전위측정에서는 **지구를 전위의 기준점으로 하고 전위는 0[V]로 한다.** 그림 1-43의 (a)와 같이 양(+) 전하의 대전체에 의한 전기장 내의 한 점에 단위 양(+)전하를 놓으면 대전체와 같은 전하이므로 반발력을 받게 된다. 이때 단위 양(+)전하를 B점에서 A점으로 옮기기 위해서는 외부에서 일 또는 에너지를 가해주어야 한다. 이 경우 A점이 B점보다 전기적인 위치 에너지, 즉 **전위가 높다고 하며 두 점 간의 에너지차를 전위차**라 한다.

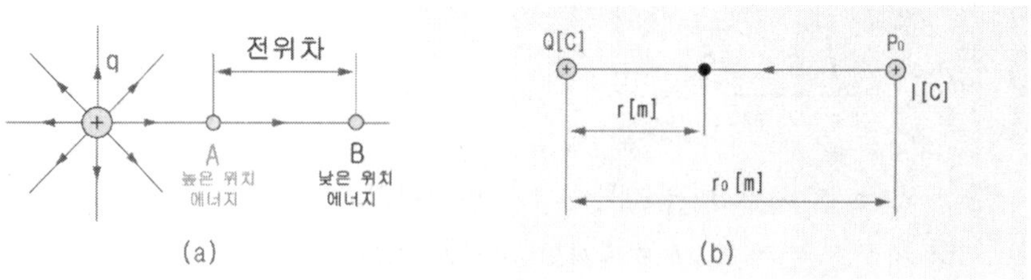

그림 1-43 ▪ 전위차

따라서 전위차는 단위전하를 옮기는데 필요한 일의 양으로 정의할 수 있으며, 단위로는 [J/C] 또는 볼트 [V]를 사용한다. 또한 전위의 값은 양전하에 가까울수록 전위는 높고, 음전하에 가까울수록 전위는 낮다. 전기장의 세기 E[V/m]인 평등 전기장 내에서 거리 r[m] 떨어진 두 점 사이의 전위차 V는 식 (1-57)과 같다.

$$V = Er[\mathrm{V}] \tag{1-57}$$

전계 중의 무한히 떨어져 있는 어느 한 점에서 다른 한 점 P까지 운반하는데 필요한 일을 P점의 전위라 하고 식 (1-58)과 같다.

$$V = -\int_{\infty}^{P} E dr = \frac{Q}{4\pi\varepsilon_0 r}[\mathrm{V}], \quad [\mathrm{V}] = [\mathrm{J/C}] = [\mathrm{N \cdot m/C}] \tag{1-58}$$

05 콘덴서와 인덕턴스(Condenser And Inductance)

1. 콘덴서와 전하의 저장

콘덴서(capacitor)란 얇은 금속판을 서로 가까이 마주보게 한 다음 그 사이에 절연물을 연결하여 두 금속판 간에 대전된 서로 다른 극성의 전하들 간의 유도작용을 이용하는 소자이다.

공기나 종이와 같은 절연물, 즉 유전체는 전하를 보유할 수 있고 전하를 축적하기 위해서는 반드시 공급전원이 필요하다. 그림 1-44에서 전지는 콘덴서를 충전한다. 공급전원으로부터 전원의 음극과 연결된 콘덴서 쪽에서는 전자가 축적되고 전원의 양극에 연결된 콘덴서 쪽에서는 전자를 잃는다.

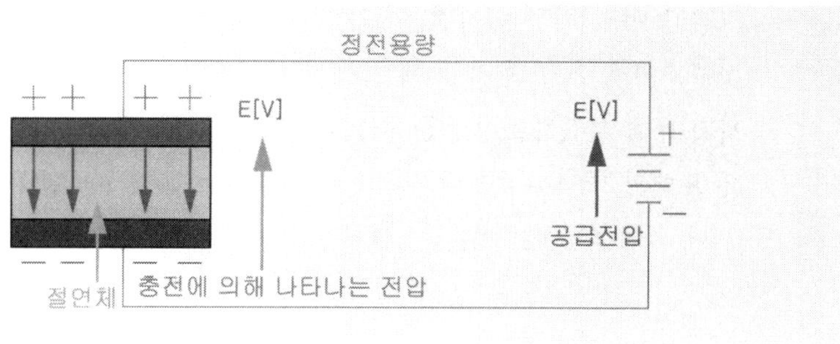

그림 1-44 ◦ 콘덴서의 충전

① 콘덴서의 한쪽 방향은 전자의 과잉으로 인하여 음극을 가지게 되고, 그 반대쪽은 양극을 갖게 된다. 만약 음극에 6.25×10^{18}개의 전자가 축적되어 있다면 음의 전하량은 1[C]과 같다. 한쪽 면에 축적되어 있는 전하라는 것은 그 전자 수만큼 다른 쪽에서 이동하여 온 것이고, 공급전원은 콘덴서의 어느 한쪽 면에서 다른 쪽으로 전자를 재분배하는 역할을 한다. 이 과정을 **콘덴서의 충전**이라고 하는데, 이 충전은 콘덴서 사이의 전위차가 인가된 전압과 같아질 때까지 계속해서 충전된다. 직렬로 저항이 존재하지 않는다면 충전은 순간적으로 이루어진다. 실제로는 항상 직렬저항이 존재할 수밖에 없으며 이 충전전류는 콘덴서가 인가된 전압으로 충전될 때까지만 일시적으로 흐르고, 충전이 완료되면 회로 내에 전류가 흐르지 않는 특성이 있다.

② 그림 1-45는 콘덴서는 유전체에 전하를 축적하는 장치이다. 축적이란 공급전원이 없어진 경우에도 전하가 유지되는 상태를 말하며 얼마의 전하가 축적될 수 있는가 하는 정도를 **콘덴서**(Capacitance, [C]) 또는 **정전용량**이라 한다. 콘덴서가 진공 중에 있을 때의 정전용량을 C_o, 절연물을 넣었을 때의 정전용량을 C 라 하면 식 (1-59)에 의해서 $C > C_o$의 관계가 된다.

$$\frac{C}{C_o} = \frac{\varepsilon_0 \varepsilon_s}{\varepsilon_0} = \varepsilon_s > 1 \tag{1-59}$$

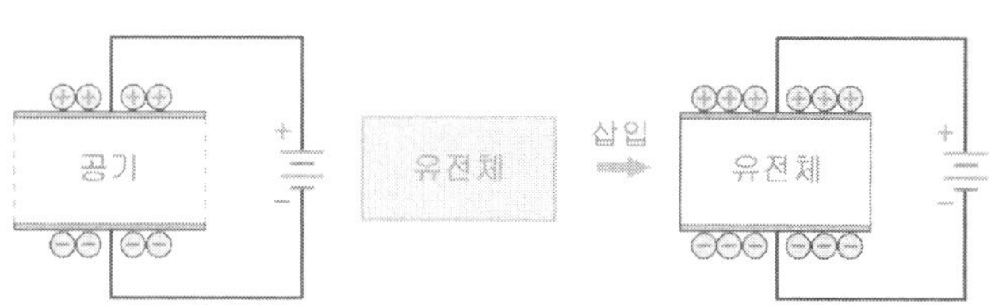

그림 1-45 ◦ 콘덴서와 유전체의 관계

그리고 어느 일정 인가전압에서 유전체가 더 많이 충전되었다면 콘덴서 용량이 큰 것을 의미한다. 그림 1-46에 금속판 사이에 유전체를 삽입한 콘덴서와 절연지, 운모, 사기 등을 유전체로 사용한 다양한 종류의 콘덴서를 나타내었다. 콘덴서의 용량(C)은 도체의 면적(A)에 비례하고, 도체 간의 거리(d)에 반비례하며, 유전체의 유전율(ε)에 따라 다르다. 이는 식 (1-60)과 같다(단, K는 유전체의 종류에 따른 유전상수이고 표 1-6에 나타내었다).

$$C = \varepsilon \frac{A}{d} \text{ [F]}, \quad \varepsilon = K\varepsilon_0 \tag{1-60}$$

반대 극성으로 충전된 콘덴서 사이에는 전계가 형성되는데, 이 도체 사이에 절연체를 두면 전계를 충전시킬 수 있다. 이 충전은 자계가 코일 권선 내로 충전하는 것과 같은 것이다. 전계는 모든 방향으로 분산되지 않고 콘덴서 내에서 충전된다.

표 1-6 유전상수 k(1기압, 20[℃]일 때)

물질	유전상수	물질	유전상수
진공	1	벤젠	2.28
공기(건조)	1.00054	다이아몬드	5.7
질소	1.00055	소금	5.9
수소	1.0025	메틸알코올	33.0
헬륨	1.1000065	물	80.1

③ 콘덴서는 전계에 의한 정전유도이기 때문에 반대 극성의 전하를 가지게 된다. 콘덴서의 음극에 전하가 모이게 되면 양극으로부터 전자를 몰아내게 하는 전력선을 생성하므로, 전자가 이동한 판은 양극의 성질을 가지게 된다. 즉, 전계에 의한 반대 극성의 충전으로 자성물질에서 자계에 의한 반대 극이 유도된다.

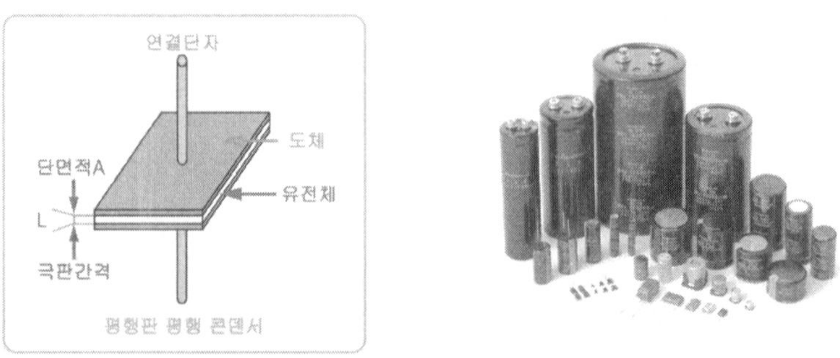

그림 1-46 • 콘덴서의 구조와 종류

2. 콘덴서의 충전과 방전

(1) 전압인가

충전과 방전은 콘덴서의 중요한 성질이다. 공급전원은 콘덴서에 전하를 공급한다. 전하의 축적으로 콘덴서 판 사이에 전위차가 생기게 되는데 이 콘덴서 전압이 인가된 전압과 같을 때 더 이상 충전이 일어나지 않는다. 충전 전하는 인가전압을 연결해놓든지 떼어놓든지 상관없이 콘덴서에 존재하고 있다.

(2) 충 전

서로 마주보는 양극판의 양전하와 음전하는 그림 1-47과 같이 절연체를 통해 전계를 형성한다. 이러한 전기력선의 방향은 한쪽 판에서는 전자를 몰아내고, 그 판을 양(+)으로 만드는 것처럼 보이는데 그것은 전하를 축적한 절연체를 통한 전기력선의 영향이다.

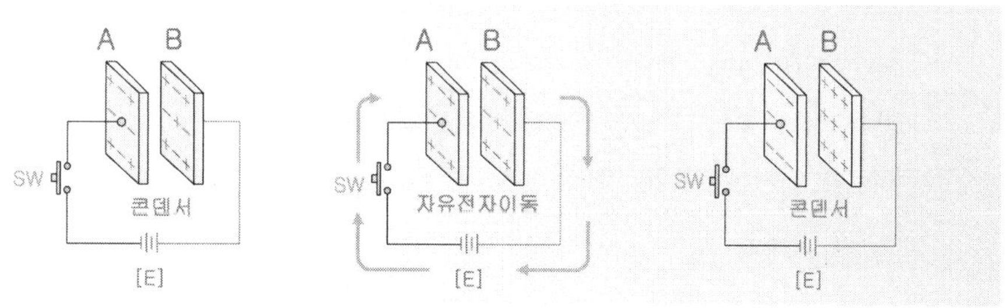

그림 1-47 ◦ 콘덴서의 충전

전계는 분자구조를 변형시키므로 유전체는 더 이상 중성이 아니고 실제로 보이지 않는 전계의 힘으로 인해 영향을 받게 된다. 또한, 유전체는 콘덴서 사이의 매우 높은 전압으로 인한 강력한 전계에 의해서 파괴된다.

(3) 방 전

콘덴서에 도선을 그림 1-48과 같이 연결함으로써 유전체의 전하를 중성화하는 것이 콘덴서의 방전이다. 만일 충전된 콘덴서에 도선을 연결하면 절연체는 충전된 전하로 생긴 전위차로 인해 방전전류를 흐르게 한다. 음극판에 있던 전자를 몰아내고 도선을 통하여 양극판으로 흡수되며, 양전하와 음전하가 중화될 때까지 계속된다. 그래서 콘덴서에는 극판에 전하가 존재하지 않을 때 완전히 방전되고, 콘덴서 사이의 전압은 0이 된다. 이때 방전전류도 없어진다. 그러나 공급전원에 의해서 콘덴서는 또 다시 충전된다. 콘덴서는 충전전압과 같은 전위차를 발생시키는 데 필요한 만큼의 전하를 축적할 수 있다. 만일, 인가전압이 200[V]라면 콘덴서는 200[V]까지 충전된다.

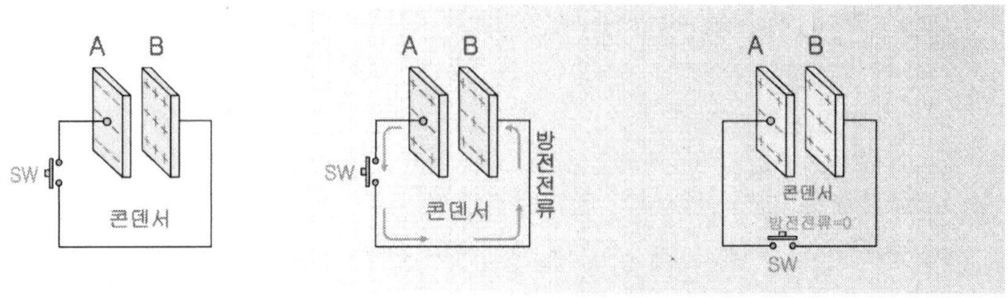

그림 1-48 ◦ 콘덴서의 방전

콘덴서는 공급전원과 같아질 때까지 충전되는데 콘덴서 전압이 더 작을 경우에 충전이 이루어진다. 콘덴서 전압이 공급전원과 같아지는 순간, 더 이상의 충전전류는 흐르지 않게 된다. 어떠한 충전전류나 방전전류도 절연체 내를 통하여 흐르는 것이 아니라 도체에 연결된 도선을 통해서 흐른다.

3. 유전체와 정전용량

충전전압이 크면 전계는 더 강해지고 절연체에는 더 많은 전하가 축적하게 된다. 콘덴서에 축적되는 전하량 Q는 전위 양에 비례하여 증가하고, 같은 전압에 대해서는 콘덴서 용량이 커지면 커질수록 더 많은 양의 전하를 축적할 수 있으며 이는 식 (1-61)과 같다.

$$Q = CV\,[\mathrm{C}] \tag{1-61}$$

여기서 Q는 절연체에 축적된 전하, V는 콘덴서 판 사이의 전압, C는 물리적인 비례상수로서 주어진 충전전압에 전하를 축적할 수 있는 정전용량(capacitance)을 가리킨다. 1[V]의 전압을 가하여 절연체에 1[C]의 전하가 축적될 때 그 정전용량을 1[F](Farad)이라고 하는데, 실제 콘덴서는 100만분의 1[F] 이하로 사용하기 때문에 [μF](마이크로패럿) 또는 [pF](피코패럿) 등의 보조단위가 많이 사용된다. 식 (1-61)을 이용하여 정전용량을 구한다.

① 구에서의 정전용량은 식 (1-62)와 같다.

$$C = \frac{Q}{V} = \frac{Q}{\dfrac{Q}{4\pi\varepsilon a}} = 4\pi\varepsilon a = 4\pi\varepsilon_0\varepsilon_s a\,[\mathrm{F}] \tag{1-62}$$

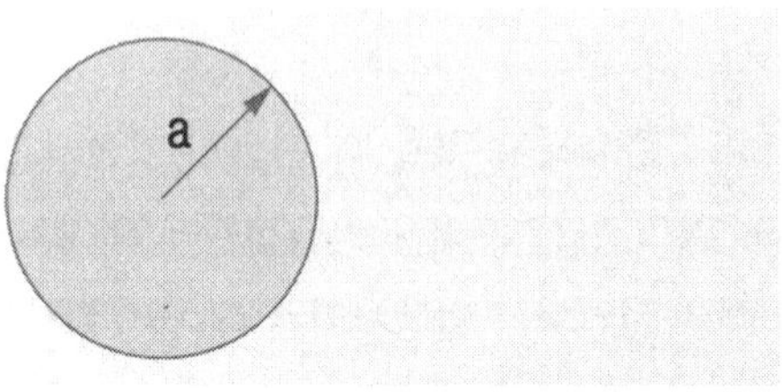

그림 1-49 ◦ 고립 도체구

② 동심구의 정전용량은 식 (1-63)과 같다.

$$C = \frac{Q}{V} = \frac{Q}{-\int_b^a E \cdot dr} = \frac{Q}{\frac{Q}{4\pi\varepsilon}\left(\frac{1}{a} - \frac{1}{b}\right)} = \frac{4\pi\varepsilon ab}{b-a} = \frac{4\pi\varepsilon_0 \varepsilon_s ab}{b-a} \,[\mathrm{F}] \quad (1\text{-}63)$$

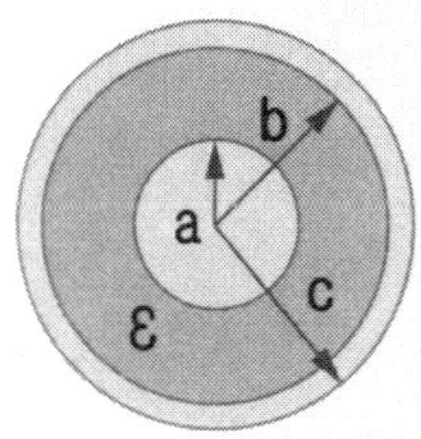

그림 1-50 ◦ 동심구 유전체

③ 동축 원통 사이의 정전용량

㉠ 단일 유전체의 경우는 식 (1-64)와 같다.

$$C = \frac{\lambda \times l}{V} = \frac{\lambda}{-\int_b^a E \cdot dr} = \frac{\lambda}{\frac{\lambda}{2\pi\varepsilon}\ln\frac{b}{a}} = \frac{2\pi\varepsilon}{\ln\frac{b}{a}} = \frac{2\pi\varepsilon_0\varepsilon_s}{\ln\frac{b}{a}} \,[\mathrm{F/m}] \quad (1\text{-}64)$$

㉡ 복합 유전체의 경우는 식 (1-65)와 같다.

$$C = \frac{2\pi}{\frac{1}{\varepsilon_1}\ln\frac{b}{a}\,\frac{1}{\varepsilon_2}\ln\frac{c}{b}} \,[\mathrm{F/m}] \quad (1\text{-}65)$$

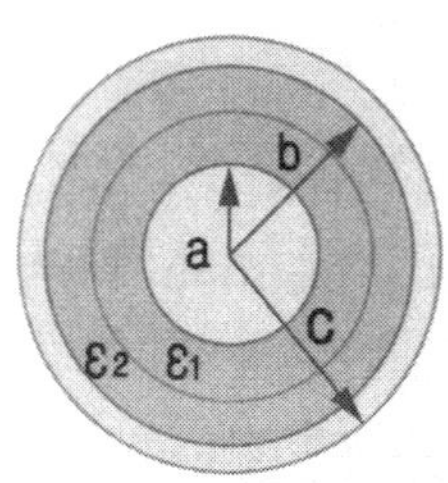

그림 1-51 ◦ 동축 유전체

유전체에 축적되는 에너지를 구하면 우선 전하를 옮기는데 드는 일은 식 (1-66)과 같다.

$$W = \int_a^b F \cdot dl = -Q\int_a^b E \cdot dl = Q\,[V(b) - V(a)] \quad (1\text{-}66)$$

식 (1-66)에 의하여 미소 전하량 dq[C]를 이동시키는데 드는 미소 에너지 dw는 식

(1-67)과 같다.

$$dw = V dq \tag{1-67}$$

전 전하량 Q에 대한 에너지를 구하기 위해서는 미소 에너지 dw를 주회 적분시키면 되고, 이는 유전체에 축적되는 에너지는 식 (1-68)과 같다.

$$W = \int dw = \int_0^Q V dq = \int_0^Q \frac{Q}{C} dq = \frac{Q^2}{2C} = \frac{1}{2} C V^2 [\mathrm{J}] \tag{1-68}$$

평행판 사이의 정전용량 $C = \dfrac{\varepsilon_0 S}{d}$ 을 이용하여 평판사이의 전위차는 식 (1-69)와 같다.

$$V = \frac{Q}{C} = \sigma_s S \cdot \frac{d}{\varepsilon_0 S} = \frac{\sigma_s}{\varepsilon_0} d \tag{1-69}$$

식 (1-69)를 식 (1-68)에 대입하면, 식 (1-70)과 같다(단, $v\,[\mathrm{m}^3]$는 체적이다).

$$W = \frac{1}{2} C V^2 = \frac{\sigma_s^2 v}{2\varepsilon_0} [\mathrm{J}] \tag{1-70}$$

여기서 유전체에 단위체적당 축적되는 에너지를 구하면 식 (1-71)과 같다.

$$W' = \frac{W}{v} = \frac{\sigma_s^2}{2\varepsilon_0} [\mathrm{J}] \tag{1-71}$$

전하밀도(σ_s)= 전속밀도(D) $= \varepsilon_0 E$ 이므로 식 (1-72)와 같다.

$$W' = \frac{\sigma_s^2}{2\varepsilon_0} = \frac{D^2}{2\varepsilon_0} = \frac{1}{2} \varepsilon_0 E^2 = \frac{1}{2} E D [\mathrm{J}] \tag{1-72}$$

그리고 단위면적당 받는 힘 f는 단위체적당 축적되는 에너지인 식 (1-72)와 같이 사용할 수 있다. 2개의 유전체(유전율 $\varepsilon_1 > \varepsilon_2$)를 붙여놓았을 때 그 경계면과 전계의 방향관계에 따른 유전체에 작용하는 단위면적당 인장력 $f_n [\mathrm{N/m^2}]$을 구해보면

① 전계가 경계면에 수직일 때 : 식 (1-73)과 같다.

$$f_n = \frac{1}{2}\left(\frac{1}{\varepsilon_2} - \frac{1}{\varepsilon_1}\right) D^2 [\mathrm{N/m^2}] \tag{1-73}$$

② 전계가 경계면에 평행일 때 : 식 (1-74)와 같다.

$$f_n = \frac{1}{2}(\varepsilon_1 - \varepsilon_2) E^2 [\mathrm{N/m^2}] \tag{1-74}$$

4. 콘덴서의 종류

콘덴서는 전하를 축적하는 장치로서 직류는 차단하고 교류만을 흐르게 하는 성질이 있다. 콘덴서의 종류는 전극 사이의 유전체(절연체)에 따라 분류하며, 공기, 종이, 유리, 폴리에틸렌, 운모, 자기, 전해 콘덴서 등이 있다. 또한 정전용량의 가변성 여부에 따라 고정 콘덴서, 반고정 콘덴서 및 가변 콘덴서로 나눌 수 있다.

(1) 고정 콘덴서

1) 마이카 콘덴서

운모(마이카) 위에 은을 발라서 만드는데 5[pF]에서 0.01[μF] 정도이며 내압은 300[V] 이상으로 매우 높다. 또한 온도변화에 따른 용량변화가 적고 절연저항이 높은 특성을 가지며 마이카 콘덴서(mica condenser)는 그림 1-52와 같다.

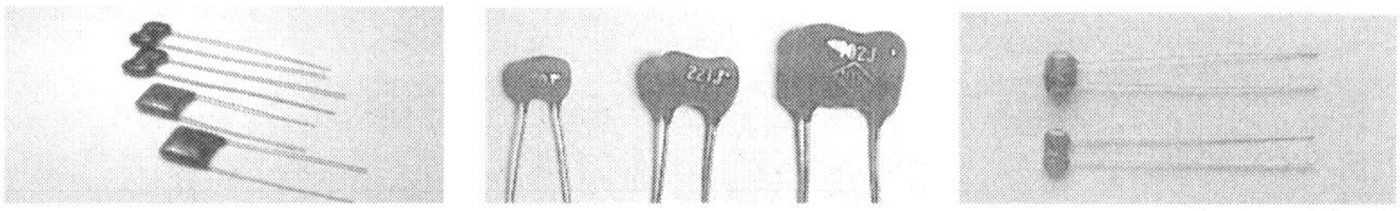

그림 1-52 ◦ 마이카 콘덴서

2) 종이 콘덴서

알루미늄과 같은 금속박 사이에 왁스나 기름을 먹인 종이(paper)를 넣어 절연체로 사용한 것으로 통신기용으로는 0.1~0.5[μF] 정도의 원통형이 많이 쓰인다.

3) 필름 콘덴서

얇은 폴리스티롤이나 폴리에틸렌 등의 필름(film)을 사용한 것으로 필름을 유전체로 하여 양면에 금속박을 대고 만든 것으로 두께가 얇고 평탄한 것을 만들 수 있으므로 용량이 정확하다. 극성이 없으며, 가격은 싸지만 정밀도가 떨어지는 특성을 가지며 그림 1-53과 같다.

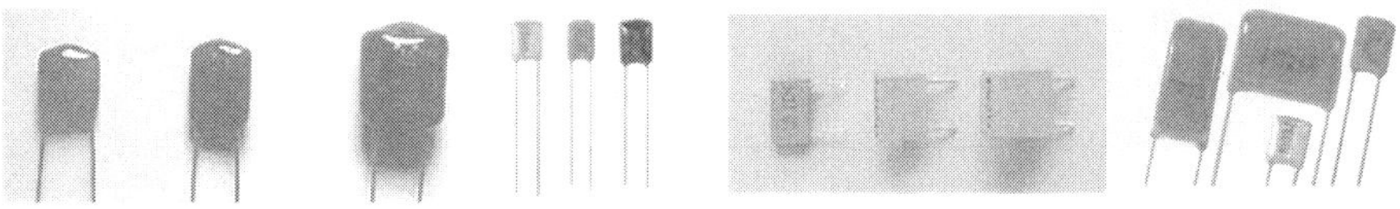

그림 1-53 ◦ 필름 콘덴서

4) 세라믹 콘덴서

티탄산바륨과 같은 유전율이 큰 재료를 유전체로 사용한 것으로 그림 1-54와 같으며, 필름 콘덴서는 인덕턴스의 성질이 있어서 높은 주파수의 교류는 통과하기 어렵지만 세라믹 콘덴서(ceramic condenser)는 고주파 특성이 양호하여 바이패스에 흔히 사용된다. 가격에 비해 성능이 우수하여 가장 많이 사용된다.

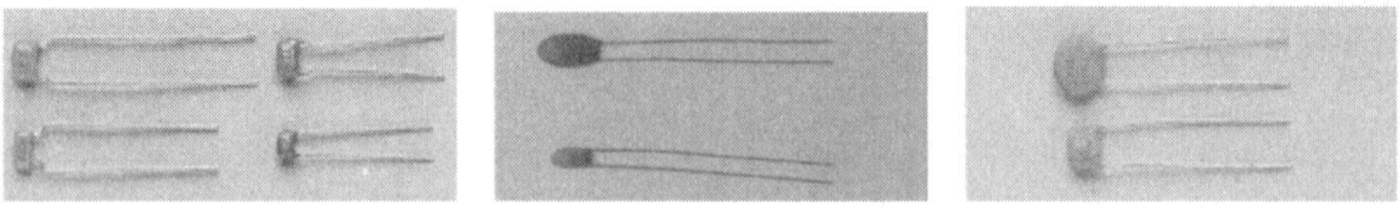

그림 1-54 • 세라믹 콘덴서

5) 알루미늄 전해 콘덴서

전해 콘덴서에는 알루미늄 전해 콘덴서(electrolytic condenser)와 탄탈 전해 콘덴서가 있다. 그림 1-55와 같은 알루미늄 전해 콘덴서는 케미컬(chemical)이라고 하는데, 알루미늄박 사이에 전해액을 먹인 종이를 끼운 것으로 전해작용으로 인해 알루미늄박 표면에 산화막을 만들어서 유전체로 이용한다. 다른 콘덴서와 다른 점은 산화막을 만들 때 걸어준 직류전압의 극성과 같은 방향의 전압을 걸어주지 않으면 큰 전류가 흘러 폭발이 일어나게 된다. 그래서 전해 콘덴서에는 극성이 있는데 일반적으로 콘덴서의 마이너스(−) 쪽에 표시가 되어 있으며, 다리가 긴 쪽은 플러스(+)이다. 이것은 용량이 크므로 전원회로의 평활용이나 저주파 회로에 많이 쓰이며 내압은 6.3[V]에서 600[V] 정도까지가 있다.

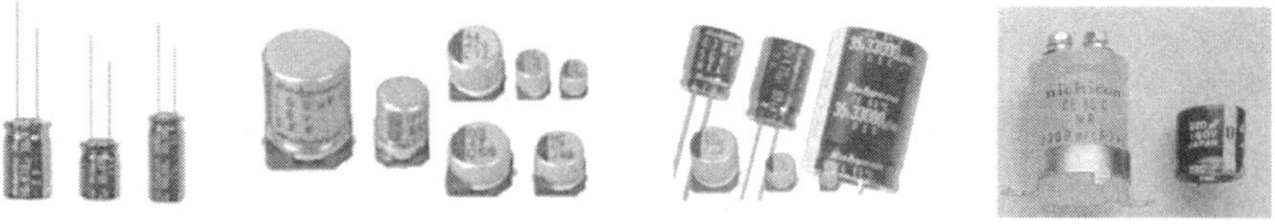

그림 1-55 • 알루미늄 전해 콘덴서

6) 탄탈 콘덴서

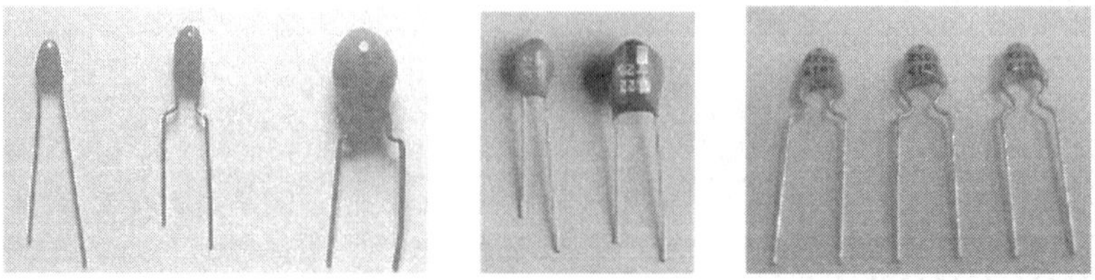

그림 1-56 • 탄탈 콘덴서

그림 1-56과 같은 탄탈(tantalum) 전해 콘덴서는 탄탈륨이라는 재료를 사용하는데 알루미늄 전해 콘덴서와 같이 비교적 큰 용량을 얻을 수 있으며 알루미늄 전해 콘덴서보다 누설전류가 작으므로 결합 콘덴서에 적합하다.

(2) 반고정 콘덴서

마이카(운모), 폴리스티롤, 세라믹(자기) 등을 유전체로 사용한 콘덴서로서 트리머와 패터가 있다. 콘덴서의 용량을 조정함으로써 정전용량을 회로에 맞게 조절하여 고정적으로 사용할 수 있다. 접점에 의한 저항이 없으며, 높은 주파수까지 사용할 수 있어 통신기기에서 고주파 회로나 국부 발진회로의 주파수의 세밀조정에 사용된다.

(3) 가변 콘덴서

공기를 유전체로 하고 서로 마주보고 있는 고정판과 회전판의 2조의 전극판이 마주보는 면적을 바꿈으로써 정전용량을 가감시킬 수 있는 콘덴서로 바리콘이라고 한다. 라디오의 방송을 선택하는 튜너로 사용된다. 표 1-7은 가변 콘덴서(variable condenser)의 많은 종류를 보여준다.

표 1-7 ∙ 각종 가변 콘덴서

명칭	극성 유무	실 물	기 호	기 능
에어 바리콘				고정 측과 가동 측의 금속층이 공기 중에 마주보고 있는 타입으로 내압이 높으며 송신기 등의 동조에 쓰인다. 수십[pF] 정도에서부터 100[pF] 정도까지의 용량이 있다. 예전에는 430[pF] 등과 같이 큰 것이 AM 라디오용으로 사용되었으나 최근에는 사용되지 않는다.
폴리 바리콘	무		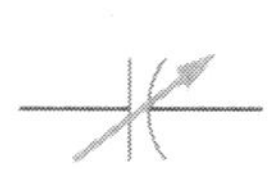	두 종류의 날개 사이에 필름을 끼운 타입으로 필름이 고유전율이기 때문에 소형이면서 고용량의 바리콘이다. 휴대용 라디오의 동조용에 쓰이며, 수십[pF]로부터 수백[pF]의 것이 있다. 또한 내부에 2~4개가 함께 조립된 2열, 4열의 것도 있다.
트리머		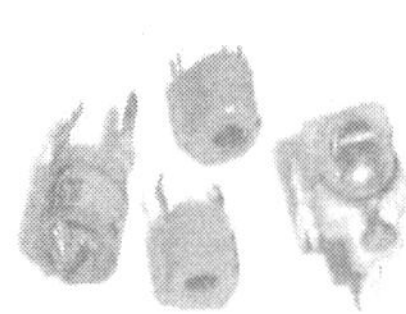		동조의 미세조정 등을 위해 쓰이는 바리콘으로 프린트 기판에 붙여서 사용한다. 트리머를 돌릴 때 보통 드라이버로 사용하면 드라이버의 금속에 의해 용량에 영향을 주기 때문에 조정용의 드라이버로 돌려야 한다. 용량은 수[pF]에서부터 수십[pF] 정도며, 용량을 색으로 구별하는 것도 있다.

표 1-8 ◦ 주요 콘덴서의 특성

유전체 종류	커패시턴스	최대전압 [V]	정밀도	누설 전류	비 고
마이카	0.5~2200[pF]	100~600	좋다	매우 우수	고주파 특성 우수, 매우 작은 C값, 소형, 저가, 가장 많이 쓰임
세라믹(튜브형)	0.5~470[pF]	25~500			
세라믹	10[pF]~1.5[μF]	25~500			
마일러	0.01~4.7[μF]	50~600	좋다	좋다	양질, 저가, 많이 쓰임
폴리스티렌	10~27000[pF]	125~500	좋다	우수	양질, 대형, 신호 필터용
폴리카보네이트	0.01~4.7[μF]	100~400	좋다	좋다	양질, 적분회로에 적합
유리	10[pF]~1[nF]	100~600	좋다	우수	장기 사용에 안정
탄탈	0.1~330[μF]	3~100	나쁨	보통	극성 있음, 소형, 큰 C값, 많이 쓰임
전해	0.47~22200[μF]	3~100	최악	최악	극성 있음, 전원회로용
오일	20~100[nF]	200~10000		좋다	대형, 수명이 길다, 고전압 필터용

5. 콘덴서의 직렬연결

2개 이상의 콘덴서를 그림 1-57과 같이 직렬로 연결하면 회로 전체에 일정한 전하량 Q가 흐르게 되는데, 각 콘덴서에 저장되는 전하를 $Q_1 = Q_2 = Q_3 = Q$ 라 하면 키르히호프의 법칙에 따라 전압은 식 (1-75)와 같다.

$$V = V_1 + V_2 + V_3 \tag{1-75}$$

이것을 $V = Q / C$에 대입하면 식 (1-76)과 같다.

$$V = \frac{Q}{C} = Q\left(\frac{1}{C_1} + \frac{1}{C_2} + \frac{1}{C_3}\right) \tag{1-76}$$

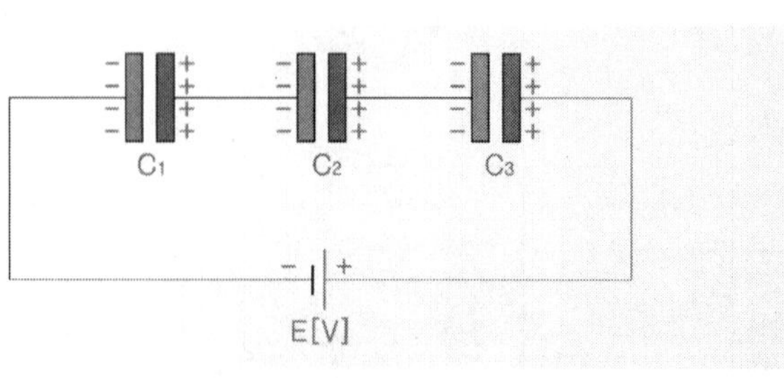

그림 1-57 ◦ 콘덴서의 직렬연결

식 (1-76)을 다시 정리하면 식 (1-77)과 같다.

$$\frac{1}{C} = \frac{1}{C_1} + \frac{1}{C_2} + \frac{1}{C_3} \tag{1-77}$$

따라서 콘덴서의 직렬 연결시 합성 정전용량 C[F]는 식 (1-78)과 같다.

$$\frac{1}{C} = \frac{1}{C_1} + \frac{1}{C_2} + \frac{1}{C_3} + \cdots\cdots + \frac{1}{C_N} \tag{1-78}$$

6. 콘덴서의 병렬연결

2개 이상의 콘덴서를 그림 1-58과 같이 병렬로 연결하면 식 (1-79)와 같이 각 콘덴서에서 소비되는 전압은 공급되는 전압과 같다.

$$V_1 = V_2 = V_3 = V \tag{1-79}$$

각 콘덴서에 저장되는 전하는 식 (1-80)과 같다.

$$Q = Q_1 + Q_2 + Q_3 \tag{1-80}$$

이것을 $Q = CV$에 대입하면 식 (1-81)과 같다.

$$Q = CV = (C_1 + C_2 + C_3)V \tag{1-81}$$

따라서 콘덴서의 병렬 연결시 합성 정전용량 C[F]는 식 (1-82)와 같다.

$$C = C_1 + C_2 + C_3 + \cdots\cdots + C_N \tag{1-82}$$

저항의 연결과는 반대로 콘덴서는 병렬연결할 때 전체 콘덴서 용량은 각 콘덴서의 정전용량의 합과 같다.

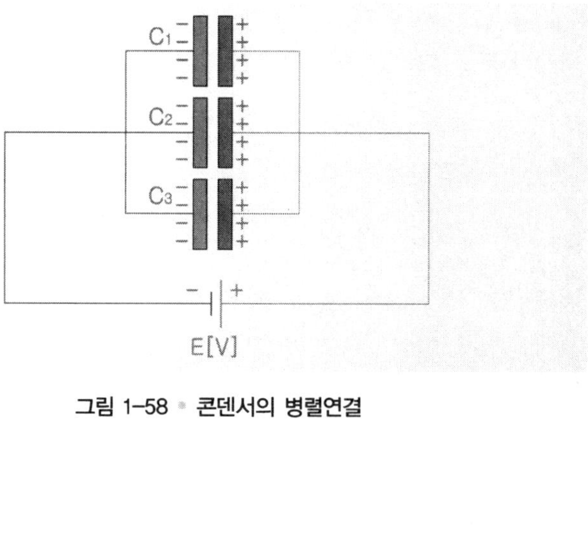

그림 1-58 • 콘덴서의 병렬연결

콘덴서의 직 · 병렬연결 공식과 $C = \dfrac{\varepsilon S}{d}$를 이용하여 복합 유전체로 된 평행판 콘덴서의 정전용량은 식 (1-83), (1-84)와 같다.

$$\text{직렬연결(a)} : C = \left(\frac{l_1}{\varepsilon_1 S} + \frac{l_2}{\varepsilon_2 S}\right)^{-1} = \frac{\varepsilon_1 \varepsilon_2 S}{\varepsilon_2 l_1 + \varepsilon_1 l_2}[\mathrm{F}] \tag{1-83}$$

$$\text{병렬연결(b)} : C = \frac{\varepsilon_1 S}{d} + \frac{\varepsilon_2 S}{d} = \frac{\varepsilon_o}{d}(\varepsilon_1 S_1 + \varepsilon_2 S_2 + \varepsilon_3 S_3)[\mathrm{F}] \tag{1-84}$$

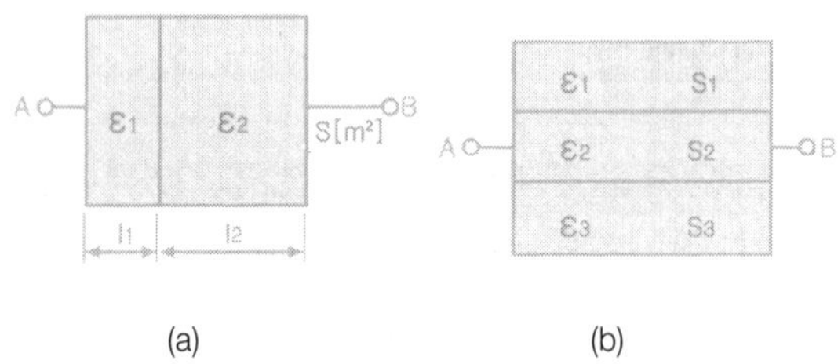

그림 1-59 ◦ 복합 유전체로 된 평행판 콘덴서

7. 전기분극

유전체의 외부에서 전계를 가하면 원자핵은 전계의 방향으로, 전자는 전계와 반대방향으로 변위하여 외부로 전하가 나타나게 되는 현상을 전기분극이라 한다. 유전체 내의 한 점에 분극이 있을 때 이에 수직한 단위면적을 통하여 변위되는 분극의 전 전하량을 그 점에 대한 분극도 또는 분극의 세기라 하고 식 (1-85)와 같다(단, 전기쌍극자 모멘트 $M = Ql$).

$$P = \frac{dM}{dS} = \frac{dQ}{dS} = \sigma_p[\mathrm{C/m^2}] \tag{1-85}$$

그리고 전계방향을 갖는 일종의 벡터 P로 표시하면 분극의 세기 P는 식 (1-86)과 같다(단, $\chi\,[\mathrm{F/m}]$: 분극률, $\varepsilon_s \equiv \varepsilon_0(1+\chi)$).

$$P = \varepsilon_0 \chi E = \varepsilon_0(\varepsilon_s - 1)E \tag{1-86}$$

여기서 분극률은 유전체가 (+), (−)극으로 대전되어 나가는 율이다. 전계 E와 분극의 세기 P간의 관계를 분극 전하밀도 σ_p와 전 전하밀도 σ로 표시하면 식 (1-87)과 같다.

$$E = \frac{\sigma - \sigma_p}{\varepsilon_0} = \frac{D - P}{\varepsilon_0}[\mathrm{V/m}] \tag{1-87}$$

그러므로 전속밀도는 식 (1-88)과 같다.

$$D = \varepsilon_0 E + P[\mathrm{C/m^2}] \tag{1-88}$$

8. 유전체의 특수 현상

(1) 접촉전기 현상

도체와 도체, 유전체와 유전체 또는 유전체와 도체를 강하게 접촉시키면 두 물체 간에 전하와 이동이 생겨서 각각 정(+), 부(−)로 대전한다. 이 때 발생된 전기를 접촉전기(contact electricity)라 한다. 두 물질 간에 접촉전기가 생기면 당연히 전위차가 존재하게 되고 이런 전위차를 접촉 전위차(contact potential difference)라 하며, 이런 현상을 볼타(Volta, Alessandro : 1745~1827)가 발견하였으므로 볼타 효과라고도 한다.

그리고 서로 다른 금속 A, B, C 사이의 접촉 전위차를 비교해 보면 A-B 및 B-C 사이의 접촉 전위차의 대수합은 A-C 사이의 전위차와 같다. 그러므로 온도가 같은 두 종류 이상의 금속으로 폐회로를 만들어도 합성 접촉전위차는 상쇄되어 0이 되므로, 폐회로 내에서 전류의 흐름이 일어나지 않는 현상을 볼타의 법칙이라고 한다. 접촉전위차의 크기는 물질에 따라 다르나 클 때에는 2~3[V]에 이르기도 한다.

(2) 압전기 현상

어떤 특수한 결정을 가진 물질에 기계적 변형력을 가하면 결정 표면에 양(+)·음(−)의 전하루 전기분극이 생기며, 또 반대루 이들 결정에 전장을 가하면 기계적 변형이 생긴다. 이를 압전기 현상(piezo electric phenomena)이라고 한다.

압전기 현상은 결정에 나타나는 것으로 방향성을 가지고 있으며 그림 1-60(a)와 같이 변형력과 분극이 같은 방향에 생기는 경우를 수평효과라 하고, 그림 1-60(b)와 같이 변형력과 분극이 수직으로 생기는 경우를 수직효과라고 한다.

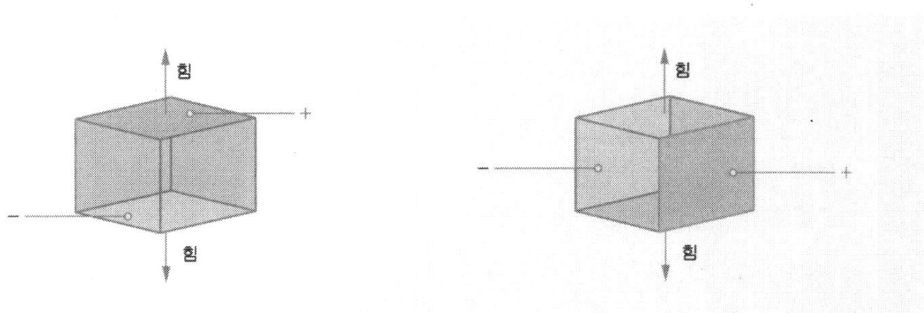

(a) 수평효과 (b) 수직효과

그림 1-60 ◦ 압전기 현상

그리고 압전기 현상을 일으키는 결정으로는 수정, 로셀염, 티탄산바륨 등이 있는데, 기계적인 힘과 전기현상이 상호 변환될 수 있는 성질을 응용하여 압력계, 고주파 진동자, 수정시계 등 일반적으로 널리 이용되고 있다.

(3) 파이로 전기

전기석 등을 가열하면 표면에 분극전하가 나타나고 냉각하면 역분극을 일으키는 현상을 파이로 전기라 한다.

9. 인덕턴스

인덕터(inductor)는 인덕턴스를 가지는 코일이 전류에 의한 자장효과, 자장에 의한 전류효과를 이용한 것으로서, 도선을 원형의 모양이나 기타의 모양으로 감거나 두 도선을 동시에 감아 놓은 소자이다.

코일에 전류를 흘리면 자기작용이 일어나게 되는데 전류의 크기와 자기작용의 세기와의 관계는 선이나 코일의 인덕턴스에 의해서 나타나고, 인덕턴스의 크기는 그 형상, 코일에 감은 횟수 또는 코어에 따라 정해진다. 기호는 L, 단위는 헨리(Henry, [H])가 쓰인다. 1헨리[H]라는 것은 1초[t] 동안에 1[A]의 전류를 도선에 흘렸을 때 1[V]의 기전력을 얻을 수 있는 크기인데 실제로 사용되는 단위로는 [mH] 또는 [μH]가 쓰인다.

어떠한 전기회로 내에 인덕턴스가 있으면 전류의 흐름에 따라 자속이 만들어지는 데 이 때 자속은 흐르는 전류에 비례하므로 식 (1-89)와 같고, 이것을 자기작용이라 하며 $L\,[\mathrm{H}]$는 코일의 자기인덕턴스이다.

$$\psi = Li \tag{1-89}$$

전류가 변화하면 자속에 따라서 변화하게 되고, 자속이 있는 주위에 도체가 있게 되면 그 도체에는 전압이 유도된다. 이는 자속과 권선수에 비례하는 자속쇄교수가 시간적으로 변화하면 그 변화율에 비례하여 유도기전력이 발생한다는 패러데이의 법칙을 이용하며 식 (1-90)과 같다(단, N : 코일의 구조에 따라 고정된 값, ψ : 도선과 교차하는 전체자속).

$$e = \frac{d\psi}{dt}\,[\mathrm{V}], \quad \psi = N \cdot \Phi\,[\mathrm{WbT}] \tag{1-90}$$

이 유도된 전압 때문에 회로에는 별도의 전류가 흐르게 되며, 유도전압은 회로에 전류를 흘리기 위하여 외부로부터 전류가 흐르는 것을 방해하는 특성을 갖게 되는데 이 성질을 유도 리액턴스라고 한다. 즉, 자체 인덕턴스란 어떤 도체에 전류가 흐를 때 전류가 변화함에 따라 유도전압을 발생시키는 도체의 유도능력을 말하는 것이며, 코일의 유도기전력과 자체인덕턴스 $L\,[\mathrm{H}]$은 식 (1-91), (1-92)와 같다.

$$e = N\frac{d\Phi}{dt} = -L\frac{di}{dt}\,[\mathrm{V}] \tag{1-91}$$

$$L = \frac{\psi}{i} = \frac{N\Phi}{i} \tag{1-92}$$

그리고 권심에 의해서 공심 코일, 자심 코일, 성층철심, 페라이트 등의 종류가 있으며, 용도에 따라서 동조 코일, 초크 코일, 발진 코일, 트랜스포머 등으로 분류된다.

어떠한 전기회로 내에 인덕턴스가 있으면 전류의 흐름에 따라 자속이 만들어지는데 이것이 자기작용을 나타낸다. 전류가 변화하면 자속에 따라서 변화하게 되고, 자속이 있는 주위에 도체가 있게 되며 그 도체에는 전압이 유도된다. 이 유도된 전압 때문에 회로에 별도의 전류가 흐르게 되며 유도전압은 회로에 전류를 흘리기 위하여 외부로부터 전류가 흐르는 것을 방해하는 특성을 갖게 된다.

10. 상호 인덕턴스

상호 유도작용에서 1차 코일에 흐르는 전류의 시간 변동분과 2차 코일에 유도되는 전압의 비례상수를 상호 인덕턴스 M(mutual inductance)이다. 즉 첫 번째 코일에 교류전류가 흐르게 되면 1차 측 코일에 자기력선이 발생하게 되는데 이 자기력선의 일부는 2차 측 코일과 교차하여 변화하게 되고 2차 측 코일에 유도기전력을 발생시킨다. 이때 1차 측 코일(L_1)과 2차 측 코일(L_2) 사이에는 상호 인덕턴스가 있다고 하며, 비례상수 M으로 나타내며 단위는 [H]를 사용한다. 상호 인덕턴스는 두 회로의 관계, 위치, 코일의 형상, 크기, 감는 회수, 공간의 재질 등에 따라 다르며 식 (1-93)과 같다.

$$M = M_{12} = M_{21} = K\sqrt{L_1 L_2} \tag{1-93}$$

여기서 K는 결합계수로 $K \fallingdotseq 1$일 때는 밀결합, $K \fallingdotseq 0$일 때는 소결합을 의미한다. 즉, 2차 측 코일에 유도되는 유도기전력을 구해보면 권수 N_1, N_2 인 두 코일은 식 (1-94)와 같다.

$$N_2 \Phi_{21} = M_{21} I_1 \,[\mathrm{WbT}] \tag{1-94}$$

권수 N_2 인 코일에 유도되는 유도기전력은 식 (1-95)와 같다.

$$e_{21} = -M_{21}\frac{dI_1}{dt}\,[\mathrm{V}] \tag{1-95}$$

11. 인덕턴스에 저장되는 에너지

회로에 전류를 흘려보내기 시작하면 코일에 역기전력이 생기는데, 단위전하가 이 역기전력에 거슬러 회로를 한 바퀴 돌려면 $-e\,[\mathrm{V}]$의 일을 해주어야 한다. 이 에너지는 자기장속에 저장되고, 전류를 끊으면 되돌려 받는다. 즉, 인덕턴스는 코일에 전류가 흐르면 형성된 자계 내에 전자 에너지를 저장하고, 저장된 에너지는 단위시간 동안 한 일의 총량으로 식 (1-96)과 같다.

$$\frac{dW}{dt} = -eI = LI\frac{di}{dt}, \quad W = \int dW = \int LI di = \frac{1}{2}LI^2 [\mathrm{J}] \tag{1-96}$$

12. 인덕턴스의 직렬 및 병렬연결

(1) 직렬연결

2개 이상의 인덕턴스를 그림 1-61과 같이 직렬로 연결했을 때 그 전체 인덕턴스는 저항의 연결과 같이 직렬연결하면 증가한다. 따라서 식 (1-97)과 같다.

$$L = L_1 + L_2 + L_3 + \cdots + L_N \tag{1-97}$$

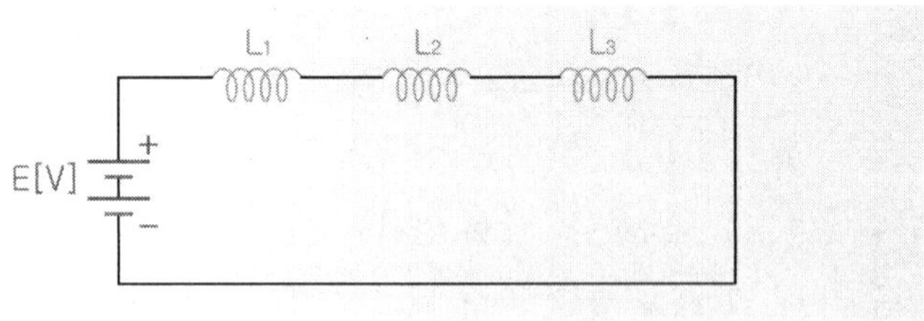

그림 1-61 ◦ 인덕턴스의 직렬연결

(2) 병렬연결

2개 이상의 인덕턴스를 그림 1-62와 같이 병렬로 연결했을 때 그 전체 인덕턴스는 저항의 연결과 같이 병렬연결하면 감소하게 된다. 따라서 식 (1-98)과 같다.

$$\frac{1}{L} = \frac{1}{L_1} + \frac{1}{L_2} + \frac{1}{L_3} + \cdots + \frac{1}{L_N} \tag{1-98}$$

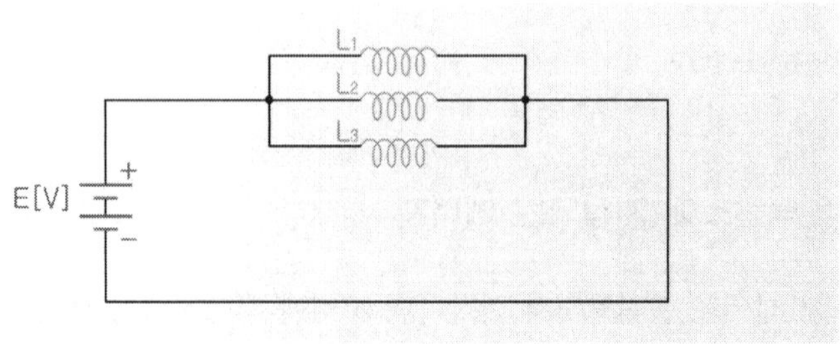

그림 1-62 ◦ 인덕턴스의 병렬연결

06 자기와 전자유도(Magnetism And Electromagnetic Induction)

1. 개 요

자철광(Fe_3O_4)이라고 하는 광석은 철가루와 철조각 등을 끌어당기는 성질이 있고, 또 이 자철광으로 강철을 문지르게 되면 강철도 역시 철가루와 철조각을 끌어당기는 성질을 가지게 된다. 끌어당기는 성질의 근원을 자기(magnetism)라 하고, 자기를 가지고 있는 물체를 자석(magnet)이라 하며 자석의 양끝을 자극이라 한다. 자기에 의한 여러 가지 작용을 자기작용이라 하며, 영구자석으로 강철을 마찰시키거나, 전자석으로 자석을 만드는 것을 자화한다고 한다. 자철광은 천연적으로 자성을 갖고 있으므로 천연자석이라 하고, 인공적인 방법으로 자화한 자석을 인공자석이라 한다. 인공자석에는 막대자석, 말굽자석, 자침 등이 있다. 자기작용으로 인하여 자화할 수 있는 능력이 있는 물질에는 철 이외에 니켈, 코발트 및 합금 등이 있고 이를 강자성체 혹은 자성체라고 하며 자기재료로 사용된다. 자성체와 반대로 구리, 알루미늄과 같이 자기능력이 거의 없는 것을 약자성체라 하고 실용적으로는 비자싱체로 취급한다.

2. 자 극

자기력이 집중된 곳으로 N극과 S극이 있다. 그림 1-63과 같이 자석이 철을 끌어당길 때 흡인력은 자석 전체에 존재하는 것이 아니다. 보통의 막대자석, 말굽자석 등으로 쇳가루를 끌어당기면 자석의 양단에 가까운 곳에서 쇳가루를 끌어당기는데 이와 같이 자석의 가장 센 부분을 자극(magnetic pole)이라고 하며, N극과 S극의 선을 자축이라고 한다.

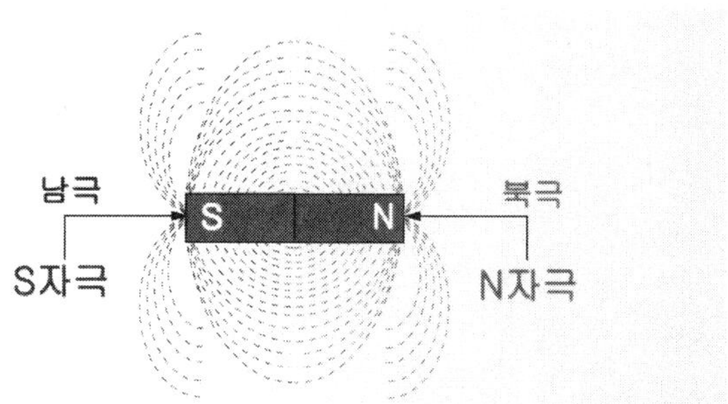

그림 1-63 ◦ 자극

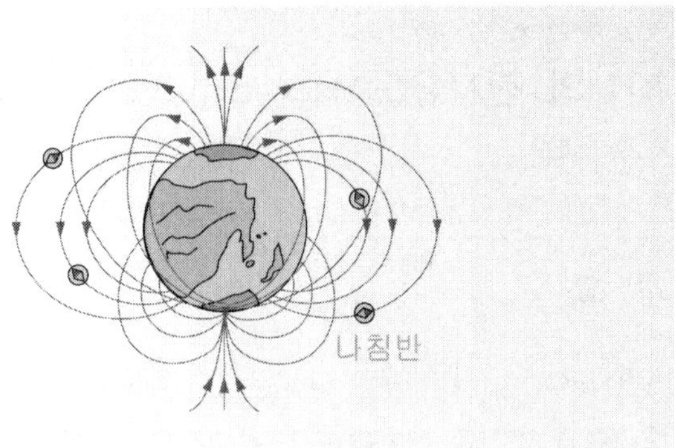

그림 1-64 ◦ 지구자기장

지구 자체는 그림 1-64와 같이 남극과 북극에 자력을 띤 우리 주변에서 가장 큰 자석이다. 쉽게 회전할 수 있는 것에 작은 막대자석을 부착하게 되면 지구의 자극 때문에 항상 한쪽 끝은 남쪽과 북쪽을 가리키게 되는데, 실제의 지구 북극은 자석의 북극과는 약 15[°] 정도 다르게 나타난다. 북쪽을 지시하는 자극은 자석의 N(North)극, 남쪽을 지시하는 자극은 자석의 S(South)극이라고 한다.

3. 자극 간의 상호작용

실로 매단 수평의 두 자침을 가지고 양쪽의 자극을 서로 접근시킬 때 전하 사이의 힘과 마찬가지로 같은 종류의 자극(N극과 N극, 혹은 S극과 S극)에는 반발력이 작용하고, 다른 종류의 자극(N극과 S극, 혹은 S극과 N극)에는 흡인력이 작용한다. 그림 1-65는 자극 간의 흡인력과 반발력의 상호작용을 보여주고 있다.

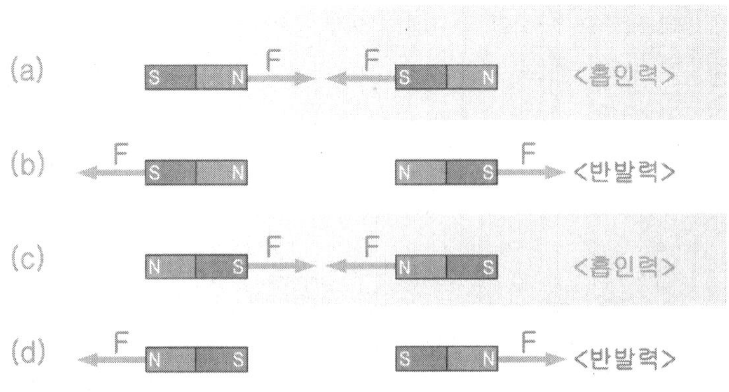

그림 1-65 ◦ 자극 간의 상호작용

투자율 μ[H/m]인 매질에서 두 자극(m_1[Wb], m_2[Wb])이 r[m] 떨어져 있을 때 작용하는 힘 F는 식 (1-99)와 같다(진공중의 투자율 $\mu_0 = 4\pi \times 10^{-7}[\mathrm{H/m}]$, 비투자율 μ_s : 물질에 따라 다르다).

$$F = \frac{m_1 m_2}{4\pi\mu r^2} = \frac{m_1 m_2}{4\pi\mu_0\mu_s r^2} = 6.33 \times 10^4 \times \frac{m_1 m_2}{\mu_s r^2}[\mathrm{N}] \tag{1-99}$$

4. 자 계

자계(magnetic field)란 자력이 미치는 공간을 의미한다. 자계의 세기 H는 자계 중에 +1[Wb]의 단위 자극을 놓았을 때 이에 작용하는 쿨롱의 힘을 말하고 이는 식 (1-100)과 같다.

$$H = \frac{m}{4\pi\mu r^2} = 6.33 \times 10^4 \frac{m}{\mu_s r^2}[\mathrm{AT/m}] \tag{1-100}$$

자장 안에서 임의의 자계 $H[\mathrm{AT/m}]$가 존재할 경우 자극 $m'[\mathrm{Wb}]$가 받는 힘 F는 식 (1-101)과 같다.

$$F = m' H[\mathrm{N}] \tag{1-101}$$

5. 자 속

N극에서 흘러나와 S극으로 흘러 들어가는 자력선들의 전체 집합을 자속(magnetic flux)이라 하고, 기호는 웨버(Weber : [Wb])이며, 식 (1-102)와 같다. 그림 1-66과 같이 강한 자계는 약한 자계보다 많은 양의 자기력선을 가지고 있다.

$$\Phi = m[\mathrm{Wb}] \tag{1-102}$$

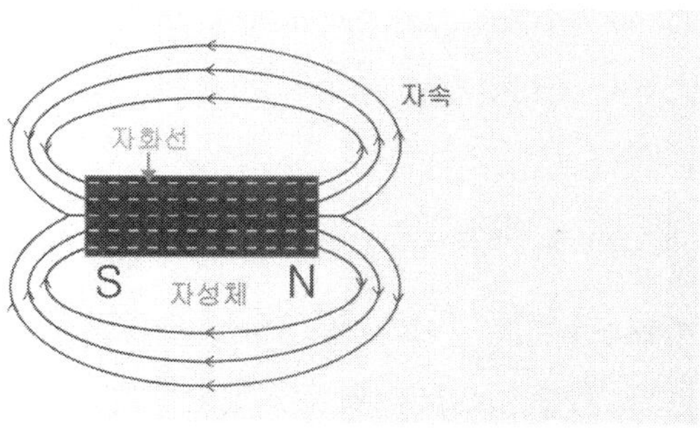

그림 1-66 ◦ 자화와 자속

6. 자속밀도

균등 자계에서의 자계의 세기 H는 단위면적당 총 자력선의 수이다. 여기서 자기력선의 총수는 식 (1-103)과 같다.

$$N = \int_s H \cdot ds = \frac{m}{\mu} \text{[lines]} \tag{1-103}$$

그리고 자속밀도 Φ는 단위면적당 자속의 수이므로 식 (1-104)와 같다.

$$B = \frac{\Phi}{A} \tag{1-104}$$

식 (1-102)~(1-104)를 다시 정리하여 자속밀도를 구하면 식 (1-105)와 같다.

$$B = \mu H [\text{Wb/m}^2] \tag{1-105}$$

단위는 $[\text{Wb/m}^2]$ 혹은 [T](Tesla)를 사용한다. 따라서 공기 중의 자속은 식 (1-106)과 같다.

$$B = \mu_0 H \, [\text{T}] \tag{1-106}$$

일반 매질 중의 자속은 식 (1-107)과 같다.

$$B = \mu_0 \mu_s H [\text{T}] \tag{1-107}$$

7. 자기유도

자기유도란 자성체가 외부 자계의 영향에 의해서 자화되는 현상이다. 영구자석에 의해서 철막대는 자석이 되는데, 이와 같이 영구자석에 의하여 생겨난 자기력선은 철 내부의 분자자석을 자화되기 전 임의의 방향에서 같은 방향으로 재배열시키는 작용을 한다. 이때 자화된 쇳가루가 양끝에 자극을 가지게 되는 현상을 자기유도라고 헌다. 철에 유도된 극은 자석의 극과는 서로 반대의 극을 가지게 되는데 다른 극끼리는 흡입력이 작용하므로 쇳가루를 끌어당기게 된다.

8. 자성체에 축적되는 에너지

자성체에 축적되는 에너지는 인덕턴스에 축적되는 에너지의 원리를 이용하면 구할 수 있는데, 식 (1-108)을 이용하면 에너지는 식 (1-109)가 된다.

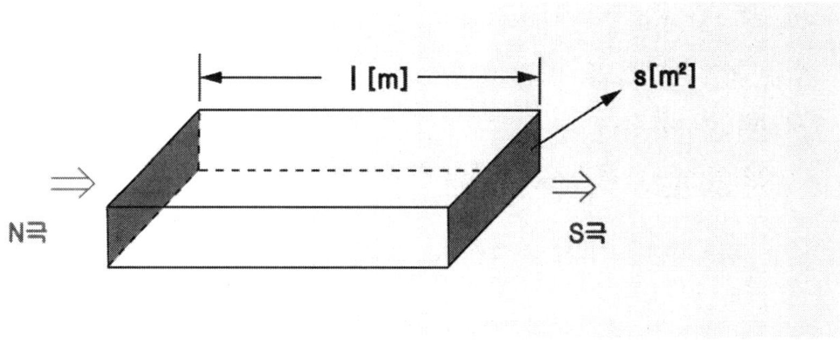

그림 1-67 ◦ 자성체 내의 축적에너지

$$W = \frac{1}{2}LI^2[\mathrm{J}], \quad i = \frac{N\Phi}{L} \tag{1-108}$$

$$W = \frac{N^2\Phi^2}{2L} \tag{1-109}$$

여기에 식 (1-110)을 대입하면 식 (1-111)이 된다.

$$L = \frac{N\Phi}{i} = \frac{NBS}{i} = \frac{N\mu HS}{i} = \frac{\mu N^2 iS}{il} = \frac{\mu N^2 S}{l} \tag{1-110}$$

$$W = \frac{N^2(BS)^2}{2} \cdot \frac{l}{\mu N^2 S} = \frac{B^2 Sl}{2\mu} = \frac{B^2}{2\mu}V[\mathrm{J}] \tag{1-111}$$

자성체의 단위체적당 축적되는 에너지는 식 (1-112)가 된다.

$$W' = \frac{W}{V} = \frac{B^2}{2\mu} = \frac{1}{2}\mu H^2[\mathrm{J/m^3}] \tag{1-112}$$

그리고 단위면적당 받는 힘 f는 단위체적당 축적되는 에너지인 식 (1-112)와 같다.

9. 자기력선

유리판이나 두꺼운 종이 위에 그림 1-68과 같이 쇳가루를 골고루 뿌린 후 막대자석 혹은 말굽자석 위에 두고, 한쪽 방향을 가볍게 두드릴 때 쇳가루는 N극, S 극의 양 자극 간에 이어져 있는 수많은 선상 위에 배열한다. 이 현상은 각각의 쇳가루가 자기유도작용에 의해서 자석의 성질을 가지게 되어 자계의 방향을 향해서 정렬한 것으로 이 배열은 연속적으로 선상이 되어 N극, S극 양극 간을 연결하고 있다.

이와 같이 쇳가루가 선상 위에 나타나는 곡선으로 그 접선에 의하여 자계의 방향을 알 수 있고 또한 그 쇳가루의 분출된 양에 따라서 자계의 세기의 크고 작음을 나타낼 수 있다. 여기서 편의상 쇳가루가 놓여 있는 선과 같은 자석의 N극에서 나와 자계 내에 이어져 있는 자계의 방향을 이용하여 S극으로 들어가 양 자극 간에 연속하는 자계방향의 곡선을 자기력선이라 한다.

자기력선은 다음과 같은 특성이 존재한다.

① 자기력선은 N극에서 나와서 S극으로 향하며, 자극 부분에서 자기력선 밀도가 가장 크다.
② 자기력선의 방향은 한 점에서 접선방향과 일치하며, 자극이 없는 곳에서는 발생, 소멸이 없다.

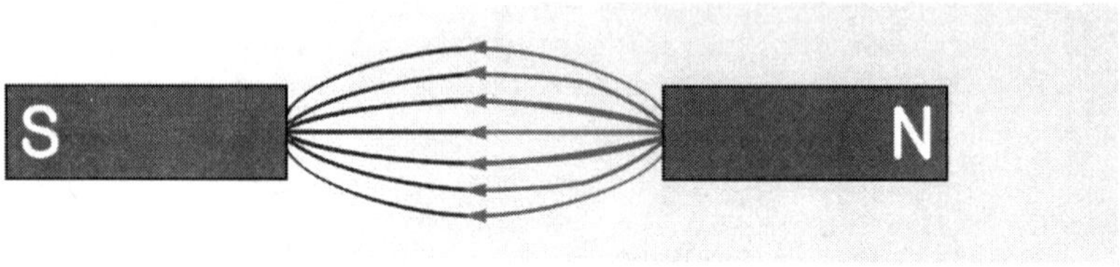

그림 1-68 ◦ 자기력선

③ 자기력선은 서로 교차하지 않으며, 급히 꺾어지거나 비틀어지려고 하지 않는다.

자계의 여러 가지 자기력선 상태는 그림 1-69와 같이 항상 자기력선을 그려서 그 접선의 밀도와 방향에 의하여 여러 곳의 자계의 방향 및 크기를 알 수 있다.

자기력선들은 공기, 진공, 종이, 유리, 나무, 플라스틱 등과 같은 비자성 물질에 의해서는 영향이 없다. 이런 비자성 물질들이 자석의 자계 속에 놓였을 때 자기력선은 물질이 없을 때 자석의 자계와 마찬가지로 형성된다. 그러나 철과 같은 자성체가 자석의 자계 속에 놓였을 때, 자기력선은 집중되어 물질이 없을 때 자석의 자계보다 더욱 밀집하게 된다.

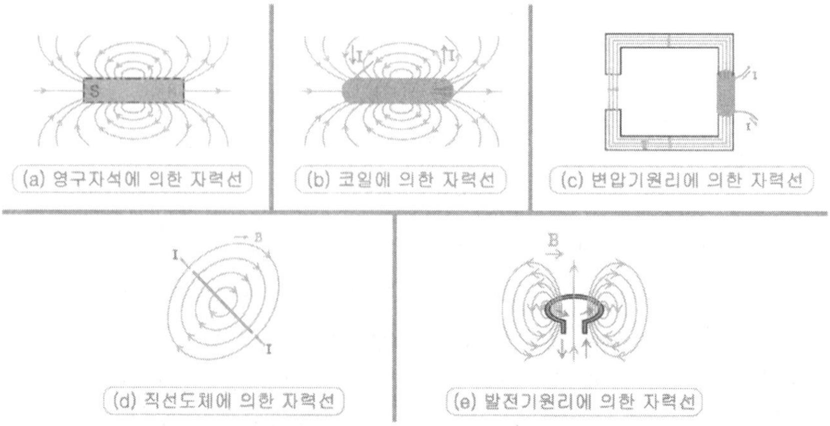

그림 1-69 ◦ 여러 가지 자기력선

10. 전류의 자기 이론

전류가 흐르는 도선 주위에는 자장이 형성되는데, 철이나 기타 자기물질 분자들의 변화로 전류의 흐름에 의해서 자석의 자장이 형성된다는 것을 알 수 있다. 쇳가루가 자화되지 않고 있을 때 쇳가루의 자기분자들은 흩어진 상태에 있다가 강한 자석에 접촉하면 자기분자들은 배열되어 한동안 그 상태를 유지하며 자성을 갖게 된다.

전기와 자기 사이의 관계는 **외르스테드**(H. C. Oersted, 1777~1851)에 의해 1814년에 발견되었으며, **외르스테드는 도선에 전류가 흐르면 자기장의 힘으로 나침반의 바늘이 움직인다는 것을 발견하였으며** 그 후에 이와 반대현상인 자기장이 도선에 전류를 유도할 수 있다는 것이 발견되었다.

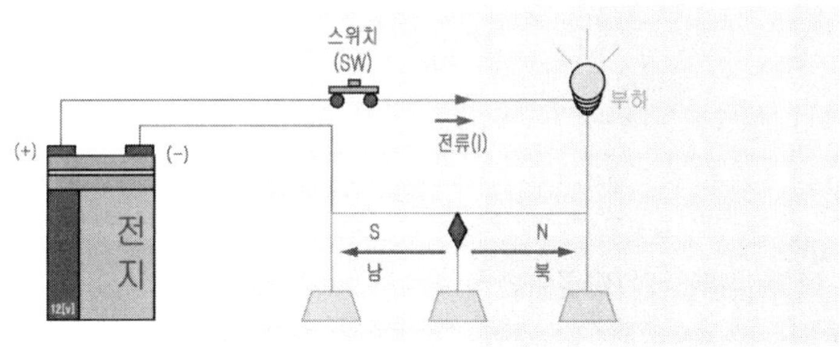

그림 1-70 • 전류의 자기작용

전선에 그림 1-70과 같이 일정한 방향에 전류를 흐르게 하고 여기에 자침을 가까이 접근시키면 자침이 이동하여 일정한 방향을 가리키면서 정지하며, 전류의 방향을 바꾸면 자침이 가리키는 방향도 반대로 나타난다. 이와 같이 **전류가 흐르는 도선 주위에는 자계가 만들어지고 이로 인해 자기작용이** 나타나게 된다. 도체에 전류가 흐를 때 그 도체 주위에는 자기장이 생기는데 이때 **자기장은 동심원으로 도체를 둘러싸는 모양이** 된다.

그림 1-71과 같이 자기력선의 방향은 전류가 흐르는 방향에 의해 결정되는데 전류가 왼쪽에서 오른쪽으로 흐를 때 자기력은 시계방향으로 나타난다. 도체 주위에 형성되는 **자기장의 자기력선의 방향은** 암페어의 오른나사법칙을 적용하면 된다.

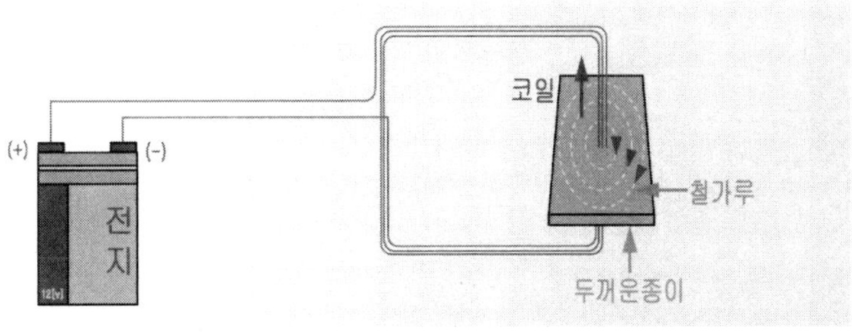

그림 1-71 • 전류와 자기력선의 관계

(1) 암페어의 오른나사법칙

그림 1-72와 같이 전류의 방향에 따라 오른나사를 진행시키면 오른나사가 회전하는 방향이 자기력선이 흐르는 방향이 된다. 또 코일의 경우에는 코일의 축을 따라 코일 내에 오른나사를 놓고 이것을 전류의 방향으로 회전시킬 때의 진행방향이 코일 내에 통하는 자기력선의 방향이다.

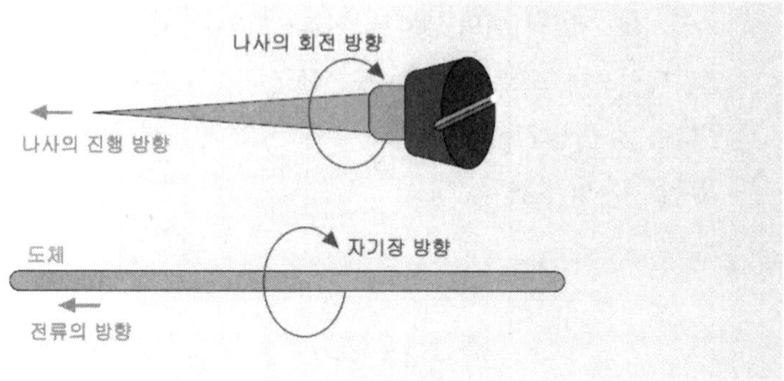

그림 1-72 ◦ 암페어의 오른나사법칙

(2) 암페어의 오른손법칙

그림 1-73과 같이 오른손 엄지손가락을 전류의 방향과 일치시키고 나머지 손가락으로 전선을 감겨 잡으면 네 손가락이 향하는 방향이 바로 자기력선이 통하는 방향이 되고, 전선주위에 발생하는 자기력선의 강도는 전류에 비례하게 된다. 코일의 경우에는 다른 네 손가락을 전류의 방향과 일치시키고 코일을 감겨 잡으면 엄지가 가리키는 방향이 N극을 나타내게 되는데, 이때 전류의 흐름은 전자의 이동을 나타낸다.

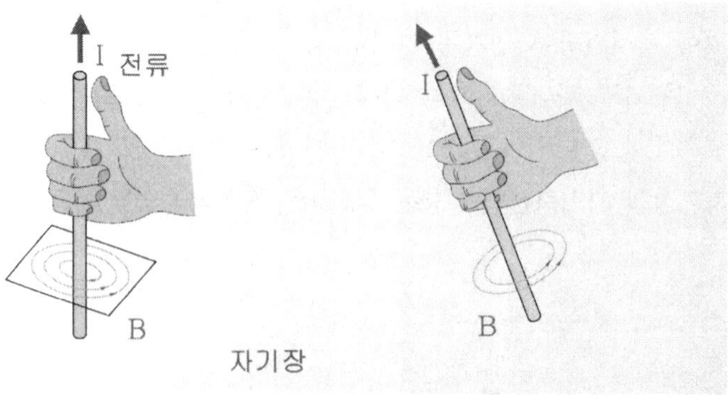

그림 1-73 ◦ 암페어의 오른손법칙

11. 플레밍의 왼손법칙

자석의 N극, S극의 양극 사이에 도선을 놓고 전류를 흘리면 자극 사이의 자기력선의 영향으로 도선은 힘을 받게 된다. 그림 1-74와 같이 왼손의 엄지, 검지, 중지를 서로 직각으로 벌려 검지는 자기장의 방향, 중지는 전류의 방향으로 향하게 하면 엄지는 도체에 작용하는 힘의 방향을 가리키게 되는데 이를 플레밍의 왼손법칙(Fleming's left-hand rule)이라 하고 전동기법칙이라고도 한다.

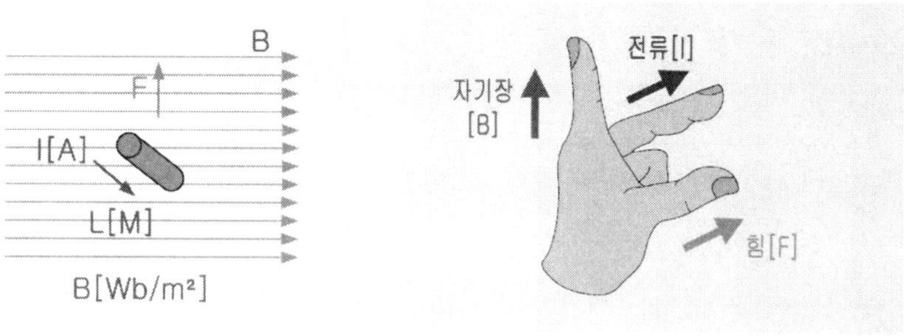

그림 1-74 ◦ 플레밍의 왼손법칙

자속밀도 $B[\mathrm{Wb/m^2}]$의 평등자기장 내에 전류 $I[\mathrm{A}]$가 흐르는 길이 $l[\mathrm{m}]$인 도선을 자기장의 방향과 θ의 각도로 놓는다면, 도선에 작용하는 힘인 전자력 F는 식 (1-113)과 같다.

$$F = BIl\sin\theta[\mathrm{N}] \tag{1-113}$$

12. 플레밍의 오른손법칙

플레밍의 오른손법칙(Fleming's right-hand rule)은 자기장 안의 도체에 힘을 가하여 도체를 움직일 때 전자유도현상으로 생기는 기전력의 방향을 알기 위한 법칙으로 발전기법칙이라고도 한다. 그림 1-75와 같이 오른손의 엄지, 검지, 중지를 직각으로 벌려 검지는 자기장의 방향, 엄지는 도체의 운동방향과 일치시키면 중지는 기전력의 방향을 가리키게 된다.

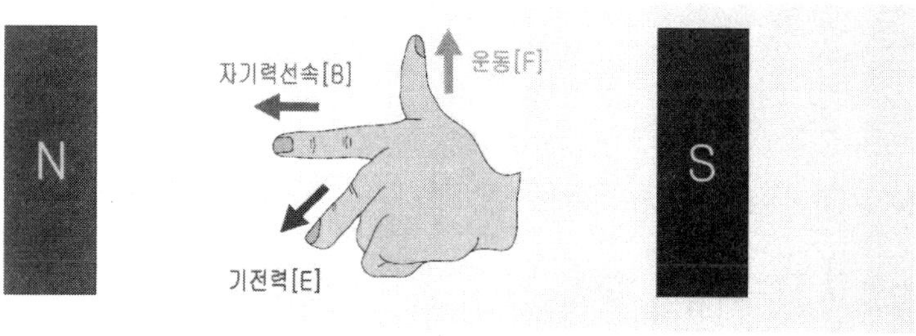

그림 1-75 ◦ 플레밍의 오른손법칙

13. 전자유도법칙

코일의 양 끝에 검류계를 연결한 후 그림 1-76과 같이 통과하는 자속을 변화시키면 코일에 기전력이 발생하여 검류계의 지침이 움직이는데 이것을 전자유도라고 한다.

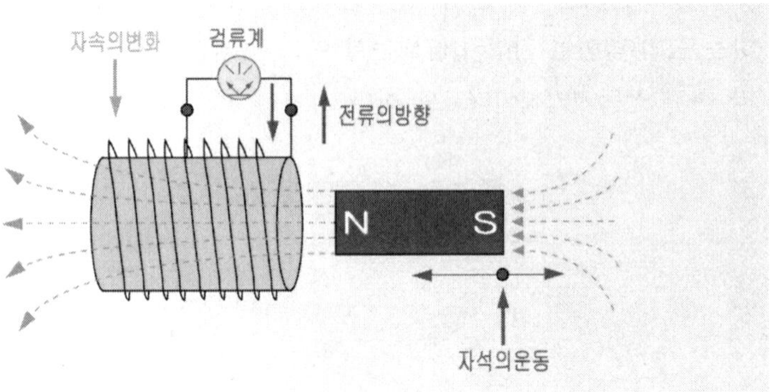

그림 1-76 ∘ 자기유도현상

자석을 좌·우로 움직이면 코일을 지나가는 자속이 변화하여 전자유도에 의해서 기전력이 발생한다. 이때 기전력의 크기는 자속의 시간적 변화($\Delta\Phi / \Delta t$)에 비례하고 이는 식(1-114)와 같다.

$$e = K\left(\frac{\Delta\Phi}{\Delta t}\right) \tag{1-114}$$

또한, 도체에 자속을 끊었을 때 도체에도 기전력이 발생하는데 이런 현상도 전자유도라고 한다. 즉, 코일을 움직이면 코일이 자속을 끊으므로 기전력이 발생하게 되는 것이다. 일정한 자계 내의 도선은 그림 1-77과 같다.

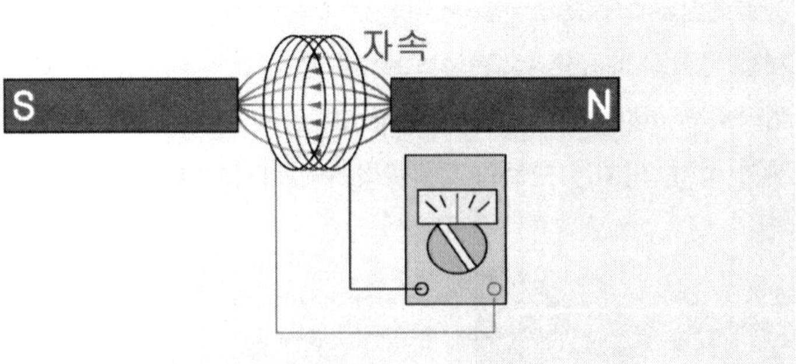

그림 1-77 ∘ 일정한 자계 내의 도선

(1) 패러데이의 법칙

패러데이의 법칙(Faraday's law)에는 두 가지 법칙이 있다. 첫 번째 법칙은 1883년에 발견한 전기분해에 관한 법칙으로 전기분해에 의해서 전극에 추출되는 물질의 양 m[g]은 물질의 종류가 같다면 용액에 흐르는 전기량 Q[C]에 비례하게 되고, 용액에 흐르는 전기량이 같다면 물질의 화학당량 M[g]에 비례하게 된다. 즉, 이는 식 (1-115)와 같다.

$$m = \frac{MQ}{96,500}\ [\mathrm{g}] \tag{1-115}$$

여기서 96,500[C]은 패러데이 상수 F로 물질 1그램([g])당 양을 전기분해로 얻는데 필요한 전하량이며 모든 물질에 대하여 일정한 값이다.

두 번째 법칙은 1831년에 발견한 전자유도에 관한 법칙으로 그림 1-78과 같이 자기장 사이에 도선을 놓으면 회로에 쇄교하는 자속이 시간적으로 변화하여 회로에 기전력 e[V]가 발생하게 된다. 하나의 회로에 전자유도에 의해서 발생되는 기전력 e[V]는 자속쇄교수 ψ[WbT]의 시간 t[s]에 대한 변화율로 나타낼 수 있고 이는 식 (1-116)과 같다.

$$e = -\frac{\Delta\psi}{\Delta t} = -\frac{\Delta N\Phi}{\Delta t}\ [\mathrm{V}] \tag{1-116}$$

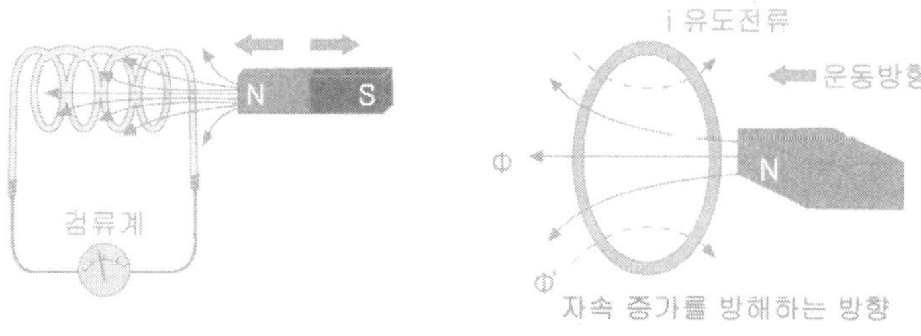

(a) 유도기전력의 발생 (b) 자속변화의 방해 방향

그림 1-78 ● 전자유도 현상

(2) 렌츠의 법칙

전자유도에 의해 발생되는 기전력의 방향은 자속의 변화를 방해하는 방향으로 발생하는데 이를 렌츠의 법칙(Lenz's law)이라 한다.

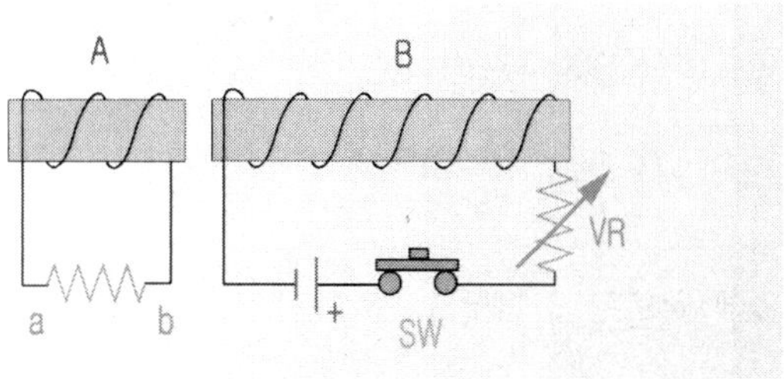

그림 1-79 ● 렌츠의 법칙

코일 B에 전류를 흘리게 되면 자기장이 생성되고, 코일 A에는 코일 B의 자속의 변화를 그림 1-79의 회로에서와 같이 방해하려는 자계가 발생하게 된다. 여기서 자계(magnetic field)란 자석에서 나오는 자기력선이 영향을 미치는 공간이다.

(3) 자계의 변위전류

콘덴서 회로에서 절연물질인 유전체가 삽입되면 전극 간에 전도전류가 흐를 수 없지만 그러나 시간에 따라 전극 간의 전계가 변하면 구속된 전자의 변위에 의해서 전류가 흐를 수 있다.

전류 I를 전하량의 변화로 표현하면 식 (1-117)과 같다.

$$i = \frac{dQ}{dt} [A] \tag{1-117}$$

그림 1-80에서 극판 면적을 $S[m^2]$, 유전체 내에서의 전속밀도를 $D[C/m^2]$라 하면 $D = \frac{Q}{S}$이므로 식 (1-117)은 식 (1-118)이 되며 이를 변위전류라 한다.

$$I = \frac{dD \cdot S}{dt} = S\frac{dD}{dt} [A] \tag{1-118}$$

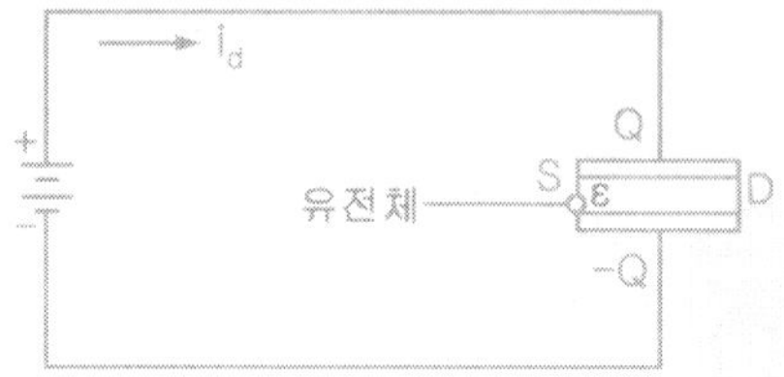

그림 1-80 ◦ 콘덴서의 변위전류 회로

(4) 맥스웰 방정식

맥스웰 방정식은 가우스의 법칙, 패러데이의 전자유도법칙, 맥스웰의 변위전류를 포함하는 일반화된 암페어의 법칙을 정리한 전자계 기초방정식으로 정의한다.

① 패러데이의 전자유도법칙은 식 (1-119)와 같다.

$$e = -\frac{d\Phi}{dt} [V] \tag{1-119}$$

코일에 유도된 전계를 E라 하면 식 (1-120)과 같다.

$$e = \int E \cdot dl \tag{1-120}$$

식 (1-120)에 $\Phi = B \cdot S$를 적용하면 식 (1-121)이 된다.

$$\int E \cdot dl = -\frac{d}{dt}\int_S B \cdot dS = -\int_S \frac{\partial B}{\partial t}\, dS \tag{1-121}$$

식 (1-121)에 스토크스의 정리를 적용하면 식 (1-122)와 같다.

$$\oint E \cdot dl \equiv \int_S (\nabla \times E) \cdot dS = -\int_S \frac{\partial B}{\partial t} dS \tag{1-122}$$

식 (1-122)의 양변을 미분하면 식 (1-123)이 된다.

$$\nabla \times E = -\frac{\partial B}{\partial t} \tag{1-123}$$

② 변위전류를 포함하는 암페어의 법칙은 식 (1-124)와 같다.

$$\oint B \cdot dl = \mu_0 I + \frac{\partial D}{\partial t} \tag{1-124}$$

식 (1-124)를 적분형태로 바꾸고 스토크스의 정리를 적용하면 식 (1-125)가 된다.

$$\int_S (\nabla \times H)\, dS = \int_S \left(J + \frac{\partial D}{\partial t}\right) dS \tag{1-125}$$

식 (1-125)의 양변을 미분하면 식 (1-126)과 같다.

$$\nabla \times H = J + \frac{\partial D}{\partial t} \tag{1-126}$$

식 (1-126)에 $D = \varepsilon E$를 적용하면 식 (1-127)이 된다.

$$\nabla \times H = J + \varepsilon \frac{\partial E}{\partial t} \tag{1-127}$$

③ 가우스의 법칙은 식 (1-128)과 같다.

$$\int_S E dS = \frac{Q}{\varepsilon_0} \tag{1-128}$$

식 (1-128)에 발산정리를 적용하면 식 (1-129)가 된다.

$$\nabla \cdot E = \int_S E dS = \int_V (\nabla \cdot E)\, dv \tag{1-129}$$

식 (1-129)를 다르게 표현하면 식 (1-130)이 된다.

$$\nabla \cdot E = \frac{Q}{\varepsilon_0} \tag{1-130}$$

④ 자계에 대한 가우스의 정리 : 임의의 폐곡면에서 나오는 자계의 수는 0이다. 이는 식 (1-131)과 같다.

$$\int B dS = 0 \tag{1-131}$$

식 (1-131)에 발산정리를 적용하면 식 (1-132)와 같다.

$$\text{div } B = 0, \quad \nabla \cdot B = 0 \tag{1-132}$$

⑤ 맥스웰 방정식을 다시 정리하면 식 (1-133) ~ (1-136)과 같다.

㉠ 자계변화에 의한 전계의 발생현상은 식 (1-133)과 같다.

$$\nabla \times E = -\frac{\partial B}{\partial t} = -\mu\frac{\partial H}{\partial t} \tag{1-133}$$

㉡ 전계변화에 의한 자계의 발생현상은 식 (1-134)와 같다.

$$\nabla \times H = J + \frac{\partial D}{\partial t} = J + \varepsilon\frac{\partial E}{\partial t} \tag{1-134}$$

㉢ 전계에 의해 발산하는 전기력선의 수는 식 (1-135)와 같다.

$$\nabla \cdot E = \frac{Q}{\varepsilon_0} \tag{1-135}$$

㉣ 폐곡면상에서 자속은 식 (1-136)과 같다.

$$\nabla \cdot B = 0 \tag{1-136}$$

14. 전자기파

(1) 전자기파의 발생

자계의 시간적 변화$\left(\frac{d\Phi}{dt}\right)$에 의해 전계가 발생한다는 패러데이법칙과 전계의 시간적 변화$\left(\frac{dE}{dt}\right)$에 의해 자계가 발생한다는 변위전류의 개념은 전자기파의 존재를 나타내는 맥스

(a) 자계발생 모식도 (b) 전계발생 모식도

그림 1-81 ◦ 자계와 전계의 발생 모식도

웰의 전자이론이다. 자계와 전계의 발생 모식도는 그림 1-81과 같다.

① **자계의 시간적 변화** : 패러데이의 전자유도법칙에 의한 **유도전압이 발생**하므로 자계에 의한 전계의 발생이다.

② **전계의 시간적 변화** : 변위전류에 의한 **자계의 발생**을 의미한다.

③ **자계와 전계의 반복** : 상호 연결고리처럼 전자기파의 개념이다.

전자기파의 발생 모식도는 그림 1-82와 같다.

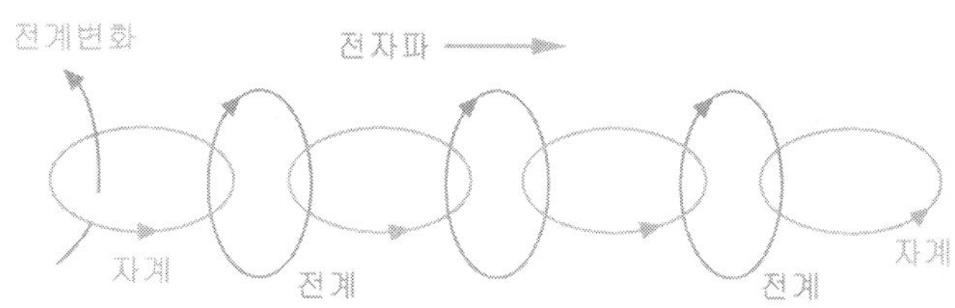

그림 1-82 ◦ 전자기파의 발생 모식도

(2) 전파와 빛

주파수 f, 파장 λ, 전파속력 v인 전자기파의 **파장-속도 관계식**은 식 (1-137)과 같다.

$$\lambda = \frac{v}{f} = \frac{c}{f}[\mathrm{m}], \quad \text{광속}(c) = 3\times10^{8}[\mathrm{m/s^2}] \tag{1-137}$$

표 1-9 ◦ 전파의 분류표

주파수대의 구분		주파수 범위	파장 범위	용 도
장파 : VLF	Very Low Frequency	3~30[kHz]	100~10[km]	해상통신
장파 : LF	Low Frequency	30~300[kHz]	10~1[km]	선박, 항공기 유도
중파 : MF	Mddium Frequency	300~3000[kHz]	1000~100[m]	AM 방송
단파 : HF	High Frequency	3~30[MHz]	100~10[m]	선박무선, 항공무선, 아마추어 무선
초단파 : VHF	Very High Frequency	30~300[MHz]	10~1[m]	FM 방송, VHF 방송, 군사무선
극초단파 : UHF	Ultra High Frequency	300~3000[MHz]	100~10[cm]	UHF 방송, 자동차전화, 위성
센티미터파 : SHF	Super High Frequency	3~30[GHz]	10~1[cm]	마이크로파 통신, 레이더, 국제전화
밀리미터파 : EHF	Extremely High Frequency	30~300[GHz]	10~1[mm]	우주 통신
준 밀리파		300~3000[GHz]	1~0.1[mm]	단거리 군통신

표 1-9는 전자기파의 분류를 나타내고 있다.

(3) 전자기파의 전파

전자기파의 전파는 그림 1-83과 같다.

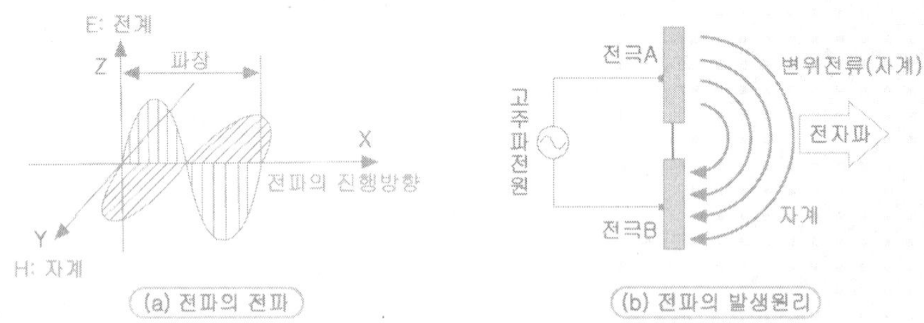

그림 1-83 ◦ 전자기파의 전자파

① 전자기파는 그 파장이 짧을수록, 즉 주파수가 높을수록 빛의 성질에 가깝게 된다.
② 전파의 직진성은 VHF나 UHF보다 SHF 쪽이 강하다.
③ 안테나의 크기와 전자기파의 파장과는 많은 관계가 있다.
④ 안테나의 효율을 높이려면 안테나 금속의 길이를 파장의 1/2로 해야 한다.

07 교류회로(AC-Circuit)

1. 교류의 발생

시간에 따라 전류의 크기와 방향이 주기적으로 변화하는 것을 교류전류라 하고, 인가되는 전압을 교류전압이라 하며, 교류전류와 교류전압을 통칭하여 교류라 한다.

도체가 그림 1-84와 같이 일정한 각속도 $\omega = 2\pi f$[rad/s]로 회전함에 따라 생성되는 최대의 유도기전력을 V_m[V]이라 하면 t 초 동안에 θ만큼 회전하면 회전각은 $\theta = \omega t$이므로 임의의 시간 t[s] 후의 유도기전력 v는 식 (1-138)과 같다.

$$v = V_m \sin\theta = V_m \sin\omega t \qquad (1\text{-}138)$$

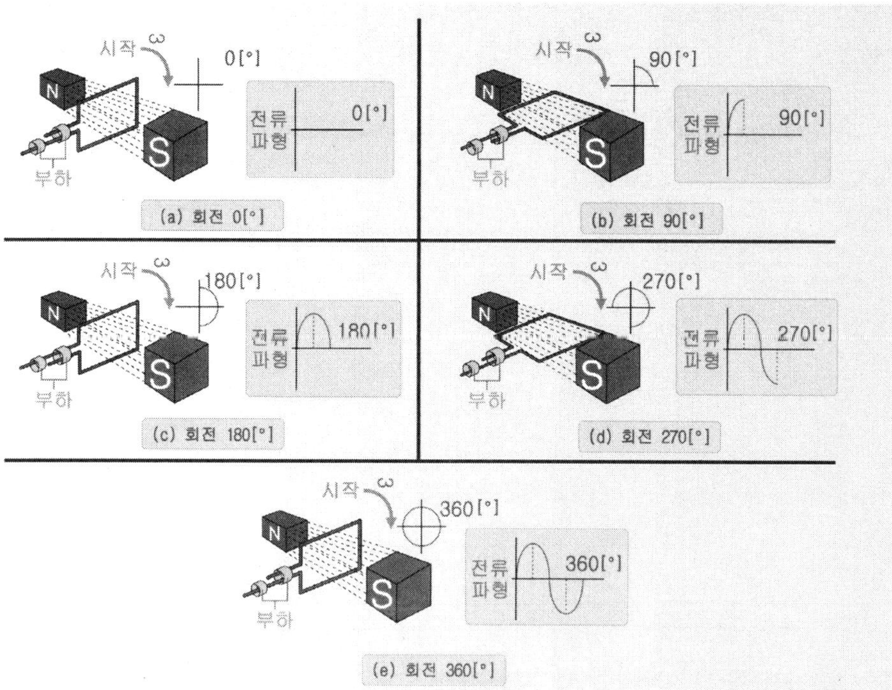

그림 1-84 ◦ 교류의 생성

이것이 정현파(sine wave) 기전력을 나타내는 일반식이다. v는 시간에 따라 변하고 있으므로 임의의 순간전압인 순시값이라고 하며, V_m은 순시값 중에서 최대의 정현파 기전력이므로 최대값이라 한다. 이와 마찬가지로 정현파 기전력에 의해서 도체에 흐르는 교류전류를 i는 순시값, I_m은 최대값이라 하면 식 (1-139)와 같다.

$$i = I_m \sin \omega t \tag{1-139}$$

그림 1-85와 같이 사인곡선(sine curve)과 같은 모양으로 변화하는 기전력을 정현파 기전력이라 한다.

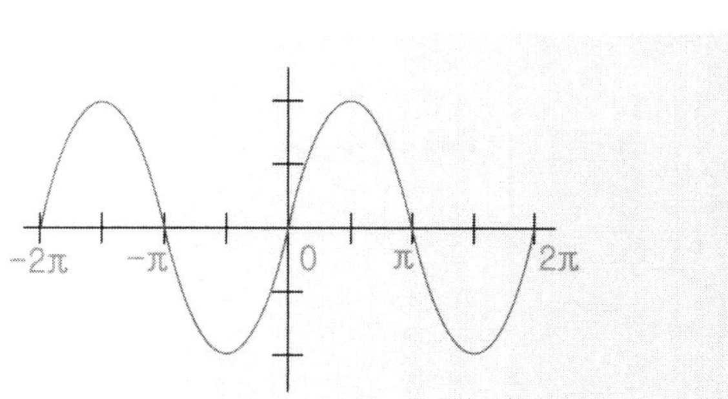

그림 1-85 ◦ 정현파 기전력의 파형

2. 주파수

교류가 직류와 다른 점은 시간에 따라 크기와 방향이 주기적으로 변하는 것이다. 교류에는 정현파 외에 구형파, 톱니파, 삼각파 등이 있으며 그 파형은 그림 1-86과 같다.

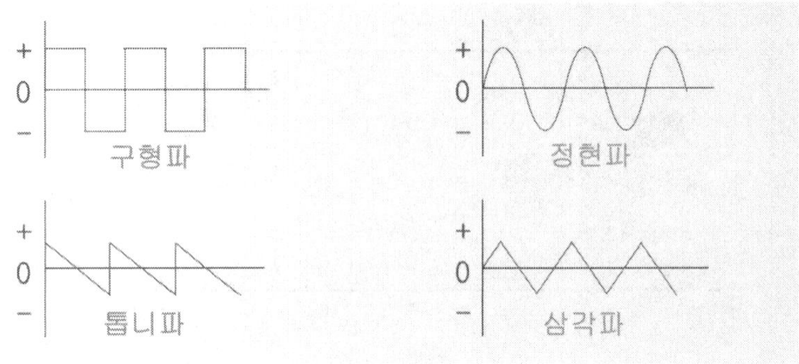

그림 1-86 • 여러 가지 교류 파형들

시간에 따라 주기적으로 반복되는 교류파형이 완전히 변화하여 처음 상태로 돌아가는 것을 1사이클이라 하며 1사이클에 필요한 시간을 주기라 하고, T로 표시하며, 단위는 초[s]를 사용한다. 또 교류의 1초 동안에 반복되는 사이클의 수를 주파수(frequency)라 하며, 기호로는 f를 사용하며 단위는 헤르츠(Hertz : [Hz])를 사용한다. 주기 T[sec]와 주파수 f[Hz] 사이에는 식 (1-140)과 같다.

$$f = \frac{1}{T}[\text{Hz}] \text{ 또는 } T = \frac{1}{f}[\text{s}] \tag{1-140}$$

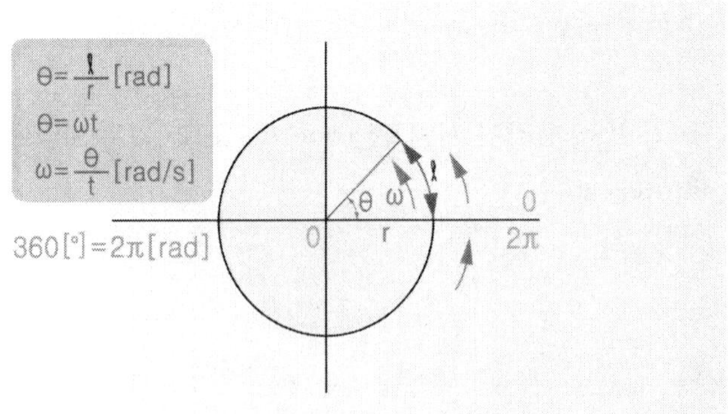

그림 1-87 • 각속도

교류의 파형에서 그림 1-87과 같이 1주기의 각을 2π [rad]로 정하며 전기각이라고 한다. 그리고 교류가 1초 동안에 진행하는 전기각을 ω로 표시하며, 각속도(angular velocity) 또는 각주파수(angular frequency)라 하고, 단위는 ω[rad/sec]를 사용한다.

따라서 1주기에 소요되는 시간 T초 동안에 1사이클의 각도는 2π[rad]만큼 증가하므로 1초 동안에는 $2\pi/T$[rad/s]만큼 증가한다. 그러므로 식 (1-141)이 된다.

$$\omega = \frac{2\pi}{T} = 2\pi f \text{ [rad]} \tag{1-141}$$

또 파형의 주기적인 변화를 거리의 관점에서 생각해볼 때 1주기의 주파수에 해당하는 길이를 파장이라고 하며 파장은 전송속도와 주파수에 의해 결정되며 이는 식 (1-142)와 같다.

$$\lambda = \frac{v}{f} \text{ [m]} \tag{1-142}$$

3. 위상과 위상차

교류파형의 기전력을 나타내는 공식은 식 (1-143)과 같다.

$$v = V_m \sin(\omega t + \theta) \tag{1-143}$$

여기서 θ는 교류파형 간의 위상(phase) 또는 위상각(phase angle) 차이를 나타낸다.

두 개의 교류파형은 같은 정현파이지만 그림 1-88을 보면 A파형은 0점에서, B파형은 A파형의 최소점에서 시작한다. 그러므로 시간의 관점으로 생각해볼 때 B파형이 A파형보다 전압위상이 먼저 나타나며 이 시간에 해당하는 양을 각으로 나타내면 $\pi/2$, 즉 90[°]와 같다.

이 각의 차이를 A파형과 B파형의 위상차(phase difference)라 하며, B파형은 A파형보다 위상이 90[°] 뒤진다(lag)고 하고 A파형은 B파형보다 위상이 90[°] 앞선다(lead)고 한다.

두 개의 정현파 교류의 위상이 일치하면 최대값에 상관없이 동상(inphase)이라 하고, 두 개의 정현파 교류의 위상이 일치하지 않으면 위상차 또는 상차(out of phase)가 있다고 한다.

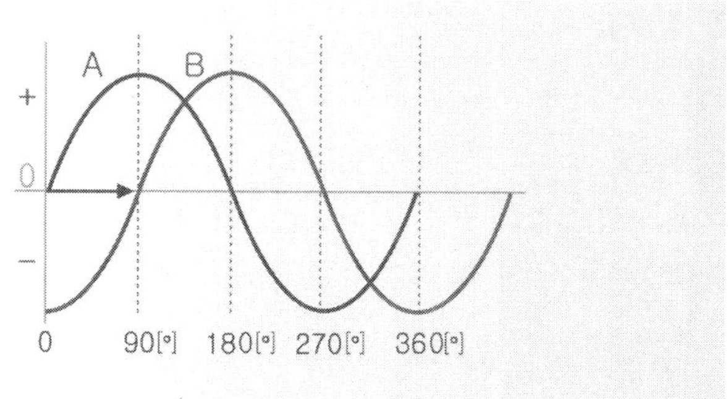

그림 1-88 ■ 위상차

4. 평균값과 실효값

(1) 평균값

교류의 파형이 그림 1-89와 같이 정현파인 경우에는 최대값으로 크기를 표시할 수 있으나, 정현파가 아닌 경우에는 교류파형이라 하여도 그 성질이 다르므로 최대값만으로는 교류의 크기를 나타낼 수 없다. 교류파형은 보통 (+)파와 (−)파가 서로 대칭파이므로 각 주파수마다 1주기에 대하여 평균값(average value)을 구하면 0이 된다. 따라서 1/2주기 동안(반파)의 평균을 취하여 교류의 평균값으로 크기를 표시할 수 있다.

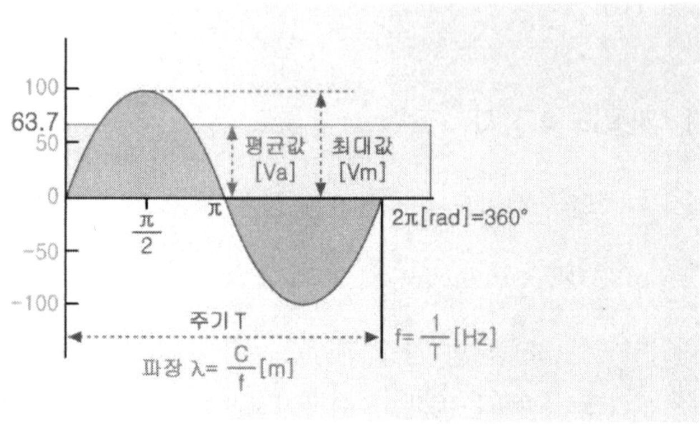

그림 1-89 ◦ 정현파의 최대값과 평균값

정현파의 교류전압과 전류의 평균값과 최대값의 관계는 식 (1-144), (1-145)와 같다.

$$V_a = \frac{2}{\pi} V_m \fallingdotseq 0.637 V_m [\mathrm{V}] \tag{1-144}$$

$$I_a = \frac{2}{\pi} I_m \fallingdotseq 0.637 I_m [\mathrm{A}] \tag{1-145}$$

(2) 실효값

어떤 저항 R에 순간값이 i 인 교류전류가 흐를 때의 평균전력과 같은 저항 R에 직류전류 I가 흐를 때의 소비전력이 동일하면 i 와 I는 같은 효과를 내는데, 이때의 I의 값을 교류전류 i 의 실효값(effective value)이라 한다. 어떤 저항 R에 직류전류 I가 흐를 때 소비전력 P_{DC} 는 식 (1-146)이 된다.

$$P_{DC} = I^2 R [\mathrm{W}] \tag{1-146}$$

같은 저항 R에 교류전류 i가 흐를 때 1주기(2π) 동안의 소비전력 P_{AC} 는 1주기(2π)

동안 소비된 전력의 평균값으로 식 (1-147)과 같다.

$$P_{AC} = \frac{1}{T}\int_0^T i^2\,dt\,R \tag{1-147}$$

여기에서 $P_{DC} = P_{AC}$ 이면 식 (1-148)과 같다.

$$I^2 = \frac{1}{T}\int_0^T i^2\,dt \tag{1-148}$$

교류전류 i 의 실효값은 식 (1-149)와 같다.

$$I = \sqrt{i^2\text{의 평균}} \tag{1-149}$$

이것이 실용적으로 교류의 실효값을 정의하는 방법이다. 식 (1-149)에 따라 교류의 실효값을 순간값의 제곱평균의 제곱근(Root Mean Square : RMS)값이라고 한다. 따라서 정현파 교류의 전류와 전압의 최대값과 실효값의 관계는 식 (1-150), (1-151)과 같다.

$$V_{rms} = \frac{V_m}{\sqrt{2}} \fallingdotseq 0.707\,V_m\,[\mathrm{V}] \tag{1-150}$$

$$I_{rms} = \frac{I_m}{\sqrt{2}} \fallingdotseq 0.707\,I_m\ [\mathrm{A}] \tag{1-151}$$

또한, 파형에서 실효값을 나타낼 때에는 그림 1-90과 같고 우리가 자주 사용하는 파형의 실효값과 평균값은 표 1-10과 같다.

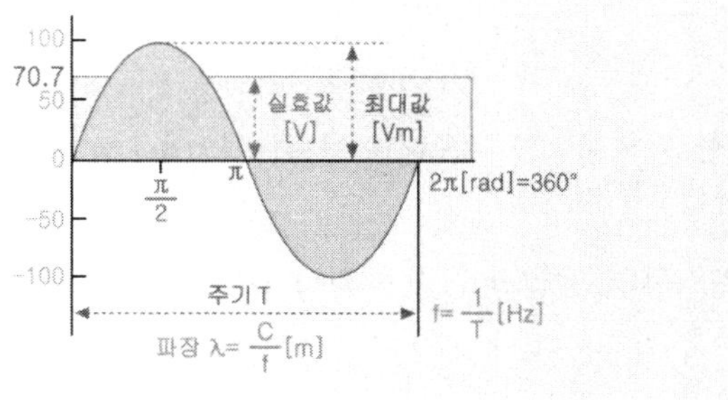

그림 1-90 ◦ 정현파의 최대값과 실효값

표 1-10 ◦ 여러 파형의 실효값과 평균값

구분 / 파형의 종류	실효값	파형률	파고율	평균값	파형
정현파	$\frac{V_m}{\sqrt{2}} = 0.707V_m$	$\frac{\pi}{2\sqrt{2}} = 1.11$	$\sqrt{2} = 1.414$	$\frac{2V_m}{\pi}$	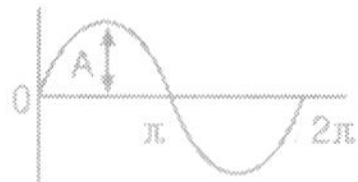
반파정현파	$\frac{V_m}{2} = 0.5A$	$\frac{\pi}{2} = 1.571$	2	$\frac{V_m}{\pi}$	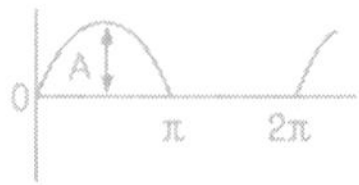
구형파	A	1	1	V_m	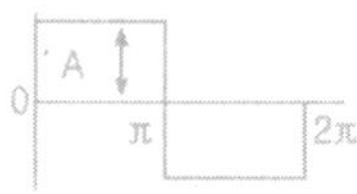
삼각파	$\frac{V_m}{\sqrt{3}} = 0.577V_m$	$\frac{2}{\sqrt{3}} = 1.155$	$\sqrt{3} = 1.732$	$\frac{V_m}{2}$	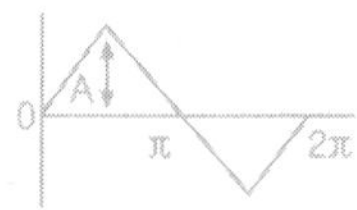
전파	$\frac{V_m}{\sqrt{2}} = 0.707A$	$\frac{\pi}{2\sqrt{2}} = 1.11$	$\sqrt{2} = 1.414$	$\frac{2V_m}{\pi}$	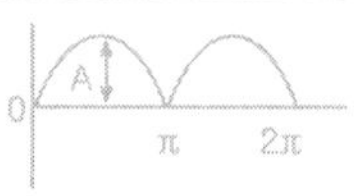

[참고]
- 비정현파 교류(non-sinusoidal wave A.C) : 파형이 일그러져 정현파가 되지 않는 교류
- 푸리에 급수(fourier series) : 주기적인 비정현파를 해석하기 위한 급수
- 고조파(higher harmonic wave) : 기본 주파수의 정수배의 주파수로 고주파와 구별
- 파형률(form factor) : 실효값을 평균값으로 나눈 값으로 파의 기울기 정도를 표시
- 파고율(crest factor) : 최대값을 실효값으로 나눈 값으로 파두(wave front)의 날카로운 정도를 표시

5. 벡터와 복소수

힘, 속도, 전류, 전압과 같이 방향과 크기를 동시에 가지는 물리량을 벡터라 한다. 그림 1-91과 같이 기준선으로부터 편각은 벡터의 방향을 나타내고, 기준선으로부터 편각만큼 벌어진 선분은 벡터의 크기를 나타낸다.

복소수는 실수와 허수로 이루어진 수로 허수란 제곱할 경우 음이 되는 수로서, 허수는 i 로 나타내지만 공학에서는 전류를 i 로 나타내기 때문에 j 로 나타낸다. 복소수를 표시할 때는 문자 위에 점을 찍어 표시한다.

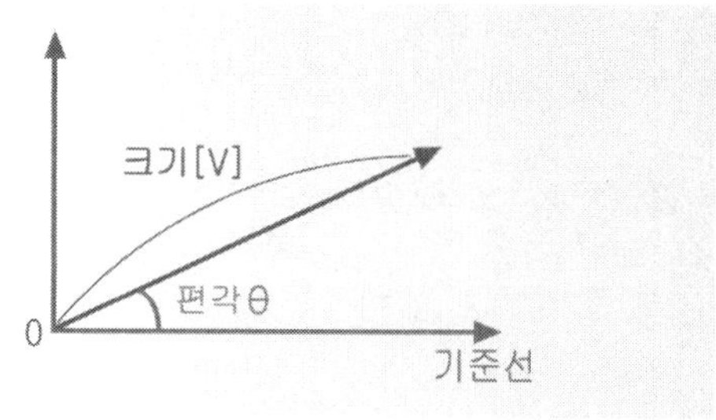

그림 1-91 • 벡터의 표시

예를 들면 $\dot{Z}$로 나타낼 수 있고 다시 복소수 $\dot{Z}$를 실수부와 허수부 형식으로 나타내면 식 (1-152)와 같다.

$$\dot{Z} = (\text{실수부}) + j(\text{허수부}) \tag{1-152}$$

그림 1-92와 같이 복소수를 직각좌표에 나타낼 때 x축은 **실수축**(real axis)으로 하여 **실수**(real number)를 표시하고, y축은 **허수축**(imaginary axis)으로 하여 **허수**(imaginary number)를 표시한다.

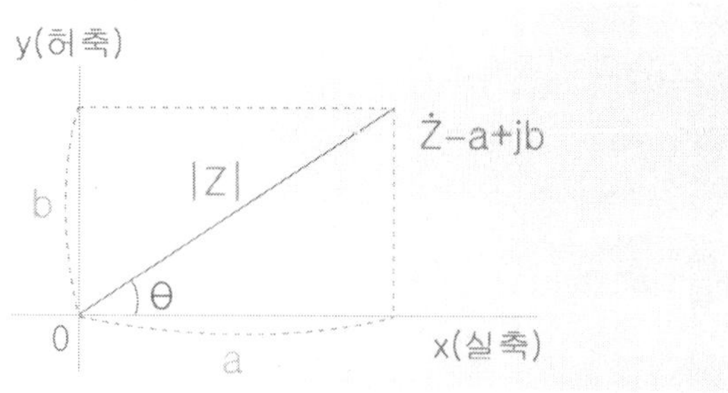

그림 1-92 • 복소수의 좌표표시

이와 같은 **실수와 허수를 나타내는 평면을 복소평면**(complex plane)이라고 한다. 즉, 벡터 $\dot{Z}$는 2개의 직각좌표축 중에서 횡축인 x축을 기준선으로 하여 편각 θ만큼 돌린 선이고, 벡터 $\dot{Z}$의 **x축 및 y축상의 성분을 각각 실수부 a 및 허수부 b로** 놓으면 식 (1-153)과 같다.

$$\dot{Z} = a + jb \tag{1-153}$$

이와 같이 직각좌표축 상의 성분으로 벡터를 표시하는 것을 직각좌표형식이라 하고 벡터 $\dot{Z}$의 크기인 절대값과 편각은 성분 a, b를 이용하여 식 (1-154), (1-155)로 표시할 수 있다.

$$\text{절댓값} : |Z| = \sqrt{a^2 + b^2} \tag{1-154}$$

$$\text{편 각} : \theta = \tan^{-1}\frac{b}{a} \tag{1-155}$$

또 복소수 $\dot{Z}$의 실수부를 a, 허수부를 b, 편각을 θ 그리고 복소수의 절대값을 $\dot{Z}$이라고 하면 식 (1-156)과 같다.

$$a = Z\cos\theta, \quad b = Z\sin\theta \tag{1-156}$$

벡터 $\dot{Z}$는 식 (1-157)과 같다.

$$\dot{Z} = Z(\cos\theta + j\sin\theta) \tag{1-157}$$

이와 같이 나타내는 것을 삼각함수형식이라 한다. 이 삼각함수형식은 크기와 편각으로 구성되어 있으므로 식 (1-158)과 같다.

$$\dot{Z} = Ze^{j\theta} = Z\angle\theta \tag{1-158}$$

여기서 $\dot{Z} = Z\angle\theta$와 같이 표시하는 것을 극좌표형식이라 하고, $\dot{Z} = Ze^{j\theta}$와 같이 나타내는 것을 지수함수형식이라 한다.

6. 저항회로

저항 $R[\Omega]$만의 회로에 $v = V_m \sin\omega t\,[\mathrm{V}]$인 교류전압을 인가하였을 때 그림 1-93과 같이 회로에 흐르는 전류는 식 (1-159)와 같다.

$$i = \frac{V_m}{R}\sin\omega t = I_m \sin\omega t\,[\mathrm{A}] = \sqrt{2}\,I_{\mathrm{rms}}\sin\omega t\,[\mathrm{A}] \tag{1-159}$$

옴의 법칙인 식 (1-160)과 같다.

$$I = \frac{V}{R}\,[\mathrm{A}] \tag{1-160}$$

전압과 전류의 크기를 실효값으로 나타내면 식 (1-161)~(1-163)이 된다.

$$I_{\mathrm{rms}} = \frac{I_m}{\sqrt{2}}, \quad V_{\mathrm{rms}} = \frac{V_m}{\sqrt{2}} \tag{1-161}$$

$$v = \sqrt{2}\,V_{\mathrm{rms}}\sin\omega t \tag{1-162}$$

$$i = \sqrt{2}\,I_s \sin\omega t \tag{1-163}$$

저항회로에 흐르는 전류는 그림 1-93과 같이 전압과 최대값은 다르지만 위상이 같으므로 동상이다.

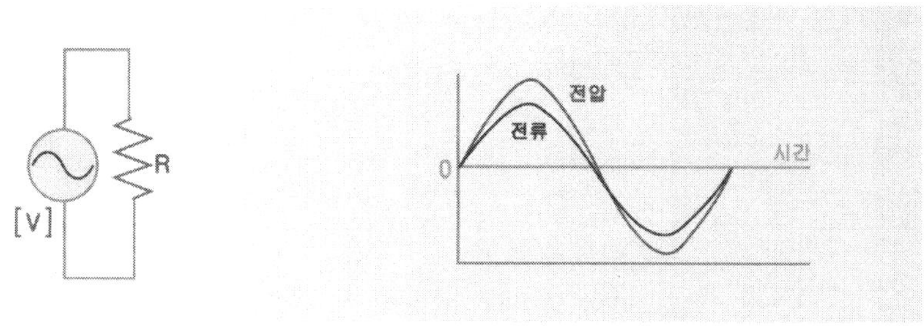

그림 1-93 ● 저항성 교류회로

7. 유도성회로

인덕턴스(inductance) L[H]만의 회로에 교류전류 $i = I_m \sin\omega t$[A]가 흐르면 그림 1-94와 같이 인덕턴스는 자체 유도작용에 의해 i 에 비례하는 자력선을 만들게 되고 이로 인하여 i보다 $\pi/2$[rad]만큼 위상이 뒤진 식 (1-164)와 같은 유도기전력 e가 발생하게 된다.

$$e = -L\frac{di}{dt} = -L\frac{d}{dt}I_m \sin\omega t = -\omega L I_m \cos\omega t\,[\mathrm{V}] \qquad (1\text{-}164)$$

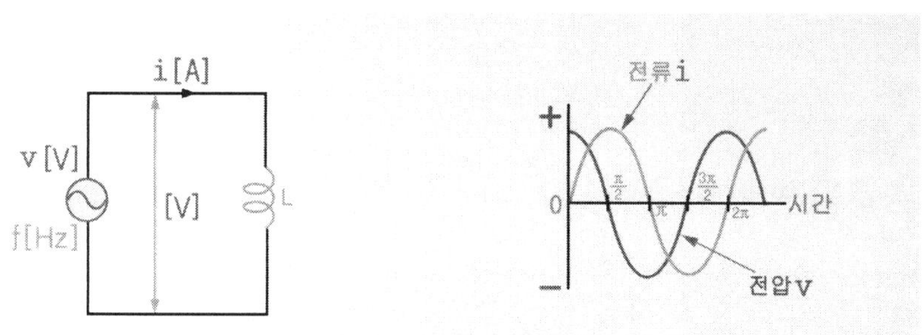

그림 1-94 ● 유도성 교류회로

전류 i 를 계속 흘리기 위해서는 회로에 유도기전력 e를 제거할 수 있는 크기가 같고 위상이 반대인 전압 v를 가해야 되는데 v는 식 (1-165)와 같다.

$$v = -e = \omega L I_m \cos\omega t = \omega L I_m \sin\left(\omega t + \frac{\pi}{2}\right)[\mathrm{V}] \qquad (1\text{-}165)$$

즉, 전압 v는 전류 $i = I_m \sin\omega t$[A] 보다 $\frac{2}{\pi}$[rad]만큼 위상이 앞서게 된다. 그림 1-94와 같다. 식 (1-165)에서 ωL 을 유도성 리액턴스(inductive reactance)라 하며 기호로는 X_L로 표시하고, 단위는 저항과 같은 옴[Ω]을 사용한다.

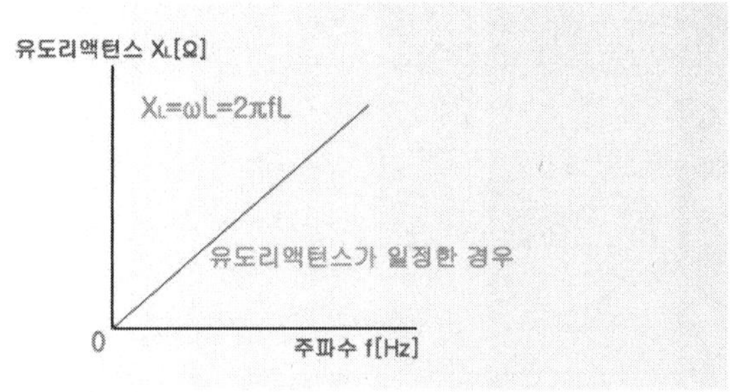

그림 1-95 ◦ 주파수와 유도성 리액턴스의 관계

유도 리액턴스는 그림 1-95와 같이 주파수의 크기에 비례하여 증가하므로 인덕턴스가 교류전원에 연결되면 인덕턴스가 나타내는 저항값은 전원의 주파수에 따라 변화하게 된다.

인덕턴스 내에서는 교류전류를 방해하는 성질을 가지고 있는데 이것을 유도성 리액턴스라 하고 이는 주파수(f)와 인덕턴스(L)에 식 (1-166)과 같이 비례한다.

$$X_L = 2\pi f L = \omega L \tag{1-166}$$

8. 용량성회로

정전용량(capacitance) C만의 회로에 교류전류 $i = I_m \sin\omega t\,[\mathrm{A}]$가 흐르면 그림 1-96과 같이 콘덴서에는 전하 q가 쌓이게 된다.

콘덴서에 쌓이는 전하량 Q는 식 (1-167)과 같다.

$$Q = Cv \tag{1-167}$$

전류 i는 콘덴서에 쌓이는 전하 q의 시간변화율은 식 (1-168)과 같다.

$$i = \frac{dq}{dt} \tag{1-168}$$

전압 v는 식 (1-169)와 같이 정리할 수 있다.

$$Q = \int dq = \int i\,dt = Cv, \quad v = \frac{1}{C}\int i\,dt \tag{1-169}$$

식 (1-169)를 적분하여 정리하면 전압 v는 식 (1-170)과 같다.

$$v = \frac{1}{C}\int I_m \sin\omega t\,dt = -\frac{1}{\omega C} I_m \cos\omega t = \frac{1}{\omega C} I_m \sin\left(\omega t - \frac{\pi}{2}\right)[\mathrm{V}] \tag{1-170}$$

즉, 전압 v는 전류 $i = I_m \sin\omega t\,[\mathrm{A}]$ 보다 $\frac{2}{\pi}\,[\mathrm{rad}]$만큼 위상이 뒤지게 되며 그림 1-96과 같다.

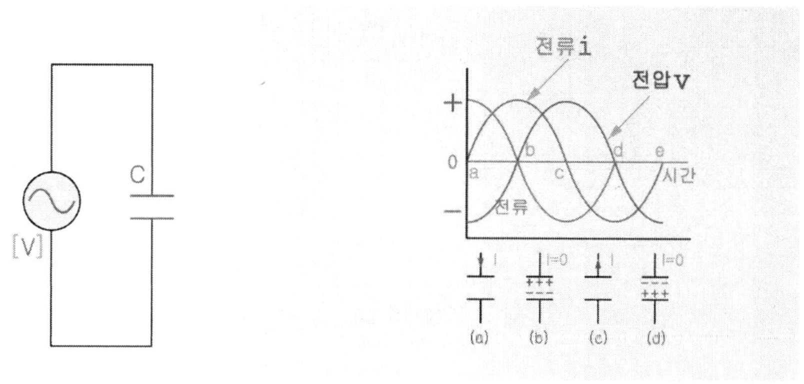

그림 1-96 ◦ 용량성 교류회로

식 (1-170)에서 $\frac{1}{\omega C}$ 을 용량성 리액턴스(capacitive reactance)라 하며 X_C로 표시하고, 단위는 옴[Ω]을 사용한다.

용량성 리액턴스는 그림 1-97과 같이 주파수 f 에 반비례하므로 $f = 0[\mathrm{Hz}]$인 직류에 대해서는 $X_C = \infty$ 이고, f 가 매우 큰 고주파에 대해서는 매우 작은 값을 가지게 된다.

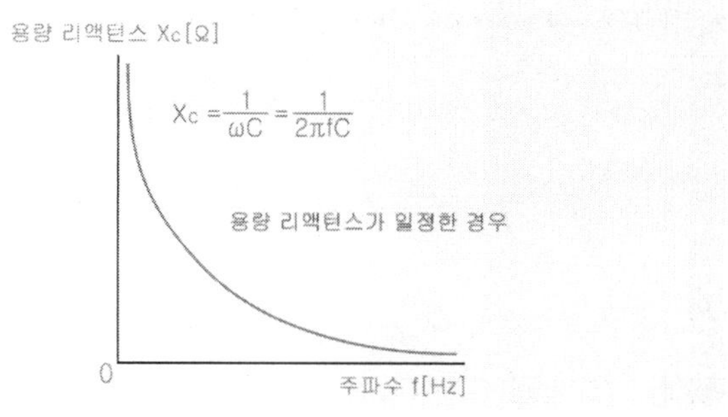

그림 1-97 ◦ 주파수와 용량성 리액턴스의 관계

용량성 리액턴스는 주파수 f와 정전용량 C에서 식 (1-171)과 같이 반비례한다.

$$X_C = \frac{1}{2\pi f C} = \frac{1}{\omega C} \tag{1-171}$$

9. $R-L$ 직렬회로

저항 $R[\Omega]$과 인덕턴스 $L[\mathrm{H}]$의 직렬회로에 교류전류 $i = I_m \sin \omega t\,[\mathrm{A}]$가 흐른다면 그림 1-98과 같이 전류 i 에 의하여 저항 R과 자체 인덕턴스 L의 양단에 걸리는 전압 v_R, v_L은 식 (1-172), (1-173)이 된다.

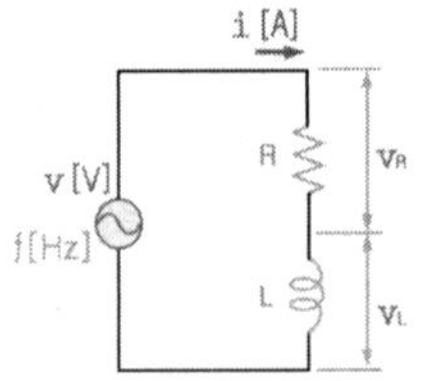

(a) $R-L$ 직렬회로

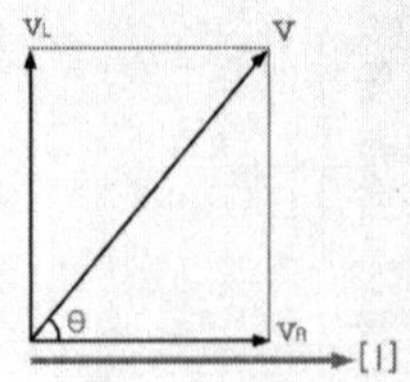

(b) 전압 벡터도

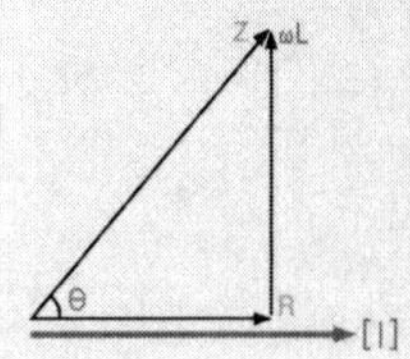

(c) 임피던스 벡터도

그림 1-98 ◦ R-L 직렬회로와 벡터도

$$v_R = Ri = RI_m \sin \omega t [\mathrm{V}] \tag{1-172}$$

$$v_L = L\frac{di}{dt} = \omega L I_m \cos \omega t = X_L I_m \cos \omega t \ [\mathrm{V}] \tag{1-173}$$

여기서 v_R과 i는 동상이고 v_L은 i보다 앞서게 된다. 공급전압 v[V]는 v_R과 v_L의 합인 식 (1-174)가 된다.

$$v = v_R + v_L = I_m (R \sin \omega t + X_L \cos \omega t) \tag{1-174}$$

식 (1-174)는 식 (1-175)에 의해서 식 (1-176)과 같다.

$$\sin A \cos B + \cos A \sin B = \sin (A+B) \tag{1-175}$$

$$v = I_m \sqrt{R^2 + X_L^2} \sin (\omega t + \theta) \tag{1-176}$$

여기서 $R = \cos\theta$, $X_L = \sin\theta$이므로 전압 v와 전류 i의 위상차 θ는 식 (1-177)과 같다.

$$\tan\theta = \frac{\sin\theta}{\cos\theta} = \frac{X_L}{R}, \quad \theta = \tan^{-1}\frac{X_L}{R} = \tan^{-1}\frac{\omega L}{R} \ [\mathrm{rad}] \tag{1-177}$$

그리고 식 (1-176)에서 $\sqrt{R^2 + X_L^2}$ 은 회로에 가한 전압과 전류의 비를 나타내는 값으로 임피던스(impedance)라 하며 기호로는 Z로 표시하고, 단위는 옴(Ω)을 사용한다.

10. $R-C$ 직렬회로

저항 R[Ω]과 정전용량 C[F]의 직렬회로에 교류전류 $i = I_m \sin \omega t$ [A]가 흐른다면 그림 1-99와 같이 전류 i에 의하여 저항 R과 정전용량 C의 양단에 걸리는 전압 v_R, v_C는 식 (1-178), (1-179)가 된다.

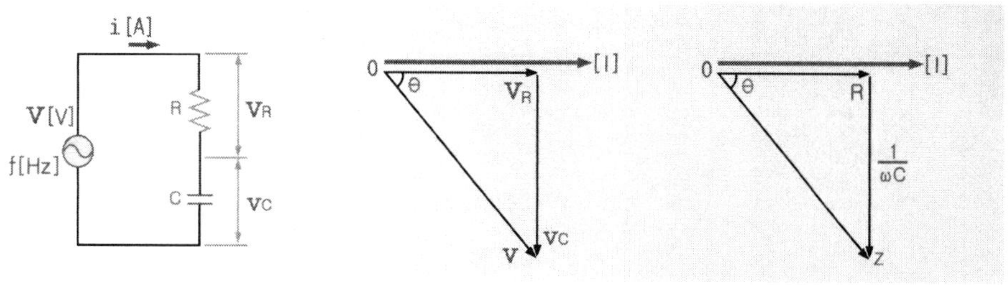

(a) $R-C$ 직렬회로 (b) 전압 벡터도 (c) 임피던스 벡터도

그림 1-99 ◦ $R-C$ 직렬회로와 벡터도

$$v_R = Ri = RI_m \sin \omega t [\mathrm{V}] \tag{1-178}$$

$$v_C = \frac{1}{C}\int i\,dt = -\frac{1}{\omega C}I_m \cos \omega t = -X_C I_m \cos \omega t\, [\mathrm{V}] \tag{1-179}$$

여기서 v_R과 i는 동상이고 v_L은 i보다 뒤지게 된다.

공급전압 $v\,[\mathrm{V}]$는 v_R과 v_C의 합인 식 (1-180)과 같다.

$$v = v_R + v_C = I_m(R\sin\omega t - X_C\cos\omega t) \tag{1-180}$$

식 (1-180)은 식 (1-181)에 의해서 식 (1-182)와 같다.

$$\sin A \cos B - \cos A \sin B = \sin(A - B) \tag{1-181}$$

$$v = I_m \sqrt{R^2 + X_C^2}\, \sin(\omega t - \theta) \tag{1-182}$$

여기서 $R = \cos\theta$, $X_C = \sin\theta$이므로 전압 v와 전류 i의 위상차 θ는 식 (1-183)으로 표시된다.

$$\tan(-\theta) = \frac{\sin\theta}{\cos\theta} = \frac{X_C}{R}, \quad -\theta = \tan^{-1}\frac{X_C}{R} = \tan^{-1}\frac{1}{\omega RC}[\mathrm{rad}] \tag{1-183}$$

그리고 식 (1-182)에서 $\sqrt{R^2 + X_C^2}$을 임피던스라 하며 기호로는 Z로 표시하고, 단위는 옴[Ω]을 사용한다.

11. $R-L-C$ 직렬회로

저항 R[Ω], 인덕턴스 L[H], 콘덴서 C[F]의 직렬회로에 **교류전류** $i = I_m \sin \omega t\,[\mathrm{A}]$가 흐른다면, 그림 1-100과 같이 각 소자의 양단에 걸리는 전압 v_R, v_L, v_c는 식 (1-184)~(1-186)이 된다.

$$v_R = Ri = RI_m \sin \omega t \; [\mathrm{V}] \tag{1-184}$$

$$v_L = \omega L I_m \cos \omega t \; [\mathrm{V}] \tag{1-185}$$

$$v_C = -\frac{1}{\omega C} I_m \cos \omega t \; [\mathrm{V}] \tag{1-186}$$

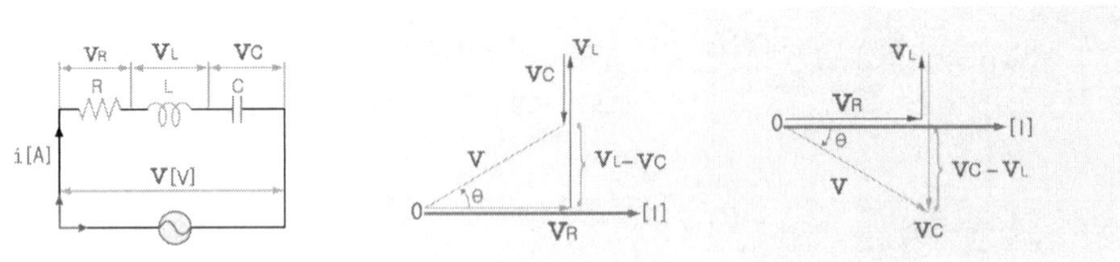

(a) $R-L-C$ 직렬회로 (b) 전압 벡터도($X_L > X_C$) (c) 전압 벡터도($X_L < X_C$)

그림 1-100 ◦ $R-L-C$ **직렬회로와 벡터도**

여기서 v_R과 i는 동상이고 v_C는 i보다 앞서게 되고 v_L은 i보다 뒤지게 된다. 공급전압 v[V]는 식 (1-187)이 된다.

$$v = v_R + v_L + v_C = I_m \left[R \sin \omega t + \left(\omega L - \frac{1}{\omega C} \right) \cos \omega t \right] [\mathrm{V}] \tag{1-187}$$

식 (1-187)은 식 (1-185)에 의해서 식 (1-188)과 같다.

$$v = I_m \sqrt{R^2 + X^2} \sin (\omega t + \theta) \tag{1-188}$$

여기서 X는 리액턴스라 하며 식 (1-189)와 같다.

$$X = \omega L - \frac{1}{\omega C} = X_L - X_C \; [\Omega] \tag{1-189}$$

$R = \cos\theta$, $X = \sin\theta$이므로 전압 v와 전류 i의 위상차 θ는 식 (1-190)과 같다.

$$\tan\theta = \frac{X}{R}, \quad \theta = \tan^{-1}\frac{X_L - X_C}{R} = \tan^{-1}\frac{1}{R}\left(\omega L - \frac{1}{\omega C}\right) [\mathrm{rad}] \tag{1-190}$$

즉, 이 회로의 전압과 전류의 비인 임피던스 Z는 식 (1-191)과 같다.

$$Z = \frac{v}{i} = \sqrt{R^2 + X^2} = \sqrt{R^2 + (X_L - X_C)^2}$$
$$= \sqrt{R^2 + \left(\omega L - \frac{1}{\omega C}\right)^2} \; [\Omega] \tag{1-191}$$

① $\omega L > \frac{1}{\omega C}$, 즉 $v_L > v_C$이면 v는 i보다 θ만큼 위상이 앞선다(유도성회로).

② $\omega L < \frac{1}{\omega C}$, 즉 $v_L < v_C$이면 v는 i보다 θ만큼 위상이 뒤진다(용량성회로).

③ $\omega L = \frac{1}{\omega C}$, 즉 $v_L = v_C$이면 v와 i는 동상이다(무유도성 회로, 직렬공진회로 또는 전압공진회로).

12. $R-L$ 병렬회로

저항 R[Ω]과 인덕턴스 L[H]의 병렬회로에 주파수 f[Hz], 정현파 교류전압 v를 인가했을 때 회로에 흐르는 전류를 i라고 한다면

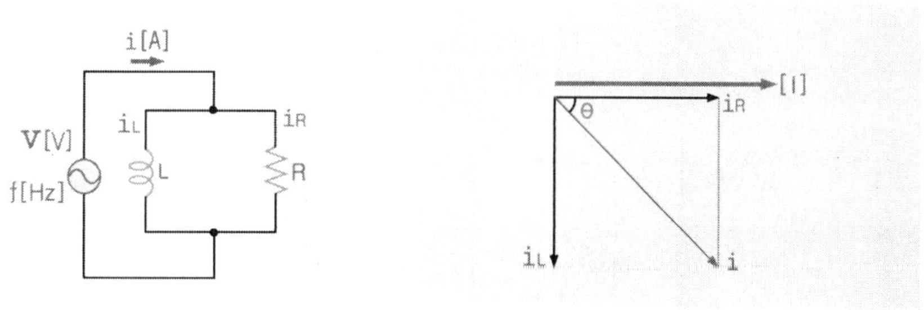

(a) $R-L$ 병렬회로 (b) 벡터도

그림 1-101 · $R-L$ 병렬회로와 벡터도

그림 1-101과 같이 저항 R과 인덕턴스 L에 흐르는 전류 i_R, i_L은 식 (1-192), (1-193)이 된다.

$$i_R = \frac{v}{R}\,[\mathrm{A}] \tag{1-192}$$

$$i_L = \frac{v}{X_L} = \frac{v}{j\omega L} = -j\frac{v}{2\pi f L}\,[\mathrm{A}] \tag{1-193}$$

여기서 i_R과 v는 동상이고 i_L은 v보다 뒤지게 된다. 이 회로에서 전류 i는 저항 R과 인덕턴스 L에 흐르는 전류의 합과 같으므로 전류 i의 크기 I는 식 (1-194)와 같다.

$$I = \sqrt{I_R^2 + I_L^2} = V\sqrt{\left(\frac{1}{R}\right)^2 + \left(\frac{1}{\omega L}\right)^2} = \frac{V}{Z} = YV\,[\mathrm{A}] \tag{1-194}$$

Y[℧]는 어드미턴스로 식 (1-195)와 같다(단, G[℧] : 컨덕턴스, B[℧] : 서셉턴스).

$$Y = \frac{1}{Z} = \sqrt{\left(\frac{1}{R}\right)^2 + \left(\frac{1}{X_L}\right)^2} = \sqrt{G^2 + B^2} \ [\mho] \tag{1-195}$$

전류와 전압의 위상차 θ는 식 (1-196)과 같다.

$$-\theta = \tan^{-1}\frac{I_L}{I_R} = \tan^{-1}\frac{\frac{V}{X_L}}{\frac{V}{R}} = \tan^{-1}\frac{R}{X_L} = \tan^{-1}\frac{R}{\omega L} = \tan^{-1}\frac{B}{G}\,[\mathrm{rad}] \tag{1-196}$$

그러므로 $R-L$ 병렬회로는 직렬회로와 마찬가지로 전류의 위상은 전압보다 θ만큼 뒤지고, 크기는 저항과 유도 리액턴스의 크기에 따라 달라진다.

13. $R-C$ 병렬회로

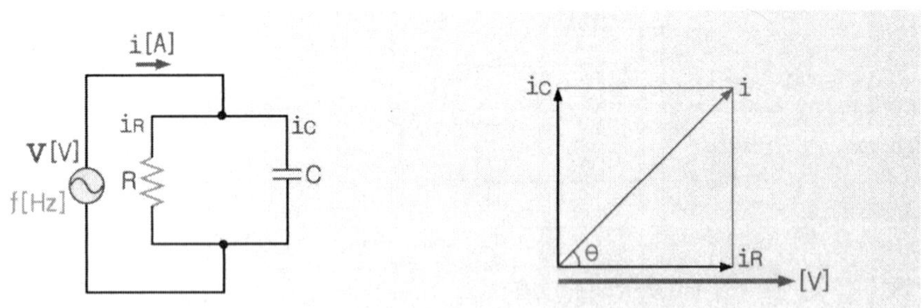

(a) $R-C$ 병렬회로 (b) 벡터도

그림 1-102 ∘ $R-C$ 병렬회로와 벡터도

저항 $R[\Omega]$과 정전용량 C[F]의 병렬회로에 주파수 f[Hz], 정현파 교류전압 v를 인가했을 때 그림 1-102와 같이 회로에 흐르는 전류를 i 라고 한다면, 저항 R과 정전용량 C에 흐르는 전류 i_R, i_C는 식 (1-197), (1-198)이 된다.

$$i_R = \frac{v}{R}[\mathrm{A}] \tag{1-197}$$

$$i_C = \frac{v}{X_C} = \frac{v}{\frac{1}{j\omega C}} = j2\pi f C v[\mathrm{A}] \tag{1-198}$$

여기서 i_R과 v는 동상이고 i_C은 v보다 앞서게 된다. 이 회로에서 전류 i는 저항 R과 정전용량 C에 흐르는 전류의 합과 같으므로 전류 i의 크기 I는 식 (1-199)와 같다.

$$I = \sqrt{I_R^2 + I_C^2} = V\sqrt{\left(\frac{1}{R}\right)^2 + (\omega C)^2} = \frac{V}{Z} = YV[\mathrm{A}] \tag{1-199}$$

Y[℧]는 어드미턴스로 식 (1-200)과 같다(단, G[℧] : 컨덕턴스, B[℧] : 서셉턴스).

$$Y=\frac{1}{Z}=\sqrt{\left(\frac{1}{R}\right)^2+\left(\frac{1}{X_C}\right)^2}=\sqrt{G^2+B^2}\ [℧] \tag{1-200}$$

전류와 전압의 위상차 θ는 식 (1-201)과 같다.

$$\theta=\tan^{-1}\frac{I_C}{I_R}=\tan^{-1}\frac{\frac{V}{X_C}}{\frac{V}{R}}=\tan^{-1}\frac{R}{X_C}=\tan^{-1}\omega CR=\tan^{-1}\frac{B}{G}\ [\mathrm{rad}] \tag{1-201}$$

그러므로 $R-C$ 병렬회로는 $R-C$ 직렬회로와 마찬가지로 전류의 위상은 전압보다 θ [rad]만큼 앞서고, 크기는 저항과 용량 리액턴스의 크기에 따라 달라진다.

14. $L-C$ 병렬회로

인덕턴스 L[H]와 정전용량 C[F]의 병렬회로에 주파수 f[Hz], 정현파 교류 전압 v를 인가했을 때 그림 1-103과 같이 회로에 흐르는 전류를 i라고 한다면,

(a) $L-C$ 병렬회로 (b) 벡터도

그림 1-103 ◦ $L-C$ 병렬회로와 벡터도

인덕턴스 L과 정전용량 C에 흐르는 전류 i_L, i_C는 식 (1-202), (1-203)이 된다.

$$i_L=\frac{v}{X_L}=\frac{v}{j\omega L}=-j\frac{v}{2\pi fL}[\mathrm{A}] \tag{1-202}$$

$$i_C=\frac{v}{X_C}=\frac{v}{\frac{1}{j\omega C}}=j2\pi fCv[\mathrm{A}] \tag{1-203}$$

여기서 i_L과 v보다 뒤지게 되고 i_C는 v보다 앞서게 된다. 이 회로에서 전류 i는 인덕턴스 L과 정전용량 C에 흐르는 전류의 합과 같으므로 전류 i는 식 (1-204)와 같다.

$$i = i_L + i_C = j\left(\omega C - \frac{1}{\omega L}\right)v = j(B_C - B_L)v = Yv = \frac{v}{Z}\ [\mathrm{A}] \tag{1-204}$$

① $i_L > i_c$ $(X_L < X_c)$의 경우 $I = I_L - I_C$(유도성회로)

② $i_L < i_c$ $(X_L > X_c)$의 경우 $I = I_C - I_L$(용량성회로)

③ $i_L = i_c$ $(X_L = X_c)$의 경우 $I = 0$(무유도성회로, 병렬공진회로, 전류공진회로) 공진 시 공진주파수는 식 (1-205)와 같다.

$$f_0 = \frac{1}{2\pi\sqrt{LC}}\ [\mathrm{Hz}] \tag{1-205}$$

15. $R-L-C$ 병렬회로

저항 $R[\Omega]$, 인덕턴스 $L[\mathrm{H}]$, 정전용량 $C[\mathrm{F}]$의 병렬회로에 주파수 $f[\mathrm{Hz}]$, 정현파 교류전압 V를 인가했을 때 그림 1-104와 같이 회로에 흐르는 전류를 i 라고 하면

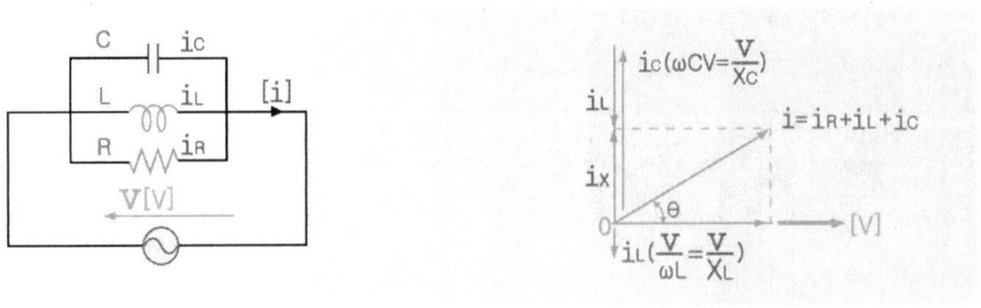

(a) $R-L-C$ 병렬회로 (b) 전압 벡터도$(X_L > X_C)$

그림 1-104 • $R-L-C$ 병렬회로와 벡터도

저항 R과 인덕턴스 L, 정전용량 C에 흐르는 전류 i_R, i_L, i_C는 식 (1-206)~(1-208)이 된다.

$$i_R = \frac{v}{R}\ [\mathrm{A}] \tag{1-206}$$

$$i_L = \frac{v}{X_L} = \frac{v}{j\omega L} = -j\frac{v}{2\pi f L}\ [\mathrm{A}] \tag{1-207}$$

$$i_C = \frac{v}{X_c} = \frac{v}{\frac{1}{j\omega C}} = j2\pi f C v\ [\mathrm{A}] \tag{1-208}$$

여기서 i_R과 v는 동상이고 i_L과 v보다 뒤지게 되고 i_C는 v보다 앞서게 된다.

이 회로에서 전류 i는 저항 R과 인덕턴스 L과 정전용량 C에 흐르는 전류의 합과 같으므로 전류 i는 식 (1-209)와 같다.

$$i = i_R + i_L + i_C = \frac{1}{R}v + j\left(\omega C - \frac{1}{\omega L}\right)v \text{ [A]} \tag{1-209}$$

$i_L < i_C$ $(X_L > X_C)$일 때 전류 i의 크기 I는 식 (1-210)과 같다.

$$I = \sqrt{I_R^2 + (I_C - I_L)^2} = V\sqrt{\left(\frac{1}{R}\right)^2 + \left(\omega C - \frac{1}{\omega L}\right)^2} = \frac{V}{Z}\text{[A]} \tag{1-210}$$

$Z[\Omega]$는 임피던스로 식 (1-211)과 같다.

$$Z = \frac{1}{\sqrt{\left(\frac{1}{R}\right)^2 + \left(\frac{1}{X_C} - \frac{1}{X_L}\right)^2}} = \frac{1}{\sqrt{\left(\frac{1}{R}\right)^2 + \left(\omega C - \frac{1}{\omega L}\right)^2}} \, [\Omega] \tag{1-211}$$

전류와 전압의 위상차θ는 식 (1-212), (1-213)과 같다.

$$\tan\theta = \frac{I_C - I_L}{I_R} = \frac{\frac{V}{X_C} - \frac{V}{X_L}}{\frac{V}{R}} = \left(\frac{1}{X_C} - \frac{1}{X_L}\right)\cdot R = \left(\omega C - \frac{1}{\omega L}\right)\cdot R \tag{1-212}$$

$$\theta = \tan^{-1}\left(\omega CR - \frac{R}{\omega L}\right)\text{[rad]} \tag{1-213}$$

그러므로 $R-L-C$ 병렬회로는 $R-L-C$ 직렬회로와 마찬가지로 회로에 가해진 전압과 전류의 위상차는 리액턴스의 성분에 따라 θ[rad]만큼 앞서거나 뒤지게 된다.

16. 공진회로

교류회로에서 X_L과 X_C가 같을 때 일어나는 현상을 공진현상이라 하며, 라디오나 TV 등에서 원하는 방송 주파수를 선택할 때 무선통신에서 송신기와 수신기가 서로 통화할 수 있도록 주파수 동조에 응용된다. 공진에는 직렬공진과 병렬공진이 있다.

(1) 직렬공진회로

저항 R, 인덕턴스 L[H], 정전용량 C[F]의 직렬회로에 교류 전류 $i = I_m \sin\omega t$[A]가 흐른다면, 공급전압 v[V]는 식 (1-214)와 같다.

$$v = I_m\sqrt{R^2 + \left(\omega L - \frac{1}{\omega C}\right)^2}\sin(\omega t + \theta) = Z i \text{ [V]} \tag{1-214}$$

전류와 전압의 위상차 θ는 식 (1-215)와 같다.

$$\theta = \tan^{-1}\frac{X_L - X_C}{R} = \tan^{-1}\frac{\omega L - \dfrac{1}{\omega C}}{R}\ [\mathrm{rad}] \tag{1-215}$$

여기에서 $\omega L = \frac{1}{\omega C}$, 즉 $\omega L - \frac{1}{\omega C} = 0$이면 위상차 θ는 식 (1-216)과 같게 되고, 전압 v는 식 (1-217)과 같다.

$$\theta = \tan^{-1}\frac{0}{R} = 0\ [\mathrm{rad}] \tag{1-216}$$

$$v = I_m R \sin(\omega t + \theta)\ [\mathrm{V}] \tag{1-217}$$

즉, 전압과 전류는 동상(ln-phase)이 되고, 임피던스는 최소가 되며 전류는 최대가 된다. 이것을 일반적인 경우의 직렬공진(series resonance)이라고 하며 다음과 같이 나타나는 상태이다.

① 리액턴스 $X[\Omega]$성분이 없어져(0이 되어) 전압과 전류가 동상이 되는 상태이다.
② 임피던스 Z가 최소로 되어 회로에 흐르는 전류가 최대로 흐르는 상태이다.

공진주파수는 $\omega L = \frac{1}{\omega C}$에 의해서 식 (1-218)과 같다.

$$f_0 = \frac{1}{2\pi\sqrt{LC}}\ [\mathrm{Hz}] \tag{1-218}$$

(2) 병렬공진회로

인덕턴스 $L[\mathrm{H}]$과 내부저항 $R_L[\Omega]$이 직렬로 연결된 코일과 정전용량 $C[\mathrm{F}]$와 내부저항 $R_c[\Omega]$이 직렬로 연결된 콘덴서를 병렬로 연결한 병렬회로에 그림 1-105와 같이 주파수 $f[\mathrm{Hz}]$, 정현파 교류전압 v를 인가했을 때 인덕턴스 L과 정전용량 C에 흐르는 전류 i_L, i_C가 같다면 전류크기 $I = 0$이 되고 회로의 임피던스 Z는 무한대가 된다.

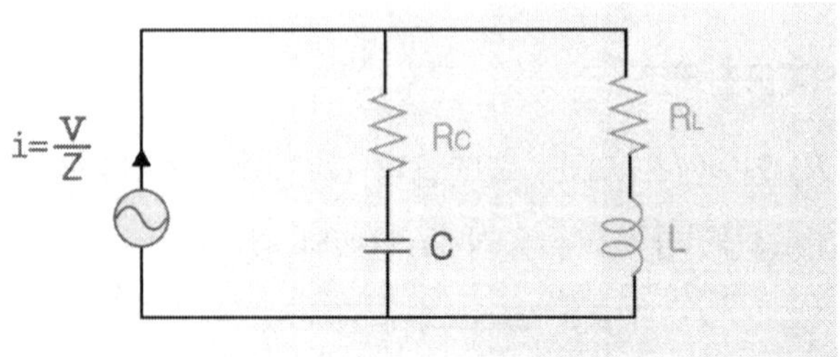

그림 1-105 • $R-L-C$ 병렬회로

즉, 전류가 최소로 흐른다고 생각할 수 있고 이 상태를 **병렬공진**(parallel resonance) 또는 **전류공진**이라 한다. 이때에 $X_L = X_C$이므로 $\omega L = \frac{1}{\omega C}$이 되고, 공진주파수는 식 (1-219)가 된다. 이는 **직렬공진회로의 공진주파수**와 같은 형태를 이룬다.

$$f_0 = \frac{1}{2\pi\sqrt{LC}}[\mathrm{Hz}] \tag{1-219}$$

인덕턴스 L[H]과 내부저항 R_L이 그림 1-105과 같이 직렬로 연결된 코일과 콘덴서 C[F]를 병렬로 연결한 병렬공진회로에서 주파수 f[Hz], 전압 V[V]의 교류를 인가할 때 인덕턴스 L에 흐르는 전류 I_L과 커패시턴스 C에 흐르는 전류 I_C가 같을 때, 즉 $I_L = I_C$가 될 경우 X_L과 X_C가 같게 되므로 $I = 0$이 되어 회로의 임피던스는 무한대가 되어 전류가 최소로 흐른다고 생각할 수 있으며 이 상태를 병렬공진(parallel resonance) 또는 전류공진이라 한다.

이때에 공진 각주파수를 ω_0, 공진주파수를 f_0라 하면 식 (1-220)과 같다.

$$\omega_0 L = \frac{1}{\omega_0 C} \tag{1-220}$$

식 (1-220)을 ω_0에 관해시 징리하면 식 (1-221), (1-222)와 길다.

$$\omega_0 = \frac{1}{\sqrt{LC}} \tag{1-221}$$

$$f_0 = \frac{1}{2\pi\sqrt{LC}}[\mathrm{Hz}] \tag{1-222}$$

직렬공진회로의 공진주파수와 같은 형태를 이룬다.

(3) 공진주파수

$R-L-C$ 직렬회로의 전원전압은 일정하게 하고 각주파수를 변화시킬 경우 그림 1-106과 같이 낮은 주파수에서는 용량성 리액턴스의 값이 유도성 리액턴스의 값보다 크므로 합성 리액턴스는 0보다 작아지게 되고, 주파수가 0에 근접해짐에 따라 리액턴스의 값은 유도성 리액턴스의 값에 근접한다. 이와 반대로 높은 주파수에서는 유도성 리액턴스의 값이 용량성 리액턴스보다 크므로 리액턴스의 값은 0보다 커지고 주파수가 무한대에 근접해짐에 따라 리액턴스는 용량 리액턴스의 값에 근접하게 된다.

그리고 각주파수의 교차점, 리액턴스의 곡선이 만나는 점, 즉 용량성 리액턴스와 유도성 리액턴스가 같아지는 점에서 단자전압과 전류가 동상이 되게 된다. 실제 사용되는 2단자 회로의 단자전압과 전류가 어떠한 주파수에서 동상이 될 때 이 회로는 그 주파수에서 공진상태가 되었다고 하고 그 주파수를 공진주파수(resonant frequency), 고유주파수(natural frequency)라고 한다.

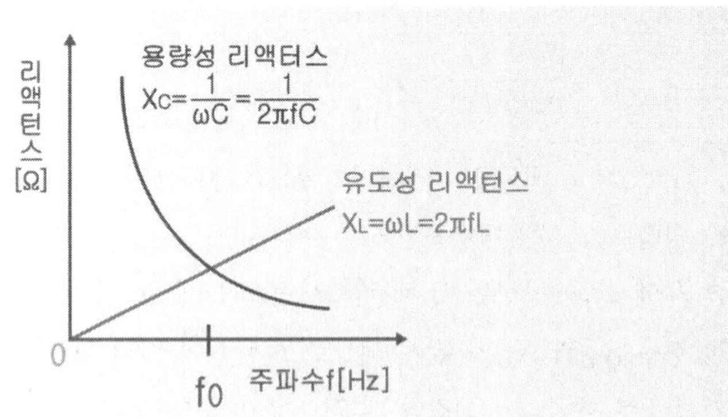

그림 1-106 • 주파수와 리액턴스의 관계

공진일 때 $V_L = V_C$이므로 식 (1-223), (1-224)가 된다.

$$V_L = \frac{\omega_0 L}{R} V = V_C = \frac{1}{\omega_0 CR} V[\mathrm{V}] \tag{1-223}$$

$$\therefore Q = \frac{V_L}{V} = \frac{V_C}{V} = \frac{\omega_0 L}{R} = \frac{1}{\omega_0 CR} \tag{1-224}$$

여기서 Q를 선택도, 첨예도 또는 전압확대율이라 한다. 공진 임피던스 Z_0, 공진전류 I_0은 식 (1-224), (1-225)와 같다.

$$\text{공진 임피던스 } Z_0 = \sqrt{R^2 + \left(\omega_0 L - \frac{1}{\omega_0 C}\right)^2} = R[\Omega] \tag{1-225}$$

$$\text{공진전류 } I_0 = \frac{V}{Z_0} = \frac{V}{R}[\mathrm{A}] \tag{1-226}$$

17. 교류전력

회로소자가 순저항이 아닌 경우에는 정현파 교류전압 $v = V_m \sin\omega t$[V]를 인가할 때 일반적으로 회로에 흐르는 전류는 $i = I_m \sin(\omega t - \theta)$가 되며, 이때의 순간전력 p는 식 (1-227), (1-228)과 같다(단, 실효값인 rms는 통상 생략가능하므로 $I_{rms} = I$).

$$i = \sqrt{2}\, I_{rms} \sin(\omega t - \theta)[\mathrm{A}] \tag{1-227}$$

$$p = vi = \sqrt{2}\,V_s \sin\omega t \cdot \sqrt{2}\,I_s \sin(\omega t - \theta) = 2$$
$$= 2VI \sin\omega t \cdot \sin(\omega t - \theta)\,[\mathrm{W}] \tag{1-228}$$

여기서 삼각함수 공식인 식 (1-229)을 적용하면 p는 식 (1-230)과 같다.

$$\sin A \cdot \sin B = \frac{1}{2}[\cos(A-B) - \cos(A+B)] \tag{1-229}$$

$$p = 2VI \cdot \frac{1}{2}[\cos\theta - \cos(2\omega t - \theta)] = VI\cos\theta - VI\cos(2\omega t - \theta)[\mathrm{W}] \tag{1-230}$$

식 (1-230)은 **진폭이 VI인 정현파로** 첫 번째 항은 **시간에 관계없는 일정한 성분을** 가지고, 두 번째 항은 **전원전압의 2배의 각주파수로 변화하는 성분을** 가진다. 그리고 **평균전력 P는 순시전력 한 주기 동안의 값을 적분하여 평균한 값인데** 식 (1-230)에서 **두 번째 항의 1주기의 평균값은 0이** 되므로 **평균전력은** 식 (1-231)과 같다.

$$P = VI\cos\theta[\mathrm{W}] \tag{1-231}$$

이 평균전력이 교류회로의 **소비전력(유효전력)으로서** 일반적으로 **교류전력이라** 한다.

(1) 역 률

피상전력에 대한 실제로 **소비한 유효전력의 비를 역률**[7](power factor)이라 하고 p.f로 나타낸다. **전압과 전류의 위상차 θ를 역률각으로 표시하며**, $\cos\theta$**를 역률로 표시한다**. 이는 식 (1-232)와 같고, 역률은 0~1의 수나 식 (1-233)과 같이 백분율로 표시한다.

$$\text{역률 p.f} = \cos\theta = \frac{\text{유효전력}}{\text{피상전력}} = \frac{P}{P_a} = \frac{P}{VI} \tag{1-232}$$

$$\%\ \text{p.f} = \cos\theta = \frac{P}{VI} \times 100\,[\%] \tag{1-233}$$

(2) 피상전력

교류회로에서 단자전압의 실효값을 V[V]로 하고, 그 때의 전류의 실효값을 I[A]로 할 때 **그 전압 및 전류의 곱을 피상전력**(apparent power)이라고 하며 보통 겉보기전력을 가리킨다. 단위는 [VA]로 나타내며 식 (1-234)와 같다.

$$P_a = VI[\mathrm{VA}] \tag{1-234}$$

---

7) **역률** : 직류전력은 $I \cdot V$로 구하나 리액턴스 성분을 포함한 교류전류전력을 구하는 경우에는 **실효전압과 실효전류의 곱에 전압과 전류의 위상차 θ의 여현** $\cos\theta$**의 곱으로** 구성, 이 $\cos\theta$를 역률이라 한다.

(3) 유효전력과 무효전력

전류 I는 전압과 동상인 $I\cos\theta$성분과 전압과 90[°]의 위상차를 갖는 $I\sin\theta$성분으로 구성된다. 그림 1-107과 같이 위상차에 의해 $I\sin\theta$성분의 평균전력은 0이 되므로 무효전력이라 하고, 이와 반대로 $I\cos\theta$성분의 평균전력은 값을 가지므로 유효전력이라 한다. 즉 유효전력은 전원에서 공급되고 부하에서 실제로 소비되는 전력을 말하며, 리액턴스뿐인 회로에서는 $\cos\theta = 0$으로 되어 $P = 0$이 되고, 저항뿐인 회로에서는 $\cos\theta = 1$이 되어 $P = VI$가 된다.

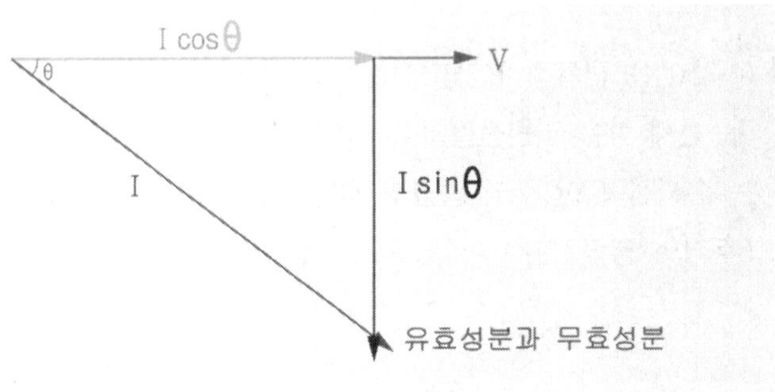

그림 1-107 ◦ 전류I 의 유효성분과 무효성분

그리고 무효전력은 리액턴스분을 포함하는 부하에 교류전압을 가했을 경우 어떤 일을 하지 않는 전기 에너지의 크기를 나타내는 것을 말하며, 이 전기 에너지는 전원과 부하 사이를 끊임없이 왕복한다. 유효전력과 무효전력은 식 (1-235), (1-236)과 같고 피상전력은 식 (1-137)과 같이 유효전력과 무효전력의 합으로 나타낸다.

$$\text{유효전력} : P = VI\cos\theta = P_a\cos\theta\,[\text{W}] \tag{1-235}$$

$$\text{무효전력} : P_r = VI\sin\theta = P_a\sin\theta\,[\text{Var}] \tag{1-236}$$

$$\text{피상전력} : P_a = VI = \sqrt{P^2 + P_r^2}\,[\text{VA}] \tag{1-237}$$

피상전력에 대한 무효전력의 비를 무효율이라 하며, r.f로 나타낸다. 이는 식 (1-238)과 같이 $\sin\theta$로 표시할 수 있다.

$$\text{r.f} = \sin\theta = \frac{\text{무효전력}}{\text{피상전력}} = \frac{P_r}{VI} = \frac{P_r}{P_a} \tag{1-238}$$

(4) 전력량

전력량은 어느 일정의 전력이 어느 시간에 사용한 전기의 양을 말하며, 1[kW]의 전력을 1시간(h) 연속 사용했을 때의 전력량을 1[kWh]라고 정의한다. 이는 식 (1-239)와 같고, 무효전력량과 피상전력량은 식 (1-236), (1-237)을 적용하면 식 (1-240), (1-241)이 된다.

$$전력량 : W = Pt[\text{kWh}] \tag{1-239}$$

$$무효전력량 : W_r = P_r t[\text{kVarh}] \tag{1-240}$$

$$피상전력량 : W_a = P_a t[\text{kVAh}] \tag{1-241}$$

(5) 3상 교류

우리가 일상생활에서 사용하는 교류는 2선을 이용해서 전류를 흐르게 하는 단상 교류이다. 하지만 그림 1-108과 같이 3개의 단상교류를 하나로 통합하여 전류를 흐르게 하는 3상 교류도 있다.

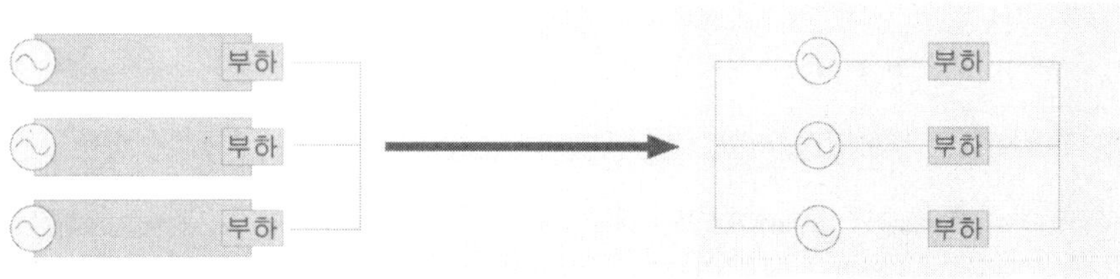

그림 1-108 ◦ 3상 교류의 개념 (3개의 단상교류를 하나로 통합)

3상 교류의 장점은 회전하는 전동기의 진동이 적어지고 성능이 향상되며, 동일한 전력을 공급하는 데 필요한 도선의 무게와 부품이 단상에 비해 훨씬 경제적이며, 회전하는 전동기의 진동이 적어지고 성능이 향상되므로 배전용, 발전용, 공장 등에서 사용된다.

그림 1-109와 같이 3상 교류는 3개의 권선이 120[°]간격으로 철심에 감겨져 있는 형태이며, Y－결선, Δ－결선으로 결선할 수 있다. 이것을 자계 내에 두고 전압을 가한다면 힘을 받아 일정한 각속도로 반시계방향으로 돌게 되는데 이를 적용한 것이 3상 발전기이다. 이때 3상 교류의 각 상에는 크기와 주파수는 같지만 위상이 120[°]차이가 나는 정현파전압 v_a, v_b, v_c가 걸린다.

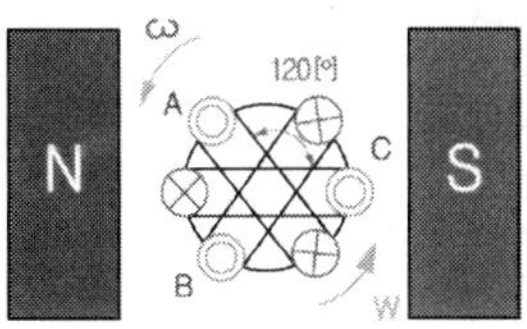

(a) 3상 교류의 발전

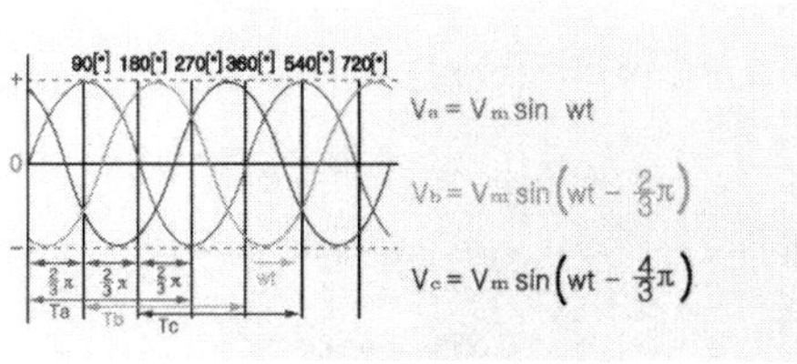

(b) 3상 교류의 위상차

그림 1-109 ◦ 3상 교류의 발전

① 그림 1-110과 같이 3상 교류에서 각 상의 평균전력은 식 (1-242)가 되고, 3상 전체의 평균전력은 식 (1-243)이 된다. 여기서 **평형 3상 교류회로는 각 상 전원의 내부 임피던스가 동일한 경우이다.**

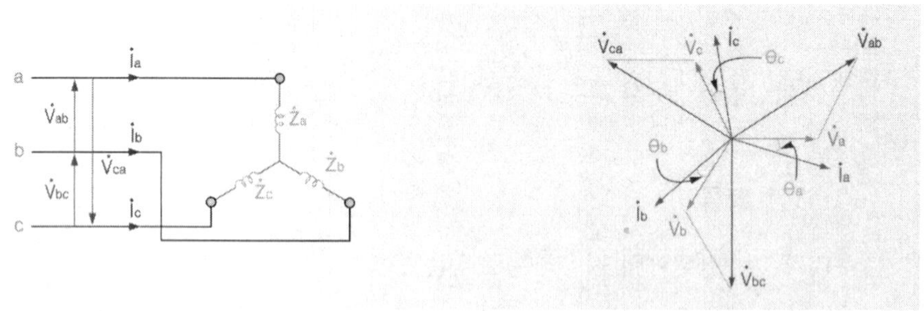

(a) 상전압과 선간전압 (b) 교류회로의 벡터도

그림 1-110 ◦ 평형 3상 교류회로

$$\left.\begin{aligned} P_a &= V_a I_a \cos\theta_a \,[\mathrm{W}] \\ P_b &= V_b I_b \cos\theta_b \,[\mathrm{W}] \\ P_c &= V_c I_c \cos\theta_c \,[\mathrm{W}] \end{aligned}\right\} \tag{1-242}$$

$$P = P_a + P_b + P_c = V_a I_a \cos\theta_a + V_b I_b \cos\theta_b + V_c I_c \cos\theta_c [\mathrm{W}] \tag{1-243}$$

평형 3상 교류회로라면 각 상의 평균전력이 같으므로 한 상의 3배로 3상 전체의 평균전력을 구할 수 있고 이는 식 (1-244)와 같다.

$$P = 3\,V_p I_p \cos\theta [\mathrm{W}] \tag{1-244}$$

② $Y-$결선 부하에서는 선전류와 상전류가 같으므로 $Y-$결선 부하의 3상 전력은 식 (1-245), (1-246)으로 구할 수 있다.

$$V_l = \sqrt{3}\,V_p,\quad I_l = I_p \tag{1-245}$$

$$P = 3\,V_p I_p \cos\theta = 3 \cdot \frac{V_l}{\sqrt{3}} I_l \cos\theta = \sqrt{3}\,V_l I_l \cos\theta \,[\mathrm{W}] \tag{1-246}$$

여기서 단자 a, b, c간 전압 V_{ab}, V_{bc}, V_{ca}는 선전압이며, V_l, I_l은 선간전압의 크기이다.

그리고 각 상 내부 임피던스 양단의 전압 V_a, V_b, V_c은 상전압이며, V_p, I_p는 상전압의 크기이다.

③ $\Delta-$결선 부하에서는 선간전압와 상전압이 같으므로 $\Delta-$결선 부하의 3상 전력은

식 (1-247), (1-248)로 구할 수 있다.

$$V_l = V_p, \quad I_l = \sqrt{3}\, I_p \tag{1-247}$$

$$P = 3V_p I_p \cos\theta = 3 \cdot V_l \cdot \frac{I_l}{\sqrt{3}} \cos\theta = \sqrt{3}\, V_l I_l \cos\theta\,[\mathrm{W}] \tag{1-248}$$

즉, 3상 전력은 부하의 결선방법에는 관계없다. 3상 교류에서 유효전력, 무효전력, 피상전력, 역률, 무효율을 구해보면 식 (1-249)~(1-253)과 같다.

$$\text{3상 유효전력}: P = \sqrt{3}\, V_l I_l \cos\theta = \sqrt{3}\, I_l^2 R[\mathrm{W}] \tag{1-249}$$

$$\text{3상 무효전력}: P_r = \sqrt{3}\, V_l I_l \sin\theta = \sqrt{3}\, I_l^2 X\,[\mathrm{Var}] \tag{1-250}$$

$$\text{3상 피상전력}: P_a = \sqrt{3}\, V_l I_l = \sqrt{3}\, I_l^2 Z = \sqrt{P^2 + P_r^2}\,[\mathrm{VA}] \tag{1-251}$$

$$\text{역 률}: \mathrm{p.f} = \cos\theta = \frac{P}{P_a} = \frac{R}{Z} \tag{1-252}$$

$$\text{무효율}: \mathrm{r.f} = \sin\theta = \frac{P_r}{P_a} = \frac{X}{Z} \tag{1-253}$$

08 전기기기(Electrical Machine)

1. 변압기의 개요

변압기(transformer)는 일반적으로 전력이 들어오는 쪽인 1차 권선(primary winding)과 나오는 쪽인 2차 권선(secondary winding)을 갖고 있으며, 전원 쪽에서 유입한 교류전력을 전자유도작용에 이용한다. 변압기의 사용목적은 1차 권선을 통해 들어온 교류전력을 2차 권선을 통해 변성하여 전달하는 것이다.

전력을 장거리 송전하는 경우에 전선의 굵기는 경제성을 고려하여 지나치게 굵게 할 수 없고 저항값도 일정저항 이하까지 작게 만들 수 없다($R = \rho\ell/A$). 송전선에 의한 저항손실 및 전압강하를 적게 하기 위해서는 전압을 높게 하여 전류를 적게 하여야 한다.

발전기의 전압은 보통 1~2만[V] 정도를 사용하므로 이것을 장거리 송전선의 수십만[V]까지 전압을 승압하기 위해서는 변압기를 필요로 한다. 승압 전력으로 전동기를 운전하고 전등을 점등하려면 강압변압기를 사용하여 각각의 용도에 따라서 적당한 용량으로 전압을 강압하여야 한다. 그러므로 전력수송에 있어서 변압기는 필수 전기기기이다.

이밖에도 전기로, 전기용접, 전기화학공업 등과 같은 낮은 전압시 대전류가 필요할 때도 변압기를 사용하고 교류를 직류로 변환하는 정류기를 사용할 때도 변압기를 사용한다.

2개의 회로 사이를 절연시키기 위해서 사용하는 변압기에서는 1차, 2차의 전압이 같은 경우가 나타나는데 이것을 절연변압기라고 한다. 그리고 변압기의 적절한 결선을 통해 교류의 상수를 변화시킬 수도 있다. 또한 계기용변성기라고 하여 계기의 측정범위를 확대할 목적을 위해 사용하는 변압기도 있다.

(1) 변압기의 원리

권선의 저항 및 철 속의 포화, 누설 리액턴스를 무시하고, 철심의 자기포화와 철손이 없다고 가정할 때 이러한 조건을 만족하는 변압기를 이상변압기(ideal transformer)라 한다. 하지만 실제 변압기에서는 이런 조건들을 무시할 수 없다.

철심[8]에 그림 1-111과 같이 권수 n_1인 권선 1차 코일과 n_2인 권선 2차 코일을 감았다고 할 때 1차 권선 쪽에 교류전원을 인가하면 2차 코일에 기전력이 유기된다. 이럴 경우에 1차 권선의 전류에 의해 만들어져 쇄교하는 자속이 전부 2차 코일과도 쇄교한다고 가정하면 자속이 변화하는 비율은 1차 코일과 2차 코일이 같아지게 되어 1차 코일과 2차 코일 각각의 1차 권수에 유도되는 기전력은 같게 된다. 그러므로 1차 코일과 2차 코일의 양단의 기전력은 각 권수에 따라 비례하게 된다.

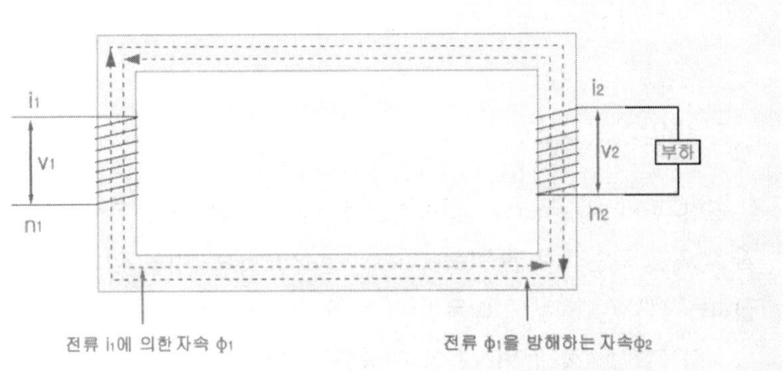

그림 1-111 • 변압기의 구조 및 원리

---

8) 적층철심 : 변압기 등의 철심 코어(core)를 몇 장씩 겹쳐 쌓은 것. 회전기의 전기자(電氣子) 철심이나 변압기의 철심은 규소강판을 0.35[mm] 정도의 얇은 판으로 만들어서 각각 절연 처리한 후에 몇 장이고 필요한 만큼 쌓아 전류 손(損)을 적게 한 것이다.

그리고 1차 코일에서 전류에 의한 권선내의 전압강하는 무시할 수 있을 만큼 작으므로 유기되는 기전력의 실효값 V_1과 전원에서 공급된 전압과는 평형이 되어야 하므로 권선의 저항을 무시한다면 이들은 서로 같아야 한다. 그렇다면 1차 코일의 권회수를 n_1, 2차 코일의 권회수를 n_2라 하고, 2차 코일에서 유기되는 기전력의 실효값을 V_2라 한다면 1차 코일과 2차 코일에서 유기되는 기전력의 비, 즉 변압기는 두 권선의 권수비 a와 같고 식 (1-254)와 같다.

$$a = \frac{V_1}{V_2} = \frac{n_1}{n_2} = \frac{I_2}{I_1} = \sqrt{\frac{Z_1}{Z_2}} \tag{1-254}$$

또, 출력권선(2차 권선)에 $Z[\Omega]$인 부하를 결선한다면 2차 권선에는 전류는 식 (1-255)와 같이 흐르게 된다.

$$I_2 = \frac{V_2}{Z} \tag{1-255}$$

이때 2차 전류에 의하여 생기는 기자력은 철심 내에 자속이 발생함에 따라 철심 내에 자속의 양에 따라 변화를 주게 되어 1차 권선에는 2차 권선의 기자력을 소멸시키는 전류 I_1이 새롭게 생겨나게 되는데 이것을 1차 부하전류라 한다. 1차 부하전류 I_1과 2차 전류 I_2는 서로 반대 방향이고 크기의 관계는 식 (1-256)과 같다.

$$I_1 n_1 = I_2 n_2 \tag{1-256}$$

따라서 1차 부하전류와 2차 전류의 비, 즉 전류비는 권수비의 역수형태를 취할 수 있으므로 식 (1-257)과 같다.

$$\frac{I_1}{I_2} = \frac{n_2}{n_1} = \frac{1}{a} \tag{1-257}$$

변압기의 출력은 2차 전류와 2차 전압의 곱으로 표시할 수 있다. 이때에 1차에는 1차 부하전류가 흐르게 되어 식 (1-258)과 같이 입력과 출력이 같다.

$$V_1 I_1 = V_2 I_2 \tag{1-258}$$

즉, 이상적인 변압기는 전압의 크기만을 변화시킬 뿐이고 전력의 발생이나 소비는 일어나지 않는 것이다. 그러나 실제 사용 시에 있어서는 변압기 자체의 손실로 인하여 출력은 입력보다 감소하여 나타난다.

(2) 변압기의 손실

전력이 소모되면 열이 발생하게 되는데, 이 열은 변압기의 전력손실을 유발시키고 그 손실의 양에 따라 변압기는 100[%]보다 낮은 역률을 가지게 된다. 이 손실률은 변압기의 총 에너지 변환율에 비할 때 아주 작은 양이다. 변압기의 에너지 손실은 코일 동선내의 동손(copper losses), 와류손(eddy current losses), 히스테리시스손(hysteresis losses) 등 세 가지로 나눌 수 있다.

1) 동 손

전류가 변압기의 1차와 2차 권선에 흐를 때 코일의 동선(copper losses)에 흐르는 저항 때문에 열이 발생하게 된다. 여기에서 발생되는 열의 총량은 1차 권선의 전류와 저항의 곱, 2차 권선의 전류와 저항의 곱을 합한 것이 된다. 이와 같은 전력의 손실은 1차 코일과 2차 코일을 굵은 동선을 사용함으로써 감소시킬 수 있으나, 경제적인 측면을 고려하여 동선 굵기에 제한을 받기 때문에 사용하는 기기의 용량에 맞는 규격을 사용하고 있다.

2) 와류손[9](eddy current losses)

변압기의 철심은 자력선과 마찰작용이 생기게 되어 철심 자체에서 전압을 유도하게 된다. 이렇게 유도된 전압은 철심 내에 전류를 순환시켜 열을 발생시키게 되어 전력의 손실을 가져온다. 그래서 유도된 전류의 순환을 감소하기 위해서 대부분의 변압기는 여러 장의 얇은 철판 조각들을 합쳐 하나의 철심으로 조립하여 사용한다.

3) 히스테리시스 손[10](hysteresis losses)

자력선의 강도와 방향이 계속 변화함에 따라 철심 물질의 분자가 자화되는 방향도 계속해서 변화하게 된다. 이들 분자의 자기방향이 변화하는 현상은 마치 두 가지 이상의 물질이 서로 마찰할 때 일어나는 현상과 같으며, 이 현상을 통해 열이 발생하게 되어 전력의 손실이 일어난다. 이와 같이 분자가 자화될 때 상호 마찰을 일으켜서 열이 발생하는 것을 히스테리시스손이라 하고, 히스테리시스 손실은 철심 재료로 적절한 물질을 선택함으로써 감소시킨다.

---

9) **와류손** : 변압기 내부의 철심 사이로 누설전류가 흐르면서 전력이 소모되는 현상이다.

10) **히스테리시스손** : 한 번 코일 감은 철심에 전류를 흘려주면 전류는 흘려주지 않아도 자력이 남아 있는 현상이며, 원상 복귀시키려면 반대방향으로 전류를 흘려주어야 한다. 변압기에서는 교류를 사용하기에 전류의 방향이 바뀔 때마다 역방향의 자력이 작용하므로 손실이 생긴다.

2. 전동기 개요

전동기[11]는 전기 에너지를 기계적 에너지로 변환시키기 위해 회전하는 전기기기이다. 전동기의 종류에는 크게 직류전동기와 교류전동기 및 직류 · 교류 겸용 전동기와 같이 세 가지로 나누며, 이밖에도 전동기의 구조, 성능, 크기 등 용도에 따라 여러 가지로 구분할 수 있으나 여기에서는 몇 가지 대표적인 전동기에 대해서 설명한다.

(1) 직류전동기

1) 직류전동기 기본구조

직류전동기[12]는 직류전원에 의해서만 사용할 수 있도록 설계되어 있고 직류전동기를 다시 세분하면 직권(series-wound), 분권(shunt-wound) 및 복권(compound wound)으로 나눌 수 있다. 자장 내에 있는 도체에 전류가 흐를 때 도체의 운동과 자력선의 방향은 그림 1-112와 같다.

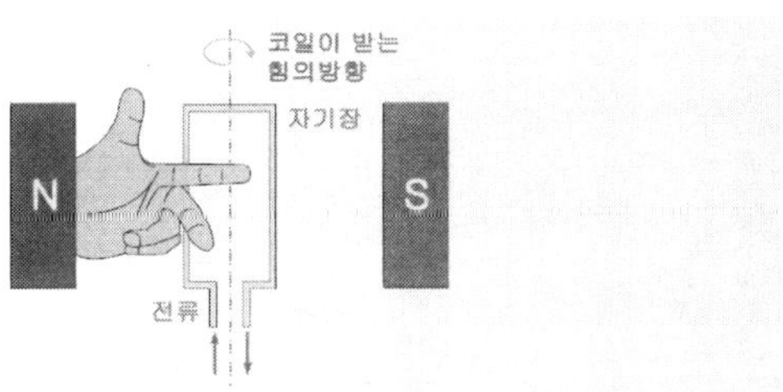

그림 1-112 ◦ 직류전동기의 기본 구조

도체의 운동은 영구자석이 가진 자력선과 전류의 흐름에 의해서 도체 주위에 형성되는 자력선의 반발로 인하여 발생한다. 전류가 흐를 때 도체는 플레밍의 왼손법칙에 의해 일정한 방향으로 운동하게 된다. 이것은 도체 주위에 있는 자력선이 영구자석의 자력선과 반발하기 때문에 일어나게 되는데, 이와 반대방향으로 전류가 흐른다면 회전도 반대방향으로 하게 된다.

2) 직류전동기의 기본원리

전동기는 한 쌍의 자극과 정류자 및 한 쌍의 브러시로 이루어져 있다. 전원으로부터 전류는 브러시와 정류자를 통하여 회전자에 흐르게 되는데, 회전자의 한쪽에 흐르는 전류

---

11) 전동기 : 고정자 – 전동기 전체를 고정하는 외틀 외에 도체와 자성체로 구성하며 계자라고 한다. 회전자 – 도체, 자성체로 구성되어 있고 전기자라고 한다.

12) 직류전동기 : 자기장 속에 놓인 도체에 직류전류를 흘리면 플레밍의 왼손법칙에 따라 도체에 전자력이 발생하며 회전하고, 직류전동기는 속도제어가 용이하여 전철, 엘리베이터, 압연기 등과 같이 속도조정이 필요한 경우에 널리 사용된다.

의 방향은 다른 한쪽에 흐르는 전류의 방향과 반대이기 때문에 자장내의 이들 회전자 주위에 발생하는 자력선도 서로 반대방향을 이루게 된다. 이와 같은 자력선의 현상은 회전자의 양단을 위, 아래로 반발시켜 계속 회전하게 되며, 정류자에 의해서 회전자는 그 회전 방향이 변하지 않도록 되며 정류자가 서로 접촉되지 않으므로 전류가 흐르지 못하는 위치에서도 회전자를 회전시킬 수 있는 충분한 시간 조건이 된다. 직류전동기의 그 구조는 계자[13], 전기자[14], 정류자[15], 브러시 등으로 되어 있으며, 직류발전기와 직류전동기는 같은 구조이다.

3) 전기자의 역기전력과 전류

① 역기전력

전동기가 회전한 후 도체가 자속을 끊고 다시 도체가 전기자가 되어 전압을 유도하여 유도기전력을 발생시키는 것이다. 이때 발생하는 유도전압은 가해준 전압과 극성이 반대이며, 직류전동기의 전기자의 역기전력은 그림 1-113과 같으며 역기전력은 식 (1-259)와 같다.

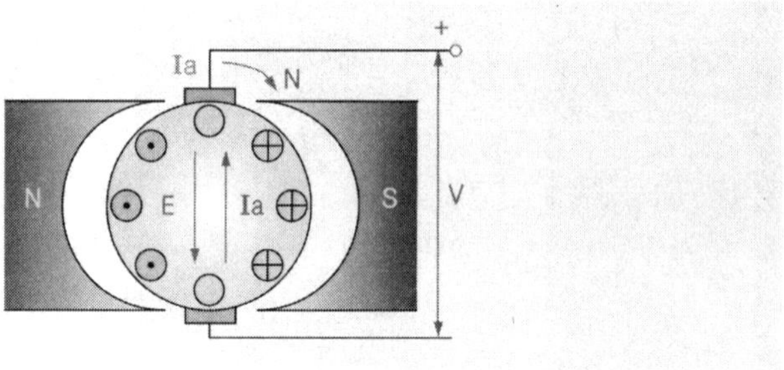

그림 1-113 ■ 역기전력

$$E_0 = P\Phi\frac{N}{60}\cdot\frac{Z}{a} = \frac{PZ}{60a}\cdot\Phi N = K_1\Phi N[\mathrm{V}] \quad (1\text{-}259)$$

여기서, P는 자극수, Φ는 각 극의 자속[Wb], Z는 전기자 총 도체수, 비례상수는 $K_1 = \dfrac{PZ}{60a}$, a는 전기자 병렬회로수, N은 분당회전수[rpm]이다. 즉, 역기전력 E_0은 N에 비례한다.

---

13) 계자 : 고정자라고도 하며 자력을 발생시킨다.

14) 전기자 : 회전력을 발생하며 축, 철심, 전기자 코일, 정류자로 구성된다.

15) 정류자 : 사각형의 코일이 한쪽 방향으로 돌 수 있게 하는 역할. 브러시에서 나오는 전류를 한 방향으로 흐르게 한다.

② 전기자 전류

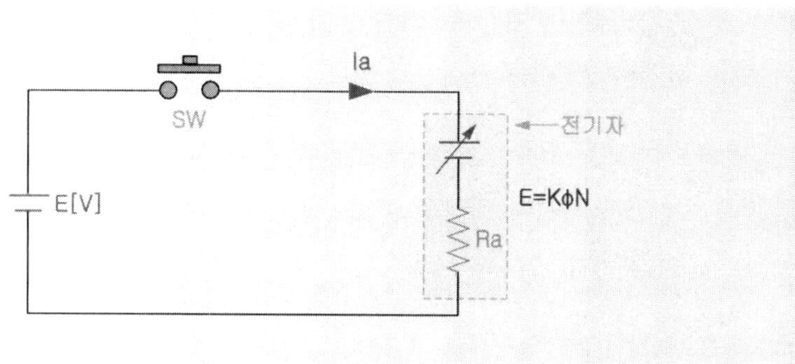

그림 1-114 ◦ 전동기 등가회로

전동기의 등가회로는 그림 1-114와 같다. 직류전동기의 단자전압은 전기자회로의 저항을 $R_a[\Omega]$, 전기자회로의 전류는 $I_a[\mathrm{A}]$라 한다면 식 (1-260)과 같고, 전기자 전류 I_a에 대하서 정리하면 식 (1-261)과 같다.

직류전동기의 단자전압 : $V = E_0 + I_a R_a [\mathrm{V}]$ (1-260)

전기자 전류 : $I_a = \dfrac{V - E_0}{R_a} = \dfrac{V - K_1 \Phi N}{R_a} [\mathrm{A}]$ (1-261)

4) 속도, 토크 및 출력

① 속 도

전동기의 출력속도를 구하기 위해서는 먼저 식 (1-262), (1-263)을 구한 후 정리한다.

역기전력 $E_0 = V - I_a R_a = P\Phi \dfrac{N}{60} \cdot \dfrac{Z}{a} = \dfrac{PZ}{60a} \cdot \Phi N [\mathrm{V}]$ (1-262)

직류전동기의 회전속도 $N = \dfrac{60 \times a}{PZ\Phi}(V - I_a R_a) [\mathrm{rpm}]$ (1-263)

식 (1-264)와 같이 회전속도를 구할 수 있다.

회전속도 $N = K_1 \dfrac{V - I_a R_a}{\Phi} = K_1 \dfrac{E_a}{\Phi} [\mathrm{rpm}]$ (1-264)

즉, 회전속도는 역기전력에 비례하고 자속에 반비례한다.

② 토크(회전력)

자속밀도가 B인 자계 내에 길이 $l[\mathrm{m}]$인 도체를 두고 $e[\mathrm{V}]$의 전압과 $I[\mathrm{A}]$의 전류

를 흘린다면 도체는 식 (1-265)와 같은 힘을 받게 된다.

$$F = BIl\,[\mathrm{N}] \tag{1-265}$$

1개의 도체에 작용하는 회전력은 전기자의 반지름을 r[m]라 하면 식 (1-266)과 같다.

$$\tau = F \cdot r\,[\mathrm{N \cdot m}] \tag{1-266}$$

전동기의 전체 회전속도(토크)는 평균자속밀도B', 전기자 도체I_a'를 이용하여 식 (1-267)과 같다.

여기서 $B' = \dfrac{p\Phi}{2\pi rl}\,[\mathrm{Wb/m^2}]$, $I_a' = \dfrac{I_a}{a}\,[\mathrm{A}]$, 비례상수$K_2 = \dfrac{pZ}{2\pi a}$ 이다.

$$T = B' I_a' \, lr = \frac{p\Phi}{2\pi rl} Z \frac{I_a}{a} lr = \frac{pZ}{2\pi a}\Phi I_a = K_2 \Phi I_a \,[\mathrm{N \cdot m}] \tag{1-267}$$

③ 출 력

식 (1-262)의 양변에 I_a를 곱하면 전동기에서 기계적 동력으로 변환된 전력 EI_a를 구할 수 있다.

$$EI_a = VI_a - I_a^2 R_a\,[\mathrm{W}] \tag{1-268}$$

여기서 VI_a는 전기자회로의 입력, $I_a^2 R_a$는 전기자회로의 저항손이다. 직류전동기의 기계적 동력 P_m은 식 (1-267), (1-268)을 적용하면 식 (1-269)와 같다 $\left(단,\ n = \dfrac{N}{60}\,[\mathrm{rps}]\right)$.

$$P_m = EI_a = p\Phi \frac{N}{60}\frac{Z}{a} \cdot I_a = 2\pi n\tau\,[\mathrm{W}] \tag{1-269}$$

손실에는 $I_a^2 R_a$ 이외에 전기자 철손, 기계손도 있으므로 전동기의 출력은 식 (1-270)과 같다.

$$P = P_m - (\text{철손} + \text{기계손})\,[\mathrm{W}] \tag{1-270}$$

5) 전기자 반작용과 정류

전기자 반작용은 그림 1-115에서와 같이 직류전동기의 전기자에 전류가 흐르면 중성축이 회전방향과 반대방향으로 이동하는 전기자 반작용이 생기게 되는데, 전기자 반작용을 보상하기 위해서는 그림 1-116과 같이 보극과 보상권선을 설치해 주어야 한다.

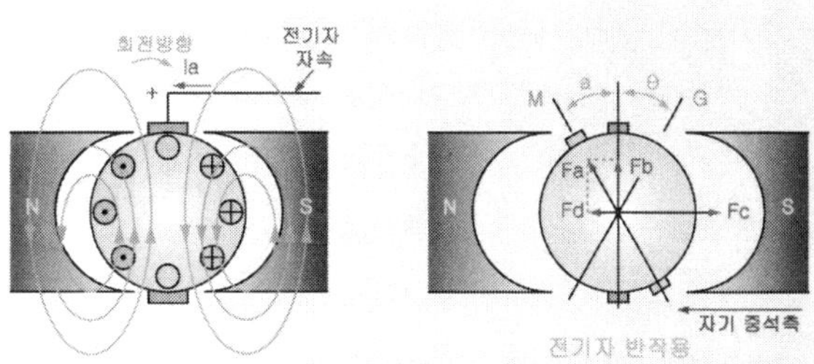

그림 1-115 ◦ 전기자 반작용

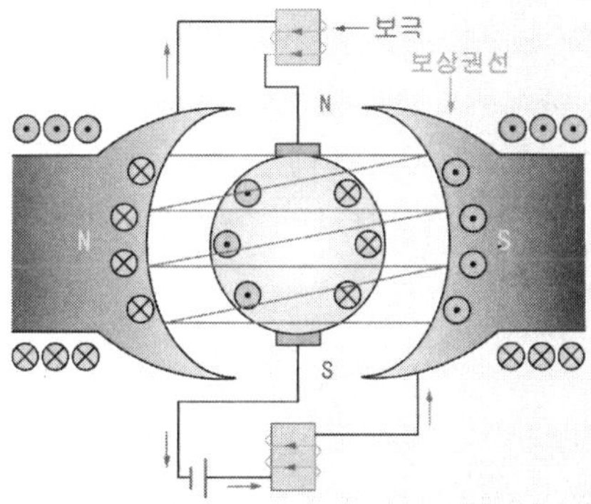

그림 1-116 ◦ 전기자 반작용에 대한 대책

6) 직류전동기의 특성

① 직류전동기의 부하변화에 따른 속도특성

직류전동기 중 속도변동이 가장 큰 전동기는 직권전동기이고, 속도변동이 가장 작은 전동기는 차동복권 전동기이다. 그리고 속도가 가장 정속도인 전동기는 타여자 전동기이다. 전동기의 속도특성의 그래프는 그림 1-117과 같으며, 가동복권 전동기의 속도특성은 분권전동기에 비해 부하전류에 대한 감소비율이 높으며, 차동복권 전동기의 속도특성은 다른 전동기에 비해 크게 나타난다.

② 직류전동기의 부하 변화에 따른 토크 특성

분권전동기의 토크 그래프는 그림 1-118과 같이 전기자 전류와 부하전류에 비례하며, 직권전동기의 토크는 부하전류의 제곱에 비례하여 나타난다. 또한 가동 복권전동기의 토크 특성은 분권전동기에 비해 부하전류에 대한 증가비율이 높으며, 차동복권 전동기의 토크 특성은 다른 전동기에 비해 작게 나타난다.

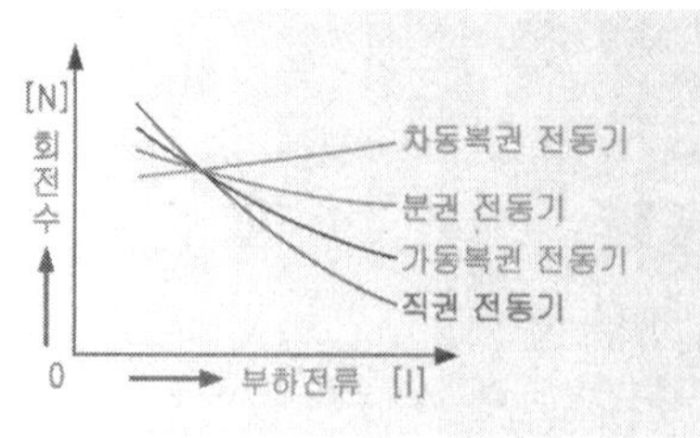

그림 1-117 • 직류전동기의 속도특성

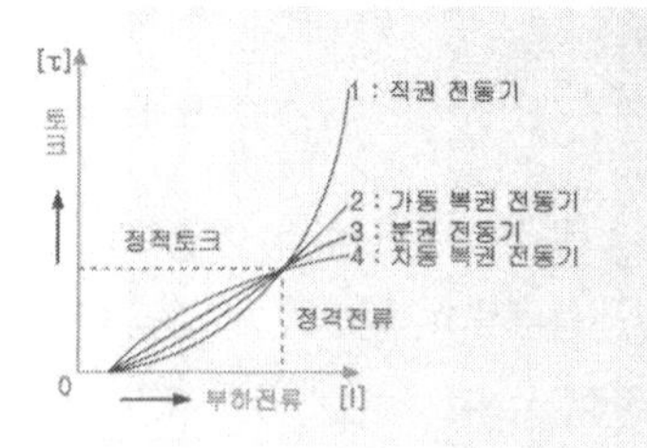

그림 1-118 • 직류전동기의 토크 특성

7) 직류전동기의 종류

직류전동기는 그림 1-119와 같이 타여자 전동기, 분권전동기, 직권전동기, 가동복권 전동기, 차동복권 전동기로 나눌 수 있는데, 전기자의 위치 및 분권 또는 계자 코일의 위치에 따라 종류가 달라진다.

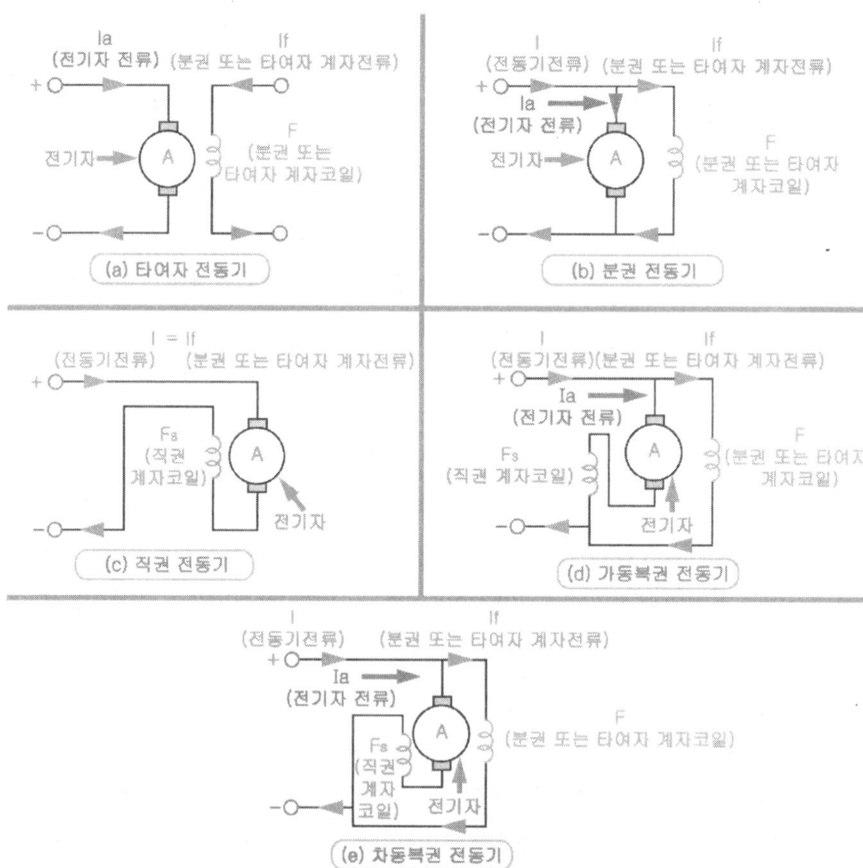

그림 1-119 • 직류전동기의 종류

8) 직류전동기 기동

정지상태에 있는 전동기를 운전상태로 만드는 것을 말하며, 직류전동기를 기동할 때는 기동전류를 제한하기 위하여 기동저항기를 이용하며, 기동시 기동전류는 작고, 기동 토크는 커야 한다. 또한 운전 중의 전동기 전기장 전류는 기동 시 역기전력과 운전시 역기전력에 의해 단자전압의 70~80[%]가 되어 기동전류가 대단히 커지게 되므로 주의하여 사용하여야 한다.

9) 직류전동기 속도제어

회전속도를 부하의 요구조건에 따라 변화시켜주는 것을 말하며, 속도를 제어하는 요소에는 계자자속 Φ, 전기자저항 R, 단자전압 V이 있다.

① 계자제어 : 계자전류를 제어하여 계자자속 Φ를 제어하는 방법으로 전력손실이 적고, 광범위한 속도제어가 가능한 장점이 있어 전기철도와 같은 정출력 가변속도제어에 사용된다.

② 저항제어 : 전기자 회로에 저항을 직렬로 연결하여 저항을 조절하여 제어하는 방법으로 비교적 쉬운 제어방법이지만, 전력손실이 많아 효율이 나쁘고, 속도제어 범위가 작은 단점이 있어 많이 사용되지는 않는다.

③ 전압제어 : 단자전압을 변화시켜 제어하는 방법으로 크게 세 가지로 나눌 수 있다.

㉠ 워드 레오나드 방식 : 직류전동기의 전원용 발전기와 발전기 기동용 전동기를 이용하는 방식으로 권상기나 신문윤전기, 제철용 압연기에 사용된다.

㉡ 일그너 방식 : 발전기축에 플라이휠을 설치하여 제어하는 방법으로 대형 압연기에 사용된다.

㉢ 저항제어 : 전동기를 직렬 또는 병렬로 연결하여 속도를 제어하는 방법으로 전기철도용 직권전동기에 사용되며 저항제어와 조합하여 사용하여야 한다.

10) 직류전동기 제동

운전중의 전동기를 정지시키는 것을 말하며, 제동방법에는 기계적 제동과 전기적 제동으로 나눌 수 있는데, 기계적 제동은 브레이크나 유압 공기압 같은 간단한 방법을 사용하지만 전동기 제동에는 전기적 제동을 사용한다.

전기적 제동방법에는 다음과 같은 방법이 있다.

① 발전제동 : 운전중인 전동기를 전원에서 분리하여 발전기로 작용시켜 제동시키는 방법으로 회전체의 운동 에너지를 전기적 에너지로 변환시켜 열에너지로 소비시키는 방법이다.

② 회생제동 : 전동기의 운동 에너지를 전기 에너지로 변환하여 전원에 반환시켜 제동시키는 방법으로 회전체의 운동 에너지를 전기적 에너지로 변환시킨 후 전기자 단자전압보다 높은 역기전력을 발생시켜 전기자 전압을 억제한다.

③ 역전제동 : 전동기의 전기자 전원을 반대로 공급하여 전동기를 역회전시켜 제동하는 방법으로 회전하는 전동기에 전기자 전원의 극성을 반대로 결선하여 역회전이 일어나게 하여 급제동시키는 방법으로 제동 시에는 안전을 위해 전원을 차단한다.

(2) 교류전동기

전류의 방향과 크기가 주기적으로 변하는 교류에 사용되도록 만들어졌으며, 교류전동기는 유도전동기, 동기형전동기, 직권전동기로 나눌 수 있다.

전기기기에 일반적으로 쓰이고 있는 대부분의 전동기는 교류전동기이며 교류가 직류보다 전원사용이 편리하고, 고전압, 대전류를 사용하는 큰 동력의 전동기도 동작시킬 수 있고, 구조가 간단하여 경제성이 높고 직류전동기보다 내압이 좋아 고장이 드물다는 장점 때문이다. 또한 교류전동기는 브러시와 정류자를 가지지 않는 특성이 있다. 교류전동기의 구조는 그림 1-120과 같다.

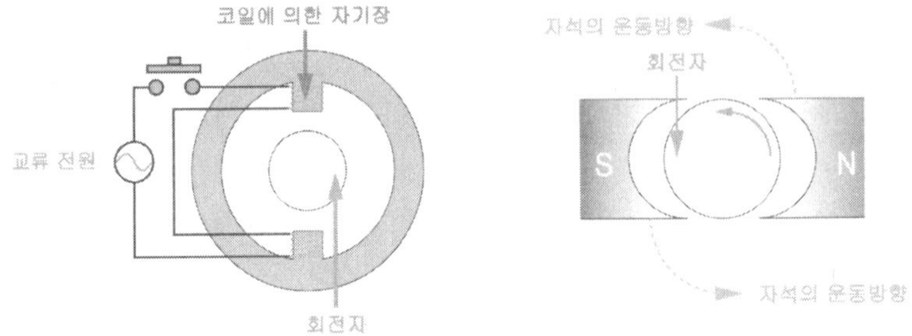

그림 1-120 • 교류전동기의 구조

(3) 직 · 교류 겸용 전동기

직 · 교류 겸용 전동기(universal motors)는 단순히 계자권선을 전기자와 직렬로 연결한 형태의 직류전동기이다.

전동기를 직류전원에 가동할 경우에는 회전자와 계자전류의 위상이 일치되어야 하고, 구조는 직류전동기와 같이 회전하는 전기자가 정류자와 브러시에 연결되어 있어야 한다. 직 · 교류 겸용 전동기는 기동 토크가 크며 회전속도가 빠른 특징이 있어 드릴 엔진이나 원심분리기와 같이 회전속도가 빠르고 조절이 가능한 장비에 널리 사용되고 있다. 직류에서 전동기를 사용하다가 교류로 전원을 바꿀 때는 저항이나 유도체에 의한 전류를 조절하기 위하여 사용 전에 전동기의 계자권선의 연결을 다시 하여야 한다.

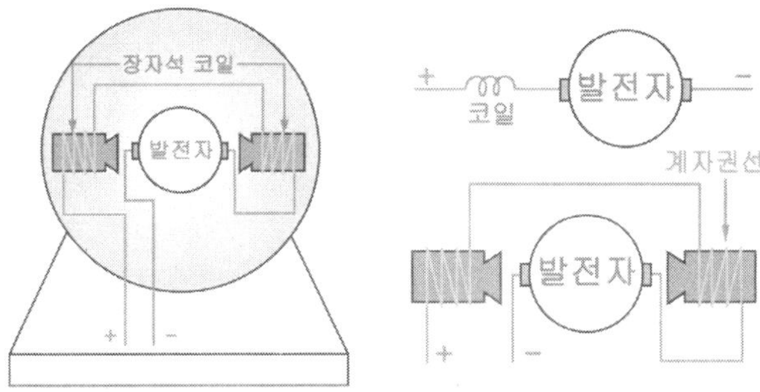

그림 1-121 ◦ 직 · 교류 겸용 전동기의 구조

09 시퀀스(Sequence)

1. 계전기 개요

계전기[16]는 전기회로를 개폐하는 데 사용하며 전자력을 이용한 스위치 장치이다. 계전기의 기능은 일반 스위치의 기능과 다르지 않으나, 일반 스위치는 인위적으로 동작하는 데 비해서 계전기는 전자력의 힘으로 동작한다.

계전기가 일반 스위치보다 편리한 점은 전자력의 힘으로 대전류와 위험한 고전압의 회로를 간편하게 개폐할 수 있고, 개폐하는 사람과 전기회로 간의 거리를 두어 원격제어할 수 있고 한꺼번에 많은 계전기를 동작시킬 수 있다.

(1) 계전기 구조

계전기는 하나의 철심에 감은 코일 권선과 가동편 및 한 세트의 접점들로 이루어진 것이다. 코일 권선에 전압을 인가하게 되면 자력에 의해 가동편이 움직이는 동시에 가동편에 연결된 접점 세트는 전기회로를 닫아주었다가 코일 권선의 전압을 제거하게 되면 스프링의 힘에 의해 복귀되어 접점 세트가 열리고 회로는 차단된다.

계전기는 전기회로를 닫거나 열어주는 것은 가동편에 연결된 접점 세트의 구조에 따라 다르게 사용할 수 있으며 계전기의 구조는 그림 1-122와 같다.

---

16) 계전기 : 한 회로(전압을 가한 회로)의 전류변동을 이용하여 다른 회로(계전기)의 전류를 원격조정하거나 자동제어하는 전자기장치이다.

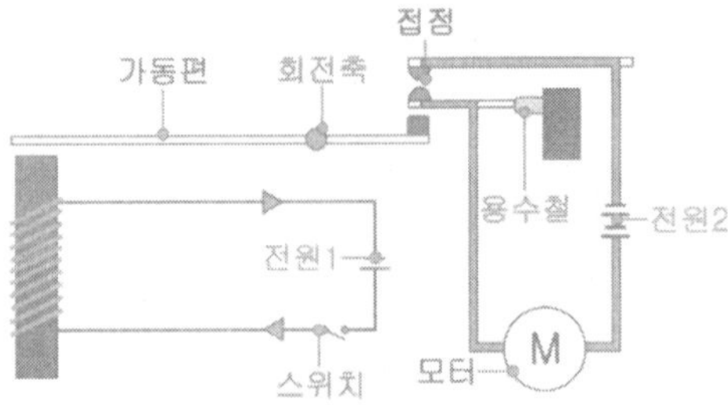

그림 1-122 • 계전기의 구조 및 구동회로

(2) 계전기 구성품

1) 코 일

코일(coil)을 선택하는 데에는 사용용도에 따라서 코일에 흐르는 전류용량을 고려해야 한다. 직류에 사용한다면 전류의 흐름을 제한하는 요소는 코일 자체의 직류저항뿐이므로 가해지는 전압에 따라서 저항의 크기도 용량에 맞게 결정하여야 한다. 그러나 교류에 사용한다면 코일 자체의 직류저항은 물론이고 유도 리액턴스가 더욱 중요하게 된다.

2) 가동편

계전기의 가동편(armature)은 코일에 전류가 흐름과 동시에 발생하는 자력에 의해서 철심에 접촉하게 된다. 가동편에 부착된 접점의 한쪽 세트는 가동편의 작용에 따라 다른 쪽 접점 세트와 접촉하게 된다. 고전압에 사용하는 계전기의 가동편은 와류손에 의한 열손실이 일어나므로 여러 조각의 얇은 판을 부착하여 열손실을 방지한다.

3) 철 심

직류계전기는 굵은 철심(core)이나 가는 철심으로 만들 수 있으나 교류용 계전기의 철심은 와류손에 의한 열을 방지하기 위해서 여러 조각의 얇은 판을 부착하여 제작한다. 또한 교류에서는 전류방향이 연속해서 변화하게 되면 가동편은 붙었다 떨어졌다를 반복하게 되므로 떨림현상이 있다. 떨림현상을 없애기 위해서 가동편이 붙은 철심 끝부분에 구리로 만든 환상형 고리를 끼우게 되면 코일과 환상형 구리 고리에 위상이 다른 두 가지의 자기력선이 발생하여 가동편은 계속해서 철심에 붙어 있게 된다.

4) 접 점

접점(contacts)은 계전기의 다른 부분보다 고장나기 쉬운 부분으로 정교한 손질이 요구된다. 고장의 원인은 접점이 접촉되는 부분에 스파크가 발생하여 접촉부위가 패인 경우와 탄소가 표면을 덮어 접촉저항이 증가하여 계전기의 기능을 상실하게 되는 경우가 있다.

접점 세트의 한쪽 세트는 고정되어 있고 가동편에 부착된 움직이는 접점 세트는 스프링에 의해 움직일 수 있게 되어 있다. **접점의 표면은 은이나 합금으로 접촉저항이 없게 만들어졌으며 항상 불순물이 없도록 깨끗하게 유지해야 기능을 유지할** 수 있다. 접점은 일반적으로 정상상태에서 **열린 접점**(Normally Open : NO)과 **닫힌 접점**(Normally Closed : NC)의 두 가지로 구분된다.

(3) 접점 세트의 종류

계전기는 **전압, 전류 또는 직류, 교류** 용도에 의해서 분류하는 것 외에 **접점 세트의 종류에 의해서도 분류할** 수 있다. 그림 1-123과 같이 **접점이 하나만 있을 때 SPST**(Single Pole Single Throw)라 하고, 그림 1-124와 같이 **2개가 있을 때 DPDT**(Double Pole Double Throw)라고 하며 그밖에도 다양한 형태가 있다.

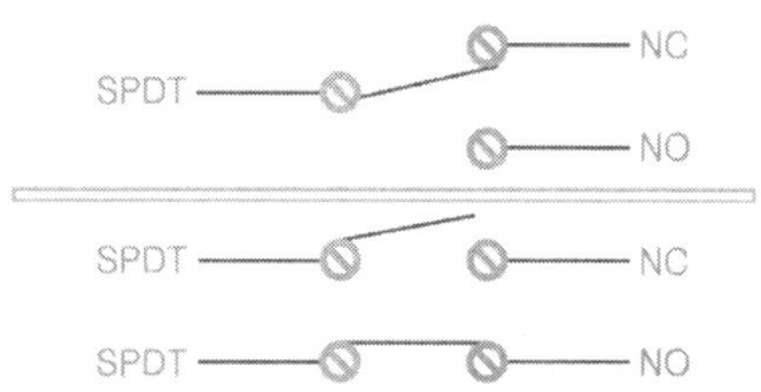

그림 1-123 ◦ SPST 접점 및 SPDT 접점

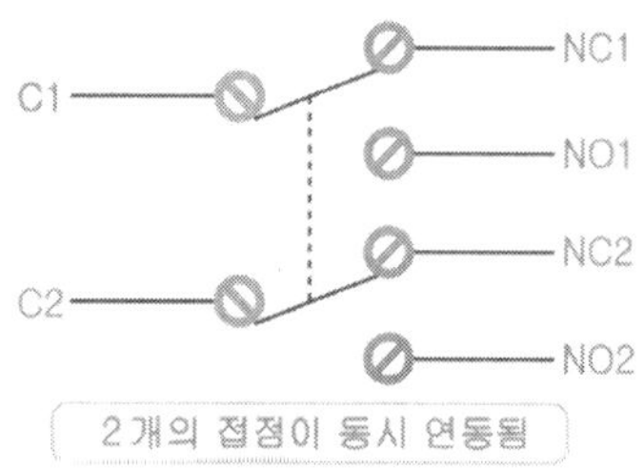

그림 1-124 ◦ DPDT 접점

2. 시퀀스 제어의 기초

제어에는 인위적 제어와 자동제어가 있는데 정해진 조작과정을 자동적으로 실행하는 **자동제어에는 피드백 제어(feedback control)와 시퀀스 제어(sequence control)가 있다.**

① **피드백 제어** : 제어량의 값을 목표값과 비교하여 일치시키도록 계속하여 **정정동작을 하는 제어이며**, 연속적인 작업을 행하는 **정량적 제어로서 프로세서**(processor) 공업 등에서 **유체와 같은 물리량을 제어하는** 데 효과적으로 사용되며, **프로세서 제어, 서보기구, 자동조정** 등이 있다.

② 시퀀스 제어[17] : 어떤 회로에 릴레이(relay), 타이머 버튼스위치 등을 결선하여 미리 정해진 순서에 따라 제어의 각 단계를 순차적으로 진행시켜나가는 제어이며, 불연속적인 작업을 행하는 공정제어 등에 널리 사용되고 있다. 이는 일종의 스위치나 버튼을 사용하여 전기회로의 부하를 동작시키기도 하고, 부하의 동작상태나 고장상태를 알리기도 하는 제어이며 **전기회로는 모두 시퀀스 회로에** 의해 제작되고 있다.

---

17) 시퀀스 제어 : 동작의 순서를 미리 정해 놓고 이에 따라 조작의 각 단계를 차례로 행하는 제어이다.

㉾ 빌딩이나 공장 등에서 엘리베이터를 동작시키고 고장을 알리기도 하며, 세탁기, 냉장고, 자동판매기 등도 시퀀스로 동작하는 것이다.

③ 무접점 소자를 이용한 제어회로에는 PLC (Programmable Logic Controller) 등의 전기회로가 있고, 유접점 소자에는 버튼스위치나 각종 릴레이가 있다. 시퀀스 제어의 장점은 표 1-11과 같다.

표 1-11 • 시퀀스 제어로 인한 효과적인 장점

장점	• 생산속도의 향상	• 에너지 절약의 향상
	• 운전의 확실성의 향상	• 제품의 품질 향상
	• 경제성의 향상	• 생산능률의 향상

(1) 유접점 릴레이의 장 · 단점

제어를 할 경우 릴레이 접점들의 개폐에 의하여 이루어지는 유접점 릴레이에 의한 시퀀스의 장 · 단점은 표 1-12와 같다.

표 1-12 • 유접점 릴레이에 의한 시퀀스의 장 · 단점

장 점	단 점
온도특성이 양호하다.	기계적 진동, 충격 등에 비교적 약하다.
입력과 출력을 분리할 수 있다.	동작속도가 늦다.
동작상태의 확인을 쉽게 할 수 있다.	접점의 소모가 있으므로 수명에 한계가 있다.
독립한 다수의 출력회로가 얻어진다.	제어반의 외형과 설치면적이 크다.
과부하 용량이 크고, 개폐 부하용량이 크다.	소비전력이 비교적 크다.
전기적 잡음에 대해서 안정적이다.	

(2) 무접점 릴레이의 장 · 단점

다이오드, 트랜지스터, IC, 사이리스터 등을 사용하여 기본적인 회로의 기능을 발휘하게 하는 무접점 릴레이에 의한 시퀀스의 장 · 단점은 표 1-13과 같다.

표 1-13 • 무접점 릴레이에 의한 시퀀스의 장 · 단점

장 점	단 점
진동, 충격에 의하여 오동작할 염려가 없다.	신뢰성이 떨어진다.
고정밀도이며, 응동(신호가 응답해서 작동)시간이나 감도에 불균일이 적다.	전기적 잡음 및 서지에 약하다.
장치의 축소화가 가능하고, 동작속도가 빠르다.	별도 전원을 필요로 한다.
고빈도의 사용에 견디고 수명이 길다.	온도변화에 대해서 약하다.

시퀀스 제어계 표현방법은 다음과 같다.

① **전개결선도** : 가장 많이 사용하는 방법으로 **시퀀스도**(sequence diagram)라고도 하며, 동작의 내용을 이해하기 쉽게 하기 위해 **시퀀스 제어를 사용한 전기장치 및 기기와 기구의 동작을 기능 중심으로 나타낸 도면**으로 시퀀스 제어기호를 사용하여 작성한다. 여기에는 **주회로와 제어회로, 램프표시 회로도**로 이루어져 있다.

㉠ **주회로** : 전원을 부하에 공급하기 위한 회로이다.

㉡ **제어회로** : 주회로의 개폐 및 표시회로의 동작 등의 모든 제어동작이 이루어지는 **제어의 핵심회로**이며, 동작순서에 따라 좌측에서 우측으로 그려나가는데 이를 **횡서 시퀀스도**라 한다.

㉢ **표시회로** : 제어의 동작을 확인할 수 있다. 일반적인 작업환경에서는 **주회로와 표시회로는 작업장에 표기되어** 있고, **제어회로와 표시회로는 제어실에 표기되어** 있는 경우가 많다.

② **논리회로도** : 신호처리회로를 논리기호를 사용하여 보다 알기 쉽게 **그림으로 나타낸 것이다.**

③ **타이밍도표** : 제어계의 각 접점 및 제어장치의 **시간적인 동작상태를 그림으로 표현한** 것으로 **제어요소 간의 시간별 동작상태를 이해하기** 쉽다.

④ **표면결선도** : 제어반의 **제작 및 점검 등에 사용**하기 위하여 **기구나 부품의 실제 배치**를 그려놓은 도면이다.

⑤ **블록선도** : 블록과 화살표로 제어계의 신호전달방식 같은 것을 나타낸 도면으로 **플로차트**(순서도) **또는 블록선도**라 하며 **시퀀스도는 이 플로차트를 기초**에 두고 이루어진다.

3. 조작용 기기

(1) 순간 유지형 스위치

1) 복귀형 수동 스위치

푸시버튼을 누르고 있을 때에만 접점(선과 선이 만나는 점)**이 개폐**(연결)**되며, 손을 떼면 스위치 내부의 스프링의 힘에 의해 복귀**(전 상태)**되는 제어용 조작 스위치**이며, 버튼 대신 레버(손잡이) 등으로 동작하는 것도 있다. 버튼을 누르면 가동접점(c접점)이 고정접점과 접촉하여 연결(on)되는 접점을 a접점이라 하고 단선(off)되는 접점을 b접점이라 한다(그림 1-125).

그림 1-125 • 푸시버튼 스위치(push button switch)

① a접점 : 스위치를 조작하기 전에는 열려 있는 접점으로 일하는 접점(arbeit contact) 또는 상시 개방접점(normal open contact)으로 'NO'로 표시한다.
② b접점 : 스위치를 조작하기 전에는 닫혀 있는 접점으로 도중에 끊어지는 접점(break contact) 또는 상시 폐쇄접점(normal close contact)으로 'NC'로 표시한다.
③ c접점 : 절환[18] 접점으로 a접점과 b접점을 공유하면서 변환하는 접점(change over contact) 또는 이동접점(transfer contact)이라 한다.

2) 마이크로 스위치

미소 접점간격과 스냅 동작기구를 가지고 정해진 힘으로 개폐동작을 할 수 있으며, 동작을 일으키는 접점 기구가 케이스로 덮여 있고, 마이크로 스위치(micro switch)는 그림 1-126과 같으며 외부의 액추에이터(actuator)에는 다른 물체의 접촉시 접점개폐를 할 수 있는 기구를 갖추고 있다.

그림 1-126 • 마이크로 스위치

3) 발판 스위치

기계장치 및 회로의 동작을 발로 조작할 수 있는 것으로 발판부에 마이크로 스위치가 내장되어 있으며, 발판부에는 동작 걸림장치가 있고 발판 스위치 보호 커버가 부착되어 있다. 발판 스위치(foot switch)는 그림 1-127과 같다.

18) 절환 : 제어하는 극의 신호에 따라 변환하여 작동한다.

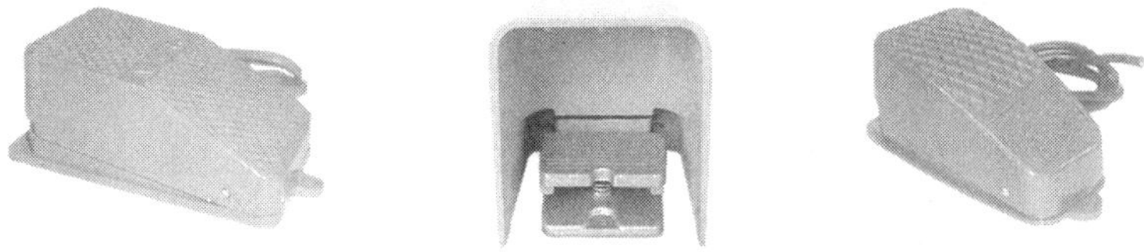

그림 1-127 ◦ 발판 스위치

(2) 유지형 스위치

수동조작 유지점 접점이라고 하며, 사람이 일단 수동조작을 하면 반대로 조작할 때까지 접점의 개폐상태가 유지된다. 종류에는 토글 스위치, 셀렉터 스위치, 캠(로터리) 스위치 등이 있으며 시퀀스 회로보다는 단순동작을 요구하는 회로에 주로 이용되며, 주로 사용되는 유지형 스위치로는 그림 1-128과 같이 푸시버튼을 누른 후 유지되는 형태와 회전하여 유지시키는 형태가 있다.

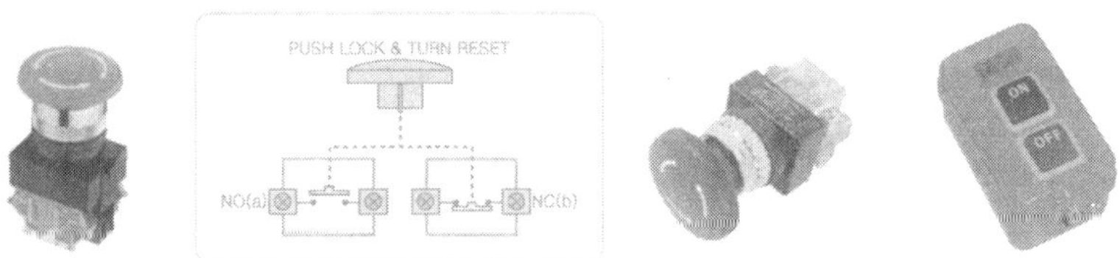

그림 1-128 ◦ 푸시(push) 유지형 스위치(비상 스위치)

1) 캠 스위치

캠과 접점을 하나로 구성하여 놋지(notch) 절환하는 것으로 전류계, 전압계 등의 절환용으로 사용한다. 10단 이상의 접점을 가질 수 있는 특징을 가지는 캠 스위치(cam switch)도 있다(그림 1-129).

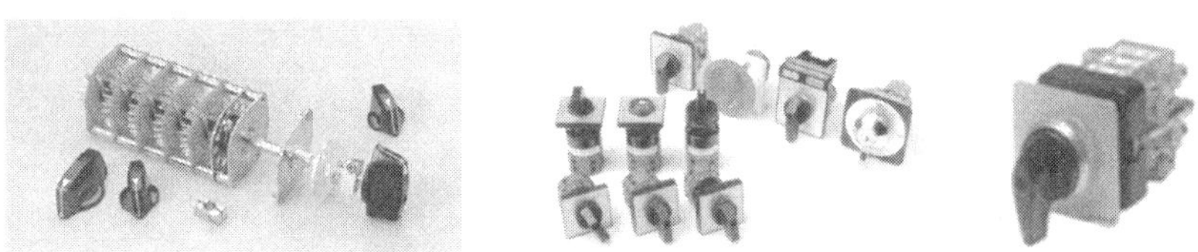

그림 1-129 ◦ 캠 스위치

2) 셀렉터 스위치

로터리 스위치라고도 하며 손잡이나 레버를 회전하여 개폐를 하는 형태로 on-off 2단 이상의 회전도 가능하다. 그림 1-130과 같이 셀렉터 스위치(selector switch)는 손잡이를 좌우 회전하여 on/off할 수 있다.

그림 1-130 ◦ 셀렉터 스위치

3) 키 스위치

손잡이를 고정시킬 수 있어서 보안을 요하는 회로가 있을 경우에 사용되며, 키를 사용하여야만 동작시킬 수 있어 보호용으로 많이 쓰이고 있다(그림 1-131).

그림 1-131 ◦ 키 스위치(key switch)

4) 토글 스위치

돌출된 레버를 직선운동으로 동작시켜 조작하는 것으로 보통 연결단자는 납땜형으로 되어 있다. 토글 스위치(toggle switch : 스냅 스위치)는 상하 또는 좌우로 움직여 on/off할 수 있다(그림 1-132).

그림 1-132 ◦ 토글 스위치

(3) 검출 스위치

자동화 시스템에서 없어서는 안 될 중요한 요소로서 제어대상의 상태나 변화 등을 검출하기 위해 사용되는데 위치, 액면, 온도, 전압, 그 밖의 여러 제어량을 검출하는 데에 주로 사용된다.

1) 리밋 스위치

검출기 중 가장 널리 사용되는 것으로 그림 1-133과 같이 마이크로 스위치를 견고한 케이스 내에 봉입한 것으로서 기계적인 입력을 검출하는 부분을 액추에이터(actuator)라고 한다. 형태에 따라 롤러 레버형, 포크 레버형, 로드 조절 레버형, 코일 스프링형, 롤로플러저형 등으로 나눌 수 있다.

① 시퀀스 제어의 촉각작용을 하는 것으로, 제어대상의 위치검출, 기계의 구동거리 제한 및 공정의 변환 등을 검출하기 위해 사용되는데 기계적인 신호를 진기적 신호로 변환시킨다. 리밋 스위치(limit switch)는 a접점과 b접점이 있으며 검출될 부분에 스위치의 접촉부가 닿으면 접촉자가 움직여 접점이 개폐되는 원리로 동작한다. 캠은 정해진 위치에 진행상황을 검출하며, 도그는 정해진 위치에 존재 여부를 검출한다.

② 기계적 접점 스위치로 기기들이 움직일 때 정해진 위치에서 동작 검출하는 스위치이며 사용용도에 따라 롤러 레버를 교체하여 사용할 수 있다.

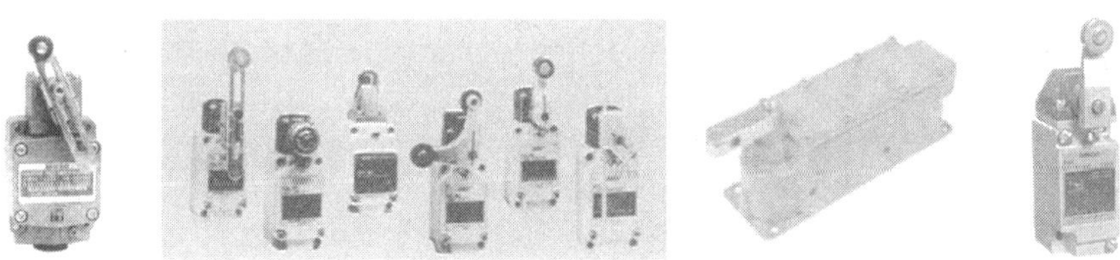

그림 1-133 ◦ 리밋 스위치

2) 리드 스위치

자성재료로 이루어진 1개조의 리드편이 불활성 가스와 함께 유리관내에 봉입된 것으로서, 코일 혹은 영구자석 등에 의해 외부로부터 주어진 자기를 받으면 리드편의 양단이 자화되는 원리로 동작하고, 자화의 세기에 따라 자기 흡인력이 리드편의 탄성력보다 강하게 되면 접점이 닫히게 된다. 즉, 외부에서 가해지는 자기 에너지의 세기에 따라 일련의 스위치 작용을 하는 것이다(그림 1-134).

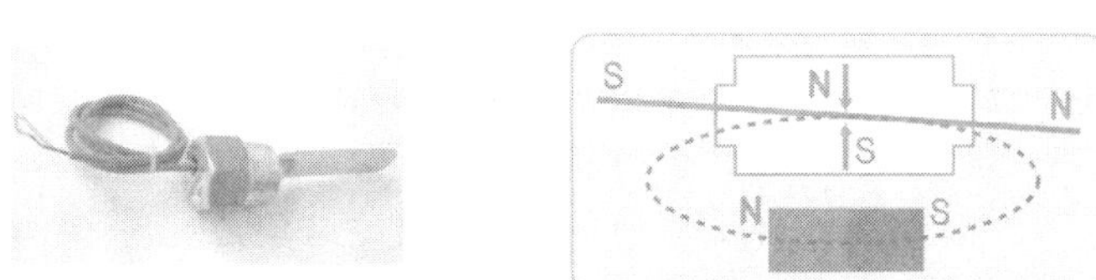

(a) 리드 스위치 (b) 리드 스위치의 동작원리

그림 1-134 ◦ 리드 스위치(reed switch)의 구조와 동작원리

① 동작형태에 따라 노멀 오픈(normal open)형, 노멀 클로즈(normal close)형, 트랜스퍼(transfer)형 등으로 분류되며, 리드 릴레이(reed relay)는 여러 가지 형이 발전한 형태로서 리드 스위치에 전자석을 조합하여 전자석에 흐르는 전류를 on/off하는 것으로 리드 스위치를 조작할 수 있다.

② 리드 스위치의 장점 : 자기 에너지를 이용하기 때문에 수 [mm] 정도의 거리에서도 무접촉으로 스위치의 개폐조작을 행할 수 있으며 리드 스위치의 동작도 대단히 빠르고 500[Hz] 정도의 응답특성을 가지고 있다.

3) 근접 스위치

반도체소자를 이용하여 물체의 접근 또는 존재를 무접촉으로 감지하는 일종의 검출 스위치이다. 1차, 2차 코일을 그림 1-135와 같이 배치하고, 1차 코일에 고주파 전류를 가하게 되면 평상시에는 평형을 유지하므로 2차측 코일에 전압이 발생하지 않는다. 그러나 검출헤드에 금속체를 접근시키면 맴돌이 전류가 발생되어 평형상태가 무너지며 2차 코일에 전압이 발생하게 되는데, 이 전압을 증폭하여 출력 릴레이를 구동한다. 근접 스위치(proximity switch)의 장점은 응답속도가 빠르고, 전자회로와 직접결합이 가능하다.

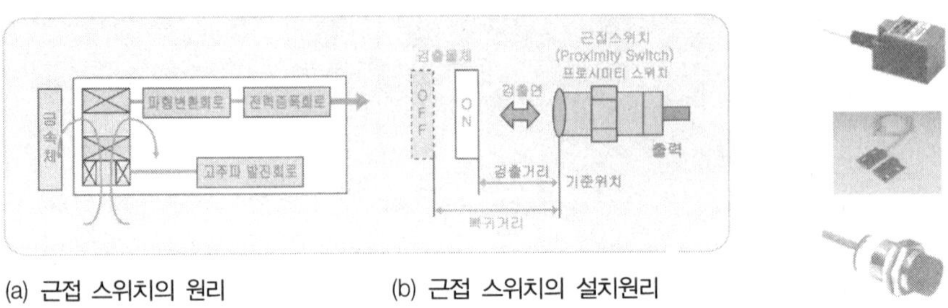

(a) 근접 스위치의 원리 (b) 근접 스위치의 설치원리

그림 1-135 ◦ 근접 스위치의 원리와 근접 스위치

4) 광전 스위치

빛을 발생하는 광원과 빛을 받아들이는 광도전체(Cadmium Sulfur : 황화카드뮴 : CdS), 포토다이오드 또는 포토트랜지스터를 1개조로 하여 물체가 광로를 지나갈 때 광로나 광량의 변화를 이용하여 접점을 동작하여 물체를 감지하는 방식으로, 물체의 접촉에 의한 것이 아니기 때문에 움직이는 물품의 계수나 기계적 동작의 제한 등에 사용된다(그림 1-136).

① 광전 스위치(photo electric switch)의 특징 : 빛의 전달속도가 빠르고 응답속도가 빨라 무접점 회로의 경우 분 시간당 수만 회의 검출도 가능하다.

② 광전 스위치의 종류 : 투과형, 반사형, 복사형이 있다.

③ 광전 스위치의 장점 : 검출물이 금속일 필요는 없고 검출거리가 길어 비교적 먼 거리

로부터 검출이 가능하며, 응답속도가 빠르고 정밀도가 높으며 색채의 판별이 가능하기 때문에 여러 분야에 사용되고 있다.

④ 투광기 : 주로 텅스텐램프, 형광등, 발광다이오드를 투광기로 사용하며 이러한 광원을 직접 혹은 광학계 증폭기 등의 광학을 조합하여 적외선을 전기신호로 변환시킨다.

⑤ 우리 생활에는 그림 1-136과 같은 광전 스위치가 이용된다.

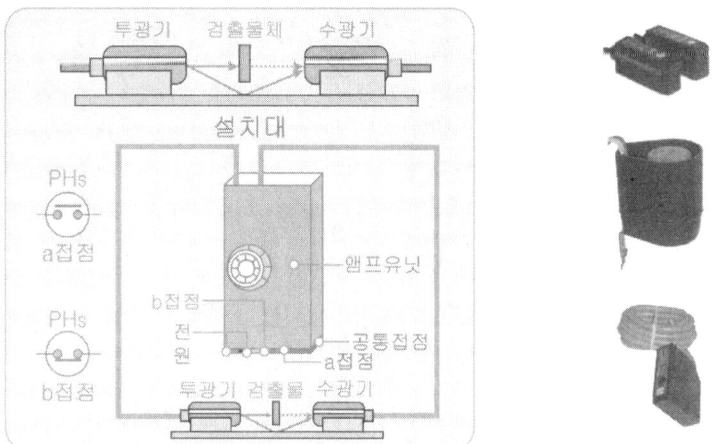

그림 1-136 • 광전 스위치의 원리와 광전 스위치

㉠ 투과형 : 빛을 내는 투광기와 빛을 받아들이는 수광기 사이에 물체가 지나갈 때 수광기의 빛의 변화에 의해 감지하는 것이다.

㉡ 반사형 : 투광기에서 발사된 빛이 물체에 반사되어 수광기에 다시 들어오는 방식이다.

㉢ 복사형 : 투광기 없이 물체의 자연 복사광에 의해 수광기에서 빛을 받아들여 물체를 검출하는 방법이다.

5) 플로트 스위치

레벨 스위치(level switch)라고도 하며, 그림 1-137과 같이 액면의 높이를 알아볼 수 있는 검출용 스위치로 액면이 올라가면 액면에 떠있는 플로트가 리밋 스위치를 밀어 접점이 개폐되고, 액면이 내려가면 플로트가 내려가 리밋 스위치는 스프링의 힘에 의해 원상 복귀되는 원리를 이용한다.

플로트 스위치(foot switch)는 전극식 스위치 또는 도전성 매체로 전극 간의 저항변화를 이용해서 검출하는 것으로 액면 스위치라고 한다. 레벨 검출 대상으로는 액체 외의 입체, 입체 점성체 등이 있다.

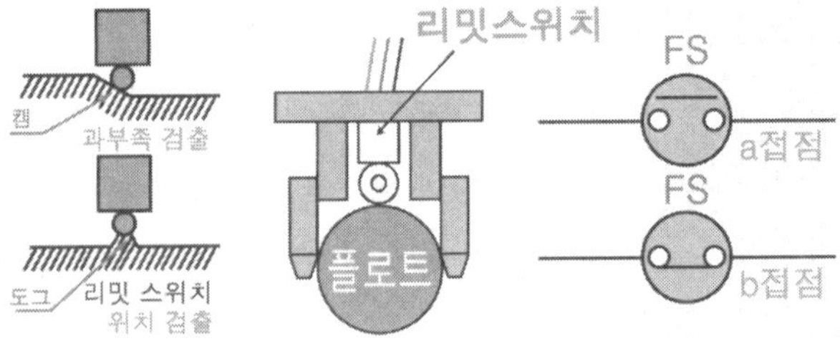

그림 1-137 • 플로트 스위치의 원리와 기호

6) 온도 스위치

온도가 정해놓은 값에 도달하게 되면 동작하는 검출 스위치를 말하며 구조와 실물은 그림 1-138과 같다. 온도의 변화에 대해서 전기적 특성이 변화하는 소자, 즉 서미스터, 열전대, 바이메탈 등을 이용하여 만들어지는데, 그 변화에 의해서 미리 설정된 온도를 검출하여 동작하는 스위치이다. 온도 스위치의 종류는 전열기기, 냉난방기기, 온수기 등의 온도제어나 모터, 히터 등의 과열방지용에 사용되고 있다.

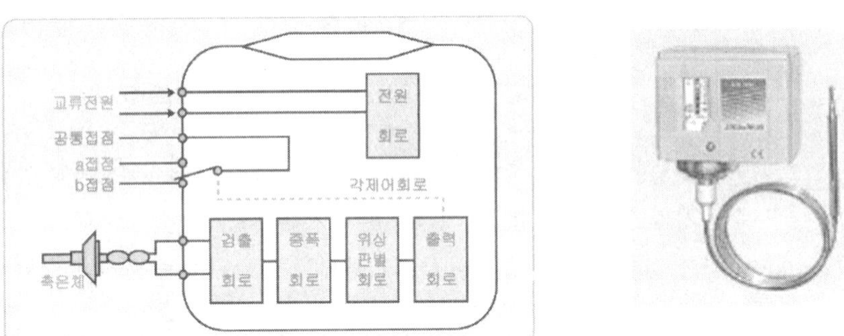

(a) 온도 스위치의 구조 (b) 온도 스위치

그림 1-138 • 온도 스위치와 구조

7) 속도 스위치

속도가 일정한 값으로 도달했을 때 동작하는 그림 1-139와 같은 스위치이다.

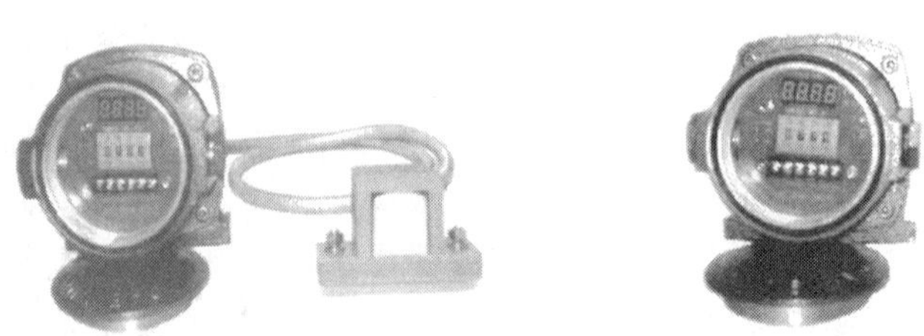

그림 1-139 • 속도 스위치(speed switch)

8) 습도 스위치

공기압의 습도변화에 따라 정해놓은 습도의 값에 도달했을 때 동작하는 스위치는 그림 1-140과 같다.

그림 1-140 • 습도 스위치(humidity switch)

4. 제어용 기기

(1) 전자 릴레이

보조 릴레이(auxiliary relay)로 주로 사용되며, 철심에 코일을 감고 여러 개의 가동접점과 고정접점으로 구성되었다. 전자 릴레이는 코일에 전류가 흐르면 전자력에 의해 전자석이 되면서 가동철편이 동작하게 되는데, 이때 a접점은 붙게 되어 on 상태가 되고, b접점은 떨어지게 되어 off 상태가 된다. 다시 코일에 전류가 끊기면 각 접점은 복귀 스프링에 의해 원상태로 복귀하게 된다. 그리고 a접점과 b접점을 공유하고 있는 c접점이 있다. c접점은 a접점, b접점을 동시에 사용할 수도 있고 어느 한 접점만을 사용할 수 있는데, 특히 c접점, b접점을 동시에 사용할 경우에 c접점(공통접점)으로 인하여 회로가 단락될 수 있으니 반드시 공통접점부가 회로에서 어떻게 사용되고 있는지 확인하고 사용한다.

제어용 릴레이를 사용할 때에는 조작전원의 정격, 필요한 접점의 수, 제어전원의 용량 등을 고려하여 릴레이[19]의 특성에 맞게 사용하여야 한다. 특히 접점의 수를 고려할 때 8핀 그림 1-141의 2a2b와 11핀 그림 1-142의 3a3b를 많이 사용하는데 그 내부의 회로도이다.

---

19) 릴레이 : 컴퓨터 등을 사용하여 외부기기를 제어할 때 자주 사용하는 부품으로 **코일에 전류를 흘리면 자석이 되는 성질을 이용**하고, 코일이 전자석으로 되었을 때 철판을 끌어당겨 그 철판에 붙어 있는 스위치부의 a, b접점을 열거나 닫는다.

- **장점** : 전기적으로 독립된 회로를 연동시킬 수 있다.
- **단점** : ① 동작속도가 느리다. ② 노이즈가 발생한다.
- **종류** : 고장전류나 전압 등을 검출해서 C/B(회로차단기)를 동작시킨다.
  ① OCR(Over Current Relay) : 회로 내에서 **과전류가 흐르게 되면 차단기**를 끊는 계전기이다.
  ② OCGR(Over Current Ground Relay) : **선간전압의 불평형**이나 선이 땅과 접지되었을 때 회로를 차단하게 되는 계전기이다.
  ③ OVR(Over Voltage Relay : 과전압 계전기) : 단락보호용 계전기의 하나로 일정값 이상의 전압이 인가되었을 때 동작하는 계전기. 일반적으로 발전기가 무부하로 되었을 경우의 발전기나 부하의 과전압보호용으로 사용하는 경우가 많다.
  ④ UVR(Under Voltage Relay : 부족전압 계전기) : 전압이 설정값 또는 설정값 이하로 저하하면 동작하는 계전기이다.

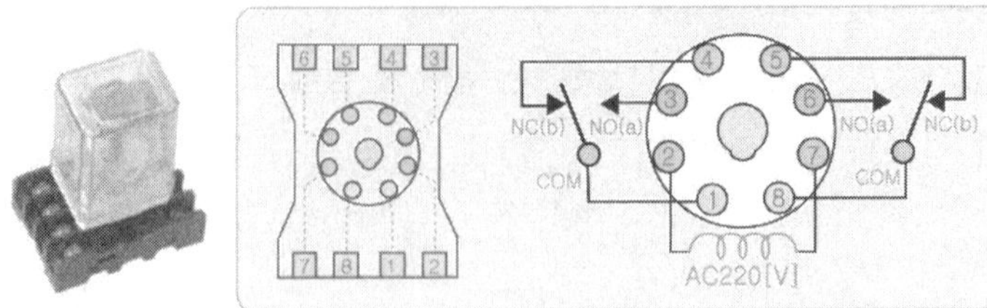

그림 1-141 • 전자 릴레이 8핀과 내부회로

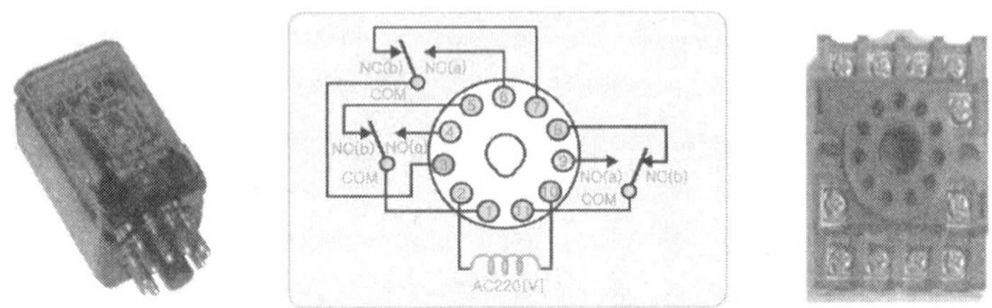

그림 1-142 • 전자 릴레이 11핀과 내부회로

(2) 한시 계전기

전기적 또는 기계적 입력신호를 받아 맞추어 놓은 시간이 경과된 후 동작이 되는 일종의 릴레이이다. 시간을 설정할 때에는 소형의 전동기를 사용하는 전동기식 타이머와 콘덴서의 충방전을 이용하는 전자식 타이머 그리고 공기나 오일 등의 제동력을 이용하는 제동식 타이머 등이 쓰이는데 주파수의 영향으로 그 값이 변할 수 있으므로 반드시 고려해야 한다. 우리나라에서 사용하는 교류전압의 상용주파수가 60[Hz]이므로 50/60[Hz]의 기구에서는 60[Hz]로 조정하여 사용해야 한다. 동작원리는 릴레이와 같지만 접점의 동작에 시간을 두고 동작시킬 수 있다는 것이 가장 큰 차이점이다(그림 1-143). 접점의 동작형태는 한시 동작접점과 한시 복귀접점이 있다.

① 한시 동작접점 : 동작하는 데 시간이 걸리는 접점으로 타이머 가동 후 설정된 시간이 지난 후 접점이 동작하는 것이다.

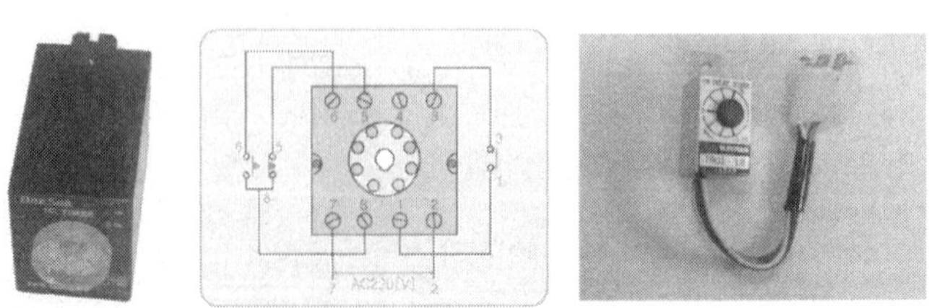

그림 1-143 • 한시 계전기(timer)

② 한시 복귀접점 : 복귀하는 데 시간이 걸리는 접점으로 타이머 가동과 동시에 접점이 동작한 후 설정된 시간이 지난 후에 원래의 위치로 복귀되는 접점이다.

대부분 한시 a접점과 한시 b접점은 한쪽을 공통(c접점)으로 하여 사용하도록 제작되는데, 한시 계전기의 내부회로는 그림 1-144와 같다.

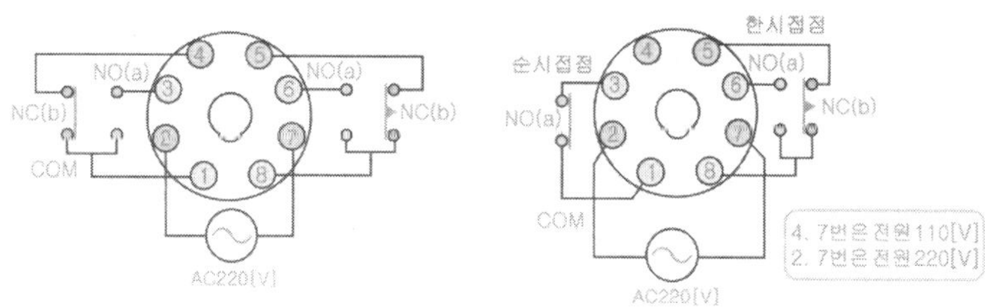

그림 1-144 ◦ 타이머 내부회로

(3) 전자 접촉기

전자 접촉기(magnetic contact) : 전자력에 의한 전자석의 동작으로 접점을 개폐하는 기구로서, 전동기 등과 같은 동력부하에 필수적으로 사용되고 있다.

① 동작원리 : 전자 릴레이와 비슷하고, 다른 점은 접점이 주접점과 보조접점으로 나뉘어 있다. 주접점은 부하의 전원을 개폐하며 보조접점은 제어회로에 사용되는데 이는 릴레이 동작상태와 같다.

② 보조 전자접촉기 : 독립적으로 사용 가능하지만 과부하 계전기를 조합하여 전자 개폐기(electro magnetic switch)로 주로 이용되고 있다. 여기서 과부하 계전기는 과부하시(정격전류의 1.25~2배의 전류) 부하를 보호하기 위해 사용되는데, 그림 1-145(a)은 전자 접촉기이다.

③ 전자 접촉기의 종류 : 전자형, 열동형, 유도형이 있다.

④ 전자 개폐기 : 전자 접촉기와 열동 계전기가 합체되어 있는 그림 1-145(b)와 같다.

(a) 전자 접촉기

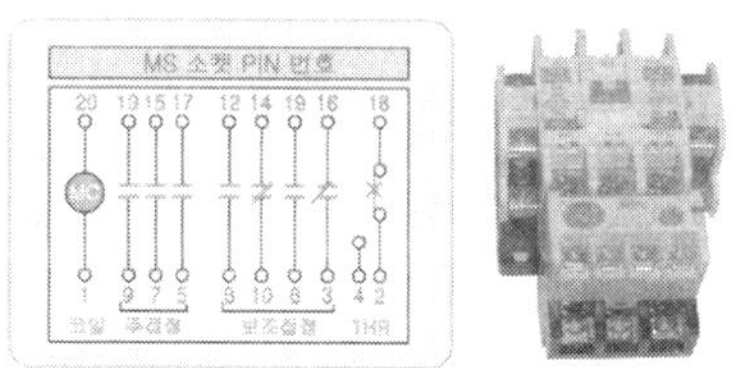

(b) 전자 개폐기

그림 1-145 ◦ 전자 접촉기와 전자 개폐기

(4) 열동 계전기

서멀 릴레이(Thermal Relay : THR)라고도 하며 주로 과부하 보호에 사용되며 그림 1-146과 같다.

그림 1-146 • 열동 계전기

정격 이상의 전류(과부하 전류)가 흐르면 내부 내에 발생되는 열에 의해 바이메탈이 동작하여 접점이 닫히게 되어 전자 접촉기의 회로를 차단하게 되는데, 이것은 부하와 전선의 과열을 방지하는 데 중요한 기능을 하고 내부회로는 그림 1-147에 나타내었다. 수동 복귀의 열동 계전기가 동작하여 모터가 정지된 경우라면 모터의 과부하의 원인을 정확하게 파악하여 원인을 제거한 후에 열동 계전기의 리셋(reset) 버튼을 눌러서 처음 상태로 해주면 된다.

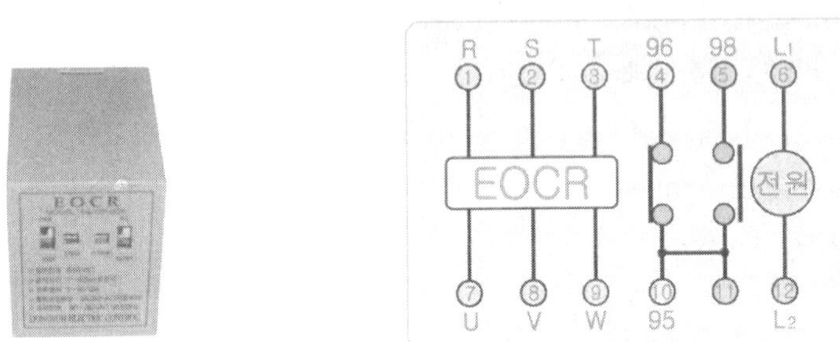

(a) EOCR 계전기 (b) EOCR 계전기의 내부회로도

그림 1-147 • EOCR 계전기와 내부회로

(5) 압력 스위치

압력 스위치(pressure switch)는 일정한 압력에 의하여 스위치가 on/off되는 것이다. 저압인 경우 다이어그램의 신축을 이용하고, 유압, 수압과 같이 고압인 경우 부르동관(bourdon tube)의 신축을 이용하여 스위치를 on/off시킨다(그림 1-148).

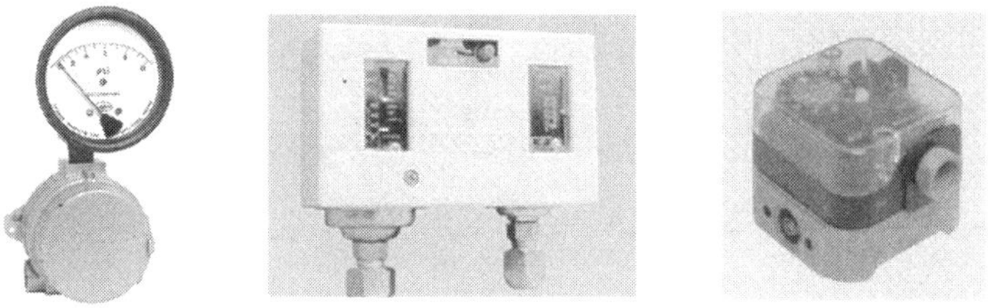

그림 1-148 ◦ 압력 스위치

(6) 배선용 차단기

손잡이를 on, off시킴으로써 단자부에 배선된 전기회로를 개폐할 수 있으며, **과부하 보호장치를 사용하든지, 과부하시 경보를 사용**하도록 되어 있다. 그림 1-149는 배선용 차단기이다.

(a) 단상 배선용 차단기 (b) 누전차단기 (c) 3상 배선용 차단기

그림 1-149 ◦ 배선용 차단기

배선용 차단기는 **노 퓨즈 브레이크**(No Fuse Breaker : NFB) 또는 **몰드 케이스 서킷 브레이크**(Molded Case Circuit Breaker : MCB)라고 하는데, **스위치 내부에 개폐기구와 트립 장치가 내장되어** 있다. 단락이나 정격전류를 초과하는 과전류가 흐른다면 자동적으로 트립되어 회로를 차단하고 사고전류를 감지하는 역할을 한 트립의 원인을 파악 후 제거한 다음 다시 손잡이를 올리면 정상적으로 동작한다. **트립되는 것은 바이메탈의 원리를** 이용한 것으로 **과전류에 의해 발생된 열을 감지하여 차단동작**을 한다.

(7) 플리커 릴레이

전원이 투입되면 a접점과 b접점이 교대 점멸되어 점멸시간을 사용자가 조절할 수 있는 특징이 있어 **경보신호용 및 교대점멸용 등에 사용**된다. 그림 1-150은 플리커 릴레이(flicker relay)와 접점의 교대를 일으키는 내부회로이다.

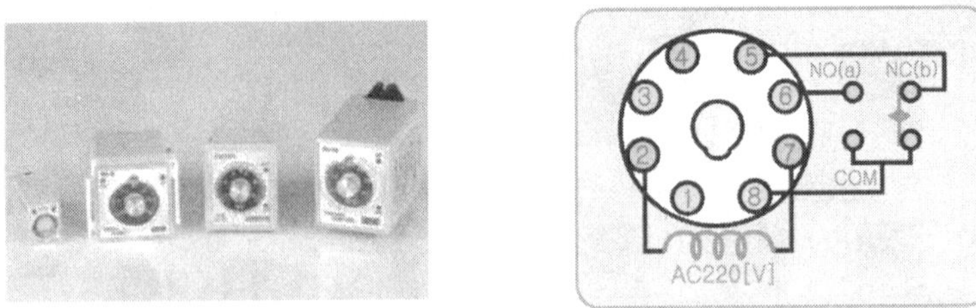

그림 1-150 ◦ 플리커 릴레이와 플리커 릴레이 내부회로

(8) 온도 계전기

온도가 일정한 값에 도달하였을 때 동작하여 검출하는 계전기로 그림 1-151과 같고, 온도변화에 대해 전기적 특성이 변화하는 소자 즉 서미스터, 백금 등 저항이 변화하는 것과 열기전력을 일으키는 열전쌍 등을 측정온도에 이용하여 그 변화에서 미리 설정된 온도를 검출하여 동작하는 계전기이다.

온도 계전기(temperature relay)의 종류로는 무지시형, 디지털형, 메타지시형 등이 있다. 다음은 미리 설정된 온도에 반응하기 위한 회로이다.

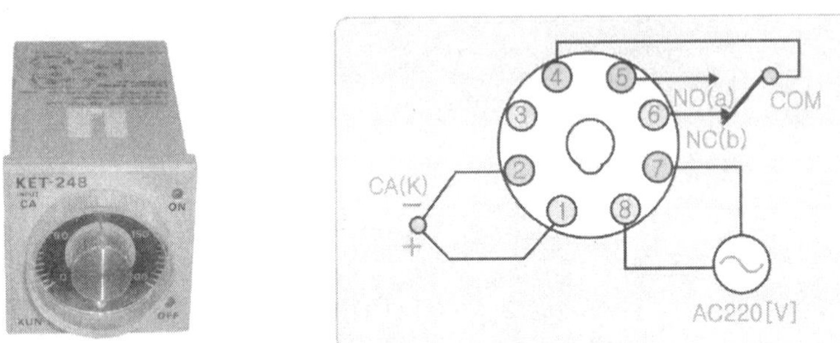

그림 1-151 ◦ 온도 계전기와 온도 계전기 내부회로

(9) 액면제어 계전기

공장 등의 각종 액면제어를 검출하는 스위치로 그림 1-152와 같고, 그 종류에는 플로트식, 압력식, 전극식, 전자식 등이 있다.

액면제어 계전기에는 8핀과 11핀 등이 있고 베이스에 신호를 입력하여 검출하는 원리로 동작한다.

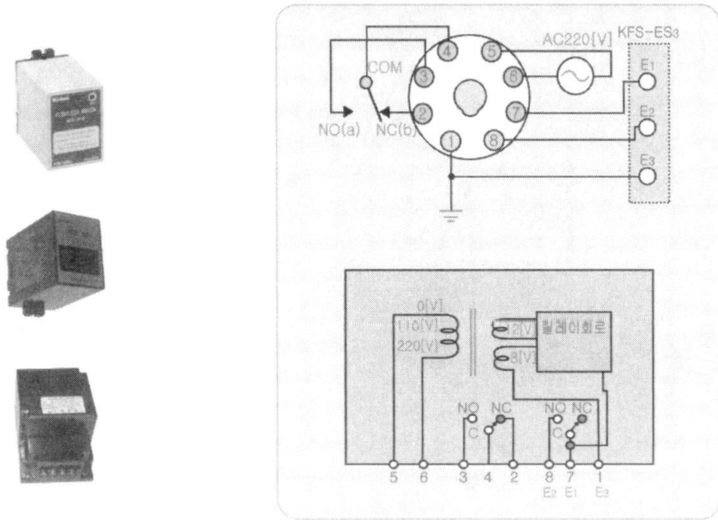

그림 1-152 ◦ 액면제어 계전기와 액면제어 계전기 내부회로

(10) 카운터

숫자를 셀 때 사용하는 것으로 가산(up), 감산(down)이 가능하여 입력신호가 들어오면 출력으로 수치를 표시하는 것을 말하는데, 검출방법으로는 입력신호를 적산하여 계수하는 적산 카운터와 설정한 수와 입력신호수가 같을 때 출력신호를 내는 프리셋 카운터(freeset counter)로 나눌 수 있다. 또한 출력방법으로는 계수식과 디지털식으로 분류할 수 있다. 우리가 많이 사용하고 있는 타이머와 내부회로도는 그림 1-153과 같다.

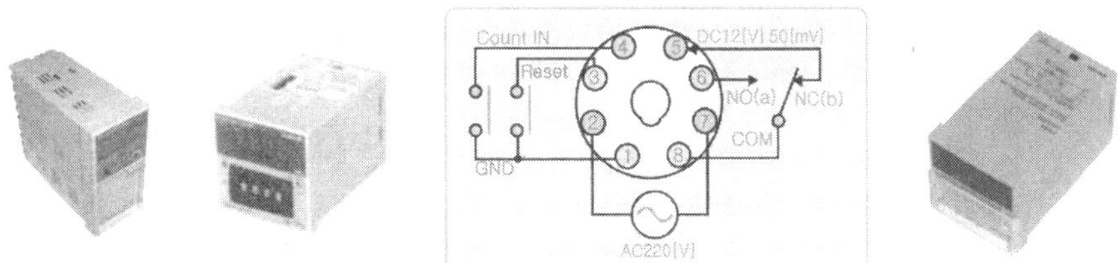

그림 1-153 ◦ 카운터와 카운터 내부회로

(11) 파워 릴레이

전자 접촉기 대신 전력회로의 개폐가 가능하도록 제작된 것으로 릴레이와 같이 일체형으로 구성되어 있으며 취급이 매우 간단하다.

검출방법으로는 베이스에 삽입하여 사용하는 방법이 있고, 고장시 전자 접촉기는 점검이 매우 어려운 점에 비해 파워 릴레이의 경우는 컨트롤 박스 제작시, 고장수리시에 따로 분리하여 점검할 수 있으므로 수리시간이 매우 짧은 장점이 있다. 파워 릴레이(power relay)와 내부회로는 그림 1-154와 같다.

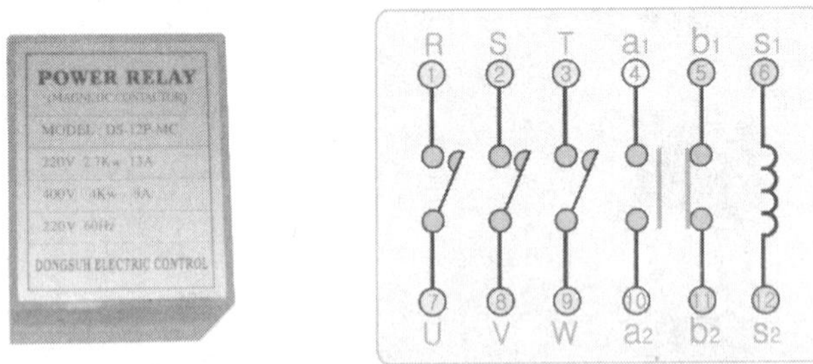

그림 1-154 ◦ 파워 릴레이와 파워 릴레이 내부회로

(12) SR 릴레이

Set 신호와 Reset 신호를 주어 동작하는 원리를 사용하며, 그 내부에 정류회로가 내장되어 있어 DC12/24[V]의 출력을 사용할 수 있으므로 별도의 정류회로를 추가하지 않아도 동력회로와 전력전자회로를 동시에 사용할 수 있는 장점을 가지고 있다. Set 신호와 Reset 신호를 가지는 SR 릴레이(Set Reset relay)와 내부회로도는 그림 1-155와 같다.

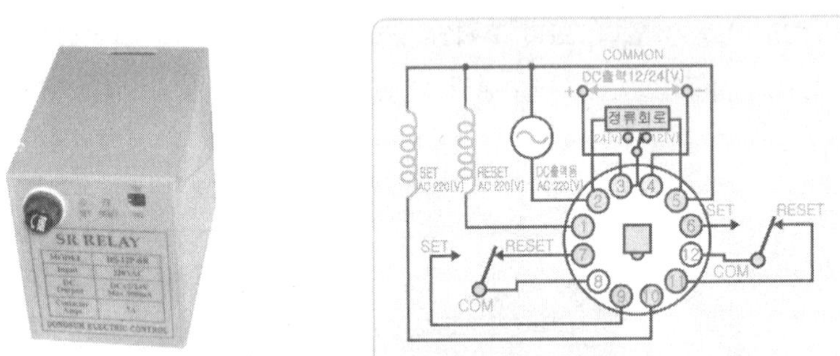

그림 1-155 ◦ SR 릴레이와 SR 릴레이 내부회로

(13) 파일럿 램프

일반적으로 배전반 등의 전원의 유무, 시퀀스 제어회로의 동작상황 등을 나타내기 위한 것으로 누름버튼 스위치 위에 부착되기도 한다. 배전반이나 스위치박스에 부착하여 사용하며, 파일럿 램프(pilot lamp)는 그림 1-156과 같으며 표시등의 색깔에 따라 여러 상황을 나타내준다.

그림 1-156 ◦ 파일럿 램프

표시의 종류	표시등의 색
전원	백색
운전	적색
정지	녹색
중고장	적색
경고장	적황색

(14) 버 저

버저(buzzer)는 시퀀스 제어회로의 고장이나 이상이 있을 경우 소리로 조작자에게 이상을 알리는 기기로 비상등과 교대점멸에 사용하는 경우가 많으며, 그 종류에는 크게 노출형과 매입형으로 나눌 수 있으며 그림 1-157과 같다.

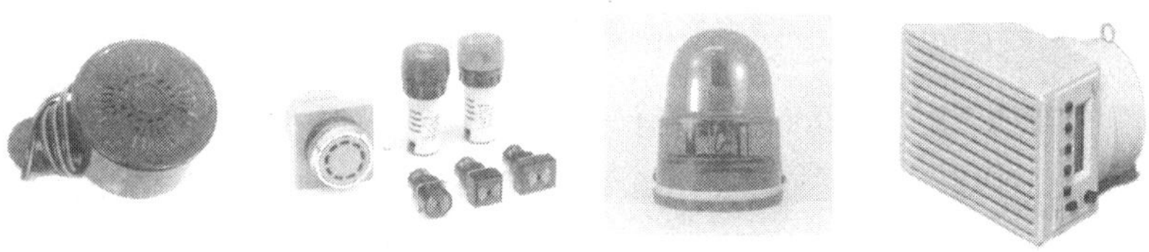

그림 1-157 ◦ 버 저

5. 시퀀스 제어의 기본회로

(1) 자기 유지회로

어떤 신호나 힘에 의한 순간 동작으로 투입된 입력신호가 제거된 후에도 전자 접촉기(릴레이)에 동작을 기억시켜 계속적으로 유지시켜 주는 회로로 기억회로라고도 한다. 자기유지회로는 제어계의 가장 기본이 되며 유지형 스위치를 사용하는 대신에 자기유지회로를 이용하여 동작시키는 이유는 공급전원이 감자된 후에 다시 여자되어도 회로를 보호할 수 있기 때문이다.

자기 유지회로(self holding circuit)는 그림 1-158과 같이 푸시버튼 스위치 PB-a에 병렬로 연결된 전자 접촉기(MC)의 MC-a를 결선시킨 것으로, PB-a를 누르면 전자 접촉기(MC)가 여자되어 주접점 MC-a가 동작 상태가 되어 유도전동기(IM)이 회전하게 된다. 이후 PB-a를 놓아도 자기유지접점 MC-a에 전류가 계속하여 흐르므로 여자상태가 유지되어 (RL) 램프가 점등되고 PB-b를 눌렀을 때 전자 접촉기(MC)가 감자되어 유도전동기(IM)가 회전을 정지하게 된다. PB-a스위치와 병렬로 결선되어 있는 MC-a를 자기유지접점이라고 한다.

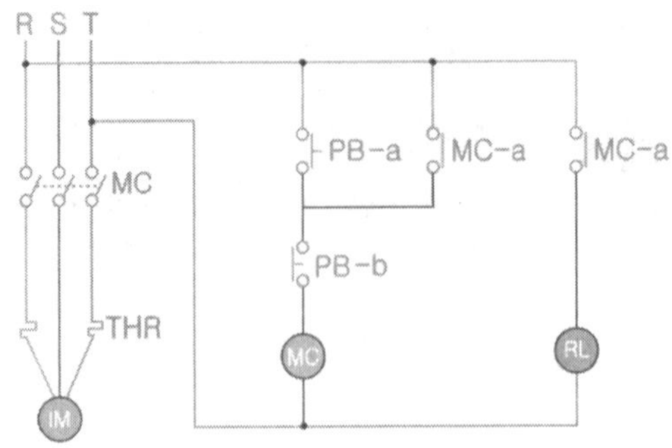

그림 1-158 ◦ 자기 유지회로

(2) 지연회로

타이머에 의해 설정된 시간만큼 늦게 동작하는 회로로 동작이 늦으며 타이머 코일과 동시에 복귀되는 오프딜레이 타이머(한시동작 순시 복귀회로)와 동시에 동작하고 늦게 복귀되는 온 딜레이 타이머(순시동작 한시회로)가 있다.

지연회로(delay cirunit)는 그림 1-159와 같이 푸시버튼 스위치 PB-a를 누르면 타이머(T)가 여자 되어 온 딜레이 타이머 접점 'T-a 순시'가 동작하여 자기유지회로가 된다. 오프딜레이 타이머 접점 'T-a 한시'는 타이머에 설정한 시간이 지난 후에 동작하여 전자 접촉기(MC)가 여자하여 주회로의 주접점(MC)가 동작하여 유도전동기(IM)이 회전하고 동시에 보조접점 MC-a가 동작하여 (RL) 램프가 점등된다. PB-b를 눌렀을 때 타이머(T)가 감자되어 유도전동기(IM)가 회전을 정지하게 된다.

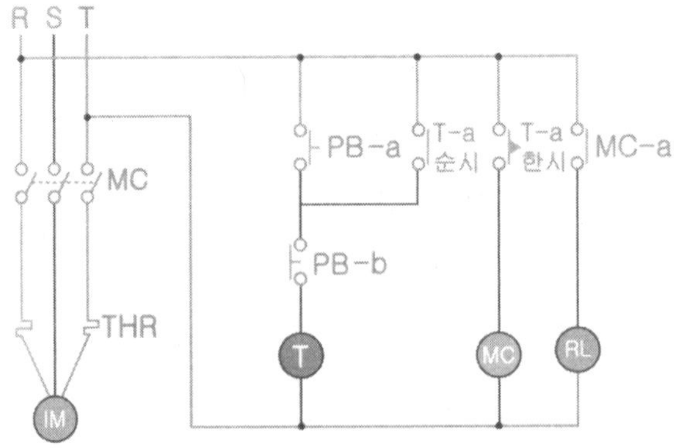

그림 1-159 ◦ 지연회로

(3) 인터록 회로

2개 이상의 회로에서 한 개의 회로를 동작시키면 나머지 회로는 동작이 될 수 없도록 한 회로이다. 인터록 회로(interlock)는 동시에 2회로의 동시 동작을 금지시킴으로써 작업자 및 기기를 보호하기위해서 사용한다. 그러므로 이 회로는 상대 동작금지회로 또는 선행 동작우선회로라고도 한다. 3상 유도전동기의 회전자는 120[°]의 위상차를 갖는 3상 전원에 의해 회전 자장이 발생함에 따라 동작하게 되는데, 3상 전동기에 입력되는 3상 전원 중에서 2상 전원을 바꾸어 주면 회전력이 반대방향으로 전환되므로 역회전 운전을 할 수 있게 된다. 인터록 회로가 아닌 경우에는 정회전과 역회전 동작이 동시에 일어나 주회로가 단락되어 위험한 상태가 될 수 있으므로 정 · 역회전 동작이 동시에 발생하지 않도록 인터록 회로를 반드시 넣어 사용하여야 한다.

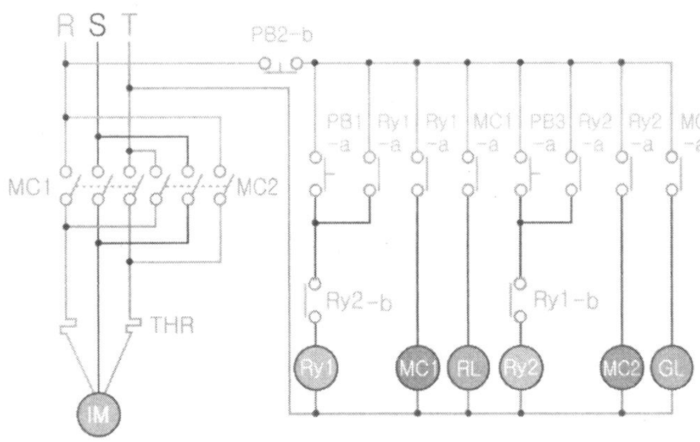

그림 1-160 ◦ 인터록 회로

인터록 회로는 그림 1-160과 같이 푸시버튼 스위치 PB1-a를 누르게 되면 릴레이 Ry1이 여자됨과 동시에 Ry1-a가 동작상태가 되어 자기유지되며, 전자 접촉기 코일(MC1)이 여자되면 주회로의 주접점(MC1)이 동작상태가 되어 유도전동기(IM)은 정회전하고 동시에 (RL) 램프가 점등된다. 이때 역회전 회로에 직렬로 연결된 Ry1-b가 개방되어 있으므로 역회전용 푸시버튼 스위치 PB3-a를 아무리 눌러도 릴레이(Ry2)는 동작하지 않게 된다.

(Ry1)을 감자시키고 운전중인 전동기의 회전방향을 바꾸기 위해서는 정지용 PB2-b를 누르면 되는데 이때 (RL)은 소등되고 유도전동기(IM)은 정지하게 된다.

같은 방법으로 PB3-a를 누르게 되면 릴레이(Ry2)가 여자되어 Ry2-a가 동작하여 자기유지회로가 되며 전자 접촉기 코일(MC2)가 여자되고 주회로접점(MC2)가 동작상태가 되며 유도전동기(IM)은 역회전하고 동시에 (GL) 램프가 점등된다. 정회전용 푸시버튼 스위치 PB1-a를 눌러도 Ry2-b가 개방되어 있으므로 릴레이(Ry1)은 동작하지 않게 되는 것이다.

즉, (MC1)이 여자되면 (MC2)는 감자되고 반대로 (MC2)가 여자되면 (MC1)이 감자된다. PB2-b를 눌렀을 때 인터록 회로가 감자되어 유도전동기(IM)가 회전을 정지하게 된다.

(4) 우선회로

선택한 회로가 먼저 동작되고 그 다음 선택한 회로가 동작하는 회로로서 동작에 순서가 정해져 있을 경우에 사용되는 회로이다. 일상생활에서 예를 들어 보면 엘리베이터의 출입문이 닫히지 않은 상태에서는 절대로 엘리베이터가 올라가거나 내려가는 동작을 할 수 없다. 그것은 출입문을 닫는 회로가 동작하기 전에는 엘리베이터는 올리고 내리는 동작은 전동기가 할 수 없기 때문이다. 엘리베이터와 같이 어떤 동작에 순서가 꼭 필요한 회로를 구성할 때 매우 중요한 회로이다.

우선회로는 그림 1-161과 같이 푸시버튼 스위치 PB1-a를 누르면 전자 접촉기 코일(MC1)이 여자되어 유도전동기(IM1)이 회전하게 되며 동시에 보조접점 MC1-a가 동작하여 (RL)램프가 점등된다. 그런 다음 전자 접촉기(MC2)의 직렬연결되어 있는 보조접점 MC1-a는 (MC1)이 감자상태로 있을 때에만 푸시버튼 스위치 PB3-a를 누르면 (MC2)가 여자되어 유도전동기(IM2)가 회전하게 되며 동시에 GL 램프가 점등된다. PB2-b를 누르면 우선회로가 감자되어 유도전동기(IM1), 유도전동기(IM2) 중에 회전하고 있는 유도전동기는 회전을 정지하게 된다.

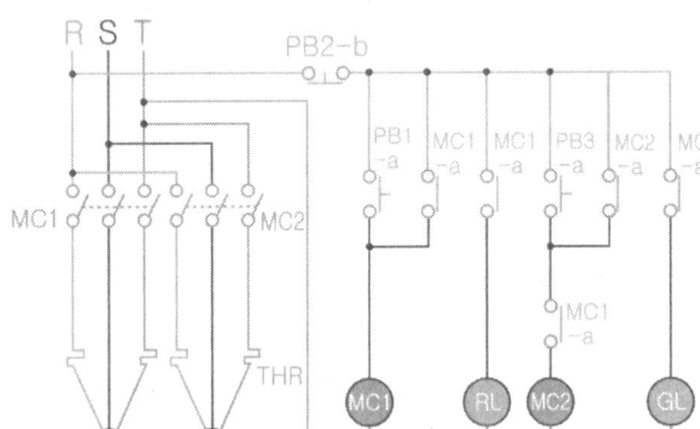

그림 1-161 • 우선회로

(5) 전동기의 직입기동

전 전압기동이란 기동전류가 적은 소형의 전동기를 기동 및 정지시키는 데 사용하는 것이며 용량이 작은 전동기를 직접 직입기동(전 전압기동) 방식을 사용하는데, 푸시버튼만으로도 조작이 가능하고 간편하다.

직입기동회로는 그림 1-162와 같다. OL, RL, GL은 표시회로 램프로 유도전동기(IM)의 동작상황이나 제어회로의 동작상황을 나타낼 때 사용한다. 전원을 on하면 표시등 (GL)이 켜지고 푸시버튼 스위치 PB1-a를 누르면 릴레이(Ry)가 여자되어 자기유지되며, 동시에 Ry-a가 동작하여 전자 접촉기 코일(MC)가 여자되어 유도전동기(IM)이 회전을 하게 된다. 동시에 Ry-b가 동작하여 표시등(GL)이 꺼지면서 표시등(RL)이 켜지게 된다. (OL)이 점등된 경우는 EOCR이 과부하로 인해 동작되며 유도전동기(IM)이 회전을 정지하게 된다. EOCR이 과부하로 인해 동작점을 찾고 수리 후 복구시 수동 복귀접점이므로 과부하의 원인을 제거한 후 다시 동작시키면 된다.

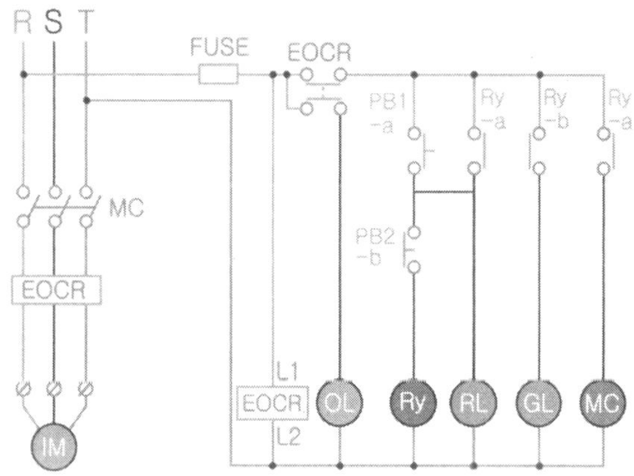

그림 1-162 ◦ 전동기의 직입기동

(6) 순차 제어회로

입력신호가 부여되면 타이머의 접점에 의하여 명령이 순차적으로 전송되는 회로를 순차동작회로라고 한다. 전기기기 등을 차례로 동작시킬 때나 교통 신호기 등에 사용되고 있다.

순차 제어회로는 그림 1-163과 같이 전원을 투입하면 MC1-b의 표시등(GL1)과 MC2-b의 표시등(GL2)가 점멸된다. 가동 스위치를 동작(on)시키면 (MC1)이 여자되어 유도전동기 (IM1)이 기동 회전을 하면서 동시에 MC1-b 표시등(GL1)이 꺼짐과 동시에 타이머(T1)이 여자된다. 또한, 지정한 시간 후에 (MC2)가 여자되어 유도전동기(IM2)가 기동 회전되며 동시에 MC2-b 표시등(GL2)가 꺼지게 되고 MC1-a 표시등(RL)이 켜지게 된다. 단, 가동 스위치에 의해서만 동작된다.

정지 스위치를 누르면 (Ry1)이 여자되어 유도전동기(IM2)가 회전이 정지되면서 표시등(RL)이 꺼짐과 동시에, 표시등(GL2)가 점등되며 타이머(T2)에 전원이 공급된다. 또,

(Ry2)가 여자되면 지정한 시간 후에 유도전동기(IM1)가 회전을 정지하면서 표시등(GL1)이 켜지게 된다. 과전류 계전기(EOCR)이 동작하게 되면 표시등(GL1)과 표시등(GL2)가 꺼지면서 플리커 릴레이가 동작하게 된다. 버저(BZ)와 고장표시등(YL)이 지정한 시간간격으로 교대로 동작하고 고장원인 제거시 복귀버튼을 누르면 버저와 고장표시등 모두(BZ, YL) 정지하게 된다.

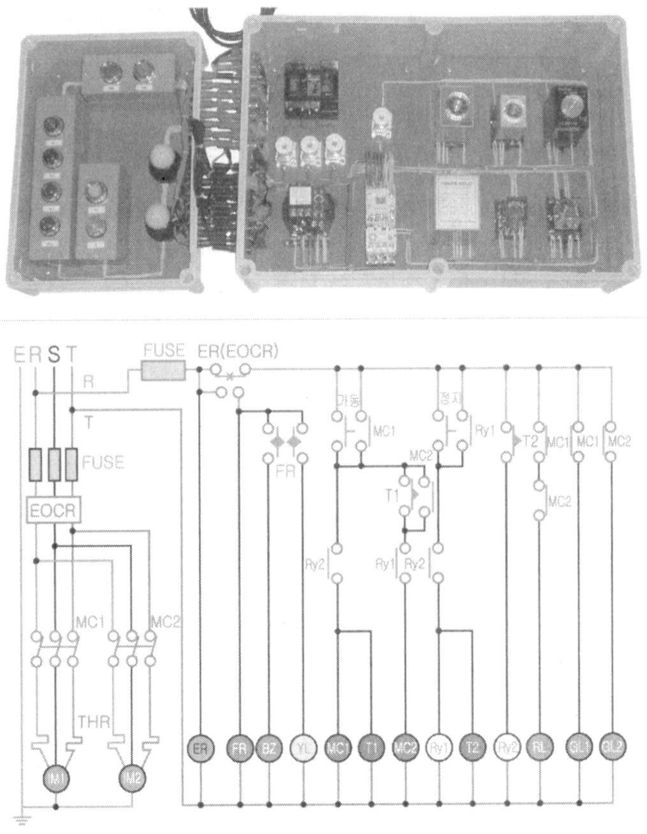

그림 1-163 ◦ 순차 제어회로

제2장 전자회로(Electronic Circuit)

01 반도체(Semiconductor)

도체는 전압을 인가하면 충분히 많은 양의 전하가 이동할 수 있는 물질이고, 부도체는 전압을 인가하여도 거의 전하가 이동하기 어려운 물질이다. 그리고 반도체는 도체와 부도체의 중간 성질을 갖는 물질이며 도체와 부도체의 중간 정도로 전하를 이동할 수 있는 물질이다.

절연체 · 반도체 · 도체는 저항률로 구분할 수 있는데, 절연체는 저항률이 10^7[Ω · m] 이상인 물질이고, 도체는 저항률이 10^{-4}[Ω · m] 이하인 물질이다. 그리고 반도체는 저항률이 $10^{-4} \sim 10^7$[Ω · m] 정도인 물질이며, 이는 도체와 절연체의 중간 정도의 저항률이다.

물질 속에는 이동 가능한 전하인 자유전자(혹은 정공)가 있는데, 이 자유전자가 존재하는 에너지대에 의해서도 절연체, 반도체, 도체의 구분이 가능하다.

1. 반도체의 에너지대 구조

반도체 재료인 Si(실리콘)결정의 에너지대 구조는 그림 2-1과 같다. Si결정은 양자상태가 $(1s)^2(2s)^2(2p)^6(3s)^2(3p)^2$인 원자번호 14의 실리콘 원자들이 공유결합에 의하여 구성된 물질로, Si원자의 가전자대에는 3s상태의 2개전자와 3p상태의 2개전자가 존재한다.

(a) 3a준위와 3p준위가 갈라지는 모양 (b) 안정한 결정을 이루는 에너지대

그림 2-1 ◦ 실리콘(Si)결정의 에너지대 구조

그림 2-1(a)는 Si결정의 원자들이 상대적인 위치를 유지하면서 원자의 간격을 좁혀갈 때 3s준위와 3p준위가 갈라지는 모양이다. 절대온도(0[°K])에서 원자의 간격이 R_1인 경우 3s상태의 전자와 3p상태의 전자는 각각의 에너지대를 형성하고 있지만, 원자의 간격

이 R_1보다 작을 경우 3s상태의 2개 전자와 3p상태의 2개 전자는 서로 겹쳐지면서 하나의 에너지대를 형성하게 된다. 이처럼 원자의 간격이 좁혀질 경우 전자간에는 간섭이 발생하는데, 이때 에너지 준위는 세분화되고 그 간격은 촘촘해진다. 그리고 에너지 준위가 겹치는 부분에는 반발로 인하여 서로 멀어지게 된다.

전자는 가능한 낮은 에너지 준위를 가지려고 하는 특성을 가지므로 전자들은 세분화된 에너지 준위 중에서 낮은 에너지 준위부터 차례로 자리잡게 된다. 여기서 전자가 채워진 마지막 준위를 가전자대라고 하며, 가전자대에는 4개의 전자들이 채워진다.

그림 2-1(b)는 상온([300[°K]), 원자간격 R0일 때의 에너지대를 나타낸 것인데, 전도대는 가전자대보다 1.1[eV]정도의 에너지갭을 두고 그 위에 형성된다. Si결정에서 금지대폭(=에너지갭)은 식 (2-1)과 같이 원자의 간격과 온도와의 관계되는 양으로 표시된다.

$$E_g = 1.205 - 2.8 \times 10^{-4}\,T[\text{eV}] \tag{2-1}$$

즉, 에너지 갭은 온도 T에 따라 $2.8 \times 10^{-4}\,[\text{eV}/^{\circ}\text{K}]$의 비율로 감소하게 된다.

반도체의 또 다른 재료인 게르마늄(Ge)의 에너지대 구조는 실리콘의 경우와 동일한 모양으로 되지만 게르마늄 원자의 에너지 상태는 $(1s)^2(2s)^2(2p)^6(3s)^2(3p)^6(3d)^{10}(4s)^2(4p)^2$으로 실리콘과 같지 않으며, 가전자들은 4s상태에 있는 2개의 전자와 4p상태에 있는 2개의 전자들에 의하여 구성되기 때문에 금지대폭은 실리콘과 다르다. Ge결정에서의 금지대폭은 식 (2-2)와 같고 상온에서 Ge결정의 에너지 갭은 약 0.7[eV]가 된다.

$$E_g = 0.782 - 3.9 \times 10^{-4}\,T[\text{eV}] \tag{2-2}$$

① 반도체 : 진성 반도체(intrinsic semiconductor)와 외인성 반도체(extrinsic semiconductor), 그리고 화합물 반도체(compound semiconducto)로 구별된다. 진성 반도체는 순도가 높은 반도체이므로 순수 반도체라고도 하며, 외인성 반도체는 진성 반도체에 불순물을 첨가한 반도체이므로 불순물 반도체라고도 한다. 그리고 화합물 반도체는 2종류 이상의 원소로 만들어진 반도체이다.

② 진성 반도체 : 순도가 높은 반도체로 Ge 반도체인 경우 10^{10}개의 반도체 원자에 대하여 불순물원자가 1개 이하이며, Si 반도체인 경우 10^{12}개의 반도체 원자에 대하여 불순물 원자가 1개 이하이다. 또한 진성 반도체는 실제 전자소자에는 사용되지 않지만 전자소자의 제작에 사용되는 외인성 반도체의 기본재료이다.

2. 실리콘과 게르마늄 원자

Si(Silicon)과 Ge(Germanium)은 대표적인 반도체 물질이다. 물론 반도체 물질은 Si(실리콘)과 Ge(게르마늄) 이외에도 많은 물질이 존재한다. 하지만 실리콘과 게르마늄이 대표적으로 사용되는 가장 큰 이유는 결정을 매우 높은 순도로 만들 수 있기 때문이다. 또한 실리콘과 게르마늄은 표 2-1과 같이 4가 원소이며, 4가 원소는 최외각에 4개의 전자가 있기 때문에 도체와 절연체의 중간인 반도체 소재로서 폭넓게 이용된다.

표 2-1 ◦ 반도체를 만드는 원소주기율표에서의 위치(일반적인 반도체 재료)

Ⅲ	Ⅳ	Ⅴ
B(붕소)	C(탄소)	
Al(알루미늄)	Si(실리콘)	P(인)
Ga(갈륨)	Ge(게르마늄)	As(비소)
In(인듐)		Sb(안티몬)

그림 2-2는 Si(실리콘) 원자가 주변의 8개의 원자와 결합하여 진성 실리콘 결정을 나타낸 것이다. 4개의 최외각전자를 갖는 실리콘 원자는 주위에 있는 다른 4개의 실리콘 원자와 서로 한 개씩이 전자를 공유한다.

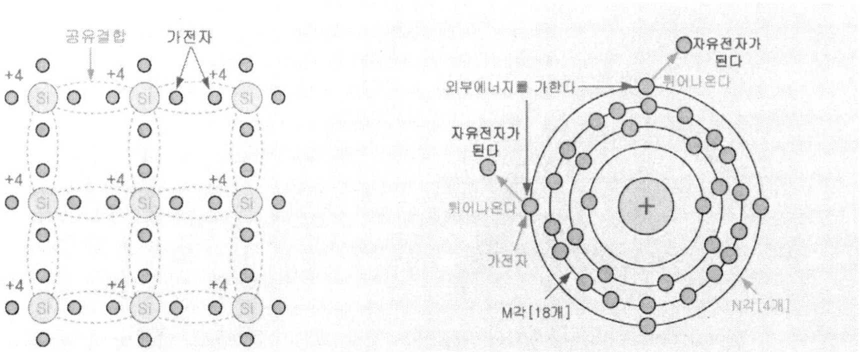

(a) Si의 결정구조 (b) Ge의 원자구조

그림 2-2 ◦ 진성 반도체

실리콘과 게르마늄은 반도체 소자로 4개의 최외각전자를 가지고 있지만 이 두 반도체의 차이점는 표 2-2와 같이 Si는 14개, Ge는 32개의 양성자로 원자핵이 구성되어 있다.

표 2-2 ∘ 실리콘과 게르마늄 원자의 비교

물리적 성질	Si(실리콘)	Ge(게르마늄)
원자번호	14	32
원자량	28.1	72.6
격자정수([A], 실내온도)	5.43	5.65
인접원자간격([A], 실내온도)	2.35	2.44
원자수/[cm^3]	5.0×10^{22}	4.4×10^{22}
밀도(20[°C], [g/cm^3])	5.32	2.33
녹는점([°C])	1420	936
비유전율	12	16
금지대폭([eV], 0[°K])	1.21	0.78
금지대폭([eV], 300[°K])	1.10	0.72

원자가 화학적으로 안정되기 위해서는 최외각전자가 8개로 구성되어야 한다. 그림 2-3(a)와 같이 탄소원자가 8개의 최외각전자를 갖기 위해 주변의 다른 원자들과 전자를 공유하여 결합하는 것을 **공유결합**(covalent bond)이라고 한다. 공유결합에 의한 물질은 **방향성을 가지고 있고, 대단히 단단하며, 녹는점이 높지만 단단하기 때문에 부스러지기 쉽**다. 그림 2-3(b)는 탄소의 공유결합을 입체적으로 나타낸 것으로 공유되는 각각의 전자들은 이웃하는 원자들에 의해 똑같은 구심력을 가지게 된다.

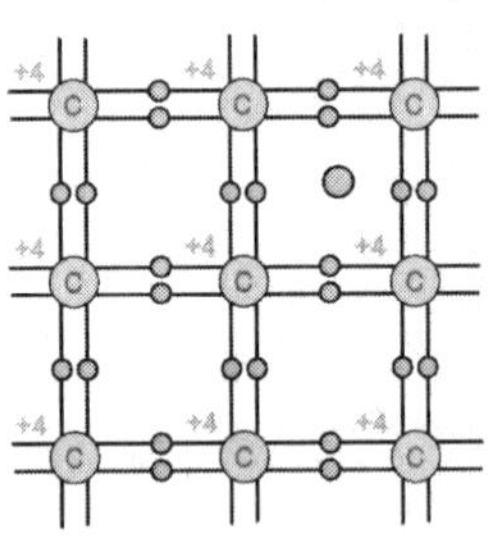

(a) 평면적으로 나타낸 탄소원자의 공유결합

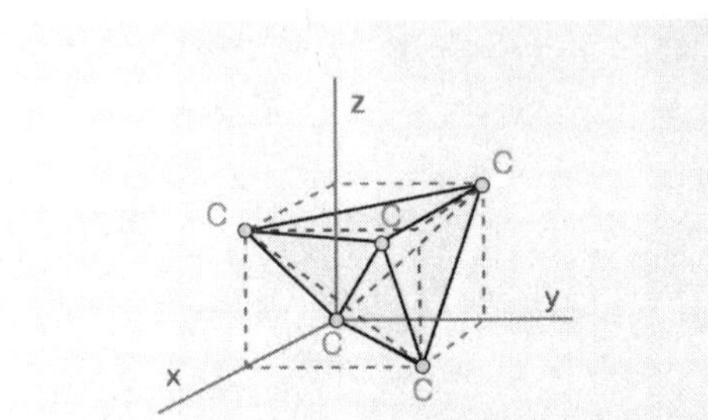

(b) 입체적으로 나타낸 탄소원자의 공유결합

그림 2-3 ∘ 공유결합

진성이란 결정체에 불순물이 없다는 것으로 순도가 높다는 것이며 즉, 진성 실리콘 결정은 공유결합으로 이루어진다. 모든 원소는 원자번호를 가지고 있는데 각 원자의 화학적 성질은 전자수의 배열에 의해서 결정되므로, **원자번호는 원자의 화학적 성질을 나타낸다.** 즉, 각 원소를 원자번호순으로 나열하면, 가장 바깥껍질에 있는 전자수의 배열이 반복해서 나타나 같은 화학적 성질을 지닌 원소가 주기적으로 출현하는 원소의 주기율표가 이루어진다. **원자번호는 원자의 기본적 성질을 나타내는 한 가지 양으로** 화학에서 가장 중요한 것이다.

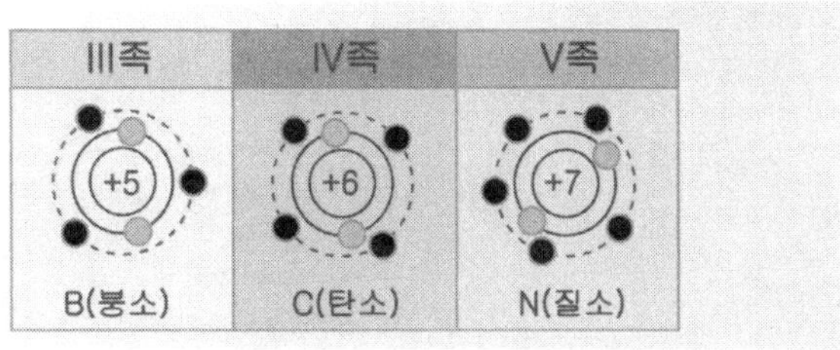

원자번호(L) = 양자수(Z)

그림 2-4 • 원자번호와 질량수

최외각전자의 수에 따라 3족, 4족, 5족의 대표적인 붕소, 탄소, 질소의 구조는 그림 2-4와 같다. 양성자와 전자가 외부로부터의 어떠한 에너지의 흡수가 없이 그 상태를 유지하는 것을 전자가 금지대에 있다고 하고, 약간의 에너지를 받아서 불안정한 상태에 있을 때를 전자가 가전자대에 있다고 한다. 가전자 상태에서 전자가 에너지를 더욱 흡수하여 원자내에서 탈출하면 자유전자의 상태가 되는데 이때를 전도대에 있다고 한다. 이 자유전자가 원자로부터 탈출하는 데 필요한 에너지의 양은 원자가 갖는 고유한 값의 크기에 따라 달라지는데, 그림 2-5는 같은 4족인 원소들도 원소에 따라 금지대의 크기가 다르다는 것이다.

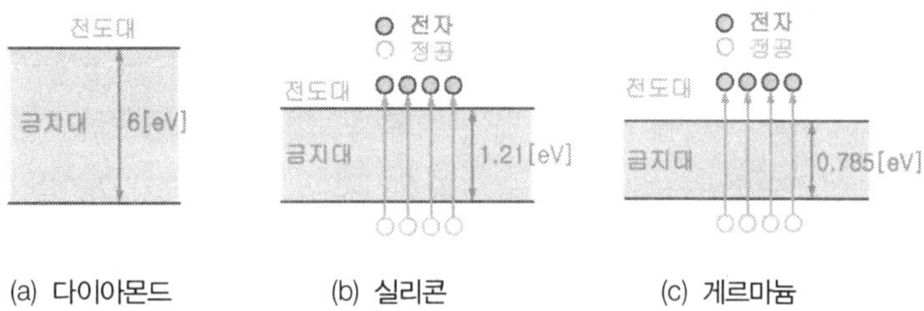

그림 2-5 • 4족 원소 결정체의 에너지 차이

(1) 에너지 준위

전자의 궤도가 클수록 원자핵에 대한 에너지 준위(energy level)와 위치 에너지도 높아진다. 또한 전자의 궤도에 따라 에너지 준위를 나타낼 수 있으며 에너지 준위가 높을수록 전자의 궤도는 커진다. 원자핵에 열, 빛 또는 복사와 같은 외부 에너지가 원자에 가해지면 전자는 에너지가 증가하게 되어 더 높은 에너지 준위(더 큰 궤도)를 갖게 된다. 그러나 전자는 곧 원래의 에너지 준위로 떨어지며 이 경우 전자가 얻었던 에너지를 열, 빛 또는 기타, 다른 복사형태로 방출하게 된다. 물질의 전기적 성질에 따른 에너지 준위는 그림 2-6과 같다.

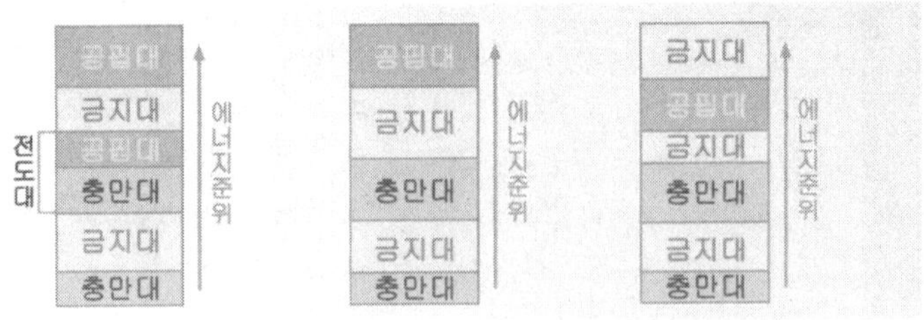

(a) 도체 (b) 절연체 (c) 반도체

그림 2-6 • 도체, 절연체, 반도체의 에너지 준위

(2) 에너지대

원자들의 결합시 첫 번째 궤도에서 움직이는 모든 전자는 서로 같은 에너지 준위에 존재하는 것같이 보이지만 미세하게 다른 에너지 준위에 존재하여 첫 번째 궤도상의 에너지대(energy bands)를 형성한다. 또한 두 번째 궤도전자와 세 번째 궤도전자도 이와 마찬가지로 에너지대를 형성하게 된다.

3. 전자와 정공의 전도

상온에서 반도체내의 전자들은 원자 중심에서 끌어당기는 힘이 비교적 약하기 때문에 주위로부터 충분한 열에너지를 얻으면 그림 2-7과 같이 N형 반도체는 가전자대로부터 전자가 존재할 수 없는 금지대역을 지나 자유전자가 되는 전도대로 이동하게 되고, P형 반도체는 이와 반대의 현상이 일어나게 된다.

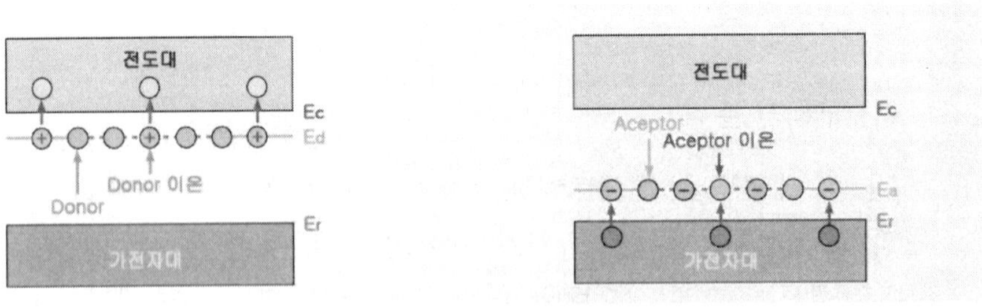

(a) N형 반도체 (b) P형 반도체

그림 2-7 • 불순물 반도체의 에너지 준위

전자 1개가 전도대로 이동하게 되면 가전자대에는 전자의 빈 자리가 생기게 되는데 이런 공백을 정공(hole)이라 한다. 여기서 정공은 양(+)의 전기적 성질을 띠게 된다. 즉, 실리콘에 그림 2-8과 같이 열에너지를 인가할 경우 전자는 전도대로 자리변환을 하게 되고, 모든 가전자대의 전자의 자리에는 정공이 생기게 된다. 그리고 이 정공은 근처에 공유결합을 하고 있던 가전자가 메우게 되는데, 가전자가 빠져나간 자리에는 다시 새로운 정공이 만들어지게 된다. 결국 정공은 차례로 결정내부를 이동하게 된다.

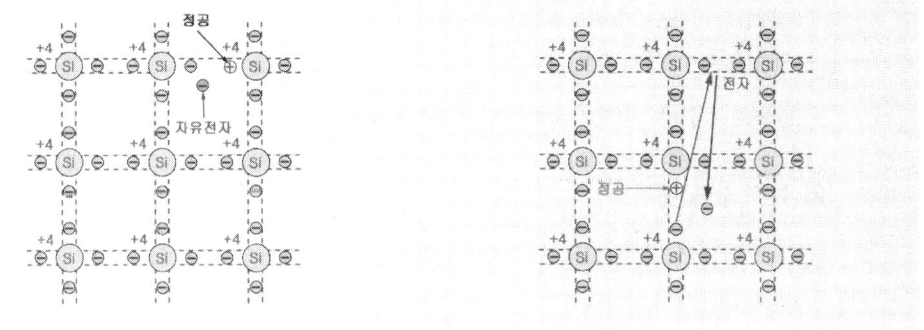

(a) 열에너지 인가 시 가전자의 발생　　　(b) 전자와 정공의 이동

그림 2-8 ■ 전자와 정공

4. 도 핑

실리콘과 게르마늄 같은 진성 반도체는 실온에서는 거의 전류가 흐르지 못하지만 약간의 불순물을 첨가하면 도전율을 크게 증가시킬 수 있다. 이처럼 불순물을 첨가하는 과정을 도핑(Doping)이라 하며, 도핑 과정을 거치면 전류를 흐르게 하는 캐리어(carrier : 전자나 정공)의 수가 증가하게 된다. 도핑 과정을 거친 반도체는 외인성 반도체라고 하는데, 불순물의 종류에 따라 N형 반도체와 P형 반도체로 나눌 수 있다. 이러한 반도체들의 특성은 표 2-3과 같다.

표 2-3 ■ 반도체 원료와 불순물 원자의 이온화 에너지

원소	가전자수	결정에서의 지름[A]	이온화 에너지[eV]		불순물	전도형
			Ge(게르마늄)	Si(실리콘)		
B(붕소)	3	0.81	0.0104	0.045	(acceptor)	P형
Al(알루미늄)	3	1.26	0.0102	0.057		
Ga(갈륨)	3	1.26	0.0108	0.065		
In(인듐)	3	1.44	0.0112	0.161		
P(인)	5	1.13	0.0120	0.044	(donor)	N형
As(비소)	5	1.13	0.0127	0.049		
Sb(안티몬)	5	1.36	0.0096	0.039		
Si(실리콘)	4	1.17	12−3.6×10^4 1.T[°K]		없음	진성
Ge(게르마늄)	4	1.22	0.78−2.2×10^4 T[°K]			

5. N형 반도체와 P형 반도체

(1) 반도체 특성

① 부(負)의 온도계수를 가지며 온도가 상승하면 저항이 감소하여 도전율이 증가한다.

② 정류작용을 하며 자기효과가 있다.

③ 열전효과가 있으며 불순물 첨가에 의해 저항이 변한다.

(2) N형 반도체

진성 반도체(실리콘, 게르마늄)의 전도대에 있는 전자의 수를 증가시키기 위하여 5가 원자인 불순물을 첨가하여 만든다. 첨가하는 불순물원자들로는 비소(As), 인(P), 안티몬(Sb) 등이 있다. N형 반도체(N-type semiconductor)에서 불순물에 의해 여분의 전자가 만들어지기 때문에 불순물로 첨가된 5가 원자를 도너(donor) 원자라고 한다.

5가의 원자는 그림 2-9와 같이 [안티몬(Sb)의 경우] 이웃하는 4개의 실리콘 원자들과 공유결합을 형성하는데, 5개의 최외각 전자 중에 4개의 최외각 전자만이 이용되고, 나머지 한 개의 전자는 남게 된다. 남는 전자를 과잉전자라고도 한다. 이 여분의 전자는 어느 원자와도 결합하지 못하여 남게 되고 비교적 자유롭게 움직일 수 있기 때문에 전기전도 역할을 하게 된다. 이러한 전자의 수는 불순물의 양에 비례하여 증가한다.

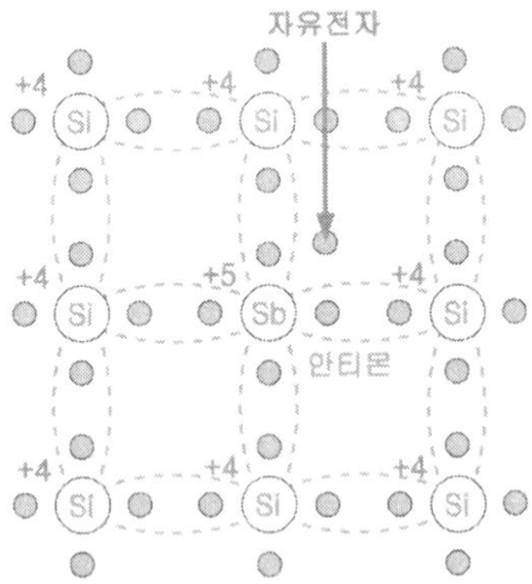

그림 2-9 ▪ N형 반도체의 결정구조

(3) P형 반도체

진성 반도체에서 정공수를 증가시키기 위해서 3가의 불순물 원자를 첨가하여 만든다. 불순물로 첨가하는 원자로는 3개의 최외각전자를 갖은 알루미늄(Al), 붕소(B)와 갈륨(Ga) 등이 있다. P형 반도체(P-type semiconductor)에서는 불순물에 의해 정공이 만들어져 전자가 쉽게 이동할 수 있도록 하기 때문에 불순물로 첨가하는 3가 원자들을 억셉터(acceptor)

원자라고 한다.

그림 2-10과 같이 3가의 원자는 [인듐(In)인 경우] 이웃하는 4개의 실리콘 원자들과 공유결합을 형성하는데, 공유결합을 하기 위해서는 4개의 전자가 필요하지만 1개가 부족하게 되어 정공을 형성하게 된다. 이러한 정공의 수는 불순물의 양에 비례하여 증가한다.

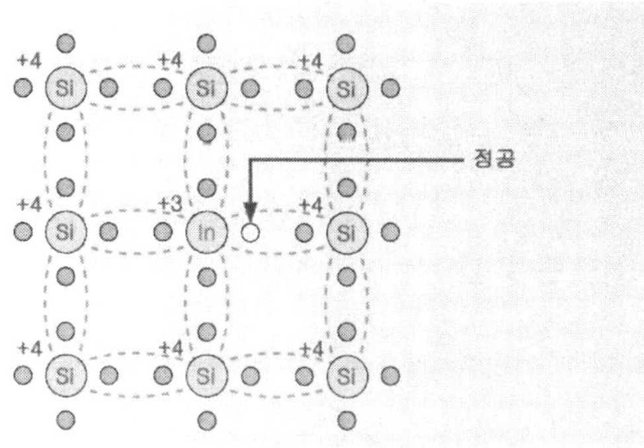

그림 2-10 ◦ P형 반도체의 결정구조

6. 다수 캐리어와 소수 캐리어

전류를 형성하는 대부분이 입자(다수 캐리어)가 전자인 경우 N형 반도체라고 하는데 N형이란 Negative란 의미로 음(−)의 전기적 성질을 의미한다.

① N형 반도체 : 전류를 형성하는 전자들을 다수 캐리어라고 한다. 비록 N형에서 다수의 전류입자가 전자라 하여도 약간의 정공도 가지게 되는데, 이런 정공들을 N형 반도체의 소수 캐리어라고 한다.

② P형 반도체 : P형이란 Positive란 의미로 양(+)의 전기적 성질을 의미한다. 전자가 쉽게 이동하도록 도와주는 정공들을 다수 캐리어라고 한다. 비록 P형에서 다수의 전류입자가 정공이라 해도 약간의 전자가 존재하게 되는데, 이러한 전자들을 P형 반도체의 소수 캐리어라고 한다.

③ 반도체에서 다수 캐리어를 증가시키는 경우 소수 캐리어가 감소하게 되는데 이 현상을 소수 캐리어의 억제(minority carrier suppression)라고 한다.

④ 화합물 반도체 : 2종류 이상의 원소가 혼합된 화합물을 이용하여 제작한 반도체를 화합물 반도체(compound semiconductor)라고 하며 주로 광통신에 사용되는 레이저 소자 또는 표시기의 발광소자(LED) 등의 소자에 주로 사용된다. 즉 3가 원소와 5가 원소를 화합한 Ⅲ-Ⅴ족 화합물 반도체는 LED의 재료로 사용되는 GaP, GaAs, InP, InSb 등이 있으며, 2가 원소와 6가 원소를 화합한 Ⅱ-Ⅵ족 화합물 반도체에는 ZnS 등이 있다.

02 다이오드(Diode)

다이오드(diode)는 PN접합으로 구성된 반도체 소자이다. 순방향 바이어스의 크기가 전위장벽보다 클 경우에 다이오드에 전류가 흐른다. 역방향 바이어스 전압이 파괴전압보다 작을 때에는 다이오드에서 전류흐름을 막는다.

1. 다이오드 기호

기본적인 다이오드 기호는 그림 2-11과 같다. 화살표 방향은 전류가 흐르는 방향이다. 다이오드의 두 단자는 각각 양극(anode)과 음극(cathode 또는 kathode)이라 하며, 각각 A 및 K로 표시한다.

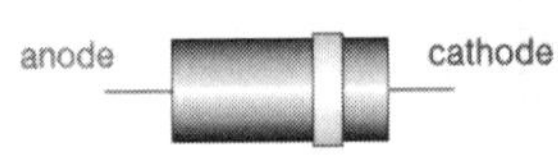

(a) 다이오드의 실물

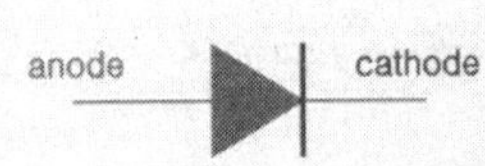

(b) 다이오드의 기호

그림 2-11 • 다이오드의 실물과 기호

2. PN접합의 바이어스

반도체에서 불순물의 종류나 혼합비율을 적당히 조절하면 P형과 N형의 양쪽 결정을 가진 반도체를 만들 수 있다. 하나의 결정 내에서 P영역과 N영역이 서로 접촉하였을 때 이것을 PN접합(PN junction)이라고 하며 다이오드(diode)라고도 한다. PN접합이 형성되는 순간 N영역의 전자는 P영역으로 접합면을 넘어서 확산되어 접합 근처의 정공과 결합하게 되고, 결국 P영역은 전자전공이 결합함으로써 정공을 잃게 된다. 이러한 현상은 접합 부근에 쌍극자를 생성하게 되고 쌍극자가 많아질수록 접합 근처의 영역에는 이온이 점점 소멸하게 된다. 이와 같은 전하의 공백영역을 공핍층(depletion layer)이라 한다.

공핍층의 P형 반도체 접합부에는 전자가 홀을 채워 움직일 수 없는 음(−)이온이 형성되고 N형 반도체 접합부에는 전자가 이탈하여 움직일 수 없는 양(+)이온이 형성된다. 이때 두 이온에 의해 발생하는 전계로 인해 접합면에는 전자와 홀의 확산을 저지하는 전위장벽(barrier potential)이 형성된다.

반도체 다이오드는 하나의 PN접합을 이용한 반도체 소자이고, 트랜지스터(transistor)나

실리콘 제어정류기(SCR) 등은 2개 이상의 PN접합을 이용한 반도체 소자이다. 소자들의 동작은 PN접합의 물리적 현상과 밀접한 관련이 있기 때문에 PN접합에서 나타나는 물리적 현상을 이해한다.

① 열평형상태[1]에서는 그림 2-12와 같이 전기적으로 중성[2]이므로 PN접합을 지나는 전류가 없다.

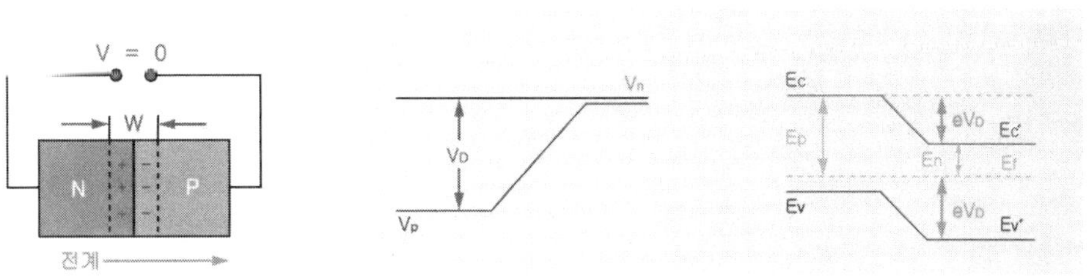

(a) 공핍층의 폭(W) (b) 확산전위 V_D (c) 에너지 대역의 접합부

그림 2-12 ◦ PN접합의 평형상태

PN접합은 양단에 걸리는 바이어스[3]에 의해 전류가 흐르기도 하고 흐르지 않기도 하기 때문에 전자회로에서 중요한 역할을 한다. 두 전극에 확산전위[4] 이상의 직류전압을 인가하면, PN접합 다이오드를 형성하고 있는 반도체는 열평형상태가 깨어지기 때문에 전류가 흐르게 된다. 이 때 P형 중성영역과 N형 중성영역은 작은 저항을 가지므로 전압강하가 발생될 수 있지만, 그 크기는 바이어스 전압에 비하여 무시될 수 있는 것으로 가정하기로 한다. PN접합 다이오드에는 순방향과 역방향의 2가지 바이어스가 존재하며, 양단에 걸어주는 외부전압의 극성과 크기에 의해 결정된다. 순방향의 바이어스는 접합면에 형성된 전계의 영향을 제거시키기 때문에 홀과 전자의 이동은 활발하게 이루어진다.

② 역방향 바이어스의 접합면 근처의 N영역에 있는 자유전자는 (+)전원 단자 쪽으로 끌리게 되고, 접합면 근처에 있는 P영역의 정공은 더욱더 넓어지게 된다. 공핍층의 전위차가 전원전압과 같을 때 그 공핍층 폭의 증가가 중지된다. 즉, 공핍층의 전위차가 전원전압과 다를 경우 공핍층의 폭(W)은 계속해서 넓어지고, 전위차가 전원전압과 같을 경우 자유전자와 정공의 이동이 중지된다.

③ PN접합을 하는 합금 접합법의 제조공정은 그림 2-13과 같다.

---

1) 열평형상태 : 모든 부분이 균일한 온도로 되어 있으며 외부로부터 빛, 열 또는 바이어스(bias) 전원 등에 의한 교란작용이 없는 경우이다.

2) 전기적으로 중성 : 전자전류와 정공전류는 모두 0이다.

3) 바이어스 : 전자소자를 원하는 조건에서 동작시키기 위하여 소자 양단에 전압을 인가하는 것이라고 할 수 있다.

4) 확산전위 : 이온화된 억셉터와 도너에 의해 생긴 전위차이며, 캐리어의 이동을 억제한다.

㉠ N-type 결정 시료 위에 In덩어리를 놓고 높은 열(약 500[°])로 가열한다(그림 2-13(a)).

㉡ In과 Ge이 용융[5]되어 N-Type의 Ge과 In이 합금을 형성한다(그림 2-13(b)).

㉢ 냉각 후에 융해되지 않는 N형 Ge결정과 융해되어 생긴 P형 Ge결정이 형성된다. Ge에 확산되지 않은 In의 나머지 윗부분은 전극으로 활용된다(그림 2-13(C)).

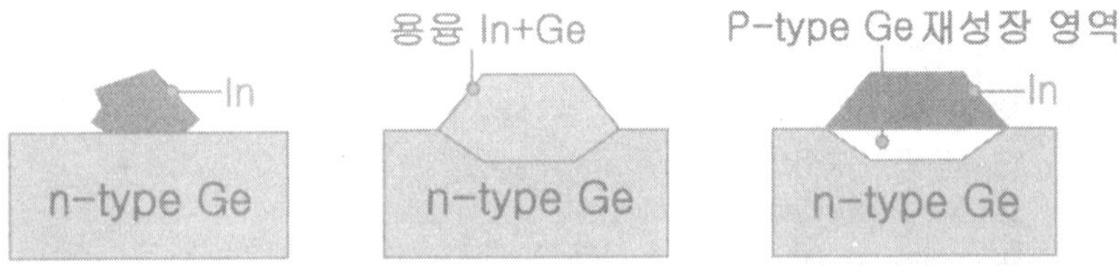

(a) N형 Ge과 In의 접촉 (b) In과 Ge의 결합 (c) P형의 재성장 영역과 Ge 속에서의 In응결

그림 2-13 ▪ PN접합 합금접합법의 제조공정

(1) 순방향 바이어스

전압원에 (-)단자는 PN접합부의 N영역에 연결하고, 전압원의 (+)단자는 PN접합부의 P영역에 연결하면 순방향 바이어스(forward bias)가 걸리게 되는데, 이를 V > 0으로 표현한다. 이때 PN접합부에서는 전류가 흐르게 된다. 직류 바이어스 전압을 인가하였을 때 서서히 전압을 상승시키면 처음에는 역방향으로 내장된 전위장벽까지는 전류가 흐르지 않다가 전압이 전자가 전위장벽을 뛰어넘을 수 있을 만큼 높아지면 갑자기 전류가 흐르게 되는 특성을 보인다.

여기서 P형 영역에는 정공이, N형 영역에는 전자가 계속 공급되어야 전류가 흐르는데 이를 위해 외부에서 순방향의 직류전압이 연결되어야 한다.

① 그림 2-14와 같이 PN접합에 순방향 바이어스가 걸렸을 때 전자와 정공의 이동경로를 순방향 바이어스의 기본동작 원리인 같은 극성은 서로 밀어내고 다른 극은 서로 끌어당기는 현상을 이용하여 설명할 수 있다. 즉, 전원의 (-)단자는 N영역에 있는 전도대의 전자를 접합면 쪽으로 밀어내고 정공을 끌어당기게 되며, 이와는 반대로 (+)단자는 P영역에 있는 전자를 끌어당기고 정공은 접합면 쪽으로 밀어내게 된다. 이러한 힘이 전위장벽 이상으로 강해지면 외부전압은 N영역의 자유전자들을 공핍층과 접합경계를 지나 P영역에 흘러들어 정공과 재결합할 수 있게 한다.

② 자유전자들이 N영역으로 들어가면 더 많은 전자들이 전원의 (-)단자를 통해 N영

5) 용융 : 녹아서 섞이는 일

역으로 흘러 들어오게 된다. 따라서 접합부로 향하는 자유전자(다수 캐리어)들의 움직임에 의하여 N영역을 통하여 전류가 흐르게 된다.

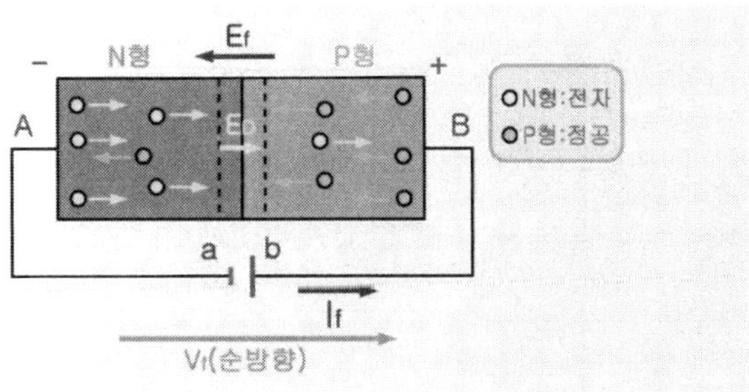

그림 2-14 ◦ 순방향 바이어스

③ P영역으로 들어온 전자들은 정공과 결합하게 되어 가전자가 된다. 이후에 가전자들은 (+)단자에서 당기는 힘에 의해 한 정공에서 다른 정공으로 옮겨가면서 (+)단자 쪽으로 이동하게 된다. 이러한 가전자들의 이동방향과 정공의 이동방향은 서로 반대가 되는데, P영역의 전류는 접합부로 향하는 정공(다수 캐리어)들의 움직임에 의하여 형성된다. 순방향 바이어스에서 공핍층과 전위의 변화는 그림 2-15와 같다.

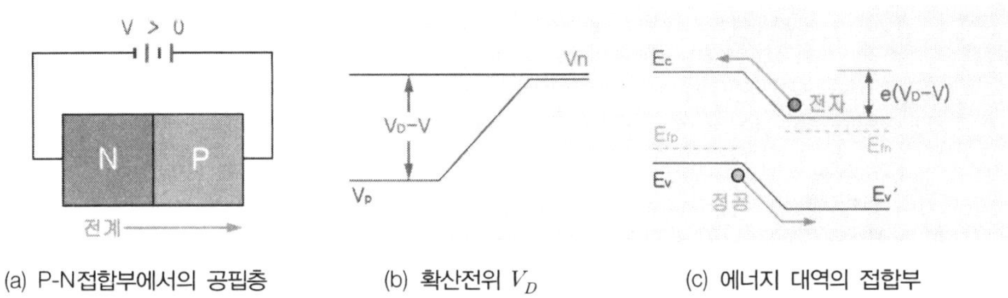

(a) P-N접합부에서의 공핍층 (b) 확산전위 V_D (c) 에너지 대역의 접합부

그림 2-15 ◦ 순방향 바이어스의 영향

(2) 순방향 바이어스에서의 전위장벽 효과

접합면에서 전위장벽은 순방향 바이어스와 반대방향이다. 이는 P영역과 N영역의 접합 근처에 있는 이온들이 접합을 지나 PN접합을 지나서 들어오는 전자들의 흐름을 방해하기 때문이다. 그러므로 PN접합에 전류가 흐르기 위해서는 외부 순방향 바이어스 전압이 전위장벽의 크기보다 커야 한다. 이 전위장벽은 실리콘의 경우 0.7[V], 게르마늄의 경우 0.2~0.3[V]이다.

(3) 역방향 바이어스

전압원의 (−)단자는 PN접합부의 P영역에 연결하고 전압원의 (+)단자는 PN접합부의

N영역에 연결하면 역방향 바이어스(reverse bias)가 걸리게 되는데 이를 V < 0으로 표현한다. 이때 PN접합부에서는 PN접합부 쪽으로 전류가 흐르지 못하도록 하는 성질이 있다.

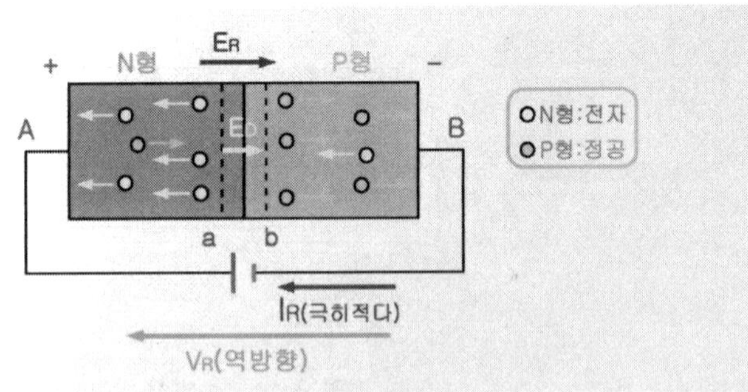

그림 2-16 • 역방향 바이어스

그림 2-16과 같이 PN접합에 역방향 바이어스가 걸렸을 때 전자와 정공의 이동경로를 역방향 바이어스의 기본동작 원리를 이용하여 설명할 수 있는데 이는 순방향 바이어스와 같다. 전원의 (−)단자는 P영역에 있는 정공을 끌어당기고 전자를 N형 쪽으로 밀어내게 되며, 이와는 반대로 (+)단자는 N영역에 있는 전자를 끌어당기고 정공은 P형 쪽으로 밀어내게 된다.

결국 PN접합으로부터 전자와 정공들은 더욱 멀어지게 된다. 이렇게 전자와 정공들이 접합면으로부터 멀어짐에 따라 공핍층의 폭은 더욱 넓어지게 되고, 더 많은 양이온과 음이온들이 각각 N영역과 P영역에 발생하게 된다. 역방향 바이어스의 경우 공핍층은 마치 절연체와 같은 역할을 하는데, 이 공핍층은 콘덴서와 같은 효과를 나타낸다. 그림 2-17은 역방향 바이어스에서 공핍층과 전위의 변화를 나타낸 것이다.

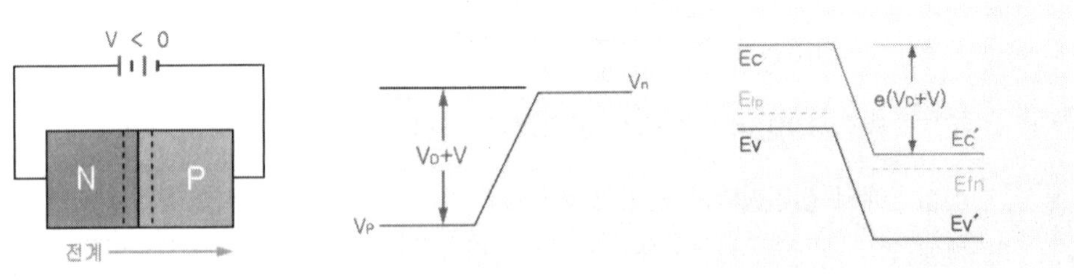

(a) PN접합부에서의 공핍층 (b) 확산전위 V_D (c) 에너지 대역의 접합부

그림 2-17 • PN접합에서의 역방향 바이어스 영향

PN접합에서 바이어스에 따른 공핍층의 영역의 변화와 그에 따른 특성은 그림 2-18과 같다.

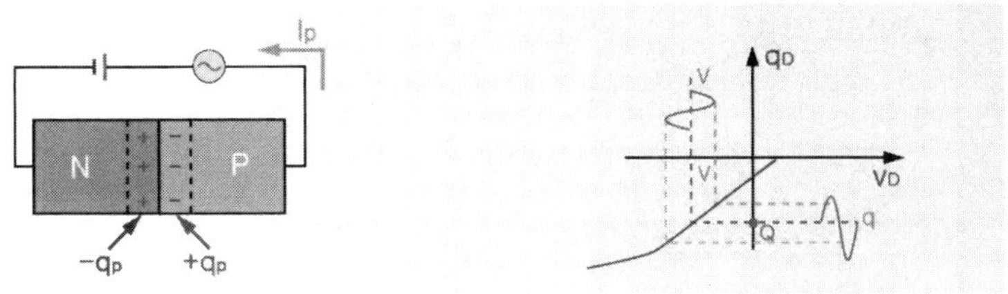

(a) 공핍층의 폭 (b) $q-v$ 특성곡선

그림 2-18 • PN접합에서의 공핍층의 특성

3. 다이오드 특성곡선

일반적인 다이오드의 전류와 전압의 관계는 그림 2-19와 같다.

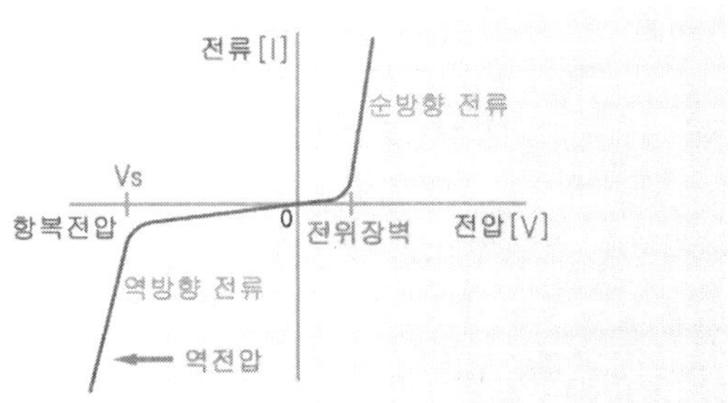

그림 2-19 • 다이오드의 특성곡선

① 역방향 바이어스의 경우는 삼사분면에 해당한다. 역바이어스 전압이 어떤 임계값(V_s)에 도달하기까지 전류는 거의 0에 머문다. 여기서 역바이어스 전압이 계속 증가하게 되면 전류가 갑자기 증가하게 되는데 이러한 현상을 **접합의 항복**(breakdown)이라고 하며, 이때의 역바이어스 전압 V_s를 **항복전압 또는 파괴전압**(breakdown voltage)이라고 한다. 이때의 다이오드는 파괴되어 버리게 된다.

② 순방향 바이어스 전압은 그림 2-20과 같이 전위장벽보다 작을 경우 매우 적은 양의 순방향 전류가 흐른다. 이 순방향 바이어스 전압이 전위장벽 값과 거의 같을 경우 전류는 증가하기 시작한다.

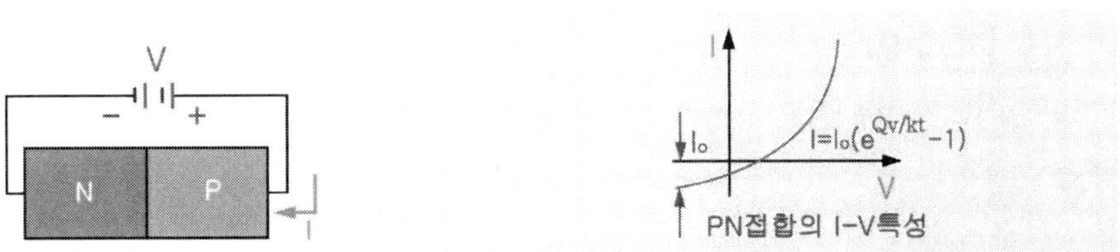

(a) 다이오드의 PN접합 (b) 다이오드의 PN접합의 전류-전압 특성곡선

그림 2-20 • PN접합의 전류-전압 특성곡선

③ 다이오드의 이상적인 모델은 그림 2-21과 같다.

㉠ 그림 2-21(a)와 같이 이상적 다이오드는 $V>0$일 경우 on이 된다.

$V=0$, $I_{re}=0$ (V : 다이오드 전압, I_{re} : 역방향 전류)

㉡ 그림 2-21(b)와 같이 오프셋 전압을 갖는 이상적 다이오드의 오프셋 전압(EO)은 실리콘인 경우 0.7[V], 게르마늄인 경우에는 0.2~0.3[V]가 된다.

$V=0.7$[V] (si 다이오드인 경우), $I_{re}=0$

㉢ 그림 2-21(c)와 같이 저항성분을 포함하는 것은 실제 다이오드 특성과 유사하다.

$V=0.7[\mathrm{V}]+IR$(si 다이오드인 경우), (R : 다이오드 내부저항, I : 순방향 전류)

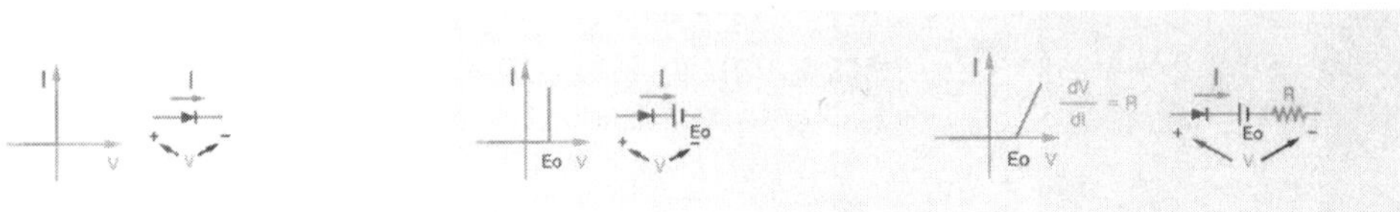

(a) 이상적 다이오드 (b) 오프셋 전압을 갖는 이상적 다이오드 (c) 오프셋 전압과 순방향 특성에 나타난 경사이고, 저항을 갖는 이상적 다이오드

그림 2-21 ● 다이오드 특성의 근사 모델

4. 특수 다이오드

다이오드는 PN접합으로만 되어 있다. 따라서 전류가 한 방향으로만 흐르므로 주된 역할은 정류작용이다. 그 밖에도 PN접합은 또 다른 유용한 성질들을 지니고 있는데, 역방향 바이어스일 때 접합은 외부전압에 의해 조절될 수 있는 용량성 임피던스를 가진다. 또한 PN접합은 감광성이 있으며, 역항복 전압은 제너 다이오드(Zener diode)에 사용한다.

(1) 터널 다이오드

반도체 내에 불순물의 첨가 농도가 증가하면 전하밀도가 증가하고 공간전하영역의 폭과 전위장벽이 감소된다. 또 불순물 첨가 농도를 점점 증가시켜 공간전하영역이 10[nm]보다 작아지면 새로운 메커니즘이 발생하게 되는데, 소자의 특성이 급격하게 변화하여 공핍층을 통해 전하 캐리어가 터널 효과[6](tunneling effect)를 일으킨다. 이러한 특성을 이용한 소자를 터널 다이오드(tunnel diode)라 하며 이 현상을 발견한 에사키의 이름을 따서 에사키 다이오드(Esaki diode)이고, 기호는 그림 2-22와 같다.

6) 터널 효과 : 전자가 가지는 운동 에너지보다 높은 에너지 장벽을 뚫고 지나는 듯한 작용이다.

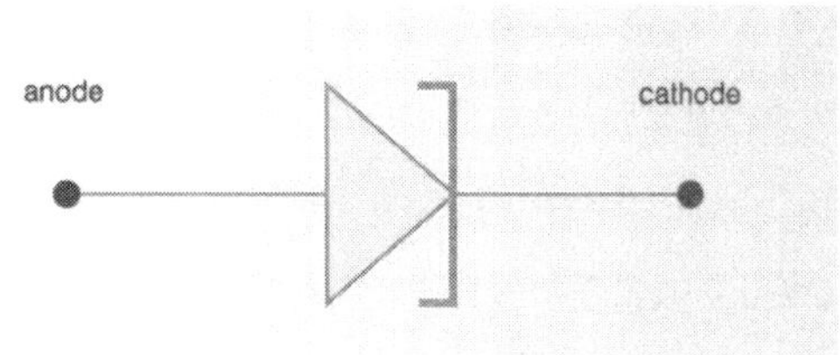

그림 2-22 ◦ 터널 다이오드의 기호

그림 2-23과 같이 터널 다이오드는 순방향 전압이 가해질 때 특정한 영역에서 부(−)저항을 가진다. 부저항이 있는 경우 공급전압이 증가함에 따라 전류는 감소하게 되므로, 터널 다이오드는 증폭기 또는 발진기(oscillator) 등으로 사용될 수 있다.

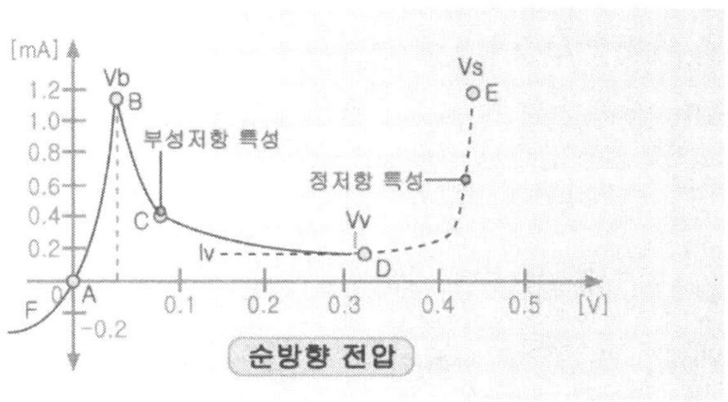

그림 2-23 ◦ 터널 다이오드의 특성곡선

(2) 제너 다이오드

일반적으로 다이오드는 파괴를 방지하기 위해서 항복영역 이내에서만 동작시키고 항복전압 영역에서는 의도적으로 사용하지 않는다. 그러나 제너 다이오드는 이와 달리 항복영역에서 동작시키도록 만들어진 실리콘 다이오드이다. 즉, 일반 다이오드는 항복영역에서는 절대로 동작할 수 없으나, 제너 다이오드는 항복영역에서 동작한다. 불순물 농도를 일반 다이오드보다 높게 하면 공핍층의 폭이 일반적인 다이오드보다 좁게 형성되기 때문에 낮은 역바이어스에서도 공핍층의 전계는 대단히 크게 된다. 이 전계의 세기가 300[kV/m]를 넘게 되면 전계에 의하여 원자결합이 파괴되어 전자와 정공이 쌍으로 발생되는 항복현상이 나타나게 되어 반도체에는 많은 전류가 흐르게 된다. 이러한 항복현상을 제너항복이라 하며, 제너 항복이 발생되는 전압을 항복전압이라 한다. 제너 항복이 발생되는 항복전압의 크기는 반도체의 불순물 농도에 의하여 결정된다.

① 다이오드의 항복현상이 발생되는 또 다른 장치로는 다이오드에 높은 역방향 전압이 인가되는 경우이다. 즉 다이오드에 높은 역방향 전압이 인가되면 공핍층의 전계는 대단히 커지게 되므로 공핍층에서 열생성된 캐리어들은 전계에 의하여 가속된다. 이

런 가속운동을 하는 전자가 결정격자를 이온화시킴으로써 전자와 정공이 쌍으로 생성되고 많은 전류가 흐르게 된다. 이런 현상을 **전자사태 또는 애벌런치 항복**(avalanche breakdown)이라고 한다.

② **제너 항복 또는 애벌런치 항복을 이용하여 역방향에서 동작할 수 있도록 Si반도체를 이용하여 만든 PN접합 소자를 제너 다이오드라고 한다.** 일반적으로 5[V] 이하에서 동작하는 제너 다이오드는 제너 항복을 이용한 것이고, 5[V] 이상에서 동작하는 제너 다이오드는 **애벌런치 항복을 이용한 것으로 정전압회로에** 사용된다. 여기서 역방향으로 흐르는 항복전압의 전류를 I_Z라고 하며, 역방향 전류는 온도에 영향을 받는 소수 캐리어에 의한 전류(포화전류)와 전압에 영향을 받는 결정체 표면에 흐르는 미소 전류인 표면 누설전류의 합이다.

③ **제너 다이오드**(Zener diode)의 기호 및 특성곡선은 그림 2-24와 같다. **항복현상이 일어나는 부분에서는 다이오드에 흐르는 전류가 급격히 증가하여도 단자전압은 거의 일정하다.**

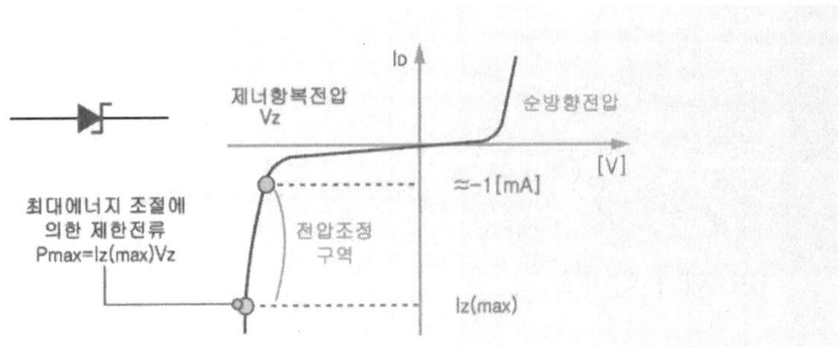

그림 2-24 ▪ 제너 다이오드의 기호 및 특성곡선

④ 제너 다이오드 항복전압의 온도변화에 따른 특성은 그림 2-25와 같고, **온도에 따라 항복전압은 크게 변하지 않는다.**

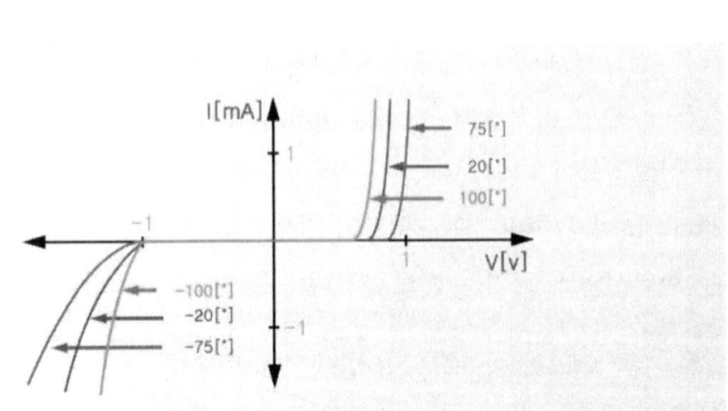

그림 2-25 ▪ 제너 다이오드 항복전압의 온도특성

⑤ 그림 2-26은 제너 다이오드는 인가되는 전압이 동작영역 내의 전류의 증감에 관계없이 거의 일정하기 때문에 정전압 다이오드라고도 한다. 항복전압은 PN접합의 불순물의 농도에 의하여 자유로이 조정할 수 있지만, 항복전압이 6~8[V] 정도의 것이 특성이 가장 좋다.

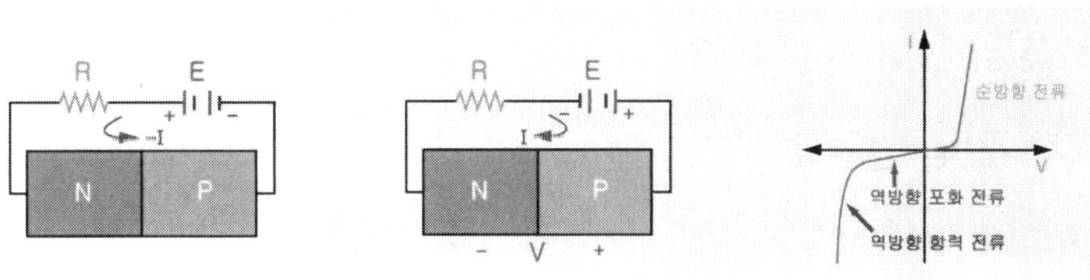

그림 2-26 ∘ 다이오드의 역방향 항복

⑥ 그림 2-27은 제너 다이오드는 항복전압보다 높은 전압과 전류를 제한할 수 있는 저항을 이용하여 전압조정기(voltage regulator)의 역할을 한다. 즉, 제너 다이오드는 전압제어 소자로 널리 사용되고 있다.

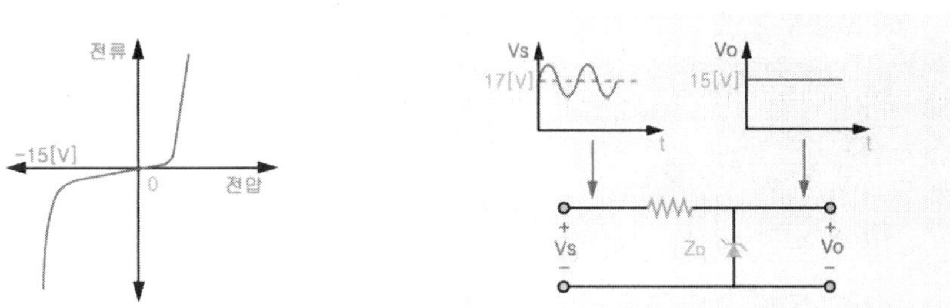

(a) 전류-전압특성 (b) 전압조정 소자

그림 2-27 ∘ 전압조정기 회로

(3) 버랙터 다이오드

PN접합 다이오드에 역방향 전압을 가하면 접합부의 전위장벽이 높아지게 되어 공핍층의 폭이 넓어지므로 전류가 거의 흐르지 않게 되고 정전용량만이 증가하게 되는데, PN접

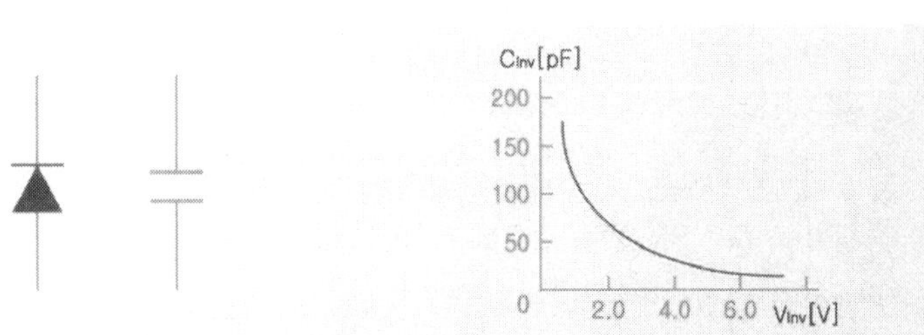

그림 2-28 ∘ 버랙터 다이오드의 기호 및 특성곡선

합 용량은 가해지는 역방향 전압의 크기에 따라 변화하게 된다. 즉, 순방향 전압이 걸렸을 때 전하량이 증가하고 전류가 흐르게 되는 것으로 버랙터 다이오드(varactor diode) 또는 가변용량 다이오드(variable capacitance diode)라고 한다.

버랙터 다이오드는 그림 2-28과 같은 특성곡선을 가지고 있으며, 자동주파수제어(AFC) 회로, FM변조회로, TV의 전자튜너회로 등 기계적으로 정전용량을 조절함으로써 정상상태 변조를 얻는 곳에 사용한다.

(4) 배리스터

배리스터(varistor)는 양 끝에 가해지는 전압에 의해서 저항값이 변하는 비선형 반도체 소자로서 베리어블 레지스터(variable resistor)의 약칭이다. 가해지는 전압의 극성과 관계없이 전압의 크기만으로 저항이 정해지는 대칭형 배리스터와 가해지는 전압의 극성에 의해서 달라지는 비대칭형 배리스터가 있다.

① 비대칭형 배리스터 : 셀렌 · 게르마늄 · 실리콘 등의 반도체 다이오드가 사용된다.

② 대칭형 배리스터 : 실리콘카바이드나 비대칭형을 2개 조합해서 사용하며, 전기접점의 불꽃을 소거하거나 반도체 정류기 · 트랜지스터 등의 서지전압(surge voltage)으로부터의 보호의 목적으로 사용한다.

(5) 발광 다이오드

3가, 5가 화합물 반도체인 인화갈륨(GaP), 비소화갈륨(GaAs) 등 발광하기 쉬운 성질을 가진 재료에 의해 만들어진 PN접합 다이오드를 발광 다이오드(Light Emitting Diode : LED)라고 한다.

인화갈륨의 단결정에 2가 원소인 Zn(아연)을 불순물로 주입하면 P형을 만들 수 있고, 6가 원소인 Se(셀렌)을 불순물로 주입하면 N형을 만들 수 있다.

순방향 전압으로서 1.6~2.0[V] 정도의 전압을 가하여 수 [mA]~수십 [mA]의 전류를 흘리면 PN접합부를 지나서 N형에서 흘러나와 P형에 흘러들어간 전자가 정공과 재결합하고, 또한 P형의 정공도 N형의 전자와 재결합한다. 이와 같이 전자가 정공과 재결합할 때 여분의 에너지를 빛으로 방출하는데, 이 현상을 전계 루미네선스(Electro Luminescence : EL)라 한다.

① 발광다이오드의 특징 : 소비전력이 적고, 저전압에서 동작하며 발열이 적고, 수명은 길고 효율성이 좋다. 또한 동작이 고속이고, 고주파 점멸이 가능하므로 신호표시용, 디지털 계측기의 숫자, 문자표시용에 많이 이용되고 있다.

② 일반적인 발광다이오드는 그림 2-29와 같고, 그림 2-30은 숫자표시를 할 수 있는 7-세그먼트 발광다이오드이다.

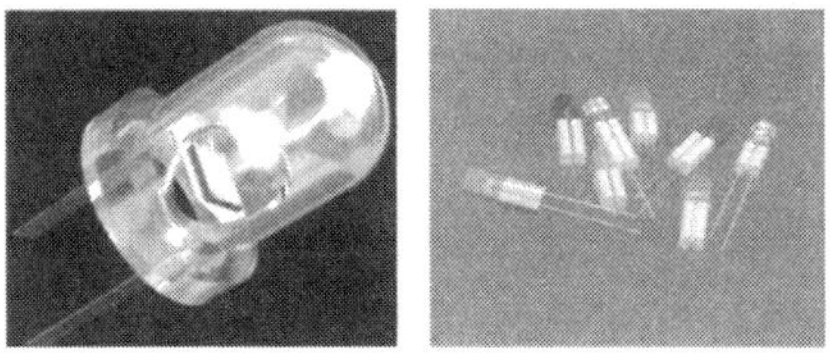

그림 2-29 • LED

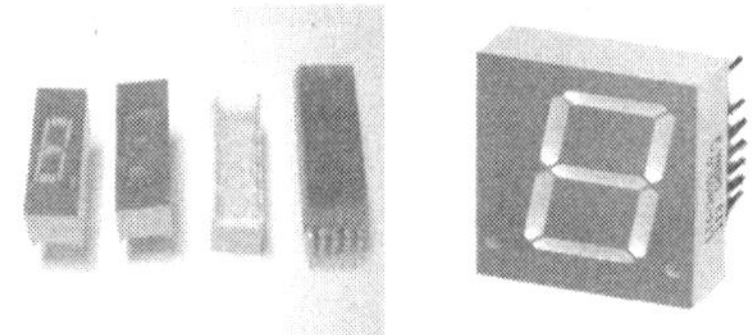

그림 2-30 • 7-세그먼트

③ 발광다이오드와 트랜지스터를 조합하여 빛을 이용한 전기적 제어에 많이 사용되고 있는데 이러한 조합회로를 포토커플러(photo coupler)라 하며, 포토커플러의 구조와 동작원리 및 구성은 그림 2-31과 같다.

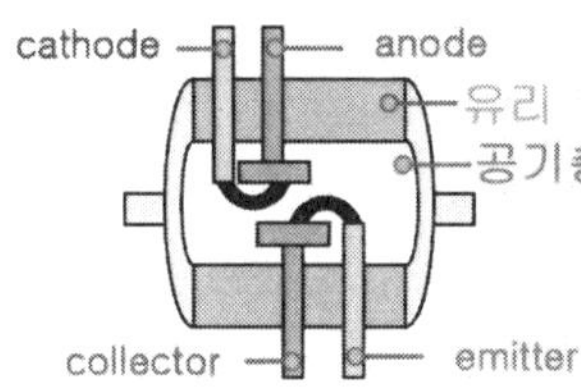

(a) 포토커플러의 구조

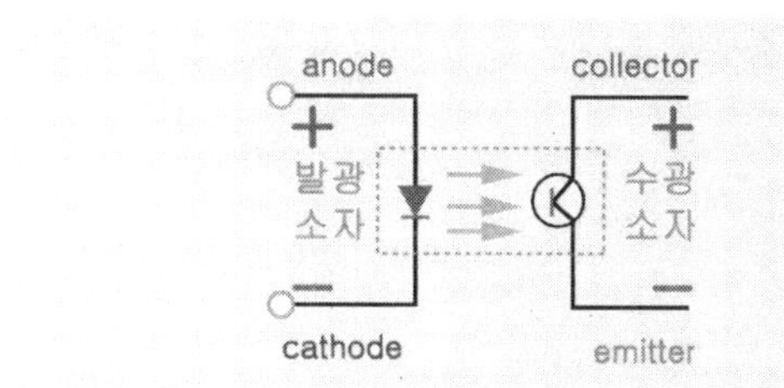

(b) 포토커플러의 구성

그림 2-31 • 포토커플러의 구조 및 구성

(6) 포토다이오드

포토다이오드(photo diode)는 발광다이오드의 역현상을 이용한 것이다(그림 2-32). 즉 P형 영역에 (−), N형 영역에 (+)의 역방향 전압을 가하여 접합부에 빛을 받게 되면 빛 에너지에 의하여 전자-정공쌍이 발생하여 역방향 전류가 흐르게 되는데, 이 전류의 크기는 접합부에 가한 빛 에너지의 양에 비례한다. 빛에 대하여 감도가 좋고, 응답속도가 매우 좋아 광통신의 수광소자로 사용되며, 또한 광신호를 전기신호로 바꾸는 광검출기 등에도 사용된다.

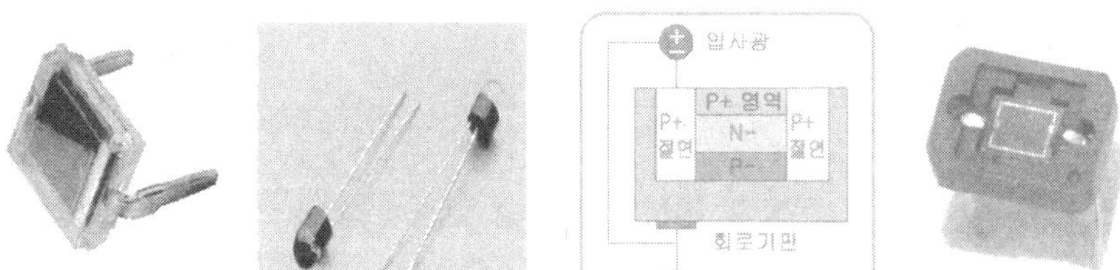

그림 2-32 • 포토다이오드와 포토다이오드의 원리

(7) 쇼트키 다이오드

일반적으로 다이오드는 낮은 주파수에 있을 때 순방향 바이어스에서 역방향 바이어스로 변하며 차단이 된다. 하지만 주파수가 증가하면 역방향의 반주기 동안 흐르는 큰 전류를 신속하게 차단하지 못하는 단점이 생긴다. 이것은 **순방향 전류의 증가로 인한 축적현상과 다이오드 off시의 역회복시간** 때문인데, 이러한 **역방향 회복시간의 해결책으로 쇼트키 다이오드**가 사용되고 있다.

① **쇼트키 다이오드** : 그림 2-33(a)와 같이 한쪽 면은 **금속**[금(gold), 은(silver), 백금(platinum)]으로 되고, 다른 쪽은 **N형 실리콘으로 만들어진 특수목적용 다이오드**이다.

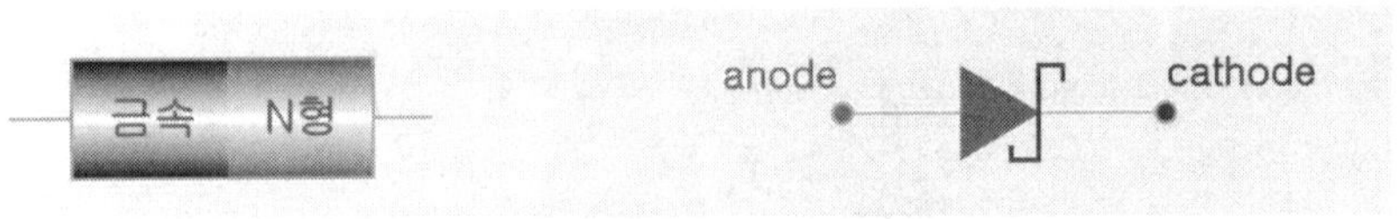

(a) 쇼트키 다이오드의 구조도 (b) 쇼트키 다이오드의 기호

그림 2-33 • 쇼트키 다이오드

② **쇼트키 장벽** : 바이어스가 되지 않았을 때 N형 측에 있는 자유전자는 금속면에 자유전자보다 더 작은 궤도에 들어 있어 전위의 차이가 생기게 되는데 이것을 **쇼트키 장벽**이라 한다.

③ **쇼트키 다이오드의 동작원리** : 다이오드가 순방향으로 바이어스되면 N형 측 자유전자가 더 큰 궤도로 이동할 수 있는 에너지를 얻게 되어 접합면을 지나 금속으로 이동하게 되며, 이때 더 큰 전류를 흐르게 한다. 하지만 **금속은 정공을 가지고 있지 않기 때문에 전하축적과 역방향 회복시간이 존재**하지 않는다. 즉 **전하의 축적이 없기 때문에 일반적인 다이오드보다 스위칭 시간이 짧은 것**이다.

④ **순방향에서 쇼트키 다이오드** : 약 0.25[V]의 turn-on **전압**을 가진다. 일반적인 실리콘 다이오드가 0.7[V]의 turn-on 전압을 갖는 데 비해 작은 **값이므로 전력손실을 최소화할 수 있어 저전압 정류기**에 쓰인다. 쇼트키 다이오드를 이용한 정류회로는 그림 2-34와 같다.

(a) 반파 정류기 (b) 정류된 출력

그림 2-34 • 쇼트키 다이오드 정류회로

(8) 전력 다이오드

교류입력 신호를 평균값 또는 직류 값으로 변화시키는 정류과정에서 사용되는 다이오드를 전력 다이오드 또는 정류기(rectifier)라고 한다.

① 전력 다이오드 : 고전류, 고온, PIV[7] 정격의 특성 때문에 대부분 실리콘을 사용하여 제작한다.

② 전력용 다이오드의 전류용량 : 여러 개의 다이오드를 병렬로 연결함으로써 증가시킬 수 있다.

5. 다이오드의 PN접합

다이오드는 PN접합방법에 따라 구분할 수 있는데, 그 접합방법은 다음과 같다.

① 합금접합 : N형 물질에 억셉터 금속을 접촉시켜 녹인다.

② 성장접합 : 단결정을 성장시킬 때 용융 반도체 재료에 도너와 억셉터를 번갈아 도핑하여 만든다.

③ 확산접합 : P형(N형) 물질에 도너(억셉터)를 확산한다.

④ 축상접합 : P형(N형) 기판 위에 결성축을 따라서 N형(P형) 물질을 쌓아 성장시킨다.

⑤ 증식접합 : P형(N형) 물질에 도너(억셉터)를 뿌려 증식시킨다.

6. 다이오드의 정류회로

반도체 다이오드가 전류에 대하여 단방향선을 갖는 특성을 이용하여 양방향성 교류를 단방향의 직류로 바꿀 수 있다. 정류기는 바로 이러한 다이오드의 단방향 특성을 이용하여 교류를 직류로 만드는 회로이다. 정류회로에는 반파 정류회로, 전파 정류회로, 배전압 정류회로가 있다.

정류회로의 전압변동률 α, 맥동률 γ, 정류효율 η는 식 (2-3)~(2-5)와 같다.

전압변동률은 부하를 연결함으로써 나타나는 단자전압의 변화정도를 나타내는 것으로 식 (2-3)과 같다. v는 부하가 걸렸을 때의 전압, v_0는 무부하로 했을 때의 전압이다.

$$\text{전압변동률} : \alpha = \frac{v - v_0}{v_0} \times 100\,[\%] \qquad (2\text{-}3)$$

맥동률(=리플률)은 직류전압의 맥동의 비율을 나타내는 것으로, 리플 전압과 직류 평균전압과의 비를 나타낸 것이며 식 (2-4)와 같다.

7) PIV : 최대역전압(Peak-Inverse-Voltage), 다이오드에 걸리는 역전압이다.

$$\text{맥동률} : \gamma = \frac{\text{출력파형에 포함된 교류분의 실효값}}{\text{출력파형의 평균값(직류성분)}} \tag{2-4}$$

정류효율은 정류회로의 효율을 나타내는 것으로 식 (2-5)와 같다.

$$\text{정류효율} : \eta = \frac{\text{직류 출력전력}}{\text{교류 입력전력}} \times 100[\%] \tag{2-5}$$

(1) 반파 정류기

다이오드는 인가하는 전압의 방향에 따라 한쪽 방향으로만 전류를 흘릴 수 있는 특성 때문에 교류를 직류로 바꾸어주는 정류기 회로에서 교류전압을 직류전압으로 바꿔주는 역할을 한다.

반파 정류회로 및 입력전압 대 출력전압의 관계는 그림 2-35와 같다. 입력전압의 한 주기 동안의 동작을 살펴보면 입력전압이 (+)일 때 다이오드는 순방향 바이어스가 되어 전류가 부하로 흐르게 되고, 반대로 입력전압이 (−)일 때 다이오드는 역방향 바이어스가 되어 전류가 부하로 흐르지 않게 된다. 따라서 부하에는 항상 (+)전압만이 흐르는 것이다.

반파 정류기에 다이오드가 순방향 바이어스되면 입력주기의 180[°] 동안만 도통되는데 반파 정류기의 출력주파수는 입력주파수와 같다.

(a) 반파 정류기 회로 (b) 입력전압 대 출력전압의 관계

그림 2-35 • 반파 정류기 회로 및 입력전압 대 출력전압의 관계

반파 정류기의 평균전압 또는 직류값은 다이오드의 전압강하를 무시하면 식 (2-6)과 같다.

$$V_{DC} = 0.318\, V_{p-p} \tag{2-6}$$

반파 정류기의 평균값, 정류효율, 첨두값, 맥동률은 식 (2-7) ~ (2-10)과 같다.

① 반파 정류파형의 평균값은 식 (2-7)과 같다. 여기서 V_p는 전압의 첨두값(= V_{max})이다.

$$V_{avg} = \frac{V_{peak}}{\pi} = 0.318\, V_p = V_{dc} \tag{2-7}$$

② 반파 정류효율은 식 (2-8)과 같다. 여기서 rf=다이오드 순방향 저항값이다. 무부하일 경우 부하저항 $R_L = \infty$일 때 $\eta = 40.6[\%]$이 된다.

$$\eta = \frac{0.406}{1 + \frac{rf}{R_L}} \tag{2-8}$$

③ 반파 정류회로의 첨두값은 식 (2-9)와 같다.

$$V_{P_{out}} = V_{P_{in}} - 0.7[\mathrm{V}] \tag{2-9}$$

④ 반파 정류회로의 맥동률은 식 (2-10)과 같다. 여기서 I_m은 전류의 최대값이다.

$$r = \sqrt{\left(\frac{I_{rms}}{I_{dc}}\right)^2 - 1} = \sqrt{\left(\frac{I_m/2}{I_m/\pi}\right)^2 - 1} = \sqrt{\left(\frac{\pi}{2}\right)^2 - 1} = 1.21 \tag{2-10}$$

변압기를 사용한 반파 정류기는 전원전압을 필요한 만큼 올리거나 낮출 수 있으며, 교류전원을 정류기 회로와 분리시킬 수 있어 전기적 충격으로부터 보호할 수 있다.

변압기의 2차 전압은 1차 전압과 권선비(N_2/N_1)를 이용하여 구할 수 있으며 식 (2-11)과 같다.

$$V_2 = \left(\frac{N_2}{N_1}\right) V_1 \tag{2-11}$$

그림 2-36은 변압기를 사용한 반파 정류회로를 나타내었다.

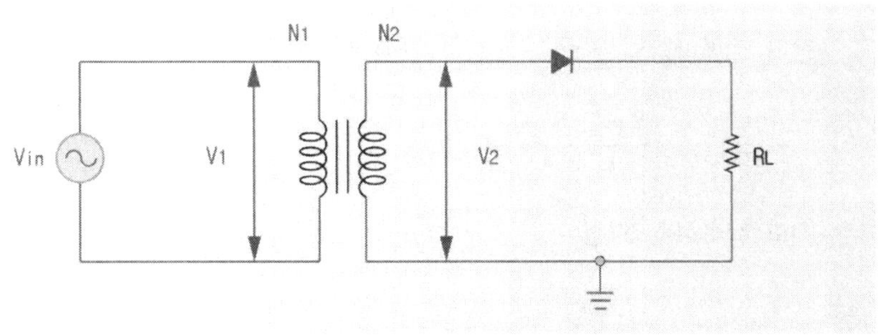

그림 2-36 • 변압기를 사용한 반파 정류회로

(2) 중간 탭 전파 정류기

중간 탭(center tap) 전파 정류기는 그림 2-37(a)와 같이 2개의 다이오드를 연결하여 구성한다. 중간 탭을 중심으로 2개의 반파 정류기가 연결된 것과 같으며, 입력신호는 변압기를 통하여 2차 권선에서 얻고 중간 탭에서 보면 양쪽 단자들의 전압은 같아야 한다.

입력전압의 양의 반주기 동안 위쪽의 다이오드 D_1은 순방향 바이어스되고, 아래의 다이오드 D_2는 역방향 바이어스가 되어 부하저항에 다이오드 D_1을 통해 전류가 흐르게 되는 것이다. 반대로 음의 반주기 동안 2차 전압의 극성은 반대가 되어 다이오드 D_1은 역방향 바이어스가 되고, 다이오드 D_2는 순방향 바이어스가 되어 다이오드 D_2를 통해 부하에 전류가 흐르게 되는 것이다.

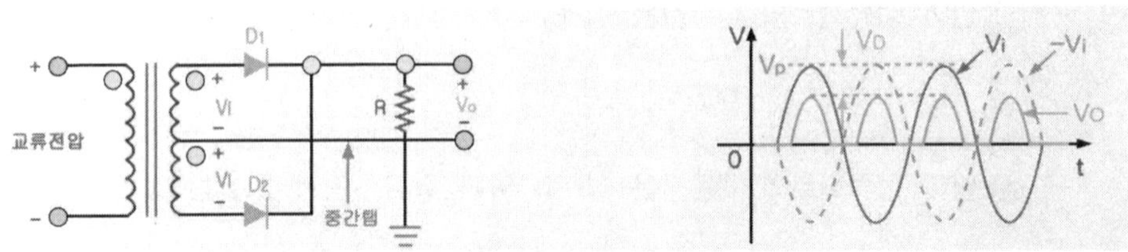

(a) 중간 탭 전파 정류기 (b) 중간 탭 전파 정류기의 입력 대 출력

그림 2-37 ∘ 중간 탭 전파 정류기와 입력 대 출력

이러한 전파 정류회로는 그림 2-37(b)와 같은 입·출력파형을 나타내며, 반파 정류보다 주파수가 2배가 된다. 다만, 1차 전압과 같은 크기의 전압을 얻기 위해서는 변압기의 권선비가 1 : 2가 되어야 하며, 전파 정류기의 피크값은 식 (2-12)와 같다.

$$V_{P_{\text{out}}} = 0.5\, V_{p-p} \tag{2-12}$$

평균값이나 직류값은 동일한 2차 전압에서 반파 정류 출력값의 2배가 되는데, 이것은 식 (2-13)과 같다.

$$V_{\text{DC}} = 0.636\, V_{P_{\text{out}}} \tag{2-13}$$

전파 정류파형의 평균값은 식 (2-14)와 같다.

$$V_{\text{avg}} = \frac{2\,V_{\text{peak}}}{\pi} = 0.64\,V_P = V_{\text{dc}} \tag{2-14}$$

전파 정류회로의 첨두값은 식 (2-15)와 같다.

$$V_p = \frac{V_P}{2} - V_D \approx \frac{V_P}{2} - 0.7[\text{V}] \tag{2-15}$$

전파 정류효율 : $\eta = 81.2[\%]$, 전파 정류회로의 맥동률 : 0.482이다.

(3) 브리지 전파 정류회로

4개의 다이오드를 이용한 브리지 전파 정류회로는 그림 2-38(a)이다. 4개의 다이오드를 이용하여 정의 반주기와 부의 반주기의 교류전류의 흐름을 한 방향으로만 흐르게 유도함으로써 단일방향의 전파 정류된 파형을 얻어내며, 중간탭 전파 정류기에 비해 2차 측 입력전압파형이 1/2로 감소되지 않는 출력파형을 볼 수 있다. 입력전압의 양(+)의 반주기 동안은 다이오드 D_1과 D_2가 순방향 바이어스가 되어 부하로 전류가 흐르게 된다. 이와는 반대로 입력전압의 음(−)의 반주기 동안은 다이오드 D3와 D_4가 순방향 바이어스가 되어 부하로 전류가 흐르게 된다.

이러한 브리지 전파 정류회로의 입력과 출력의 파형은 그림 2-38(b)와 같다. 외부의 자극이 없는 이상 다이오드라고 가정하면 부하전압의 peak값은 식 (2-16)과 같다.

$$V_{out} = V_{P_2} \tag{2-16}$$

Off상태의 다이오드 PIV는 V_m(최대값)이고, 전파 정류의 평균전압은 $V_{DC} = 0.636\,V_m$이므로 식 (2-17)과 같다.

$$V_{DC} = \frac{2}{\pi} V_m = 0.636\,V_m = 0.636\,V_P \tag{2-17}$$

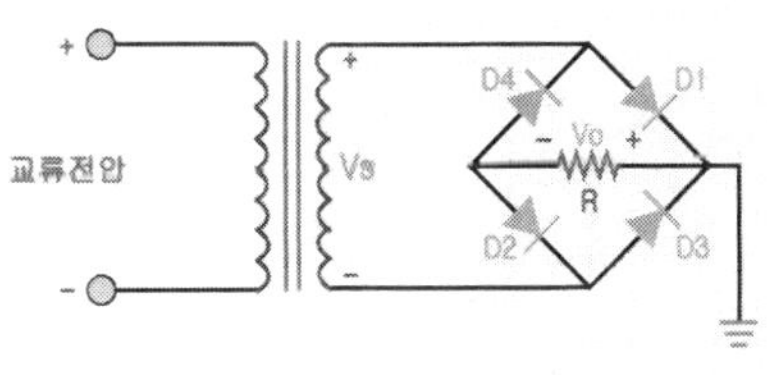

(a) 브리지 전파 정류회로

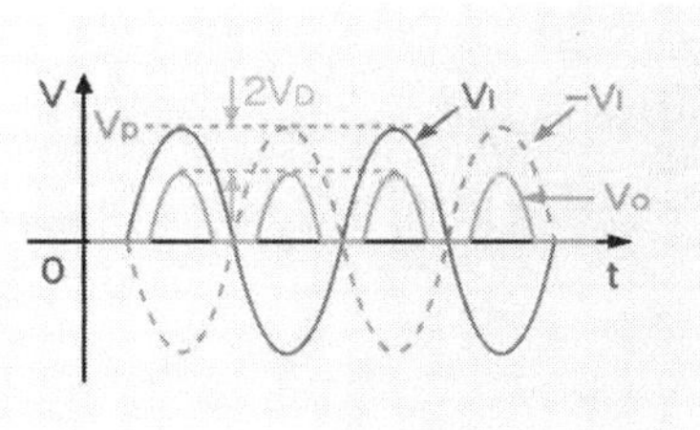

(b) 브리지 전파 정류회로의 입력 대 출력

그림 2-38 • 브리지 전파 정류회로와 입력 대 출력

(4) 배전압 정류회로

변압기의 2차 측 최대(peak) 전압의 2배를 부하에 공급할 수 있는 정류회로를 말한다. 배전압 정류회로는 입력전압에 대하여 비교적 높은 전압을 얻고자 할 경우나 소형의 변압기를 사용하여 그 이상의 전압을 취하고자 할 경우에 이용된다.

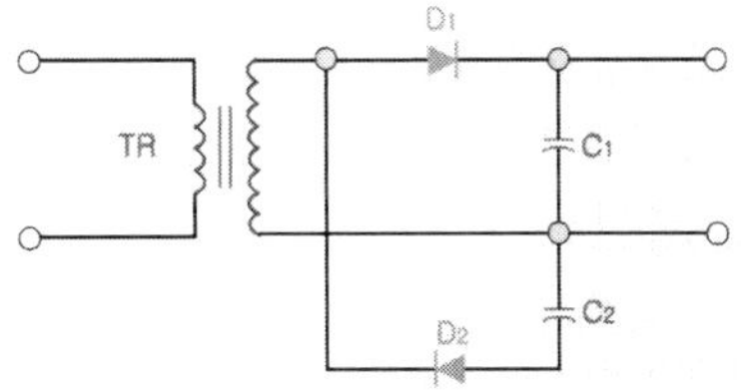

(a) 전파 배전압 정류회로

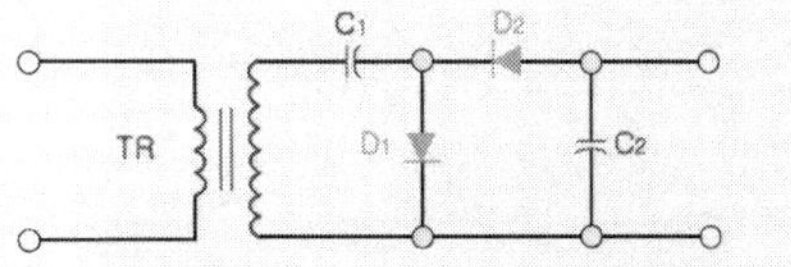

(b) 반파 배전압 정류회로

그림 2-39 • 전파·반파 배전압 정류회로

배전압 정류회로는 콘덴서의 충·방전작용과 다이오드의 on, off 기능을 이용한 것으로 그림 2-39(a)와 같은 전파 배전압 정류회로와 그림 2-39(b)와 같은 반파 배전압 정류회로로 구분한다.

1) 반파 배전압 정류회로의 구성과 동작원리

그림 2-40(a)와 같이 반파 배전압 정류회로는 변압기 2차 측 전압이 양(+)의 반주기 동안일 때 다이오드 D_1이 on되어 콘덴서 C_1에 최대값 V_p까지 충전되고, 다이오드 D_2는 off되어 콘덴서 C_2는 동작하지 않게 된다.

또한 그림 2-40(b)와 같이 변압기 2차 측 전압이 음(−)의 반주기 동안일 때 다이오드 D_2가 on되어 콘덴서 C_2에는 콘덴서 C_1의 최대값 V_p와 전원의 V_p가 충전되어 충전전압이 $2V_p$로 되고, 다이오드 D_1은 off되어 동작하지 않게 된다.

즉, 음(−)반주기 동안에 다이오드 D_1은 off되고, D_2는 on되므로 변압기의 2차 측과 콘덴서 C_1, 다이오드 D_2, 콘덴서 C_2는 하나의 폐루프를 구성하게 된다. 따라서 이 폐루프에 키르히호프의 제2법칙(KVL)을 적용하면 식 (2-18)이 된다.

$$-V_{c_2} + V_{c_1} + V_p = 0 \tag{2-18}$$

여기서 V_{c_1}은 콘덴서 C_1의 충전전압이므로 $V_{c_1} = V_p$가 되고 C_2의 충전전압 $V_{c_2} = 2V_p$가 된다.

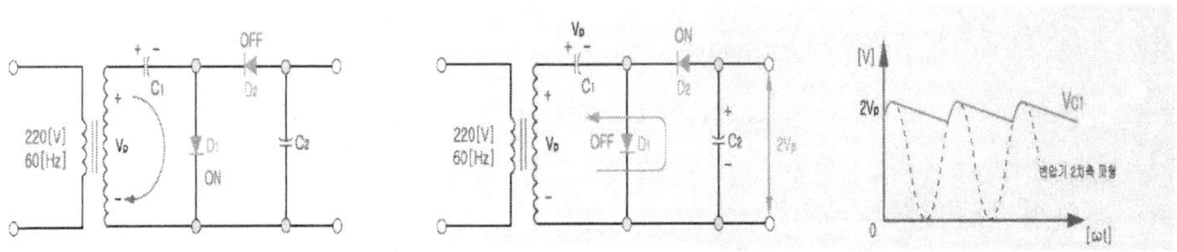

(a) 양(+)의 반주기 (b) 음(−)의 반주기 (c) 출력전압파형

그림 2-40 • 반파 배전압 정류회로의 동작원리와 출력전압파형

2) 전파 배전압 정류회로의 구성과 동작원리

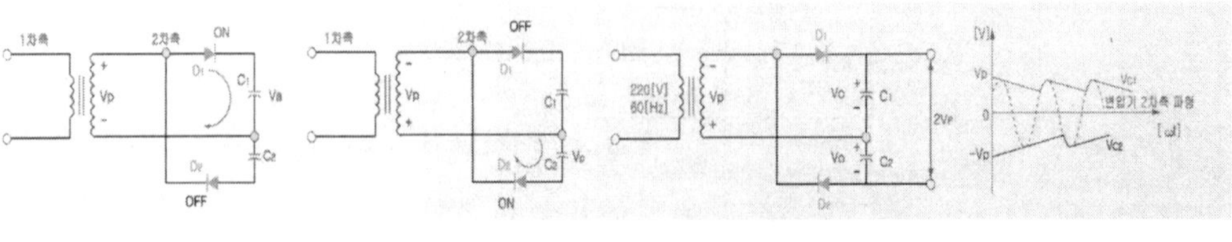

(a) 양(+)의 반주기 (b) 음(−)의 반주기 (c) 양·음(+ · −)의 전주기 (d) 출력전압과 파형

그림 2-41 • 전파 배전압 정류회로의 동작원리와 출력파형

그림 2-41(a)와 같이 전파 배전압 전파정류회로는 변압기의 2차측 전압이 양(+)의 반주기동안일 때 다이오드 D_1이 on되어 콘덴서 C_1에 최대값 V_p까지 충전되고, 다이오드 D_2는 off되어 콘덴서 C_2는 동작하지 않게 된다.

또한 그림 2-41(b)와 같이 변압기 2차측 전압이 음(−)의 반주기 동안일 때 다이오드 D_2가 on되어 C_2에 최대값 V_p까지 충전되고, 다이오드 D_1은 off되어 콘덴서 C_1은 동작하지 않게 된다. 이 과정에 의하여 전주기 동안의 동작에 의한 출력전압은 그림 2-41(c)와 같이 $2V_p$가 되고, 출력전압파형은 그림 2-41(d)와 같다.

7. 평활회로

정류회로를 통해 정류된 출력은 교류의 (+)전압만 존재하는 맥류이다. 맥류란 전압이 안정되지 않아 아직 완전한 직류가 아닌 전류를 말하는데, 이런 맥류를 다시 완전한 직류로 바꾸기 위해서는 평활회로가 필요하다.

즉, 평활회로란 전압이 불안정한 맥류를 일정한 전압으로 바꾸어 주는 역할을 하는 회로로 높은 전압은 낮추어 주고, 낮은 전압은 높여서 일정한 전압을 유지할 수 있도록 한다.

평활회로는 주로 콘덴서와 코일로 이루어져 있고, 여기서 콘덴서는 전압을 유지시켜주는 역할을 한다. 반파와 전파의 리플 전압비교는 그림 2-42와 같다.

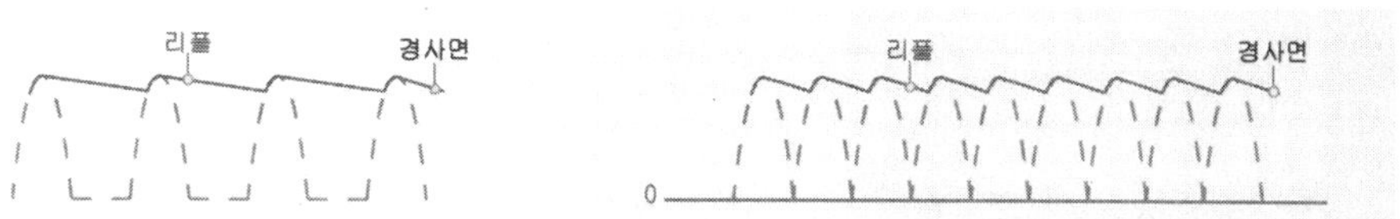

(a) 반파의 리플 전압 (b) 전파의 리플 전압

그림 2-42 ▪ 반파와 전파의 리플 전압비교

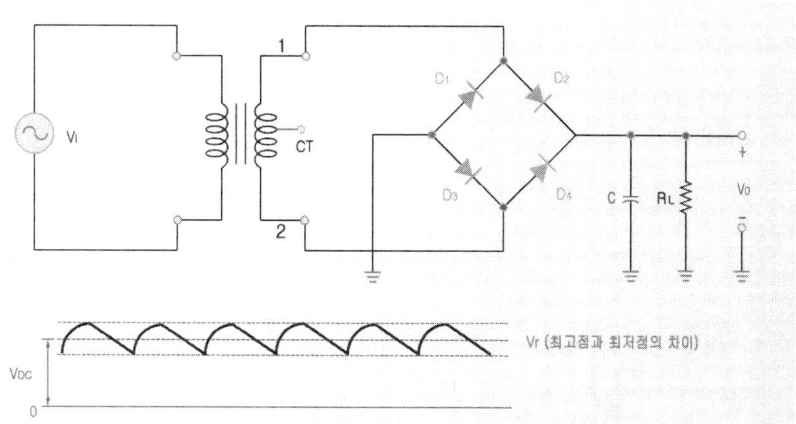

그림 2-43 ▪ 평활회로를 갖는 브리지 전파 정류기

평활회로를 갖는 브리지 전파 정류기회로는 그림 2-43과 같다.

① 커패시터 필터 : 정류된 입력전압의 첨두값(peak)과 같은 직류 출력전압을 만든다.

② 필터 출력파형에서 물결모양의 작은 전압의 변화를 리플이라 하며 이 리플 전압이 적을수록 좋은 평활회로이다. 리플 전압은 필터 커패시터의 충전 · 방전에 의해 발생된다.

④ 리플계수 : 부하저항을 증가시키거나 커패시터의 값을 크게 하면 작아진다. 리플 계수란 평활회로의 효율을 의미하며 식 (2-19)와 같다.

$$\text{리플 계수 } r = \frac{\text{리플 전압 } V_r}{\text{직류전압 } V_{dc}} \tag{2-19}$$

그리고 리플 전압은 부하저항과 콘덴서의 크기에 반비례한다. 이는 식 (2-20)과 같다.

$$V_r = \left(\frac{1}{f R_L C}\right) V_{p_{in}} \tag{2-20}$$

8. 콘덴서 입력 필터

콘덴서 필터를 갖는 반파 정류기와 그 출력전압은 그림 2-44와 같다. 처음 입력의 양(+)의 반주기동안일 때 다이오드는 순방향 바이어스가 되어 입력전압이 콘덴서 양단의 전압 이상이면 충전이 되고 입력전압이 콘덴서 양단의 전압보다 높으면 그 충전값을 유지한다. 이와는 반대로 입력의 음(−)의 반주기 동안일 때 다이오드는 역방향 바이어스가 되어 입력전압이 콘덴서 양단의 전압보다 낮아지게 되고 콘덴서는 방전을 시작한다. 즉, 콘덴서는 부하저항을 통해 일정한 비율로 방전하게 된다.

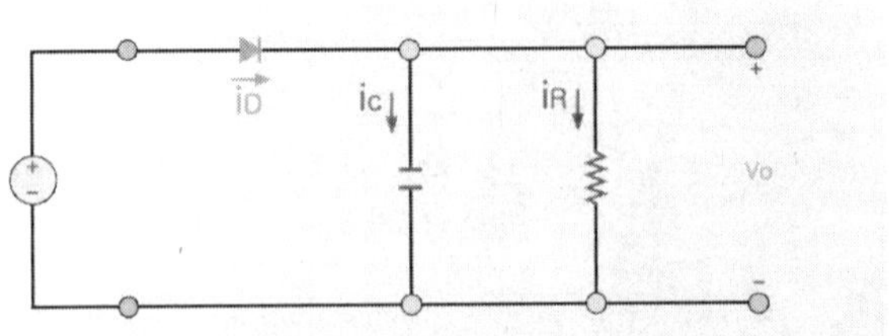

그림 2-44 • 콘덴서 필터를 갖는 반파 정류회로

그림 2-45와 같이 전파정류의 경우에는 콘덴서에서 방전되는 시간이 짧으므로 반파 정류회로보다 맥동전압의 크기가 작아지고 직류에 가까운 전압이 된다. 즉, 콘덴서의 크기가 클수록 방전시간이 짧아 직류전압에 더욱 가까워지게 된다.

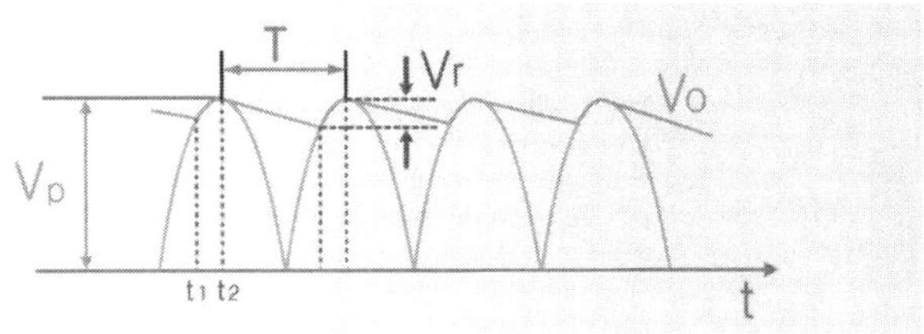

그림 2-45 ◦ 콘덴서 필터를 갖는 전파 정류회로의 출력

9. 클리퍼 · 리미터 · 클램퍼

파형 정형회로는 신호를 전송하거나 수신할 때 어떠한 기준값보다 높은 부분만 전송 · 수신하거나 기준값보다 낮은 부분만 전송 · 수신하여야 하는 경우가 있다. 이처럼 특정 부분만 필요로 하는 경우 신호의 기본적인 형태를 변형시키기 위하여 사용하는 회로를 통칭하여 파형 정형회로라고 한다. 일반적인 파형 정형회로에는 클리퍼(clipper), 리미터(limiter), 클램퍼(clamper) 등이 있다.

(1) 클리퍼

입력신호의 파형을 일정한 레벨로 잘라버린 파형을 나타내는 회로를 클리퍼라고 한다. 클리퍼에는 일정한 레벨 이상의 부분을 잘라버린 출력파형을 나타내는 피크 클리퍼와 일정 레벨 이하의 부분을 잘라버린 출력파형을 나타내는 베이스 클리퍼가 있다. 또한 회로구성에 따라서 직렬 · 병렬 클리퍼로 구분하기도 한다.

1) 베이스 클리퍼

그림 2-46과 같이 베이스 클리퍼(base clipper) 회로는 출력파형에서 나타나는 것과 같이 기준전압 V_R 이하의 파형은 출력하지 않고 그 이상의 파형만을 출력한다.

직렬형은 다음과 같이 동작하게 되고 그림 2-46(a)와 같다.

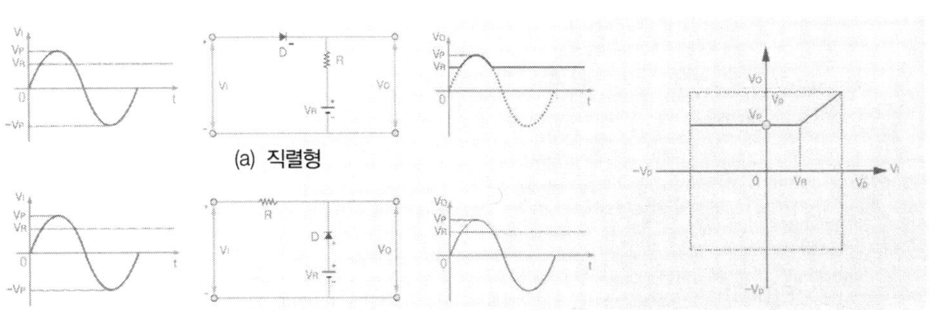

(a) 직렬형

(b) 병렬형　　　(c) 베이스 클리퍼의 전달특성

그림 2-46 ◦ 베이스 클리퍼

① $V_i > V_R$이면, D는 단락 $\Rightarrow V_o = V_i$

② $V_i < V_R$이면, D는 개방 $\Rightarrow V_o = V_R$

병렬형은 다음과 같이 동작하게 되고 그림 2-46(b)와 같다.

① $V_i > V_R$이면, D는 개방 $\Rightarrow V_o = V_i$

② $V_i < V_R$이면, D는 단락 $\Rightarrow V_o = V_R$

2) 피크 클리퍼

입력신호 파형의 일정한 레벨 이상의 부분을 잘라버린 출력파형을 얻는 클리퍼를 피크 클리퍼(peak clipper)라고 하며 동작특성은 베이스 클리퍼와 정반대이다. 그림 2-47의 출력파형과 같이 피크 클리퍼는 기준전압 V_R 이상의 파형은 출력하지 않고, 기준전압 V_R 이하의 파형만을 출력한다.

직렬형은 다음과 같이 동작하게 되고 그림 2-47(a)와 같다.

① $V_i > V_R$이면, D는 개방 $\Rightarrow V_o = V_R$

② $V_i < V_R$이면, D는 단락 $\Rightarrow V_o = V_i$

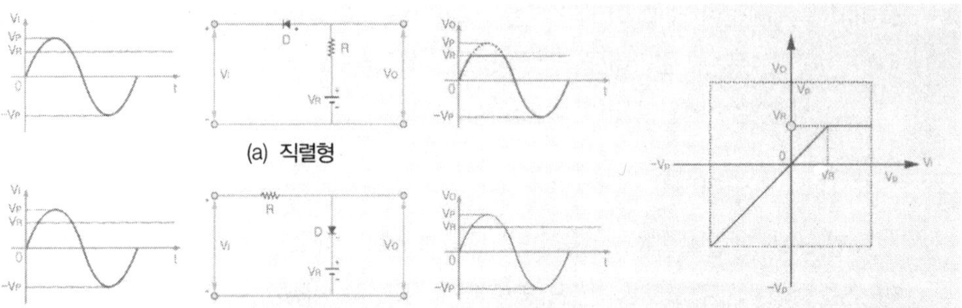

(b) 병렬형 (c) 피크 클리퍼의 전달특성

그림 2-47 • 피크 클리퍼

병렬형은 다음과 같이 동작하게 되고 그림 2-47(b)와 같다.

① $V_i > V_R$이면, D는 단락 $\Rightarrow V_o = V_R$

② $V_i < V_R$이면, D는 개방 $\Rightarrow V_o = V_i$

(2) 리미터

신호파형의 진폭을 일정한 레벨로 제한하는 회로를 리미터(limiter)라고 한다.

그림 2-48과 같이 리미터 회로는 파형의 상하부를 잘라버린 출력파형을 얻는 회로로 베이스 클리퍼와 피크 클리퍼의 합성회로라고 한다.

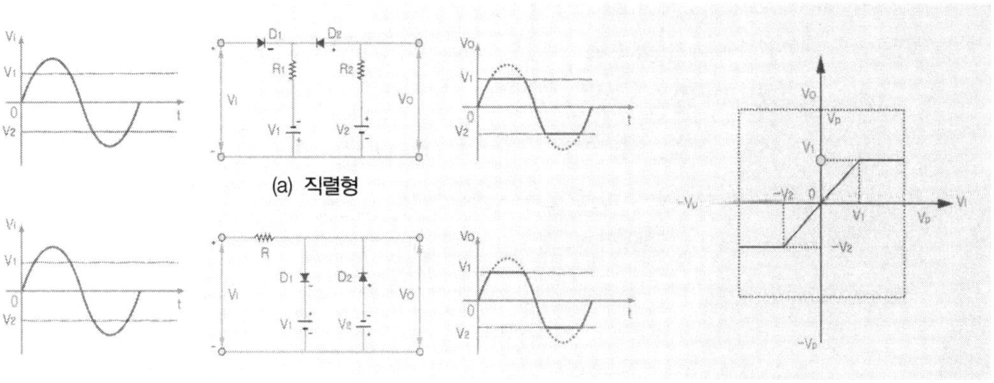

(a) 직렬형

(b) 병렬형

(c) 리미터의 전달특성

그림 2-48 ◦ 리미터

(3) 클램퍼

입력파형의 형태는 변형시키지 않고, 입력파형을 특정한 직류값에 고정시키는 회로를 클램퍼(clamper)라고 한다. 클램퍼를 구성하기 위해서는 다이오드, 콘덴서, 저항은 꼭 필요하며, 직류 레벨 조정용 직류전원도 자주 사용된다.

① 클램퍼의 목적 : 교류신호에 직류전압 값을 더하는 데 있다. 처음 입력의 음의 반주기 동안 다이오드는 순방향 바이어스되고 콘덴서는 입력의 첨두값인 $V_{p(\text{in})} - 0.7[\text{V}]$까지 충전하게 된다. 그런 다음 바로 음의 첨두값에서 다이오드는 역방향으로 바이어스된다. 이것은 콘덴서의 충전에 의해 캐소드가 거의 $V_{p(\text{in})} - 0.7[\text{V}]$를 유지하고 있기 때문이다. 그리고 콘덴서는 단지 높은 부하저항 R을 통해서만 방전할 수 있으므로, 음의 반주기의 첨두값에서 다음 주기의 첨두값까지 콘덴서는 적은 방전을 하며 방전하는 양은 값에 의해 좌우된다.

(a) 클램퍼 회로

(b) 클램퍼 회로의 파형

그림 2-49 ◦ 클램퍼 회로

그림 2-49와 같이 콘덴서의 전압은 중첩의 원리에 의해 입력전압에 더해지고, 다이오드의 방향이 바뀌면 음의 직류전압이 입력신호에 더해지게 된다. 좋은 클램퍼가 되기 위해서는 RC 시정수는 적어도 입력 주파수의 10배 이상되어야 한다.

② 입력신호의 한 주기 동안에 콘덴서 양단전압이 최대값으로 일정하게 유지하려면 시정수 $\tau = RC$가 충분히 커야 하는데, 저항 R값과 콘덴서 C값은 출력파형에 영향을 줄 수 있으므로, 시정수 $\tau = RC$이 입력 주파수보다 훨씬 크게 되도록(약 10배 이상) 저항 R값과 콘덴서 C값을 정해야 한다.

③ 그림 2-50과 같이 클램퍼는 정클램퍼와 부클램퍼가 있다.

㉠ 정클램퍼(positive clamper) : 입력신호의 파형을 양(+)의 방향으로 이동시킨다(그림 2-50(a)).

㉡ 부클램퍼(negative clamper) : 입력신호의 파형을 음(−)의 방향으로 이동시킨다(그림 2-50(b)).

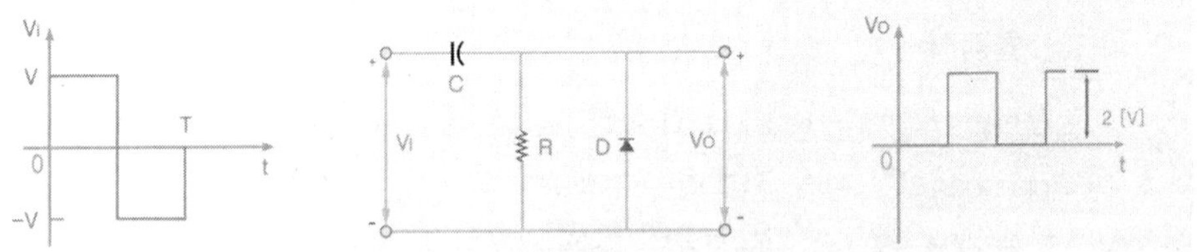

(a) 정클램퍼

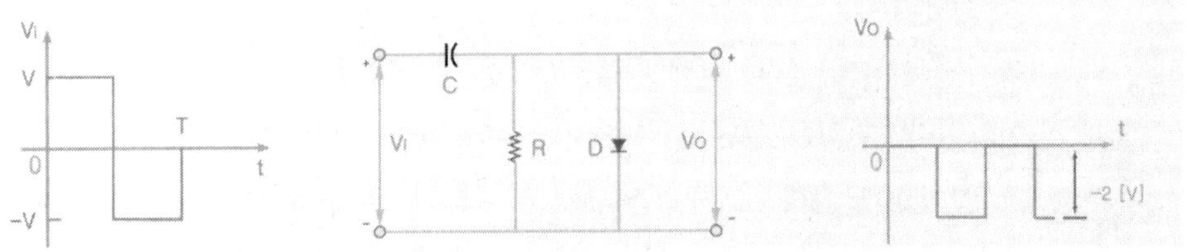

(b) 부클램퍼

그림 2–50

03 트랜지스터(Transistor)

1. 쌍극 접합 트랜지스터

정공과 전자의 움직임에 의해 작동되는 트랜지스터인 쌍극 접합 트랜지스터(Bipolar Junction Transistor : BJT)는 그림 2-51과 같이 NPN형과 PNP형으로 구분할 수 있다.

BJT에는 두 PN접합으로 구분된 세 개의 도핑된 반도체 영역이 있는데, 각각의 작용에 따라 이미터(Emitter), 베이스(Base), 컬렉터(Collector)라고 한다.

BJT는 베이스에 인가되는 전류에 의해 컬렉터 회로에 흐르는 전류를 제어하는 전류제어 소자로, BJT를 트랜지스터를 증폭기로 동작시키기 위해서는 $B-E$접합은 순방향 바이어스, $B-C$접합은 역방향 바이어스를 인가하면 된다.

(a) NPN형 트랜지스터 (b) PNP형 트랜지스터

그림 2-51 NPN형과 PNP형 트랜지스터

(1) α_{dc}

그림 2-51 (a)와 같이 베이스를 공통으로 하고 NPN형 트랜지스터의 $E-B$접합 사이에는 V_{BE}의 순방향전압을, $B-C$접합에는 역방향 바이어스를 인가하면 이미터 내의 전자는 베이스로, 베이스 내의 정공은 이미터로 이동하게 된다. 하지만 베이스폭이 얇아 이는 전체의 2~3[%] 정도이고 전자의 대부분은 컬렉터로 이동한다. 식 (2-21)과 같다.

$$I_E = I_B + I_C \tag{2-21}$$

이때 컬렉터 전류와 이미터 전류의 비인 α_{dc}는 항상 1보다 작은 0.95~0.99의 값을 가지며, 이는 베이스 접지 전류증폭률이라고도 하며, 식 (2-22)와 같다.

$$\alpha_{dc} = \frac{I_C\,(\text{출력전류})}{I_E\,(\text{입력전류})} \tag{2-22}$$

(2) β_{dc}

트랜지스터의 베이스를 공통으로 하면 전류증폭이 되지 않아 증폭회로로써 이용할 수 없기 때문에 트랜지스터를 증폭회로로 이용하기 위해서는 이미터를 공통으로 하는 트랜지스터를 사용하여야 한다.

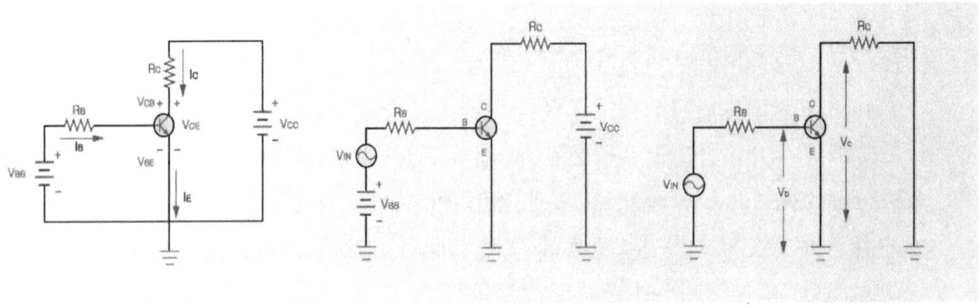

(a) 기본적인 증폭회로 (b) AC 등가회로

그림 2-52 ▪ 트랜지스터의 전류와 전압 및 증폭회로

그림 2-52와 같이 증폭회로는 $E-B$접합 사이에는 V_{BB}를, $B-C$접합 사이에는 V_{CC}를 연결하여 구성하면 된다. 여기서 컬렉터 전류와 베이스 전류의 비인 β_{dc}는 20에서 200 이상의 값을 가지며, 이는 식 (2-23)과 같다.

$$\beta_{dc}(\text{전류이득}) = \frac{I_C\ (\text{컬렉터 전류})}{I_B\ (\text{베이스 전류})} \tag{2-23}$$

그리고 α_{dc}와 β_{dc}의 관계는 식 (2-24)와 같다.

$$\alpha_{dc} = \frac{\beta_{dc}}{1+\beta_{dc}}, \qquad \beta_{dc} = \frac{\alpha_{dc}}{1-\alpha_{dc}} \tag{2-24}$$

이 증폭기의 출력은 식 (2-25)가 된다. 여기서 0.7 [V]는 다이오드를 통과할 때 생기는 전압강하이다.

$$I_B = \frac{V_{BB}-V_{BE}}{R_B} \cong \frac{V_{BB}-0.7}{R_B}\ [\text{V}]$$

$$V_{CE} = V_{CC} - I_C R_C [\text{V}] \tag{2-25}$$

$$V_{CB} = V_{CE} - V_{BE} [\text{V}]$$

$I_B = 0$인 경우에 트랜지스터는 열에 의해 만들어진 매우 적은 양의 누설전류만 흐르게 되어 차단상태로 바뀌게 되고, 누설전류를 무시하면 모든 전류는 0이 된다.

그리고 베이스 전류가 증가하면 컬렉터 전류는 증가하고 V_{CE}는 감소하게 된다. V_{CE}가 포화값 $V_{CE(\mathrm{sat})}$에 도달하게 되면 $B-C$접합은 순방향이 되고, 포화점에서는 $I_C \neq \beta_{\mathrm{dc}} I_B$ 이 된다. 이는 식 (2-26)과 같다(단, r_e' : 내부 교류 이미터 저항).

$$I_e = \frac{V_b}{r_e'}$$

$$A_v = \frac{V_c}{V_b} = \frac{I_c R_c}{I_e r_e'} \cong \frac{R_c}{r_e'} \tag{2-26}$$

2. 트랜지스터 바이어스 회로

(1) 이미터 바이어스

정(+)과 부(−)의 양 전원이 요구되는 바이어스로, I_E가 온도와 전류에 따라 변하는 V_{BE}와 β_{dc}의 영향을 받게 되나, 만약 $R_E \gg \dfrac{R_B}{\beta_{\mathrm{dc}}}$이고 $V_{EE} \gg V_{BE}$라면 I_E가 V_{BE}와 β_{dc}의 영향을 받지 않아 안정한 DC 동작점(Q점)을 만들 수 있다. 키르히호프 전압법칙에 의해 식 (2-27)과 같다.

$$I_B R_B + V_{BE} + I_E R_E = V_{EE} \tag{2-27}$$

$I_B \cong \dfrac{I_E}{\beta_{\mathrm{dc}}}$라면 식 (2-28)과 같이 이미터 전류를 구할 수 있다.

$$I_C \cong I_E = \frac{V_{EE} - V_{BE}}{R_E + \dfrac{R_B}{\beta_{\mathrm{dc}}}} \tag{2-28}$$

$R_E \gg \dfrac{R_B}{\beta_{\mathrm{dc}}}$이고, $V_{EE} \gg V_{BE}$ 라면 이미터 전류는 식 (2-29)가 된다.

$$I_C \cong \frac{V_{EE} - V_{BE}}{R_E} \simeq \frac{V_{EE}}{R_E} \tag{2-29}$$

$C-E$ 전압은 식 (2-30)이 된다.

$$V_{CE} \cong V_{CC} + V_{EE} - I_C(R_C + R_E) \tag{2-30}$$

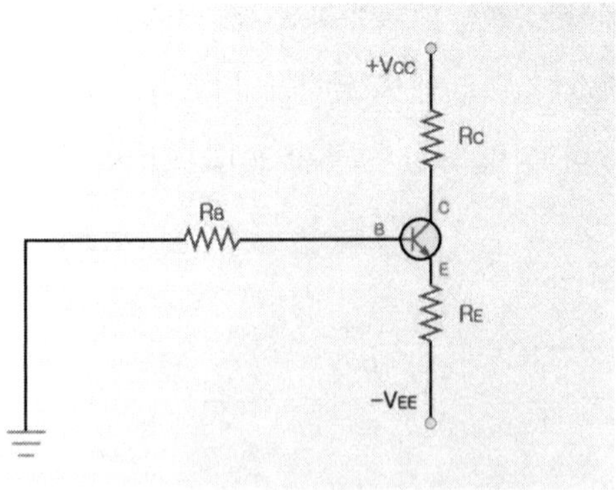

그림 2–53 ◦ 이미터 바이어스

(2) 베이스 바이어스

그림 2-54와 같이 베이스 바이어스는 한 개의 전원만을 사용하지만 온도와 전류에 따라 변하고 제조상 차이가 생길 수 있는 β_{dc}의 영향에 따라 트랜지스터를 다른 것으로 대치할 경우 왜곡된 출력을 만들게 되는 단점을 가지고 있다. R_B양단의 전압강하는 $V_{CC} - V_{BE}$이므로 식 (2-31)과 같다.

$$I_C = \beta_{dc}\left(\frac{V_{CC} - V_{BE}}{R_B}\right) = \beta_{dc}\, I_B \tag{2-31}$$

식 (2-32)와 같이 $C-E$ 전압은 컬렉터 전압에서 R_B양단의 전압강하를 뺀 것과 같다.

$$V_{CE} = V_{CC} - I_C\, R_C = V_{CC} - \beta_{dc}\, I_B\, R_C \tag{2-32}$$

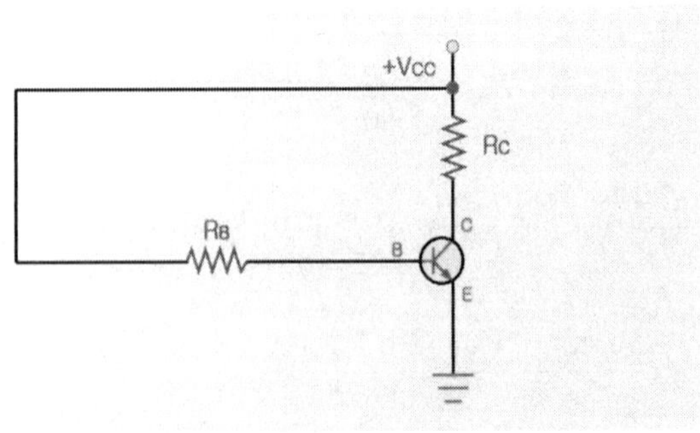

그림 2–54 ◦ 베이스 바이어스

1) 전압분배 바이어스

단일전압으로 I_E가 β_{dc}와 무관한 좋은 안정도를 얻을 수 있기 때문에 가장 널리 사용되는 바이어스 방식이다. 전압분배 바이어스는 그림 2-55와 같다. 전압분배 바이어스 베이스의 직류입력저항은 식 (2-33)~(2-34)와 같다.

$$R_{\mathrm{IN\,(base)}} = \frac{V_{\mathrm{IN}}}{I_{\mathrm{IN}}} = \frac{V_{BE} + I_E R_E}{I_{\mathrm{IN}}} \tag{2-33}$$

$I_E \cong \beta_{\mathrm{dc}} I_B R_E$이고, $V_{BE} \ll I_E R_E$라면 직류입력저항은 식 (2-34)가 된다.

$$R_{\mathrm{IN\,(base)}} \cong \frac{I_E R_E}{I_{\mathrm{IN}}} = \frac{\beta_{\mathrm{dc}} I_B R_E}{I_B} = \beta_{\mathrm{dc}} R_E \tag{2-34}$$

분압기 방정식을 이용하여 베이스 전압은 식 (2-35)가 된다.

$$V_B = \frac{R_2 \parallel \beta_{\mathrm{dc}} R_E}{R_1 + (R_2 \parallel \beta_{\mathrm{dc}} R_E)} V_{CC} \tag{2-35}$$

$\beta_{\mathrm{dc}} R_E \gg R_2$라면 베이스 전압은 식 (2-36)이 된다.

$$V_B \cong \left(\frac{R_2}{R_1 + R_2} \right) V_{CC} \tag{2-36}$$

이미터 전류는 V_B에서 V_{BE}만큼 전압강하되므로 식 (2-37)과 같다.

$$I_E = \frac{V_E}{R_E} \cong \frac{V_B - V_{BE}}{R_E} \tag{2-37}$$

$C-E$ 전압은 (2-38)이 된다.

$$V_{CE} = V_C - V_E \cong V_{CC} - I_C(R_C + R_E) \tag{2-38}$$

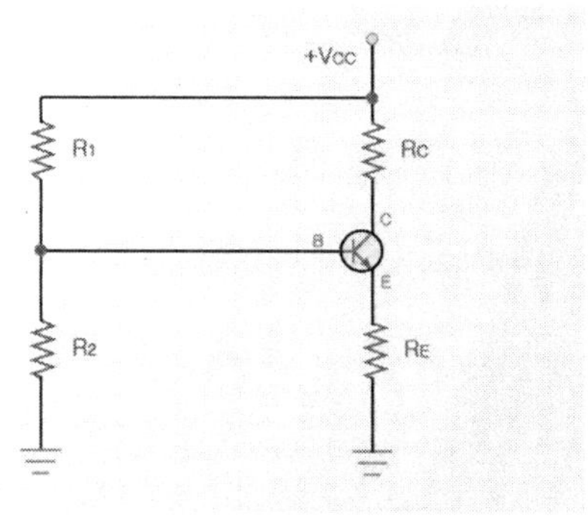

그림 2-55 • 전압분배 바이어스

2) 컬렉터 궤환 바이어스

온도가 상승하면 β_{dc}는 증가하고 V_{BE}는 감소한다. β_{dc}의 증가는 I_C를 증가시키고, V_{BE}

의 감소는 I_B를 증가시켜 I_C를 증가시킨다. 그러나 I_C가 증가한 만큼 R_C 양단의 전압강하도 증가하여 V_C를 감소시킨다. 그림 2-56과 같이 결국 R_B 양단의 전압은 I_B를 줄여 I_C와 V_{CE}의 변화를 막아 안정한 Q점을 유지하게 만드는데, 이를 부궤환 회로라고 한다. 베이스 전류는 식 (2-39)와 같다.

$$I_B = \frac{V_C - V_{BE}}{R_B} = \frac{V_{CC} - I_C R_C}{R_B} \tag{2-39}$$

$I_B = \dfrac{I_C}{\beta_{\mathrm{dc}}}$를 대입하여 정리하면 베이스 전류는 식 (2-40)이 된다.

$$I_C = \frac{V_{CC} - V_{BE}}{R_C + \dfrac{R_B}{\beta_{\mathrm{dc}}}} \tag{2-40}$$

$C-E$ 전압은 (2-41)이 된다.

$$V_{CE} = V_{CC} - I_C R_C \tag{2-41}$$

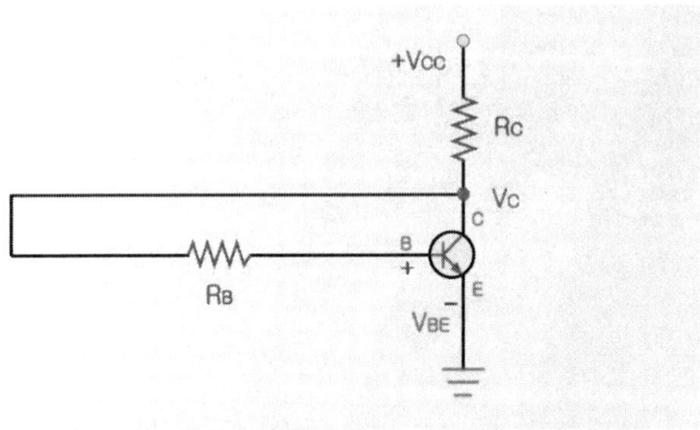

그림 2-56 ▫ 컬렉터 궤환 바이어스

컬렉터, 이미터, 베이스 단자에 흐르는 전류는 식 (2-42)와 같다.

$$I_C = \alpha I_E + I_{CBO}, \quad I_E = I_B + I_C \tag{2-42}$$

식 (2-42)를 정리하면 식 (2-43)이 된다.

$$I_C = \left(\frac{\alpha}{1-\alpha}\right)(I_B + I_{CBO}) \tag{2-43}$$

만약 $\beta = \left(\dfrac{\alpha}{1-\alpha}\right)$이고 I_{CBO}를 무시할 수 있다면 식 (2-44)가 된다.

$$I_C = \beta I_B \fallingdotseq I_E \tag{2-44}$$

트랜지스터는 크게 전압과 입력신호에 따라 포화영역, 활성영역, 차단영역으로 구분된다.

① **포화영역** : 트랜지스터가 on상태일 때 베이스 전류가 증가해도 컬렉터 전류는 변하지 않는 영역으로 $E-B$ 접합과 $C-B$ 접합이 모두 순방향 바이어스이다.
② **활성영역** : 베이스 전류에 의해 컬렉터 전류를 많이 흐를 수 있게 하는 영역으로 $E-B$ 접합은 순방향 바이어스, $C-B$ 접합은 역방향 바이어스이다.
③ **차단영역** : 베이스 전류가 0[μA] 이하로 되어 컬렉터 전류가 흐르지 못하는 영역으로 $E-B$ 접합과 $C-B$ 접합은 모두 역방향 바이어스이다.

트랜지스터가 증폭기로 동작시에는 동작점이 활성영역에 존재하며, 디지털 회로에서 사용하는 논리모드로 동작시에는 동작점이 차단영역과 포화영역을 존재한다. 즉, 트랜지스터는 활성영역에서 동작할 때 증폭기능을 하며, 차단영역과 포화영역에서 동작할 때 스위치 기능을 한다.

PNP형과 NPN형 트랜지스터는 번갈아 도핑된 3개의 영역이 결합하여 만들어진다. 하지만 트랜지스터는 컬렉터 영역 속으로 베이스 영역을 녹이고 다시 이미터 영역을 베이스 영역 속으로 녹이는 확산기술에 의해서 만들어지기 때문에 3개의 층을 구성하지는 않는다.

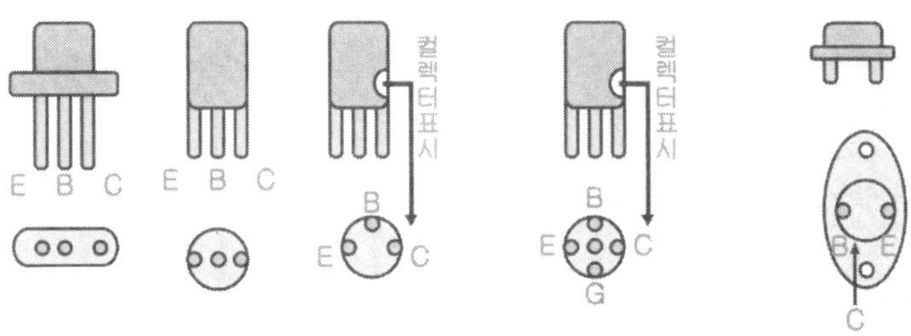

그림 2-57 ◦ 트랜지스터 패키지의 종류

그림 2-57과 같이 트랜지스터는 여러 가지의 패키지가 있는데, 내구성이 강한 구조의 포장은 고전력 소자를 사용하고 플라스틱이나 작은 캔의 몸체를 가진 것은 저전력 또는 중간전력 소자를 사용한다.

그림 2-58은 트랜지스터에 표시되어 있는 명칭에 따른 각각의 용도와 부품의 기호에 따른 사양을 보여주고 있다.

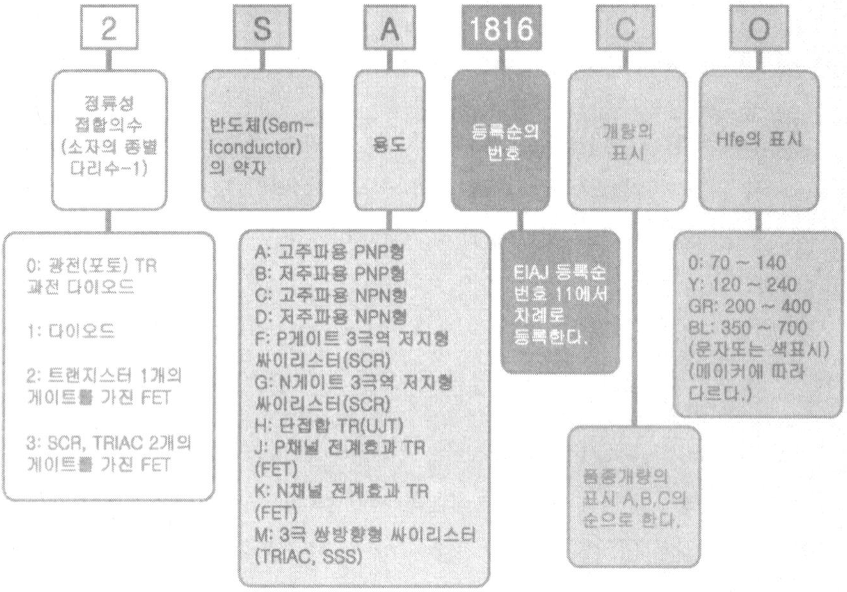

그림 2-58 ◦ 트랜지스터의 용도와 부품의 기호에 따른 명칭

① 합금형 트랜지스터

그림 2-59와 같이 N형 물질을 베이스 사이에 두고 기판 위아래에 이미터와 컬렉터를 형성하게 될 P형 물질의 결정을 얹고 온도를 녹는점 가까이 높이게 되면, P형 물질이 녹아 N형 물질의 기판과 합금이 되면서 PNP의 반도체 접합을 형성하게 된다. 이와 같은 합금형 트랜지스터는 오래 전부터 사용되었지만, 요즘은 고주파대의 특성에 한계가 있기 때문에 음성주파수의 증폭 등에만 사용한다.

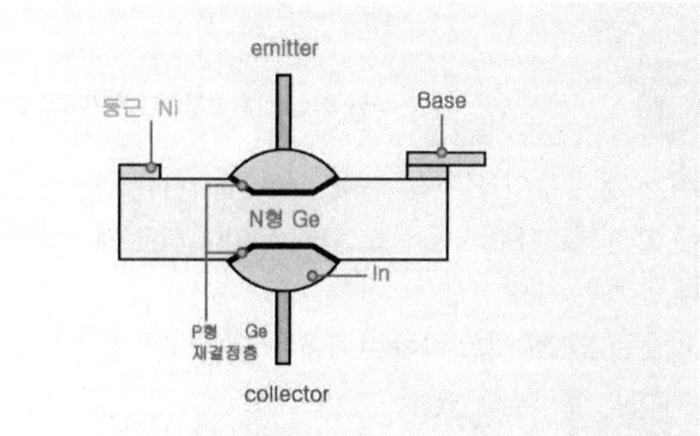

그림 2-59 ◦ 합금형 트랜지스터의 구조

② 드리프트형 트랜지스터

그림 2-60은 드리프트형 트랜지스터는 합금 접합형 트랜지스터 베이스 내의 불순물 농도를 이미터 쪽은 진하게, 컬렉터 쪽은 연하게 확산시켜 베이스 안에 생기는 전위 차이에 따라 이미터에서 들어오는 캐리어를 가속시킴으로써 주행시간을 짧게 하여 만든 트랜지스터이다. 이 트랜지스터는 고주파 특성이 좋고 차단주파수가 100~200[MHz]로 매우 높으며 대량 생산에도 알맞기 때문에 단파 정도까지의 고주파용으로 널리 쓰이고 있다.

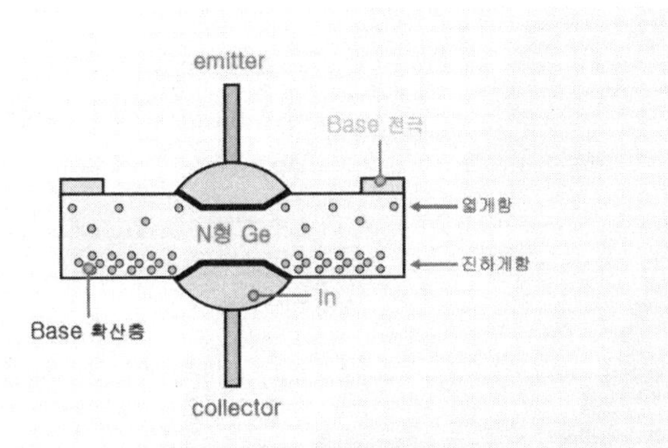

그림 2-60 ◦ 드리프트형 트랜지스터의 구조

③ 확산형 트랜지스터

그림 2-61은 확산형 트랜지스터는 PNP 트랜지스터의 경우 베이스 영역을 형성하기 위해 P형 웨이퍼에 N형을 확산시키며, 확산 또는 합금의 방법을 사용하여 N형의 베이스 위에 P형의 이미터를 형성한다. 그런 다음 마지막으로 컬렉터 접합의 콘덴서를 줄이기 위해 에칭을 하여 제작한다. 이 트랜지스터는 기하학적인 형태 때문에 메사(mesa)트랜지스터라고도 한다.

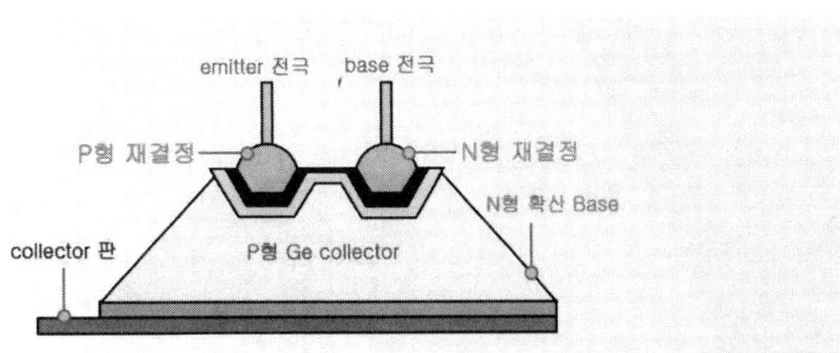

그림 2-61 ◦ 확산형 트랜지스터의 구조

④ 에피택시얼 플레이너형 트랜지스터

그림 2-62는 에피택시얼 플레이너형 트랜지스터는 베이스와 이미터 영역을 형성하기 위해 2번의 확산공정을 하여 제작한 트랜지스터로, 노출된 접합을 제거하기 위해 산화층 SiO_2(산화규소)를 첨가하여 표면 누설손실을 줄인다. 평평한 표면을 가지므로 플레이너라고 명명하였다.

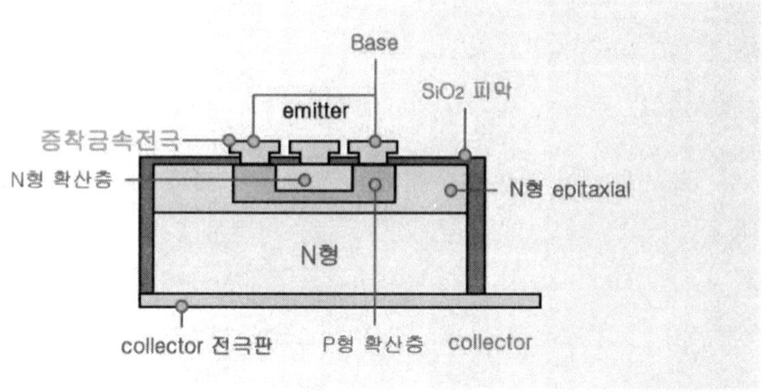

그림 2-62 ◦ 에피택시얼 플레이너형 트랜지스터의 구조

(3) 트랜지스터 바이어스

트랜지스터를 증폭기로 동작시키기 위해서는 두 PN접합이 외부 직류전압에 의해서 정확하게 바이어스되어야 한다. NPN형과 PNP형의 동작은 전자와 정공의 역할, 바이어스 전압의 극성, 전류방향이 모두 반대라는 것을 제외하고는 동일하다.

PNP형 트랜지스터의 적절한 바이어스는 그림 2-63과 같다. $B-E$ 접합은 순방향 바이어스이고, $B-C$ 접합은 역방향 바이어스이다. 이러한 바이어스를 순방향-역방향 바이어스라 한다.

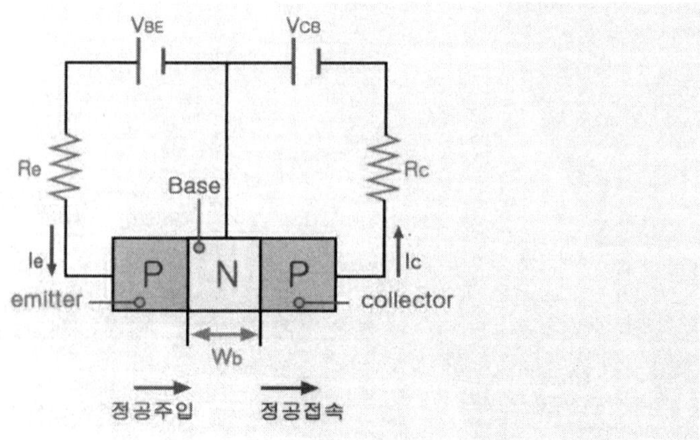

그림 2-63 ◦ PNP 트랜지스터의 바이어스

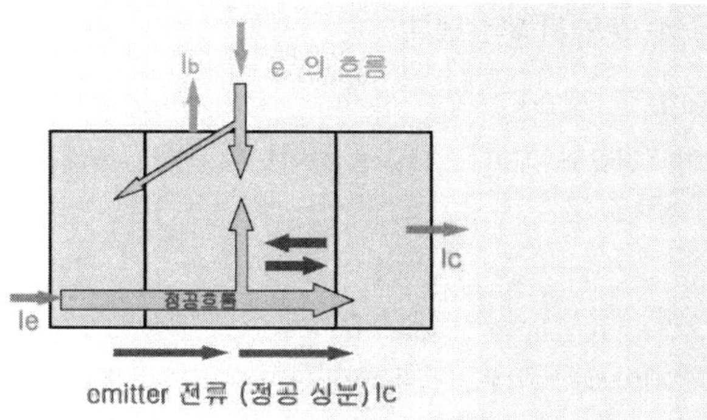

그림 2-64 ◦ 전류의 흐름

그림 2-64와 같이 순방향-역방향 바이어스일 때 트랜지스터의 내부에서는 베이스에서 이미터로의 순방향 바이어스는 $B-E$ 공핍층을 좁게 하고, 베이스에서 컬렉터로의 역방향 바이어스는 $B-C$ 공핍층을 넓게 한다.

높은 밀도로 도핑된 N형 이미터 영역은 전도대의 자유전자로 충만한데, 이 전자들은 순방향 바이어스가 된 다이오드에서처럼 $B-E$ 접합을 통하여 P형 베이스 영역으로 쉽게 확산되어 소수 캐리어가 된다.

베이스 영역은 매우 얇고 도핑의 밀도가 매우 낮아 정공의 수가 매우 제한되어 있으므로 $B-E$ 접합을 지나 이동해 온 전자의 일부분만이 베이스에서 정공과 재결합하게 되는데, 재결합된 상대적으로 적은 전자들이 가전자로 베이스 도선을 통하여 흘러나가고 이것이 작은 베이스 전류가 된다. 즉, 이미터로부터 베이스 영역으로 흐르는 대부분의 전자는 베이스층이 얇기 때문에 $B-C$ 공핍층으로 확산된다.

양이온과 음이온 사이에 형성된 인력에 의해 형성되는 전계에 의하여 전자는 $B-C$ 접합을 통하여 당겨지는데, 실제로는 그림 2-65(a)와 같이 컬렉터 쪽에 공급된 외부전원에 의해서 역방향 바이어스가 된 $B-C$ 접합을 통하여 전자를 끌어당긴다. 즉, 전자는 컬렉터 영역을 통하여 이동하고 컬렉터 도선을 통하여 흘러 나가서 외부 직류 전원의 양극으로 흘러 들어가게 된다. 그림 2-65(b)는 외부의 전압과 전류의 관계특성을 보여준다.

(a) 바이어스 회로 (b) 전압-전류특성

그림 2-65 ◦ 트랜지스터의 증폭원리

(4) 트랜지스터 전류

그림 2-66(a)은 공통 이미터 회로의 바이어스이다. 트랜지스터에서 이미터 전류는 컬렉터 전류와 베이스 전류의 합이므로 식 (2-45)와 같다.

$$I_E = I_C + I_B \tag{2-45}$$

이 직류전류들은 트랜지스터의 직류 전류이득인 β와도 관계가 있으므로 컬렉터 전류는 베이스 전류에 β를 곱한 값인 식 (2-46)과 같다.

$$I_C = \beta I_B \tag{2-46}$$

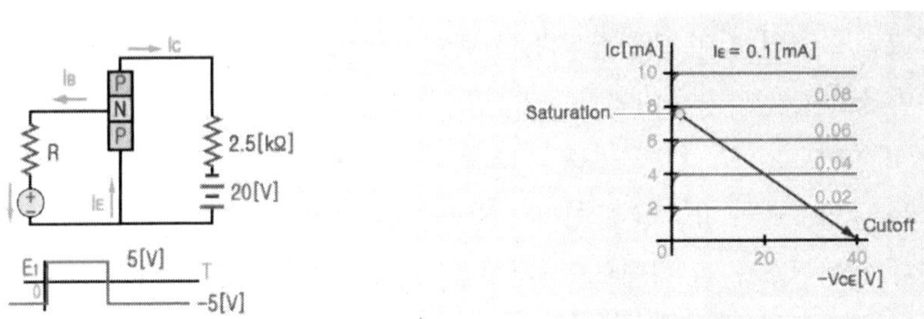

(a) 바이어스 회로 (b) 컬렉터 특성과 부하선

그림 2-66 • 트랜지스터 출력특성

여기에서 전류이득 β는 일반적으로 20에서 200 사이의 값으로 이것을 정리하여 공통 이미터 회로의 컬렉터 특성곡선과 부하선을 나타내면 그림 2-66(b)가 된다.

트랜지스터 회로가 그림 2-67(a)와 같을 때 트랜지스터는 그림 2-67(b)와 같이 I_b가 인가된 후 트랜지스터의 동작시작만큼 지연시간이 지난 다음 I_c가 흐르게 된다. 이와 같이 지연시간이 존재하므로 트랜지스터는 회로설계시 펄스 응답특성을 고려하여 제작하여야 원하는 신호를 얻을 수 있다.

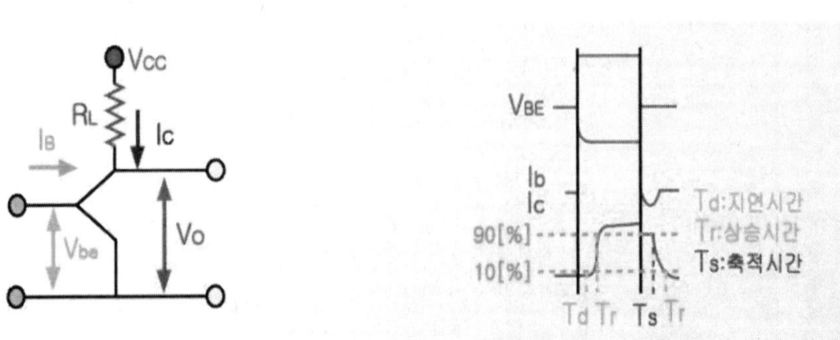

(a) 트랜지스터 회로 (b) 트랜지스터의 펄스 응답

그림 2-67 • 트랜지스터의 회로와 펄스 응답

(5) 트랜지스터 전압

그림 2-68과 같이 트랜지스터의 바이어스된 세 가지 직류전압은 이미터 전압(V_E), 컬렉터 전압(V_C), 베이스 전압(V_B)이다. 컬렉터 전압(V_C)은 직류 전원전압 V_{CC}에서 R_C에 걸리는 전압을 뺀 값인 식 (2-47)과 같다.

$$V_C = V_{CC} - I_C R_C \tag{2-47}$$

베이스 전압(V_B)은 이미터 전압(V_E)에 B E 전압(V_{BE})인 0.7[V]를 더한 값과 같다.

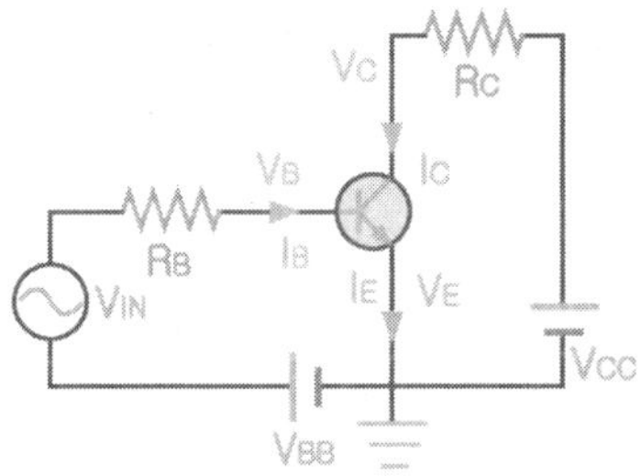

그림 2-68 • 트랜지스터 전압

(6) 이미터 접지 증폭기

이미터를 접지시키고 입력신호를 베이스에 인가하여 출력신호를 컬렉터에서 얻는 방식으로 전압분배 바이어스로 이루어진다. 이미터를 공통 접지로 사용하기 때문에 공통 이미터 증폭기(common-emitter amplifier)라고 한다.

그리고 이미터 접지 증폭기는 그림 2-69와 같이 커플링 콘덴서와 바이패스 콘덴서를 연결하여 직류 바이어스에 의한 직류성분을 제거하고, 신호증폭에 대한 입력저항을 작게 하여 증폭감소의 영향을 제거한다. 여기서 r_e'는 교류 이미터 저항을 나타낸다.

$$\text{증폭도} : A_v = \frac{-R_C}{r_e'} \ (\text{무부하일 경우}) \tag{2-48}$$

$$A_v = \frac{-R_C \parallel R_L}{r_e'} \ (\text{유부하일 경우}) \tag{2-49}$$

$$A_v = \frac{-R_C}{r_e' + R_E} \cong \frac{-R_C}{R_E} \ (\text{바이패스 콘덴서가 없는 경우}) \tag{2-50}$$

$$\text{입력 임피던스} : Z_{in} = R_1 \parallel R_2 \parallel \beta r_e' \tag{2-51}$$

$$\text{출력 임피던스} : Z_{out} = R_C \tag{2-52}$$

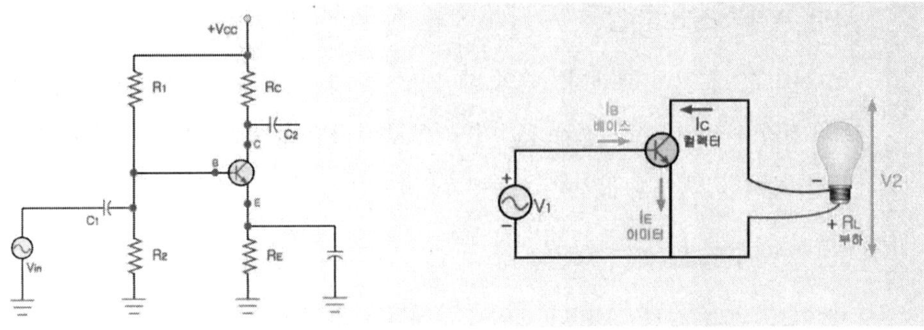

(a) 공통 이미터 증폭기 (b) 이미터 접지 증폭회로

그림 2-69 ◦ 공통 이미터 증폭기와 이미터 접지 증폭회로

이미터 접지 증폭기는 가장 많이 사용하는 회로로서, 베이스의 작은 전류를 통해 높은 컬렉터 전류를 사용할 수 있어 증폭도가 가장 크며 입출력의 위상이 반전되어 출력된다. 이러한 특성 때문에 전압증폭에 많이 사용된다.

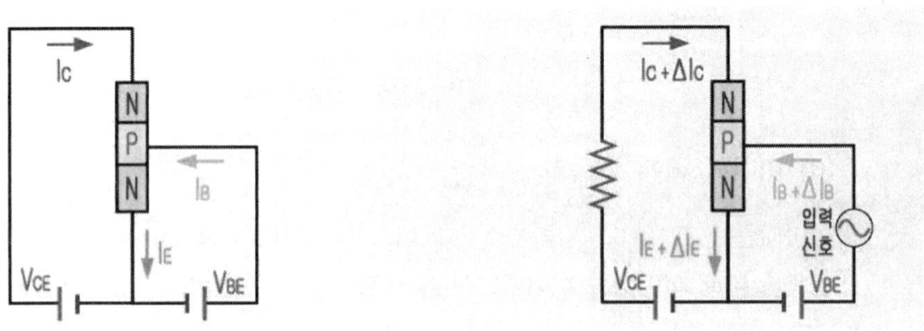

(a) 부하저항 R_L이 없을 때의 I_C (b) 부하저항 R_L이 접속했을 때의 I_C

그림 2-70 ◦ 이미터 접지의 전류증폭률

이 증폭기의 전류증폭률(β)은 매우 크고 전압이득과 출력이득 또한 크다. 하지만 그림 2-70과 같이 입력 임피던스의 값에 따라 출력 임피던스의 값이 변하기 때문에 그림 2-71과 같이 이미터 접지 증폭회로를 사용할 경우 입력전류와 출력전류의 값을 잘 조정하여 사용하여야 한다.

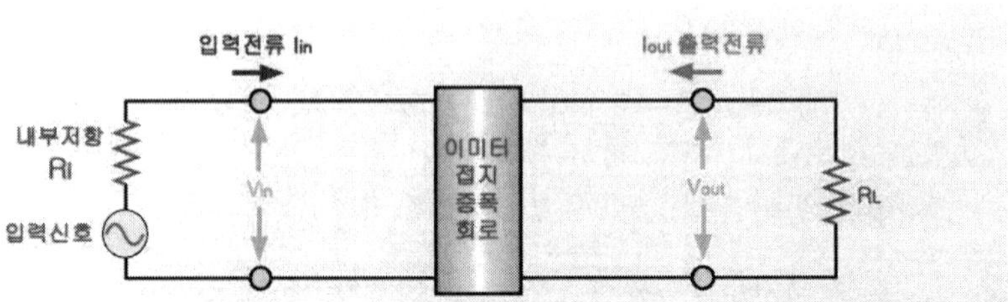

그림 2-71 ◦ 이미터 접지의 증폭회로

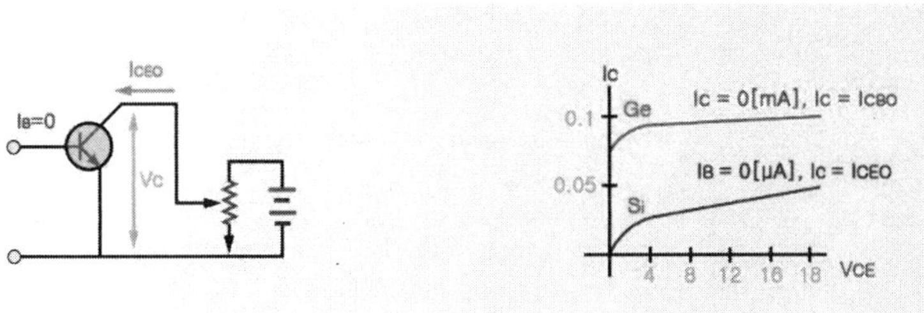

(a) 측정회로 (b) 차단영역 지점

그림 2-72 ◦ 이미터 접지의 컬렉터 차단전류

이미터 접지의 컬렉터 차단회로는 그림 2-72와 같다. 이 회로의 선형 증폭을 위해서는 V_{CE}전압이 특정값일 때, 이상적으로 $I_C = 0[\mathrm{mA}]$가 되어야 한다.

실리콘 반도체에서의 차단조건은 $I_B = 0[\mu\mathrm{A}]$ 또는 $I_C = I_{CEO}$가 되어야 하며, 게르마늄 반도체에서는 $I_C = I_{CBO}$가 되어야 한다.

(7) 컬렉터 접지 증폭기

컬렉터를 접지시키고 입력신호를 베이스에 인가하여 출력신호를 이미터에서 얻는 방식이다. 컬렉터 단자를 공통 접지로 사용하기 때문에 공통 컬렉터 증폭기(common collector amplifier)라고 하며, 이미터가 베이스 신호전압을 그대로 추종하므로 이미터 폴로워(emitter follower)라고도 한다.

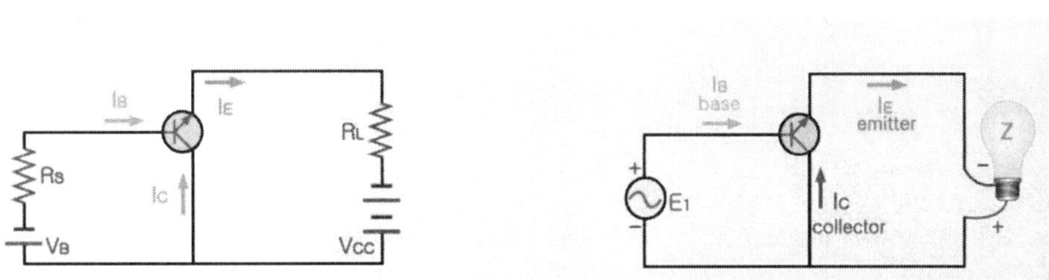

(a) CC증폭기 (b) 컬렉터 접지회로

그림 2-73 ◦ CC증폭기와 컬렉터 접지회로

그림 2-73과 같이 공통 컬렉터 증폭기는 컬렉터 저항이 없어 교류 신호적으로 컬렉터 접지가 유도된다. 그리고 공통 컬렉터 증폭기는 가장 높은 입력 임피던스와 가장 작은 출력 임피던스를 갖고 있기 때문에 신호의 입력과 전달의 기능적 측면에서 손실의 발생정도가 작다.

이와 같은 증폭도가 1인 특성 때문에 버퍼(buffer)로서 회로설계에 이용된다. 즉, CC증폭기는 높은 입력저항과 전류이득을 얻을 수 있다. 이러한 CC 증폭기의 교류 등가회로는 그림 2-74와 같다.

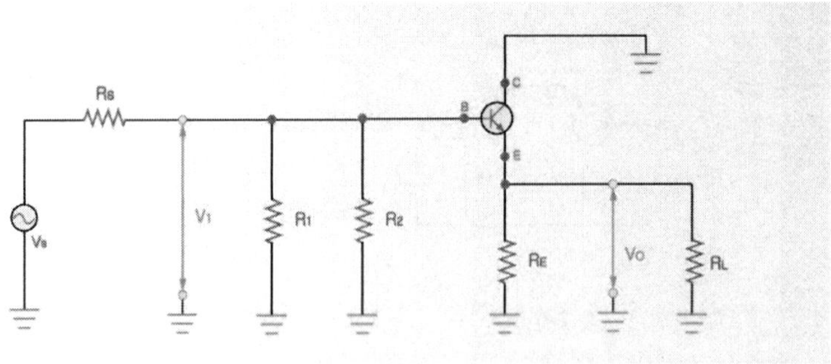

그림 2-74 ◦ CC증폭기의 교류 등가회로

CC 증폭기 특징은 다음과 같다.

① 최대 전압이득은 1이며, 입 · 출력신호의 위상차는 동상이다.
② 입력 임피던스는 높고 출력 임피던스는 낮으며, 버퍼로서 많이 이용된다.
③ 바이패스 콘덴서가 없고 출력은 이미터가 낮다.
④ 컬렉터 저항이 없으므로 교류신호에 대해 컬렉터가 접지되어 있는 증폭기이다.

CC 증폭기의 교류해석은 식 (2-53)~(2-55)와 같다.

$$\text{교류 이미터 저항} : r_e{}' = \frac{25\,[\mathrm{mV}\,]}{I_E} \tag{2-53}$$

$$\text{증폭도} : A_v = \frac{R_E}{r_e{}' + R_E} \ (\text{무부하일 경우}) \tag{2-54}$$

$$A_v = \frac{R_E \parallel R_L}{r_e{}' + R_E \parallel R_L} \ (\text{유부하일 경우}) \tag{2-55}$$

그림 2-73(b)와 같이 컬렉터 접지회로에서는 부하저항으로서 단지 이미터 저항 R_L만 설치되므로, 교류전류의 동작전원에 큰 저항이 작용하지 않는다는 전제 조건하에 컬렉터는 입출력 신호의 기준단자가 된다. 즉, 이 회로는 고임피던스의 신호원을 저임피던스의 증폭입력에 적응시킬 수 있으므로 주로 임피던스 변환기에 사용된다.

(8) 베이스 접지 증폭기

베이스를 접지시키고 입력신호를 이미터에 인가하여 출력신호를 컬렉터에서 얻는 방식으로, 베이스를 공통 접지로 사용하기 때문에 **공통 베이스 증폭기**(common base amplifier)라 한다.

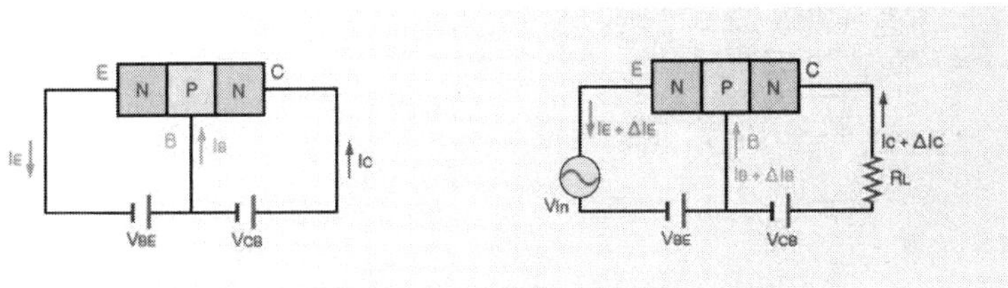

그림 2-75 ◦ 베이스 접지증폭기의 베이스 접지의 전류증폭률

그림 2-75에 나타내었고 베이스 접지 증폭회로는 입력용량이 작기 때문에 주로 고주파 증폭에 사용되는데, 큰 이미터 전류가 신호원에 부하를 가하므로 전류증폭은 1보다 작게 된다. 그리고 이미터와 베이스 사이를 순방향으로 하면 증폭회로로 사용할 수 있는데, 이 때 입력저항은 작으므로 그림 2-76과 같이 컬렉터 전류를 차단할 수 있게 된다.

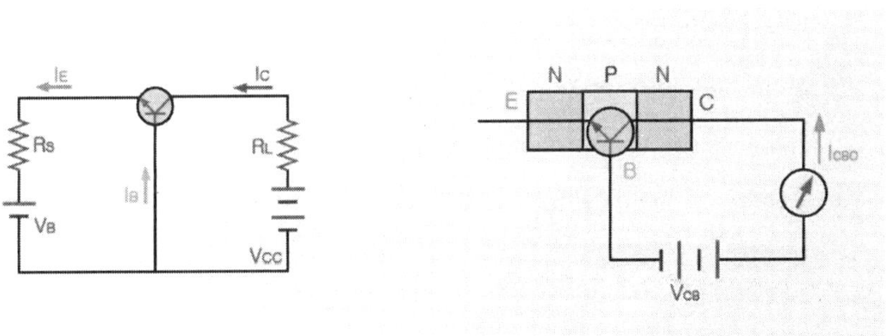

그림 2-76 ◦ 공통 베이스 증폭기와 베이스 접지의 컬렉터 차단전류

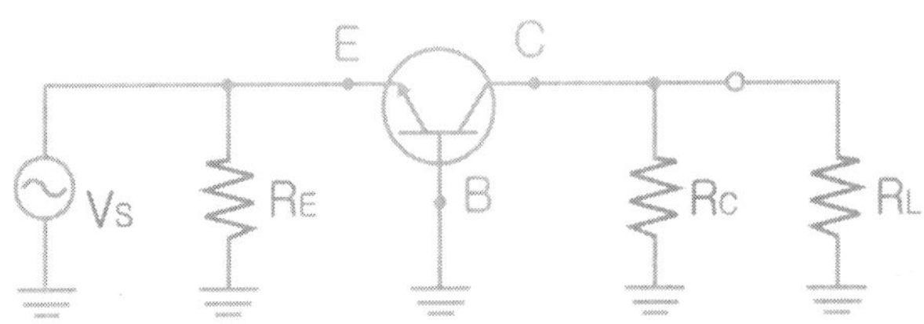

그림 2-77 ◦ *CB*증폭기의 교류 등가회로

*CB*증폭기의 교류 등가회로는 그림 2-77과 같고 특징은 다음과 같다.

① *CE*증폭기, *CC* 증폭기에 비해 입력저항이 낮다.

② 신호에 대해 베이스가 접지되어 있는 증폭기이다.

③ 전압이득은 *CE*증폭기와 같고 입력과 출력신호의 위상은 동상이다.

④ 저주파대에서 사용하지 않고 고주파 대역(10[MHz] 이상)에서 사용된다.

⑤ 차동증폭기에 사용된다.

CB 증폭기의 교류해석은 식 (2-56)~(2-60)과 같다.

$$\text{교류 이미터 저항}: r_e' = \frac{25\,[\text{mV}]}{I_E} \tag{2-56}$$

$$\text{증폭도}: A_v = \frac{R_C}{r_e'} \quad (\text{무부하일 경우}) \tag{2-57}$$

$$A_v = \frac{R_C \parallel R_L}{r_e'} \quad (\text{유부하일 경우}) \tag{2-58}$$

$$\text{입력 임피던스}: Z_{\text{in}} = R_E \parallel \beta r_e' \cong r_e' \tag{2-59}$$

$$\text{출력 임피던스}: Z_{\text{out}} = R_c \tag{2-60}$$

1) 궤환 증폭회로

① 궤환(feedback) : 증폭회로 출력단의 일부를 입력단으로 되돌리는 것이다.
② 정궤환(+)(positive feedback) : 입력신호 V_i와 궤환성분 V_f이 서로 동위상이다.
③ 부궤환(−)(negative feedback) : 입력신호 V_i와 궤환성분 V_f이 서로 역위상이다.

2) 부궤환 증폭회로

전압 V_f는 출력 V_o에 비례하며, 입력 V_i와 서로 역위상관계(부궤환)이다. 즉, 이미터 저항 R_E에 의해 출력단의 일부가 입력단으로 궤환되며, 이미터 저항 R_E의 양단간 전압은 식 (2-61)과 같다.

$$V_f = R_E\, i_e \fallingdotseq R_E\, i_c \tag{2-61}$$

부궤환 증폭회로와 AC 등가회로는 그림 2-78과 같다.

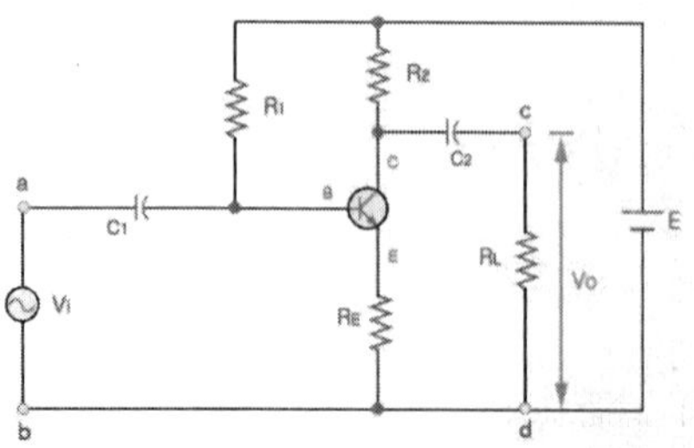

(a) 부궤한 증폭회로

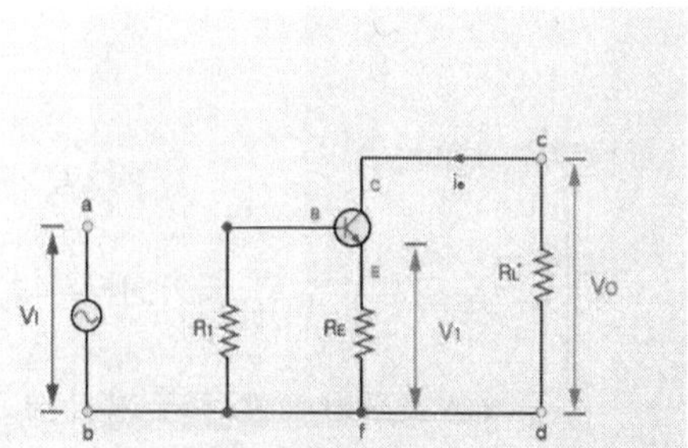

(b) AC 등가회로

그림 2-78 • 부궤환 증폭회로와 AC 등가회로

① 증폭도(R_E가 없을 때, 부궤환이 없는 경우) :

$$A_o = \frac{V_o}{V_i} = h_{fe}\frac{R_L'}{h_{ie}}(R_L' : R_2\text{와}R_L\text{의 병렬합성저항값}) \quad (2\text{-}62)$$

② 궤환율 : $\beta = \frac{V_i}{V_o} = \frac{R_E(I_b + I_c)}{R_L' I_c} = \frac{(1 + h_{fe})R_E}{R_L' h_{fe}} = \frac{R_E}{R_L'}$ (2-63)

③ 증폭도(부궤환시) : $A = \frac{A_0}{1+\beta A_0} - \frac{1}{\frac{1}{A} + \beta}$ (2-64)

3) 부궤환 증폭기의 특징

부궤환 증폭회로의 블록도는 그림 2-79와 같다.

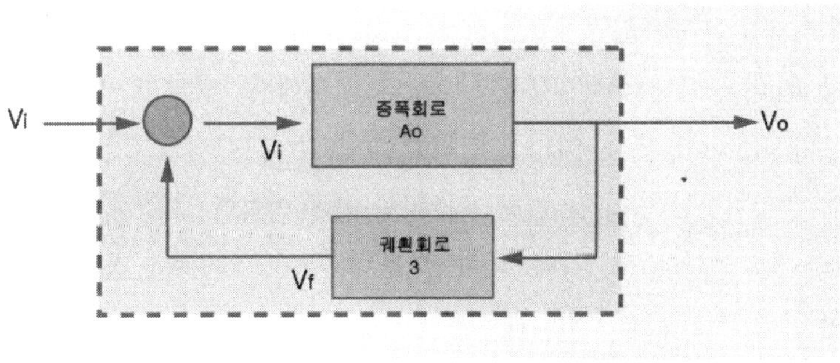

그림 2-79 ◦ 부궤환 증폭회로의 블록도

① 주파수 특성이 개선된다.

② 입·출력 임피던스(입력 임피던스는 높게, 출력 임피던스는 작게)의 조절이 가능하다.

③ 진폭 및 위상 일그러짐이 감소한다.

④ 증폭도가 트랜지스터 상수나 전원전압 등의 변화에 큰 영향을 받지 않는다.

⑤ 내부잡음(S/N비)이 감소한다.

⑥ 특정한 주파수에서 증폭도가 급격히 상승하든지 또는 발진의 가능성이 있다.

3. 이미터 폴로워와 그 특성

이미터 폴로워(emitter follower) 회로는 그림 2-80과 같다. 대표적인 부궤환 증폭기이며, 이미터 저항 양단에서 부하저항 R_L을 통해 출력한다.

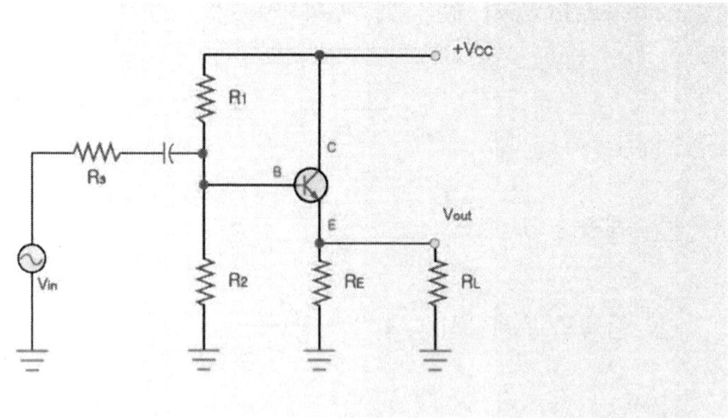

그림 2-80 ◦ 이미터 폴로워 회로

(1) 입력 임피던스

일반적으로 교류전원 V_S는 저항 R_S를 통해 이미터 폴로워를 구동시킨다. 입력신호는 저항 R_S의 양단에서 전압강하가 발생되고, 트랜지스터의 베이스 구동 입력전압은 전원전압보다 작아지게 된다. 따라서 입력 임피던스는 트랜지스터의 바이어스 저항인 R_1, R_2의 병렬 합성저항이 된다. 이미터 폴로워의 입력 임피던스와 이미터 폴로워의 교류등가회로는 그림 2-81과 같고, 입력 임피던스는 식 (2-65)와 같이 병렬합성저항임을 표시해주면 된다.

$$\text{입력 임피던스 } Z_{\text{in}} = R_1 \parallel R_2 \tag{2-65}$$

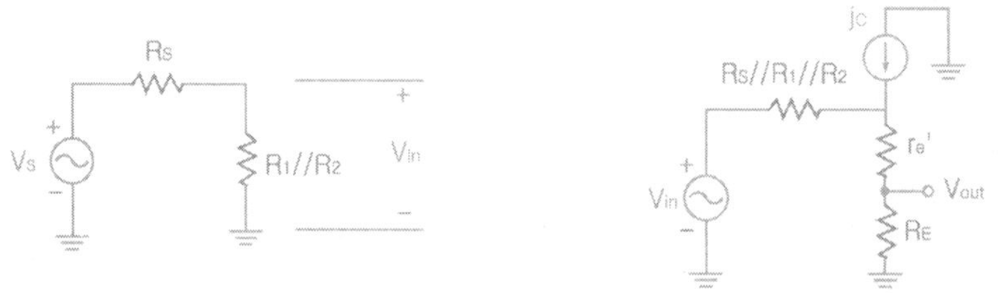

(a) 이미터 폴로워의 입력 임피던스 (b) 이미터 폴로워의 교류등가회로

그림 2-81 ◦ 이미터 폴로워의 입력 임피던스와 이미터 폴로워의 교류등가회로

(2) 출력 임피던스

출력 등가회로를 그림 2-82와 같으며, 식 (2-66)과 같다.

$$\text{출력 임피던스 } Z_{\text{out}} = r_e{}' + \frac{R_s \parallel R_1 \parallel R_2}{\beta} \tag{2-66}$$

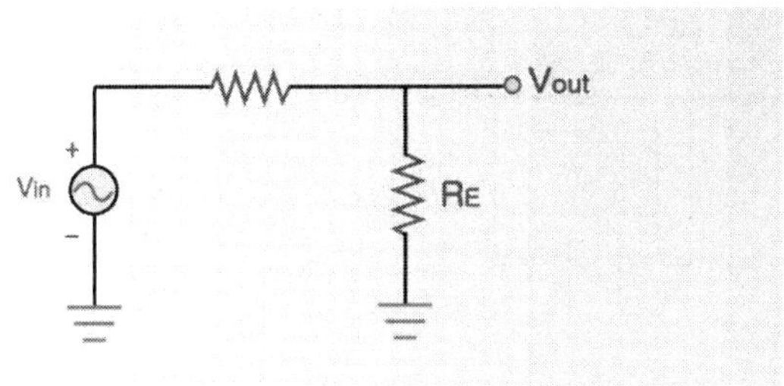

그림 2-82 ◦ 출력 등가회로

4. 전계효과 트랜지스터

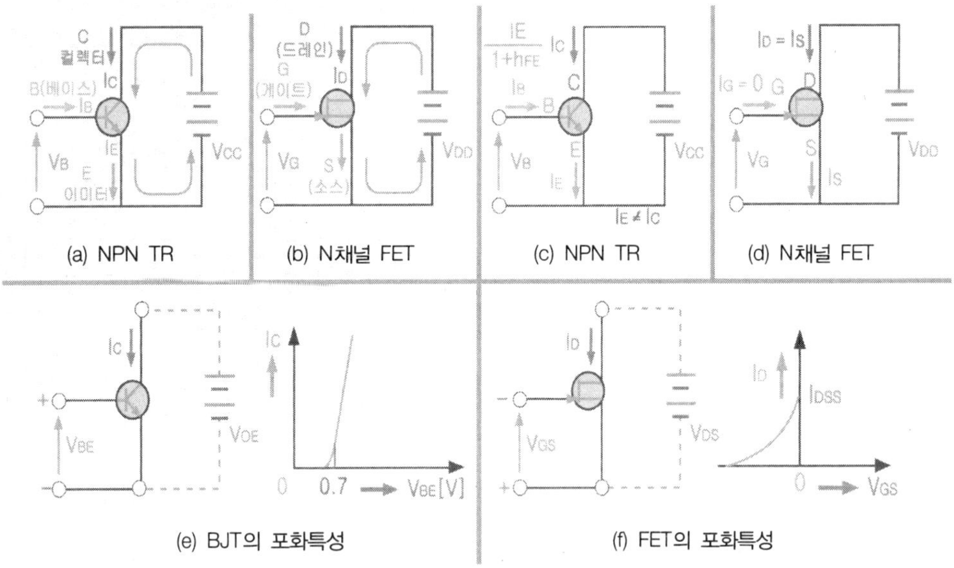

그림 2-83 ◦ BJT와 FET 동작의 비교

쌍극 접합 트랜지스터(BJT)는 베이스 전류가 컬렉터 전류의 양을 제어하는 **전류제어 소자**이다. 하지만 **전계효과 트랜지스터**(Field-Effect Transistor : FET)는 **게이트 단자의 전압이 소자를 통해 흐르는 전류의 양을 제어하는 전압제어 소자**이다. BJT와 FET를 그림 2-83과 같이 비교하면 **FET는 매우 높은 입력 임피던스를 갖는 특성**을 알 수 있다.

(1) JFET의 구조

접합형 전계효과 트랜지스터(Junction Field-Effect Transistor : JFET)는 **전계효과 트랜지스터**(FET)의 한 형태로, **게이트 전류를 흐르지 못하게 하기 위해서 접합을 역방향 바이어스로 하여** 동작시킨다.

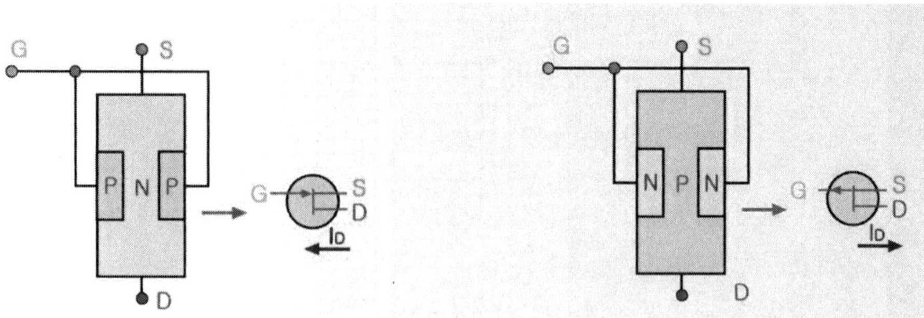

(a) P채널 JFET (b) N채널 JFET

그림 2-84 ◦ N채널과 P채널 JFET

N채널과 P채널 JFET의 구조는 그림 2-84와 같다. 그림 2-84(b)와 같이 N채널을 기준으로 할 때 도선은 N채널의 양쪽 끝에 각각 연결되는데, 아래쪽의 단자는 자유전자가 단자로부터 빠져나가기 때문에 드레인(Drain)이라 하고, 위쪽 끝의 단자는 자유전자가 단자로부터 들어오기 때문에 소스(Source)라고 한다. 또한 두 개의 N채널 영역은 채널을 형성하기 위하여 P형 반도체 속으로 확산되며, 양쪽 N형 영역은 게이트(Gate) 도선으로 연결된다.

(2) JFET의 기본동작

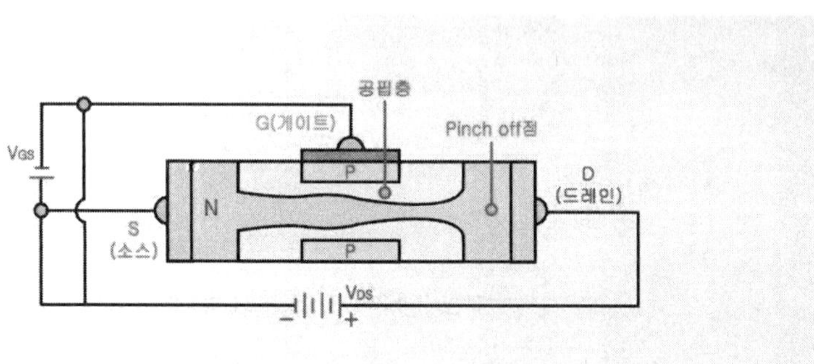

그림 2-85 ◦ JFET의 동작

그림 2-85와 같이 JFET는 동작시키기 위하여 N채널 소자에 바이어스 전압을 인가한다. V_{DS}는 $D-S$ 사이에 전압을 공급하며, 드레인에서 소스로 전류가 흐르도록 한다. 그리고 V_{GS}는 게이트와 소스 사이의 역방향 바이어스 전압을 공급한다. 게이트의 P물질 주위의 분홍색 영역은 역방향 바이어스에 의해 생긴 공핍층을 나타낸 것으로, 게이트와 드레인 사이의 역방향 바이어스 전압은 그림 2-86과 같이 게이트와 소스 사이의 역방향 바이어스 전압보다 크므로 공핍층은 채널의 드레인 끝 쪽으로 넓어진다.

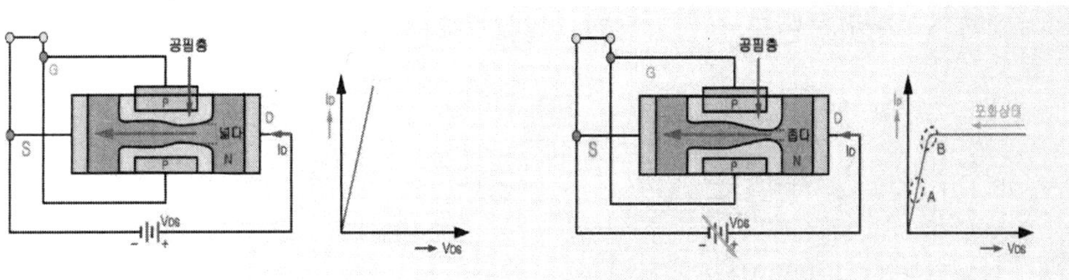

(a) $V_{GS} > V_{DS}$ (b) $V_{DS} > V_{GS}$

그림 2-86 ◦ $V_{GS}-I_D$ 특성

JFET는 $G-S$ 간의 PN접합이 항상 역방향으로 바이어스되어 동작한다.

그림 2-87과 같이 음(−)인 상태에서 $G-S$ 접합이 역방향으로 바이어스 되면 N채널에 공핍층이 증가하며 그 저항은 증가하게 된다.

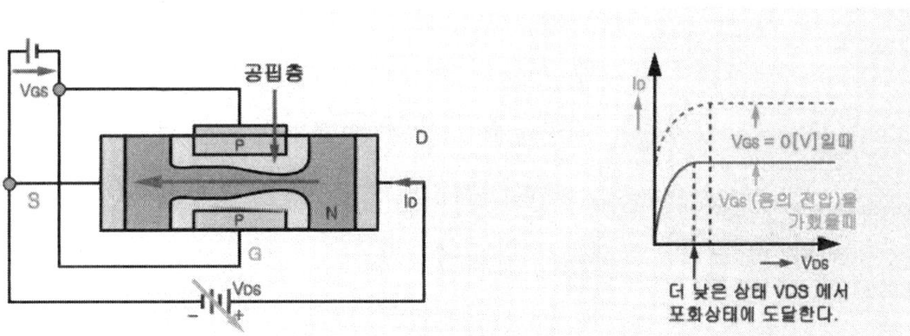

그림 2-87 ◦ $V_{GS}-I_D$ 특성

따라서 채널의 폭은 그림 2-88과 같이 게이트 전압을 변화시킴으로써 제어할 수 있기 때문에, 결과적으로 드레인 전류 I_D의 양은 그림 2-88(c)와 같이 제어할 수 있게 된다. 여기서 I_{DSS}는 드레인 전류가 도달하는 포화전류 값을 의미하며, 그리고 핀치오프는 드레인 전압이 증가해도 드레인 전류가 더 이상 증가하지 않고 포화상태를 유지하는 영역을 의미한다.

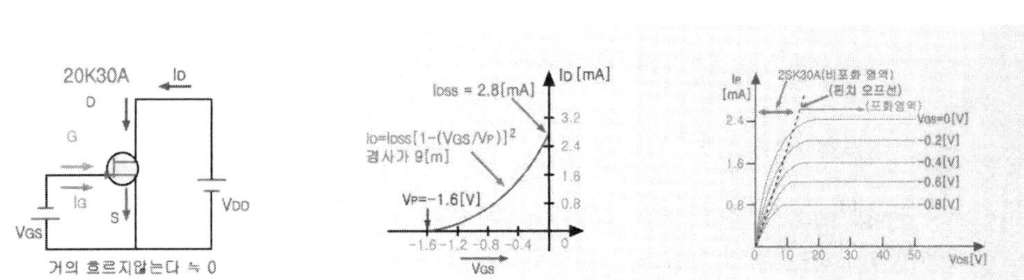

(a) JFET의 기본적인 사용법 (b) JFET의 전달특성 (c) JFET의 출력특성 곡선

그림 2-88 ◦ JFET의 기본적인 사용법 JFET의 출력특성 곡선

5. 금속산화 반도체 전계효과 트랜지스터

금속산화 반도체 전계효과 트랜지스터(Metal Oxide Semiconductor Field-Effect Transistor : MOS-FET)는 전계효과 트랜지스터의 또 다른 한 종류이다. MOS-FET는 그림 2-89와 같이 JFET와 달리 PN접합 구조를 가지고 있지 않다. 그 대신 MOS-FET의 게이트는 기본적으로 실리콘 이산화물층에 의해 채널과 절연되어 있기 때문에 게이트 전류가 매우 작다.

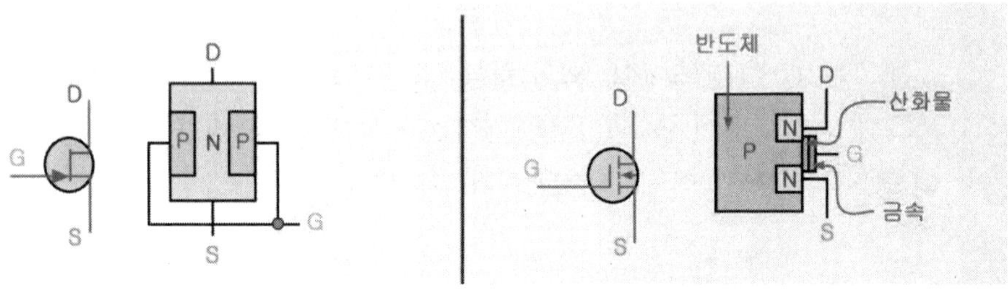

(a) JFET (b) MOS-FET

그림 2-89 ◦ 접합형 FET와 MOS형 FET의 비교

MOS-FET는 그림 2-90과 같이 증진형(Enhancement : E) MOS-FET와 공핍형(Depletion : D) MOS-FET의 두 가지로 나눌 수 있다.

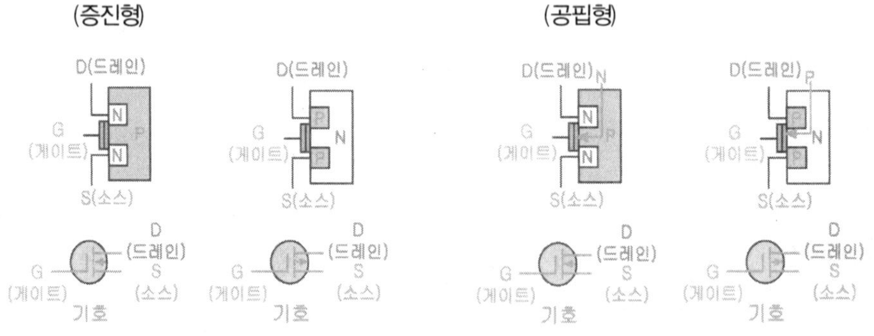

(a) N채널 MOS-FET (b) P채널 MOS-FET (c) N채널 MOS-FET (d) P채널 MOS-FET

그림 2-90 ◦ MOS-FET의 종류 및 기호

(1) 공핍형 MOS-FET

공핍형 N채널 MOS-FET의 구조는 그림 2-91(a)와 같다. P형 영역은 기판이라고 하며, 드레인과 소스는 기저층 반도체 속으로 확산되어 절연된 게이트에 인접한 좁은 채널에 의해 연결된다. 자유전자는 소스로부터 드레인 영역까지 흘러가는데, 물리적으로 채널폭을 감소시켜 전자의 흐르는 전류의 양을 조절한다.

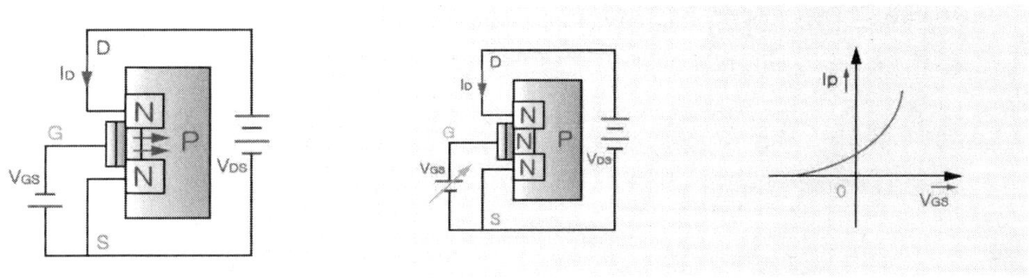

(a) 공핍형 N채널 MOS-FET의 동작 (b) 공핍형 MOS-FET의 $V_{GS}-I_D$의 특성

그림 2-91 ◦ 공핍형 N채널 MOS-FET의 동작과 공핍형 MOS-FET의 $V_{GS}-I_D$ 특성

D-MOS-FET는 공핍 모드와 증진 모드를 가지고 있는데 공핍 모드 혹은 증진 모드 두 개의 모드 중 하나로 동작하므로, 이를 공핍/증진 MOS-FET이라고도 한다. 게이트가 채널에서 그림 2-91(b)와 같이 절연되어 있으므로 양(+) 혹은 음(−)의 어느 게이트 전압도 인가할 수 있다.

① 음(−)의 $G-S$ 전압이 인가되면 MOS-FET는 공핍 모드에서 동작하고, 채널의 폭을 줄여 드레인 전류를 작게 만든다.
② 양(+)의 $G-S$ 전압이 인가되면 증진 모드에서 동작한다. 채널을 통해서 흐르는 자유전자의 개수를 증가시키고 드레인 전류가 많아진다.

(2) 증진형 MOS-FET

증진형 MOS-FET(E-MOS-FET)는 그림 2-92(a)에서 볼 수 있듯이 기저층이 실리콘 이산화물층까지 완전히 확장되어 있어 증진 모드에서만 동작하고, 공핍 모드 동작은 없다.

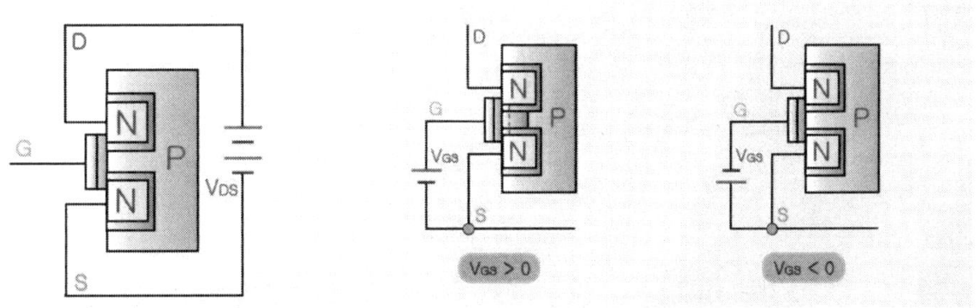

(a) 증진형 MOS-FET의 동작 (b) V_{GS}에 의한 MOSF-ET의 동작

그림 2-92 ◦ 증진형 MOS-FET의 동작과 V_{GS}에 의한 MOS-FET의 동작

또한 D-MOS-FET(D-Metal Oxide Semiconductor Field Effect Transistor)와는 그림 2-92(b)와 같이 그 구조가 다르며 E-MOS-FET는 물리적인 채널을 가지고 있지 않고 V_{GS}의 제어를 통해 동작을 제한한다. 또한, N채널 소자에 대해서 임계값을 넘는 게이트 전압

은 실리콘 이산화물층 근처의 기저영역에 반전층이라는 자유전자의 얇은 층을 형성하여 채널을 만든다. 그림 2-93과 같이 채널의 도전율은 $G-S$ 전압을 증가시킴으로써 증진되며, 좀 더 많은 채널로 끌어들이게 된다. 그리고 임계전압 이하에서는 채널이 형성되지 않는다.

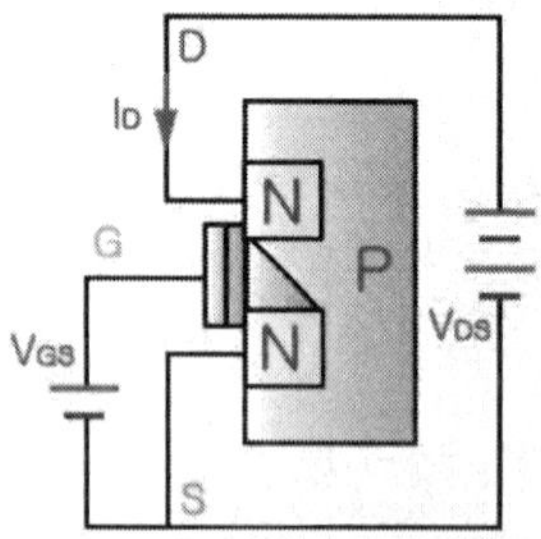

(a) $V_{DS}-I_D$ 등가회로

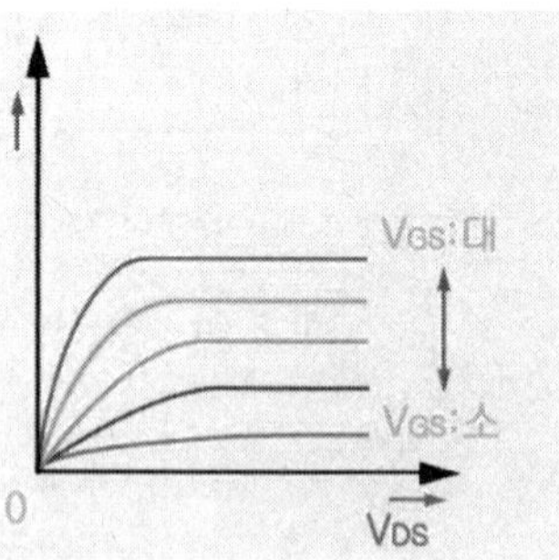

(b) $V_{DS}-I_D$ 특성곡선

그림 2-93 • $V_{DS}-I_D$ 특성곡선

6. 사이리스터

사이리스터(thyristor)는 4층 구조를 갖는 반도체 소자로 래치 동작을 발생시키고, 내부 궤환에 사용된다. SCR, SSS, TRIAC, SBS, GTO 등의 스위칭 소자를 총칭하는 사이리스터는 표 2-4와 같이 많은 종류가 있으며, 그 중에서 SCR은 사이리스터의 대명사로 불릴 정도로 대표적인 것이다. 또한 사이리스터는 BJT나 FET와 달리 오직 스위치 소자로만 사용된다.

표 2-4 • 사이리스터의 종류

방향성	단자수	명칭(상품명)	기 호	트리거 방법	전력용	트리거용	용 도
단일방향성	3	실리콘 제어 정류소자 : SCR	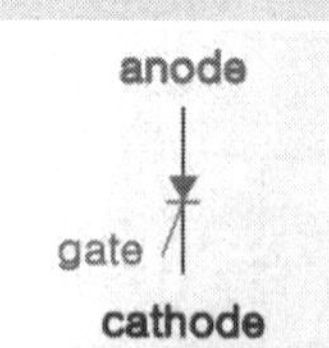	게이트 신호	○		위상제어 정지 스위치 인버터, 초퍼
	3	실리콘 단일 방향소자 : SUS, PUT	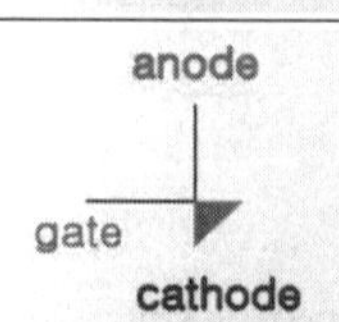	게이트 신호 또는 브레이크 오버전압 초과		○	타이머 회로 트리거 회로
	4	실리콘 제어 스위치 : SCS	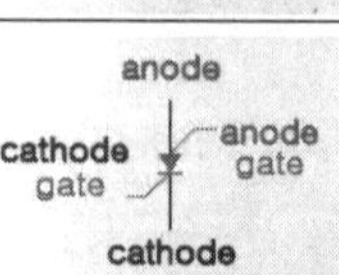	어느 한쪽의 게이트 신호	○	○	조광기, 트리거 회로, 카운터 제어 회로

〈표 2-4〉 계속

방향성	단자수	명칭(상품명)	기 호	트리거 방법	전력용	트리거용	용 도
쌍방향성	2	Biswitch 트리거 다이오드, DIAC, SSS, SIDAC, BIAC	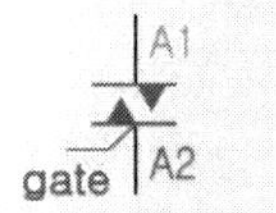	브레이크 오버 전압 초과	○	○	AC위상제어 트리거 회로 과전압 보호
	3	TRIAC FLS	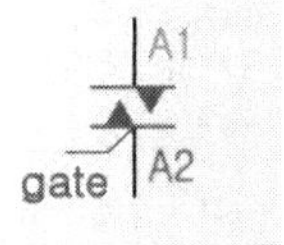	게이트 신호 또는 브레이크 오버 전압 초과	○		교류 스위치 위상제어
	3	실리콘 쌍방향 스위치 : SBS	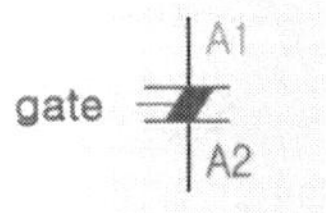	위와 같음		○	트리거 회로 과전압 보호

(1) PNPN 소자

SCR의 동작원리를 알기 위해서는 먼저 PNPN 소자에 대해서 알아야 한다. PNPN 소자는 그림 2 94(a)와 같이 4개의 층을 가진 실리콘 소자에서는 전지의 극성을 어떻게 접속해도 3개의 접합 중 하나 또는 둘이 역방향 바이어스되므로 전류가 흐르지 않는 특성이 있으며, 그 기호는 그림 2-94(b)와 같다. PNPN 소자의 동작을 이해하기 위해서는 그림 2-94(c)의 왼쪽 반은 PNP, 오른쪽 반은 NPN 트랜지스터인 등가 구조를 알아야 하며, 다시 이 구조를 등가회로로 나타내면 그림 2-94(d)와 같은 래치 회로가 된다.

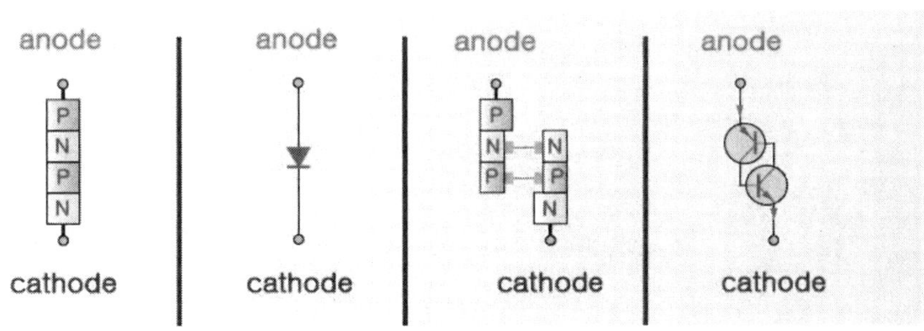

(a) 4층 다이오드　(b) 기호　(c) 등가구조　(d) 래치 회로

그림 2-94 ◦ PNPN 소자

1) 래치 회로

래치 회로란 어떤 베이스든지 간에 순방향 바이어스를 적용하는 것으로, 트리거링 방법과 V_{CC}를 인가하여 래치를 단락시키는데 사용된다. PNPN 소자는 트리거 입력이 없기 때문에 단락을 시키기 위해서는 항복효과를 이용하는데 이것은 래치 회로를 개방시키기

위해 사용되는 것으로 래치 전류를 낮은 크기로 감소시켜 래치 회로를 개방하는 저전류 중단방법과 역바이어스 트리거링 방법이 있다.

2) PNPN 소자의 특징

전지를 순방향으로 접속했을 때는 중앙의 접합면이 역방향 바이어스되는데, 이때 순방향으로 바이어스된 첫 번째 접합을 통해 약간의 전류를 흘려주게 되면 전류의 대부분이 역방향 바이어스되어 두 번째의 접합을 통하여 흐르게 되고, 다시 옆쪽에 있는 순방향으로 바이어스된 접합을 통해서 흐르게 된다. 이때 순방향 바이어스된 두 번째의 접합을 통해서 흐르는 전류는 역방향 바이어스된 접합에 의해 많은 전류를 발생시키는데, 이 전류는 외부회로에 의해서 제한되는 값까지 급속히 증대된다.

이와 같이 PNPN 소자를 4층 다이오드 또는 4층 스위치라고도 하며, 역방향 특성은 다이오드의 경우와 거의 같지만 순방향 특성은 스위치가 직렬로 들어간 것처럼 동작한다.

(2) SCR

SCR(Silicon Controlled Rectifier)은 그림 2-95(a)와 같이 PNPN 구조에 캐소드 옆의 P층에 제어용 전극인 게이트를 추가한 것으로 게이트에 작은 전류를 흘리면 도통(on)하고 순방향 전류가 I_H(최대유지전류) 이상이면 도통(on)상태를 계속 유지한다.

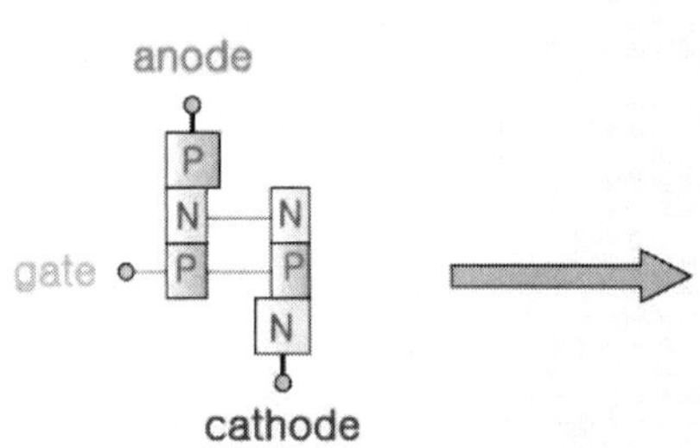

(a) SCR의 구조

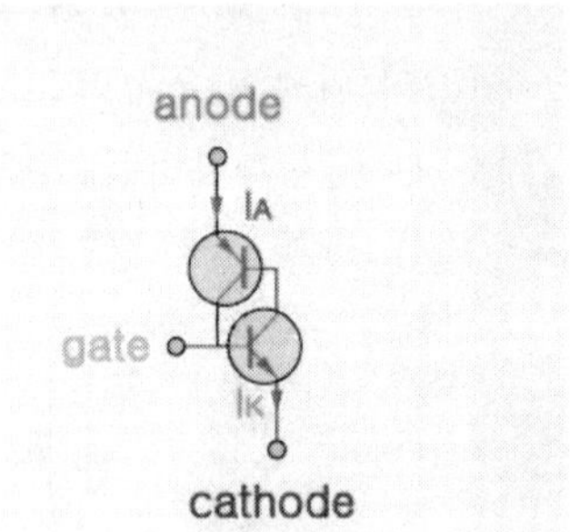

(b) SCR의 등가회로

그림 2-95 ∙ SCR의 구조와 등가회로

SCR의 주요한 특성은 그림 2-95(b)의 등가회로에서 알 수 있듯 게이트에서 캐소드로 작은 전류를 흘림으로써 off 상태에서 on 상태로 하여 정류기로서 동작시키는 것이다. 이것을 다시 off 상태로 하려면 게이트에서 캐소드로 흐르는 전류를 최대 유지전류 I_H 이하로 하여야 한다. 하지만 이때 게이트 전류를 차단하면 SCR은 off 상태로 되지 않는다. 이와 같이 게이트 전류는 애노드 전류를 증가시키는 데 충분한 시간(저항 부하회로에서는 5[μs])이 필요하다. 위상제어의 원리는 그림 2-96과 같다.

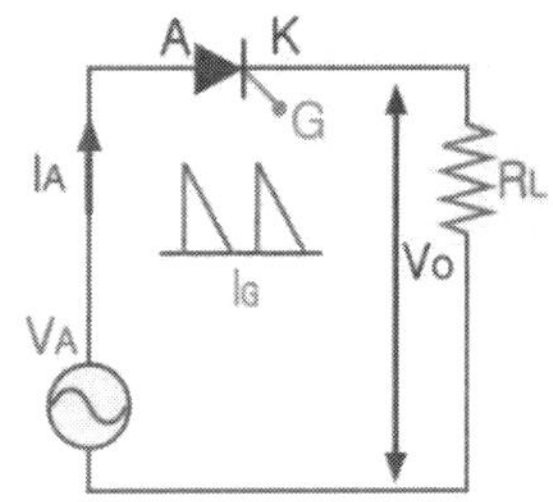

(a) SCR의 교류 위상제어회로

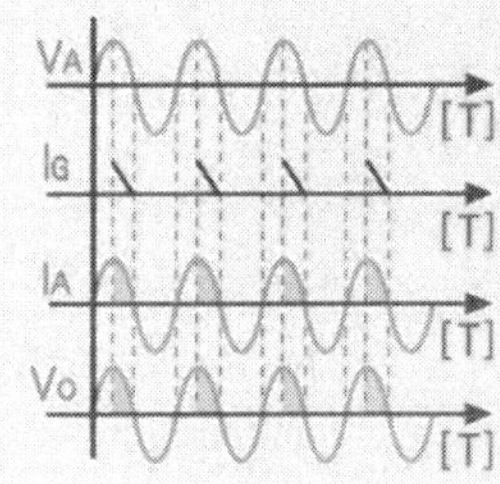

(b) SCR의 각 단자 파형

그림 2-96 ◦ SCR 교류 위상제어회로와 SCR의 각 단자 파형

V_A는 교류전원이므로 부하에는 SCR을 통해 반파 정류된 전류가 흐르게 된다. 즉 교류이므로 1[Hz]마다 트리거해 주어야 한다. 하지만 같은 전원에서 위상제어를 통해 V_A보다 θ_1, θ_2, …로 임의의 지연을 가진 위상의 전압을 보내주고, 펄스화하여 트리거해 주면 θ_1, θ_2의 지연각 이하의 부분만이 도통하게 된다. 위상제어를 통해 각 θ를 0[°]에서 180[°]까지 변화시키면 부하전류는 최대에서 0[°]까지 변화시킬 수 있다. SCR을 Turn-on시키는 방법은 표 2-5와 같으며, Turn-on시키는 방법에서 ⓑ~ⓔ는 강제적인 방법으로 소자를 파괴할 수 있으므로 되도록이면 사용하지 않는 것이 좋다.

표 2-5 ◦ SCR을 턴 온 및 턴 오프시키는 방법

SCR을 턴 온시키는 방법	SCR을 턴 오프시키는 방법
ⓐ (+)의 게이트 전류 펄스를 인가한다.	ⓐ 전류를 바이패스한다.
ⓑ 브레이크 오버 전압보다 큰 애노드 전압을 인가한다.	ⓑ 순방향 애노드 전류를 유지전류 이하가 되게 한다.
ⓒ 애노드와 캐소드 간의 전압상승률 $\frac{dv}{dt}$이 규격 이상이 되게 한다(충전전류의 증가).	ⓒ 애노드와 캐소드 간의 전압상승률 $\frac{dv}{dt}$이 규격 이하가 되게 한다(충전전류의 감소).
ⓓ 접합면에 허용온도 이상을 인가한다.	ⓓ 역전압을 인가한다.
ⓔ 접합면 내부에 빛을 조사한다.	ⓔ 전류를 끊는다.

(3) LA SCR

LA SCR(Light Actived SCR : 광활성 SCR)은 포토 SCR 또는 광여기 SCR이라고도 하며 포토트랜지스터와 마찬가지로 SCR의 펠릿에 빛이 들어가도록 케이스에 창을 뚫은 구조이다. 그림 2-97과 같이 게이트 전극도 있으므로 보통의 SCR과 마찬가지로 게이트에 전류를 흘려 트리거할 수도 있고 빛으로 트리거할 수도 있다.

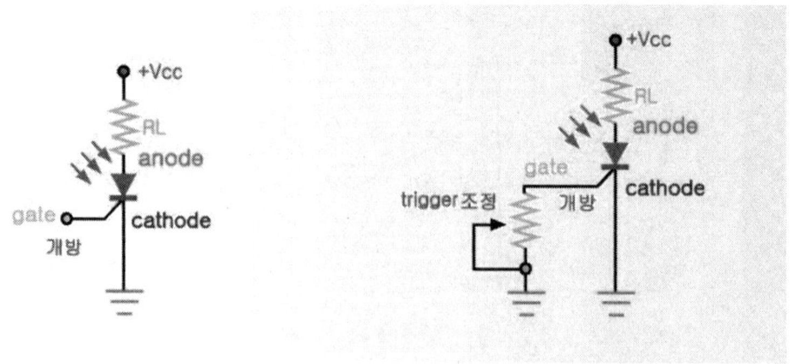

(a) LA SCR (b) 빛에 대한 감도조절

그림 2-97 • LA SCR의 회로

(4) GTO

SCR은 일단 on하면 애노드 전압을 0 또는 0에 가깝게 하여 유지전류 이하로 하지 않으면, off되지 않는다. 만일 게이트에 (−)의 전압을 가했을 때 on한 SCR이 off로 된다고 하면 매우 편리한데, 이러한 SCR을 GTO(Gate Turn-Off) SCR 또는 GTS라고 하며 구조 및 등가회로는 그림 2-98과 같다.

SCR에 비해 개선된 스위칭 특성을 가지고 있는데, Turn-On 시간은 SCR과 비슷하지만 Turn-Off 시간은 SCR의 일반적인 Turn-Off 시간에 비해 매우 짧기 때문에 고속 스위칭 회로에 사용된다.

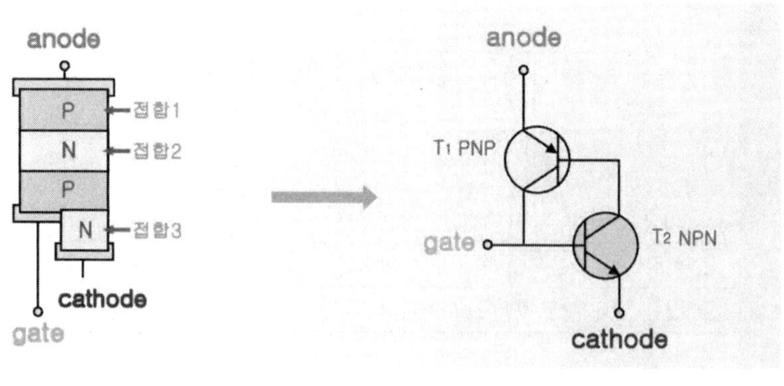

(a) GTO의 구조 (b) GTO의 등가회로

그림 2-98 • GTO의 구조 및 등가회로

(5) PUT

PUT의 구조 및 기호를 그림 2-99에 나타내었다. PUT(Programmable Unijunction Transistor)는 UJT와 비교하여 동일 평면상의 플레이너형 N게이트 SCR 소자로서, RBB,

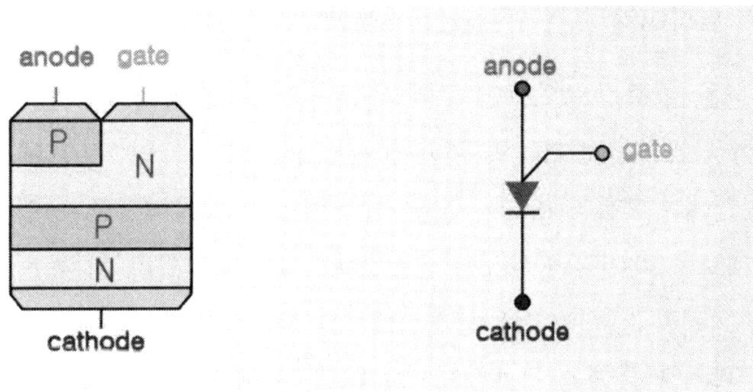

(a) PUT의 구조 (b) PUT의 기호

그림 2-99 ◦ PUT의 구조 및 기호

η , IP, IV를 광범위하게 조정할 수 있는 트리거 소자이다. 누설전류가 적고 게이트 감도가 높고 미소 전력의 동작이 가능하고 출력 펄스의 상승이 빠르고 값이 싸다는 등의 이점이 있다.

(6) SBS

SBS(Silicon Bilateral Switch)는 다이액과 마찬가지로 쌍방향성 게이트 트리거 소자로서 교류회로에 전용으로 사용된다. SCR과 제너 다이오드 2중 구조는 그림 2-100(a), (b)와 같이 구성되는데, Anode1과 Anode2간에 가해진 전압이 (c)와 같이 제너 다이오드의 제너 전압 이상이 되면 한쪽 SCR이 on되며, Anode1과 Anode2 간의 전압이 제너 다이오드의 제너 전압 이하가 되면 다른 쪽 SCR이 on된다.

SBS와 같은 원리로 동작하는 SUS(Silicon Unilateral Switch)는 이 SBS의 한쪽 조합만을 가진 것으로 SBS가 쌍방향성인데 비해서 SUS는 단일 방향성이다.

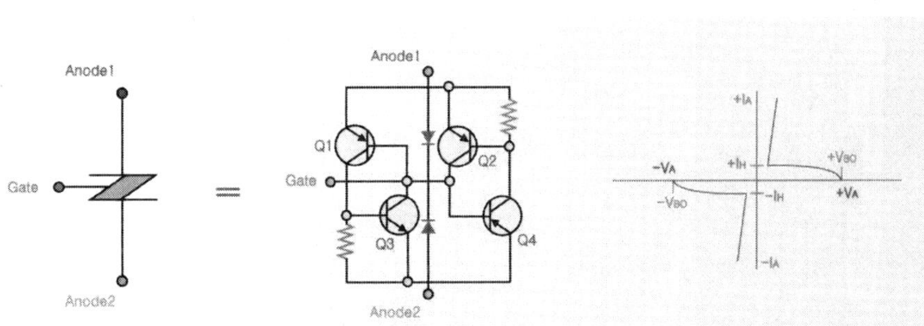

(a) SBS의 기호 (b) SBS의 등가회로 (c) SBS의 특성곡선

그림 2-100 ◦ SBS의 기호와 등가회로

(7) 트라이액

SCR은 한쪽 방향으로만 도통하므로 교류의 반파에서만 동작하지만 트라이액(TRIAC)은 양방향성 소자로써 교류의 전파제어가 가능하다. 그림 2-101에서 Anode1과 Anode2 사이의 영역에는 2개의 PNPN 스위치가 서로 반대방향으로 평행으로 배치되어 있다.

그러므로 게이트와 애노드 사이에서 어느 방향으로 작은 전류를 흘려도 트리거시킬 수 있다. 이러한 원리를 이용하면 그림 2-101(d)와 같은 이상적인 트라이액을 만들 수 있지만 실제로 사용할 경우 약간의 오차가 있다. 하지만 제어회로가 간단하고 교류전력의 제어에 적합하여 널리 이용되고 있다.

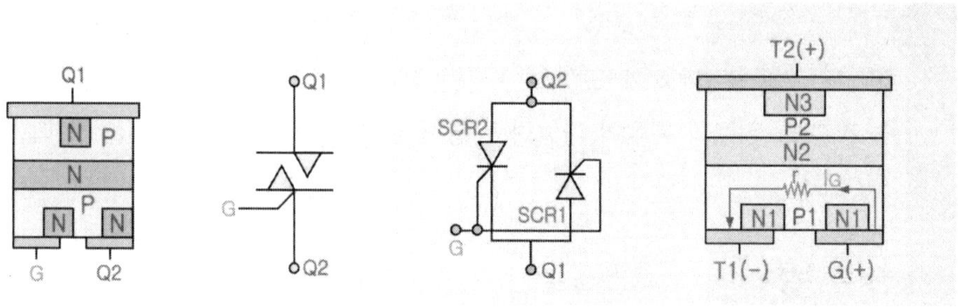

(a) TRIAC의 구조 (b) 기호 (c) TRIAC의 등가회로 (d) 이상적인 전원공급법

그림 2-101 ◦ TRIAC의 구조, 기호 및 등가회로 및 이상적인 전원공급법

(8) 다이액

그림 2-102와 같이 두 개의 PNPN 다이오드를 역방향으로 병렬결합시킨 것으로, DIAC는 2극(diode)의 교류 스위치라는 의미에서 붙여진 명칭이다. 다이액(DIAC)을 SSS라고도 하는데, 쌍방향성 2단자 사이리스터를 이용하여 교류전원으로부터 직접 트리거 펄스를 얻는 회로에 사용된다.

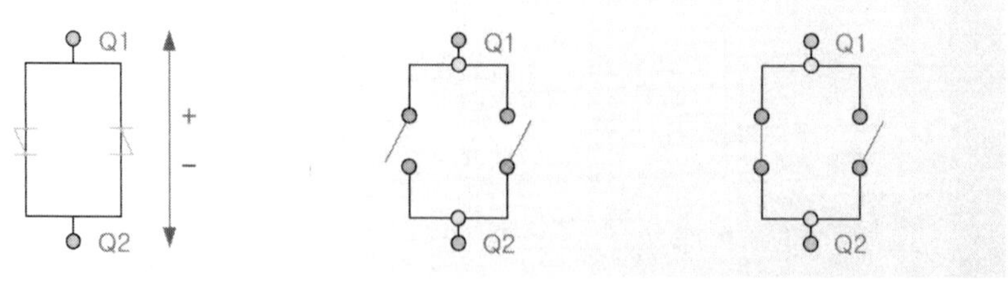

(a) 병렬 역접속 4층 (b) 등가회로 (c) 좌측 래치의 단락

그림 2-102 ◦ 다이액(DIAC)의 등가회로

(a) 다이액 실물과 기호 (b) 다이액 특성곡선

그림 2-103 • 다이액(DIAC)의 실물과 기호 및 특성곡선

그림 2-103과 같이 다이액은 TRIAC 제어소자로서, 일정한 브레이크 오버 전압은 일반적으로 20~40[V]이지만 브레이크 오버 전압 V_{BR} 이상의 전압을 인가하면 Anode1과 Anode2 사이에 도통하게 된다. 다이액은 용도에 따라 파워용과 트리거용이 있다.

제3장 OP-Amp 회로
(OP-Amp Circuit)

01 연산증폭기(OP-Amp)

1. 연산증폭기의 사용범위

연산증폭기(Operational Amplifier : OP-Amp)는 하나의 패키시 안에 여러 개의 트랜지스터와 저항으로 구성된 하나의 기능을 가진 회로이다. 연산증폭기는 매우 큰 증폭도를 갖는 차동증폭기[1](differential amplifier)로서 신호의 증폭 필터, 파형변환 등과 같은 아날로그(analog) 전자회로 구성에서 기본소자로 널리 사용된다.

표준적인 연산증폭기의 기호는 그림 3-1과 같이 2개의 입력단자와 1개의 출력단자가 있으며, 일반적인 연산증폭기는 2개의 (+)전압과 (−)전압인 직류전원을 필요로 하며, 입력단자는 반전 입력(−)과 비반전 입력(+)으로 구분되어 있다. 이러한 연산증폭기는 덧셈, 뺄셈, 적분, 미분과 같은 산술연산에 주로 사용할 수 있으며, 최근에는 미분기, 적분기, 비교기, 신호변환기, 서브제어, 통신기기, 함수발생기 등과 같이 매우 광범위한 분야에 사용된다.

부궤환[2]의 방법에 따라서 덧셈이나 적분 등의 연산기능을 갖게 할 수 있는 고이득의 직류증폭기를 연산증폭기라고 한다.

2. 연산증폭기의 동작

보통 일반적인 증폭기인 경우 입력 핀이 한 줄로 되어 있는 경우가 많지만 연산증폭기는 대부분이 두 줄의 입력 핀을 갖는 차동증폭기로 되어 있다.

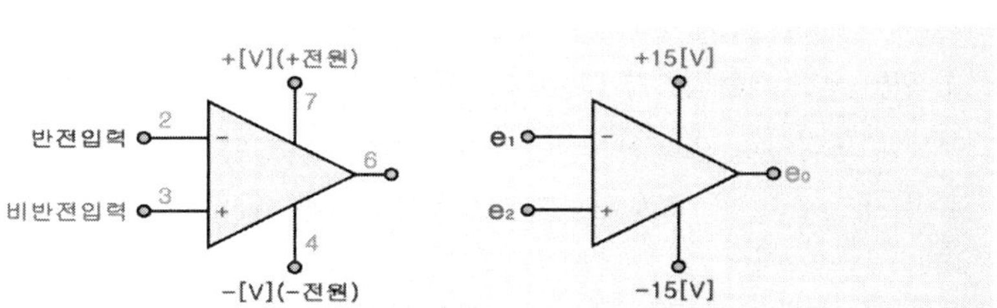

(a) 연산증폭기의 5개의 핀 (b) 각 단자의 전압

그림 3-1 • 연산증폭기의 기호

---

1) **차동증폭기** : 출력신호가 두 입력신호의 차에 비례하는 증폭기. ㉑ 연산증폭기

2) **부궤환** : 증폭기의 주파수 특성을 좋게 하고 또 잡음을 감소시키는 궤환 증폭법이다.

따라서 연산증폭기는 그림 3-1(a)와 같이 5개의 핀이 필요하다. 하지만 그 외에 외부 부가부품용, 동작상태의 조절용 등의 핀을 추가하면 6~8개의 핀을 필요로 하는 경우도 있다. 그림 3-1(b)와 같이 각 단자의 전압을 e_0, e_1, e_2라고 할 경우 식 (3-1)과 같다.

$$e_0 = A(e_2 - e_1) = -A(e_1 - e_2) \tag{3-1}$$

먼저 A는 양(+)의 수로서 연산증폭기의 전압이득 또는 차동이득이라고 하며, 이 값은 직류신호나 10[Hz] 정도의 낮은 주파수의 교류신호에 대해 10만~1000만 배 정도로 매우 크다. A는 주파수가 높아지면 작아지는데 보통 1[MHz]에서 10[MHz] 사이 정도에서 1이 된다.

연산증폭기의 출력전압인 e_0는 직류신호 또는 교류신호와는 상관없이 2개의 입력단자 사이에 가해진 e_1, e_2 전압의 차이만 증폭하는 동작을 가진 증폭기를 차동증폭기라 하며, 접지 0[V]를 기준으로 반전 또는 비반전 입력에 대한 각각의 출력을 측정시 사용한다.

반전 입력에 가해진 전압은 극성이 반대로 되어 출력에 나타나지만 비반전 입력에 가해진 전압은 동일한 극성으로 출력에 나타난다. 그러나 같은 전압의 신호를 2개의 입력단자에 가하면 출력에 아무것도 나타나지 않는다.

즉, 2개의 입력단자에 공통으로 가해지는 신호는 증폭하지 않고, 차이값에 대해서만 증폭을 한다. 하지만 실제 연산증폭기에서는 두 입력단자에 동일한 신호를 가할 경우 출력이 나타나는데 이때 동상신호에 대한 증폭도를 동상이득(common mode gain)이라고 한다. 일반적인 연산증폭기의 해석에서는 동상이득이 0인 이상적인 경우로 가정한다.

3. 이상적인 연산증폭기

연산증폭기를 알려면 먼저 연산증폭기의 이상적인 특성을 이해한다. 실제의 연산증폭기는 이상적인 특성을 갖고 있지 않지만, 이상적인 관점에서 소자를 이해하고 해석하는 것이 훨씬 쉽고 효율적이기 때문이다. 현재의 IC OP-Amp는 그 응답을 제어하기 위해 외부의 피드백 회로망을 사용하는 고이득 직류 증폭기이다. 외부의 피드백이 없으면 개루프형으로 사용된다. OP-Amp의 이상적인 특성을 설명할 수 있는 것은 바로 이 개루프형이다.

그러나 이 여섯 가지 이상적인 OP-Amp의 개루프 특성이 실제 특성과 일치하지는 않는다. 하지만 실제 응용에서 어느 정도의 오차를 무시한다면 그대로 적용시켜도 무방하다.

실제 OP-Amp의 개루프 이득이 무한대는 아니지만 보통 수십만 배의 증폭률을 가지기 때문에 1~10[V] 정도 수준의 출력을 얻으려면 입력단의 입력차 전압이 수십 [μV] 정도에서 제어되어야 한다. 하지만 실제 회로상에서 [μV] 단위의 전압은 무시되는 크기이기 때문에 보다 정밀한 출력을 얻을 수 없게 된다. 즉 선형 영역이 좁아지게 된다.

이상적인 연산증폭기의 특성은 표 3-1과 같다.

표 3-1 ◦ 이상적인 연산증폭기의 특징

연산증폭기의 특징	특징에 대한 설명
입력 임피던스(저항)가 무한대(∞)이다.	반전과 비반전 입력에 의한 각각의 입력단자로의 전류의 유입은 0이다.
출력 임피던스(저항)는 0이다.	출력단자에 최대 전압이 걸리는 것이다.
개방 전압이득이 무한대(∞)이다.	출력이 입력에 아무런 영향을 미치지 않을 때의 전압이득이다.
온도에 따라 특성이 변하지 않는다.	온도변화에 의한 전압, 전류 드리프트와 성능변화가 없어야 한다. 동작온도가 안정되어야 한다.
주파수 대역폭이 무한대(∞)이다.	모든 주파수 영역의 입력신호에 지연 없이 반응한다.
회로의 완전 평형을 유지한다. (입력전압이 0[V]일 때 출력전압은 0[V]이다.)	두 입력전압이 같으면 출력전압이 0[V]이어야 한다. 출력 오프셋 전압을 0[V]로 보정시키기 위해 요구되는 입력전압을 입력 오프셋 전압이라고 한다.

이 점을 보완하기 위해 OP-Amp 출력의 일부를 반전입력으로 되돌려 입력차의 전압을 줄이는 반전 피드백을 이용한다. 이는 출력전압을 감소시킴으로써 결과적으로 전압이득을 감소시키는 역할을 한다.

두 입력 단자 사이의 입력전압은 V_{in}으로 출력전압은 내부 전압원의 기호로 표시하며, 무한대의 입력 임피던스를 가진다는 개념을 사용하여 여러 가지 연산증폭기 결선을 해석하는 데 많이 사용된다. 그림 3-2은 이상적인 연산증폭기이다.

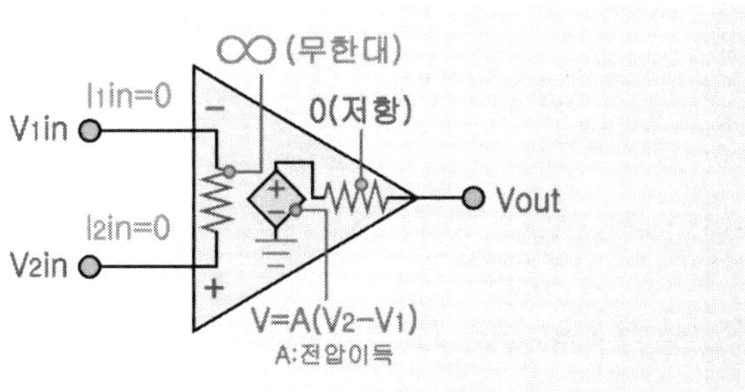

그림 3-2 ◦ 이상적인 연산증폭기

4. 연산증폭기의 역사 및 실제 연산증폭기

최초의 연산증폭기는 진공관을 이용하여 구성하였으나, 1940년대 후반의 트랜지스터가 발명되면서 반도체를 이용하여 제작하는 연구가 이루어졌다. FairChild에서 발표한 최초의 모놀리딕 IC인 uA702를 시작으로, uA702를 개량한 uA709는 IC화한 최초의 연산증폭기였다. 1970년대 이후 반도체 회로 설계기술과 IC 제조기술의 발달에 의해 다양한 종류의 연산증폭기가 각 반도체 제조회사에서 개발되었다. 최근의 IC 연산증폭기는 이상적인 연산증폭기가 갖는 여러 파라미터 값들에 가까운 값들을 갖도록 만들어지지만 실제로 이상적인 소자는 만들 수 없다. 모든 IC 소자가 그 파라미터 값에서 특정 범위의 제한을 받는 것처럼 IC 연산증폭기 역시 제한을 받게 된다.

여기서 IC 연산증폭기는 전압과 전류에 제한을 갖는데, 최대 출력값은 전원보다는 작게 제한된다. 즉, 일반적인 연산증폭기의 출력전압은 공급전원보다 2[V] 정도 작게 출력되고 출력전류도 전력소모 및 소자의 정격과 같은 내부사양에 의해서 제한된다. 연산증폭기는 높은 전압이득, 높은 입력 임피던스, 낮은 출력 임피던스, 그리고 넓은 대역폭을 갖는 특징을 갖고 있으며 의료분야인 계측장비와 같이 생체신호의 미약한 신호(수[mV])를 증폭할 때 사용되는 연산증폭기는 이 특징을 충분히 만족하는 고성능의 증폭기가 사용된다.

5. OP-Amp의 데이터

OP-Amp의 많은 특성을 이해하는 데 가장 좋은 방법은 IC 데이터 매뉴얼을 참조하는 것이다. 데이터는 보통 다음 자료를 포함한다.

① OP-Amp의 일반적인 설명
② 회로구성의 내부 등가회로
③ 소자의 핀(pin) 구성
④ 절대 최대정격
⑤ 전기적 특성
⑥ 표준 동작곡선

OP-Amp에서 다루는 중요한 파라미터들은 741형의 OP-Amp를 대표적인 예로 든다.

6. 연산증폭기의 정격 및 성능 용어

(1) 입력 바이어스 전류[3]

연산증폭기의 내부인 입력회로를 구성하는 바이폴라 트랜지스터(Bipolar Junction Transistor : BJT)의 베이스바이어스 전류 또는 소신호 증폭기(Field-Effect Transistor :

3) 입력 바이어스 전류(input bias current) : 증폭기의 첫째 단을 동작시키기 위한 증폭기의 입력에 필요한 직류전류이며 두 입력전류의 평균값이다.

FET)의 게이트 누설전류를 말하며, 소자에 따라 입력단자로 흘러 들어갈 수도 있고, 입력단자로부터 흘러나올 수도 있다. 이때 두 입력단자를 통해 흘러 들어가거나 나오는 전류의 합의 평균값을 입력 바이어스 전류라고 하는데 입력 단자전압에 대한 정확한 증폭을 방해하기도 한다.

(2) 전압이득

$\frac{\text{출력전압}}{\text{입력전압}}$으로 직류 또는 저주파 교류의 차동이득을 나타낸다. 전압이득은 증폭도를 그대로 표기하거나 [dB]로 환산하여 표기하기도 하며, 일반적으로 10^5(100[dB])에서 10^7(140[dB])의 범위값을 갖고 있다.

(3) 입력 오프셋 전압

연산증폭기의 입력을 접지에 접속하여 0[V]로 하였을 경우 출력도 0[V]를 유지해야 하지만 실제의 연산증폭기에서 차동 입력단의 베이스와 이미터 사이의 전압차 때문에 차동출력 0[V]로 하기 위해서는 입력단자 사이에 규격표에 명시된 입력 오프셋 전압의 공급이 필요하다. 따라서 실제 연산증폭기는 0[V]가 아닌 출력전압이 나타나며, 출력전압을 회로의 증폭도로 나누면 입력 오프셋(Off-set)전압을 구할 수 있다. 전압의 반대방향으로 같은 크기의 전압을 입력단자에 인가하게 되면 출력전압이 0[V]가 되어 회로는 평형상태를 유지할 수 있게 된다.

(4) 온도에 따른 입력 오프셋 전압 드리프트

온도가 1[℃] 변함에 따라 변화하는 오프셋 전압의 값이다. 일반적으로 연산증폭기의 입력 오프셋 전압이 높으면 드리프트(input off-set voltage drift)값도 높아진다.

(5) 입력 오프셋 전류

반전 입력단자와 비반전 입력단자에 흐르는 바이어스 전류에는 차이가 있다. 입력단자에 저항을 접속하면 바이어스 전류에 의한 전압강하가 입력단자에 생기게 된다. 이때 입력 오프셋 전류는 출력단자로 오프셋 전압을 발생시키는 역할을 하며 입력 오프셋 전류는 사용온도에 따라 변한다.

(6) 개방 루프 전압이득

출력에서 입력까지 외부적인 궤환이 없는 연산증폭기의 이득이다. 연산증폭기는 보통 50,000~200,000 정도의 높은 개방 루프 전압이득(open-loop voltage gain)을 갖는다.

(7) 동상신호 제거비

$20\log\frac{\text{차동이득}}{\text{동상이득}}$ 으로써 [dB]로 나타낸다. 주파수에 따라 변하며, 전압이득에 근접한 값을 가지므로 동상이득은 1에서 10 정도로 매우 작다. 연산증폭기의 (+)입력단자에 동상신호(공통 모드)를 가해도 실제로는 내부회로의 평형이 이루어지지 않기 때문에 출력 신호가 나타나게 됨으로써 오차의 원인이 된다. 동상신호의 입력전압을 V_{CM}, 출력전압을 V_o라고 하면, 동상신호 이득 A_{CM}은 식 (3-2)와 같다.

$$A_{\mathrm{CM}} = V_o / V_{\mathrm{CM}} \tag{3-2}$$

동상신호 제거비(Commom Mode Rejection Ratio : CMRR)는 동상신호이득(A_{CM})에 대한 개루프이득의 비(ratio)를 나타낸다.

(8) 이득 대역폭 곱

증폭회로에서 이득과 대역폭의 곱이며 증폭회로에서 이득과 대역폭 간에는 상반되는 성질이 있어 이득을 크게 하면 대역폭이 좁아지고, 반대로 대역폭을 넓게 하면 이득이 작아진다. 연산증폭기의 이득이 3[dB] 정도(약 0.707배) 감소하는 주파수인 차단주파수와 직류이득의 곱이다.

(9) 데시벨[dB]의 크기

$G=$ 벨의 수$=\log_{10}\frac{P_2}{P_1}$($P_1$: 입력전력, P_2 : 출력전력)으로 나타낼 수 있으며 벨은 두 전력값의 비 또는 G(전력이득)를 측정하는 데 사용되었다. 데시벨은 식 (3-3)이며 벨 단위의 $\frac{1}{10}$ 크기로서

$$G_{\mathrm{dB}} = 10\log_{10}\frac{P_2}{P_1} \tag{3-3}$$

이며 이 데시벨을 전압이득에 이용하면 식 (3-4)와 같다.

$$P_2 = \frac{V_2^2}{R_2},\ P_1 = \frac{V_1^2}{R_1},\ R_1 = R_2 \tag{3-4}$$

식 (3-4)를 다시 정리하면 식 (3-5)가 된다.

$$G_{\mathrm{dB}} = 20\log_{10}\frac{V_2}{V_1}\,[\mathrm{dB}] \tag{3-5}$$

(10) 정궤환, 부궤환

입력이 상승할 때 출력도 상승하는 회로에서 출력의 일부를 입력으로 되돌림(피드백)시킬 경우 출력을 더욱더 상승시켜 발진하게 된다. 이를 정궤환이라 하며, 반대로 입력이 상승할 때 출력이 하강하는 회로에서 되돌림(피드백)시킬 경우 출력을 감소시키는데 이를 부궤환이라 한다.

(11) 입력 임피던스(Z_i)

직류신호에 대한 값으로 입력단이 FET인 경우 $10^6 \sim 10^{14}$[Ω] 정도이고, BJT(Bipolar Junction Transister)인 경우에 500[kΩ]~1[MΩ] 정도이다.

(12) 출력 임피던스

출력 임피던스는 50[Ω]~10[kΩ] 정도이다.

(13) 드리프트

드리프드(drift)는 온도 변화에 따른 전압(혹은 전류)의 미소한 변동이다.

(14) 최대정격

IC 데이터 매뉴얼에서 나타난 최대 정격은 OP-Amp가 파손의 염려 없이 안전하게 동작할 수 있는 최대치다.

1) 공급전압(supply voltage : ± V_S)

OP-Amp에 전원으로 사용될 수 있는 최대 정(+)과 부(−)의 전압이다.

2) 내부 소비전력(internal power dissipation : P_D)

OP-Amp에 주어진 규정된 주위 온도에서 소비할 수 있는 최대 전력이다.

㉮ 500[mW], T_a<75[°C]

3) 차동 입력전압(differential input voltage : V_{id})

(+)단자 입력과 (−)단자 입력의 양단 사이에 가해질 수 있는 최대 전압이다.

4) 동상전압(common mode voltage)

입력단자들과 접지 사이에 동시에 가해질 수 있는 최대 입력전압이며 일반적으로 전원으로 공급되는 공급전압과 같다.

5) 동작온도(operating temperature : T_a)

OP-Amp가 제조회사에서 규정된 범위 내에서 동작하는 데 대한 주위 온도범위를 나타낸다. 보통 군사용(741)은 일반용(741C)보다 사용온도 영역이 넓게 설계된다.

6) 출력 단락 시의 지속시간(output short–circuit duration)

OP-Amp의 출력단자가 접지나 전원의 한 단자와 단락되어도 OP-Amp가 파괴되지 않는 시간을 나타낸다.

(15) 입력 파라미터[4)]

1) 입력 오프셋 전압(input offset voltage : V_{oi})

OP-Amp는 기본적으로 많은 반도체 소자를 집적한 IC칩이다. 가장 핵심적인 소자는 트랜지스터들이며 이들 트랜지스터 사이의 특성의 차이로 인해 반전(−), 비반전(+) 입력단을 동시에 접지와 단락하여도 내부의 미세한 전위차에 의해 결과적으로 두 입력단에 약 2[mV] 정도의 전압차를 만든다. 이를 입력 오프셋 전압이라 하며 이 전압차로 인해 결과적으로 0이 아닌 출력이 발생하는데 이것은 출력 오프셋 전압이라 한다. 이 출력전압을 0으로 만들기 위해서 입력단자 중 하나에 의도적으로 정(+) 또는 역(−) 전압을 입력 오프셋 전압만큼 인가한다. 이상적인 OP-Amp인 경우 출력전압 오프셋은 0이다.

2) 입력 바이어스 전류(input bias current : I_b)

두 입력단자를 통해 흘러 들어가는 전류의 평균값이다.

3) 입력 오프셋 전류(input offset current : 인풋 오프셋 커런트 : L_{os})

출력전압이 0일 때 두 입력단자를 통해 흐르는 전류의 차이다.

4) 입력전압 범위(input voltage range : V_{cm})

동상 입력전압의 범위로서 두 입력단자와 접지 간의 전압의 범위이다.

5) 입력저항(input resistance : Z_i)

어느 한 입력단자를 접지시켰을 경우 나머지 입력단자와 접지 간을 입력 측에서 들여다본 저항이다.

---

4) 파라미터 : 조변수(助變數) 또는 매개변수라고 한다.

(16) 동적 파라미터

1) 개루프 전압이득(open-loop voltage gain : A_{OL})

외부 피드백이 없이 OP-Amp의 입력전압에 대한 출력전압의 비이다.

2) 대신호 전압이득(large-signal voltage gain)

출력전압을 0에서 어떤 특정 전압(예 : ± 10[V])까지 변화시키는 데 필요한 입력전압의 변화에 대한 최대 전압 진폭의 비이다.

3) 슬루 레이트(Slew Rate)

단위 전압 이득($A_V = 1$)을 갖는 OP-Amp 회로의 출력전압의 시간변화율이다.

(17) 기타 파라미터

1) 공급전류

전원 공급기로부터 OP-Amp에 흐르는 전류이다.

2) 채널 분리(channel separation)

747 OP-Amp와 같이 단일 패키지 안에 1개 이상의 OP-Amp가 있는 경우, 이들 간에 어느 정도 누화량(cross talk)이 존재하게 된다. 즉 어느 한 OP-Amp의 입력신호에 의해 입력을 받지 않은 다른 OP-Amp의 출력에 영향을 줄 수 있다.

(18) 이득과 주파수 응답

실제 OP-Amp는 이상적인 OP-Amp에서와 달리 무한대의 이득과 대역폭을 갖지 않는다.

㉠ 741 OP-Amp에 대한 주파수에 따른 개루프 이득[5] A_{OL}을 나타내었다. 아주 낮은 주파수의 경우 개루프 이득은 일정하나, 약 6[Hz] 부근에서부터는 －20[dB/decade]의 비율로 감소되기 시작한다. 그래서 이득이 1(0[dB])이 될 때의 주파수를 차단주파수 f_T라 한다.

기본선형 증폭기회로에서 보이겠지만 출력신호의 일부가 OP-Amp의 입력에 피드백될 때 출력 대 입력의 비율을 폐루프 이득[6](closed loop gain) A_{CL}이라 하는데, 이는 항상 개루프 이득보다는 작게 된다. 폐루프 이득에 대한 개루프 이득의 비를 식 (3-6) 루프 이득 A_L이라 한다.

---

5) **개루프이득** : 피드백(feedback)이 안되는 루프, 즉 단위입력에 대한 루프를 따른 일순의 이득이다.

6) **폐루프 이득** : 폐루프 제어계에 있어서 그 출력단에 나타나는 전압과 입력단에 주어지는 전압의 비율이다.

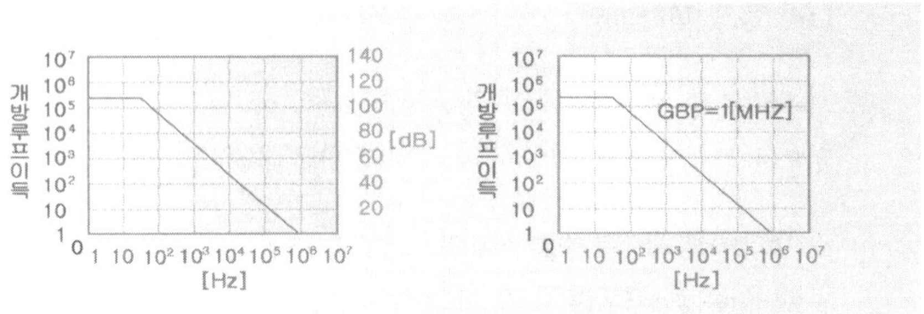

그림 3-3 ◦ 741 OP-Amp 개방 루프 이득과 741 OP-Amp에 대한 대역폭

$$A_L = \frac{A_{OL}}{A_{CL}} \tag{3-6}$$

OP-Amp의 중요한 상수로 **이득대역폭곱**(Gain-Bandwidth Product : GBP)이 있다.

그림 3-3에서 개루프 이득과 주파수의 곱은 곡선상의 어떤 점에서도 일정하게 되어 식 (3-7)과 같다.

$$\text{GBP} = A_{OL} \times \text{BW} \tag{3-7}$$

1그래프에서는 폐루프 이득곡선과 개루프 이득곡선이 만나는 점에서의 주파수의 값을 대역폭으로 한다. 실제 설계에 있어서는 주어진 주파수에서 OP-Amp의 실질이득은 개방루프 이득의 1/10~1/20의 값이 되어 왜곡없이 동작할 수 있게 된다.

㉯ 그림 3-3에서 10[kHz]에서의 폐루프 이득은 개루프 이득이 100(40[dB])이므로 5~10이 된다.

마지막으로, 스텝함수 펄스가 입력에 가해졌을 때 출력신호가 최종값의 10[%]에서 90[%]에 이르는 데 걸리는 시간을 **상승시간**(rise time)이라 하는데 이는 폐루프의 경우 명시되어 있다. 일반 전자회로 이론에 의하면, 상승시간과 OP-Amp의 대역폭 간의 관계는 식 (3-8)과 같다.

$$\text{BW} = \frac{0.35}{\text{상승시간}} \tag{3-8}$$

(19) 전원공급

보통 OP-Amp의 공급전원은 일반적으로 ±5[V]에서 ±15[V] 범위에 이르기까지의 쌍극성 전원에서 공급하도록 설계되어 있다. 이것은 한쪽은 접지에 대하여 +5~+15[V]이고, 다른 한쪽 접지에 대하여 −5~−15[V]이다. 쌍극성 전원원리는 그림 3-4와 같다.

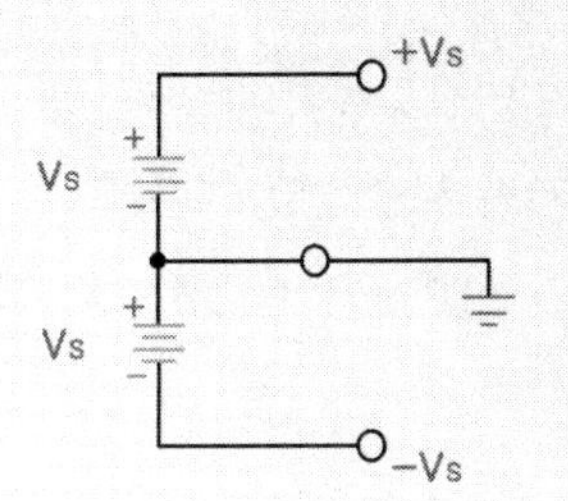

그림 3-4 ◦ 쌍극성 전원

7. 대표적인 연산증폭기의 종류

(1) 범용 연산증폭기

값이 저렴하며 쉽게 구입할 수 있으며 매우 다양한 종류의 범용 연산증폭기가 있으며 1[MHz] 내외의 이득대역폭 곱과 1[V/μs]~10[V/μs] 정도의 슬루율[7] 및 10[mV] 정도의 입력 오프셋 전압을 갖는다.

(2) 광대역 연산증폭기

단위이득 주파수가 10[MHz] 이상, 슬루율이 10[V/μs] 이상으로 높은 주파수의 신호를 증폭하는 곳에 사용된다.

(3) 계측용 연산증폭기

저주파 또는 직류특성이 뛰어난 연산증폭기로서 입력 바이어스 전류와 입력 오프셋 전압이 작고, 차동이득도 크며 온도변화에 따른 특성변화가 매우 적다. 일반적으로 차동이득과 동상신호 제거비가 매우 크지만 이득대역폭 곱은 작다. 따라서 직류 또는 낮은 주파수의 신호를 증폭 및 측정하는 장치에 주로 사용된다.

(4) 저잡음 연산증폭기

등가입력 잡음[8]이 작은 연산증폭기로서 대부분의 입력회로가 BJT로 되어 있기 때문에 입력 바이어스 전류가 큰 편이다. 주로 고성능 음향기기나 미소신호의 증폭에 사용된다.

---

7) **슬루율** : 입력신호에 대한 출력의 응답속도를 말하는 것으로 단위는 [V/μs]로서 출력전압이 신호의 변화를 따라갈 수 있는 능력을 의미한다.

8) **등가입력 잡음** : 검출기로부터의 잡음을 단위 대역폭에 한정시켰을 때 S/N 비가 1이 되는 단위면적당의 입력광 파워, 즉 단위면적당의 NEP이다. 단위는 [W/m^2 · $Hz^{1/2}$]

(5) 저입력 전류 연산증폭기

전하량을 측정하는 경우 연산증폭기의 입력 바이어스 전류가 오차의 원인이 되며, 측정대상이 높은 임피던스 저전류 출력일 경우에도 바이어스 전류가 신호전류보다 충분히 작아야 하는데, 증폭기내의 전계효과 트랜지스터(FET)의 바이어스 전류가 적은 증폭기가 이때 사용된다.

(6) 대출력 연산증폭기

출력의 전류 구동능력이 수[A]까지 가능하다.

(7) 고전압 연산증폭기

수백[V]의 고전압까지 증폭 가능한 증폭기이다.

(8) 저전압 연산증폭기

전지 2개의 전압 3[V]만으로도 동작하는 증폭기이다.

(9) 저전력 연산증폭기

10[μA] 정도의 작은 전류에도 동작하는 증폭기이다.

(10) 단일전원 연산증폭기

단일전원 작동이 가능하다.

8. 동상신호 제거비

연산증폭기는 양(+) 입력에 같은 극성일 경우 원하지 않는 신호(잡음)가 발생하지만 차동증폭기에 의해서 제거되어 출력에 나타나지 않게 된다. 이러한 동상신호를 제거하는 증폭기의 능력을 동상신호(공통 모드) 제거비(common-mode rejection ratio)라 하는 파라미터로 나타낸다. 이상적인 차동증폭기에서는 원하는 신호에 대해서는 매우 높은 이득을 가지지만 공통 모드 신호에 대해서는 그 이득이 0이어야 한다. 그러나 실제의 차동증폭기는 매우 작은 공통 모드 이득과 큰 차동 전압이득을 갖는데 공통 모드 이득에 비해서 차동이득이 크면 클수록 공통 모드 신호를 제거한다는 관점에서 차동증폭기는 더 높은 성능을 가지고 있다고 평가 받는다. 연산증폭기와 동상신호 제거비의 관계 및 동상신호의 특성은 다음과 같다.

(1) 연산증폭기

차동증폭기라고도 하는데 여기서 **차동이란 차이라는** 의미이며, 이상적인 연산증폭기의 경우 **두 입력단자에 인가된 전압의 차이만을 증폭**한다. 만약 두 입력단자의 차가 0[V]라면 출력 역시 0[V]가 된다. 그러나 실제적인 연산증폭기인 경우 증폭기 입력단자에 인가된 전압이 동상신호처럼 그 신호의 차가 0[V]인 경우에도 출력이 0[V]가 아닌 출력값이 나오게 되는데 이 정도를 **동상신호 제거비를 이용해 연산증폭기의** 성능을 구분할 수 있다.

(2) 동상신호

차동증폭기의 두 입력단자에 동시에 같은 크기로 입력되는 **전원 리플 및 전자기파 등 기타 불필요한 신호이다.**

(3) 동상신호 제거비

입력된 동상신호에 대해 차동이득을 동상이득으로 나눈 비를 의미하며 두 입력단자에 동일하게 가해진 동상신호에 영향을 받지 않는 정도를 나타낸다. **동상신호 제거비는 값이 커서 단위를 데시벨(dB)로 표시하며 동상신호 제거비가 크면 클수록 연산증폭기의 성능이 좋다.** 그림 3-5는 동상신호 제거비 관련 연산증폭기 회로도이다. A_{CM} : 동상이득, A_{DM} : 차동이득, $A_{CM} = \frac{V_{out}}{V_{in}}$, $A_{DM} = \frac{R_f}{R_1}$이므로 **동상신호 제거비는** 식 (3-9)와 같다.

$$CMRR = 20\log\frac{A_{DM}}{A_{CM}}[dB] \tag{3-9}$$

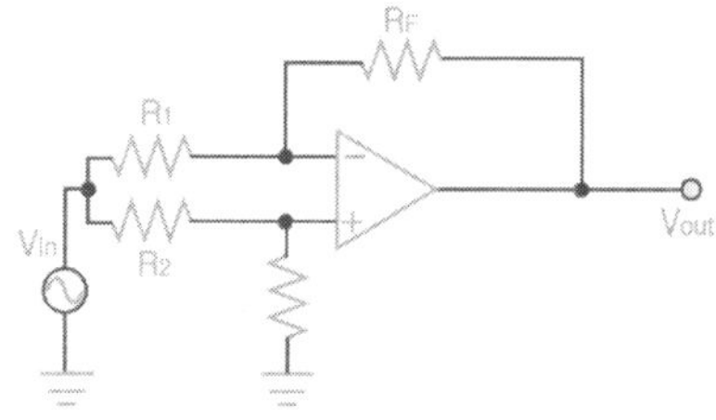

그림 3-5 ◦ 동상신호 제거비 관련 연산증폭기

(4) 공통 모드 이득

OP-Amp의 기본원리는 입력단에 가해지는 두 입력신호의 차를 증폭하는 것이다. 따라서 동일한 크기, 동일한 위상과 주파수를 갖는 신호를 양 단에 입력하면 이론상 출력은 0이 나와야 한다. 즉, 동상의 입력에 대한 이득은 0이어야 한다. 하지만 실제로는 출력단에 소량의 동상입력에 대한 출력전압이 나타나는데 이를 동상출력전압이라 한다. 동상입력전압에 대한 동상출력전압의 비를 식 (3-10)과 같이 공통 모드 이득이라 한다.

$$공통\ 모드\ 이득(A_{\mathrm{VCM}}) = \frac{동상출력전압}{동상입력전압} \tag{3-10}$$

(5) 차동이득

공통모드이득의 값이 작을수록 좋은 차동증폭기가 되며 보통 매우 작은 이득을 가진다. 이와는 반대로 동상이 아닌 차동신호에 대한 이득을 식 (3-11)과 같이 차동이득이라 한다.

$$차동이득(A_{\mathrm{VOL}}) = \frac{차동출력전압}{차동입력전압} \tag{3-11}$$

(6) 공통 모드 제거비

두 입력단자에 동시에 가해지는 공통의 신호를 거부하는 정도를 측정하는 데 쓰인다. 공통모드이득에 대한 차동이득의 비는 식 (3-12)와 같다.

$$공통\ 모드\ 제거비(\mathrm{CMRR}) = \frac{A_{\mathrm{VOL}}}{A_{\mathrm{VCM}}} = \frac{차동이득}{공통모드이득} \tag{3-12}$$

㊉ CMRR이 6×10^7이라면 동상의 신호에 대해 1배 증폭시키는 만큼 동상이 아닌 신호에 대해서는 6천만 배를 증폭시킨다는 의미이다. 보통 단위가 매우 크기 때문에 [dB](데시벨) 단위를 사용하며 이 측정은 개루프 상태에서 실시한다.

02 연산증폭기 회로(OP-Amp Circuit)

1. 비교기

연산증폭기를 비교기(comparator)로 사용하는 기본목적은 입력전압이 어떤 전압보다 큰가를 검출하기 위한 것이다. 영전위 검출기, 출력제한 비교기, 슈미트 트리거, 윈도우 비교기, 과열 검출회로 등이 포함된다.

그림 3-6의 회로는 비교기 중 가장 기본이 되는 0[V] 전위 검출기이다. 비반전 입력(+)

은 접지되어 있고, 입력신호는 반전 입력(−)에 인가된다. 개방 루프 전압이득이 매우 크기 때문에 두 입력 사이에 전위 차이가 매우 작더라도 **증폭기를 포화상태**[9]로 만들어 출력 전압이 제한값에 이르게 된다. 이러한 원리를 이용한다면 0[V] **전위 검출기에서 비반전 단자를 0이 아닌 임의의 다른 전압으로 바꾸면 그 전압을 기준으로 비교기능을 수행**할 수 있게 된다.

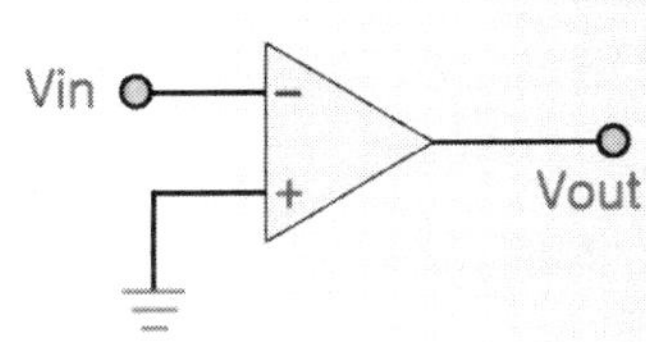

그림 3-6 ◦ 0[V] 전위 검출기의 논리회로

2. 비반전 증폭기

OP-Amp를 비반전 증폭기(noninverting Amplifier)로 구성한 것이다. 비반전 증폭기의 가장 큰 특징은 입력신호가 OP-Amp의 비반전(+) 입력단자에 가해지는 것이다.

저항 R_1은 입력요소가 되며 저항 R_2는 피드백 요소가 된다. **피드백 요소**란 OP-Amp의 출력전압의 일부를 다시 입력단자로 피드백시키기 때문에 붙여진 것이며 그림 3-7과 같이 R_2에 걸리는 출력 측의 전압의 일부가 반전(−) 입력단으로 돌아오게 된다.

즉, 비반전 단자에 입력된 전압(V_i)은 출력전압을 증가시킨다. 이는 V_i가 출력전압 증폭에 영향을 주는 것을 의미한다. 하지만 다시 이 증폭된 출력전압의 일부가 반전단자의 전압을 증가시키는데 이것을 피드백 전압이라 한다.

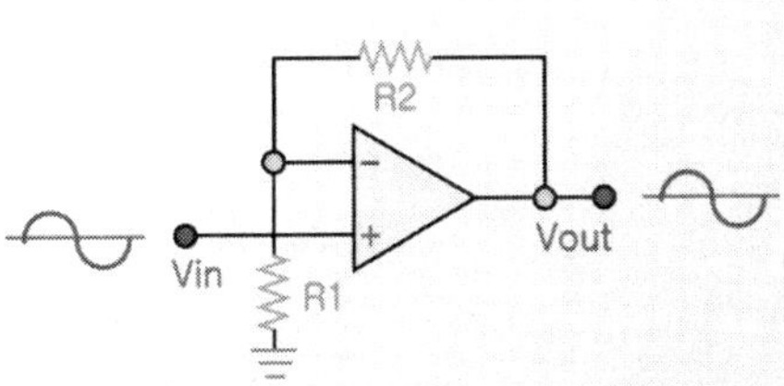

그림 3-7 ◦ 비반전 증폭기

9) **포화상태** : 더 이상 증폭도에 비례하여 **증폭하지 못하고 왜곡되는 상태**이다.

이런 작용은 두 단자의 전압차를 증폭하는 증폭기의 원리를 생각해 본다면 결국 V_i에 의한 출력전압 증폭에 영향을 감소시키는 것이다. 이러한 동작은 V_i와 반전단자 사이의 전압차가 거의 0[V](일반적으로 수 [μV] 정도)가 될 때까지 이루어지며 결과적으로 입력전압에 대한 출력전압의 이득을 감소시킨다.

출력전압에 영향을 주는 것은 비반전 단자의 입력전압이기 때문에 반전단자에 걸리는 피드백 전압은 비반전 단자의 입력전압보다는 커질 수는 없지만 거의 같아지는 직전까지 증가한다. 이러한 피드백 회로는 비록 개방 루프에 비해 전압이득은 작지만 연산증폭기의 보다 안정된 선형 특성을 얻을 수 있으며 그 이득 또한 실제 사용에서 충분히 유용한 크기이다.

비반전 증폭기에 대한 출력전압은 식 (3-13)과 같이 주어진다.

$$V_0 = \left[1 + \frac{R_2}{R_1}\right] V_i \tag{3-13}$$

전압이득(voltage gain) 혹은 입력전압에 대한 출력전압의 비는 식 (3-14)와 같다.

$$\text{전압이득} = \frac{V_o}{V_i} = 1 + \frac{R_2}{R_1} \tag{3-14}$$

비반전 증폭기의 전압이득은 R_1과 R_2에 의해 결정되며 입력신호가 OP-Amp의 비반전 입력단자에 가해지기 때문에 출력전압은 언제나 입력전압과 동위상이 된다. 교류입력을 인가하면 입력신호가 정(+)전압 주기에서는 출력전압 역시 같은 위상의 증폭된 정(+)전압이 출력되며 입력신호가 부(−)전압 주기일 때는 역시 증폭된 부(−)전압이 출력된다. 출력전압의 크기는 입력전압 크기의 $\left(1 + \frac{R_2}{R_1}\right)$배만큼 증가되어 출력된다.

개루프 이득 A_{OL}은 OP-Amp에 피드백을 걸지 않았을 때의 특성이다. 피드백이 있게 되면 폐루프 이득 A_{CL}로 되어 이 회로의 구성에 대한 전압이득은 식 (3-15)와 같다.

$$A_{CL} = 1 + \frac{R_2}{R_1} \tag{3-15}$$

루프 이득 A_L은 개루프 이득을 폐루프 이득으로 나눈 값, 즉 식 (3-16)과 같다.

$$A_L = \frac{A_{OL}}{A_{CL}} = \frac{A_{OL}}{1 + \frac{R_2}{R_1}} \tag{3-16}$$

그림 3-7 회로의 전체 출력 임피던스(Z_o)는 식 (3-17)에서 결정된다.

$$Z_o = \frac{Z_{oi}}{A_L} = Z_{oi}\left[\frac{1+\dfrac{R_2}{R_1}}{A_{OL}}\right] \tag{3-17}$$

여기서 Z_{oi}는 데이터 북에서 정해진 OP-Amp의 자체 고유 출력 임피던스이다.

비반전 증폭회로를 이해하기 위해서 741 OP-Amp가 $R_1 = 1[\text{k}\Omega]$, $R_2 = 100[\text{k}\Omega]$인 그림 3-7의 회로를 가정하면 식 (3-15)에서 전압이나 폐루프 이득은

$$A_{CL} = 1 + \frac{R_2}{R_1} = 1 + \frac{100[\text{k}\Omega]}{1[\text{k}\Omega]} = 101$$

이 된다. 741 OP-Amp의 개루프 이득은 보통 200,000이다. 식 (3-16)에서 회로의 루프 이득은,

$$A_L = \frac{A_{OL}}{A_{CL}} = \frac{200,000}{101} \simeq 2000$$

이 된다. 741 OP-Amp 고유의 출력 임피던스(Z_{oi})를 75[Ω]으로 하면 완성된 비반전 증폭기의 식 (3-17) 전체 출력 임피던스는

$$Z_o = \frac{Z_{oi}}{A_L} = \frac{75[\Omega]}{2000} = 0.04[\Omega]$$

이 된다. 비반전 증폭회로에서 피드백을 연결하면 루프 이득이 감소되고, 이와는 반대로 증폭회로의 전체 출력 임피던스는 감소된다는 것을 알 수 있다. 그러므로, OP-Amp의 최대 출력 전류 정격을 초과하지 않는 한 출력단자에 어떤 부하도 연결할 수가 있다.

실제 응용에서 피드백을 이용한 OP-Amp 회로의 출력 임피던스는 매우 미세한 값이 되기 때문에 보통 무시할 수가 있다. 그것은 외부 피드백의 효과를 증명하는 것이다.

3. 반전 증폭기

OP-Amp를 반전 증폭기(inverting amplifier)로 결선한 것이다. 그림 3-8은 입력신호를 R_1을 통해서 반전입력(−) 단자에 가하기 때문이다. R_1을 입력요소라 하고, R_2를 피드백 요소라 한다. 반전 증폭기에 대한 출력전압은 식 (3-18)과 같이 된다.

$$V_o = -\left[\frac{R_2}{R_1}\right]V_i \tag{3-18}$$

식 (3-18)에서 마이너스(−) 부호는 입력신호 전압이 정(+)으로 인가될 때 출력전압이 입력에 대해서 부(−)의 극성으로 출력됨을 의미하며 물론 그 역의 경우도 마찬가지이다.

이는 출력이 입력에 대해서 위상이 180[°] 차가 난다. 폐루프 이득은 식 (3-19)와 같다.

$$A_{CL} = \frac{V_o}{V_i} = -\frac{R_2}{R_1} \tag{3-19}$$

결과적으로 반전 증폭기의 전압이득은 1.0 이하, 1.0 이상 혹은 1.0으로 조절이 가능하며 이득의 크기는 저항 R_1과 R_2에 의해서 결정된다. 루프 이득은 식 (3-20)과 같다.

$$A_L = \frac{A_{OL}}{A_{CL}} = A_{OL}\left[\frac{R_1}{R_2}\right] \tag{3-20}$$

비반전 증폭기와는 달리 반전 증폭기의 입력 임피던스는 입력요소 R_1에 근사값에 도달하기 때문에(밀러의 정리를 이용하여) 비반전 증폭회로의 입력 임피던스보다 훨씬 적게 될 수 있다.

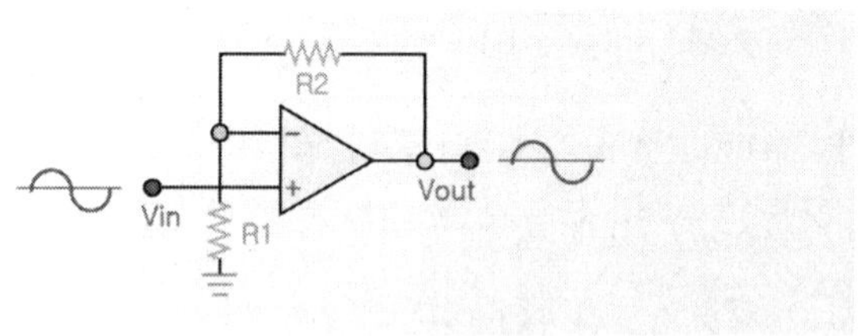

그림 3-8 ▪ 반전 증폭기

회로의 전체 출력 임피던스는 OP-Amp 고유의 출력 임피던스와 회로의 루프 이득에 의해서 결정된다. 식 (3-21)과 같다.

$$Z_o = \frac{Z_{oi}}{A_L} = Z_{oi}\left(\frac{R_1}{A_{OL}R_2}\right) \tag{3-21}$$

R_1과 R_2가 같은 입력 임피던스 값이 특별한 경우에 대해서 이득이 1.0인 반전 증폭기로 되며, 이것은 출력신호의 크기는 그대로 입력신호와 같고, 극성만 반전시킬 때 사용된다.

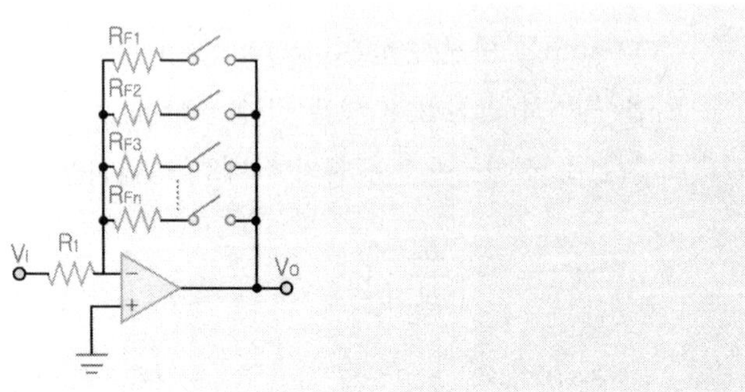

그림 3-9 ▪ 반전 증폭기의 폐루프 이득을 제어하기 위한 여러 개의 피드백 저항 연결

기본 반전 증폭기의 폐루프 이득은 그림 3-9와 같이 다른 피드백 저항을 바꿈으로써 제어할 수가 있다. 한편, 아날로그 스위치(4016 C-MOS)를 사용하면 그림 3-10과 같이 OP-Amp의 전압이득을 디지털적으로 제어할 수 있게 된다.

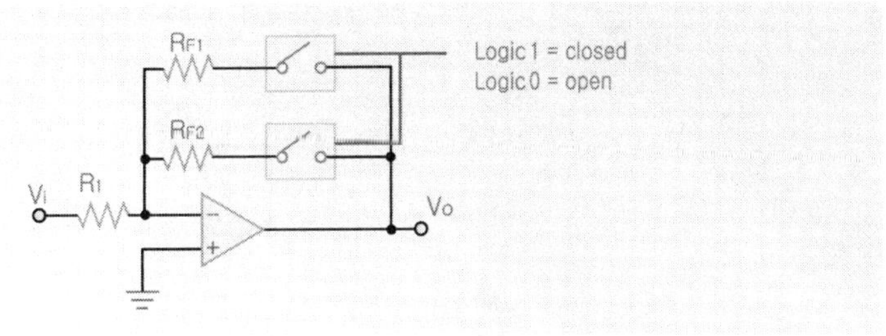

그림 3-10 • 아날로그 스위치 연결

4016 C-MOS는 on 시의 저항이 보통 300[Ω]이며, 따라서 각 폐루프에 대한 전압이득을 계산할 때는 저항 300[Ω]을 피드백 저항값으로 놓고 계산하면 된다.

만일, 4016 C-MOS의 300[Ω] 저항값이 약간 문제시되면 4066 C-MOS 스위치(on 시의 저항 80[Ω])를 사용하면 된다. 즉 원하는 저항값을 갖는 아날로그 스위치를 사용하면 된다. 아날로그 스위치는 시프트 레지스터, 카운터, 디코더 등에 의해서 제어될 수가 있다.

4. 반전 증폭기와 비반전 증폭기의 비교

반전 증폭기와 비반전 증폭기는 서로 다른 장점과 단점을 지니고 있어 이를 비교해보자면 표 3-2와 같다.

표 3-2 • 반전 증폭기와 비반전 증폭기의 비교

반전 증폭기	비반전 증폭기
위상차 180[°]	위상 동일
임피던스가 비반전 증폭기에 비해 낮음	임피던스 매우 높음
일반적 증폭회로에서 사용 안함	일반적 증폭회로에서 많이 사용
저항의 비로 설정	저항의 비로 증폭도 설정 (1 이상의 증폭도만 설정 가능)

이상적인 OP-Amp에서는 입력전압이 0일 때 출력전압이 0이 된다. 그러나 모든 상용 OP-Amp는 입력이 접지되어 있어도 출력단에 약간의 직류 출력전압값을 가지게 된다. 이 직류 출력전압을 출력 오프셋 전압이라고 한다. 직류 출력 오프셋 전압은 다음 세 가지로 나타난다.

1) 입력 바이어스 전류

입력 바이어스 전류는 OP-Amp가 적당하게 동작하도록 OP-Amp 두 입력(+, − 단자)에 가해져야 한다. 그림 3-11의 반전 증폭기의 입력 바이어스 전류는 입력신호가 없어도 입력단자의 피드백 저항을 통해서 흐르게 된다.

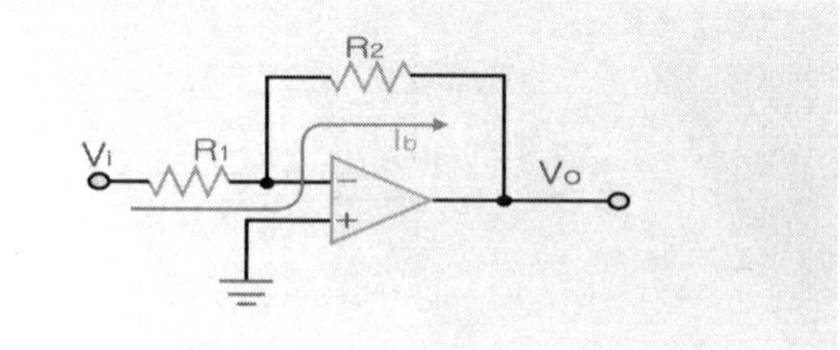

그림 3-11 ◦ 반전 증폭기에 대한 입력 바이어스 전류

2) 입력 오프셋 전류

입력 바이어스 전류의 차가 입력 오프셋 전류이다.

3) 입력 오프셋 전압

입력 오프셋 전압은 차동증폭기를 구성하는 트랜지스터의 미세한 특성 차이로 인해 발생하는데 대칭적인 트랜지스터들의 V_{BE}에 걸리는 전압의 미세한 차이가 원인이 된다. 이로 인해 두 입력단자 사이에는 원하지 않는 약 2[mV] 정도의 전압차가 발생하는데 이를 입력 오프셋 전압이라 하며 출력 오프셋 전압을 발생시킨다.

OP-Amp의 비반전 입력이 접지되었으므로 반전 피드백에 의해 반전단자 역시 가상 접지가 된다. 입력 오프셋 전류(I_{off} : 입력 바이어스 전류의 차)는 R_1과 R_2를 통해 흐르며 따라서 KVL에 의해 입력전압은 식 (3-22)와 같다.

$$V_{IN} = I_{off} R_1 \tag{3-22}$$

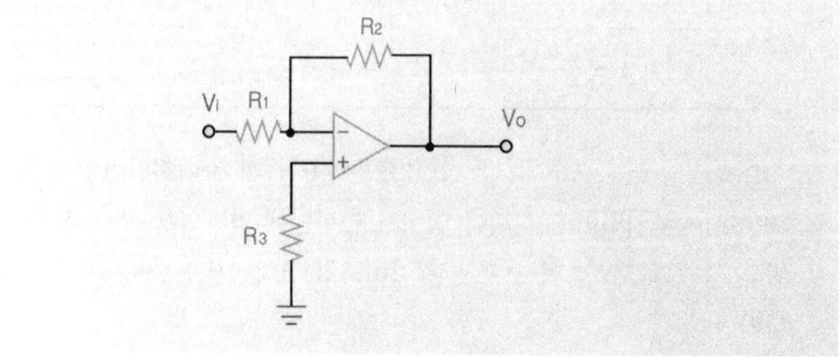

그림 3-12 ◦ 입력 바이어스 전류에 관련된 출력 오프셋 전압의 교정회로

그림 3-12의 반전 증폭기 회로에서 출력전압(V_{OS})은 입력 오프셋 전류(I_{off})의 결과로 식 (3-23)과 같이 발생된다.

$$V_{OS} = I_{off} R_2 \tag{3-23}$$

입력 바이어스 전류에 관련된 출력 오프셋 전압을 조정하는 일반적인 방법은 그림 3-13과 같이 비반전(+) 입력단자와 접지 사이에 저항 R_3를 연결한다. 연결되는 이 저항값은 R_1과 R_2를 병렬합성한 값은 식 (3-24)와 같다.

$$R_3 = \frac{R_1 R_2}{R_1 + R_2} \tag{3-24}$$

그래서 R_3의 양단 전압은 R_1과 R_2의 병렬합성 저항 양단 전압의 크기가 같고 극성이 반대가 된다. 두 전압이 크기가 같고 극성이 반대이므로 서로 상쇄된다. 그림 3-13은 두 입력단자에 흐르는 바이어스 전류가 같다. 시판되는 소자는 일반적인 OP-Amp에서 두 바이어스 전류가 정확하게 같지 않고, I_b의 값은 두 입력 바이어스 전류의 평균값이 된다. 입력 오프셋 전류 I_{OS}라는 두 바이어스 전류의 차이가 있기 때문에 직류출력 오프셋 전압이 약간 흐르게 되며, 식 (3-25)와 같이 된다.

$$V_{OS} = I_{OS} R_2 \tag{3-25}$$

출력 오프셋 전압의 또 하나의 원인은 OP-Amp의 입력 오프셋 전압에 기인하는데, 이것은 내부회로와 OP-Amp의 외부회로와의 부정합(mis-matches)에서 문제가 된다.

그림 3-13과 같이 비반전 증폭회로에 대하여 입력 오프셋 전압 V_{oi}는 이상적인 OP-Amp의 비반전(+) 입력에 직렬로 1.5[V]짜리 배터리를 연결한 것으로 표현된다. 그림 3-13의 회로에서 직류 출력 오프셋 전압은 입력 오프셋 전압의 결과 식 (3-26)과 같다.

$$V_{OS} = \left[1 + \frac{R_2}{R_1}\right] V_{oi} \tag{3-26}$$

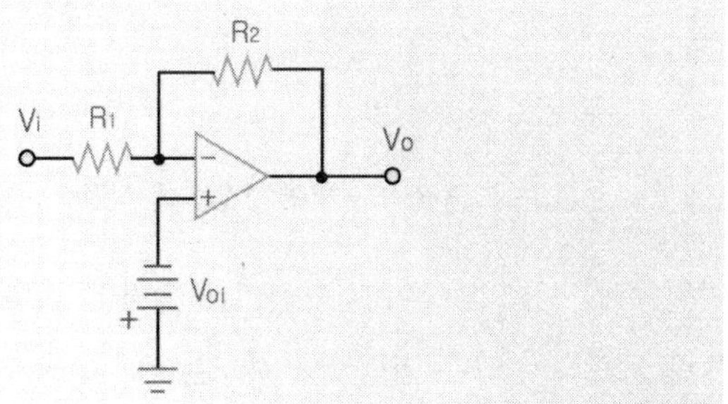

그림 3-13 ◦ 입력 오프셋 전압

저항 R_1을 접지시킨(입력전압이 0) 그림 3-14와 같은 반전 증폭기 회로를 이용하고, 741 OP-Amp에 대한 파라미터 $V_{oi} = 2\,[\text{mV}]$, $I_{OS} = 20[\text{nA}]$, $I_b = 80[\text{nA}]$들이 주어졌다. 식 (3-25)로부터 입력 바이어스 전류에 의한 출력 오프셋 전압은 다음과 같다.

$$V_{OS} = I_b R_2 = (80 \times 10^{-9}[\text{A}])(100 \times 10^3[\Omega]) = 8[\text{mV}]$$

입력 오프셋 전류에 의해서 발생되는 직류 오프셋 출력전압은 식 (3-25)와 같이 된다.

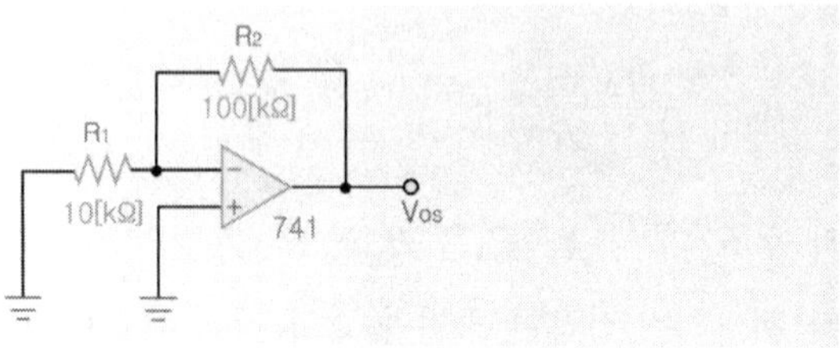

그림 3-14 • 출력 오프셋 전압의 계산

$$V_{OS} = I_{OS} R_2 = (20 \times 10^{-9}\,[\text{A}])(100 \times 10^3\,[\Omega]) = 2\,[\text{mV}]$$

또, 입력 오프셋 전압에 의해서 발생되는 직류출력 오프셋 전압은 식 (3-26)과 같다.

$$V_{OS} = \left[1 + \frac{R_2}{R_1}\right] V_{oi} = (11)\,(2\,[\text{mV}]) = 22\,[\text{mV}]$$

그림 3-14와 같이 저항 R_3를 연결하지 않으면, 직류출력 오프셋 전압은 바이어스 오프셋 전류와 입력 오프셋 전압에 영향을 주게 되며, 그것은 두 성분으로 나타나는 직류출력 오프셋 전압을 더하거나 빼는 값에 따라서 14[mV]에서 30[mV]의 범위로 된다.

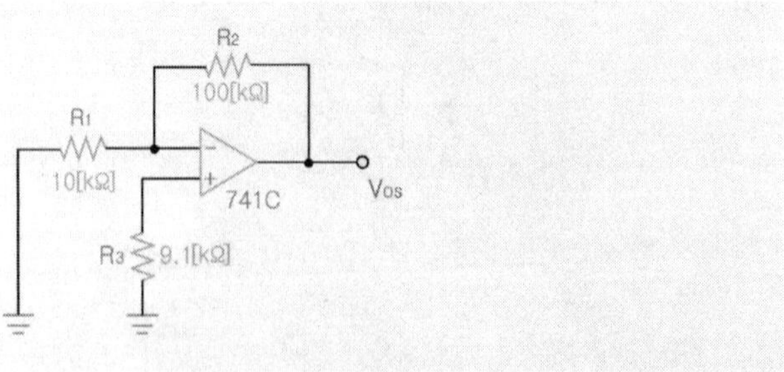

그림 3-15 • 비반전 입력에 직렬로 9.1[kΩ]의 저항을 연결한 회로

만일 그림 3-15와 같이 비반전 입력단자에 직렬로 저항 R_3를 9.1[kΩ]을 연결하면 직류출력 오프셋 전압은 입력 오프셋 전류와 입력 오프셋 전압에 영향을 주며 오프셋 전압의 범위는 20[mV]에서 24[mV]까지 된다.

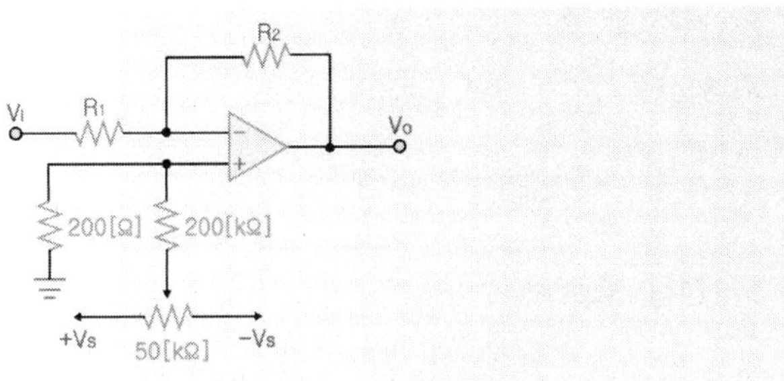

그림 3-16 ◦ 반전 증폭기의 오프셋 전압회로

입력 바이어스 전류에 관련된 직류출력 오프셋 전압에 대한 조정방법에 대하여 설명하였고, 앞에서 입력 오프셋 전압에 관련된 출력 오프셋 전압을 최소화하는 방법에 대하여 설명하면 입력 오프셋 전압에 의해서 생기는 직류출력 오프셋 전압을 조정하기 위해 그림 3-16의 회로와 같은 반전 증폭기 회로를 사용할 수가 있다. 이와 비슷하게 그림 3-17의 비반전 증폭회로를 사용할 수도 있다.

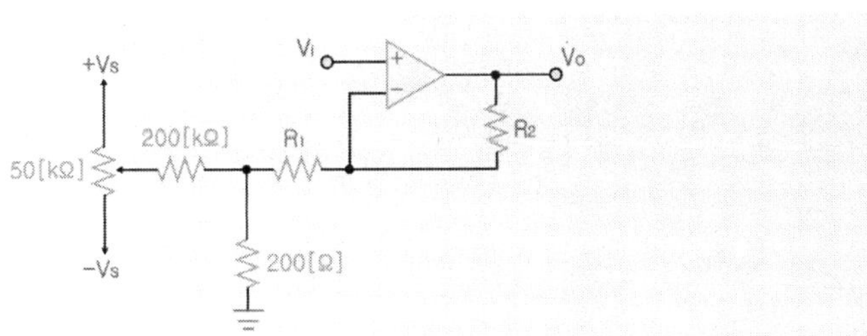

그림 3-17 ◦ 비반전 증폭기의 오프셋 전압회로

그러나 IC 741, 747, 748 기타 많은 OP-Amp 부품들은 그림 3-18과 같이 하나의 퍼텐쇼미터[10](potentiometer)를 이용해 직류출력 오프셋을 상쇄시키기 위한 장치를 마련하고 있다. 이때 퍼텐쇼미터는 입력이 접지 또는 0 전압일 때 출력전압을 0 전압이 되도록 하는 데 쓰인다.

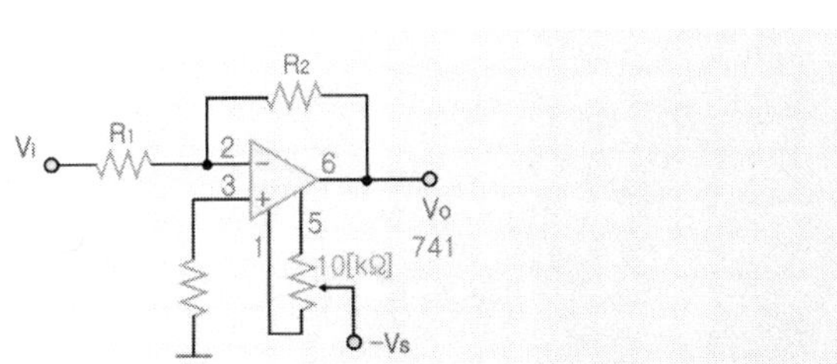

그림 3-18 ◦ 전위차계를 이용한 직류출력 오프셋 조정회로

---

10) 퍼텐쇼미터 : 하나 또는 다수의 조종용 슬라이드 접점을 가진 저항기로서 조절 가능한 전압 분배기의 기능을 하는 부품

일반적으로 오프셋을 조정하는 회로는 증폭기 회로에 대해서는 필요치 않지만 일반적으로 연산증폭기를 이용한 회로구성에 응용되는 경우가 있으므로 다른 OP-Amp 참고서를 참고한다.

5. 전압 폴로워

전압 폴로워(voltage follower)는 증폭도가 1인 증폭회로로 그림 3-19이다. 즉, 전압 폴로워 결선은 비반전 증폭기의 특수한 경우인데, 모든 출력전압이 반전 입력으로 직접 연결을 통하여 피드백되며 그 **전압이득은 1**이 된다. 전압 폴로워 결선의 가장 중요한 특성은 **매우 높은 입력 임피던스와 매우 낮은 출력 임피던스를 갖는다.**

그러므로 내부저항이 매우 높은 신호전압이 있을 때 이것을 다른 계측장비 등으로 측정 또는 전압전송시 신호원의 내부저항을 통과하면서 신호전압이 떨어져 쓸모없게 된다. 따라서 내부저항이 증폭기의 이득만큼 작아지므로 아날로그 신호전송시 신호원의 임피던스를 낮추어 신호 대 잡음비가 높게 사용되도록 쓰인다.

이러한 성질 때문에 전압 폴로워는 높은 임피던스의 전원과 낮은 임피던스의 부하를 연결해 주는 거의 이상적인 **완충(buffer) 증폭기**[11)]로 사용된다.

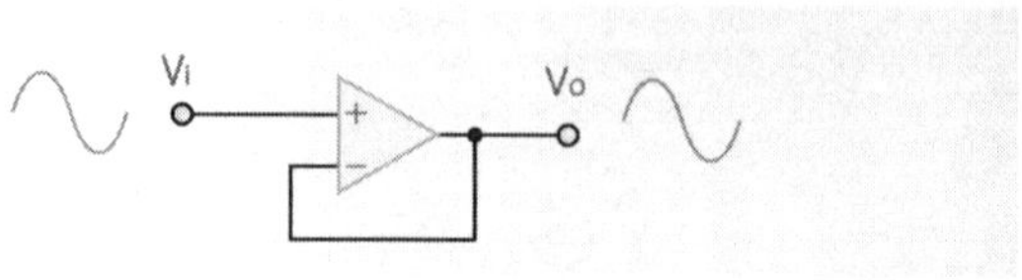

그림 3-19 ◦ 전압 폴로워 회로

피드백에 대해 생각해 보면, 출력전압 V_o은 입력전압 V_i의 영향을 받는다. 따라서 반전단자에 피드백되는 피드백 전압은 절대 입력전압 V_i보다는 커질 수가 없다. 하지만 두 단자의 전압차가 거의 0이 되는 직전까지 반전단자의 피드백 전압은 증가한다.

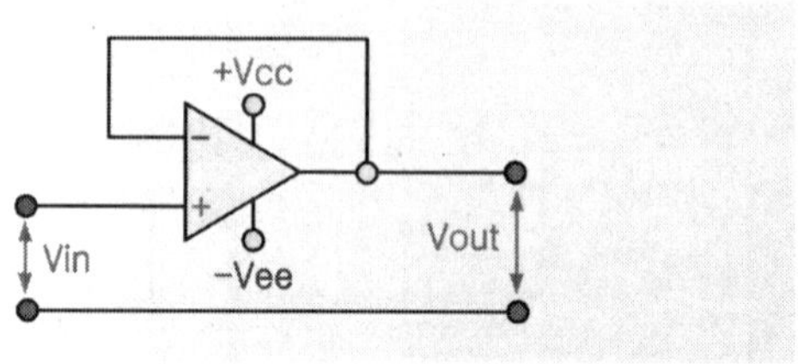

그림 3-20 ◦ 전압 폴로워의 논리회로

11) **완충증폭기**는 다음 단 증폭기의 영향으로 인해 변동하지 않도록 양자를 격리하기 위해 사용된다. 즉, 완충회로로 사용되는 증폭기이다.

따라서 그림 3-20과 같이 출력단과 반전단자가 단락된 형태이기 때문에 출력단의 전압은 결과적으로 V_i와 거의 같아질 수밖에 없다.

6. 가산 증폭기

가산 증폭기(summing amplifier)는 반전 증폭기의 변형된 형태로 볼 수 있는데 합 증폭기의 입력단자 수는 2개 이상이며, 출력전압은 모든 입력전압의 내수적 합에 대한 음의 값에 비례한다. 그림 3-21과 같이 3개의 입력저항을 동시에 OP-Amp의 반전입력 (−) 단자에 연결하고 동시에 3개의 전압을 인가하면 식 (3-27)과 같이 가해준 전압들의 합을 출력하는 가산기가 된다. 그림 3-21의 출력전압은

$$V_o = -\left[\frac{R_F}{R_1}V_1 + \frac{R_F}{R_2}V_2 + \frac{R_F}{R_3}V_3\right] = -R_F\left[\frac{V_1}{R_1} + \frac{V_2}{R_2} + \frac{V_3}{R_3}\right] \tag{3-27}$$

이며 만일, 피드백 저항 R_F와 입력저항 R_1, R_2, R_3를 모두 같게 하면 식 (3-28)과 같이 되며 이 회로의 기능을 가산연산이라고 한다.

$$V_o = -(V_1 + V_2 + V_3) \tag{3-28}$$

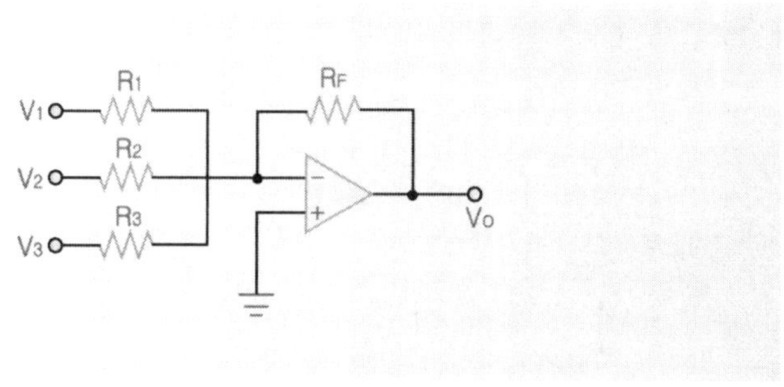

그림 3-21 ◦ 가산 증폭회로

한편, 피드백 저항 R_F 값의 크기를 입력저항($R_1 = R_2 = R_3$)보다 크게 한다면 그림 3-21의 회로는 이득을 가지는 가산 증폭회로가 된다. 이 회로의 유용한 또 하나의 회로구성은 전압을 평균하는 평균기(averager)이다. 같은 입력저항에 대한 피드백 저항의 비 $\left(R_1 = R_2 = R_3 = \frac{1}{3}R_F\right)$를 적절하게 선택함으로써 전체 입력저항의 합을 평균하는 값으로 할 수 있다.

㉮ [그림 3-21]의 회로에서 세 입력의 평균은 식 (3-29)와 같다.

$$\text{평균치}(V_o) = \frac{-(V_1 + V_2 + V_3)}{3} \tag{3-29}$$

두 입력전압의 평균을 구하는 회로를 설계한다. 그림 3-22는 단지 두 입력이라는 것을 제외하고는 그림 3-23과 같은 회로가 된다. 이들 두 입력의 평균을 구하기 위해 두 개의 같은 입력저항 R_1과 R_2의 값은 피드백저항 R_F의 2배로 취해야 한다. 만일 R_1과 R_2가 20[kΩ]이라면 R_F는 10[kΩ]을 선택한다. 식 (3-27)을 이용하면

$$V_o = -R_F\left[\frac{V_1}{R_1} + \frac{V_2}{R_2}\right]$$

$$V_o = -(10[\text{k}\Omega])\left[\frac{V_1}{20[\text{k}\Omega]} + \frac{V_2}{20[\text{k}\Omega]}\right] = -\left[\frac{V_1 + V_2}{2}\right]$$

가 된다. 또, (−)부호는 두 입력신호의 평균에 대하여 출력신호가 반대의 극성이 된다.

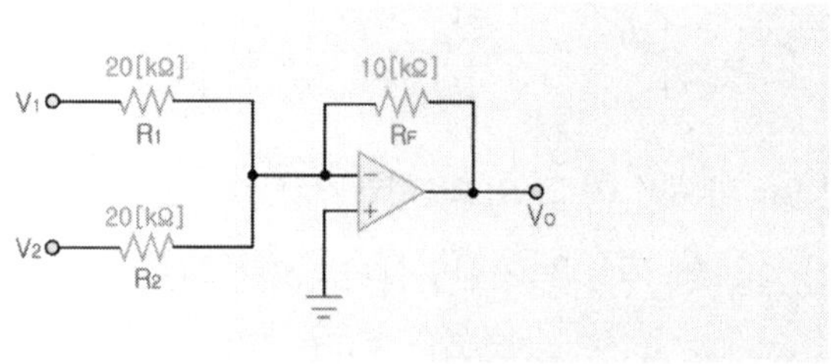

그림 3-22 ◦ 두 입력 가산증폭기

정밀도를 요하는 경우에는 입력 바이어스 전류에 관련된 직류출력 오프셋 전압을 그림 3-22의 가산회로에서 최소화할 수 있다.

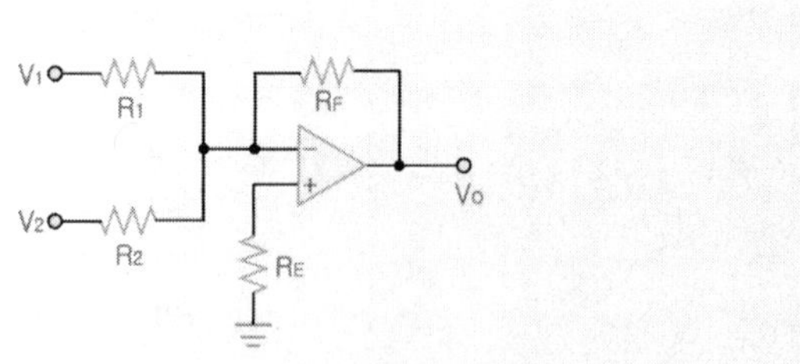

그림 3-23 ◦ 가산 증폭기의 비반전 입력에 직렬로 연결된 저항회로

한편 출력 오프셋 전압을 감소하기 위한 방법으로 반전단자와 비반전단자 모두 접지와 같은 크기의 저항을 접지에 연결하는데 그림 3-23에서처럼 입력저항과 피드백 저항의 병렬합성 저항(반전단자의 저항)과 같은 크기의 저항을 비반전 (+)단자와 접지 사이에 연결하면 된다. 이 회로에서 R_E의 저항값은 식 (3-30)과 같다.

$$R_E = \frac{1}{\dfrac{1}{R_1} + \dfrac{1}{R_2} + \dfrac{1}{R_F}} \tag{3-30}$$

식 (3-30)에 대한 R_E의 계산은 다음과 같다.

$$R_E = \frac{1}{\frac{1}{20[\text{k}\Omega]} + \frac{1}{20[\text{k}\Omega]} + \frac{1}{10[\text{k}\Omega]}} = \frac{1}{20 \times 10^{-4}} = 5[\text{k}\Omega]$$

그러나 이 저항은 보통의 회로에서는 생략될 수가 있다.

7. 차동증폭기

차동증폭기는 **두 입력전압의 차이를 증폭**해 준다. 그런 의미에서 연산증폭기 자체가 차동증폭기이지만 여기서 차동증폭기는 증폭도를 자유롭게 설정할 수 있으며, 연산증폭기 1개로 구성할 수 있기 때문에 간단한 차동증폭이 필요할 때 아주 적당한 회로이다.

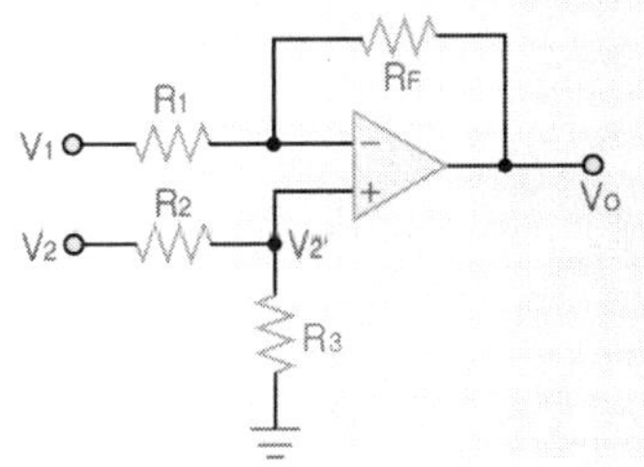

그림 3-24 ▪ 차동증폭기

그림 3-24와 같이 OP-Amp의 반전입력 (−)단자와 비반전 입력 (+)단자에 동시에 입력전압이 가해질 때 차동증폭기(difference amplifier)로 구성된다. 비록, 이 회로가 복잡해 보이지만 해석은 선형증폭기 회로해석을 이용하면 매우 간단하다. 먼저 V'_2점이 접지되고 V_2가 0이라고 가정하면, 그림 3-24와 유사한 모양이 되어 간단한 반전 증폭기로 된다. 출력전압은 식 (3-31)과 같다.

$$V_{o1} = -\left[\frac{R_F}{R_1}\right] V_1 \tag{3-31}$$

다음에 V'_2에서 단락회로를 제거하고, 입력신호 V_1을 접지시키면 비반전 증폭기로 구성된다. OP-Amp의 실제 입력전압은 V'_2가 되는데, 이것은 입력전압 V_2를 전압 분배기에서 분할한 전압을 식 (3-32)와 같다.

$$V'_2 = \left[\frac{R_3}{R_2 + R_3}\right] V_2 \tag{3-32}$$

비반전 출력전압은 식 (3-33)과 같다.

$$V_{o2} = \left[1 + \frac{R_F}{R_1}\right] V'_2 = \left[1 + \frac{R_F}{R_1}\right]\left[\frac{R_3}{R_2 + R_3}\right] V_2 \tag{3-33}$$

식 (3-32)와 (3-33)을 중첩의 원리로서 결합하면 차동증폭기에 대한 출력전압이 입력 전압 식 (3-34)에서 V_1과 V_2의 함수로 표현된다.

$$V_o = \left[-\frac{R_F}{R_1}\right] V_1 + \left[1 + \frac{R_F}{R_1}\right]\left[\frac{R_3}{R_2 + R_3}\right] V_2 \tag{3-34}$$

V_1 은 반전된 출력인 반면에 V_2 는 비반전된 출력이 된다. 그림 3-24의 회로가 차동증폭기로 사용될 때 전압이득(G)은 4개의 저항으로 표현될 수 있으며 식 (3-35)와 같다.

$$R_F = GR_1, \quad R_3 = GR_1, \quad R_2 = R_1 \tag{3-35}$$

4개의 모든 저항이 같을 때 식 (3-35)는 식 (3-36)과 같다.

$$V_o = V_2 - V_1 \tag{3-36}$$

그래서 출력전압은 V_2와 V_1의 차가 된다. 이러한 회로는 단위이득(이득이 1.0) 아날로그 감산기라고 한다.

그림 3-24의 회로를 이용하여 전압이득이 10이 되는 차동증폭기를 설계한다. 식 (3-35)에서 $R_1 = 10[\text{k}\Omega]$으로 하면, $R_2 = 10[\text{k}\Omega]$, $R_3 = 100[\text{k}\Omega]$, $R_F = 100[\text{k}\Omega]$으로 구할 수 있다. 증폭률을 조절할 수 있는 차동증폭기는 그림 3-25와 같다. 두 입력은 각각 저항 R_1과 R_2을 통해 입력에 인가되고, 출력은 R_f 를 통해 부궤환된다.

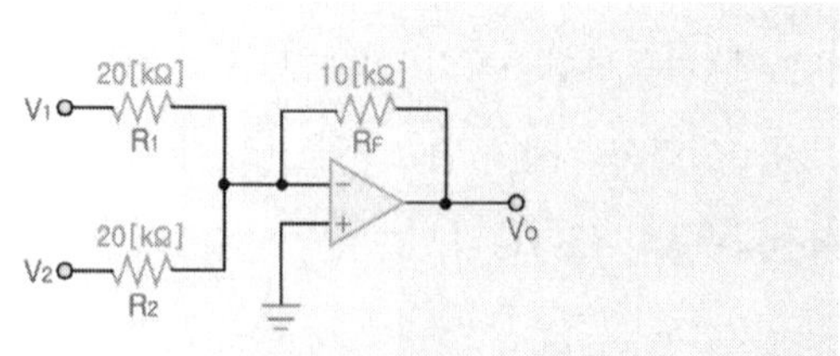

그림 3-25 • 전압이득 10의 차동증폭기

이상적인 연산증폭기의 특성을 이용하면 쉽게 해석할 수 있는데 반전 입력과 비반전 입력의 전압은 같아야 하므로, 식 (3-37)과 같다.

$$V_2 \frac{R_3}{R_3 + R_f} + V_{\text{out}} \frac{R_3}{R_f + R_3} = V_1 \frac{R_2}{R_1 + R_2} \tag{3-37}$$

R_1과 R_3가 같고, R_2와 R_f가 같다고 할 때 식 (3-37)에 대입하여 출력(V_{out})에 대해 정리하면 식 (3-38)이 된다.

$$V_{out} = \frac{R_2}{R_1}(V_1 - V_2) \tag{3-38}$$

즉, 비반전 입력에서 반전 입력을 뺀 값을 R_2와 R_1의 비율만큼 증폭하는 것이다. 차동증폭기는 생체신호 계측에 있어서 많이 사용하는 증폭기이다. 차동 입력신호는 원하는 만큼 증폭해 주고, 잡음 등의 동상 입력신호는 최소화시키지만 입력 임피던스가 작고, 저항의 크기가 정확히 일치하지 않으면 왜곡된 출력을 나타낼 수 있다. 이를 개선하기 위해 실제 의료용으로 많이 사용하는 차동증폭기로 세 개의 연산증폭기를 사용한 그림 3-26의 계측 증폭기가 있다.

계측 증폭기의 가장 큰 장점은 전압이득률을 쉽게 조절할 수 있다. 입력 임피던스가 높다는 점을 들 수 있다.

의료용 계측장비에 의한 생체의 계측 시 신호전압에 동상전압(잡음)이 중첩될 경우 동상전압이 신호전압보다 큰 경우가 많다. 이러한 경우 계측 증폭기는 저항의 측면에서는 입력저항을 더욱 증가시키고 출력저항을 더욱 낮추는 완충증폭기의 역할을 하며, 출력의 측면에서는 차동증폭기의 특징인 동상신호를 제거하는 효과와 저항 R_e의 조절을 통한 이득조절의 용이성을 얻을 수 있다.

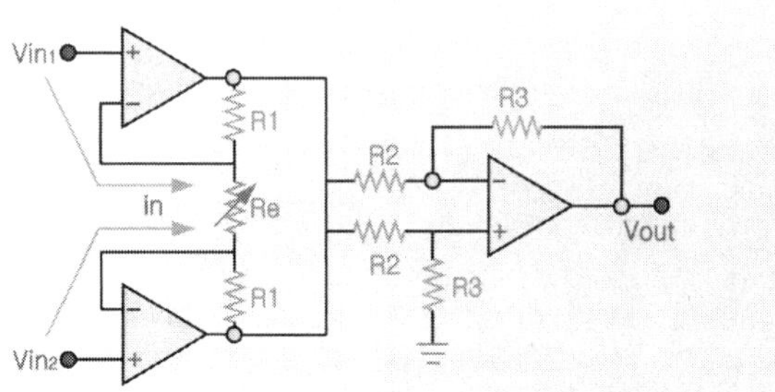

그림 3-26 ◦ 계측 증폭기의 논리회로

03 미분기와 적분기(Differentiator And Integrator)

1. 미분기

미분기는 그림 3-27과 같이 C(콘덴서)의 임피던스와 주파수가 높아질수록 작아지므로 증폭도가 커져 고주파 잡음에 매우 민감하다. 이상적인 미분기의 증폭도는 주파수 증가에 따라 선형적으로 증가하지만 연산증폭기를 사용함으로써 연산증폭기의 주파수와 전압이득 특성 때문에 미분기로 작동하는 주파수 구간이 제한되며, C(콘덴서)에 직렬저항을 연결하면 이 주파수 구간은 더욱 좁아지게 된다.

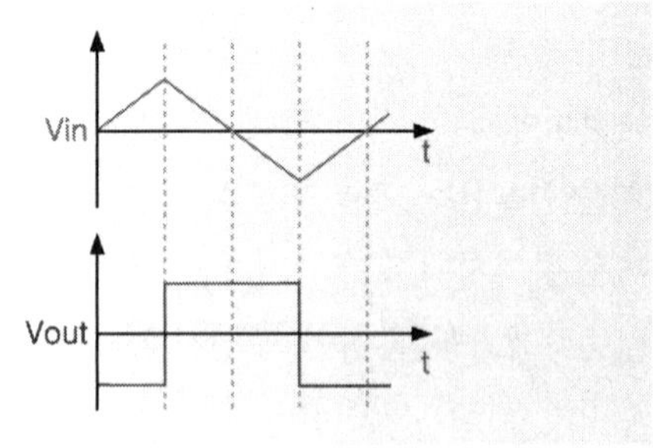

그림 3-27 ◦ 미분기 회로의 입 · 출력 그래프

실제 응용에서는 C(콘덴서)와 직렬로 R(궤환저항)보다 충분히 작은 값의 저항을 연결하여 고주파 이득을 제한해준다.

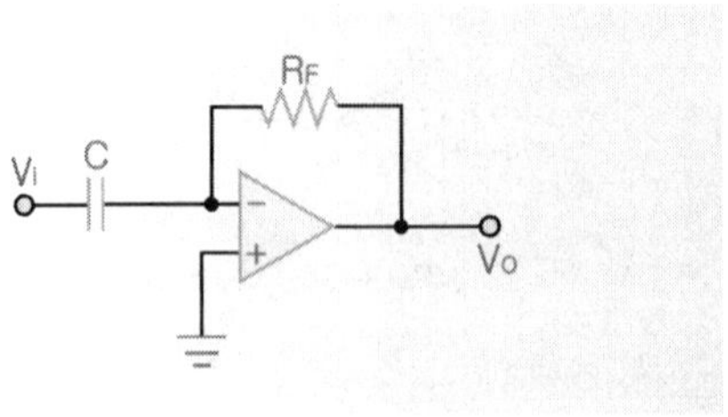

그림 3-28 ◦ 기본 OP-Amp 미분기

그림 3-28과 같이 OP-Amp 미분기(differentiator, **차동증폭기(difference amplifier)와 혼동하지 말 것**)는 입력요소에 콘덴서를 제외하고는 기본 반전 증폭기와 같다. 이 회로에 대한 출력전압은 식 (3-39)와 같다.

$$V_o = -R_F C \frac{\Delta V_i}{\Delta t} \tag{3-39}$$

여기서 $\Delta V_i / \Delta t$ 는 시간변화에 따른 입력전압 함수의 변화량을 나타낸다. 따라서 시간축 상에서 어느 한 지점에 대한 출력값은 미분식을 이용하여 식 (3-40)과 같다.

$$V_o(t) = -R_F C \frac{dV_i(t)}{dt} \tag{3-40}$$

기본 미분회로에서 발생하는 문제점은 콘덴서의 리액턴스가 주파수에 대해서 반비례하기 때문에$\left(\text{즉, } X_C = \frac{1}{2\pi f C}\right)$ 결과적으로 미분기의 출력전압은 고주파 잡음에 영향을 받기 쉽게 된다. 더욱 실제적인 미분기는 그림 3-29와 같이 R_F / R_S의 비에 대한 고주파 이득을 감소시키기 위해서 입력 콘덴서에 직렬로 저항을 연결한다.

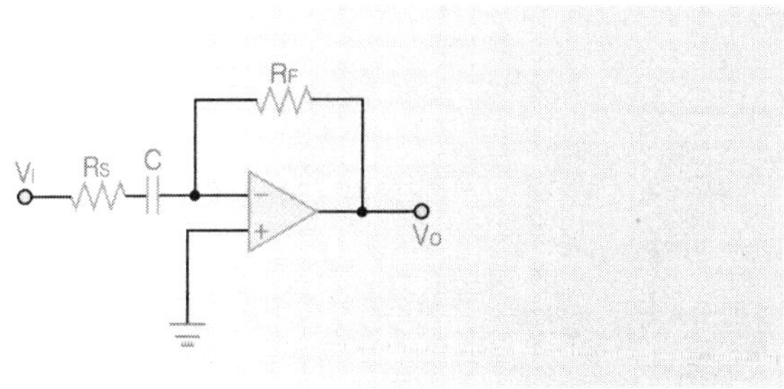

그림 3-29 ◦ 고주파 이득을 감소시킨 미분기

시간함수로서의 출력전압은 식 (3-41)과 같이 되지만 회로의 기능은 f_c보다 낮은 주파수에만 미분기로서 동작한다.

$$f_c = \frac{1}{2\pi R_s C} \tag{3-41}$$

식 (3-41)에 주어진 주파수보다 더 높은 입력 주파수에서 이 회로는 식 (3-42)와 같은 전압이득을 가지는 반전 증폭기에 가깝게 된다. 식 (3-40)에서 $R_F C$는 시정수라 하고 R_s는 대략 50~100[Ω] 정도이다.

$$\frac{V_o}{V_i} = -\frac{R_F}{R_S} \tag{3-42}$$

고주파 이득이 10으로 제한되기 위해서는 식 (3-42)에서 R_S는 200[Ω]으로 되어야 하고, 이 회로는 그림 3-30과 같은 회로가 된다. 주어진 정현파 입력신호 $V_i = V_m \sin(\omega t)$에 대한 출력신호는 어떻게 출력되는지 알아본다.

$$V_i = V_m \sin(\omega t) \tag{3-43}$$

여기서, V_m : 정현파의 진폭(최대 전압), ω : 입력 주파수, rad/sec($\omega = 2\pi f$) 시간함수로서의 출력전압은 식 (3-44)와 같다.

$$V_o = -R_F C \frac{d}{dt}(V_m \sin(\omega t)) = -\omega R_F C V_m \cos(\omega t) \tag{3-44}$$

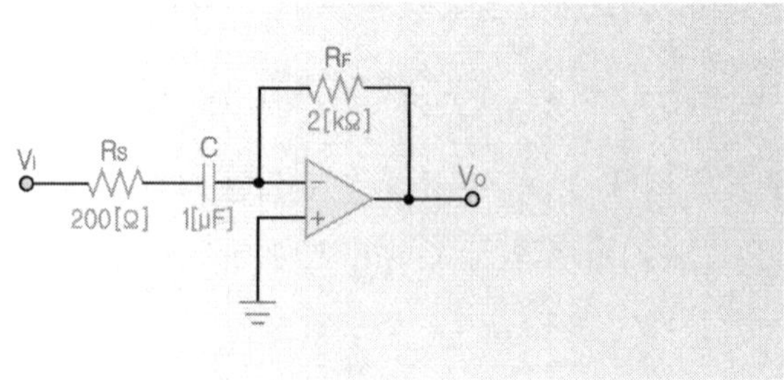

그림 3-30 ◦ 고주파 이득을 10으로 제한시킨 미분기

그림 3-31과 같이 출력전압은 여현파[12]가 되며, 그것은 정현파에 비해서 90[°]의 위상차 또는 $\frac{1}{4}$주기의 이동을 한 결과로 된다. 식 (3-44)가 그림 3-31에서 피크 출력전압은 식 (3-45)와 같다.

$$(V_o)_{\text{peak}} = \omega R_F C V_m \tag{3-45}$$

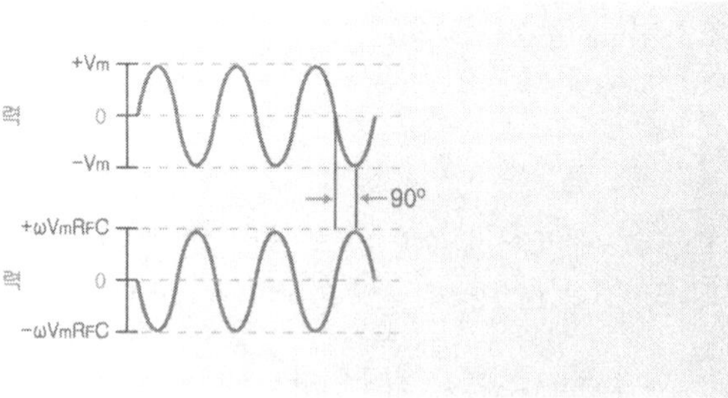

그림 3-31 ◦ OP-Amp 미분기에 대한 입·출력 파형

피크 전압 1.0[V], 200[Hz]의 정현파 입력신호가 주어지고, $R_F = 200[\text{k}\Omega]$, $C = 0.01[\mu\text{F}]$인 그림 3-30의 회로에 대한 피크 출력전압은 식 (3-45)를 이용하면 다음과 같다.

---

12) **여현파** : 미적분 회로에서 정현파를 기준으로 보았을 때 여현파는 정현파에서 출력이 90[°] 이상 앞서거나 지연되는 현상이다.

$$(V_o)_{\text{peak}} = \omega R_F C V_m = (2 \times 3.14)(200[\text{Hz}])(200[\text{k}\Omega])(0.01[\mu\text{F}])(1[\text{V}])$$

$$= (6.28)(200[\text{Hz}])(200[\text{k}\Omega])(0.01[\mu\text{F}])(1[\text{V}]) = 2.51[\text{V}]$$

그림 3-32와 같이 삼각파 입력신호에 대해서 입력 주파수는 식 (3-46)과 같다.

$$f = \frac{1}{t_1 + t_2} \tag{3-46}$$

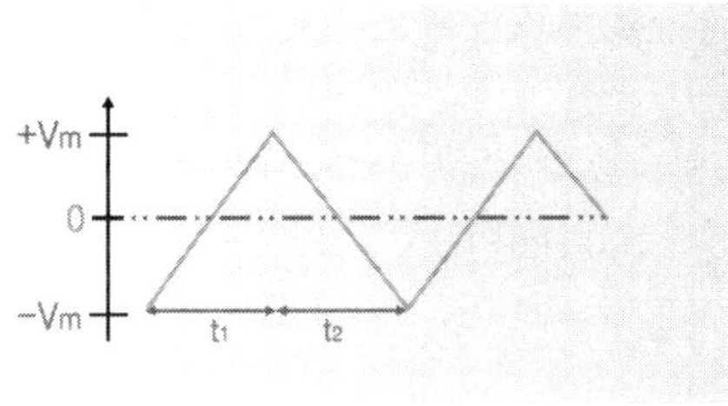

그림 3-32 ◦ 삼각파 입력신호

t_1 기간 동안에 입력신호에 대한 방정식(직선의 식)은 식 (3-47)과 같다.

$$(V_i)t_1 = -V_m + 2\frac{V_m}{t_1}t \tag{3-47}$$

t_2 기간에 대해서 식 (3-48)과 같다.

$$(V_i)t_2 = V_m - 2\frac{V_m}{t_{2t}} \tag{3-48}$$

식 (3-47)과 식 (3-48)을 기본 미분기 회로에 대한 식 (3-40)에 대입하면 두 개의 기간 (t_1, t_2) 동안의 출력전압은 식 (3-49), (3-50)과 같다.

$$(V_o)t_1 = -R_F C\frac{d}{dt}\left[-V_m + 2\frac{V_m}{t_1}t\right] = -R_F C\left(\frac{2V_m}{t_1}\right) \tag{3-49}$$

$$(V_o)t_2 = R_F C\left(\frac{2V_m}{t_2}\right) \tag{3-50}$$

출력파형은 피크 전압이 식 (3-51)과 같은 구형파로 된다.

$$(V_o)_{\text{peak}} = \pm R_F C(2V_m / t_{1,2}) \tag{3-51}$$

t_1 기간 동안의 피크 출력은 부(−)가 되고, t_2 기간 동안의 피크 출력은 정(+)이 되어 그림 3-33과 같다.

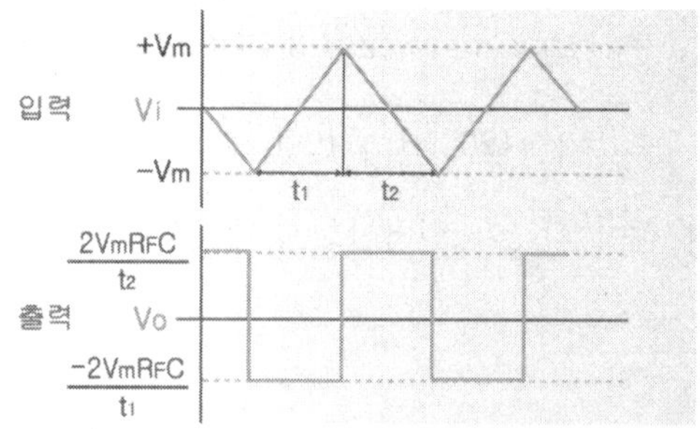

그림 3-33 ◦ 삼각파 입력신호에 대한 OP-Amp 미분기의 파형

그림 3-29의 미분기에 대해서 $R_F = 200[\text{k}\Omega]$, $C = 0.01[\mu\text{F}]$이면, 피크 전압이 1[$V_{\text{P-P}}$] 2[V])이고, 주파수가 100[Hz]인 대칭 삼각파 입력에 대한 피크 출력전압은 얼마인가?

t_1, t_2 기간이 같으므로

$$f = \frac{1}{t_1 + t_2} = 100[\text{Hz}] \text{ 또는 } t_1 + t_2 = 0.01[\text{sec}]$$

따라서 $t_1 = t_2 = 0.005[\text{sec}]$. 식 (3-49)와 식 (3-50)을 이용하여 t_1주기에서

$$(V_o)t_1 = -R_F C\left(\frac{2V_m}{t_1}\right) = \frac{-(200[\text{k}\Omega])(0.01[\mu\text{F}])(2)(1[\text{V}])}{(0.005[\text{sec}])} = -0.8[\text{V}]$$

t_2주기에서

$$(V_o)t_2 = +R_F C\left(\frac{2V_m}{t_2}\right) = \frac{+(200[\text{k}\Omega])(0.01[\mu\text{F}])(2)(1[\text{V}])}{(0.005[\text{sec}])} = 0.8[\text{V}]$$

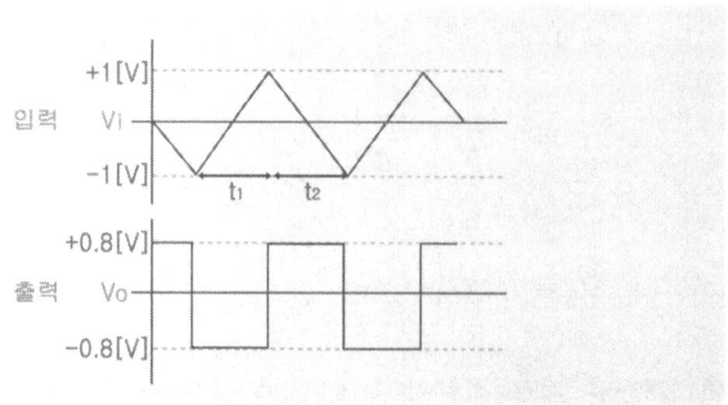

그림 3-34 ◦ 삼각파 입력신호에 대한 OP-Amp 미분기의 파형

2. 적분기

적분기(integrator)는 저주파 필터가 f_c 이상의 주파수를 가지는 신호에 대해 45[°] 이상의 위상지연(phase delay)이 생기며, f_c보다 충분히 큰 주파수에 대하여는 90[°]의 **위상지연이 생겨 적분기의 역할**을 하는 것이다. 즉 Sine 파형을 입력시키면 Cosine 파형이 출력될 것이며, Sine 파형의 조합인 **구형파**(square wave)를 입력시키면 **삼각파형이 출력**되어 적분기의 역할을 하게 된다. 그럼으로써 적분기는 입력신호에 대한 적분동작을 수행하는 회로라고 할 수 있다. 그림 3-35의 미분기 회로에서 저항과 콘덴서의 위치를 바꾸면 미분기에서 OP-Amp의 적분기(integrator)가 된다.

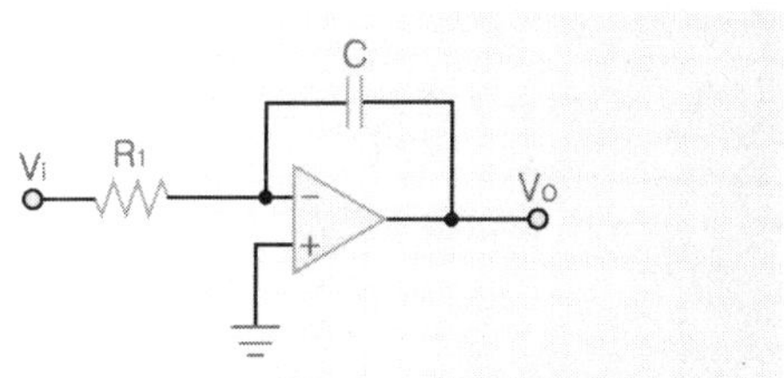

그림 3-35 ● 적분기

그림 3-35와 같이 저항 R_1은 입력요소이고, 콘덴서 C는 피드백 요소이다. 이 회로는 미분기 회로의 기능과 반대가 되는데 이는 미분과 적분의 개념이 수학적으로 양립하기 때문이다. 적분기에 대한 출력전압은 시간함수로서 식 (3-52)와 같다.

$$V_o(t) = -\frac{1}{R_1 C}\int_o^t V_i(t)dt \tag{3-52}$$

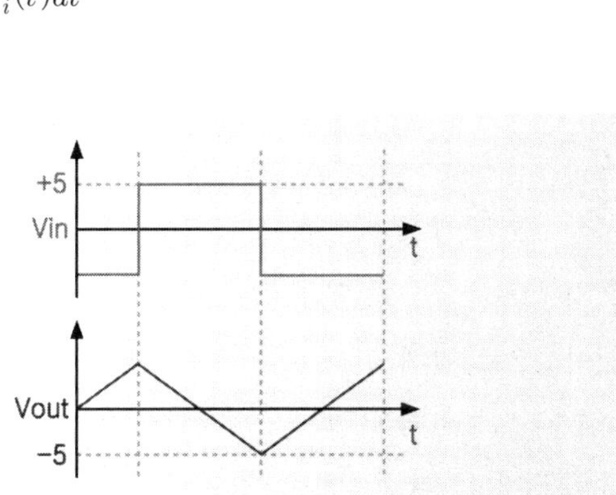

그림 3-36 ● 적분기 회로의 입력과 출력의 관계

그러나 더욱 실제적인 적분회로는 그림 3-37과 같다. 피드백 콘덴서와 병렬로 된 저항 R_S는 분류저항이라 하고, 회로의 저주파 이득을 제한하는 데 사용된다. 만일, 저주파 이득이 제한되지 않는다면 매우 적지만 직류 오프셋이 적분주기 동안에 적분될 것이며 작은 크기라 할지라도 적분의 기능으로 인해 결국은 OP-Amp를 포화시킬 것이다. 입력 바이어스 전류에 관련된 직류 오프셋 전압이 저항 R_2에 의해서 최소로 되고, R_2는 입력저항과 분류저항의 병렬합성 저항값은 식 (3-53)과 같다.

$$R_2 = \frac{R_1 R_2}{R_1 + R_S} \tag{3-53}$$

이 분류저항이 회로의 저주파 이득을 제한하기 때문에 식 (3-52)는 식 (3-54)와 같으며 보다 높은 주파수에 대해서만 적분기로 동작한다.

$$f_c = \frac{1}{2\pi R_S C} \tag{3-54}$$

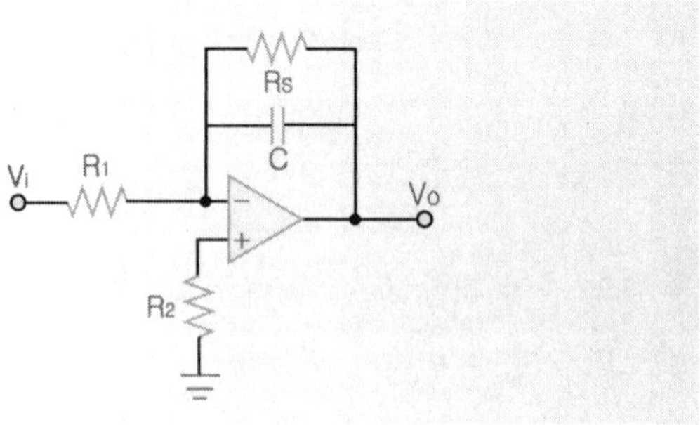

그림 3-37 ◦ 저주파 이득을 제한시킨 적분기

f_c 이하의 입력 주파수에 대해서 그림 3-37의 회로는 식 (3-55)의 전압이득을 가지는 반전 증폭기로 동작하게 된다.

$$\frac{V_o}{V_i} = -\frac{R_S}{R_1} \tag{3-55}$$

실제로 저항 R_S는 약 R_1의 10배로 한다. 미분회로와 같이 $R_1 C$는 적분될 입력신호의 주기와 근사값으로 같게 된다.

그림 3-37의 적분회로에 대한 입력신호로서 그림 3-34의 구형파를 이용하여 저항 R_1, R_S, C를 결정하고, 피크 출력전압은($f = 100[\text{Hz}]$, $C = 0.01[\mu\text{F}]$)

$$100[\text{Hz}] = \frac{1}{R_1 C}$$

결과적으로 $R_1 = 1[\text{M}\Omega]$, $R_S = 10[\text{M}\Omega]$이다. 식 (3-53)의 $R_2 = \dfrac{R_1 R_2}{R_1 + R_S}$에서 R_2는

910[kΩ]이다. t_1 기간 동안에 대한 적분값은 식 (3-54)와 같으며 이는 t_1지점에서의 출력값이다.

$$t_1 = -\frac{1}{R_1 C}\int_o^{t_1} V_{i(t)} dt = -\frac{1}{(1[\mathrm{M}\Omega])(0.01[\mu \mathrm{F}])}\int_0^{t_1 = 0.005[\sec]} (-0.8[\mathrm{V}])dt$$

$$= -(100)(-0.8)\int_o^{t_1 = 0.005[\sec]} dt = +0.4[\mathrm{V}]$$

가 되며, 같은 방법으로 기간 t_2에 대한 적분 출력값은 -0.4[V]이다.

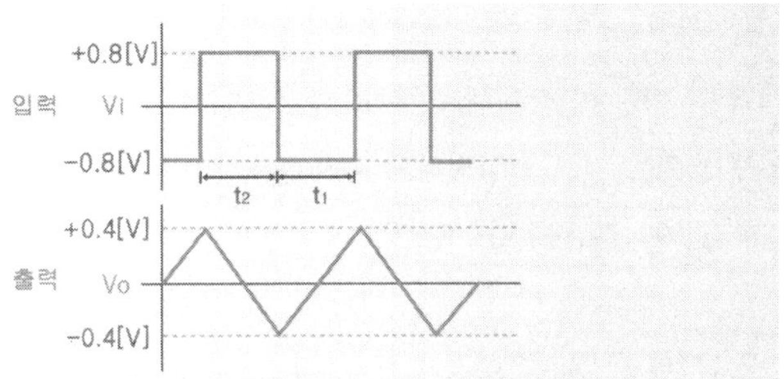

그림 3-38 • 구형파 입력신호를 가진 적분기의 파형

적분기 회로의 출력파형(그림 3-38)은 입력전압의 적분으로 나타나는데 입력전압이 구형파일 경우 출력은 삼각파가 되며, 입력이 정현파일 경우 출력도 정현파가 되지만 위상이 90[°] 뒤지게 된다.

04 전압-전류 회로(Voltage-Current Circuit)

1. 정전류원

그림 3-39의 회로를 이용하면 OP-Amp는 정전류원(constant-current source)으로 그 기능을 가지게 된다. 여기에 배터리나 다른 안정된 기준전압과 같은 입력전압은 입력저항 R_1을 통해 일정 전류를 전달한다.

예를 들면, 전류는 피드백 저항 R_2를 통하거나 부하를 통해서 흘러가야 한다(이상적인 OP-Amp에서 입력전류는 0이다). 옴의 법칙에 의해서 저항 R_1과 R_2를 통하는 전류는 식 (3-56)과 같다.

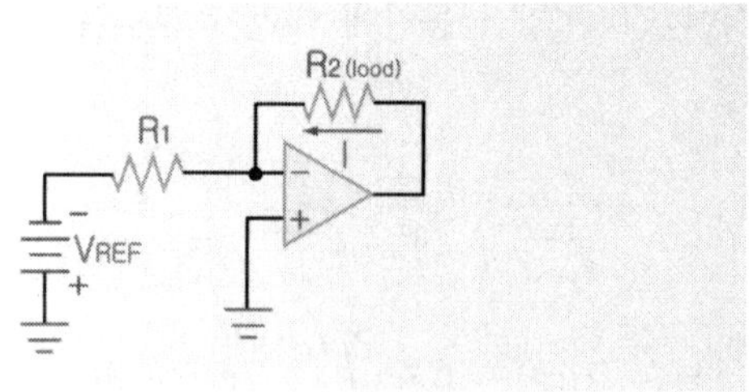

그림 3-39 ∘ OP-Amp 정전류원

$$I = \frac{V_{REF}}{R_1} \tag{3-56}$$

만일, 어떤 이유로 해서 부하저항이 변하면 V_{REF}와 R_1이 일정한 전류값 이상 부하를 통해 흐르는 전류는 일정하게 유지된다. 즉 식 (3-56)에서 I는 부하에 관계없이 R_1에만 영향을 주기 때문이다.

2. 전류-전압 변환기

기본 전류-전압 변환기(current-to-voltage converter)는 입력저항이 없지만 본질적으로 반전 증폭기가 된다. 그림 3-40과 같이 입력전류 I_i는 OP-Amp의 반전입력에 직접적으로 가해진다. 이 입력전류가 피드백 저항 R을 통해서 흐르므로(정전류원과 비슷함) 출력전압 V_o는 식 (3-57)과 같다.

$$V_o = I_i R \tag{3-57}$$

이러한 회로에 대해서 OP-Amp의 입력 바이어스 전류(I_b)는 또한 입력전류에 합해지므로 식 (3-58)과 같다.

$$V_o = (I_i + I_b)R \tag{3-58}$$

그러므로 입력 바이어스 전류는 입력전류에 비해서 훨씬 적게 되도록 설계해야 한다.

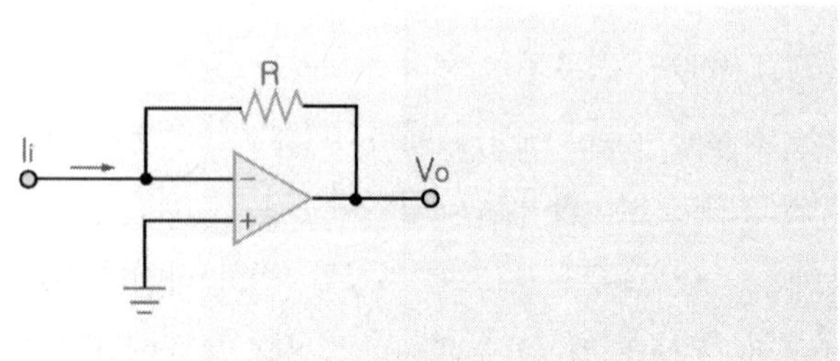

그림 3-40 ∘ 전류-전압 변환기

또, 전류-전압 변환기는 그림 3-41의 포토셀(photo cell) 회로로 구성할 수 있다. 빛이 충분하게 비치는 상태로 가정하면 포토셀을 통하는 전류는 100[μA]이고, 포토셀에 빛이 완전히 차단될 때의 전류는 10[μA]이다. 단지 출력전압의 변화에 관련되는 것은 입력전류가 90[μA] 변한다. 식 (3-58)을 적용하면 출력전압의 변화에 대응하는 것은 다음 계산과 같다.

$$\Delta V_o = \Delta I_i R = (90[\mu\text{A}])(10[\text{k}\Omega]) = 0.9[\text{V}]$$

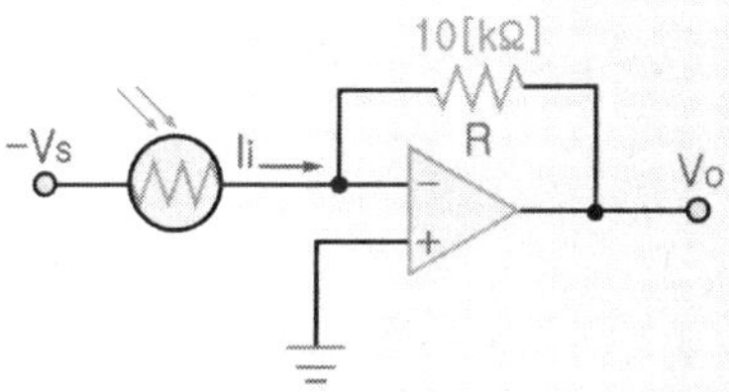

그림 3-41 • 포토셀 회로를 이용한 전류-전압 변환기

3. 전압-전류 변환기

구동 릴레이나 아날로그 계기와 같은 응용회로에 대하여 트랜스미턴스 증폭기라고 하는 **전압-전류 변환기**(voltage-to-current converter)가 자주 사용되고 있다. 특정된 응용에 의하면 전압-전류 변환기는 **표류부하**(floating load)나 **접지부하**(grounded load)를 구동할 수가 있다.

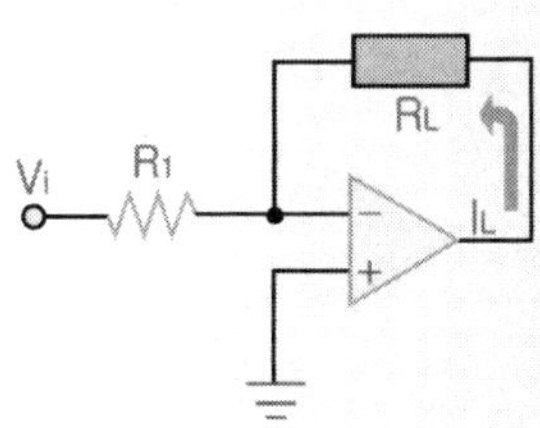

그림 3-42 • 반전 전압-전류 변환기

그림 3-42와 그림 3-43의 회로는 표류부하에 대한 회로이다. 그림 3-42는 반전 전압-전류 변환기이고, 피드백 요소(부하)가 릴레이의 코일이거나 R_L의 내부저항을 가지는 전류계라는 사실 외에는 반전 증폭기와 같다. 또한, 이 회로는 그림 3-39의 정전류원과 비슷하다. 표류부하를 통해 흐르는 전류는 식 (3-59)와 같다.

$$I_L = \frac{V_i}{R_1} \tag{3-59}$$

또, 이 전류는 부하저항 R_L의 값에 무관하다. 그림 3-43은 비반전 전압-전류 변환기이며, 이 회로에 대한 부하전류는 식 (3-59)와 같다.

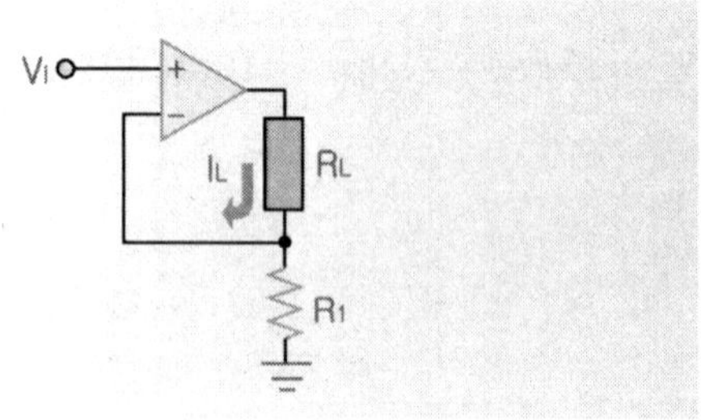

그림 3-43 ◦ 비반전 전압-전류 변환기

부하의 한쪽이 접지된 부하에 대하여 그림 3-43의 회로가 사용된다. 이때, 입력전압 V_i가 제어되면 부하전류 I_L은 식 (3-60), (3-61)과 같다.

$$I_L = -\frac{V_i}{R_3} \tag{3-60}$$

$$\frac{R_4}{R_3} = \frac{R_2}{R_1} \tag{3-61}$$

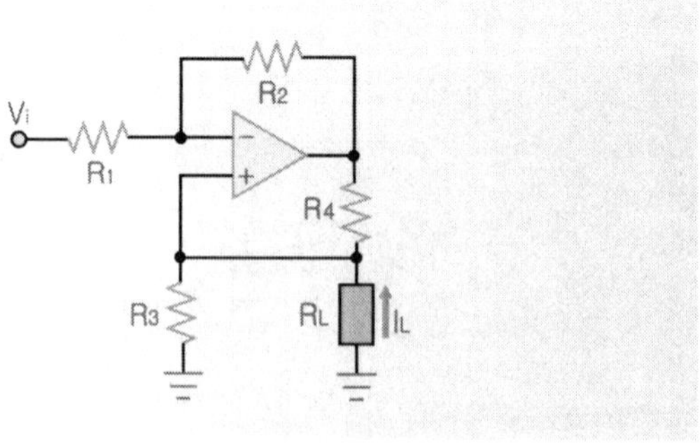

그림 3-44 ◦ 접지부하에 대한 전압-전류 변환기

05 비선형 신호처리회로(Nonliner Signal Processor Circuit)

1. 비교기

비교기(comparator)는 입력전압을 기준전압과 비교하는 회로이다. 그러면 비교기의 출력은 입력신호가 기준전압보다 크거나 혹은 적을 때에 나타낸다. 그림 3-45는 기본회로이다.

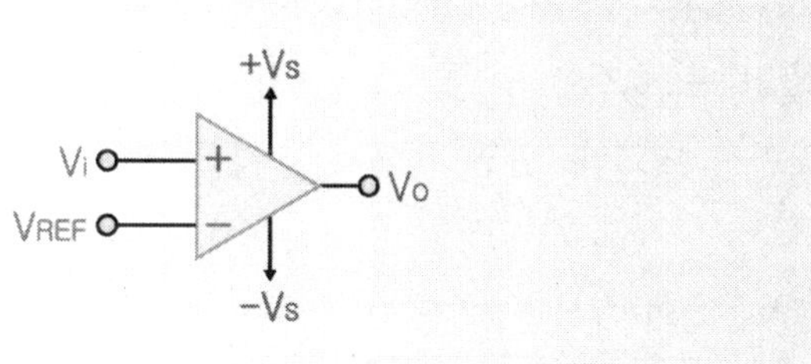

그림 3-45 ◦ 비교기

출력전압은 입력신호가 기준전압 V_{REF}보다 더 큰 경우에 정(+)의 공급전압에 가깝고, 입력신호가 기준전압 V_{REF}보다 더 적은 경우에 OP-Amp의 출력은 부(−)의 공급전압에 가깝게 된다.

결과적으로 정확한 임계치가 무시되어야 하는 OP-Amp 입력 오프셋 전압에 의해서 좌우된다. 만일 비교기의 출력전압이 +5[V]가 되는 TTL IC와 같이 응용회로로 이용할 때 필요한 전압보다 더 큰 전압이 되면, 출력은 그림 3-46과 같이 TTL IC에 대해서 적당한 제너 다이오드로써 제한할 수가 있다.

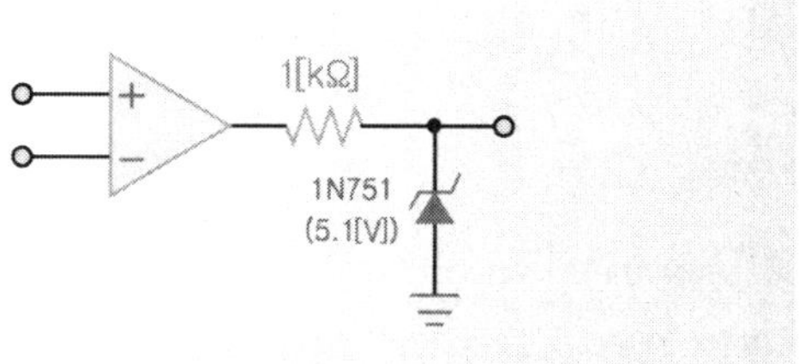

그림 3-46 ◦ 제너 다이오드로써 출력을 제한한 비교기

OP-Amp가 비교기로 사용될 때 사용하는 OP-Amp는 한 동작상태에서 다른 동작상태로 바뀌는데 빠른 슬루우 레이트를 가져야 한다. 외부의 보상이 OP-Amp의 슬루우 레이트를 감소시키게 되므로 슬루우 레이트가 70[V/μs]인 LM318과 같은 비보상 OP-Amp를

사용하는 것이 바람직하다. 그림 3-45와 그림 3-46의 회로는 비반전 비교기로서 출력전압은 입력전압과 극성이 같게 된다. 그림 3-47과 같이 입력을 (−)로 바꾸면 반전 비교기가 된다.

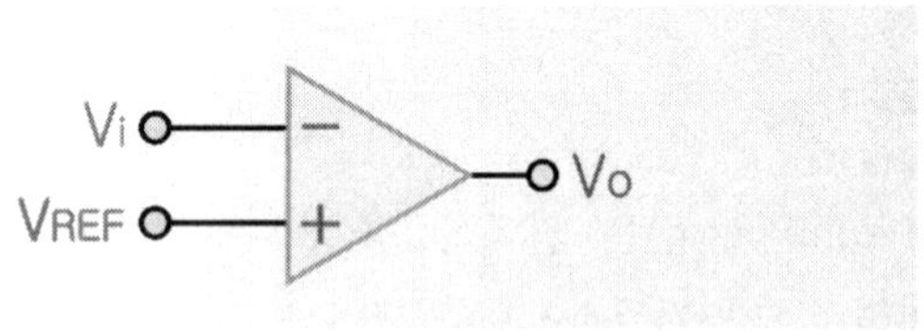

그림 3-47 • 반전 비교기

비교기에 대한 응용으로 그림 3-48을 이용하면 정현파를 구형파로 변환시키는 것으로 반전입력은 접지한다. 즉 $V_{REF}=0$이 된다.

비반전 비교기, 반전 비교기를 결합하면 두 개의 다른 기준전압을 가지며 윈도우(window)[13] 비교를 구성할 수가 있는데, 그것은 V_i가 한계전압 V_L과 V_H 윈도우사이에 존재하는가의 유무를 검파하게 된다.

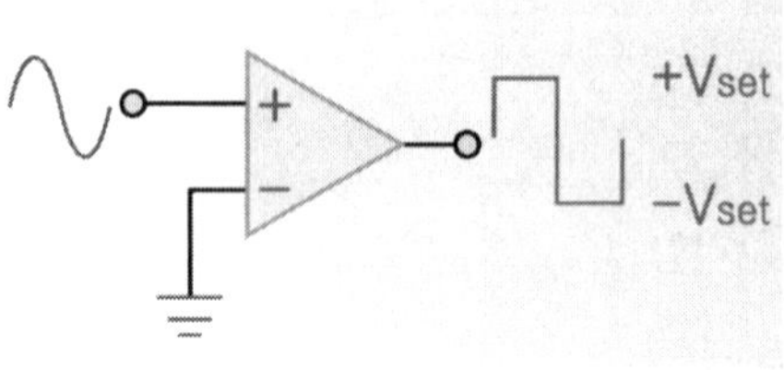

그림 3-48 • 정현파-구형파 변환기

그림 3-49와 같이 비교기의 출력이 두 개의 다이오드에 의해 논리적으로 결합된다. 입력전압이 V_L과 V_H 사이에 있을 때 출력전압은 0이고, 그렇지 않으면 $+V_{\text{sat}}$와 같게 된다.

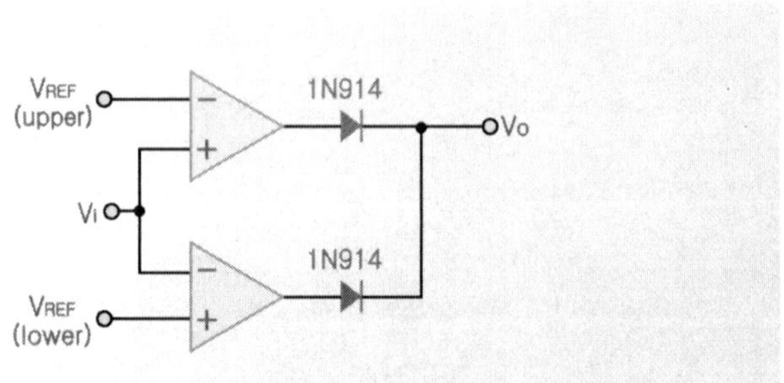

그림 3-49 • 윈도우 비교기

13) 윈도우(window) : 주파수 특성을 분석하기 위한 연산자를 설계할 때와 같이 어떠한 분석을 수행하기 위하여 선택되는 자료의 구간. 보통은 이 구간에서 특정한 방법으로 진폭 또는 위상을 변화시켜 원하는 출력값을 얻는다.

그림 3-50과 같이 비교기의 출력이 정(+) 혹은 부(−)를 나타내기 위해서 발광 다이오드(LED) 회로를 사용할 수 있다. LED가 켜질 때 출력은 정(+)이다.

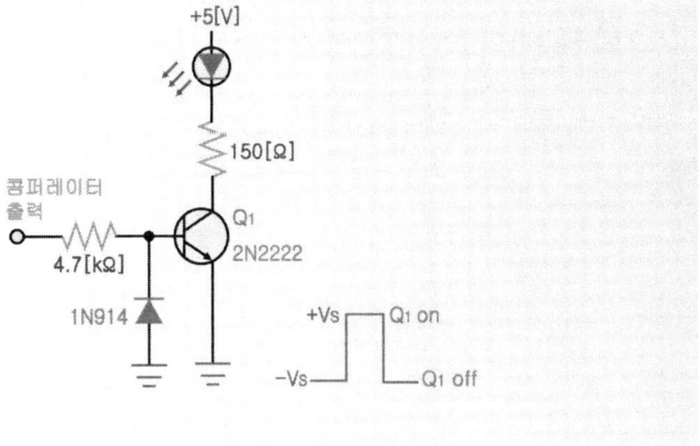

그림 3-50 ◦ LED 표시기에 의한 비교기

2. 피크 검출기

피크 검출기는 신호의 피크치를 기억하는 회로이다. 그림 3-51과 같이 용량기가 순간적으로 단락된 후에 비반전 입력 (+)단자로 정(+)의 전압이 들어갈 때 OP-Amp의 출력 전압은 다이오드를 순방향으로 바이어스시키고 용량기를 충전한다. 이 충전은 반전 과 비반전 입력이 같은 전압이 될 때까지 지속되며 입력전압과 같다.

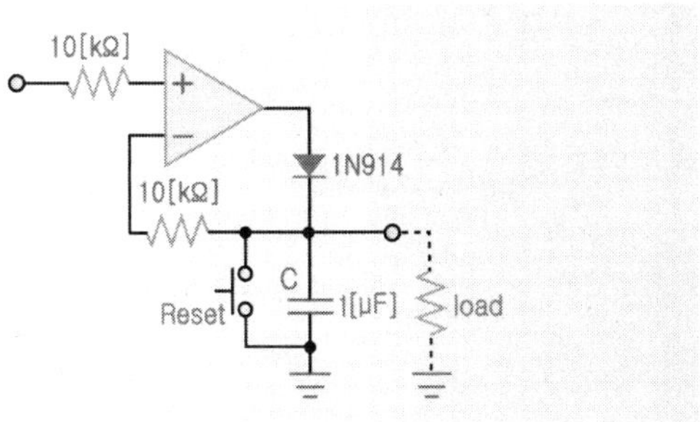

그림 3-51 ◦ 피크 검출기

비반전 입력전압이 반전 입력전압을 초과할 때 그것은 용량기의 양단전압이고 용량기는 새로이 피크 전압까지 충전된다. 결과적으로 용량기 전압은 비반전 입력에 가해지는 최대의 정(+)의 전압과 같게 된다.

일단, 한번 충전되면 이 피크 검출기가 피크값을 기억하는 시간이 수분 정도가 되고 이것은 회로에 연결된 부하의 임피던스에 의존하게 된다. 결과적으로 용량기는 서서히 0으로 방전하게 된다.

이런 방전율[14]을 최소화하기 위해 어떤 외부의 부하로부터 검출기의 출력을 완충작용을 하도록 전압 폴로워를 사용하며 회로가 그림 3-52이다. 용량기를 순간적으로 접지점으로 단락하면 즉시 출력이 0으로 된다.

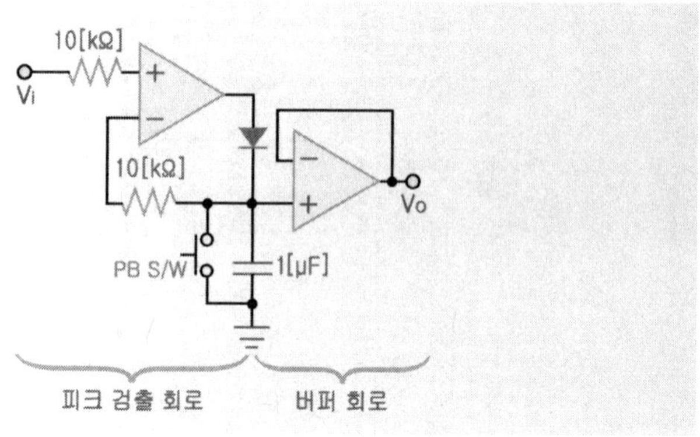

그림 3-52 ◦ 완충기를 가지는 피크 검출기

3. 정류기

다이오드가 교류신호를 맥동 직류신호로 변화시키는 정류기로 사용될 때, 다이오드는 그 양단에 전압강하가 0.3[V] 혹은 0.7[V] 이상이 되어야 비로소 도통하기 시작한다. 결과적으로 다이오드 자체만으로는 소신호 정류에 대해서 적합하지 못하다. 그림 3-53과 같이 반파정류기는 소신호 입력을 정류한다.

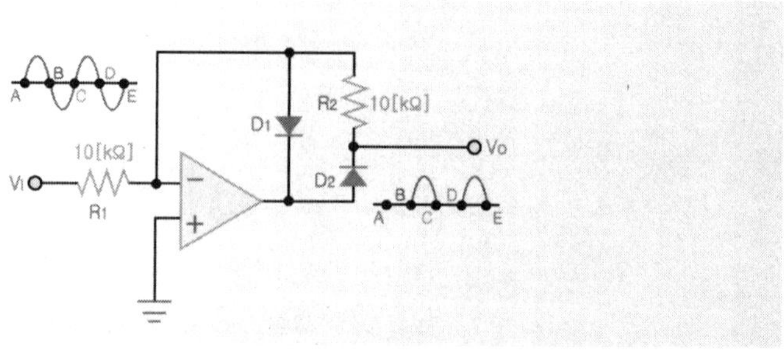

그림 3-53 ◦ 반파 정류회로

14) **방전율** : 축전지의 경우, 방전을 x시간만큼 일정한 전류로 지속할 때의 비율. 방전율을 x시간율, 전류를 x시간율의 전류라고 한다.

입력신호가 정(+)이 될 때 피드백 루프에 흐르는 전류는 D_1을 통해 흐르고, 회로의 출력전압은 0이 된다. 입력신호가 부(−)일 때 피드백 루프에서 모든 전류는 D_1과 D_2를 통해 흐르고, 그래서 입력전압은 R_2 양단에 나타나고 또한 그것이 출력전압이 된다.

OP-Amp가 고이득을 가지므로 매우 적은 부(−)의 입력이라도 D_2를 충분히 도전시키게 되며 반파 정류회로는 정밀급 반파정류기로 취급된다. 정밀급 전파정류기는 반파정류기의 입력전압과 출력전압의 합으로 구성되고, 그 회로는 그림 3-54와 같다.

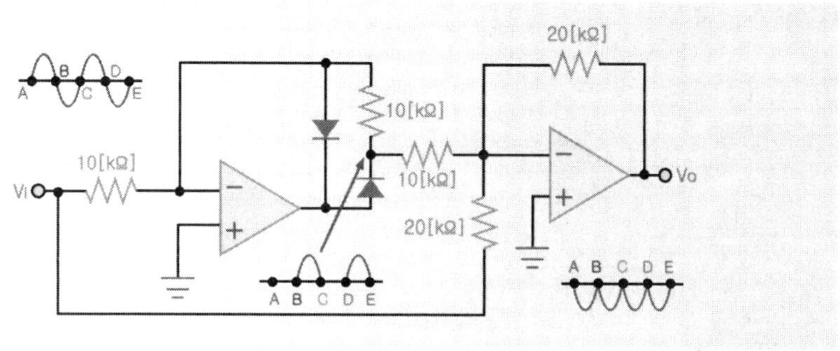

그림 3-54 ◦ 전파 정류회로

4. 대수 증폭기

대수 증폭기(logarithmic amplifier)는 입력의 대수값에 비례하는 출력은 식 (3-62)와 같다.

$$V_o \propto \log V_i \tag{3-62}$$

대수 증폭기의 기능은 다이오드나 트랜지스터와 같은 비선형 소자가 대수적 기능을 가져야 한다. 다이오드를 통해서 흐르는 전류의 함수로써 그 양단 전압강하는 식 (3-63)과 같다.

$$V_D = A\log(I) \tag{3-63}$$

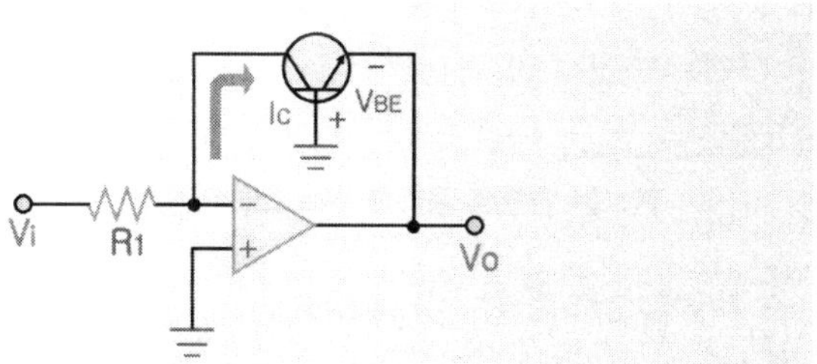

그림 3-55 ◦ 트랜스 다이오드 대수 증폭기

여기서 상수 A는 다이오드의 반도체 성질에 따른 것이다. 실제의 대수 증폭기로서 입력이 정(+)일 때 피드백 루프에 베이스 접지 NPN 트랜지스터를 사용한 것이다. 그림 3-55의 트랜스 다이오드 대수 증폭기는 트랜지스터가 다이오드로 작용한다.

트랜스 다이오드 대수 증폭기는 기본적으로 식 (3-62)와 같고, 여기서 다이오드의 전압 강하는 트랜지스터의 베이스-이미터 접합부의 전압이며, 전류는 트랜지스터의 컬렉터 전류는 식 (3-64)와 같다.

$$V_{BE} = A\log(I_C) \tag{3-64}$$

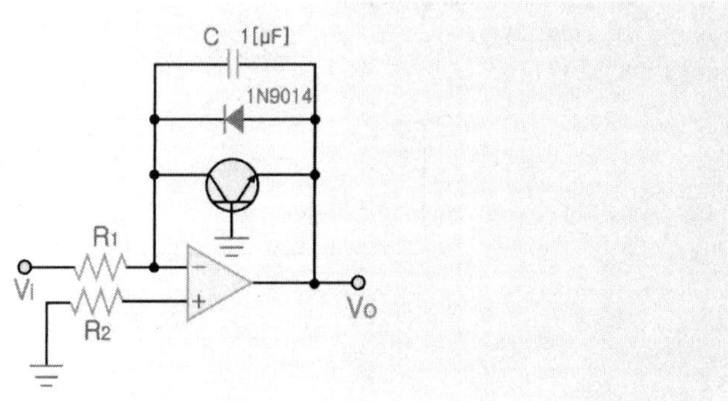

그림 3-56 ◦ 활용형 대수 증폭기

그림 3-55의 회로보다 그림 3-56은 더욱 실용적인 회로로서, NPN 트랜지스터 양단의 용량기는 다이오드가 역방향으로 걸리는 베이스-이미터 간의 초과전압으로부터 트랜지스터를 보호하는 동안, 교류이득을 감소시키는 역할을 한다. 일반적으로 저항 R_1은 식 (3-65)와 (3-66)과 같이 한 쌍의 부등식으로 표현된다.

$$R_1 \geq \frac{(V_i)_{\max}}{(I_c)_{\max}} \tag{3-65}$$

$$R_1 \leq \frac{(V_i)_{\min}}{\text{OP-Amp의 입력 바이어스 전류}(I_b)} \tag{3-66}$$

그림 3-55의 회로에 대한 대수 증폭기를 설계한다. 입력전압이 1[mV]에서 10[V]까지 변화한다. OP-Amp의 입력 바이어스 전류(μA 741)가 80[nA]라 가정하면, 최대 컬렉터 전류가 1[mA]라고 가정한다. 식 (3-65)를 이용하여 최대입력 10[V]가 가해지면 R_1에 대한 최소값이 구해진다.

$$R_1 \geq \frac{10[\text{V}]}{1[\text{mA}]} \geq 10[\text{k}\Omega]$$

또, 식 (3-66)를 이용하면 R_1에 대한 최대값을 결정할 수 있다.

$$R_1 \leq \frac{1[\mathrm{mV}]}{80[\mathrm{nA}]} \leq 12.5[\mathrm{k\Omega}]$$

따라서, R_1은 10[kΩ]과 12.5[kΩ] 사이의 저항값이 되어야 한다. 대수 증폭기는 적은 직류입력 오프셋 전압을 상쇄하도록 보정을 하여야 되는데 그 이유는 적은 직류 오프셋 전압도 대수적으로 변환되기 때문이다.

만일, μA709와 같은 OP-Amp를 사용하면 μA741과 같은 OP-Amp를 외부의 오프셋을 보정하지 않아도 무방하다. 그림 3-57은 회로의 직류입력 오프셋 전압을 보정한 회로이다.

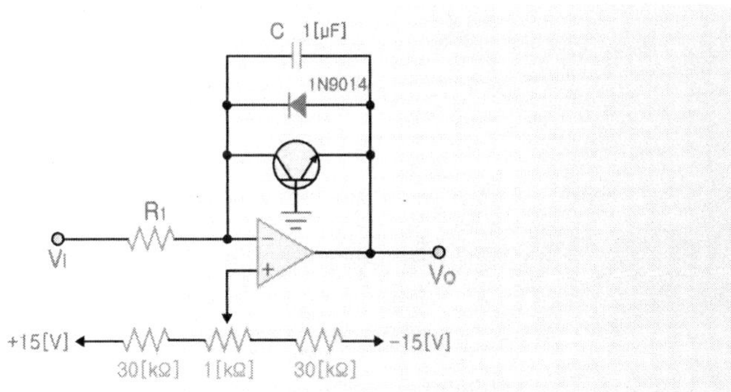

그림 3-57 ● 대수증폭기에 대한 오프셋 회로

그림 3-56의 기본적인 대수 증폭기의 입력부와 피드백부의 위치를 바꿈으로써 그림 3-58과 같이 반대수 증폭기로 구성할 수 있다.

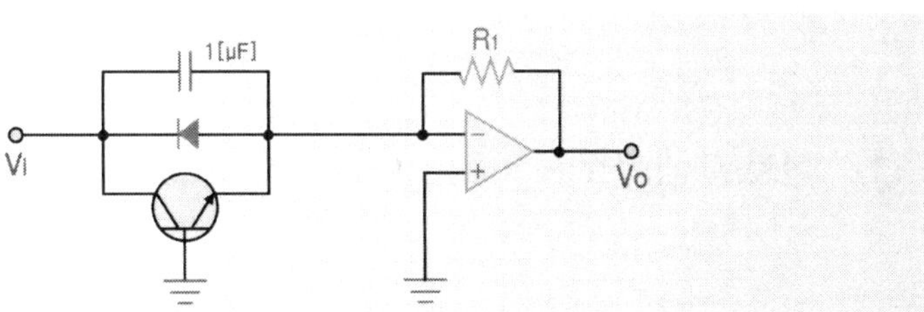

그림 3-58 ● 반대수 증폭기

대수 증폭기와 반대수 증폭기를 이용하여 입력전압을 곱하거나 나눌 수가 있다. 대수학을 이용하면 두 기본대수의 관계는 식 (3-67), (3-68)과 같다.

$$\log(AB) = \log A + \log B \tag{3-67}$$

$$\log(A/B) = \log A - \log B \tag{3-68}$$

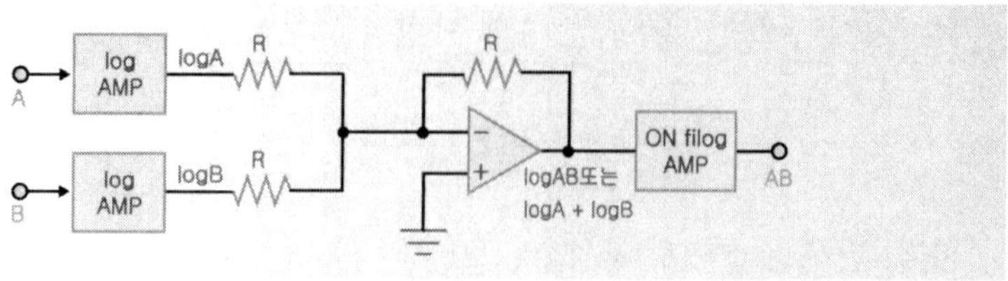

그림 3-59 대수와 반대수를 이용한 두 신호 A와 B의 곱셈회로

두 입력전압 A와 B를 대수적으로 합하고, 또 이것을 반대수 회로를 거치게 되면 그림 3-59와 같이 A와 B의 곱을 구할 수 있다.

회로는 트랜지스터가 적절한 대수적인 특성에 대하여 설명하는데, 모든 트랜지스터가 회로에 적당한 대수적 특성을 주지 못하게 되는데, 그것은 응답이 주위 온도변화 때문이다.

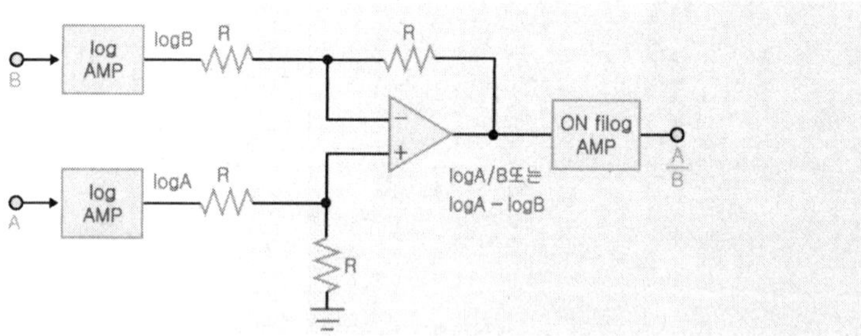

그림 3-60 대수와 반대수를 이용한 두 신호 A, B의 나눗셈 회로

범위를 넘는 여러 가지 이유가 있지만, 아날로그 소자로서 제조된 755와 같은 상용화된 대수적인 규격품만 사용하기 때문이다.

06 신호발생회로(Signal Generation Circuit)

1. 정현파 발진기

정현파 발진기를 윈 브리지 발진기라 한다. 저항-용량결합 R_1C_1과 R_2C_2는 OP-Amp 주위의 정(+) 피드백 경로가 되고, 반면에 저항 R_3와 램프 L_1은 부(−) 피드백 경로이다. 정현파 출력을 발생시키는 회로는 정(+) 피드백 회로를 응용하는 것이다. 그림 3-61은 윈 브리지 정현파 발진기회로이다. 발진 주파수는 식 (3-69)와 같다.

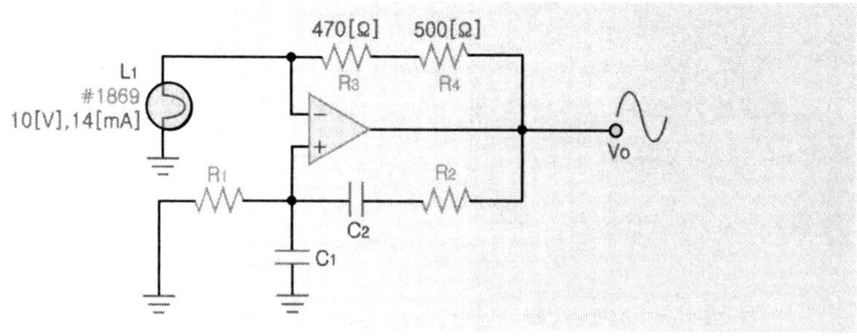

그림 3-61 • 윈 브리지 정현파 발진기

$$f_o = \frac{1}{2\pi R_1 C_1} \tag{3-69}$$

여기서, $R_1 = R_2$, $C_1 = C_2$이다.

램프는 부(−) 피드백 양을 조정하는 것이고 정현파 출력의 진폭을 안정화하는 역할을 한다. 저항 R_3와 R_4는 램프를 켜기 위해서 사용하는 저항으로서 그 직렬저항이 약 750[Ω]이다. R_1의 값은 사용하는 OP-Amp의 표 3-3과 같다.

표 3-3 • OP-Amp의 안정적인 발진조건

R_1	OP-Amp	f	OP-Amp
≥ 1[MΩ]	108, 1556, 8007	≥ 1[kHz]	118, 1556, 8007
≤ 1[MΩ]	118, 107, 741	≤ 1[kHz]	107, 108, 741, 1556, 8007

보통 많이 사용하고 있는 또 하나의 정현파 발진기는 그림 3-62와 같은 쌍T(twin-T) 발진기이다. 이 회로에 대한 발진 주파수는 식 (3-70)과 같다.

$$f_o = \frac{1}{2\pi RC} \tag{3-70}$$

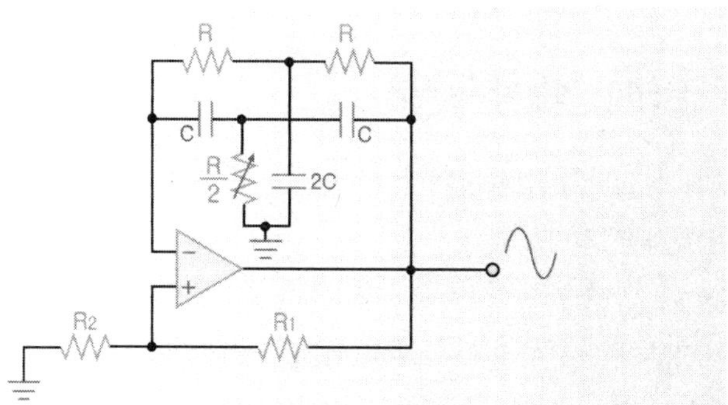

그림 3-62 • 쌍T(트윈-T) 발진기

가변저항 $\frac{R}{2}$이 회로가 발진하도록 조정된다. 전원이 공급될 때에 바로 이 회로가 동작하도록 하려면 R_2는 R의 2배로 되어야 하고, R_1은 R_2의 약 10배 정도로 결정한다.

그림 3-62의 회로에서 발진 주파수가 500[Hz]인 정현파 발진기를 설계한다. 예를 들어 $C=0.047[\mu\text{F}]$라 하고 식 (3-70)에 의해서 R은

$$R = \frac{1}{2\pi fC} = \frac{1}{(6.28)(500[\text{Hz}])(0.047[\mu\text{F}])} = 6,775[\Omega]$$

으로 된다.

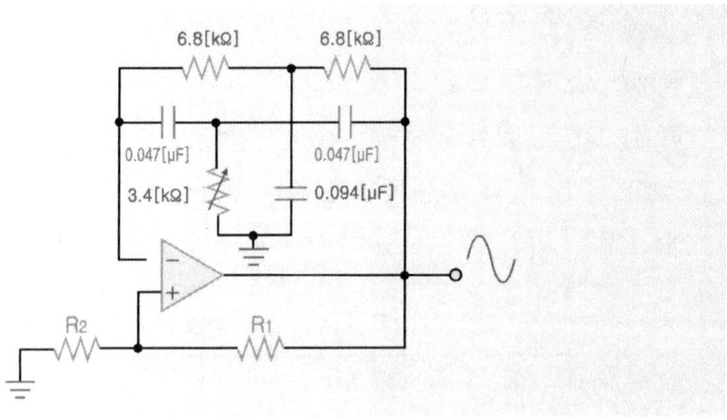

그림 3-63 • 500[Hz]의 정현파 발진회로

용량기 $2C$는 0.047[μF]로 병렬로 한다. 저항 $\frac{R}{2}$이 약 3.4[kΩ]이므로 5[kΩ] 전위차계를 사용하면 된다. 완전한 설계를 하기 위해서 R_2는 $2R$로써 13.6[kΩ]이고 R_1은 6.8[kΩ] 저항을 직렬로 결합한다. 다시 말하면 R_1은 R_2의 약 10배로써 136[kΩ]이 되는데, 130[kΩ]을 사용하면 된다. 완성된 발진기는 그림 3-63과 같다.

2. 정현파-여현파 발진기

만일 정현파를 적분하거나 미분을 하면 여현파를 발생할 수 있다(즉 정현파와 위상이 90[°] 차가 생긴다).

그러나 만일 747 또는 5558과 같이 Dual OP-Amp를 사용하면 그림 3-64와 같이 두 개의 적분기로 결합된 회로에서 동시에 정현파와 여현파의 출력을 얻을 수가 있다. 이를 정현파-여현파 발진기라 한다. 출력 주파수는 식 (3-71)과 같다.

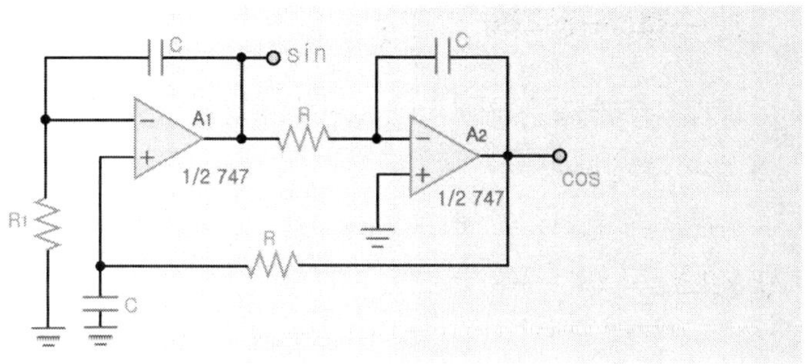

그림 3-64 ▫ 정현파-여현파 발진기

$$f_o = \frac{1}{2\pi RC} \tag{3-71}$$

저항 R_1은 전원이 가해질 때에 발진기가 동작을 확실히 하기 위해 R보다 약간 적게 한다. 보통 실제 회로에서는 그림 3-65와 같이 진폭제한회로로 구성된다.

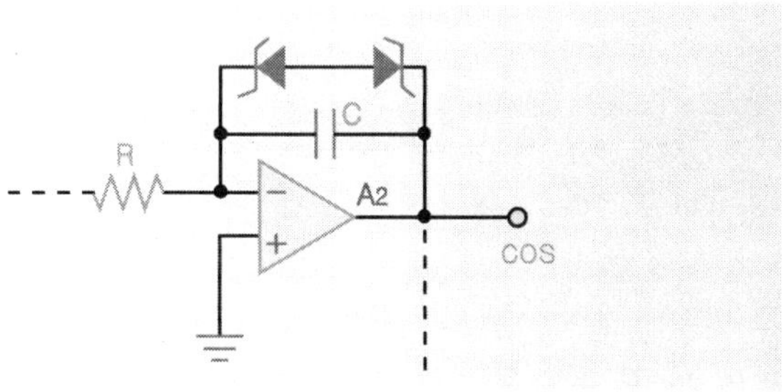

그림 3-65 ▫ 제너 다이오드의 진폭제한회로

제너 다이오드 전압 ± V_z에서 여현파 출력의 진폭을 제어하기 위해 둘째 단 OP-Amp A_2에서 제너 다이오드를 연결한다. 제너 다이오드와 그 전압은 표 3-4와 같다.

표 3-4 ▫ 일반적인 제너 다이오드와 그 전압(V_z)

Zener Diode	V_z
IN 746	3.3[V]
IN 751	5.1[V]
IN 4734	5.6[V]
IN 4735	6.2[V]
IN 4736	6.8[V]
IN 5236	7.5[V]
IN 4738	8.2[V]
IN 757	9.0[V]
IN 4742	12.0[V]

3. 구형파 – 삼각파 발진기

그림 3-66과 같은 기본적인 구형파 발진기를 이완발진기라 하고, 이 회로는 입력신호가 없이 발진한다.

출력은 두 입력으로 피드백되고, 출력 주파수는 저항 R을 통해서 용량기 C의 충전과 방전으로 식 (3-72)와 같다.

$$f_o \simeq \frac{1}{2RC\ \ln\left(\dfrac{2R_1}{R_2}+1\right)} \tag{3-72}$$

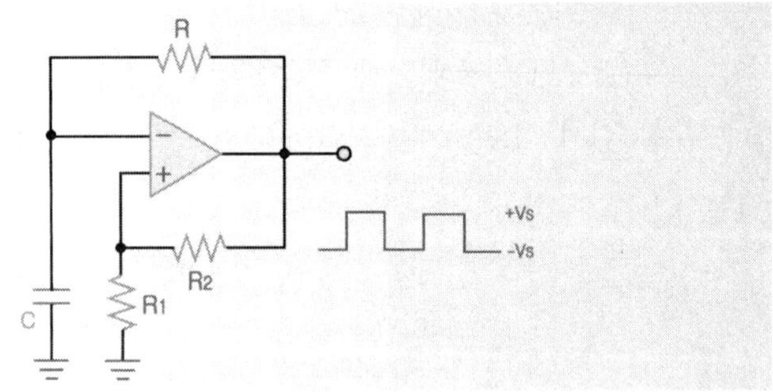

그림 3-66 • 구형파 발진기

저항 R_1과 R_2는 R_1을 약 $\frac{1}{3}R$로 하고, R_2는 R_1의 2~10배로 한다. 그림 3-67은 삼각파를 발생함과 동시에 구형파를 발생하는 발진기이다.

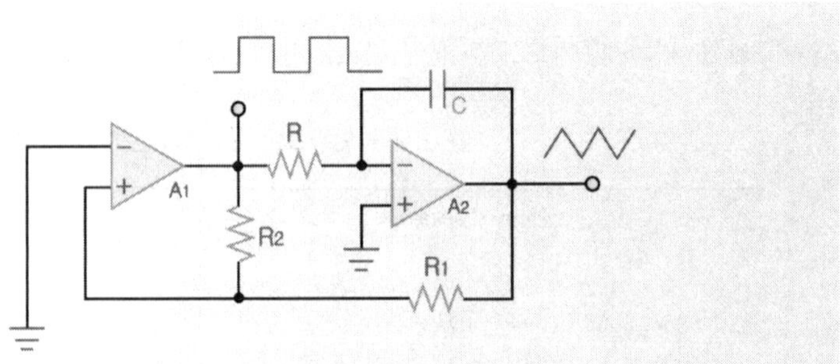

그림 3-67 • 구형파–삼각파 발진기

그림 3-67에서 A_1은 기준 전압 0인 비교기로 구성되는 반면에 A_2는 적분기로 구성된다. 구형파 출력의 진폭은 A_1의 출력진폭이고 $\dfrac{R_1}{R_2}$의 비는 삼각파의 진폭이다. 두 파형에 대한 발진주파수는 식 (3-73)과 같다.

$$f_o = \frac{1}{4RC}\left(\frac{R_2}{R_1}\right) \tag{3-73}$$

4. 계단파 발진기

선형 계단파 발진기에 대한 회로는 그림 3-68과 같다. P-P 전압 V_1을 가지는 입력구형파는 충전이 식 (3-74)와 같이 될 때까지 용량기 C_1을 충전한다.

$$Q = C_1 V_C = C_1 (V_i - 0.7) \tag{3-74}$$

C_2 양단의 스위치가 개방될 때 C_2는 같은 계단전압 ΔV_o로 각 입력 사이클에 의해서 충전된다. 식 (3-75)와 같다.

$$\Delta V_o = (V_i - 1.4)\frac{C_1}{C_2} \tag{3-75}$$

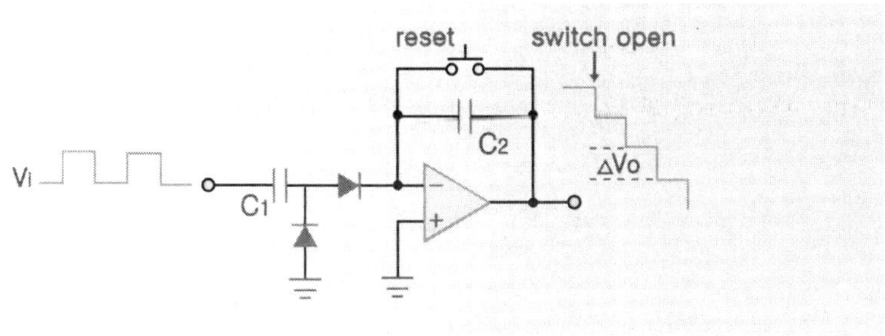

그림 3-68 ◦ 계단파 발생기

OP-Amp의 반전입력 (−)단자에 가해지는 입력신호 때문에 부(−)로 향하는 그림 3-68과 같이 계단파의 최대 높이는 공급전압에 의해서 결정된다.

07 능동 필터(Active Filter)

수동소자만으로 2차 이상의 필터를 만들 경우 인덕턴스를 반드시 사용한다. 하지만 필터의 동작 주파수가 낮으면 인덕턴스가 커질 뿐만 아니라 설계도 어렵고 소자의 오차가 필터 응답에 큰 영향을 준다. 그래서 연산증폭기를 사용하여 R(저항)과 C(콘덴서)만으로 임의의 고차 필터를 쉽게 만들 수 있으며 각각의 특성의 균일성을 유지하기가 쉽다.

1. 필 터

자연계의 물리량을 분석 및 관찰하기 위해서는 일반적으로 센서를 이용하여 원하는 신호를 얻게 된다. 이때 얻은 신호의 파형은 다양한 주파수의 신호가 포함되어 있어서 매우 복잡한 형태를 가지고 있어 관찰자가 분석하기에는 매우 어렵다. 이렇게 신호를 복잡하게 만드는 가장 큰 요인은 **잡음**(noise) 때문인데 잡음과 같이 원하지 않는 신호들은 모두 제거하고 원하는 신호만을 얻을 때 이용되는 것이 **필터**(filter)이다.

(1) 필터 사용방법

전기적 필터(electrical filters), **기계적 필터**(mechanical filters), **유·공압 필터**(hydraulic/ pneumatic filters) 등 여러 가지 형태가 있다.

(2) 필터의 특징

OP-Amp를 이용한 여러 가지 필터가 있다. 여기서 **능동 필터**(active filters)란 원하지 않는 주파수 대역의 신호를 감쇠시키고 필요한 주파수 범위의 신호를 통과시키는 회로이다. 특히 **능동 필터는 OP-Amp 외부에 저항과 용량기로 구성되는 회로망이다.** 표 3-5와 같다.

표 3-5 ◦ 필터의 종류 및 구성

기본적인 필터의 종류	필터의 기본구성	수동 필터와 능동 필터	
		수동 필터	능동 필터
• 저역통과 필터 • 고역통과 필터 • 대역통과 필터 • 대역억제 필터	• 저항(R) • 인덕턴스(L) • 콘덴서(C)	RLC로 구성된 필터	• 연산증폭기를 이용하여 구성 • 원하는 전압이득이나 임피던스 특성 유지

2. 연산증폭기를 사용한 능동 필터의 장점

① **연결손실이 없다** : OP-Amp가 이득을 가질 수 있기 때문에 입력신호는 필터가 관계 주파수를 통과시킬 때 감쇠가 없게 할 수가 있다.

② **가격이 싸다** : 능동 필터는 수동 필터에 비하여 평균적으로 가격이 싸다. 인덕터(inductor)와 같이 가격이 비싼 소자는 능동 필터에서는 잘 사용하지 않는다.

③ **동조** : 능동 필터는 쉽게 동조되고, 필요한 응답을 변경하지 않고 넓은 주파수 범위에 걸쳐 조정될 수 있다.

④ **입 · 출력 분리** : OP-Amp를 이용함으로써 능동 필터는 고입력 임피던스와 저출력 임피던스를 가지며 필터와 전원 혹은 부하 사이에 아무런 상호작용이 없어 보호장치가 필요하지 않다.

⑤ **주파수 응답** : 설계시에 사용되는 OP-Amp의 IC 소자형에 따라 제각기 다르다.

⑥ **전원공급** : 수동 필터와는 달리 능동 필터는 OP-Amp에 대한 전원공급이 필요하다.

3. 연산증폭기를 사용한 능동 필터의 단점

① 설계시 사용되는 연산증폭기의 형태에 따라 주파수 응답이 다르다.

② 수동 필터에 불필요한 전원장치가 반드시 필요하다.

4. 저역통과 필터

저역통과 필터(low-pass filter)의 일반적인 논리회로는 그림 3-69와 같고 이 필터의 특징은 다음과 같다.

① 전압이득이나 입 · 출력 임피던스를 조절할 수 있다 (원하는 전압이득 및 큰 입력 임피던스와 작은 출력 임피던스를 가질 수 있다).

② 연산증폭기를 이용한 저역통과 필터 RC회로의 저역통과 필터와 단위이득을 갖는 부궤환 연산증폭기로 구성된다.

③ 하나의 RC회로로 구성된다.

④ -20[dB]/decade의 기울기를 갖는 필터를 단극 또는 1차 필터라고 한다.

⑤ 연산증폭기의 차단주파수는 필터의 차단주파수보다 크다고 가정한다.

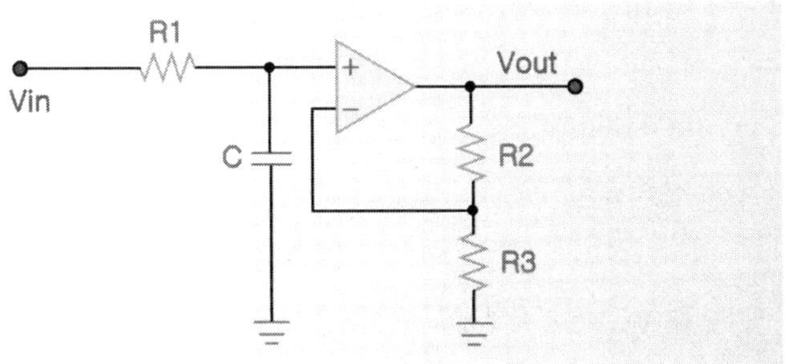

그림 3-69 ◦ 1차 저역통과 필터 논리회로

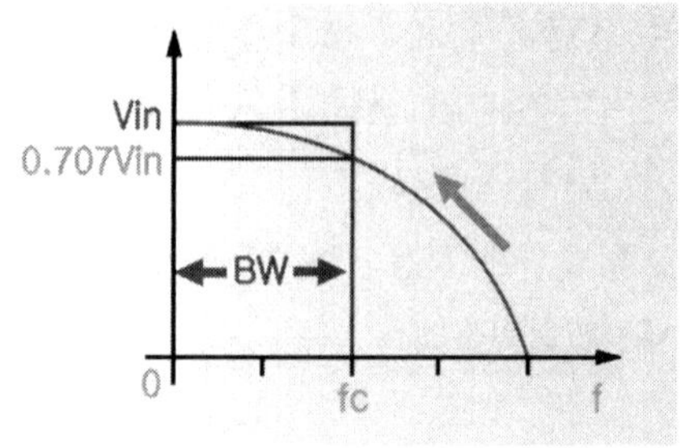

그림 3-70 ◦ 저역통과 필터의 주파수 응답 그래프

- BW : 대역통과 필터의 대역폭 0[Hz]~f_c
- 차단주파수(f_c) : 출력이 입력의 70.7[%](−3[dB]감소)에 해당하는 주파수 f_c $= \dfrac{1}{2\pi RC}$ 이다.

기본적인 **저역통과 필터**(low-pass filter)의 주파수 응답곡선은 그림 3-70과 같다. 출력이 원래 출력의 0.707배가 되기 시작하는 주파수를 차단주파수(f_c)라고 하는데 차단주파수보다 작은 주파수 성분은 통과시키고, 그 이상인 주파수는 차단시킨다.

기본적인 저역통과 필터는 하나의 저항과 하나의 콘덴서로 이루어진 1차 능동필터이다. 모든 필터의 기본형이라 할 수 있는 저역통과 필터는 가장 간단한 형태로 구현되어 있으며, 이것을 기반으로 여러 가지 형태로 변환하여 다른 종류의 필터를 만들 수 있다. 주로 고주파 잡음 신호를 걸러내어 저주파의 필요한 신호만을 골라낼 때 많이 사용되는 필터 구조이며, 여러 분야에 걸쳐 널리 사용되는 필터 형태로서 특성적으로 모든 필터의 기본형이라고 할 수 있다.

1차 필터는 고주파에서 감쇠특성이 있으므로 보다 더 가파른 감쇠특성을 얻기 위해서 2차 필터를 사용한다. 즉, **1차 필터는 차단주파수 이상이 될 때 출력전압이 주파수에 비례하여 감소하지만 2차 필터는 주파수의 제곱에 비례하여 감소한다.** 2차 필터는 공진기, 발진기처럼 특정 주파수 스펙트럼에서 급격하게 에너지가 발생하는 경우 그 파형의 에너지 집중도를 표현할 때 사용하기도 한다.

5. 2차 VCVS(전압제어-전압원) 저역통과 필터

가장 간단한 2차 **저역통과 필터**는 VCVS(Voltage-Controlled-Voltage-Source) 회로이며, 그림 3-71과 같다.

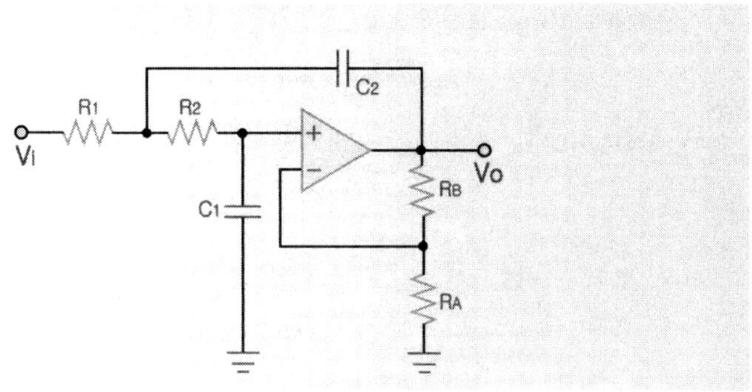

그림 3-71 ◦ 2차 VCVS 필터

2차 VCVS 필터 회로에 대한 차단주파수는 식 (3-76)과 같다.

$$f_c = \frac{1}{2\pi (R_1 R_2 C_1 C_2)^{\frac{1}{2}}} \tag{3-76}$$

식 (3-76)을 이용한 두 개의 저항과 두 개의 콘덴서에 대한 값의 결정이다. 2차 VCVS 방법은 R_1과 R_2를 같게 하고, C_1과 C_2를 같게 함으로써 식 (3-76)은 식 (3-77)과 같다.

$$f_c = \frac{1}{2\pi RC} \tag{3-77}$$

이것은 **동치소자**(equal-component) 저역통과 필터라고도 한다. 통과대역의 이득은 2차 **버터워스**(Butter Worth)[15] 응답인 경우, 1.586(4[dB])으로 고정되고 이것은 회로에 적용되는 이득이다. 차단주파수는 필터 응답이 통과대역 응답보다 3[dB]로 떨어지는 응답이 된다. 차단주파수 이하에서 응답은 12[dB]/Octave 혹은 20[dB]/decade로 감소한다.

이 필터는 비반전 입력단자에서 OP-Amp를 사용하기 때문에 피드백 저항 R_B는 전압이득이 1.586으로 되게 하기 위해서 입력저항 R_A값의 0.586배가 되어야 한다.

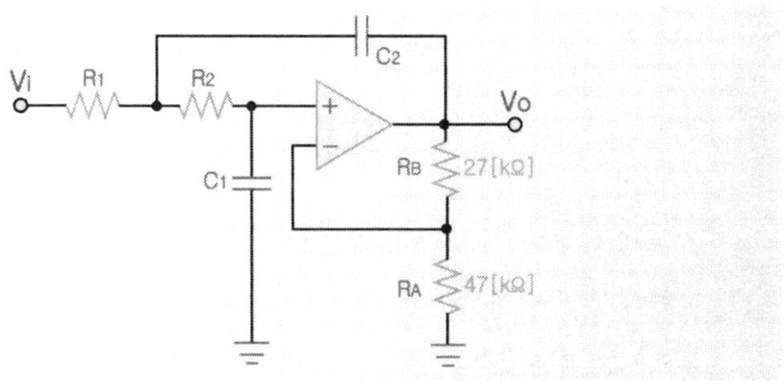

그림 3-72 ◦ 동치 VCVS 저역통과 필터

15) **버터워스** : 통과대역에서 매우 평탄한 진폭을 가진다.

±5[%]의 저항을 사용하면 그림 3-72와 같이 저항에 대한 선택은 각각 27[kΩ]과 47[kΩ]으로 된다.

차단주파수가 700[Hz]인 2차 버터워스 VCVS 저역통과 필터를 설계한다. 콘덴서 C를 선택하기 쉬우므로 C가 0.0033[μF]인 경우 식 (3-77)과 같이 R을 계산한다.

$$R = \frac{1}{2\pi f_c C} = \frac{1}{(2\pi)(700[\mathrm{Hz}])(0.0033[\mu \mathrm{F}])}$$

$$= 68.898[\Omega](68[\mathrm{k}\Omega]\text{저항을 사용})$$

완성된 회로는 그림 3-73과 같다.

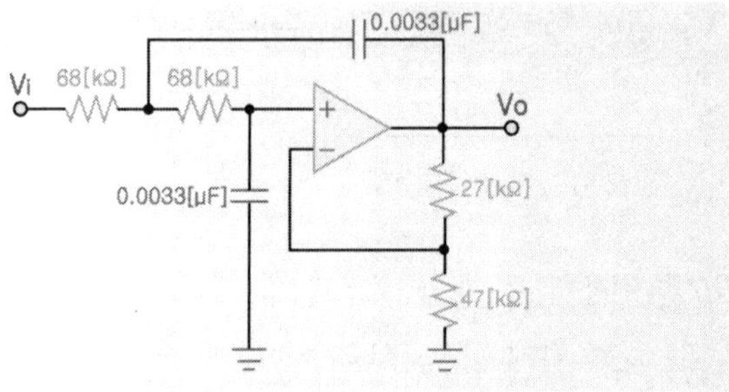

그림 3-73 ∘ RC의 값을 나타낸 동치 VCVS 저역통과 필터

6. 고역통과 필터

고역통과 필터(high-pass filter)의 일반적인 논리회로는 그림 3-74와 같고 이 필터의 특성은 다음과 같다.

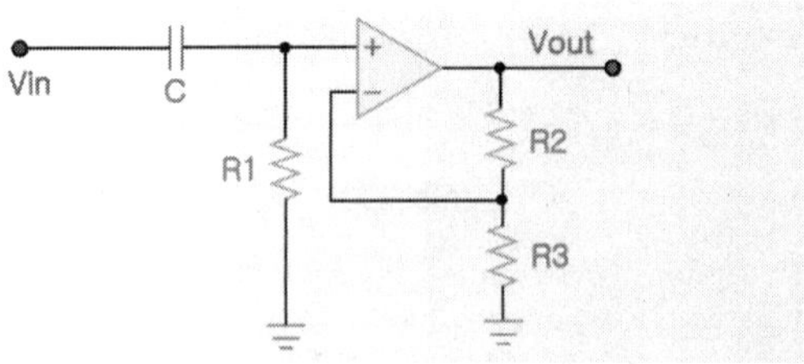

그림 3-74 ∘ 1차 고역통과 필터 논리회로

① $R-C$ 회로에서 차단주파수에 의해 저역의 신호를 차단한다.
② 고역에서는 연산증폭기 내부의 $R-C$ 회로에 의해 차단주파수 이하의 모든 신호를 통과시키지 않는다.
③ 광대역통과 필터와 같은 응용 필터에서는 증폭기 내부의 차단주파수가 확실히 크다.

기본적인 **고역통과 필터**(high-pass filter)의 주파수 응답곡선은 그림 3-75와 같다.

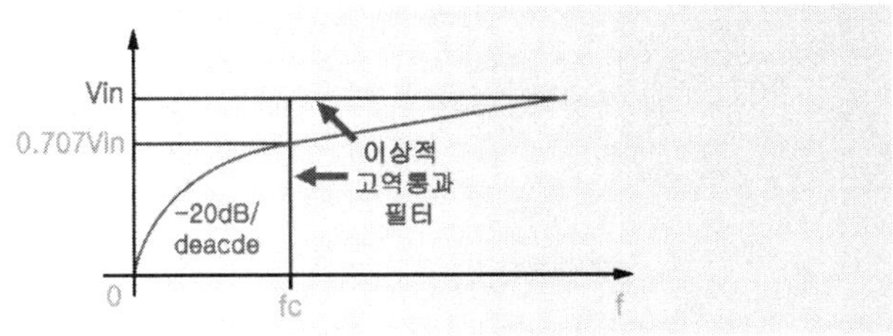

그림 3-75 ◦ 고역통과 필터의 주파수 응답

고역통과 필터의 특성은 저역통과 필터와 마찬가지로 출력이 원래의 0.707배가 되는 주파수를 차단주파수라고 하고, 차단주파수보다 큰 주파수는 통과시킨다. 단, 연산증폭기의 특성상 대역폭이 한정되어 있기 때문에 매우 높은 고주파로 가면 다시 이득이 감소하게 되므로 매우 넓은 대역에서 볼 때는 대역통과 필터의 특성을 지닌다. 기본적인 고역통과 필터는 하나의 저항과 하나의 콘덴서로 이루어진 1차 능동 필터이다.

7. 2차 VCVS(전압제어-전압원) 고역통과 필터

2차 고역통과 필터는 VCVS(Voltage-Controlled-Voltage-Source) 회로이며, 그림 3-76과 같다.

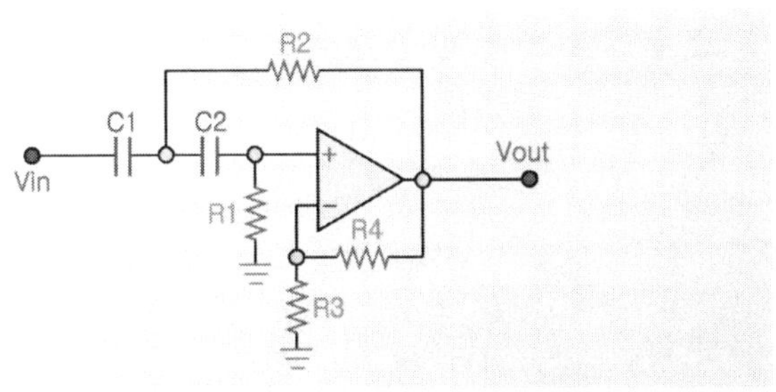

그림 3-76 ◦ 2차 VCVS 고역통과 필터 회로

그림 3-74의 회로에 대한 주파수를 결정하는 저항과 콘덴서의 위치를 서로 바꾸면 그림 3-76과 같은 2차의 동치소자 VCVS 고역통과 필터를 나타내게 된다. 저역통과의 해석과 마찬가지로 차단주파수 $f_c = \dfrac{1}{2\pi RC}$으로 주어지고, 고역통과라는 특성을 제외하고는 모든 특성은 2차 저역통과 필터와 동일하다.

8. 대역통과 필터

대역통과 필터(band-pass filter)는 그림 3-77과 같이 낮은 차단주파수와 높은 차단주파수 사이의 모든 신호는 통과시키고, 그 이외의 신호는 통과시키지 않는다.

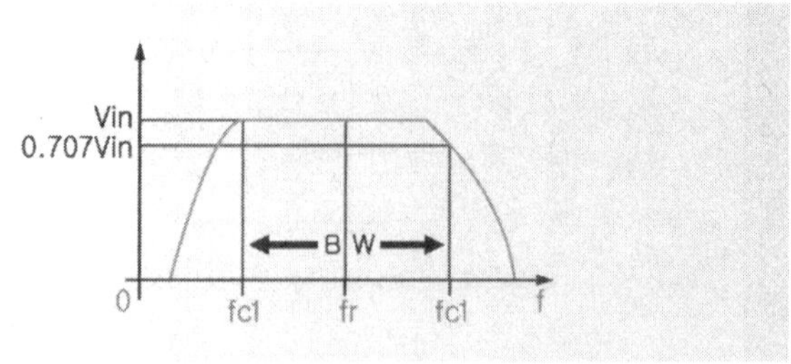

그림 3-77 • 대역통과 필터의 주파수 특성

이와 같이 주파수대역만 정확하게 골라내는 대역통과 필터는 상당히 중요한 역할을 수행한다. 즉, 대역통과 필터는 시스템마다 사용해야 할 주파수가 정확히 정해져 있으므로 주파수를 제한시켜 주는 역할을 한다. 이러한 특성 때문에 매우 다양한 형태의 필터로 구현되고 많은 최신기술에서 이용되고 있으며, 필터 중에서 가장 많이 사용된다.

이러한 대역통과 필터를 만드는 방법으로는 그림 3-78과 같이 고역통과 필터와 저역통과 필터를 연결하여 각각의 특성을 이용하여 주파수를 제한하는 방법이 있다.

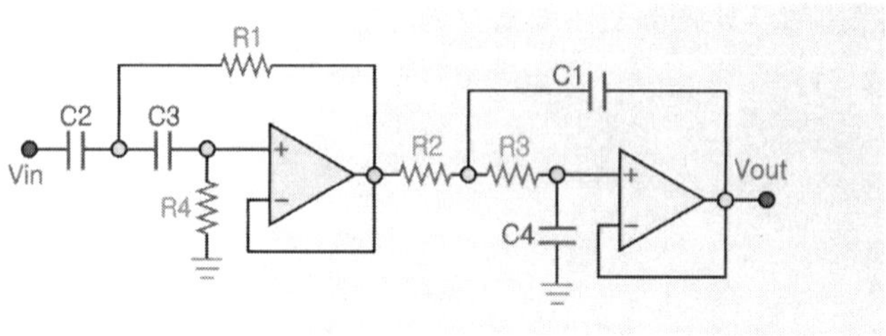

그림 3-78 • 고역통과 필터와 저역통과 필터를 직렬연결한 대역통과 필터 회로

또한 이 방법 외에 하나의 연산증폭기를 사용하는 방법으로 그림 3-79의 논리회로를 사용하는 방법이 있다.

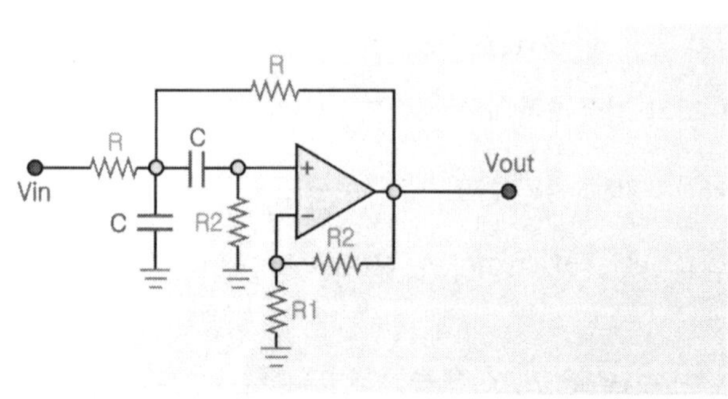

그림 3-79 • 하나의 연산증폭기를 이용한 대역통과 필터 논리회로

9. 다중 피드백 대역통과 필터

기본적인 **다중 피드백 대역통과 필터**(multiple feedback bandpass filter)는 QS가 약 10 이하가 적합하다. 그림 3-80와 같이 피드백 경로가 하나 더 추가되므로 이것이 다중 피드백이다.

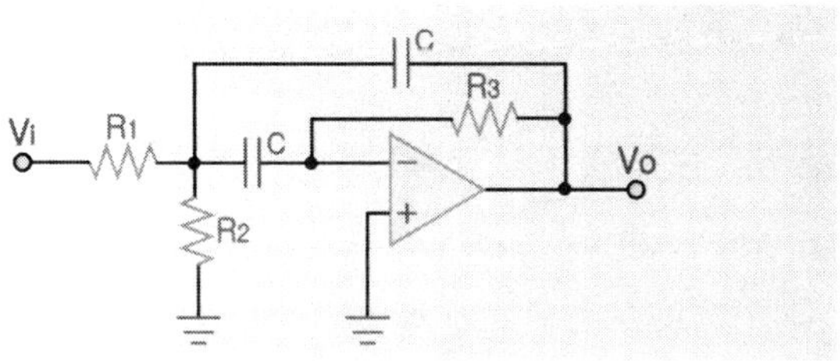

그림 3-80 • 다중 피드백 대역통과 필터

즉, OP-Amp의 입력은 반전단자에 연결된다. 이 회로에 대해서 중심 주파수는 식 (3-78)에서 결정된다.

$$f_o = \frac{1}{2\pi C}\left[\frac{1}{R_3}\frac{R_1+R_2}{R_1R_2}\right]^{\frac{1}{2}} \tag{3-78}$$

그러나 3개의 저항 결정은 식 (3-79)에 의해 구해진다.

$$R_1 = \frac{Q}{2\pi f_o G_o C},\quad R_2 = \frac{Q}{2\pi f_o C(2Q^2 - G_o)},\quad R_3 = \frac{Q}{\pi f_o C} \tag{3-79}$$

그러나 식 (3-79)를 합성하면 식 (3-80)과 같다.

$$G_o = \frac{R_3}{2R_1}h \tag{3-80}$$

한편 식 (3-79)의 분모 때문에 G_o와 Q 사이에 상호관계로써 식 (3-81)과 같다.

$$Q > (G_o/2)^{1/2} \tag{3-81}$$

일반적으로 C에 대한 적당한 값을 선정한 후에 Q, G_o와 f_o에 대한 필요조건에 바탕을 두는 3개의 저항에 필요한 값을 계통적으로 계산한다.

그림 3-79의 회로에 대하여 중심 주파수와 이득이 각각 750[Hz], 1.32이고, Q가 4.2인 필터 회로를 설계한다. 먼저 0.01[μF]의 C값을 선정하고 R_1, R_2, R_3의 저항은 식 (3-79)에서 계산된다.

$$R_1 = \frac{Q}{2\pi f_o G_o C} = \frac{(4.2)}{(2\pi)(750[\mathrm{Hz}])(1.32)(0.01[\mu\mathrm{F}])} = 67.6\,[\mathrm{k}\Omega]\,(68[\mathrm{k}\Omega])$$

$$R_2 = \frac{Q}{2\pi f_o C(2Q^2 - G_o)} = \frac{(4.2)}{(2\pi)(750[\mathrm{Hz}])(0.01[\mu\mathrm{F}])[(2)(4.2)^2 - 1.32]}$$
$$= 2.6\,[\mathrm{k}\Omega]\,(2.7[\mathrm{k}\Omega])$$

$$R_3 = 2R_1 G_o = (2)(67.6[\mathrm{k}\Omega])(1.32) = 178[\mathrm{k}\Omega]\,(180[\mathrm{k}\Omega])$$

완성된 회로는 그림 3-81과 같다. 이 회로에 대한 하나의 장점은 중심 주파수 f_o가 저항 R_2를 새로운 값 R_2'로 바꿈으로써 새로운 주파수 f_o'로 쉽게 변경할 수 있다. 이 방법으로 중심 주파수의 이득과 대역폭은 일정하게 유지된다. R_2에 대한 새로운 값은 식 (3-82)와 같다.

$$R_2' = R_2 \left(\frac{f_o}{f_o'} \right)^2 \tag{3-82}$$

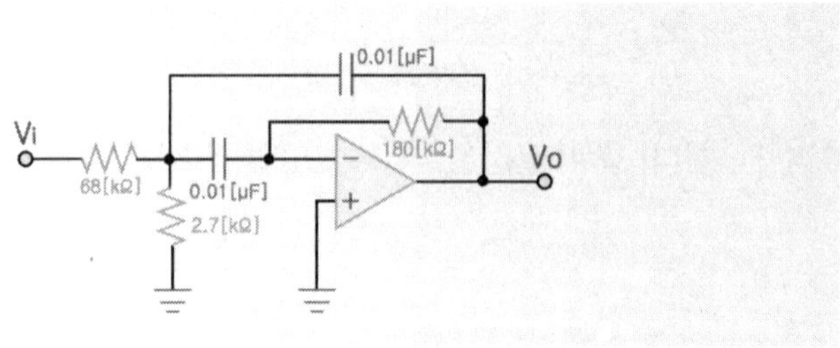

그림 3-81 ◦ 750[Hz] 대역통과 필터

750[Hz]를 600[Hz]의 중심 주파수로 변화시킨다. 중심 주파수를 750[Hz]에서 600[Hz]로 변화시키기 위해서 새로운 저항 R_2'는 다음과 같다.

$$R_2' = 2.7[\mathrm{k}\Omega]\left(\frac{750\,[\mathrm{Hz}]}{600\,[\mathrm{Hz}]} \right)^2 = 4.2\,[\mathrm{k}\Omega]\,(4.3[\mathrm{k}\Omega])$$

10. 대역저지 필터

대역저지 필터(band-rejection filter, notch filter)의 기본 논리회로는 그림 3-82와 같으며, 대역통과 필터가 합 증폭기에 연결되어 있는 상태이다. 대역통과 필터의 출력이 반전된 후에 합 증폭기에 피드백되고, 입력과의 차를 증폭함으로써 대역저지 필터가 된다.

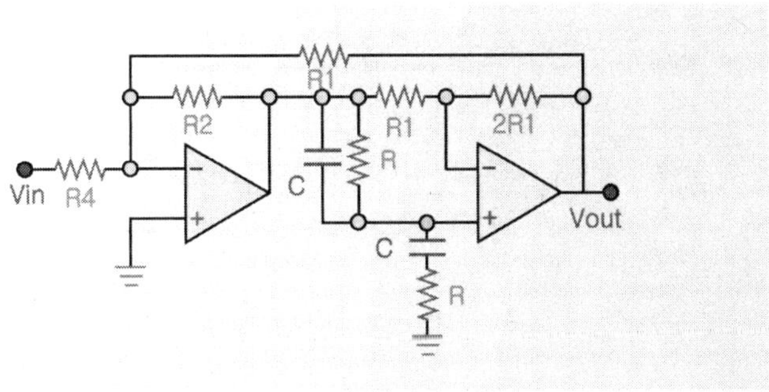

그림 3-82 ◦ 대역저지 필터 논리회로

대역저지 필터의 주파수 응답은 그림 3-83과 같다. 이 필터는 대역통과 필터와는 정반대로, 모든 주파수 대역은 잘 통과시키면서 특정 대역의 주파수만 통과시키지 않는 형태의 필터이다.

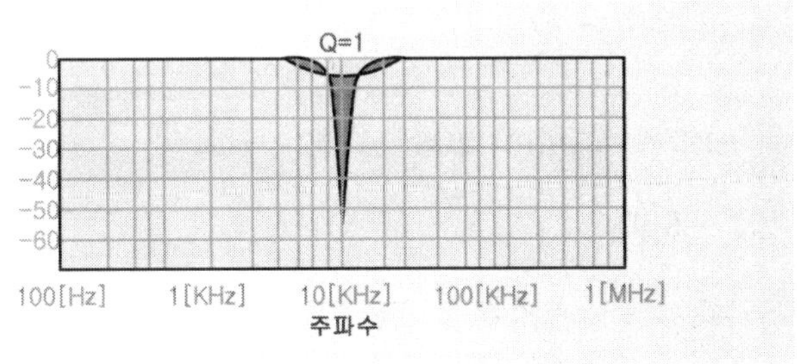

그림 3-83 ◦ 대역저지 필터의 주파수 특성

즉, 대역통과 필터와 공진형태를 정반대로 사용하는 형태로 쉽게 구성될 수 있으며, 직렬공진과 병렬공진을 잘 배치하고 조합하여 구현할 수 있다. 대역저지 필터의 이러한 특성 때문에 주로 특정 주파수의 유입만 차단하기 위해 사용되며, 원하는 주파수 대역만을 골라서 제거함으로써 **생체신호에서 전원잡음을 제거하는 회로**에 많이 사용된다.

11. 상태변수(만능) 필터

3개의 OP-Amp를 결선하여 동시에 2차 저역통과와 고역통과 그리고 대역통과 필터의 출력을 얻을 수가 있다. 이러한 필터는 그림 3-84와 같고, 이것을 상대변수 필터(state variable filter) 혹은 만능 필터라고 한다. 회로에서 볼 수 있듯이 기본적으로 하나의 차동증폭기(A_1)와 동일한 두 개의 적분기(A_2와 A_3)로 구성된다.

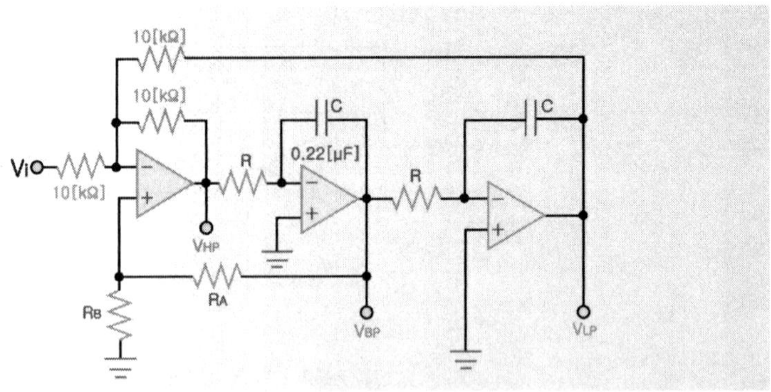

그림 3-84 • 상태변수(만능) 필터

이러한 필터에 대해서 중심 주파수와 차단주파수는 식 (3-83), (3-84)에 의해서 주어지는 것과 같이 동일한 값이 된다.

$$f_o \text{ 또는 } f_c = \frac{1}{2\pi RC} \tag{3-83}$$

필터의 Q는 저항 R_A와 R_B에 의해서 결정된다.

$$R_A = (3Q-1) \tag{3-84}$$

저역통과와 고역통과 출력에 대한 통과대역의 이득은 1이다. 대역통과 출력에 대해서는 중심 주파수의 이득은 Q의 값과 같게 된다.

이러한 회로가 저역통과와 고역통과의 두 출력에 대한 2차 응답을 가질 때 이 회로는 3개의 모든 출력을 동시에 얻을 수 있는 최적의 성능을 갖지는 못한다.

저역통과나 고역통과 버터워즈 응답 중에 어느 하나에 대해서 Q는 0.707과 같아야 한다. 결과적으로 대역통과 응답은 제대로 나오지 않는다. 비록 2차 3[dB] 체비세프 필터의 응답에 대해서 Q 는 1.3으로서 그것은 적절한 응답이 되지 못한다. 2차 버터워즈 저역통과, 고역통과 응답($Q=0.707$) 혹은 높은 Q의 대역통과 응답 중에서 하나를 설계하여야 한다.

그림 3-84의 회로를 이용하여 중심 주파수가 60[Hz], Q의 값이 약 50인 상태변수 필터를 설계한다. 식 (3-83)을 이용하여 C를 0.22[μF]로 선택하면 R은

$$R' = \frac{1}{2\pi f_o C} = \frac{1}{(2\pi)(60[\text{Hz}])(0.22[\mu\text{F}])} = 12{,}057[\Omega](12[\text{k}\Omega])$$

이 된다. Q가 50이므로 R_A와 R_B는 식 (3-84)에서 구해진다.

$$R_A = (3Q-1)R_B = [(3)(50)-1]R_B = 149R_B$$

따라서 R_A는 R_B의 149배 이상이 된다. 만일 R_B가 1[kΩ]이면 R_A는 149[kΩ]으로, 실제의 값은 150[kΩ]의 저항을 사용할 수 있다. 완성된 회로는 그림 3-85와 같다.

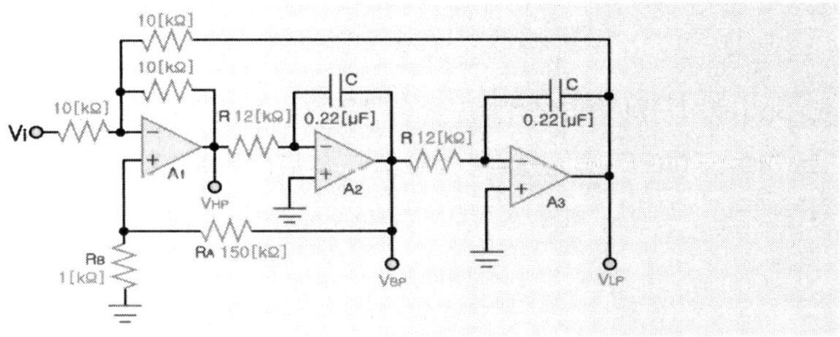

그림 3-85 ◦ 중심 주파수 60[Hz], Q가 50인 상태변수(만능) 필터

12. 대역소거 필터(notch filter)

상태변수 필터의 장점은 그림 3-86의 저역통과, 고역통과의 출력을 동시에 똑같이 얻을 수 있다는 점이다. 그래서 노치 혹은 대역소거 필터를 만들 수가 있다. 이러한 필터는 음향신호에 60[Hz]의 험(hum)의 존재를 최소화하는 데 매우 유용하다. 필요한 것은 그림 3-86과 같이 동일 이득을 가지는 두 입력 가산기 회로이다.

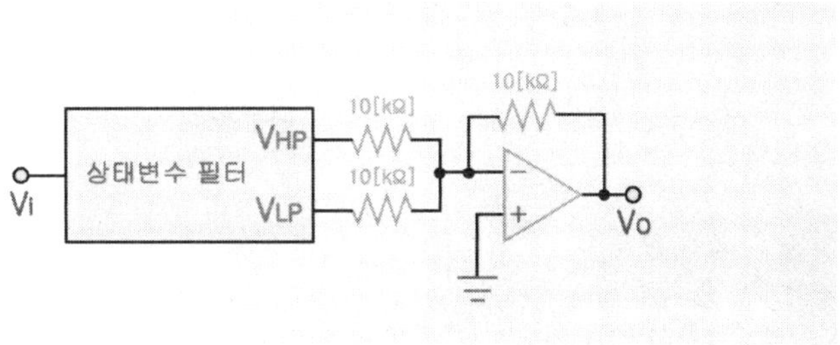

그림 3-86 ◦ 상태변수 대역소거 필터

08 전력증폭기(Power Amplifier)

여러 증폭단의 전압이득을 거치면 신호의 스윙은 부하선 전체를 사용하게 된다. 전압이득 이후의 이득은 전류이득이어야 한다. 다만 증폭기의 최종 증폭단에서는 전압이득보다 전력이득을 중요시 한다. 이런 마지막 증폭단에서는 부하저항이 작아지기 때문에 컬렉터 전류가 커지게 된다.

① 전력증폭기의 기능 : 외부의 부하(스피커 : 8[Ω], 안테나 등)에 신호출력을 공급하는 증폭기로써 부하를 구동시키기 위하여 출력 레벨이 높아야 한다. 또한 일반적으로 외부의 부하는 그 저항이 낮다.

② 전력증폭기의 출력 임피던스 : 전원저항의 역할을 하므로 최대전력 전달조건을 만족시키기 위하여 일반적으로 낮아야 한다. 즉 부하에 높은 전압과 큰 전류를 공급해야 되기 때문에 전력증폭기의 출력 임피던스는 상대적으로 낮아야 함을 의미한다. 그 이유는 최대전력 전달조건에 의하면 부하저항이 전원저항과 같아야 하고, 일정한 전압에 대하여 부하저항을 낮추어 주면 더 많은 전력이 부하에 전달되기 때문이다.

③ 전력증폭기에서는 효율이 중요하며, 효율이 높은 증폭기는 많은 전력을 부하에 공급하게 된다. 전력증폭기는 바이어스 레벨(Q점)의 위치에 따라 일반적으로 4가지 등급(A급, AB급, B급, C급)으로 구분된다. 증폭기의 동작점은 그림 3-87과 같다.

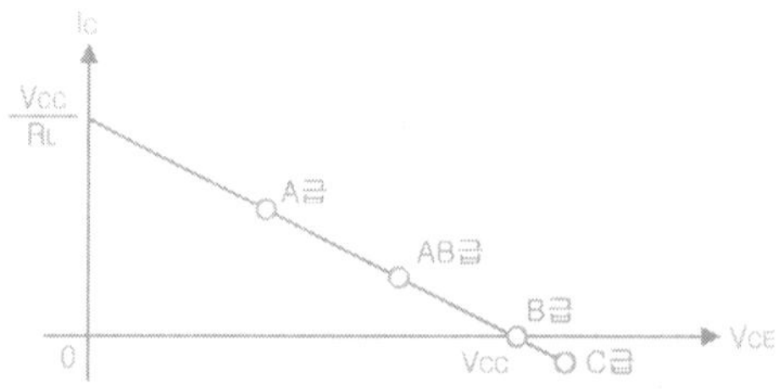

그림 3-87 • 증폭기의 동작점

1. A급 전력증폭기

증폭기의 구성방식이 공통 이미터이거나, 공통 컬렉터 또는 공통 베이스이든 상관없이 2[π] 전 입력 사이클에 대해 직선영역에서 동작하면 A급 증폭기이다.

① 출력파형은 입력과 같은 모양의 증폭된 형태이고, 동위상 또는 [π]의 위상차를 갖는다. 모든 소신호 증폭기는 A급이며 그림 3-88과 같다.

② A급 증폭기는 동작점 Q를 출력부하선의 중앙에 위치함으로써 **유통각 $\theta = 2\pi$[rad]이 되도록 구성한 증폭기이다. 증폭기의 동작은 차단이나 포화영역을 벗어나지 않으므로 출력파형과 입력파형의 모양이 같다.**

③ 1개의 트랜지스터가 교류신호원의 전 주기를 모두 증폭하기 위해서 Q점의 위치선정에 신중하고, 최대동작을 위해서는 교류 부하선상의 중앙에 Q점이 위치하고, A급 전력증폭은 정해진 동작영역 내에서 **교류의 전 주기를 증폭해야 하므로 효율이 최대 25[%]로 낮다.**

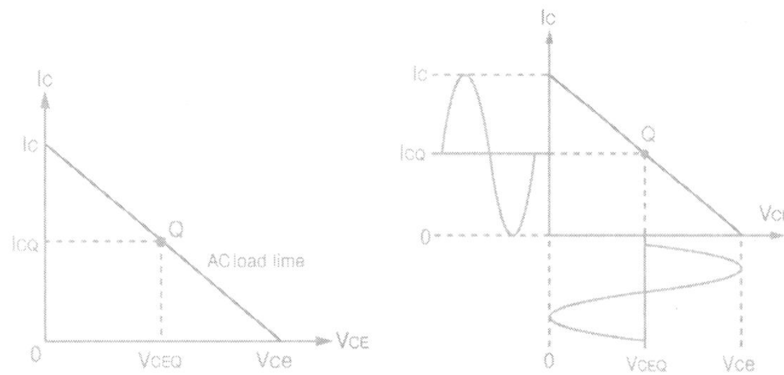

(a) A급 증폭기 출력 측의 동작

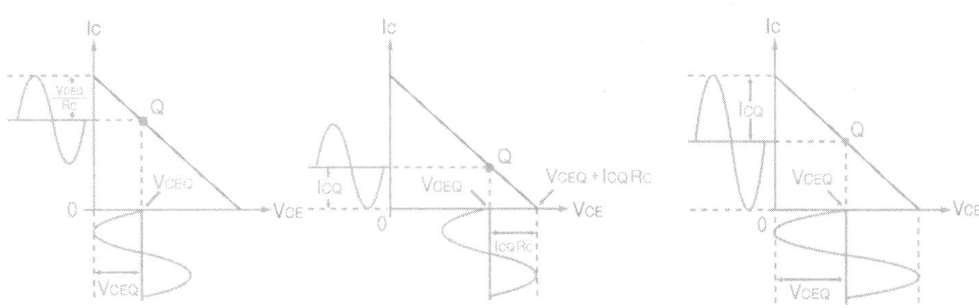

포화영역에 의한 제한　　차단영역에 의한 제한　　중앙에 위치한 Q점

(b) A급 증폭기의 출력전압의 진폭제한

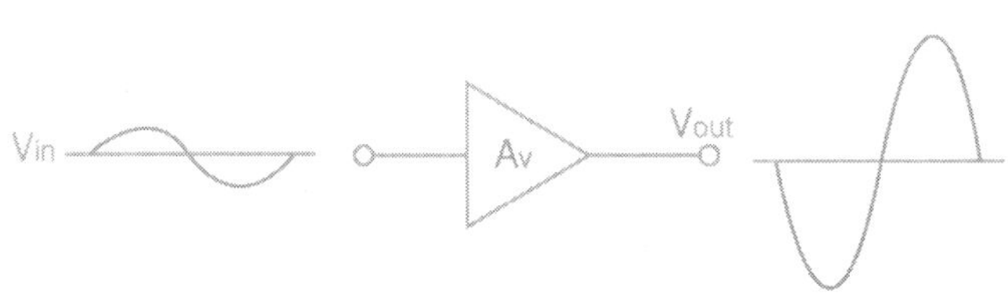

(c) A급 증폭기(반전)

그림 3-88 ◦ A급 증폭기

④ A급 증폭기의 전력효율 : 증폭기의 효율은 교류 출력전력과 직류 입력전력과의 비이다.

㉠ 직류 입력전력 : 직류 전원 전압과 전원으로부터 흐르는 전류의 곱의 비이며 식 (3-85)와 같다.

$$P_{DC} = V_{CC} I_{CC} = 2 V_{CEQ} I_{CQ} \tag{3-85}$$

㉡ 교류 출력전력(중앙에 위치한 Q점) : Q점이 중앙에 있으면 컬렉터 전류의 최대 진폭은 I_{CQ}이고 컬렉터-이미터 전압의 최대 진폭은 V_{CEQ}이다. 따라서 출력은 식 (3-86)과 같다.

$$P_{out} = \frac{V_{CEQ} I_{CQ}}{\sqrt{2}} = 0.5\, V_{CEQ} I_{CQ} \tag{3-86}$$

㉢ 전력효율 : 증폭기의 효율은 교류 출력전력과 직류 입력전력과의 비이다. 직류 입력전력은 직류전압과 전원으로부터 흐르는 전류와의 곱이다. 교류 출력전력과 직류 입력전력의 비를 식 (3-87), (3-88)과 같다.

$$\eta_{max} = \frac{\text{교류 출력전력}}{\text{직류 입력전력}} = \frac{P_{out}}{P_{DC}} \tag{3-87}$$

$$\eta = \frac{P_{out}}{P_{DC}} = \frac{0.5\, V_{CEQ}\, I_{CQ}}{2\, V_{CEQ}\, I_{CQ}} = 0.25 \tag{3-88}$$

즉, 효율은 25[%]이며 A급 증폭기로부터 얻을 수 있는 최대효율이며 Q점이 교류 부하선의 중앙에 있을 때만 최대효율에 접근할 수 있다.

㉣ 대신호 부하선의 동작에 대한 기본식은 식 (3-89)와 같다.

$$I_{C(sat)} = I_{CQ} + \frac{V_{CEO}}{R_C} \tag{3-89}$$

㉤ 컬렉터-이미터의 교류 차단 전압값은 식 (3-90)과 같다.

$$V_{ce\,(cut\,off)} = V_{CEQ} + I_{CQ} R_C \tag{3-90}$$

㉥ 공통 이미터 대신호 증폭기의 전압이득은 식 (3-91)과 같다.

$$A_v = \frac{R_C}{r'_e} \tag{3-91}$$

2. B급 증폭기

신호가 없는 상태에서 트랜지스터에 전류가 흐르지 않도록 바이어스되어 있으며, 정현파 신호를 인가할 때 반주기 π만큼 전류가 흐르도록 설계된 증폭기이다. B급 증폭기는 그림 3-89와 같다.

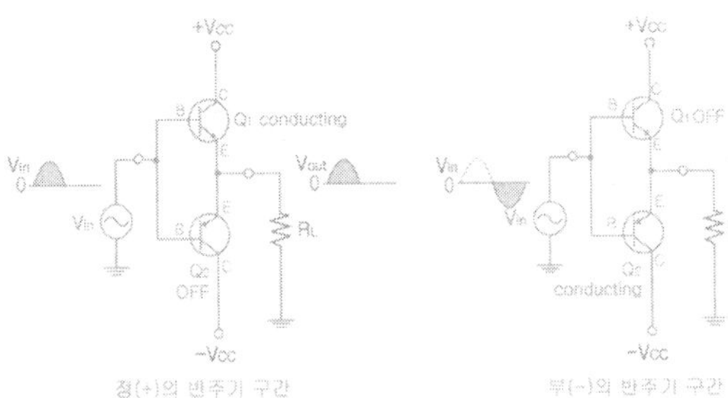

(a) B급 증폭기 푸시풀 증폭회로

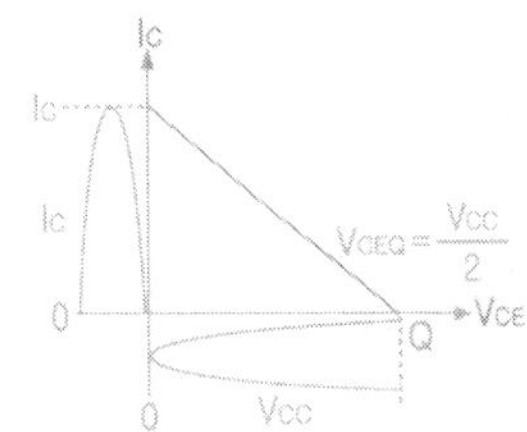

(b) B급 증폭기 푸시풀 증폭기의 동작

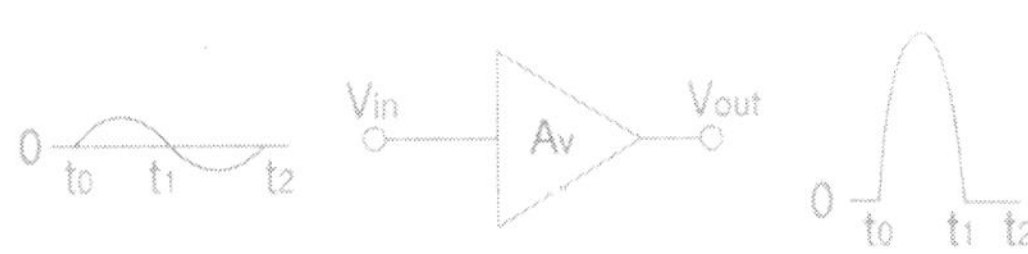

(c) B급 증폭기(반전)

그림 3-89 ◦ B급 증폭기

① Q점이 차단점에 위치하고 있으며, 입력신호의 π에 대하여 선형 동작을 하며 나머지 π에 대하여 차단되므로 입력파형을 제대로 구현하기 위해서는 푸시 풀(push-pull) 증폭기로 구성한다.

② B급 증폭기는 차단점 근처에서 바이어스된다.

③ 트랜지스터는 입력 사이클의 일부 구간에서만 turn-on되며, B급 증폭기는 매우 효율이 높지만 선형적이지 못하다.

④ B급 증폭기는 완전한 출력 스윙을 제공하기 위하여 2개의 트랜지스터가 사용된다.

3. AB급 증폭기

AB급 증폭기는 활성영역에서 약하게 바이어스된다. AB급 증폭기는 그림 3-89와 같다.

① 트랜지스터는 입력 사이클의 일부 구간에서만 turn-on 된다. 그러나 B급 증폭기보다 좀 더 선형적이고 A급 증폭기보다 더 효율적이다. π보다 약간 더 많은 영역에서 동작이 되도록 바이어스되어 있다.

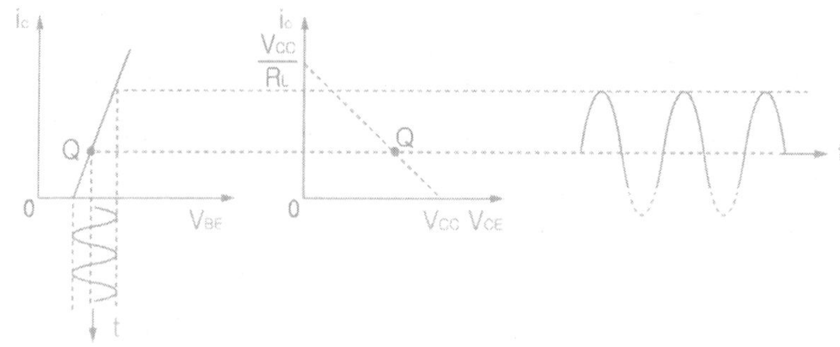

그림 3-90 ◦ AB급 증폭기

② A급 증폭기에 비하여 B급을 사용하나 AB급 증폭기의 효율이 높은 장점을 가지고 있다.

4. C급 증폭기

C급 증폭기는 차단점에서 깊숙히 바이어스되며 트랜지스터는 입력 사이클의 매우 작은 부분에서만 turn-on된다.

① C급 증폭기는 그림 3-91과 같이 π보다 훨씬 작은 곳에서 도통할 수 있도록 바이어스되어 있다.

② C급 증폭기는 A급 또는 B급보다 증폭도가 더 높다. 이것은 C급 동작으로부터 더 큰 출력전력을 얻을 수 있다. C급 증폭기는 출력파형이 왜곡되므로 통상 고조파 동기 증폭기(turned amplifier) 같은 데이터만 한정적으로 응용된다.

③ 정현파 신호의 입력에 대하여 반주기 이하의 출력을 얻는 방식으로, π 미만에서 도통될 수 있도록 바이어스되어 있다.

④ C급 증폭기의 효율이 가장 좋지만 출력파형이 심하게 일그러지는 현상으로 인해 C급 증폭기는 발진기와 고주파 동조증폭기에만 사용한다.

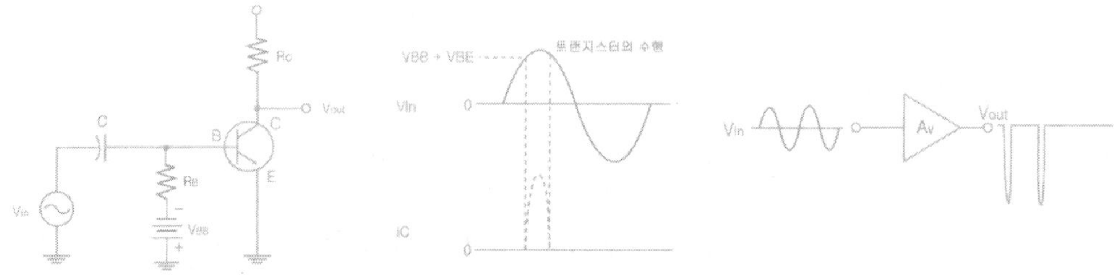

(a) C급 증폭기 회로 (b) 입력전압과 출력전력의 파형 (c) C급 증폭기(반전)

그림 3-91 ◦ C급 증폭기회로

09 발진의 원리(Oscillation Principles)

1. 발진조건과 주파수 안정

(1) 발진회로

증폭회로에서 이득과 위상이 정확하게 정궤환(+)이 되면 외부의 입력신호 없이 출력신호가 나타나게 된다. 이와 같은 작용을 이용하여 전기적 진동을 발생시키는 회로를 발진회로라 하며, 외부 전력공급으로부터 직류에너지를 교류 에너지로 변환하는 회로이다.

직류전원만으로 일정한 진폭과 주파수의 정현파나 비정현파의 전기적인 진동을 계속 일으킬 수 있고, 입력신호가 반복적으로 들어오지 않아도 정현파나 비정현파의 출력을 발생시킨다. 자신의 입력신호 공급을 정궤환에 의해 할 수 있도록 변형되었고, 외부전원의 도움 없이 회로 스스로가 교류파형을 발생하며 능동소자로 이루어진 증폭회로와 수동소자로 이루어진 궤환회로이다. 발진(oscillator)회로 블록선도는 그림 3-92와 같다.

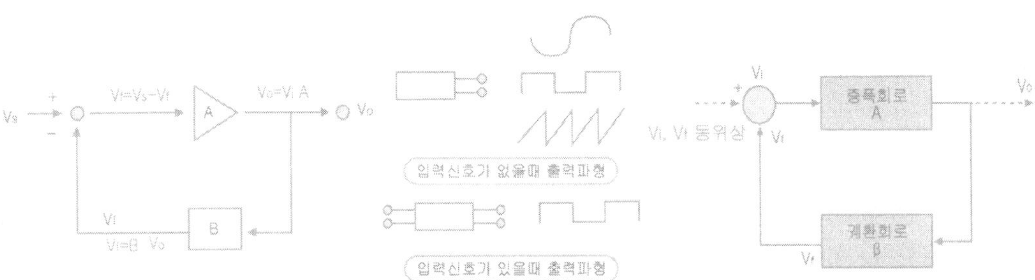

그림 3-92 ◦ 발진회로 블록선도

(2) 발진의 조건

외부로부터 입력이 없어도 자체적으로 전기적 진동을 계속하기 위해서 정궤환 회로를 사용하여야 한다. 기본 증폭기 궤한회로는 그림 3-93과 같다.

① 증폭기의 위상조건 : 입력 V_{in}과 출력 V_{out}가 동위상이 되어야 한다.

② 발진회로의 증폭도는 식 (3-92)과 같다.

$$A_f = \frac{V_o}{V_s} = \frac{A}{1 - BA} \tag{3-92}$$

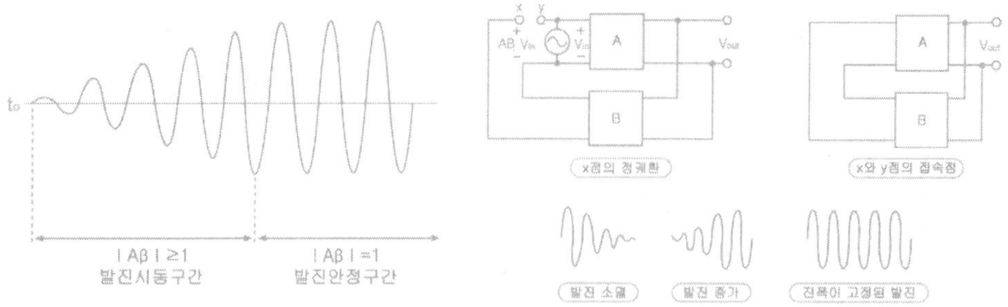

그림 3-93 • 기본 증폭기 궤한회로

㉠ $|1+BA| > 1$, $A_f < A$: 부궤환회로로서 증폭기로 이용한다.

㉡ $|1+BA| < 1$, $A_f < A$: 정궤환회로로서 발진기로 이용한다.

③ 발진회로의 이득조건

Loop 이득의 위상은 0 또는 2[π]의 정수배가 되어야 입력신호와 궤환신호의 위상은 동상이 되어 정궤환이 되므로 Barkhausen의 위상조건을 만족한다. B와 A가 복소수인 경우 허수부(imaginary part)는 0이 되는 경우를 위상조건이라 한다.

④ Barkhausen 발진조건

증폭기에서 출력의 일부를 정궤환시켜서 궤환된 신호의 크기와 위상을 입력신호와 동일하게 하면($|A\beta| = 1$) 연속적으로 입력신호와 같은 안정된 진폭의 출력신호를 얻을 수 있다.

㉠ 발진조건 : $|A\beta| = 1$이다.

㉡ 발진의 시동조건 : $|A\beta| \geq 1$이다.

㉢ 발진의 소멸조건 : $|A\beta| \leq 1$이다.

⑤ 발진회로의 발진원리

정궤환 발진기를 그림 3-94에 나타내었다.

㉠ 발진하기 위해서 X_1, X_2, X_3 : 리액턴스 소자(인덕턴스와 커패시턴스)이다.

㉡ $X_1 + X_2 + X_3 = 0$인 조건을 만족하면 발진주파수가 결정된다.

㉢ X_1과 X_2 : 리액턴스 성분 중 동일성분이어야 한다.

㉣ X_3 : 상대 리액턴스 성분이어야 한다.

㉤ 정궤환 소자 : X_1이 된다.

㉥ 발진회로의 발진원리는 식 (3-93)과 같다.

$$A_f = \frac{V_o}{V_s} = \frac{A}{1-BA},\ (1-BA)=0 \tag{3-93}$$

여기서 A : 전압증폭도, B : 궤환율이다. 즉 $BA=1$이면 A_f는 ∞가 되므로 이것은 외부 입력이 없어도 궤환신호에 의해 지속적으로 출력이 발생하여 발진한다.

⑥ 발진회로의 증폭도는 식 (3-94)와 같다.

$$A_f : A_f = A/(1-\beta A) \tag{3-94}$$

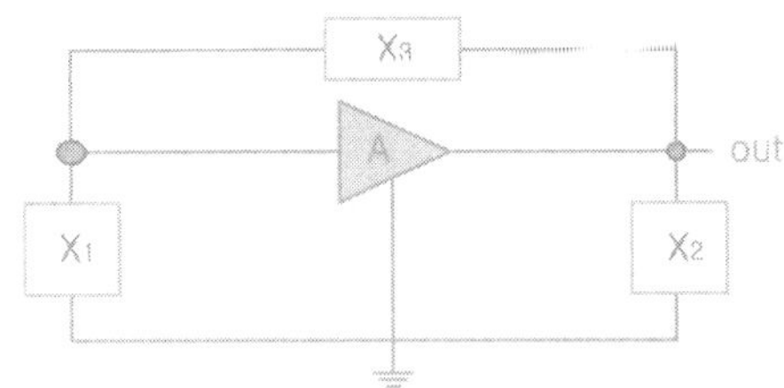

그림 3-94 ◦ 정궤환 발진기

초기 발진을 위한 조건은 입력 V_i와 출력 V_f가 동위상 0[°]이면서 $|A\beta| \geq 1$이 되어야 하며, 안정된 발진 수준에 도달하면 $A\beta$는 A 또는 β의 감소로 1까지 감소된다.

(3) 발진회로의 주파수 변화 및 안정

표 3-6 ◦ 발진회로의 분류

주파수 변화요인	안정대책
전원전압의 변동	정전압 전원회로를 사용한다.
부하의 변동	발진부와 부하간 완충 증폭회로를 삽입한다.
주변 온도변화	온도보상회로나 항온조를 사용한다.

2. 각종 발진회로와 특성

(1) 발진회로의 종류

표 3-7 • 발진회로의 분류

<table>
<tr><td rowspan="11">정형파 발진기</td><td rowspan="5">LC 발진기</td><td rowspan="3">동조형 발진기</td><td>컬렉터 동조형 발진기</td></tr>
<tr><td>베이스 동조형 발진기</td></tr>
<tr><td>이미터 동조형 발진기</td></tr>
<tr><td rowspan="2">3소자형 발진기</td><td>Hartley 발진기</td></tr>
<tr><td>Colpitts 발진기</td></tr>
<tr><td rowspan="3">RC 발진기</td><td>Wienbridege형 발진기</td><td></td></tr>
<tr><td rowspan="2">이상형 발진기</td><td>고역통과형 발진기</td></tr>
<tr><td>저역통과형 발진기</td></tr>
<tr><td rowspan="3">수정발진기</td><td rowspan="2">조정을 요하는 수정발진기</td><td>Hartley 수정발진기
(Pierce $B-E$ 회로)</td></tr>
<tr><td>Colpitts형 수정발진기
(Pierce $B-C$ 회로)</td></tr>
<tr><td>무조정 수정발진기</td><td></td></tr>
<tr><td rowspan="3">비정형파 발진기</td><td>Multivibrator</td><td rowspan="5" colspan="2"></td></tr>
<tr><td>Blocking 발진기</td></tr>
<tr><td>톱니파 발진기</td></tr>
<tr><td rowspan="2">특수한 발진기</td><td>무저항형 발진기</td></tr>
<tr><td>음차 발진기</td></tr>
</table>

(2) 발진회로의 주파수 변화 및 안정

1) LC 발진기

발진주파수를 결정하는 요소로 LC 공진을 이용한다. 정현파에 가까운 파형을 얻을 수 있으며, 주파수 정밀도가 RC 발진회로보다 안정적이다.

2) 정현파 동조형 발진기

① 특정 주파수만 증폭시키는 회로로 그 출력일부를 정궤환시키는 발진기로 LC 값에 의해 발진한다.

② 변압기와 콘덴서를 이용한 공진회로에서 콘덴서 전압분배기를 이용하여 궤환전압을 발생시키는 발진회로이다.

③ 동조회로의 위치에 따라 컬렉터 동조형, 베이스 동조형, 이미터 동조형 발진기로 구분한다.

④ 정현파 동조형 발진기의 발진주파수 계산식은 식 (3-95)와 같다.

$$f = \frac{1}{2\pi\sqrt{L_1 C_1}}[\text{Hz}] \tag{3-95}$$

3) 컬렉터 동조형 발진기

단동조회로가 트랜지스터의 컬렉터에 설치된 컬렉터 동조형 발진기이다.

바이패스 커패시터에 의해 교류회로는 단락되므로 CE 증폭기이고 L_1과 L_2는 상호 인덕턴스 M으로 유도결합되어 있다. 컬렉터 동조형 발진회로는 그림 3-95와 같다.

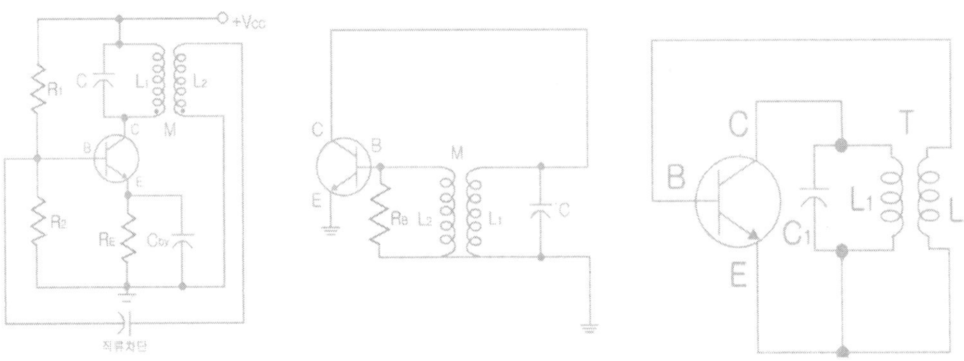

(a) 컬렉터 동조형 발진회로 (b) 교류회로(RB=R1 ∥ R2)

그림 3-95 ▪ 컬렉터 동조형 발진회로

① 변압기의 1차 권선인 인덕터 L_1은 커패시터 C_1과 탱크회로로 구성되어 있다.

② 변압기의 2차 권선인 인덕터 L_2에 의해 직류회로는 영향을 받지 못하도록 커패시터를 연결하였다.

③ 발진주파수는 탱크회로의 동조주파수로 결정한다.

④ 컬렉터 동조형 발진기의 발진주파수 계산식은 식 (3-96)과 같다.

$$f = \frac{1}{2\pi\sqrt{LC}}[\text{Hz}] \tag{3-96}$$

4) 베이스 동조형 발진기

베이스는 낮은 임피던스로 베이스와 컬렉터 사이의 위상차를 보정하기 위해서 L_1과 L_2의 권선방향을 정해야 한다. 베이스 동조형 발진기는 그림 3-96과 같다.

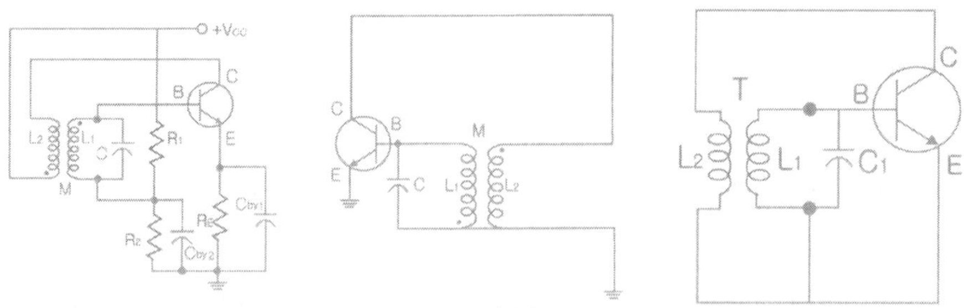

(a) 베이스 동조형 (b) 교류회로

그림 3-95 • 베이스 동조형 발진기

① L_1의 낮은 임피던스의 지점에서 단자를 내고 단동조회로에 대한 부하효과를 줄이기 위해 변성기의 1차측에 단권변압기를 사용한다.

② 단파 |상 높은 주파수의 발진에 이용한다.

③ 콘덴서로부터 출력의 일부를 입력으로 궤환하는 발진회로이다.

④ 발진주파수의 식 (3-97)과 같다. 단, $C_0 = C_1C_2/(C_1C_2)$이다.

$$f = \frac{1}{2\pi\sqrt{LC_0}} = \frac{1}{2\pi\sqrt{\frac{1}{L}\left(\frac{1}{C_1}+\frac{1}{C_2}\right)}} \,[\mathrm{Hz}] \tag{3-97}$$

5) 이미터 동조형 발진기

컬렉터 동조형, 베이스 동조형 등과 달리 발진 트랜스가 동상으로 결합되어 있다.

바이패스 콘덴서를 부착함으로써 공통 베이스회로 CB가 되고 컬렉터 전압과 이미터 전압이 동상으로 된다. 이미터 동조형 발진기는 그림 3-97과 같다.

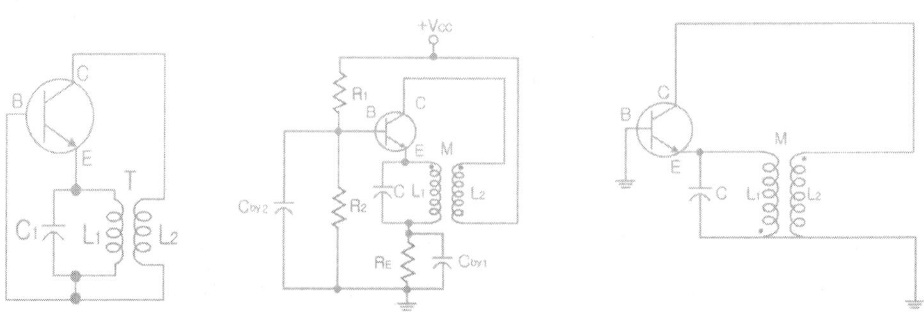

(a) 이미터 동조형 발진기 회로 (b) 교류회로

그림 3-97 • 이미터 동조형 발진기

(3) 정현파 3소자형

3개의 리액턴스를 이용하여 궤환회로를 형성하고 이 궤환회로의 L과 C로 공진회로를 구성한다. 회로는 부하의 영향이 적고 입력 임피던스나 큰 FET나 OP-Amp를 이용한 것이 유리하다. 3소자형 발진기는 그림 3-98과 같다.

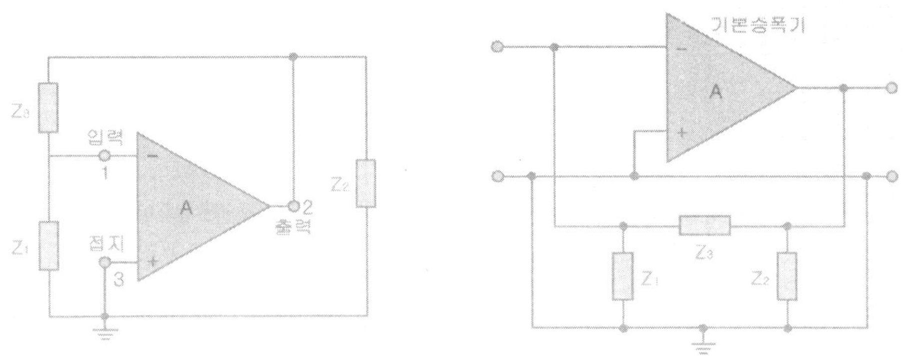

(a) 3소자 발진기 (b) 전압병렬 궤환 등가회로

그림 3-98 • 3소자형 발진기

① LC 발진기에서 Z_1, Z_2, Z_3에는 순수 리액턴스 소자, 즉 인덕턴스나 컨덕턴스를 이용한 입력 측과 출력 측 리액턴스는 같아야 한다.

② Z_1, Z_2가 커패시터이고 Z_3가 인덕턴스이면 Colpitts 발진기이다.

③ Z_1, Z_2가 인덕턴스이고 X_3가 커패시터이면 Hartley 발진기이다.

④ 지속적인 발진을 하기 위해서는 출력 측 X_2가 입력 측 X_1보다 커야 한다.

⑤ 정현파 3소자형 발진조건 : X_1, X_2, X_3가 유도성 리액턴스인 때는 정(+)이고, 용량성인 때는 부(−)이다. X_1, X_2 〉 0, X_3 〈 0이면 Hartley 발진기이고, X_1, X_2 〈 0, X_3 〉 0이면 Colpitts 발진기이다.

㉠ 정현파 3소자형의 발진주파수 조건은 식 (3-98)과 같다.

$$X_1 + X_2 + X_3 = 0 \tag{3-98}$$

㉡ 정현파 3소자형의 이득조건은 식 (3-99)와 같다.

$$h_{fe} = \frac{X_2}{X_1} \tag{3-99}$$

1) 하틀리 발진회로

바렉터 커패시터 C를 가변하면 발진주파수를 임의로 가변할 수 있고 사용 주파수대는 중파대와 단파대 영역이다. 콜피츠 발진회로 보다 낮은 주파수에서 발진하여 발진출력이 크고 정궤환요소는 인덕턴스 L이 된다. CB 하틀리 발진기는 그림 3-99와 같다.

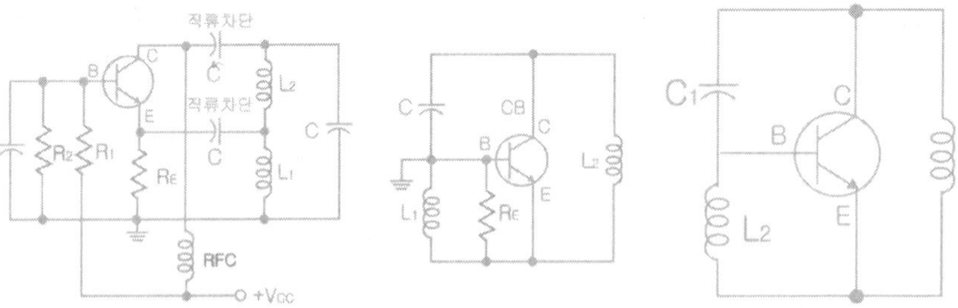

(a) CB 하틀리 발진기 회로 (b) 교류회로

그림 3-98 ▪ CB 하틀리 발진기

① 중파, 단파대 주파수의 발진에 많이 이용한다.

② 코일로부터 출력의 일부를 입력으로 궤환하는 발진회로이다.

③ 하틀리 발진회로의 발진주파수는 식 (3-100)과 같다.

$$f = \frac{1}{2\pi\sqrt{L_0\ C}}\ [\mathrm{Hz}] \tag{3-100}$$

단, $L_0 = L_1 + L_2 + 2M[\mathrm{H}]$이며, M은 $L_1 - L_2$간 상호 인덕턴스이다.

㉠ 하틀리 발진회로의 종류 : 트랜지스터형(CE, CB 및 CC형)과 FET(전계효과 트랜지스터, CS, CG 및 CD)형 등이 있다.

㉡ 하틀리 발진회로의 발진주파수는 식 (3-101), (3-102)와 같다.

$$X_1 + X_2 + X_3 = 0,\ f = \frac{1}{\sqrt{2\pi LC}},\ L = L_1 + L_2 + 2M \tag{3-101}$$

$$j\omega\,(L_1 + L_2 + 2M) + \frac{1}{j\omega C} = 0,\ \ \omega^2 = \frac{1}{C(L_1 + L_2 + 2M)}$$

$\therefore M$은 $L_1 \sim L_2$ 간의 상호 인덕턴스이다.

$Z_1 = j\omega\,(L_1 + M), Z_2 = j\omega\,(L_2 + M),\ Z_3 = \dfrac{1}{j\omega C}$가 된다.

$$f = \frac{1}{2\pi\sqrt{(L_1 + L_2 + 2M)C}}\ [\mathrm{Hz}] \tag{3-102}$$

ⓒ 하틀리 발진회로의 지속발진을 위한 **전류증폭률**은 식 (3-103)과 같다.

$$h_{fe} = \frac{1}{\omega^2 (L_2 + MC)} -, \quad h_{fe} = \frac{X_1}{X_2} = \frac{j\omega(L_1 + M)}{j\omega(L_2 + M)} \tag{3-103}$$

ⓓ 하틀리 발진회로의 이득조건은 식 (3-104)와 같다.

$$h_{fe} \geq \frac{L_1 + M}{L_2 + M} = \frac{L_1 + M}{L_2 + M} \tag{3-104}$$

2) 콜피츠 발진회로

단파 이상 높은 주파수의 발진에 이용, 콘덴서로부터 출력의 일부를 입력으로 궤환하는 발진회로이다. 출력의 일부를 콘덴서에서 뽑아내어 입력으로 되돌리는 발진회로이며, LC 발진기로 가장 널리 사용되고 있다. 트랜지스터 내에 존재하는 부유용량으로 발진주파수의 오차가 생길 수 있으며 정궤환 요소는 커패시터이다. 하틀리 발진회로보다 높은 주파수의 발진이 용이하고 고조파가 적으며 단파대에서 주로 사용하고 있다. CB 콜피츠 발진기 교류회로는 그림 3-100과 같다.

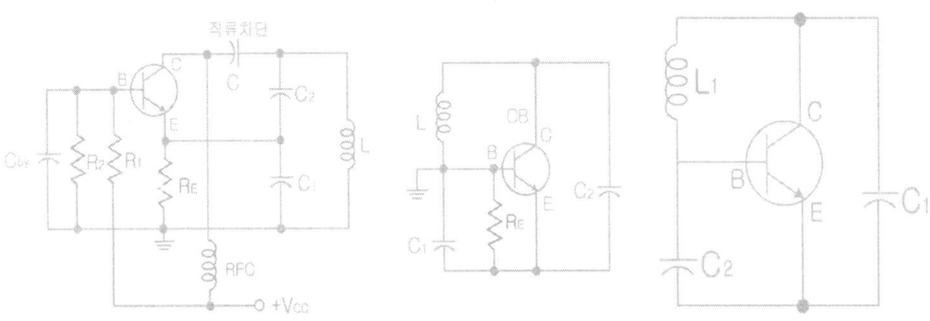

(a) CB 콜피츠 발진기 교류회로 (b) 발진기 간단 교류회로

그림 3-100 ▪ CB 콜피츠 발진기 교류회로

① 콜피츠 발진회로의 발진주파수의 식 (3-105)와 같다. 단, $C_0 = C_1 C_2/(C_1 + C_2)$이다.

$$f = \frac{1}{2\pi\sqrt{LC_0}} = \frac{1}{2\pi}\sqrt{\frac{1}{L}\left(\frac{1}{C_1} + \frac{1}{C_2}\right)}\,[\text{Hz}] \tag{3-105}$$

② 콜피츠 발진회로의 종류는 트랜지스터형(CE, CB 및 CC형)과 FET(전계효과 트랜지스터, CS, CG 및 CD)형 등이 있다.

③ 콜피츠 발진회로의 발진주파수는 식 (3-106)과 같다.

$$(f) = X_1 + X + X_3 = 0, \quad \frac{1}{j\omega C_1} + \frac{1}{j\omega C_2} + j\omega L = 0$$

$$Z_1 = \frac{1}{j\omega C_1}, \quad Z_2 = \frac{1}{j\omega C_2}, \quad Z_3 = j\omega L$$

$$f = \frac{1}{2\pi\sqrt{LC_0}}, \ C_0 = \frac{C_1 \cdot C_2}{(C_1 + C_2)}$$

$$\therefore f = \frac{1}{2\pi\sqrt{L\left(\frac{C_1 \cdot C_2}{C_1 + C_2}\right)}} \text{[Hz]} \tag{3-106}$$

④ 콜피츠 발진회로의 지속발진을 위한 전류증폭률은 식 (3-107)과 같다.

$$h_{fe} = \omega^2 L C_2 - 1 \tag{3-107}$$

⑤ 콜피츠 발진회로의 이득의 조건은 식 (3-108)과 같다.

$$h_{fe} = \frac{Z_1}{Z_2} = \frac{\frac{1}{j\omega C_1 1}}{\frac{1}{j\omega C_2}} = \frac{C_2}{C_1} \tag{3-108}$$

(4) LC 발진기의 특징

① C급으로 동작하고 발진주파수가 낮다.

② 발진주파수가 수백[MHz]이므로 고주파 발생회로에 이용된다.

③ 효율이 높으나 기생진동 등이 생기기 쉽고 일그러짐 현상이 커질 수 있다.

④ 하틀리(hartley) 발진기의 궤환요소는 유도성이고, 콜피츠(colpitts) 발진기는 용량성이다.

(5) RC 발진기

발진주파수를 결정하는 요소로 콘덴서와 저항을 이용한 발진회로이다.
정현파에 가까운 파형을 얻을 수 있으나 주파수 정밀도는 떨어진다.

1) 발진원리

① 궤환회로가 R과 C로 되어 있는 발진기를 RC 발진기라 하고 RC 발진기에는 윈 브리지 발진기와 이상형 발진기가 있다. 병렬 R형 이상발진회로는 그림 3-101과 같다.

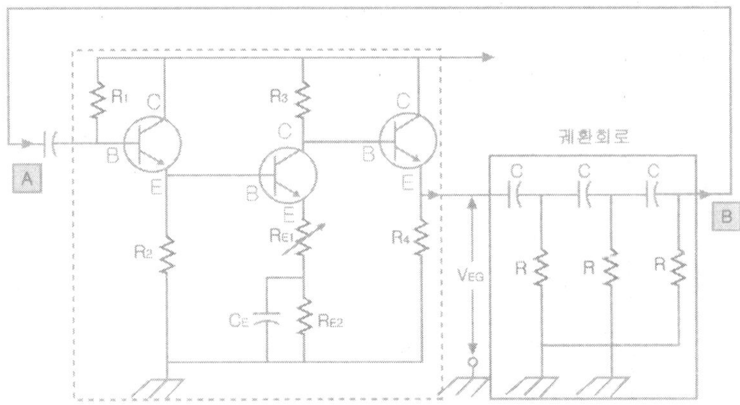

그림 3-101 ∘ 병렬 R형 이상발진회로

② LC 발진기에 비해 비교적 낮은 주파수를 얻는 데 사용되고 회로가 대형이 되는 경우가 있으며 음성주파수에서 수백[kHz]까지는 RC 발진기가 이용된다.

③ 발진주파수를 결정하는 요소는 콘덴서와 저항을 이용한 발진회로이다.

④ 정현파에 가까운 파형을 얻을 수 있으나 주파수 정밀도는 떨어진다.

2) 윈 브리지 발진회로

5[Hz]～1[Hz]범위를 갖는 저주파용 발진기이며, 상업용 오디오발진기나 그 외 저주파 응용에 많이 사용한다. 정현파 발진회로 중 대표적이고, 정궤환이 되기 위해서는 허수부가 0이 되어야 하는 조건이 있다. 증폭도가 높으면 왜곡이 많아지고, 증폭도가 낮으면 발진할 수 없는 등 증폭도에 제한이 있다. 저주파에서 정현파를 발진하므로 안정하고 출력파형이 양호하며, 소형이며, 발진주파수의 가변이 쉽다. Wien bridge형 발진기는 그림 3-102와 같다.

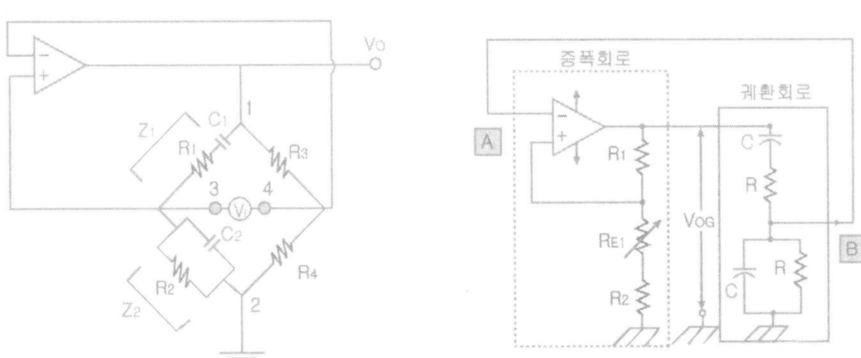

그림 3-102 ∘ 윈 브리지(Wien bridge)형 발진기

① 윈 브리지 발진회로의 발진주파수(f)는 식 (3-109)와 같다.

$$B = \frac{V_f}{V_o} = \frac{Z_2}{Z_1 + Z_2}, \ R^2 - X_c^2 = 0, \ R = X_C = \frac{1}{\omega C} = \frac{1}{2\pi f C}$$

$$1 - \omega^2 C_1 C_2 R_1 R_2 = 0, \ \omega^2 C^1 C^2 R^1 R_2 = 1, \ \omega^2 = \frac{1}{R_1 R_2 C_1 C_2}$$

$$f = \frac{1}{2\pi\sqrt{R_1 R_2 C_1 C_2}} \tag{3-109}$$

$R_1 = R_2 = R, \ C_1 = C_2 = C$라고 하면 식 (3-110)과 같다.

$$f = \frac{1}{2\pi RC} \, [\text{Hz}] \tag{3-110}$$

② 윈 브리지 발진회로의 전류증폭률은 식 (3-111)과 같다.

$$h_{fe} \geqq 3 \tag{3-111}$$

③ 윈 브리지 발진회로의 특징

㉠ Bridge : R_3, R_4와 Z_1, Z_2로 구성되고 부궤환을 이용하여 평형 브리지를 만들어 주파수 선택성을 갖는 증폭기로 궤환에 의해 정현파 발진을 한다.

㉡ R_1, R_2와 C_1, C_2가 주파수를 결정하는 소자이고 R_3, R_4가 궤환회로 일부이다. $h_{fe} \geqq 3$에서 지속적인 발진을 하며, R_3, R_4저항은 이득안정화에 중요한 역할을 한다.

㉢ 증폭기를 통한 위상편이가 생기는 등 단점이 있고 이 위상편이는 진상-지상회로의 위상편이가 더해지고 이상적인 공진주파수에서 멀리 떨어진 곳에서 공진을 발생시키는 원인이 된다.

(6) 이상형 발진기

이상형 발진기(phase shift oscilator)에서는 궤환회로에 180[°] 위상을 늦추면 정궤환이 되므로 궤환회로의 위상편이 180[°]로 되는 주파수에서 발진한다. RC 회로로 60[°]를 지상 또는 진상시켜 3단에 거쳐 180[°]의 위상을 편이(phase shift)시켜 입력과 동위상이 되게 하여 정궤환으로 발전하는 회로이다.

① 컬렉터 출력전압의 위상을 180[°] 변환하여 입력과 동위상이 되게 하여 정궤환으로 발진한다.

② 입력 임피던스가 크고 출력 임피던스가 작은 증폭회로에 이용한다.

③ 이상발진회로의 발진주파수는 식 (3-112)와 같다.

$$f = \frac{1}{2\pi\sqrt{6RC}}[\text{Hz}] \tag{3-112}$$

이상형 발진기의 RC의 위상각은 식 (3-113)과 같다.

$$\theta = \tan^{-1}\frac{X_C}{R} \tag{3-113}$$

④ 이상형 RC 발진회로의 특징

㉠ A급으로 동작하며 일그러짐이 없고 R과 C가 증가하면 발진을 정지한다.

㉡ 이득(A_V)이 -29에서 지속적인 발진을 하고 입·출력의 위상차는 180[°]의 위상을 갖는다.

㉢ 부궤환 회로가 있어서 주파수 안정도가 좋고, LC발진기에 비하여 주파수범위가 좁다.

(7) 고역통과 이상형 발진기(미분형)

반전 연산증폭기에 의해 180[°] 위상이 지연되고 이 출력이 다시 RC의 3조에 의해 180[°] 위상이 지연되어 360[°]의 위상지연이 일어나 위상조건을 만족한다. CR회로 1단위 위상편이는 90[°] 이하이므로 CR회로는 3단을 이용하며, 미분형 발진기라고도 한다. 고역통과형 발진기는 그림 3-103과 같다.

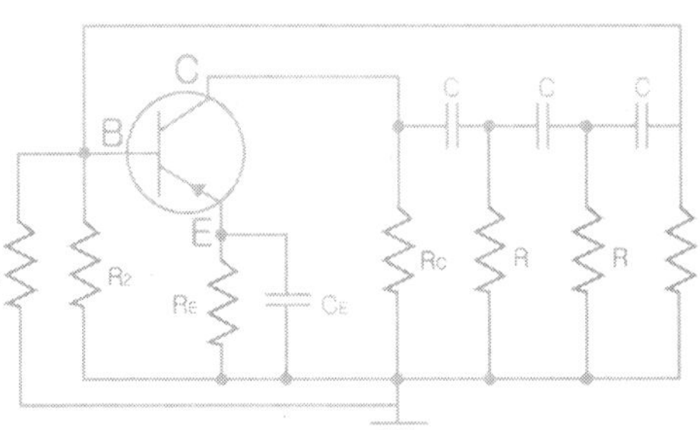

그림 3-103 ▪ 고역통과형 발진기(미분형)

① 고역통과 이상형 발진기의 발진주파수(f)는 식 (3-114), (3-115)와 같다.

$$f = 6R_2 - X_C^2 = 0,\ 6R_2 = X_C^2 = \left(\frac{1}{\omega c}\right)^2,\quad 6R^2 = \frac{1}{\omega^2 C^2},\quad \omega^2 = \frac{1}{6R^2C^2}$$

$$\therefore f = \frac{1}{2\pi RC\sqrt{6}} \tag{3-114}$$

$$V_f = -\frac{R_f}{R_1} \geqq 29,\ A_{fe} = \frac{V_o}{V_i} = 29 \tag{3-115}$$

② 고역통과 이상형 발진기의 전류증폭률은 식 (3-115)와 같다.

$$h_{fe} = \frac{V_o}{V_i} = 29 \tag{3-115}$$

(8) 저역통과 이상형 발진회로(적분형)

저역통과형 발진회로는 그림 3-104와 같다.

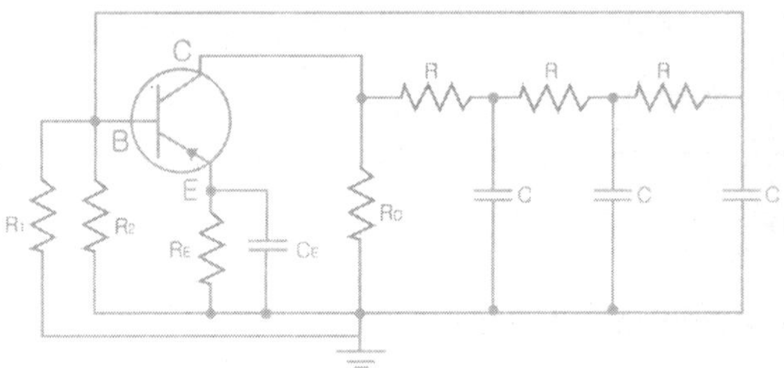

그림 3-104 ▪ 저역 통과형 발진회로(적분형)

① 저역통과 이상형 발진회로의 발진주파수 (f)는 식 (3-117)과 같다.

$$f = \frac{\sqrt{6}}{2\pi RC} \tag{3-117}$$

② 저역통과 이상형 발진회로의 전류증폭률은 식 (3-118)과 같다.

$$h_{fe} = \frac{V_o}{V_i} = 29 \tag{3-118}$$

3. 수정발진회로

(1) 수정발진의 정의

수정의 양단에 교류전압을 인가하면 공급된 전압의 주파수로 진동한다. 수정진동자에 교류전원을 가하면 압전기 효과에 의하여 수정진동자는 기계적으로 진동한다.

① 수정발진원리 : 압전효과를 이용한 발진회로이다.

② 수정진동자 : 수정편 양면에 금속전극을 부착한 수정진동자를 이용한다.

③ 수정발진의 직렬공진주파수는 식 (3-119)와 같다.

$$f_0 = \frac{1}{2\pi\sqrt{L_0 C_0}}[\text{Hz}] \tag{3-119}$$

④ 수정발진의 병렬공진주파수는 식 (3-120)과 같다.

$$f_0 = \frac{1}{2\pi\sqrt{L C_p}}[\text{Hz}] \tag{3-120}$$

⑤ Piezo effect란 수정편에 전기적 진동을 가하면 기계적인 응력(stress)이 발생하고 그와 반대로 기계적인 힘을 가하면 수정편 양단에 정(+)과 부(−)의 전하가 생기는 현상을 말하며 주로 수정[16], 로셀염[17], 전기석[18], 티탄산 바륨 등이 사용되고 있고, 이 압전효과를 이용하여 발진회로에 이용한다.

⑥ 수정편은 기계적으로 가장 잘 진동하는 고유진동수를 가지고 있기 때문에 외부에서 가한 교류의 주파수와 수정편의 진동수가 일치했을 때 압전기 현상이 강해져 회로에 흐르는 전류가 최대가 된다. 이것은 마치 공진회로의 공진현상과 같은 현상이다.

⑦ 발진주파수가 대단히 안정되고 정확하며, 주파수 선택폭이 매우 넓다.

⑧ 주파수 특성 : 수정편 자체요소 R_0, L_0, C_0에 의해 결정되는 직렬공진 상태와 전극간 용량 C를 포함한 병렬공진 상태의 두 특성을 지니고 있다. 수정진동자의 주파수와 리액턴스의 특성은 그림 3-105와 같다.

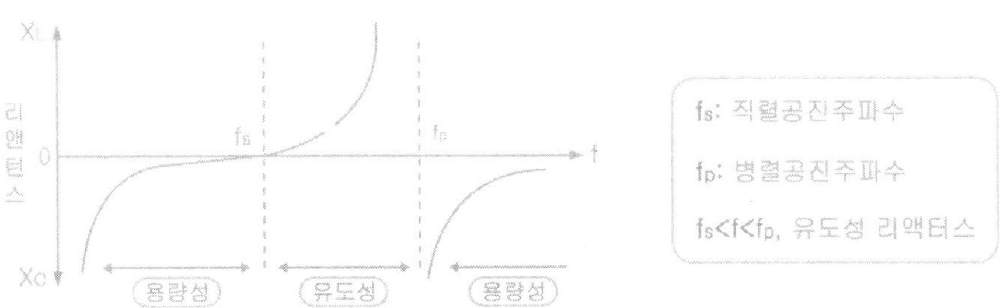

그림 3-105 • 수정진동자의 주파수와 리액턴스의 특성

⑨ 두 공진주파수 f_s와 f_p 간의 유동성 영역으로 그 폭이 매우 좁고 안정되기 때문에 수정발진기 회로는 주로 이 주파수대 영역을 이용한다.

㉠ 수정발진의 등가회로에서 구동점 임피던스는 식 (3-121)과 같다.

---

16) 수정 : 가격이 싸고 자연석으로 수집이 가능하고 RF발진기나 필터에 사용한다.

17) 로셀염 : 가장 큰 압전기 기능을 가지며, 큰 진동을 하고, 마이크로 폰, 포노그래프(Phonograph)픽업, 헤드세트, 스피커 등에 사용한다.

18) 전기석 : 압전기 기능은 약하나 가장 단단하며, 가격이 비싸고 높은 주파수에 사용한다.

$$(Z_s) : \frac{\frac{1}{j\omega C_0}\left(j\omega L - J\frac{1}{\omega C}\right)}{\left(j\omega L - j\frac{1}{\omega C}\right) + \frac{1}{j\omega C_0}} \tag{3-121}$$

Z_s에서 분모가 “0”이 되는 주파수를 병렬 공진주파수(극점), 분자가 “0”이 되는 주파수를 직렬공진주파수(영점)라 한다.

㉡ 수정발진의 진동자의 직렬공진주파수는 식 (3-122)와 같다.

$$(f_s) : j\omega L - j\frac{1}{\omega C} = 0 \tag{3-122}$$

$\omega L = \frac{1}{\omega C}$이므로, $\omega^2 LC = 1$이 되므로 식 (3-123)과 같다.

$$\therefore f_s = \frac{1}{2\pi\sqrt{L_0 C_0}}[\text{Hz}] \tag{3-123}$$

㉢ 수정발진의 진동자의 병렬공진주파수는 식 (3-124)와 같다.

$$(f_s) : j\omega L - j\frac{1}{\omega C} - j\frac{1}{\omega C_0} = 0 \tag{3-124}$$

$\omega L = \frac{1}{\omega C} + \frac{1}{\omega C_0}$이므로 식 (3-125)와 같다.

$$\omega^2 = \frac{1}{L}\left(\frac{1}{C} + \frac{1}{C_0}\right) \tag{3-125}$$

$\omega^2 = \frac{1}{L} \cdot \left(\frac{C+C_0}{C \cdot C_0}\right)$, $\omega = \sqrt{\frac{1}{L}\left(\frac{C+C_0}{C \cdot C_0}\right)}$이므로 식 (3-126)과 같다.

$$\therefore f_p = \frac{1}{2\pi\sqrt{L\left(\frac{C_0 \cdot C}{C_0 + C}\right)}}[\text{Hz}] \tag{3-126}$$

(2) 수정발진의 특징

① 수정의 손실(R)은 매우 적고 유도성 범위가 매우 좁기 때문에 선택도(Q)는 보통 10^3 ~10^6 정도로 매우 높다.

② 발진주파수의 안정도가 10^{-5}~10^{-8} 정도로 매우 안정되고 우수한 압전소자이다.

③ 발진주파수의 가변이 어렵고 중파대에서 고주파 발생회로에 적합하며, 고주파에서 온도가 증가함에 따라 감소한다.

④ 수정의 사용 주파수는 수정의 병렬공진주파수 f_p보다 작고 수정의 직렬공진주파수 f_s보다 크게 조정할 수 있다.

⑤ 수정발진의 주파수 범위

㉠ $f > f_p$: 용량성, ㉡ $f_s < f < f_p$: 유도성, ㉢ $f < f_s$: 용량성

⑥ f_s와 f_p 간의 유도성 영역이 대단히 좁으므로 f_p 부근에서 대단히 큰 LC 동조회로와 같은 임피던스 특징을 갖는다.

(3) 수정발진기의 주파수 변동원인과 방지책

1) 온도변화

① 원인 : 주위 온도가 변화하면 증폭기나 회로소자의 값이 변화되어 발진주파수가 변화하는 경향이 있다.

② 대책 : 코일이나 콘덴서 등 온도계수가 낮은 재료를 이용하거나 발진회로를 온도가 일정한 장소에서 사용하거나 제조과정에서 정확히 수정을 잘라내면 온도계수를 낮출 수 있어 온도의 영향을 거의 받지 않는다.

2) 전원전압의 변화

① 원인 : 증폭기의 동작점을 변화시켜 발진주파수가 변한다.

② 대책 : 제너 다이오드 등을 이용한 정전압 전원장치를 사용하여 안정도를 높일 수 있다.

3) 부하의 변화

① 원인 : 발진 코일에 결합된 출력 코일단자에 직접 부하를 접속할 때는 인덕턴스의 임피던스가 변화되어 주파수가 변한다.

② 대책 : 발진기와 부하 사이에 선형 고주파 증폭기를 넣어 주파수를 안정시킬 수 있다. 이것을 완충증폭기라 한다.

(4) 수정발진회로의 종류

1) 피어스 BE형 발진회로

수정진동자가 이미터와 베이스 사이에 들어간 회로이다. 컬렉터 측의 LC동조회로를 유도성으로 하기 위해 C값을 적게 하면 전류는 거의 L로 흐르며, 동조회로는 L의 영향을 받으므로 전체적으로 보면 유도성이 되므로 하틀리(Hartley) 발진기의 동작원리와 비슷하다. 피어스 BE형 발진회로는 그림 3-106과 같다.

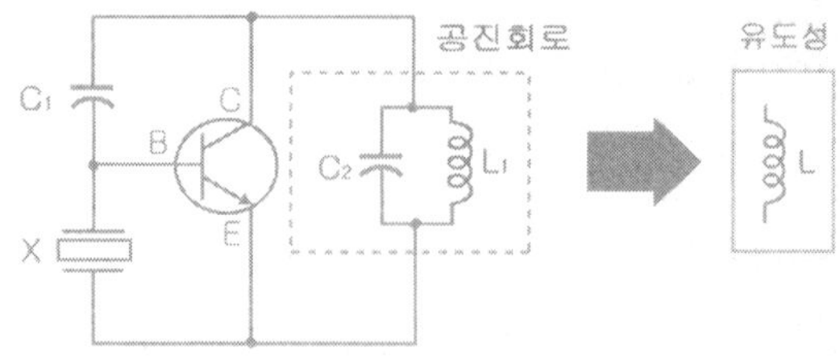

그림 3-106 • 피어스 BE형 발진회로

2) 피어스 CB형 발진회로

수정진동자가 컬렉터와 베이스 사이에 들어가므로 피어스 CB형이라 한다. 수정발진기의 고유 주파수는 수정편의 전달각도, 크기, 절단방향에 의해 결정된다. 트랜지스터에서 콜피츠 CB형 수정발진기를 만들면 트랜지스터의 베이스와 컬렉터 사이에 수정 진동자가 들어가므로 피어스 CB형이라 한다. 피어스 CB형 발진회로는 그림 3-107과 같다.

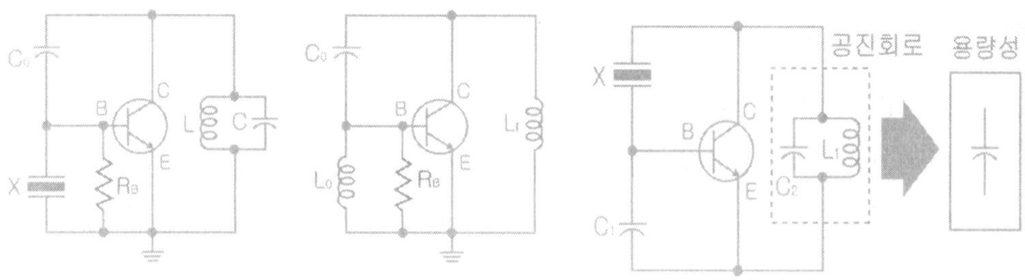

(a) 피어스 CB형 발진 교류회로 (b) 등가회로

그림 3-107 • 피어스 CB형 발진회로

① 탱크회로의 C 를 가변했을 때 C_r보다 높은 값 C_t에서 안전하게 발진한다.

② C_0는 트랜지스터의 입력 용량을 이용한 경우이다.

③ 컬렉터측의 동조회로를 용량성으로 하기 위해 C값을 크게 하면 용량성 리액턴스 $\left(X_C = \dfrac{1}{\omega C}\right)$가 작아지므로 전류는 C로 거의 흐르며, C의 영향력이 커진다. 그러므로 콜피츠 발진기의 동작원리와 비슷하다.

(5) 비정현파 발진기

발진회로의 궤환이득이 AB가 1보다 크면 출력파형은 정현파가 아닌 비정현파(펄스, 톱니파 등)가 발생하는 발진회로를 비정현파 발진기라고 한다. 능동소자(증폭기)는 스위치로 동작하고 주파수는 능동소자의 포화상태와 차단상태의 간격으로 결정된다.

(6) 발진주파수 변동원인과 방지책

발진기가 갖추어야 할 조건 : 발진기는 주파수의 안정도가 높아야 한다.

1) 전원전압의 변화

① 원인 : 전원전압이 변하면 능동소자의 동작점이 변하여 발진주파수가 변하게 된다.

② 대책 : 전원에 정전압이 들어올 수 있도록 정전압 전원회로를 채용한다.

2) 부하의 변화

① 원인 : 능동소자 정수와 회로요소가 변화하게 된다.

② 대책 : 발진부와 부하를 격리시키는 완충 증폭회로를 사이에 넣는다.

3) 주위온도의 변화

① 원인 : 능동소자 정수와 회로요소가 변하게 된다.

② 대책 : 온도계수가 적은 소자를 사용하거나 온도보상회로나 항온조 등을 사용한다.

제4장 디지털 회로(Digital Circuit)

01 논리회로(Logic Circuit)

02 부울 대수(Boolean Algebra)

03 조합회로(Combinational Circuit)

04 래치와 플립플롭(Latch and Flip-Flop)

05 컴퓨터와 마이크로프로세서(Computer And Microprocessor)

01 논리회로(Logic Circuit)

디지털 컴퓨터는 자료의 처리, 수치계산, 통신용 교환기, 가전제품, 산업기기 등 여러 분야에서 활용되며, 아날로그 컴퓨터에 비하여 정밀도, 신뢰성, 경제성에서 우수하여 아날로그 컴퓨터보다 더 광범위하게 사용되고 있으며, 신호, 물리적인 양 등을 나타내는 정보를 2진수를 이용하여 표현하는데 2진수 "0"과 "1"의 두 값을 입력하여 결과로서 다시 "0"이나 "1"을 출력하는 장치를 논리회로라 한다.

논리(logic)라는 것은 '참'과 '거짓'이라는 두 가지 상태를 베이스로 하며, 예를 들면 'A는 참이고 B는 거짓'이라는 논리식으로 표현할 수 있다. 논리식이 성립 여부를 판정하는 것을 논리연산(혹은 논리계산)이라 하는데 '참'과 '거짓' 각각을 "1"과 "0"에 표현하면 논리연산을 실행하는 장치를 디지털 회로라 하며 논리회로라고도 한다.

2진수를 표현하는 방식은 여러 가지가 있을 수 있지만 'on' 또는 'off'로 표현할 수 있는 트랜지스터 전자회로는 확실한 두 개의 신호 값을 가지고 전자회로를 구성하기 때문에 신뢰성을 높일 수 있다. 일반적으로 전자회로에서 나타내는 'on' 또는 'off'를 표현할 때 'on' 상태를 2진수의 1(+5[V]), 'off' 상태를 2진수의 0(0[V])으로 표시한다.

1. AND 게이트

두 개 이상의 입력신호에 대하여 한 개의 출력신호를 얻는 게이트로서 논리곱을 나타낸다. 출력은 입력신호에 의하여 결정이 되는데, 입력신호가 모두 "1"인 경우에만 출력신호는 "1"이 되고, 입력신호 중에 "0"인 입력신호가 하나라도 있을 경우에는 출력신호는 "0"이 된다.

AND 게이트의 기호와 진리표는 표 4-1과 같다.

그림 4-1은 전기적인 스위치로 나타낸 것으로 AND 회로는 스위치가 직렬로 연결되어 있으므로 스위치 A와 B가 모두 ON일 때 램프에 불이 들어오게 된다. 스위치 A와 B 중에서 어느 하나라도 연결되지 않으면 램프는 꺼지게 되는 AND 연산을 하게 된다. 그러므로 AND 게이트는 입력 A와 B 둘 중 하나라도 입력값이 "0"이 인가될 경우 출력은 "0"이 된다.

표 4-1 ● AND 게이트의 기호 및 진리표

논리기호	논리식	입력(input)		출력(output)
		A	B	Y
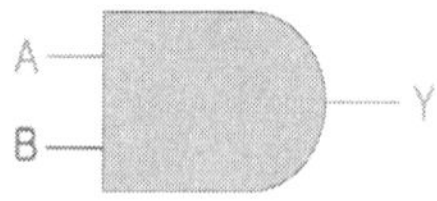	Y = A · B	0	0	0
		0	1	0
		1	0	0
		1	1	1

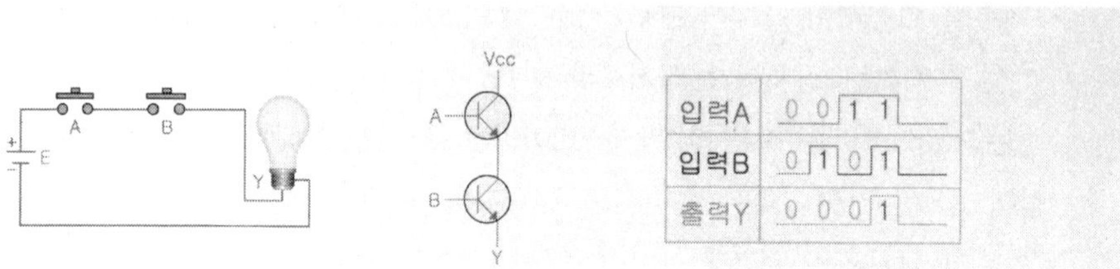

(a) AND 게이트의 스위치 (b) 트랜지스터 회로 (c) AND 게이트의 출력파형

그림 4-1 ● AND 게이트

2. OR 게이트

두 개 이상의 입력신호에 대하여 한 개의 출력신호를 얻는 게이트로서 논리합을 나타낸다. 출력은 입력신호에 의하여 결정되는데, 입력신호가 모두 “0”인 경우에만 출력신호는 “0”이 되고, 입력신호 중에 1인 신호가 하나라도 있으면 출력신호는 1이 된다. 즉, 두 개의 입력 중 하나만 “1”이어도 출력은 “1”이 되며, 만약 두 개의 입력이 모두 “0”이면 출력도 “0”이 되는 것이다. OR 게이트의 기호와 진리표는 표 4-2와 같다. 그림 4-2는 스위치가 병렬로 연결되어 있다. 만약 2개의 스위치 A와 B가 모두 off 상태에서는 0[V]의 값이 인가되어 램프에 불이 들어오지 않는다. 하지만 둘 중 하나만 on이 되면 5[V]의 값이 인가되면 램프에 불이 들어오기 때문에 스위치 회로가 작동하게 된다. OR 게이트 회로는 입력 A와 B의 값 중에서 어느 값이라도 “1”이 입력되면 Y의 값에 “1”이 출력된다.

표 4-2 ● OR 게이트의 기호 및 진리표

논리기호	논리식	입력(input)		출력(output)
		A	B	Y
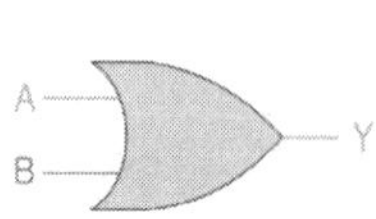	Y = A + B	0	0	0
		0	1	1
		1	0	1
		1	1	1

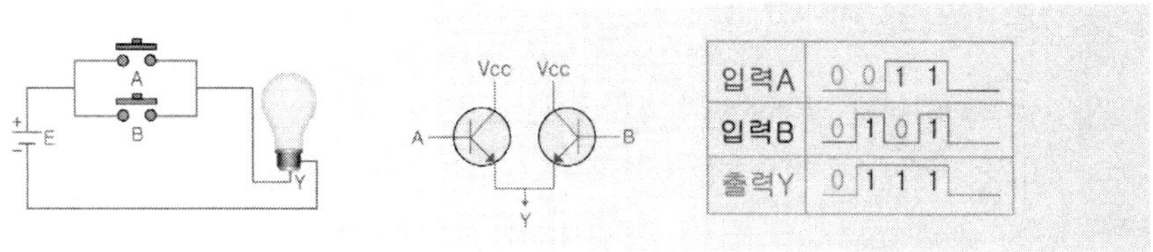

(a) OR 게이트의 스위치　　(b) 트랜지스터 회로　(c) OR 게이트의 출력파형

그림 4-2 ◦ OR 게이트

3. NOT 게이트

한 개의 입력신호와 한 개의 출력신호를 갖는 게이트로서 논리부정을 나타내는데, 2진수의 논리 역을 만들어 낸다. 출력신호는 입력신호에 따라서 반대로 나타난다. 즉 입력이 "1"인 경우에는 출력은 "0"이 되고, 입력이 "0"인 경우는 출력이 "1"이 된다. NOT 게이트를 인버터(inverter)라고도 한다. NOT 게이트의 기호와 진리표는 표 4-3과 같다.

표 4-3 ◦ NOT 게이트의 기호 및 진리표

논리기호	논리식	입력(input)	출력(output)
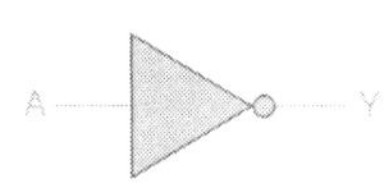	$Y=\overline{A}$	A	Y
		1	0
		0	1

트랜지스터로 구성된 NOT 연산회로 그림 4-3(a)의 입력 A에 0[V]를 인가하면 트랜지스터의 베이스 전류가 흐르지 않아 차단상태(off)가 되며, 이때 출력 Y는 전압이 5[V]가 나타나게 되고 출력값으로 "1"이 출력된다.

반대로 입력 값 A에 5[V]를 인가할 경우 "1"이 입력되고 트랜지스터의 베이스 전류가 충분히 흐르게 됨으로써 트랜지스터는 포화상태가 되어 출력 Y는 접지와 같은 전압으로 0[V]가 출력된다. NOT 게이트의 출력파형은 입력 A값과는 정반대의 파형인 출력 Y의 파형이 된다.

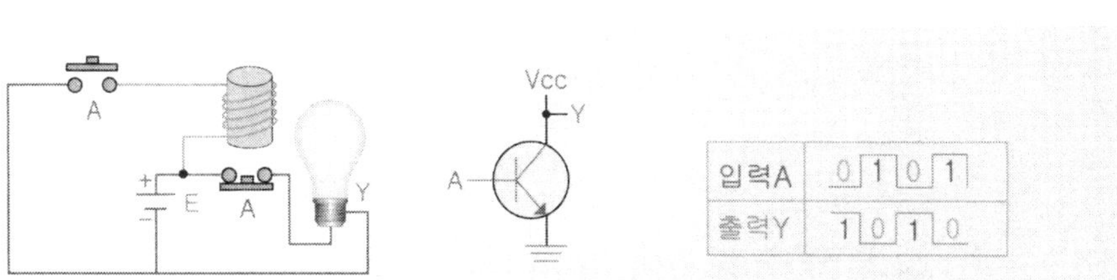

(a) NOT 게이트의 스위치　(b) 트랜지스터 회로　(c) NOT 게이트의 출력파형

그림 4-3 ◦ NOT 게이트

4. NAND 게이트

두 개 이상의 입력신호에 대하여 한 개의 출력신호를 얻는 게이트로서, 입력신호가 모두 1인 경우에만 출력신호는 "0"이 되고, 그렇지 않을 경우에는 출력신호는 "1"이 된다. AND 게이트와는 반대로 작동하는 게이트로서 NOT AND의 의미로 NAND 게이트라 한다.

AND 게이트 바로 뒤에 NOT 게이트가 연결되어 있는 것과 같이 동작한다. 즉, 두 개의 입력 모두가 "1"인 경우에만 출력이 "0"이 되고, 그렇지 않은 경우는 모두 "1"이 된다. NAND 게이트의 기호와 진리표는 표 4-4와 같다.

표 4-4 ● NAND 게이트의 기호 및 진리표

논리기호	논리식	입력(input)		출력(output)
		A	B	Y
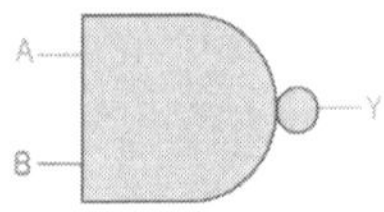	$Y = \overline{A \cdot B}$	0	0	1
		0	1	1
		1	0	1
		1	1	0

5. NOR 게이트

두 개 이상의 입력신호에 대하여 한 개의 출력신호를 얻는 게이트로서 입력신호가 모두 0인 경우에만 출력신호가 "1"이 되고, 입력신호 중에 하나라도 "1"이 있는 경우에는 출력신호는 0이 된다. OR 게이트와는 반대로 작동하는 게이트로서 NOT OR의 의미로 NOR 게이트라고 한다. OR 게이트 바로 뒤에 NOT 게이트가 연결되어 있는 것과 같이 동작한다. 즉, 두 개의 입력이 모두 "0"인 경우에만 출력이 "1"이 되고, 그렇지 않은 경우는 모두 "0"이 된다. NOR 게이트의 기호와 진리표는 표 4-5와 같다. NAND 게이트와 NOR 게이트는 그 하나만을 가지고도 NOT, AND, OR 게이트를 구현할 수 있으므로 유니버설 게이트(universal gate)라고 한다.

표 4-5 ● NOR 게이트의 기호 및 진리표

논리기호	논리식	입력(input)		출력(output)
		A	B	Y
	$Y = \overline{A + B}$	0	0	1
		0	1	0
		1	0	0
		1	1	0

6. XOR 게이트

두 개 이상의 입력신호에 한 개의 출력신호를 얻으며, 입력신호 중 1이 입력되는 숫자가 홀수인 경우에 출력신호는 "1"이 되며, 그렇지 않은 경우에는 출력신호는 "0"이 된다. XOR (Exclusive OR)게이트의 기호와 진리표는 표 4-6과 같다.

표 4-6 • XOR 게이트의 기호 및 진리표

논리기호	논리식	입력(input)		출력 (output)
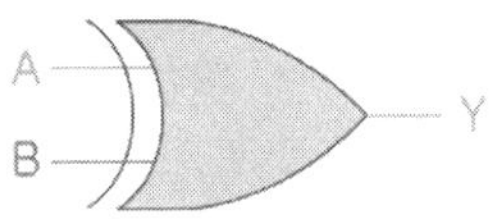	$Y = A \oplus B$	A	B	Y
		0	0	0
		0	1	1
		1	0	1
		1	1	0

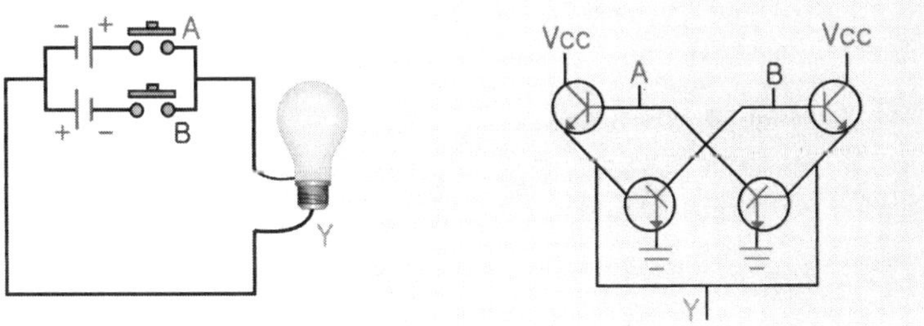

(a) XOR 게이트의 스위치 (b) 트랜지스터 회로

그림 4-4 • XOR 게이트

그림 4-4와 같이 '둘 중 하나'라는 논리식으로 동작한다. 즉, 두 개의 입력 A, B 중 하나가 "1"이 입력되면 출력도 "1"이 된다. 그러나 두 개의 입력 모두가 "0" 또는 "1"이라면 출력은 "0"이 된다. XOR 회로를 관찰하는 다른 방법으로는 두 개의 입력들이 서로 다르면 출력은 "1"이 되고, 두 개의 입력이 서로 같으면 출력은 0이 된다.

7. 논리 게이트 결합

디지털 논리 게이트는 보통 여러 개의 논리 게이트의 결합으로 나타낸다. 그림 4-5는 논리 게이트 결합이다. 이 논리 게이트의 동작을 살펴보자면 (1)번 AND 게이트의 입력 A, B의 출력은 A · B가 되고, (2)번 AND 게이트의 입력 B, C의 출력은 B · C가 된다. 입력 B는 게이트 (1), (2)에 모두 사용된다. (3)번 OR 게이트 입력은 두 개로 각각 AB, BC가 되며, 출력(Y)은 AB + BC가 되며 진리표는 식 (4-1)과 같다.

$$Y = AB + BC \tag{4-1}$$

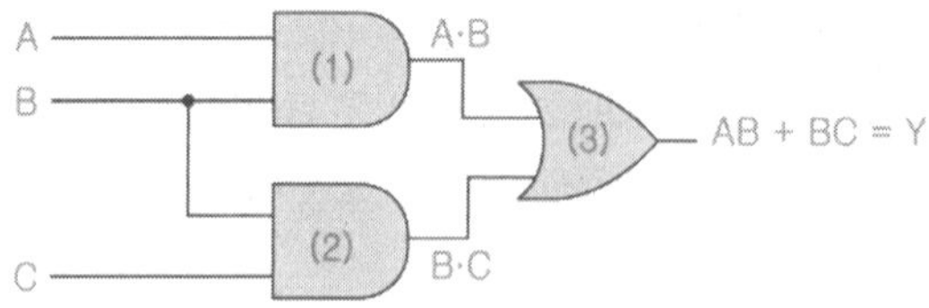

Inputs	Output
A B C	Y
0 0 0	0
0 0 1	0
0 1 0	0
0 1 1	1
1 0 0	0
1 0 1	0
1 1 0	1
1 1 1	1

그림 4-5 ◦ AND 게이트 및 OR 게이트의 결합

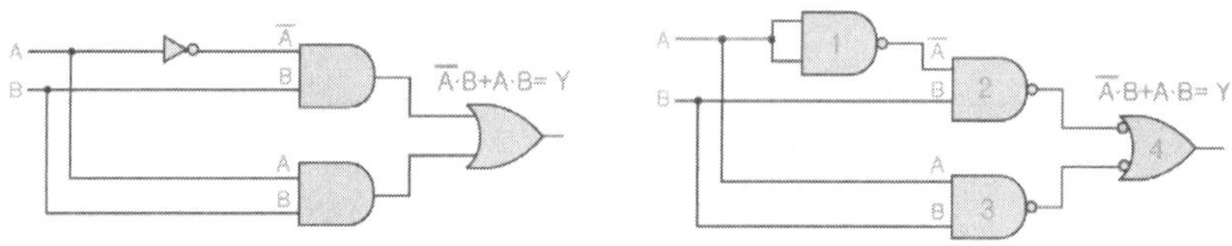

(a) AND-OR 논리회로 (b) NAND-NOR 논리회로

그림 4-6 ◦ AND-OR과 같은 동작을 하는 NAND-NOR 논리회로

그림 4-6(a)는 AND-OR 게이트로 구성된 논리회로이다. NAND-NOR 논리 게이트로 표현하면 그림 4-6(b)와 같다. 그림 4-6(b)에서 보면 (2)번 게이트 출력이 (4)번 NOR 게이트 입력으로 연결되어 (2)번 게이트 출력의 반전기호가 (4)번 게이트의 입력의 반전기호로 연결되며 이 두 개의 반전 기호는 상호 상쇄되어 결국에는 AND 출력이 OR 게이트 입력이 되는 것과 같다.

02 부울 대수(Boolean Algebra)

부울 대수(Boolean Algebra)의 가설, 법칙 및 정리는 스위칭 및 논리기능을 기호로 표현하는 회로망을 분석하거나 간략하게 설계하는데 사용되는 간단한 수학적 기법으로 논리적인 판단을 하는데 사용되며 논리대수라고도 한다. 1854년 조지 불(George Boole)이 논리를 적절히 다루기 위하여 "논리와 확률의 수학적 이론의 기초가 되는 사상법칙의 연구"라는 책에서 부울 대수를 처음 소개하였고 1938년 미국의 벨(Bell)연구소의 클로드 섀넌(Claude Shannon)이 부울 대수를 전기회로에 처음 도입을 하였다. 또한 점차 전자계산기의 연구가 시작되면서 전자공학 분야에 쓰이게 되었고 오늘날 디지털 시스템 설계까지 적용되어 사용되고 있다.

1. 부울 대수의 기본법칙

(1) 부울 대수 공리

수학이나 논리학에서 증명이 없이 진리로 인정되며 다른 명제를 증명하는 데 전제가 되는 원리는 표 4-7과 같다.

표 4-7 ◦ 부울 대수의 공리

공리 1	공리 2	공리 3	공리 4	공리 5
A≠0이면 A=1	0·0=0	1·1=1	0·1=0	$\overline{1}=0$
A=1이면 $\overline{A}=0$	0+0=0	1+1=1	0+1=1	$\overline{0}=1$
A≠1이면 A=0				
A=0이면 $\overline{A}=1$				

(2) 부울 대수의 기본정리

부울 대수 공리에 의해 부울 대수를 정리하면 표 4-8과 같다.

표 4-8 ◦ 부울 대수의 기본정리

A+0=A	A·1=A	A+1=1	A·0=0
A+A=A	A·A=A	$A+\overline{A}=1$	$A\cdot\overline{A}=0$

(3) 부울 대수의 교환법칙

교환법칙(commutative law)은 부울 대수식에서 연산순서를 바꾸어도 결과가 동일하게 되며, 논리곱이나 논리합이 연속될 때에는 연산순서에 관계없이 동일한 결과로 식 (4-2)와 같다.

$$A+B=B+A, \quad AB=BA \tag{4-2}$$

(4) 부울 대수의 결합법칙

결합법칙(associative law)은 괄호 내에서 먼저 결합된 것을 순서를 바꾸어 괄호 바깥의 것과 먼저 결합하여도 결과는 식 (4-3)과 같다.

$$(A + B) + C = A + (B + C),\quad (A \cdot B) \cdot C = A \cdot (B \cdot C) \tag{4-3}$$

(5) 부울 대수의 분배법칙

분배법칙(distribute law)은 괄호로 동일한 연산을 묶은 것은 바깥의 요소가 내부의 요소에 공통적으로 할당되므로, 개별적으로 할당한 것을 괄호 내부의 연산으로 수행하여도 결과는 식 (4-4)와 같다.

$$A \cdot (B + C) = A \cdot B + A \cdot C,\ A + (B \cdot C) = (A + B) \cdot (A + C) \tag{4-4}$$

(6) 부울 대수의 부정법칙

부정법칙(negation law)은 현재의 명제를 부정하는 것으로 식 (4-5)와 같다.

$$(\overline{A}) = \overline{A} \tag{4-5}$$

(7) 부울 대수의 이중부정

현재의 명제를 부정한 후 부정을 다시 부정하면 긍정이 되는 법칙은 식 (4-6)과 같다.

$$(\overline{\overline{A}}) = A \tag{4-6}$$

(8) 부울 대수의 동일법칙

부울 대수의 동일법칙(identity law)이란 모든 대상은 그 자체와 같다는 논리학상의 근본을 바탕으로 나타내는 원리로써 식 (4-7)과 같다.

$$A + A = A,\quad A \cdot A = A \tag{4-7}$$

(9) 부울 대수의 흡수법칙

A+A · B=A(1+B)이므로 1+B는 2진수 (0, 1)에서는 항상 1이 된다(항상 1 이상이기 때문에) 식 (4-8)과 같다.

$$\begin{aligned} &A + A \cdot B = A,\quad A \cdot (A + B) = A \\ &A(\overline{A} + B) = AB,\quad A + \overline{A}B = A + B \end{aligned} \tag{4-8}$$

(10) 부울 대수의 상보법칙

상보법칙은 서로 모자란 부분을 보충하는 관계에 있는 것이다. 식 (4-9)와 같이 $\overline{A}$와

A를 상보적 관계라고 한다.

$$\overline{A}+A=1,\ \overline{A}\cdot A=0 \qquad (4\text{-}9)$$

(11) 드모르간의 정리

드모르간의 정리(De Morgan's theorem)는 두 개 이상의 변수가 함께 부정으로 묶여 있을 때 이들을 개별적으로 분리하는 경우와 이것과 반대되는 경우에 대한 정리는 식 (4-10), (4-11)과 같다.

드모르간의 제 1정리(논리화 → 논리적으로 변환) : $\overline{A+B}=\overline{A}\cdot\overline{B}$ (4-10)

드모르간의 제 2정리(논리적 → 논리화로 변환) : $\overline{A\cdot B}=\overline{A}+\overline{B}$ (4-11)

2. 부울 대수식의 카르노도 변형의 간소화 순서

① 표준 SOP 형식(최소항의 합으로 나타낸 형태)으로 나타낸다.
② 카르노도상의 한 블록에 1이라고 기입한다.
③ 인접한 1의 항을 2의 승수개로 최대한 크게 묶어 준다.
④ 항의 1은 반복해서 사용해도 되지만 반드시 1번은 사용하여 최소화 식으로 나타낸다.
⑤ 각각의 묶음으로부터 SOP 형식의 논리식을 구한다.
⑥ 블록의 값에서 0이 적을 경우 POS 형식(최대항의 곱으로 나타낸 형태)을 사용하여 간단히 해준다.

3. 논리회로의 간략화

부울 대수의 각 변수(문자)는 논리회로를 구성하는 게이트의 입력이 되며, 각각의 항은 하나의 게이트로 표시한다. 즉, 부울 대수란 논리회로를 구성하는 게이트의 수와 게이트의 입력을 나타내는 변수의 수를 줄이는 것으로 논리회로를 직접 간소화하는 것은 매우 어렵기 때문에, 논리회로를 논리식으로 표현한 뒤에 부울 대수의 기본규칙을 이용하여 간소화하는 것이 효과적이다.

논리회로는 논리소자의 수를 적게 하면 경제적이고 신뢰성이 높다. 따라서 복잡한 논리회로를 간략화 하는 경우에 부울 대수의 법칙을 이용하여 논리식을 간단하게 하는 방법과 카르노도(Karnaugh map)를 이용해서 간단하게 하는 방법이 있다.

부울 대수의 법칙을 이용하여 논리식을 간단하게 하는 방법은 일정한 규칙이 있는 것이 아니므로 최소화하는 절차가 비교적 어렵다. 하지만 카르노도를 만드는 방법은 변수를 가로축과 세로축으로 할당하여 참은 "1", 거짓은 "0"을 대응시켜서 변수 값의 조합 수만큼 나란히 쓰면 된다.

(1) 2변수 카르노도

카르노도의 진리표는 표 4-9(a)처럼 입력변수에 대한 모든 상태를 표시한다. 표 4-9(b)의 2변수 카르노도를 표시하는 방법은 가로와 세로축에 각 한 개의 변수를 할당하여 0인 경우와 1인 경우를 표시하고, 가로와 세로의 각 변수의 상태가 만나는 곳을 체크하여 하나의 블록을 형성시킨 후 이 블록을 2변수의 최소항(min-term)으로 나타내는 방법이다.

또한 2변수 카르노도를 표시한 후 인접한 블록이 1로 표시된 경우에는 두 개의 블록을 묶어서 표시할 수 있으며, 이때는 하나의 변수를 생략하여 단지 한 개의 변수로만 나타내어 간략화할 수 있다.

표 4-9 ◦ 2변수의 진리표와 카르노도

A	B	최소항
0	0	$\overline{A}\,\overline{B}$
0	1	$\overline{A}\,B$
1	0	$A\,\overline{B}$
1	1	$A\,B$

(a) 진리표

A \ B	0	1
0	$\overline{A}\,\overline{B}$	$\overline{A}\,B$
1	$A\overline{B}$	$A\,B$

(b) 카르노도

두 변수 A, B가 0, 1을 취할 수 있는 조합의 수는 2^2개로 0에서 3까지 4가지의 조합을 나타낼 수 있으므로 4개의 블록으로 카르노도 맵을 만들 수 있다. 표 4-10과 같이 묶은 상태에 따라 나타낼 수 있다.

표 4-10 ◦ 2변수의 카르노도 싱글값

A \ B	0	1	
0	1	1	
1	0	0	$= \overline{A}$

(a)

A \ B	0	1	
0	0	0	
1	1	1	$= A$

(b)

A \ B	0	1	
0	1	0	
1	1	0	$= \overline{B}$

(c)

A \ B	0	1	
0	0	1	
1	0	1	$= B$

(d)

이들 짝 묶음은 그 중 어느 항이 중복되어 다른 짝 묶음에 사용하여도 무방하다. 즉 2개 또는 4개의 블록을 묶었을 때 겹치는 부분이 있어도 상관없다. 이는 부울 대수의 법칙 중 동일법칙을 의미하며, 짝 묶음이 하나의 변수가 생략되어 하나의 변수로만 표시됨을 부울 대수의 정리를 이용하여 증명하였을 때 식 (4-12)~(4-15)와 같다.

$$(a) \Rightarrow X = \overline{A}\,\overline{B} + \overline{A}B = \overline{A}(\overline{B} + B) = \overline{A} \quad (4\text{-}12)$$

$$(b) \Rightarrow X = A\overline{B} + AB = A(\overline{B} + B) = A \quad (4\text{-}13)$$

$$(c) \Rightarrow X = \overline{A}\,\overline{B} + A\overline{B} = \overline{B}(\overline{A} + A) = \overline{B} \quad (4\text{-}14)$$

$$(d) \Rightarrow X = \overline{A}B + AB = B(\overline{A} + A) = B \quad (4\text{-}15)$$

표 4-10에서 카르노도와 같이 2변수 카르노도에서 공통된 블록이나 더 이상의 짝이 존재하지 않을 경우를 싱글이라 하며 싱글 값들은 생략되는 변수 없이 최소항으로 표현된다. 또한 블록의 안에 있는 값이 모두 0일 때는 0이 되며, 반대로 블록의 안의 값이 모두 1일 때는 1이 된다.

(2) 3변수 카르노도

3변수 진리표는 2진수로 표현되는 2^3개, 즉 0에서 7까지 총 8개의 상태를 나타내므로 8개의 블록이 만들어지게 된다. 3변수 카르노도에서는 2개의 조합, 4개의 조합, 8개의 조합이 나올 수 있다. 카르노도를 만들 때 가로, 세로축 중 어느 축으로라도 2개의 변수를 나타내어야 하며, 이때 2개의 변수도 인접한 블록은 반드시 한 개의 변수 값만이 변화되도록 배치하여야 한다. 즉, BC항의 0과 1의 배열순서에서 00으로 시작을 할 경우 마지막 0을 기준으로 다음 변수가 나와야 하므로 01→11→10의 순서로 나와야 한다. 표 4-11은 3변수 진리표와 카르노도이다.

표 4-11 ◦ 3변수의 진리표와 카르노도

A	B	C	최소항
0	0	0	$\overline{A}\,\overline{B}\,\overline{C}$
0	0	1	$\overline{A}\,\overline{B}\,C$
0	1	0	$\overline{A}\,B\,\overline{C}$
0	1	1	$\overline{A}\,B\,C$
1	0	0	$A\,\overline{B}\,\overline{C}$
1	0	1	$A\,\overline{B}\,C$
1	1	0	$A\,B\,\overline{C}$
1	1	1	$A\,B\,C$

(a) 진리표

A \ BC	0 0	0 1	1 1	1 0
0	$\overline{A}\,\overline{B}\,\overline{C}$	$\overline{A}\,\overline{B}\,C$	$\overline{A}\,B\,C$	$\overline{A}\,B\,\overline{C}$
1	$A\,\overline{B}\,\overline{C}$	$A\,\overline{B}\,C$	ABC	$A\,B\,\overline{C}$

(b) 카르노도

표 4-12 • 여러 가지 3변수 카르노도의 간략화

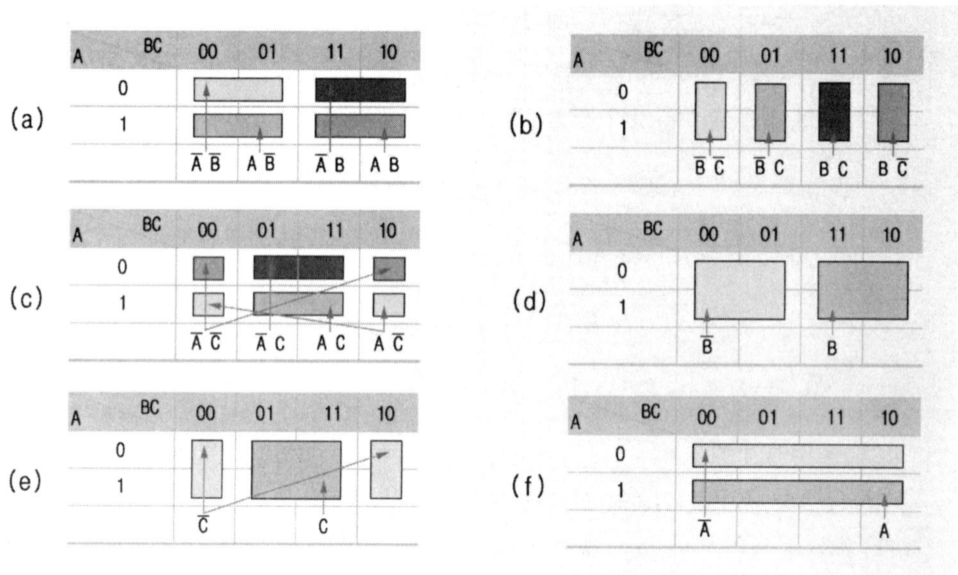

각 블록은 3변수의 최소항을 의미하며, 여기에서 짝 또는 그 이상의 묶음이 없이 각 블록이 독자적으로 존재한다면 이는 싱글로 3변수의 표준항은 최소항을 그대로 쓰면 된다.

표 4-12와 같이 3변수 카르노도에서 인접한 두 개의 블록이 1의 출력을 가지면 짝으로 묶을 수 있으며, 이들의 묶음에 대응하는 간략화 된 항들의 여러 가지 표현을 카르노도로 나타낼 수 있다.

(3) 4변수 카르노도

4변수 진리표는 표 4-13과 같이 4변수 조합수는 2진수로 표현되는 2^4개, 즉 0에서 15까지 총 16개의 상태를 나타내므로 16개의 블록을 만들어야 한다.

4변수 카르노도에서는 2개의 조합, 4개의 조합, 8개의 조합, 16개의 조합이 나올 수 있다. 또한 2변수나 3변수 카르노도와 마찬가지로 싱글의 경우에는 최소항을 사용하면 된다.

표 4-13 ◦ 4변수의 진리표와 카르노도

A	B	C	D	최소항
0	0	0	0	$\overline{A}\,\overline{B}\,\overline{C}\,\overline{D}$
0	0	0	1	$\overline{A}\,\overline{B}\,\overline{C}\,D$
0	0	1	0	$\overline{A}\,\overline{B}\,C\,\overline{D}$
0	0	1	1	$\overline{A}\,\overline{B}\,C\,D$
0	1	0	0	$\overline{A}\,B\,\overline{C}\,\overline{D}$
0	1	0	1	$\overline{A}\,B\,\overline{C}\,D$
0	1	1	0	$\overline{A}\,B\,C\,\overline{D}$
0	1	1	1	$\overline{A}\,B\,C\,D$
1	0	0	0	$A\,\overline{B}\,\overline{C}\,\overline{D}$
1	0	0	1	$A\,\overline{B}\,\overline{C}\,D$
1	0	1	0	$A\,\overline{B}\,C\,\overline{D}$
1	0	1	1	$A\,\overline{B}\,C\,D$
1	1	0	0	$A\,B\,\overline{C}\,\overline{D}$
1	1	0	1	$A\,B\,\overline{C}\,D$
1	1	1	0	$A\,B\,C\,\overline{D}$
1	1	1	1	$A\,B\,C\,D$

(a) 진리표

AB \ CD	0 0	0 1	1 1	1 0
0 0	$\overline{A}\,\overline{B}\,\overline{C}\,\overline{D}$	$\overline{A}\,\overline{B}\,\overline{C}\,D$	$\overline{A}\,\overline{B}\,C\,D$	$\overline{A}\,\overline{B}\,C\,\overline{D}$
0 1	$\overline{A}\,B\,\overline{C}\,\overline{D}$	$\overline{A}\,B\,\overline{C}\,D$	$\overline{A}\,B\,C\,D$	$\overline{A}\,B\,C\,\overline{D}$
1 1	$A\,B\,\overline{C}\,\overline{D}$	$A\,B\,\overline{C}\,D$	$A\,B\,C\,D$	$A\,B\,C\,\overline{D}$
1 0	$A\,\overline{B}\,\overline{C}\,\overline{D}$	$A\,\overline{B}\,\overline{C}\,D$	$A\,\overline{B}\,C\,D$	$A\,\overline{B}\,C\,\overline{D}$

(b) 카르노도

4변수 카르노도의 경우 많은 경우의 수가 있기 때문에 모두 표현하기는 힘들다. 하지만 기본적으로 간략화하는 방법은 2변수 카르노도나 3변수 카르노도에서 사용하는 간략화 방법으로 구할 수 있으므로 2변수 카르노도나 3변수 카르노도의 경우를 참조하고, 블록을 묶을 때 표 4-14와 같이 카르노맵의 묶는 방법을 이용한다.

표 4-14 ◦ 4변수 카르노도에서 묶음이 가능한 표현

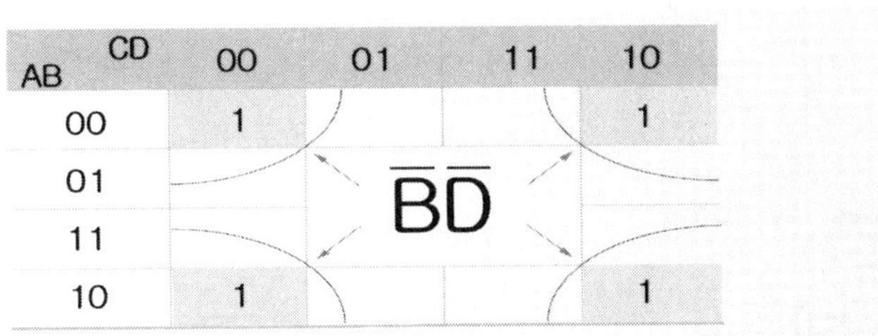

4. 임의 상태

입력 변수에 대하여 실제 출력결과에 아무런 연관이 없는 경우로 결합된 조합이다.

㉮ 1010, 1011, 1100, 1101, 1110, 1111

진리표나 카르노도에서는 X로 표기하고 2의 배수로 최대한 묶는다.

(1) 1기준 카르노도

표 4-15 • 1기준 카르노도

CD \ AB	00	01	11	10
00	x			
01	1	x		
11	1	1	1	1
10	x			

$\Rightarrow Y = \bar{A}\,\bar{B} + \bar{A}\,D + CD$

(2) 0 기준 카르노도

표 4-16 • 0기준 카르노도

CD \ AB	00	01	11	10
00	x	0	0	0
01		x	0	0
11				
10	x	0	0	0

$\Rightarrow \bar{Y} = \bar{C}\,\bar{D} + A\,\bar{C} + C\,\bar{D}$

0기준한 것에 보수를 취하면 1기준한 것의 결과와 같다.

1) 간소화

$$\bar{Y} = \bar{C}\,\bar{D} + A\,\bar{C} + C\,\bar{D} = A\,\bar{C} + \bar{D}(\bar{C} + C) = A\,\bar{C} + \bar{D}$$
$$= A\,\bar{C} + \bar{D}$$

2) 보수를 취한다

$$(\bar{\bar{Y}}) = \overline{(A\bar{C} + \bar{D})} = \overline{(A\bar{C} \cdot D)}$$
$$= \bar{A}\,D + CD$$ ……………………… 1기준한 것과 같다.

03 조합회로(Combinational Circuit)

디지털 논리회로에는 조합회로(combinational circuit)와 순차회로(sequential circuit)가 있다. 조합회로(AND, OR, NOT 등)는 게이트들을 조합하여 만든 논리회로로서 현재의 입력에 따라 출력이 결정되며, 이때 그 출력은 그 전 입력의 영향을 받지 않는다. 즉, 과거의 입력은 출력에 영향을 주지 못한다. 입력과 출력 간의 관계를 0과 1의 조합으로 나타낸 진리표를 만든 후 진리표로부터 논리식을 정의하고 가능한 한 최소화하여 논리회로로 나타낸다.

순차회로는 조합회로와 플립플롭 회로(기억소자)로 구성된 논리회로로서 그 출력이 현재의 입력과 그 전 과거의 출력값에 따라 결정되는 회로이다. 즉, 순차회로의 현재 입력에는 메모리의 과거 출력이 포함되어 현재의 출력값을 결정한다. 또한 회로의 동작은 내부의 상태와 입력들의 시간순서(time sequence)에 따라 결정된다.

1. 반가산기

2개의 한 자리 2진수, 즉 a와 b를 더할 때 출력변수에 합(sum)과 자리올림(carry)으로 나타낸다. 이렇게 2개의 출력이 나타나는 회로를 반가산기(Half Adder : HA)라고 하며 논리회로와 블록도는 그림 4-7과 같으며, A, B는 입력이고 S, C는 출력이다.

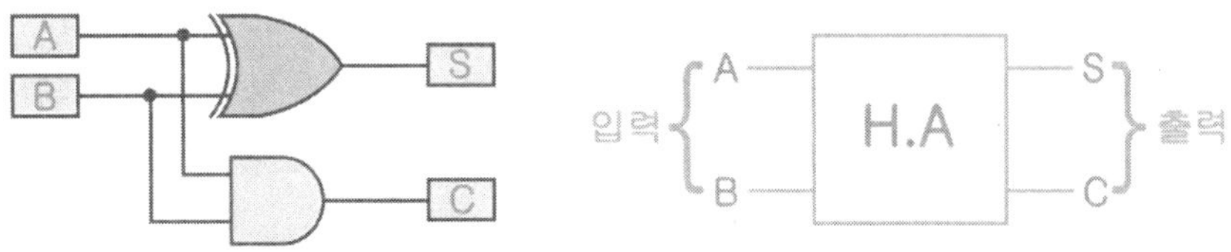

(a) 반가산기 논리회로도　　　(b) 반가산기 블록도

그림 4-7 ◦ 반가산기

또한 반가산기의 진리표는 표 4-17과 같으며 합 S와 자리올림 C는 식 (4-16), (4-17)과 같다.

$$S = \overline{A}B + A\overline{B} = A \oplus B \quad (4\text{-}16)$$

$$C = A \cdot B \quad (4\text{-}17)$$

표 4-17 ◦ 반가산기의 진리표

수 식	입 력		출 력	
	A	B	S	C
$S = A \oplus B$ $C = AB$	0	0	0	0
	0	1	1	0
	1	0	1	0
	1	1	0	1

2. 전가산기

2개의 입력 A와 B 외에 한 개의 캐리(carry)를 입력하는데 결국 3개의 입력으로 가산을 수행한다.

표 4-18 ◦ 전가산기의 진리표

수 식	입 력			출 력	
	A	B	C	S	C
$S = A \oplus B \oplus C$ $C = AB + AC + BC$	0	0	0	0	0
	0	0	1	1	0
	0	1	0	1	0
	0	1	1	0	1
	1	0	0	1	0
	1	0	1	0	1
	1	1	0	0	1
	1	1	1	1	1

그림 4-8은 2개의 반가산기 회로와 한 개의 OR 게이트를 합친 논리회로도이며, 이 전가산기를 통해 새로운 조합회로를 만들어 낼 수 있다.

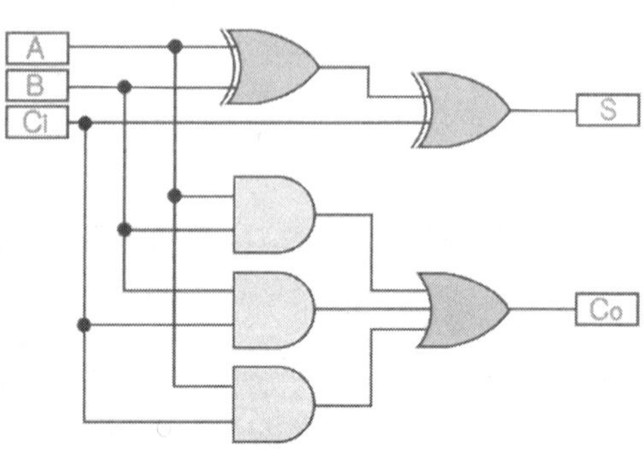

그림 4-8 ◦ 전가산기 논리회로도

표 4-18은 전가산기(Full Adder : FA)의 진리표로서 합과 자리올림의 값을 나타낸 것으로 진리표를 수식으로 나타내면 다음과 같다.

① 합(S)의 값으로 1이 출력되는 부분은 식 (4-18)과 같다.

$$S = \overline{A}\,\overline{B}C + \overline{A}B\overline{C} + A\overline{B}\,\overline{C} + ABC \tag{4-18}$$

값이 나오며 식 (4-18)을 간략하 하면 식 (4-19)와 같다.

$$S = \overline{A}(B \oplus C) + A(\overline{B \oplus C}) \tag{4-19}$$

여기서 B ⊕ C를 Y로 치환할 경우 식 (4-20)과 같다.

$S = \overline{A}Y + A\overline{Y}$가 되므로 드모르간 법칙을 통해 $S = A \oplus Y$가 나오게 되는데 치환을 풀어주면 식 (4-20)이 된다.

$S = A \oplus B \oplus C$의 값이 나온다. (4-20)

② 자리올림(C)의 값으로 1이 출력되는 부분은 식 (4-21)과 같다.

$$C = \overline{A}BC + A\overline{B}C + AB\overline{C} + ABC \tag{4-21}$$

간략화하면 식 (4-22) 값을 갖는다.

$$C = AB + AC + BC \tag{4-22}$$

또한, 전가산기는 카르노도로도 나타낼 수 있는데 이것은 표 4-19와 같다.

표 4-19 • 전가산기의 S(합)와 C(자리올림)의 카르노도

A \ BC	00	01	11	10
0	0	1	0	1
1	1	0	1	0

(a) S(합)의 카르노도

A \ BC	00	01	11	10
0	0	0	1	0
1	0	1	1	1

(b) C(캐리)의 카르노도

3. 인코더

M개의 문자 또는 숫자(10진수, 8진수) 등을 입력하였을 때 2진 코드 또는 BCD 코드와 같은 N개의 2진 코드로 변환시켜 주는 소자이며 부호기라고 한다.

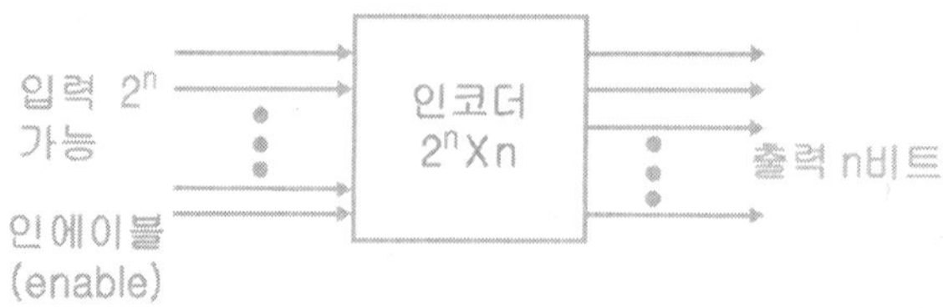

그림 4-9 ◦ 전형적인 인코더 회로도

2^n개의 입력선과 n개의 출력선을 가지고 있으며 그림 4-9와 같이 출력에서 입력값을 2진 코드로 바꿔 주는 역할을 해주는 것으로, 표 4-20과 같이 8개(2^3)의 입력이 있을 경우 3(2의 승수)개의 출력이 나온다.

표 4-20 ◦ 2진(입력), 3비트(출력)의 인코더 진리표

입 력								출 력		
I_0	I_1	I_2	I_3	I_4	I_5	I_6	I_7	A	B	C
1	0	0	0	0	0	0	0	0	0	0
0	1	0	0	0	0	0	0	0	0	1
0	0	1	0	0	0	0	0	0	1	0
0	0	0	1	0	0	0	0	0	1	1
0	0	0	0	1	0	0	0	1	0	0
0	0	0	0	0	1	0	0	1	0	1
0	0	0	0	0	0	1	0	1	1	0
0	0	0	0	0	0	0	1	1	1	1

표 4-20에서 출력 부분에서 A, B, C가 1인 경우 즉,

A는 I_4, I_5, I_6, I_7 중 하나가 1일 때 1이 나오게 된다.

B는 I_2, I_3, I_6, I_7 중 하나가 1일 때 1이 나오게 된다.

C는 I_1, I_3, I_5, I_7 중 하나가 1일 때 1이 나오게 된다.

이것을 부울 대수로 바꿔 주면 식 (4-23)과 같다.

$$\begin{aligned} A &= I_4 + I_5 + I_6 + I_7 \\ B &= I_2 + I_3 + I_6 + I_7 \\ C &= I_1 + I_3 + I_5 + I_7 \end{aligned} \tag{4-23}$$

여기서는 단 하나의 입력만 1의 값을 갖는다고 가정을 하면 이것을 OR 게이트를 사용하여 그림 4-10의 논리회로도를 만들 수 있다. (입력 I_0~I_7의 값이 0일 경우 회로의 OR 게이트의 연산에 영향을 미치지 않으므로 I_0는 연결할 필요가 없다).

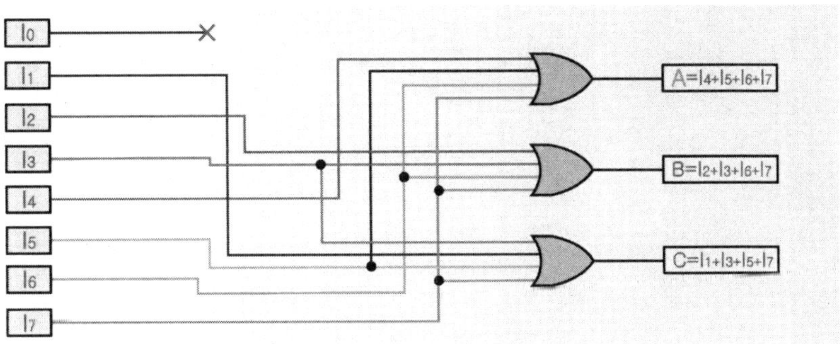

그림 4-10 ∘ 2진 3비트의 인코더 논리회로도

4. 디코더

인코더의 반대 작용을 하는 회로이다. N개의 2진 코드 또는 BCD 코드 등으로 입력이 들어오면 2^n개의 독자적인 출력을 내보내는 조합회로이다.

표 4-21 ∘ 3비트(입력), 2진(출력) 디코더 진리표

입 력			출 력							
A	B	C	O_0	O_1	O_2	O_3	O_4	O_5	O_6	O_7
0	0	0	1	0	0	0	0	0	0	0
0	0	1	0	1	0	0	0	0	0	0
0	1	0	0	0	1	0	0	0	0	0
0	1	1	0	0	0	1	0	0	0	0
1	0	0	0	0	0	0	1	0	0	0
1	0	1	0	0	0	0	0	1	0	0
1	1	0	0	0	0	0	0	0	1	0
1	1	1	0	0	0	0	0	0	0	1

보통 N개의 입력과 M개의 출력을 가지는 디코더(decoder)는 $M \leq 2^n$, N-to-M 라인디코더($n \times m$디코더)라고 한다. 표 4-21은 3비트 2진 디코더의 진리표 이며, 진리표의 값으로부터 출력 O_0부터 O_7까지 부울 함수식을 사용하여 나타내면 출력 3변수의 최소 항으로 나타낼 수 있으며 식 (4-24)와 같다.

$$O_0 = \overline{A}\,\overline{B}\,\overline{C},\quad O_1 = \overline{A}\,\overline{B}\,C,\quad O_2 = \overline{A}\,B\,\overline{C},\quad O_3 = \overline{A}\,B\,C$$

$$O_4 = A\,\overline{B}\,\overline{C},\quad O_5 = A\,\overline{B}\,C,\quad O_6 = A\,B\,\overline{C},\quad O_7 = A\,B\,C \qquad (4\text{-}24)$$

위의 최소항으로부터 그림 4-11은 디코더 논리회로로 N개의 입력에 대하여 M개의 출력이 나오는 회로 $N \times M$ 디코더이다.

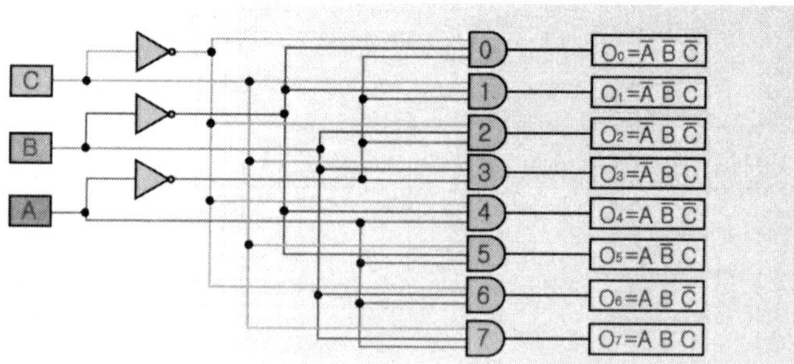

그림 4-11 • 3비트 2진 디코더 논리회로도

디코더의 목적은 N개의 입력변수의 2^n(또는 그보다 작은)개의 최소항을 발생시킨다. 3개의 입력 A, B, C가 출력 O_0에서 O_7까지 나오게 되는데 각각의 출력은 3개의 입력변수의 최소 항 중에서 하나이다. 그리고 입력 뒤에 위치한 인버터는 입력들을 보수화시키고 AND 게이트는 각각의 최소 항을 만들어 내는 역할을 한다.

5. 멀티플렉서

여러 개의 입력신호선(채널) 중 하나로부터 2진 정보를 선택하여 단일 출력선(1개)과 연결해 주는 조합회로로 데이터 선택회로라고도 한다. 일반적으로 그림 4-12(a)의 멀티플렉서(Multiplexer : MUX) 블록선도와 같이 2^n개의 입력과 n개의 선택변수로 나누어지면 선택변수의 비트 조합을 통해서 입력을 결정하게 되며, 선택변수들의 집합을 통해 특정 입력선을 제어한다.

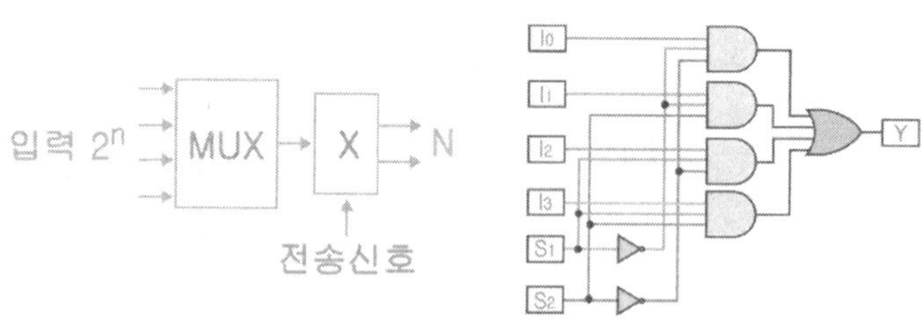

(a) 멀티블록선도 (b) 멀티플렉서 논리회로도

S_1	S_2	선택 입력
0	0	I_0
0	1	I_1
1	0	I_2
1	1	I_3

(c) 멀티플렉스 진리표

그림 4-12 • 멀티플렉서

그림 4-12(b)의 멀티플렉서의 회로도는 4개의 입력이 선택변수 S_1, S_2에 의하여 AND 게이트를 이용하여 해독하는 멀티플렉서를 통하여 출력 Y가 된다.

멀티플렉서는 디코더처럼 회로 동작제어에서 인에이블(enable)입력 사용이 가능하며 많은 확장에도 유용하게 쓰일 수 있어, 컴퓨터에서 시스템 내의 2개 이상의 출발지를 거쳐 한 곳의 목적지까지 연결시키는 역할로써 많이 사용되는데 부울 함수 실현, 논리회로 결합, 공통 버스 시스템 구성 등에 많이 활용되고 있다.

6. 디멀티플렉서

멀티플렉서(Multiplexer : MUX)와 반대의 개념으로 한 개의 입력을 받아 2^n개의 출력선을 만들어내며 그 중 하나를 선택하여 다음 도착지까지 연결해 주는 전송회로 또는 데이터 분배기라고 한다. 즉, 1개의 인에이블(enable) 입력을 가지고 있는 디코더의 기능을 가지고 있다. 이때 특정 출력선을 위한 n 비트의 선택변수가 있으면 2^n개의 출력선 중 1개를 고를 수 있다. 이것을 1×2^n 디멀디플렉서(Demultiplexer : DEMUX)라고 한다.

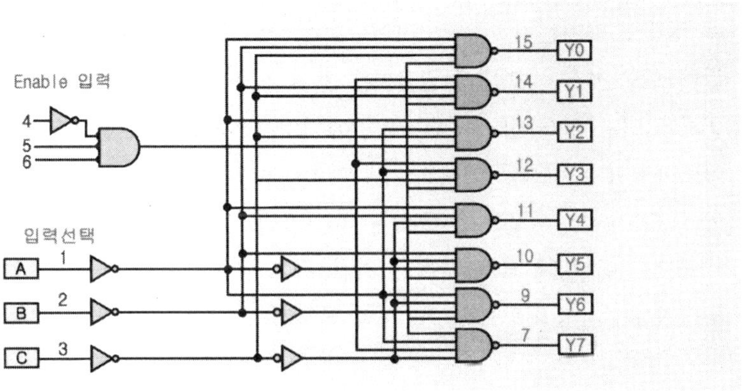

그림 4-13 • 디멀티플렉서의 회로도

그림 4-13은 인에이블(enable) 입력이 있으며 출력신호선 중 하나를 선택하여 출력값을 구할 수 있다. 즉, 회로동작을 제어하기 위해 하나 이상의 인에이블을 사용하고 있으며 인에이블 입력이 1일 경우 출력값은 항상 1이 된다.

04 래치와 플립플롭(Latch and Flip-Flop)

디지털 회로는 조합회로와 순차회로로 구분되는데 조합회로는 단순히 현재의 입력에 의해서 출력이 결정되는 회로로서 기억능력이 없지만 순차회로는 현재의 입력뿐만 아니라 회로 내부에 기억된 상태 값(과거의 입력에 의해 결정됨)에 따라 출력값이 결정되는 회로이다. 따라서 순차회로는 회로 내부에 값들을 기억하기 위한 메모리 소자들을 가지게 되며, 일반적으로 많이 사용되는 메모리 소자로는 플립플롭(flip-flop) 소자가 있다. 플립플롭은 쌍안정 멀티바이브레이터(bistable multivibartor)라 하고 디지털 정보(0 또는 1)를 저장할 수 있는 기억소자이며, 입력신호에 의해서 상태를 바꾸라는 명령이 있을 때까지 현재의 상태를 그대로 유지하는 회로로 논리회로의 가장 기본적인 회로라 할 수 있다. 플립플롭은 각각의 논리 게이트들을 연결하는 방법에 따라 다양한 종류의 플립플롭을 구성할 수 있다.

1. 래치와 플립플롭 차이

인에이블(enable) 제어신호를 갖는 SR 래치와 SR 플립플롭의 동작을 비교해 보면 알 수 있듯이 래치는 인에이블 제어신호가 1인 동안에 입력 SR이 변화하면 이에 따라 출력값이 변화한다. 반면에 플립플롭은 클록 신호가 0에서 1로 변화되는 시점에만 출력값이 변하게 되며, 클록 신호가 1인 동안에 입력 SR이 변해도 출력은 변하지 않는다(클록 신호가 0에서 1로 변화되는 시점 직후의 매우 짧은 시간인 ΔT 동안에만 출력값이 변할 수 있는데, 이 ΔT 시간은 클록이 1인 구간의 길이에 비해 무시할 수 있다).

참고로 플립플롭은 모서리 트리거(edge-triggered)[1] 방식으로 동작하고, 래치는 레벨 트리거(level-triggered)[2] 방식으로 동작한다.

2. 래 치

래치(latch)는 기본적인 플립플롭(basic flip-flop)이 외부의 신호가 없으면 한쪽의 트랜지스터가 안정상태를 유지하게 된다. 즉, 외부의 신호가 들어오기까지의 안정상태를 유지하는 일종의 기억회로를 래치라고 한다. 즉 입력값이 바뀔 때까지 처음 들어온 값만 내보내는 회로이다. 그림 4-14(a)와 같이 NOR 게이트를 사용하여 구성하거나 또는 NAND 게이트를 사용하여 구성할 수 있다. 그리고 각 게이트의 출력이 다른 게이트의 입력 쪽으로 되돌아가 연결되는 일종의 피드백(feedback) 경로가 있다.

그림 4-14와 같이 래치 회로의 구동을 분석하면 그림 4-14(a)는 NOR 게이트 2개를 사용해 구성된 래치 회로로서 입력 S, R과 출력 Q, $\overline{Q}$를 가지고 있다. 그림 4-14(b)에서는 NOR 래치 회로에 대한 블록 형태의 기호이고, 그림 4-14(c)에서는 NOR 래치 회로의 동작에 대한 진리표이다.

1) **모서리 트리거** : 클록이 0에서 1로 또는 1에서 0으로 변환할 때 플립플롭의 출력이 변화하는 것이다.

2) **레벨 트리거** : 플립플롭 회로 등을 트리거 신호(트리거 회로)의 논리 레벨에 의해서 동작시킬 때 이 신호를 레벨 트리거라 한다.

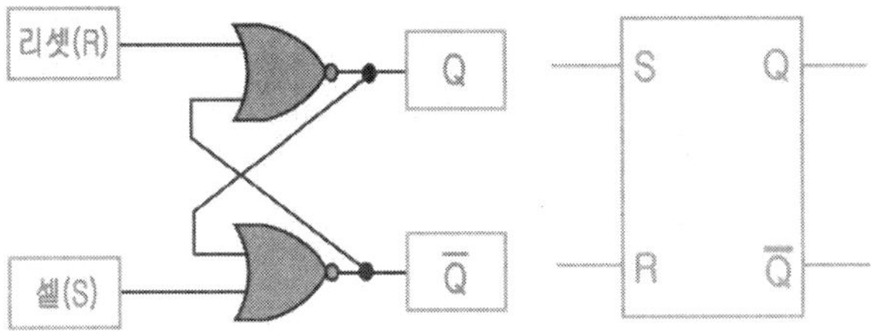

입력		출력	
S	R	Q	$\overline{Q}$
0	0	Q(변화없음)	사용 금지
0	1	0	1
1	0	1	0
1	1	사용 금지	$\overline{Q}$(변화없음)

(a) NOR 게이트 논리회로도 (b) NOR 게이트 기호 (c) NOR 게이트 진리표

그림 4-14 ◦ NOR 게이트로 구성된 래치 회로

진리표를 간단히 표현하기 위해 진리표에 나타내진 않았지만, 출력 $\overline{Q}$는 항상 Q의 반대 값(Q=0일 경우 $\overline{Q}$=1, Q=1일 경우 $\overline{Q}$=0)을 가진다. 또한 일반적으로 2개의 출력 Q와 $\overline{Q}$값 중 Q의 값을 래치 회로의 상태 값이며 SR의 입력에 의한 출력 Q, $\overline{Q}$의 값은 표 4-22와 같다.

표 4-22 ◦ NOR 게이트로 구성된 RS 래치의 입·출력 궤환 관계

입력 : S=0, R=1일 때	출력 : $\overline{Q}$=1, Q=0	안정상태 S=1일 때	출력 $\overline{Q}$ =0, Q=1
입력 : S=0, R=0일 때	출력 : $\overline{Q}$=1, Q=0	안정상태 R=1일 때	출력 : 변하지 않음
입력 : S=1, R=0일 때	출력 : $\overline{Q}$=0, Q=1	안정상태 R=1, S=0	출력 $\overline{Q}$=1, Q=0
입력 : S=1, R=1일 때	출력 : $\overline{Q}$=1, Q=0	안정상태 S=0일 때	출력 $\overline{Q}$=1, Q=0

(1) 래치 타이밍도

입력 S와 R의 변화에 따른 출력 Q와 $\overline{Q}$값의 변화 관계를 시간축으로 나타낸 것을 타이밍도(timing diagram)라 하며, 그림 4-15는 래치 회로의 타이밍도이고, 회로의 동작을 분석하면 다음과 같다.

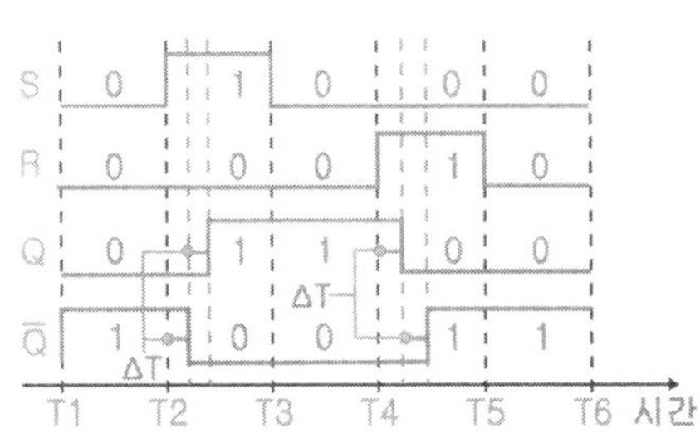

그림 4-15 ◦ 래치 회로의 타이밍도

① 초기(T1)에 입력하는 SR의 값을 00, $Q\overline{Q}$의 값을 01, NOR 게이트의 전달지연시간은 ΔT라고 가정한다.

② T2지점에서 S를 0에서 1로 변화시키면 ΔT 시간 후에 $\overline{Q}$는 1에서 0으로 변하게 되고 이렇게 변한 값은 위쪽 NOR 게이트에 영향을 미치게 되면서 다시 ΔT 시간 후에 Q가 1로 변하게 된다. 이때 1로 변한 Q값은 아래쪽 NOR 게이트의 입력으로 다시 인가되긴 하지만 이미 아래쪽 NOR 게이트의 한쪽 입력 S에 1이 인가되고 있기 때문에 아래쪽 NOR 게이트의 출력 $\overline{Q}$의 값은 더 이상 바뀌지 않고 0으로 남아 있게 되어 이 상태로 회로가 안정(SR=10, $Q\overline{Q}$=10)된다.

③ 상황에서 다시 T3 지점에서 S를 1에서 0으로 바꾸어도 아래쪽 NOR 게이트의 출력 $\overline{Q}$는 Q=1 값에 의해 0이 되므로 출력 $\overline{Q}$는 변하지 않으며, 따라서 SR=00, $Q\overline{Q}$ = 10인 상태가 된다.

④ T4 지점에서 입력 R의 값을 0에서 1로 변화시켜서 $R=1$이 되면 ΔT 시간 후에 Q는 1에서 0으로 되고, 다시 ΔT 시간 후에 $\overline{Q}$가 0에서 1로 바뀌게 된다. 1로 바뀐 $\overline{Q}$값은 위쪽 NOR 게이트의 입력으로 전달되지만 이미 $R=1$이 입력되고 있기 때문에 Q값은 1로 바뀐 $\overline{Q}$값에 의한 영향을 받지 않게 되므로 SR=01, $Q\overline{Q}$=01 상태로 안정상태가 된다.

⑤ T5 지점에서 다시 R을 0으로 바꾸어도 $\overline{Q}$ =1이므로 위쪽 NOR 게이트의 출력 Q의 값은 바뀌지 않게 되어 SR=00, $Q\overline{Q}$ =01이 된다. 결국 래치 회로의 입력 SR에 00, 01, 10을 각각 인가하면 출력 $Q\overline{Q}$값은 조합회로들과는 달리 입력 SR에 00이 인가되면 출력 $Q\overline{Q}$의 값은 입력 SR=00이 인가되기 전에 가지고 있던 값을 그대로 유지한다(그림 4-15의 타이밍도에서 T1 지점과 T3 지점에서 입력 SR=00이 인가되었을 때 출력 Q, $\overline{Q}$의 값을 확인). 이것은 래치 회로가 일종의 기억소자로서의 기능을 수행한다. 또한 SR=01, 즉 R(Reset)에 1을 입력하면 출력 Q=0이 되고, SR=10, 즉 S(Set)에 1을 입력하면 출력 Q=1이 됨을 알 수 있으므로 $\overline{Q}$의 값은 항상 Q의 반대값을 나타냄을 알 수 있다.

⑥ T6 지점에 래치 회로의 입력으로 SR=11을 인가하면 출력 Q와 $\overline{Q}$는 0이 된다. 또한 입력 SR=11, 출력 $Q\overline{Q}$ =00인 상태에서 입력 SR=00으로 변화시키면 출력 Q와 $\overline{Q}$는 11과 00 상태를 무한히 반복하는 불안정한 상태가 된다. 따라서 AND 게이트로 구성된 래치 회로는 입력 SR=11을 인가하지 않는다는 조건 하에서 사용해야 한다.

(2) NAND로 구성된 래치 회로

그림 4-16의 NAND 게이트로 구성된 래치 회로에 대한 동작을 분석하는 것은 그림 4-14의 NOR 게이트로 구성된 래치 회로의 동작분석 과정과 유사하다.

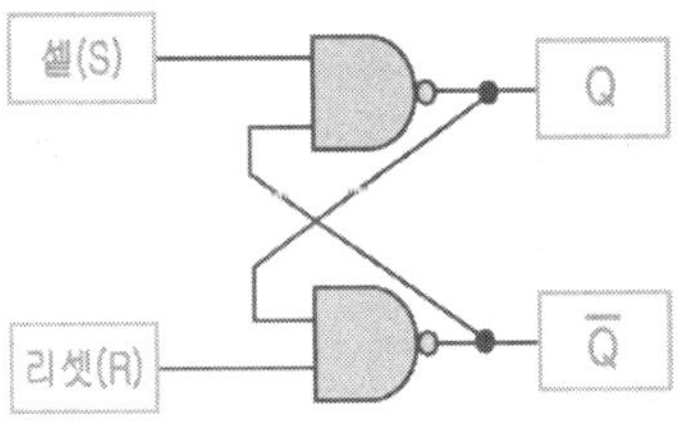

(a) NADN 게이트 논리회로도

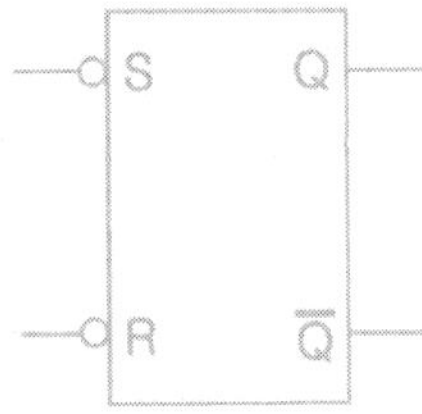

(b) NADN 게이트 기호

입력		출력	
S	R	Q	$\overline{Q}$
0	0	Q(변화없음)	사용 금지
0	1	0	1
1	0	1	0
1	1	사용 금지	$\overline{Q}$(변화없음)

(c) NADN 게이트 진리표

그림 4-16 ∘ NAND 게이트로 구성된 래치 회로

① 입력 SR=11, 출력 $Q\overline{Q}$ =01 상태일 경우 그림 4-17의 타이밍도와 같이 T2 지점에서 S를 0으로 변화시켜 출력 $Q\overline{Q}$ =10이 되며 T3 지점에서 다시 S를 1로 되돌려도 출력 $Q\overline{Q}$ =10으로 변화가 없다.

② T4 시섬에서 R을 0으로 변화되어 10 상태였던 $Q\overline{Q}$ 값이 01로 바뀌며, T5 지점에서 다시 R을 1로 되돌려줘도 출력 $Q\overline{Q}$ =01로 변하지 않게 된다. 그림 4-16의 NAND 게이트로 구성된 래치 회로에서는 입력 S와 R이 Active-Low 신호로 동작하기 때문에 SR=11일 때 회로의 출력 Q가 변하지 않으며(물론 $\overline{Q}$ 도 변하지 않음), S를 0으로 하면 세트(Set) 기능이 수행되어 출력 Q=1($\overline{Q}$=0)이 되고, R을 0으로 할 경우에는 리셋(Reset) 기능이 수행되어 출력 Q=0($\overline{Q}$ =1)이 된다. 그림 4-16(b)의 회로 기호에서 입력단자 S와 R에 그려져 있는 작은 원은 S와 R이 부신호이다.

③ NAND 게이트로 구성된 래치 회로에서는 입력 S와 R을 동시에 0을 인가해서는 안된다.

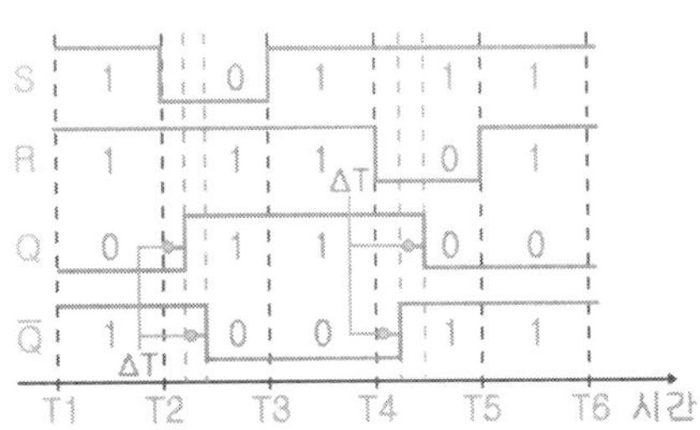

그림 4-17 ∘ 래치 회로(NAND 게이트)의 타이밍도

(3) 인에이블 제어신호를 갖는 SR 래치 회로

래치 회로는 단순히 S와 R의 입력 값을 조절함으로써 출력 Q, $\overline{Q}$ 값을 유지시키거나 변화시키지만 그림 4-18과 같이 S와 R 입력 외에 별도의 인에이블(enable) 제어신호를 갖는 SR 래치 회로가 있다.

① 그림 4-14(a) 회로와 같이 NOR 래치 회로의 입력단자에 AND 게이트를 추가하여 연결하거나, 그림 4-16(a) 회로의 NAND 래치 회로의 입력단자에 NAND 게이트를 추가 연결하여 만들 수 있다. 이들 회로에 대한 해석은 그림 4-14와 그림 4-16과 같이 래치 회로의 동작설명과 같다.

② NOR 래치를 이용한 그림 4-18(a)의 위쪽 회로는 입력 E=0일 경우에는 S와 R 입력 값에 상관없이 NOR 래치의 입력 $S_i=0$, $R_i=0$이 되고 따라서 출력 Q의 값은 변하지 않게 된다. 만약 E=1일 경우에는 $R_i=R$, $S_i=S$가 되기 때문에 NOR 래치 회로와 동일하게 동작된다.

③ NAND 래치를 이용한 그림 4-18(a)의 아래쪽 회로는 입력 E=0일 경우에는 S와 R 입력 값에 상관없이 NAND 래치의 입력 $S_i=1$, $R_i=1$이 되고 출력 Q는 변하지 않게 된다. 만일 E=1일 경우에는 $Si=\overline{S}$, $Ri=\overline{R}$이 되므로 입력 SR=00, 01, 10 각각에 대해 SR=00 → $S_iR_i=11$ → 출력 Q는 불변, SR=01 → $S_iR_i=10$ → Q=0, SR=10 → $S_iR_i=01$ → Q=1과 같이 동작하고, 입력 SR=11에 대해서는 $S_iR_i=00$이 되므로 S와 R을 동시에 1로 하는 입력을 인가하면 안 된다.

④ 그림 4-18과 같이 인에이블 제어신호를 갖는 래치 회로는 E=0일 경우 SR 입력 값에 상관없이 출력 Q는 이전 상태를 그대로 유지하며 E=1일 경우에는 SR=00일 때 출력 불변, SR=01일 때 리셋 기능(Q=0), SR=10일 때 세트 기능(Q=1)을 수행하며, SR=11 입력은 허용되지 않는다. 인에이블 제어신호를 갖는 SR 래치 회로를 'Gated SR Latch'라고 하며 그림 4-18 회로도에서 입력신호 E(Enable)를 G로 표기하기도 한다.

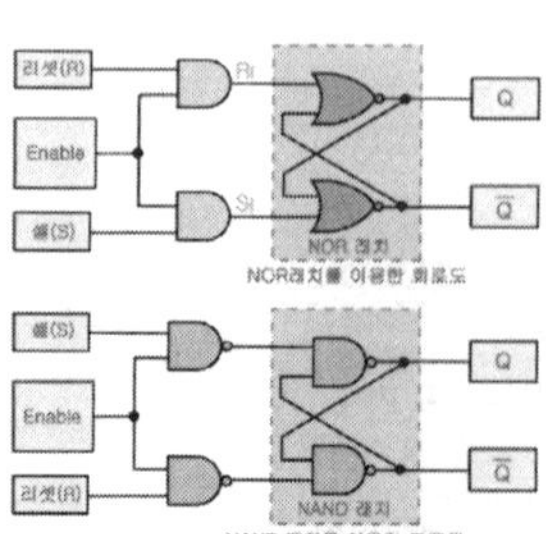

(a) SR 래치 회로 논리회로도

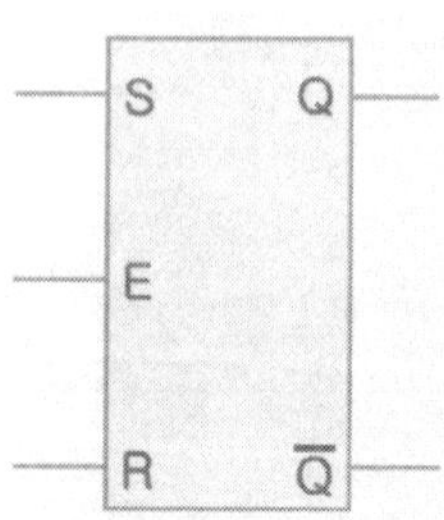

(b) SR 래치 회로기호

입력			출력
E	S	R	Q
0	x	x	Q_0 (변화없음)
1	0	0	Q_0 (변화없음)
1	0	1	0
1	1	0	1
1	1	1	사용금지

(c) SR 래치 회로 진리표

그림 4-18 ◦ 인에이블 제어신호를 갖는 SR 래치 회로

⑤ SR 래치 회로(그림 4-18)는 출력 Q를 1로 세트시키거나 0으로 리셋시키기 위해 S(Set)와 R(Reset) 입력단자를 가지고 있다. 그림 4-19(a) 회로도처럼 구성하면 D(Delay/Data) **래치 회로**가 된다. 즉 인에이블 제어신호를 갖는 D래치 회로는 E=0일 때에는 출력 Q값이 변하지 않으며, E=1일 때에는 입력 D값이 출력 Q값으로 그대로 전달된다. 그래서 E=1을 기준으로 할 때 D=0이면 Q=0이 되고, D=1이면 Q=1이 된다.

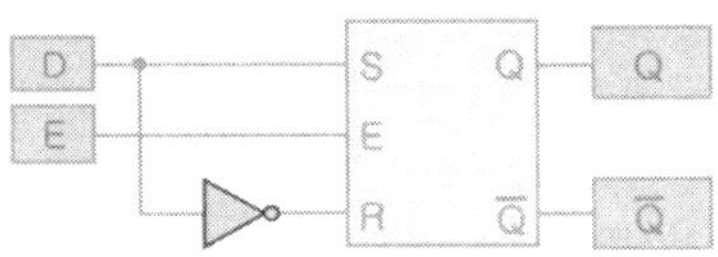

(a) D래치 회로 논리회로도

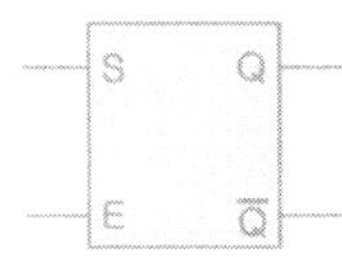

(b) D래치 회로 기호

입력		출력
E	D	Q
0	x	Q_0(변화 없음)
1	0	0
1	1	1

(c) D래치 회로 진리표

그림 4-19 ◦ 인에이블 제어신호를 갖는 D래치 회로 및 기호

3. 플립플롭 개요

플립플롭은 먼저 순차회로에서 많이 사용되는 클록 신호[3]와 몇 가지 용어들에 대해 알아보면 클록 신호는 일반적으로 그림 4-20과 같이 시간에 따라 0과 1 값을 주기적으로 반복하여 갖는 신호이다(클록의 한 주기 내에서 1이 되는 구간과 0이 되는 구간의 길이가 반드시 같을 필요는 없다).

그림 4-20에서 클록 신호값이 0에서 1로 변하는 부분을 상승 모서리[4]라고 하고, 1에서 0으로 변하는 부분을 하강 모서리[5]라고 한다. 일반적으로 클록 신호는 회로도에서 영어 약자로 CLK 또는 Ck라고 표기한다.

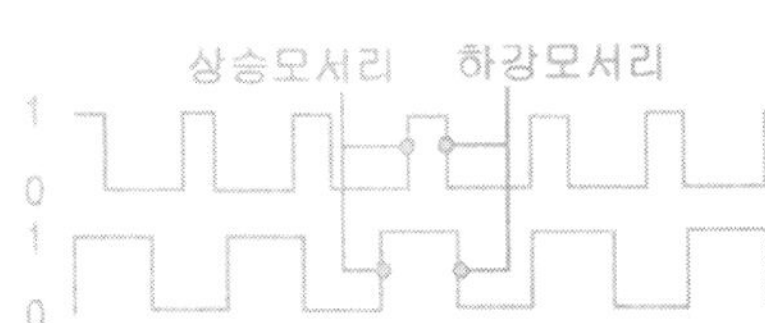

그림 4-20 ◦ 클록 신호

① 플립플롭의 클록 입력단자는 그림 4-21과 같이 일반적으로 작은 삼각형으로 나타낸다. 또한 상승 모서리 트리거 방식과 하강 모서리 트리거 방식을 구분하기 위해 삼각

---

3) **클록 신호** : 시간에 따라 0과 1의 값을 주기적으로 반복함으로써 나타나는 신호이다.

4) **상승 모서리**(positive-going edge) : 클록 신호값이 0에서 1로 변하는 부분이다.

5) **하강 모서리**(negative-going edge) : 상승 모서리와는 반대로 클록 신호 값이 1에서 0으로 변하는 부분이다.

형 앞에 작은 원을 사용하며, 작은 원이 있으면 하강 모서리 트리거 방식의 플립플롭이라 한다. 이밖에 상승 모서리 트리거 방식 플립플롭의 진리표에서 클록 값을 표현하기 위해 '↑' 또는 '⎍' 표시를 사용하고, 하강 모서리 트리거 방식 플립플롭의 진리표에서는 '↓' 또는 '⎍' 표시를 사용한다.

② 플립플롭은 그림 4-21과 같이 제어신호와 클록 신호를 입력으로 갖는 기억소자라 한다. 다양한 종류(SR, JK, D, T 플립플롭 등)가 있으며 모두가 각각의 고유 특성들을 가지고 있다.

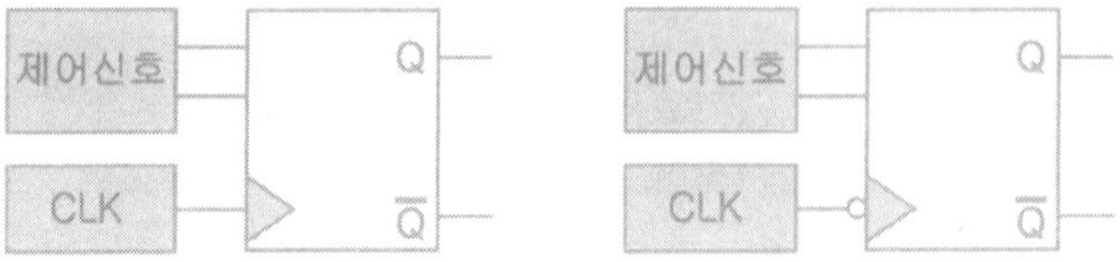

(a) 상승 모서리 (b) 하강 모서리

그림 4-21 • 일반적인 플립플롭 기호

플립플롭이란 래치와는 달리 클록의 상승 또는 하강 모서리에 나타나는 출력 Q와 $\overline{Q}$ 값이 변하여 출력되는 것이다. 즉, 플립플롭에 입력되는 제어신호가 변하더라도 클록이 변하기(0에서 1로 변함 : 상승 모서리 또는 1에서 0으로 변함 : 하강 모서리) 전에는 출력 Q, $\overline{Q}$의 값이 변하지 않는다. 즉 플립플롭은 클록이 0에서 1로 변하거나 또는 1에서 0으로 변하는 부분에서 출력값이 변하게 되며, 이때 출력값은 클록이 변하는 시점에 입력되고 있던 제어신호의 값에 따라 결정된다. 결국 클록 신호는 플립플롭의 출력이 변화되는 시점을 결정하는 역할을 하며, 제어신호는 플립플롭의 출력값을 결정하는 역할을 수행한다.

③ 만일 플립플롭이 클록의 상승 모서리(0에서 1로 변하는 시점)에 맞춰 출력값이 변하도록 만들어졌다면 이 플립플롭은 상승 모서리 트리거 방식 플립플롭(positive-edge triggered flip-flop)이며, 반대로 클록이 하강 모서리(1에서 0으로 변하는 시점)에 맞춰 출력값이 변하도록 만들어졌다면 이 플립플롭은 하강 모서리 트리거 방식 플립플롭(negative-edge triggered flip-flop)이라 한다.

④ 상승 모서리 트리거 방식 플립플롭과 하강 모서리 트리거 방식 플립플롭은 출력값이 변하는 시점만 다를 뿐 출력의 논리 값을 결정하는 방법은 동일하기 때문에 플립플롭을 설명할 때는 주로 상승 모서리 트리거 방식 플립플롭을 기준으로 한다. 그리고 플립플롭은 래치에서와 마찬가지로 출력 Q의 값을 플립플롭의 상태 값으로 보며, 그림 4-19의 플립플롭이 1인 상태에 있을 때 출력 Q가 1인 경우이며, 플립플롭이 0에서 1의 상태로 변경이 되면 Q의 값은 0에서 클록이 인가되면서 값이 1로 변한다.

4. SR 플립플롭

상승 모서리 트리거 방식 SR플립플롭(set-reset flip-flop)에 대한 회로도 및 진리표는 그림 4-22와 같다. 회로도 그림 4-22(a)는 일반적인 방식으로 그림 4-18과 같은 인에이블(enable) 제어신호를 갖는 SR 래치 회로나 NAND 래치를 이용한 회로와 동일하며, 인에이블 제어신호 입력단자에 모서리 검출기 회로가 붙어 있다.

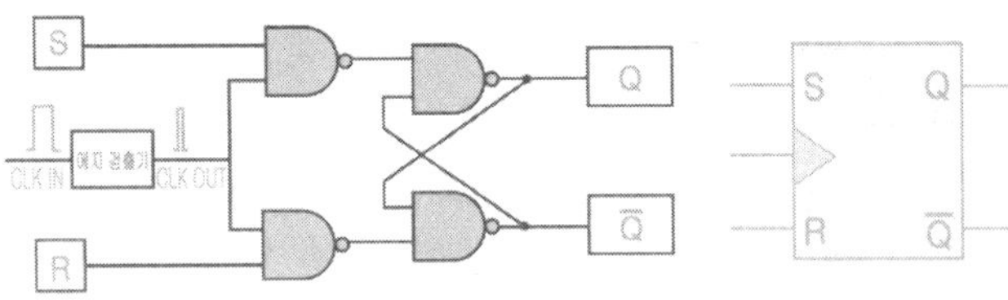

입력			출력
CLK	S	R	Q
1	0	0	Q_0(변화없음)
1	0	1	0
1	1	0	1
1	1	1	사용 금지

(a) SR 플립플롭 논리회로도 (b) SR 플립플롭 기호 (c) 진리표

그림 4-22 ◦ 인에이블 상승 모서리 트리거 방식 SR 플립플롭

모서리 검출기 회로는 그림 4-21 회로와 같이 구성되며, 정상적인 클록 'CLK'를 입력받을 경우 폭이 매우 좁은 일종의 스파이크(spike) 신호를 만들어 낸다. 물론 스파이크 신호는 회로구성에 따라 달라지는데, 그림 4-23(a)에서와 같이 정상적인 클록의 상승 모서리에 동기되어 만들어지기도 하고, 그림 4-23(b)에서와 같이 클록의 하강 모서리에 동기되어 만들어질 수도 있다. 그림 4-23(a)의 상승 모서리 검출회로에서 $\overline{\mathrm{CLK}}$ 신호는 NOT 게이트의 전달지연시간 ΔT 시간 후에 만들어지며, CLK^ 신호는 CLK 신호와 $\overline{\mathrm{CLK}}$ 신호가 모두 1일 때에만 1이 되는데(AND 연산), 이 값 역시 AND 게이트의 전달지연시간 ΔT 후에 출력된다. 반면 그림 4-23(b)의 하강 모서리 검출회로에서 CLK^는 CLK와 $\overline{\mathrm{CLK}}$ 값이 모두 0일 때에만 1이 된다(NOR 연산).

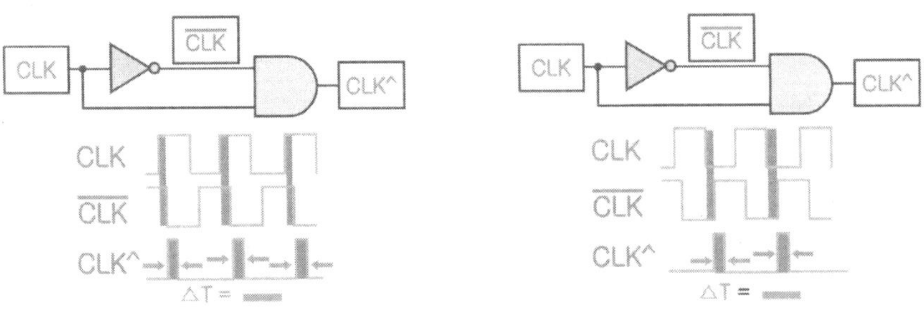

(a) 상승 모서리 검출기 회로 및 타이밍도 (b) 하강 모서리 검출기 회로 및 타이밍도

그림 4-23 ◦ 모서리 검출기 회로 및 타이밍도

5. 스파이크 신호

그림 4-23에서 게이트의 전달지연시간 ΔT는 보통 수[ns]에 불과하다. 따라서 스파이크 신호값이 1인 구간의 길이는 0인 구간의 길이에 비해 상대적으로 매우 짧다. 이와 같은 모양의 신호를 스파이크(spike) 신호 또는 글리치(glitch) 신호라 한다.

그림 4-22(a)에 나타낸 상승 모서리 트리거 방식 SR 플립플롭 회로도를 분석해 보면, 모서리 검출기 회로는 그림 4-23(a)와 같이 상승 모서리 검출기 회로와 같고 나머지 회로 부분은 그림 4-18에 나타내었던 인에이블(enable) 신호를 갖는 SR래치 회로를 참고하면 된다.

모서리 검출기 회로의 출력인 스파이크 신호 CLK^는 인에이블 신호를 갖는 SR래치 회로의 인에이블 단자로 입력되기 때문에 결국 입력 클록(CLK)의 상승 모서리 직후의 매우 짧은 시간(ΔT) 동안만 래치 회로가 동작하게 된다. 따라서 그림 4-22(a)의 회로는 입력되는 클록 CLK가 0에서 1로 변하는 시점에 출력 Q와 $\overline{Q}$값이 변하는 것으로 볼 수 있으며, 이 때문에 상승 모서리 트리거 방식의 SR 플립플롭이라고 한다.

플립플롭의 출력값은 그림 4-22(c)의 진리표와 같이 S와 R 제어신호의 값에 따라 결정되는데 만일 SR=00이 입력될 경우에는 출력 Q의 값이 변하지 않으며, SR=01일 경우에는 리셋 기능이 수행되어 출력 Q=0이 되고, SR=10일 경우에는 세트 기능이 수행되어 출력 Q=1이 된다. SR 플립플롭에서는 S와 R이 동시에 1이 되도록 입력을 주어서는 안 되는 점은 진리표내의 사용금지 부분을 통하여 확인해 볼 수 있다.

6. D 플립플롭

D 플립플롭(Delay flip-flop, Data flip-flop)은 하나의 클록 입력과 하나의 데이터 입력을 갖는 플립플롭이며 CLK가 인가되어 입력 D의 신호상태가 출력이다. SR 플립플롭과 NOT 게이트 한 개를 사용하여 그림 4-24와 같이 만들 수 있다.

예 D 입력에 0이 들어오면 출력 또한 0의 상태가 되고, 반대로 1입력이 들어오면 1의 상태가 출력되는 것으로 이것은 클록펄스가 인가될 때만 출력으로 나타난다.

결국 CLK가 없으면 출력은 현 상태로 계속 유지되는데 D 플립플롭에서는 클록의 상승 모서리가 발생하는 시점에 입력 D값이 그대로 출력 Q로 전달되는 것이다.

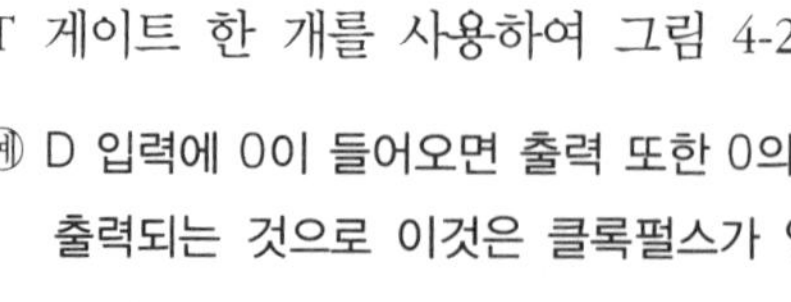

(a) 상승 모서리 트리거 방식 D 플립플롭 회로도

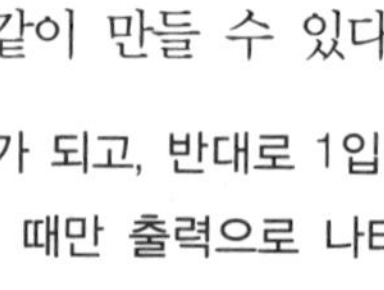

(b) D 플립플롭 기호

입 력		출 력
CLK	D	Q
1	0	0
1	1	1

(c) D 플립플롭 진리표

그림 4-24 • 상승 모서리 트리거 방식 D 플립플롭

7. JK 플립플롭

JK 플립플롭은 집적기술의 발달로 인해 제작비용이 저렴하여 많이 사용되며, JK 플립플롭 동작은 각 입력이 1일 때를 제외한다면 RS 플립플롭과 같다. JK 플립플롭은 이와 같이 SR 플립플롭의 단점을 보완한 플립플롭으로, J와 K 입력단자에 동시에 1이 인가될 때 출력값으로 클록이 가해지기 전의 상태와 반대로 출력되는 것으로 즉 JK 플립플롭의 J와 K 입력을 각각 SR 플립플롭의 S와 R 입력으로 생각할 경우 JK=00, 01, 10일 경우에는 SR플립플롭과 동일한 기능(JK=SR=00일 경우 출력 변화 없음, JK=SR=01일 경우 리셋 기능을 수행하여 출력 Q=0이 된다. JK=SR=10일 경우 세트 기능이 수행되어 출력 Q=1이 된다)을 보여준다.

JK 플립플롭은 RS 플립플롭에 피드백 회로가 부가됨으로써 RS 플립플롭에서 사용하지 못하는 모든 입력이 1인 경우에도 사용이 가능하며 조금 더 넓은 사용범위를 갖는다. 즉, JK=11일 경우에는 클록의 상승 모서리가 발생하기 이전에 가지고 있던 출력값이 클록의 상승 모서리를 발생시켜 반대의 값으로 바뀐다. 그림 4-25는 상승 모서리 트리거 방식 JK 플립플롭을 나타내고 있다.

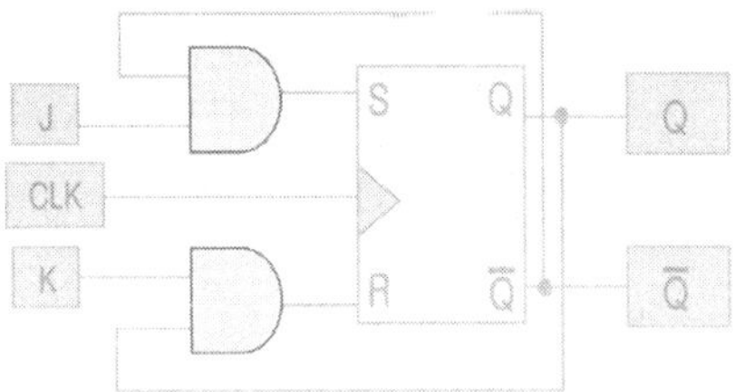

(a) 상승 모서리 트리거 방식 JK 플립플롭 회로도

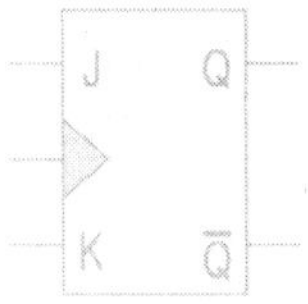

(b) JK 플립플롭 기호

입력			출력
CLK	J	K	Q
1	0	0	Q_0(변화없음)
1	0	1	0
1	1	0	1
1	1	1	Q_0'(반대값)

(c) JK 플립플롭 진리표

그림 4-25 ◦ 상승 모서리 트리거 방식 JK 플립플롭

JK 플립플롭은 가장 널리 쓰이는 플립플롭이며 RS 플립플롭 및 T 플립플롭을 합쳐 놓은 기능을 수행할 수 있으며 JK 플립플롭을 사용하여 여러 가지 다른 플립플롭을 생성할 수 있다.

8. T 플립플롭

T 플립플롭(Toggle flip-flop)은 다른 종류의 플립플롭으로서 카운터 회로에 쓰이는 특별한 플립플롭이라 한다. JK 플립플롭을 이용하여 그림 4-26과 같이 만들 수 있으며, 입력이 T=0일 경우 JK=00이 되어 출력 Q의 상태는 변하지 않으며, 입력이 T=1일 경우 JK=11이 되어 출력 Q의 상태는 발생하는 클록펄스마다 반대로 바뀌게 된다. 참고로 출력 Q값이 반대로 바뀌는 것을 토글(toggle) 기능이라고 한다.

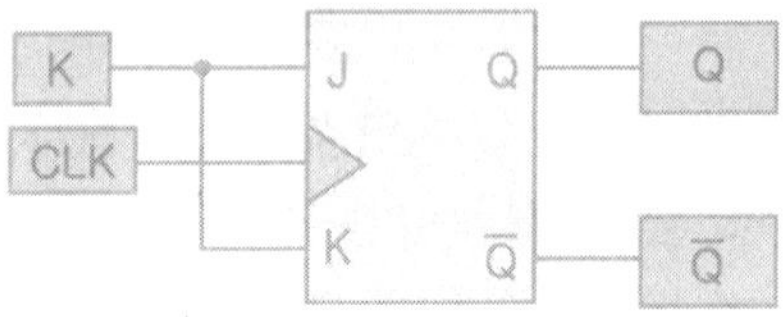

(a) 상승 모서리 트리거 방식 T 플립플롭 회로도

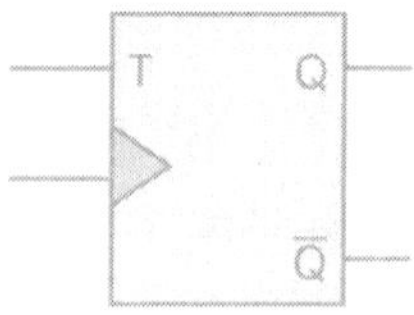

(b) T 플립플롭 기호

입력		출력
CLK	T	Q
1	0	Q_0(변화없음)
1	1	Q_0'(반대값)

(c) T 플립플롭 진리표

그림 4-26 • 상승 모서리 트리거 방식 T 플립플롭

9. 비동기식 PR, CLR 단자를 갖는 플립플롭

동기식 플립플롭의 고유 논리동작을 위하여 요구되었던 기본적인 입력만으로는 실제로 사용하는 데 불편한 점이 많다. 즉, SR, JK, D, T 플립플롭들은 항상 클록의 상승 모서리가 발생하는 시점에 맞춰 출력값이 변화한다. 그러나 경우에 따라서는 플립플롭들이 클록에 상관없이 출력을 1로 만들거나, 0으로 만들 수 있는 별도의 비동기식 제어신호가 필요하다.

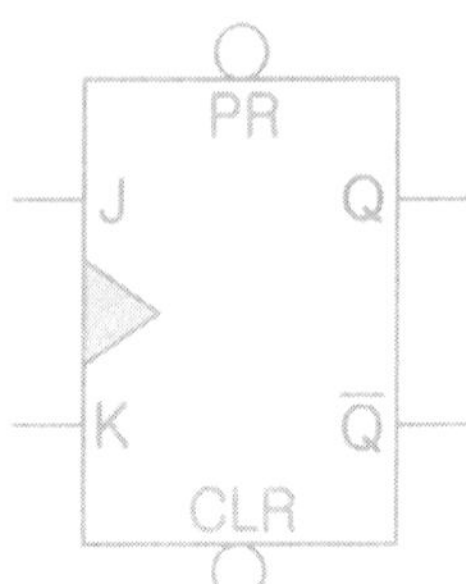

(a) JK 플립플롭 기호

입력					출력
PR	CLR	CLK	J	K	Q
0	x	x	x	x	1
x	0	x	x	x	0
1	1	↑	0	0	Q_0(변화 없음)
1	1	↑	0	1	0
1	1	↑	1	0	1
1	1	↑	1	1	Q_0'(반대값)

(b) JK 플립플롭 진리표

그림 4-27 • 비동기식 PR, CLR 단자를 갖는 JK 플립플롭

즉 PR(Preset)과 CLR(Clear) 단자를 가지고 있는 경우도 있으며, 그림 4-27과 같이 비동기식 PR과 CLR 단자를 갖는 JK 플립플롭이 있다.

그림 4-27에서 PR과 CLR 입력단자에 있는 작은 원은 이 신호들이 Active-Low 신호이며, 만일 PR에 0이 입력되면 진리표와 같이 클록을 포함한 모든 다른 입력값에 상관없이 무조건 플립플롭의 출력값은 1이 되며, 반대로 CLR에 0이 입력되면 출력값은 무조건 0이 된다. 여기서 PR과 CLR 입력을 비동기식이라고 하는 것은 클록에 상관없이 출력에만 영향을 미치기 때문에 비동기식이라 한다. 이와는 반대로 J와 K 입력은 클록에 맞추어 출력에 영향을 미치기 때문에 동기식 입력이라고 한다. 그리고 플립플롭이 동기식 입력 J, K의 값에 따라 기능을 수행하도록 하기 위해서는 PR과 CLR 단자에 반드시 1이 입력되어야 한다.

10. 플립플롭의 비동기식 입력 PR, CLR의 사용

원래 플립플롭들은 전원을 처음 인가할 경우 처음의 상태값(출력값)이 0이 될지 1이 될지 알 수 없다. 그러므로 플립플롭의 비동기식 입력은 플립플롭을 원하는 상태 값으로 초기화할 때 주로 사용한다.

㉮ JK 플립플롭(그림 4-27)의 상태를 초기에 Q=0으로 만든 다음, 동기식 입력 J와 K의 값에 따른 기능을 수행하도록 회로를 만들려면 CLR 단자에 잠시 동안 0을 인가하여 플립플롭의 상태를 Q=0으로 만든 후에 CLR 단자에 1을 인가해 주면 된다.

11. 계수기 회로

(1) 개 요

카운터는 디지털 전자회로에서 시간배정과 메모리 특성을 가지는 순서논리회로이다. 디지털 카운터는 최대계수의 수(카운터의 계수율), 업 또는 다운계수 비동기 동작 또는 동기동작, 자유동작 또는 자동정지 등의 중요한 특성을 가지며, 다른 순서회로와 마찬가지로 카운터를 구성할 때 플립플롭이 사용된다. 그리고 주어진 시간 동안의 클록펄스의 수와 같은 사상을 계수하는 데에 카운터가 사용되며, 이 카운터는 디지털 시계처럼 주파수를 나누고 데이터를 저장하는 데 사용되며 순서번호 지정 및 계산회로에서 쓰인다.

(2) 리플카운터

디지털 카운터는 2진수 또는 2진 코드에서만 계수를 한다. 표 4-23은 2진수로 0000부터 1111까지(0에서 15까지) 2진 계수순서이며, 이 계수를 사용하는 디지털 카운터를 모드-16 카운터라 한다. 모드-16 카운터는 계수하는 숫자를 나타낸다.

표 4-23 ◦ 4비트 카운터의 계수순서

Decimal Count	Binary Count				Decimal Count	Binary Count			
	8s	4s	3s	1s		8s	4s	2s	1s
	D	C	B	A		D	C	B	A
0	0	0	0	0	8	1	0	0	0
1	0	0	0	1	9	1	0	0	1
2	0	0	1	0	10	1	0	1	0
3	0	0	1	1	11	1	0	1	1
4	0	1	0	0	12	1	1	0	0
5	0	1	0	1	13	1	1	0	1
6	0	1	1	0	14	1	1	1	0
7	0	1	1	1	15	1	1	1	1

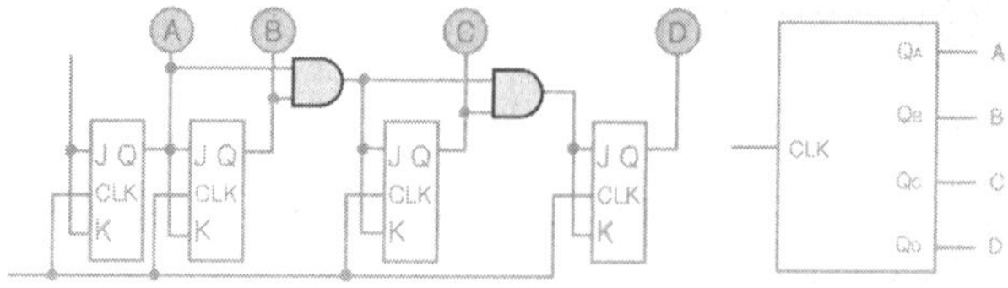

그림 4-28 ◦ 4비트 리플카운터

JK 플립플롭을 이용한 모드-16 카운터의 논리 다이어그램은 그림 4-28과 같다. 우선 플립플롭의 J와 K의 데이터 입력이 1로 구속되어 있다. 이는 각 플립플롭이 토글모드라고 한다. 그리고 각각의 클록마다 플립플롭이 반대 상태로 토글되도록 한다. 플립플롭 첫 번째 출력 Q가 다음 유니트(플립플롭 두 번째)의 클록(CK) 입력에, 그리고 그 후에도 계속하여 동일한 방법으로 직결되어 있다.

파형도를 이용하여 카운터의 동작을 분석해보면 그림 4-29와 같이 모드-16 카운터의 파형이 나타난다. 첫 줄은 플립플롭 첫 번째로 가는 클록(CK) 입력이다. 바닥 선은 지시기의 2진 계수이다. 2진 카운터가 클리어되어 왼쪽에서 0000으로 리셋되어 있으며. 각각의 클록펄스는 다이어그램으로 우측으로 이동함에 따라 2진 계수가 1씩 증가한다.

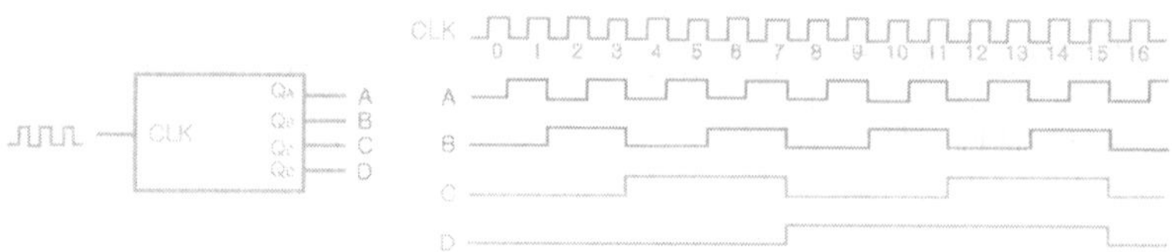

그림 4-29 ◦ 모드-16 리플카운터의 시간 다이어그램

(3) 병렬 카운터

비동기 리플카운터는 모든 플립플롭을 트리거링하는 데에 시간지연이 된다. 시간지연 문제를 해결하기 위하여 병렬 카운터가 쓰인다. 3비트 병렬 카운터의 논리 다이어그램은 그림 4-30과 같다.

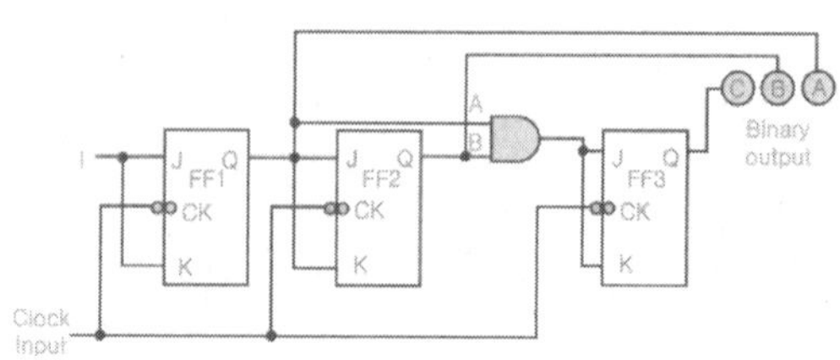

Decimal count	Binary count		
	4s	2s	1s
	C	B	A
0	0	0	0
1	0	0	1
2	0	1	0
3	0	1	1
4	1	0	0
5	1	0	1
6	1	1	0
7	1	1	1

그림 4-30 ◦ 3비트 병렬 카운터

모든 CK입력이 입력 클록에 구속되어 있으며 이들 모두가 병렬로 결선되어 있다. 여기서도 JK 플립플롭이 쓰인다. 플립플롭 첫 번째는 1s 위치 카운터로서 언제나 토글모드이다. 플립플롭 첫 번째와 플립플롭 두 번째의 출력은 AND 게이트로 귀환한다. AND 게이트는 플립플롭 세 번째의 동작 모드를 통제한다. AND 게이트가 A와 B의 1s에 의해서 활성화되고 플립플롭 세 번째는 토글모드가 된다. AND 게이트가 비활성되면 플립플롭 세 번째는 정지 모드가 된다. 플립플롭 두 번째는 2s 위치 카운터이고 플립플롭 세 번째는 4s 위치 카운더이다.

05 컴퓨터와 마이크로프로세서(Computer And Microprocessor)

1. 컴퓨터의 개요

(1) 컴퓨터의 정의 및 개념

자료를 처리해주는 계산기로 수치계산은 물론 문자, 마크, 그림, 영상, 음성, 도형 등 다양한 데이터를 프로그램에 의해 신속하고 정확하게 처리하여 필요한 정보를 인간이 원하는 형태로 출력하는 정보처리 시스템이다. 컴퓨터의 개념은 그림 4-31과 같다.

① 입력된 자료(data) 또는 정보에 대한 일련의 계획된 조작 처리과정을 통해 원하는 결과를 얻기 위한 전자자료처리 시스템(Electronic Data Processing System : EDPS)이다.

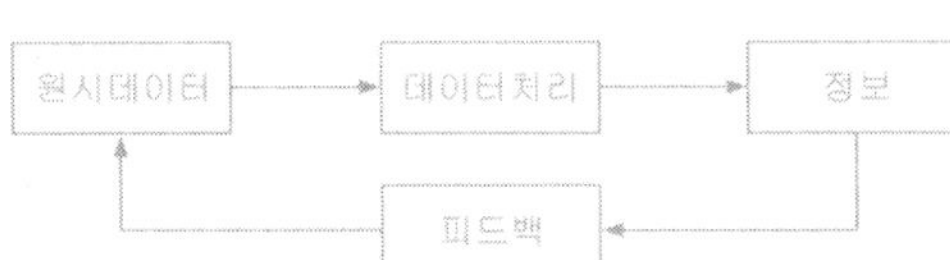

그림 4-31 ▪ 컴퓨터의 개념

② 프로그램에 의해 자동으로 처리된다는 의미로 자동 자료처리시스템(Automatic Data Processing System : ADPS)이다.

(2) 컴퓨터의 구성

표 4-24는 크게 컴퓨터를 구성하고 있는 기계장치인 하드웨어와 정보들이 이동하는 방향과 정보처리의 종류를 지정하고 이러한 동작이 일어나는 시간을 지정하는 명령어의 집합인 소프트웨어로 구분한다.

표 4-24 ∙ 컴퓨터의 구성

컴퓨터의 구성	세부 구성
하드웨어 (hardware)	**컴퓨터를 구성하는 물리적인 부품**(장치)들로 입력장치, **중앙처리장치**(CPU), **기억장치**(memory), 출력장치, **주변장치** 등이 있다. ① 중앙처리장치 : 컴퓨터시스템 전체를 제어하는 장치로서 입력장치에서 데이터를 입력받아 처리한 후 출력장치와 기억장치로 내보낸다. ② 기억장치 : 처리하고자 하는 명령(instruction)이나 데이터 또는 처리된 데이터를 인쇄용지 등에 출력하기까지 일시적으로 저장하여 두는 장치이다. 또 중앙처리장치에 있는 기억장치를 내부기억장치 또는 주기억장치라 하며, 자기테이프, 자기 디스크팩, 자기 드럼 등의 각 장치를 외부기억장치 또는 보조기억장치라고 한다. ㉠ 주기억장치(RAM) : 컴퓨터 시스템에서 수행되고 있는 프로그램과 수행에 필요한 데이터를 기억하고 있는 장치로 CPU에 접근속도가 빠르며 많은 양의 데이터를 기억할 수 있다. 레지스터, 캐시기억장치, 주기억장치로 구성된다. ㉡ 보조기억장치 : 컴퓨터의 중앙처리장치가 아닌 외부에서 프로그램이나 데이터를 보관하기 위한 기억장치를 말하며, 주기억장치보다 속도는 느리지만 많은 자료를 영구적으로 보관할 수 있다. ③ 출력장치 : 중앙처리장치(CPU)에서 처리된 결과를 CPU의 외부로 내보내는 장치를 총칭한다. 인쇄장치(printer), 표시장치(display unit) 등을 말한다. ④ 입력장치 : 입력장치는 타이프라이터, 천공카드, 자기테이프, 자기디스크, A/D 변환기 등으로 컴퓨터에 명령이나 데이터를 입력시킬 때 사용된다. 입력장치는 개개의 기록매체에 정보를 받는 장치가 이해할 수 있는 디지털 신호로 변환한다.
소프트웨어 (software)	하드웨어를 동작시키는데 사용되는 프로그램으로 **시스템 소프트웨어와 응용 소프트웨어**가 있다. 정보들이 이동하는 방향과 정보처리의 종류를 지정하고 이러한 동작이 일어나는 시간을 지정하는 명령어의 집합이다. ① 시스템소프트웨어 : 시스템을 제어하고 운영하는데 필요한 프로그램으로 사용자가 컴퓨터를 좀 더 효율적으로 사용하기 위해 만들어졌다. ② 응용소프트웨어 : 시스템 소프트웨어를 기반으로 특수목적을 위해 만들어졌다.

(3) 컴퓨터의 특성

표 4-25는 컴퓨터의 특성으로 고속성, 대용량성, 다중성, 호환성 등이 있다.

표 4-25 ▪ 컴퓨터의 특성

컴퓨터의 특성	컴퓨터의 특성 해설
신뢰성 및 자동성	프로그램에 의해 정확하게 자동으로 처리한다. 컴퓨터의 처리결과는 정확하고 믿을 수 있는데 오류(error)가 발생되는 경우는 온도, 습도 조절이 안 되었거나 다루는 사람이 잘못된 취급에 있다.
범용성	다양한 형태의 자료를 여러 분야에 광범위하게 사용하며, 동시에 여러 가지 업무를 처리할 수 있다. 컴퓨터에 입력되는 데이터는 수적인 데이터뿐만 아니라 의사전달을 위한 영문자, 한글 및 특수문자, 그리고 모든 사물의 형상을 나타낼 수 있으므로 과학기술 계산뿐만 아니라 사무 계산 등의 분야에서 널리 이용된다.
고속성	다량의 자료를 신속하게 처리한다.
논리 및 판단성	인간의 논리적인 판단작업이나 분석이 가능하다. 컴퓨터는 자체 논리적인 사고력이 없기 때문에 인간이 처리하는 과정 즉, 문제의 논리적인 분석이 필요하다. 이 문제의 논리적인 판단을 위해서는 흐름도(flow chart)나 의사결정(decision table)을 사용해서 인간의 논리적인 판단작업을 컴퓨터가 대시할 수 있도록 한다.

① 고속성 : 컴퓨터는 방대한 업무량을 순식간에 처리할 수 있는 특정을 지니고 있다. 즉, 판독, 연산, 기록 등을 하는데 표 4-26은 컴퓨터의 처리속도로 μs(micro second), ns(nano second), ps(pico second)가 걸린다.

표 4-26 ▪ 컴퓨터의 처리속도

처리속도	단위	값	분수로 나타낸 값
ms(milli second)	micro second	10^{-3}(sec)	1/1,000
μs(micro second)	micro second	10^{-6}(sec)	1/1,000,000
ns(nano second)	nano second	10^{-9}(sec)	1/1,000,000,000
ps(pico second)	pico second	10^{-12}(sec)	1/1,000,000,000,000
fs(femto second)	femto second	10^{-15}(sec)	1/1,000,000,000,000,000
as(atto second)	atto second	10^{-18}(sec)	1/1,000,000,000,000,000,000

② 대용량성 : 컴퓨터가 기억할 수 있는 데이터나 정보의 양을 기억용량이라고 하며, 컴퓨터의 기종에 따라 차이가 있지만 대형의 범용인 경우에는 800만 바이트 이상을 기억할 수 있고 보조 기억장치를 부착하면 그 용량은 훨씬 늘어날 수 있는 것을 표 4-27에 나타내었다.

표 4-27 • 바이트 단위

바이트 크기			
SI 접두어		전통적 용법	
기호(이름)	값	기호	값
KB(킬로바이트)	$1000^1 = 10^3$	KB	$1024^1 = 2^{10}$
MB(메가바이트)	$1000^2 = 10^6$	MB	$1024^2 = 2^{20}$
GB(기가바이트)	$1000^3 = 10^9$	GB	$1024^3 = 2^{30}$
TR(테라바이트)	$1000^4 = 10^{12}$	TR	$1024^4 = 2^{40}$
PB(페타바이트)	$1000^5 = 10^{18}$	PB	$1024^5 = 2^{50}$
EB(엑사바이트)	$1000^7 = 10^{21}$	EB	$1024^6 = 2^{60}$
ZB(제타바이트)	$1000^8 = 10^{24}$	ZB	$1024^7 = 2^{70}$
YB(요타바이트)	$1000^9 = 10^{27}$	YB	$1024^8 = 2^{80}$

③ 다중성 : 컴퓨터는 재고관리, 판매관리, 급여계산 등의 업무를 동시에 처리할 수 있는 기능을 갖고 있다. 이와 같이 동시에 여러 가지의 업무를 처리하는 것을 다중 프로그래밍(multi programming)이라고 한다.

④ 호환성 : 컴퓨터의 기종을 고려하지 않고 어느 기종에서든지 소프트웨어를 쉽게 사용할 수 있는 것이다. 예들 들면, 프로그램을 작성할 때에는 A회사의 컴퓨터에서 하고 실행 처리는 B회사의 컴퓨터에서 할 수 있을 때 서로 호환성이 있다.

(4) 컴퓨터의 역사

1) 기계식 계산기의 발전과정

표 4-28은 기계식 계산기의 발전과정으로 전자식이 아닌 기계의 힘을 이용하여 계산할 수 있는 장치이다.

① 기원전 2600년경 중국에서 주판사용에서 현재까지 이어져 오고 있다.

② 1642년 프랑스 파스칼의 기계식 계산기 : 톱니바퀴를 이용한 덧셈과 뺄셈을 했다.

③ 1673년경 독일 라이프니츠의 계산기 : 파스칼의 계산기를 개량하여 덧셈 뺄셈 곱셈 나눗셈 계산, 탁상용 계산기의 시조가 된다.

④ 1823년경 영국 베비지 미분기 : 대수표를 계산하였다.

⑤ 1833년경 해석기관 : 오늘날 컴퓨터의 기초이다.

표 4-28 ▪ 기계식 계산기의 발전과정

명칭	연도	개발자	특 징
가감산기 (치차식계산기)	1642년	파스칼	**덧셈과 뺄셈**이 가능한 최초의 기계식 계산기이다. 톱니와 연동바퀴를 이용하여 가감산을 계산한다.
가감승제기 (사칙계산기)	1673년	라이프니츠	최초의 탁상용 계산기이다. 불안정한 **사칙연산**이다. 곱셈과 나눗셈이 가능하다.
차분기관	1823년	찰스 바베지	미분과 적분이 가능하다. 입출력, 기억, 연산장치를 갖췄다.
해석기 (해석기관)	1833년	찰스 바베지	차분기관을 개량한 것이다. 오늘날 자동 **디지털 계산기 모델**을 제시하였다.
천공카드	1890년	홀러리스	**일괄처리방식의 시초이며 인구통계** 및 **국세조사**에 사용하였다. PCS(Punch Card System)이다.
마크 원 (Mark-1)	1944년	에이컨	최초의 전기기계식 자동계산기이다. 전기신호를 이용하여 자동으로 계산하는 원리이다.

2) 전자식 계산기

컴퓨터는 주판과 같이 수에 의해 연산하는 디지털형(계산형)과 계산자[6]와 같이 양(부피)으로 나뉜다.

표 4-29 ▪ 전자식 계산기의 발전과정

명칭	연도	개발자	특 징
ENIAC	1946년	에커트 & 머클리	최초의 **디지털 전자계산기**이며 10진법을 도입하였다. 진공관으로 연결된 외부 프로그래밍 방식이다.
EDSAC	1949년	웰키스& 모리스	최초의 **프로그램 내장방식을 도입하였다.** 폰노이만의 프로그램 내장방식을 채택하였다.
EDVAC	1950년	모클리, 에커트	최초의 2진법 **프로그램 내장방식**을 사용한 전자계산기이다. 프로그램 내장방식을 완성하였다.
UNIVAC	1951년	모클리, 에커트	최초의 상업용 계산기이며 미국 인구통계에 이용하였다. 자기 테이프를 사용한다.
알테어	1975년	MITS	최초의 개인용 컴퓨터이다. 스위치 조작으로 프로그래밍을 한다.
애플 ll	1977년	애플	최초의 8비트 개인용 컴퓨터이며, **상업용 전자계산기**이다. 현재의 PC형태를 갖췄다.

6) **계산자** : 고정자와 미끄럼자의 여러 가지 특성을 가진 대수눈금을 만들어 놓고, 고정자에 대해 중앙의 미끄럼자를 밀리게 만들어 계산하는 기구이고 그림과 같다.

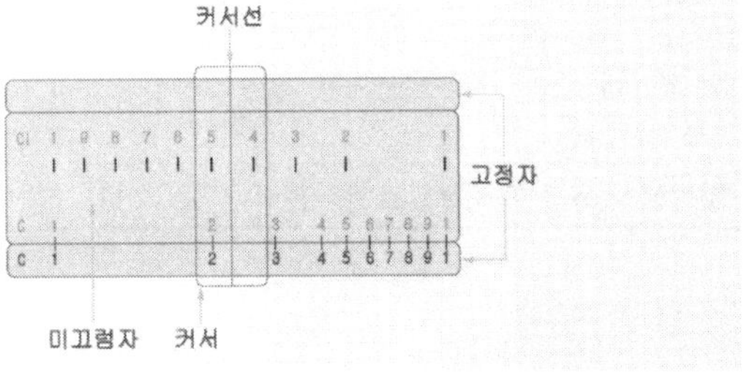

3) 세대별 컴퓨터의 발전과정

세대별 컴퓨터의 발전과정을 표 4-30은 1세대부터 5세대로 나누어 표시했다.

표 4-30 ◦ 세대별 컴퓨터의 발전과정

세대별	컴퓨터의 발전과정 해설	응용분야
1세대	• 진공관시대이며 속도는 [ms](밀리초 : 10－3[sec])이다. • 기계어 및 어셈블리어를 사용하고, 일괄처리 시스템이다.	통계과학 계산응용
2세대	• 트랜지스터(TR) 시대이며 속도는 [μs](마이크로초 : 10^{-6}[sec])이다. • 고급언어(FORTRAN, COBOL, ALGOL 등) 사용하고, 운영체제 및 온라인 실시간처리 시스템을 도입하였다.	사무처리 응용
3세대	• 집적회로(IC) 시대이며 속도는 [ns](나노초 : 10^{-9}[sec])이다. • 시분할방식을 도입하였고, 다중처리방식을 도입하였으며, 경영정보조직(MIS) 체계를 확립하였다.	종합경영정보 시스템(MIS) (Management Information System)
4세대	• 고밀도 집적회로(LSI) 시대이며 속도는 [ps](피코초 : 10^{-12}[sec])이다. • 마이크로프로세서 개발하였고, Nerwork 개발 및 광통신을 개발하였다.	의사결정지원 시스템(DSS) (Decision Support System)
5세대	• 초고밀도 집적회로(VLSI) 시대이며 속도는 [fs](펨토초 : 10^{-15}[sec])이다. • 추론, 연상기억, 인공지능 시스템 등이 출현하였다.	인공지능(AI) (Artificial Intelligence)

(5) 컴퓨터의 종류

컴퓨터의 종류로는 보통 세 가지로 분류하는데 처리능력에 의한 분류, 사용목적에 의한 분류, 데이터 형태에 의한 분류 등으로 나눌 수 있다.

1) 컴퓨터의 사용목적에 의한 분류

컴퓨터는 사용목적에 따라 표 4-31과 같이 전용 컴퓨터(특수용)와 범용 컴퓨터(일반용)로 나뉜다.

표 4-31 ◦ 컴퓨터의 사용목적에 의한 분류

컴퓨터의 분류	컴퓨터의 분류의 해설
특수용(전용)	한 가지 분야에 전문적으로 사용되는 컴퓨터로서 보통 군사용이나 의료용 등으로 사용하는 것이다.
일반용(범용)	여러 분야에 사용되는 컴퓨터로서 일반적인 PC이다.

2) 컴퓨터의 처리능력에 의한 분류

컴퓨터는 표 4-32와 같이 처리능력과 크기에 따라 소형, 중형, 대형, 초대형으로 나뉜다.

표 4-32 ◦ 컴퓨터의 처리능력에 의한 분류

컴퓨터의 분류	컴퓨터의 분류의 해설
소형 컴퓨터 (Personal Computer)	마이크로컴퓨터(micro computer), 일반적인 컴퓨터로 네트워크 등에서 클라이언트 역할을 한다. 노트북(notcbook), 데스크탑(desktop), 랩톱(laptop) 등이다.
중형 컴퓨터 (Workstation Computer)	다기능 컴퓨터로 RISC 프로세서를 채택하여 고성능 그래픽 작업 및 서버로 사용한다. 워크스테이션보다 처리속도가 빠르며, 기억용량이 크다.
대형 컴퓨터 (Mainframe Compuet)	대규모 네트워크의 서버로 사용하며 은행, 병원, 정부기관 등에서 단말기를 통해 공동으로 사용한다.
초대형 컴퓨터 (Super Compuer)	고도의 정밀도와 정확한 수치계산에 사용하고 지형분석, 기상분석, 유전자분석, 우주항공산업 등에 사용한다.

3) 컴퓨터의 데이터 형태에 의한 분류

컴퓨터는 처리하는 데이터 형태에 따라 아날로그 컴퓨터, 디지털 컴퓨터, 하이브리드 컴퓨터로 구분된다(표 4-33).

① 아날로그 컴퓨터 : 길이, 온도, 전압, 전류 등과 같은 연속되는 물리량을 입력받아서 그래프와 같은 연속적인 데이터로 출력하는 컴퓨터로서 데이터를 코드로 변환하지 않기 때문에 과학연구 및 공학설계와 같은 특정 분야에 사용한다.

② 디지털 컴퓨터 : 코드화된 숫자나 문자를 입력받아서 0과 1이라는 이산적인 데이터로 출력하는 컴퓨터로서 일반 사무용이나 계산용으로 사용하고 현재 주변에 널리 존재하여 쉽게 접하고 사용하는 컴퓨터는 모두 디지털 컴퓨터이다.

③ 하이브리드 컴퓨터 : 아날로그 컴퓨터와 디지털 컴퓨터의 장점을 혼합하여 만든 컴퓨터로서 아날로그 컴퓨터와 마찬가지로 특정 분야에서 사용하며 변환기(converter)를 통해 아날로그 데이터와 디지털 데이터를 모두 처리한다.

표 4-33 ◦ 컴퓨터의 데이터 형태에 의한 분류

구분	디지털 컴퓨터 (digital computer)	아날로그 컴퓨터 (analog computer)	하이브리드 컴퓨터 (hybrid computer)
구성회로	논리회로	증폭회로	디지털과 아날로그의 장점만을 혼합한 컴퓨터
연산	사칙 및 논리연산	미적분연산	
입력	문자나 숫자 등 이산적 데이터	전압, 전류, 온도 등 연속적인 물리량	
출력	문자, 숫자, 기호	곡선이나 그래프	
용도	일반적인 PC	특수 목적용	
처리속도	느림	빠름	

(6) 컴퓨터의 구조에 따른 분류

파이프라인 슈퍼컴퓨터와 대규모 병렬 컴퓨터로 분류한다.

① 파이프라인 슈퍼컴퓨터 : 하나의 CPU 내에 다수의 연산장치를 포함하고 있는 컴퓨터이다.

② 대규모 병렬 컴퓨터 : 하나의 시스템 내에 상호 연결된 수백 혹은 수천 개 이상의 프로세스를 포함한다. 프로세서들이 하나의 큰 작업을 나누어서 병렬로 처리하는 구조이다.

2. 마이크로프로세서 개요

마이크로프로세서(Microprocessor)는 컴퓨터의 중앙처리장치(Central Processing Unit : CPU)를 하나의 IC칩에 집적시켜 만든 반도체 소자로서 흔히 MPU(Micro Process Unit)라고 한다. 이것은 일반 컴퓨터의 중앙처리장치에서 주기억장치만을 제외한 연산장치, 제어장치 및 각종 레지스터들을 단지 1개의 IC소자에 집적시킨 것이므로 연산, 제어, 판단, 기억, 계시, 마이크로 프로그램에 의한 처리 등의 모든 기본적인 기능은 중·대형 컴퓨터의 CPU에 비하여 별로 다를 바가 없다. 마이크로프로세서를 CPU로 사용한 소형 컴퓨터를 마이크로컴퓨터라고 한다. 마이크로컴퓨터는 마이크로프로세서는 원 칩(One-chip)으로 된 CPU를 가리킨다. 마이크로프로세서는 직접적으로 레지스터나 연산부 등과 외부장치를 연결할 수가 없으며, 단지 이 칩의 단자를 통해서만 정보전달이 가능하다. 마이크로프로세서의 구성은 그림 4-32와 같다.

CPU가 하나의 소자로 간단히 구성되므로 전체 시스템이 소형·경량화가 되고, 소비전력 및 가격이 낮아지고 부품수가 줄어들어 시스템의 신뢰성이 높아진다.

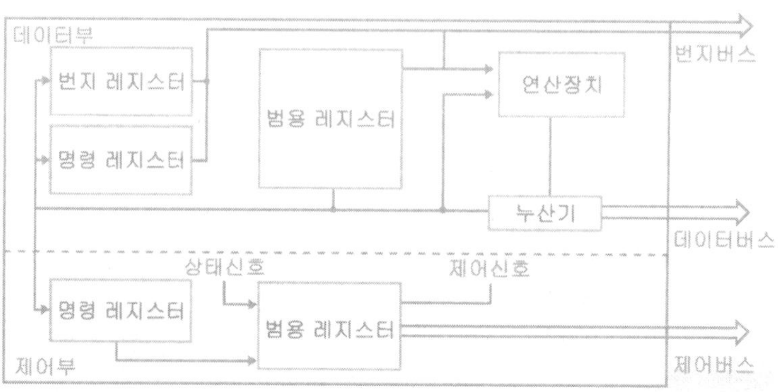

그림 4-32 • 마이크로프로세서의 구성

마이크로프로세서의 저렴한 가격과 작은 크기로 인해 마이크로프로세서가 이전에는 경제성이 없던 구조들이 설계가 가능하게 되고, 컴퓨터 설계기법에 있어 변혁을 가져오게 했다. 마이크로프로세서는 다양한 방면에 응용되고 있다.

범용 컴퓨터의 CPU는 특수용 컴퓨터의 프로세서로뿐만 아니라, 교통신호 제어, 개인 가정용 컴퓨터, 계측 제어기기, 사업용 업무처리 등 다양하게 사용되고 있다.

최근에는 마이크로프로세서가 ROM, RAM, I/O 접속단자를 가지고 있어 한 개의 IC로 마이크로컴퓨터의 기능을 할 수 있도록 만든 단일 칩(Single Chip, One Chip), 마이크로 컨트롤러(Micro Controller Unit : MCU)도 많이 있다.

마이크로컨트롤러는 마이크로프로세서 중에 1개의 칩 내에 CPU 기능은 물론이고 일정한 용량의 메모리(ROM, RAM 등)와 입출력 제어 인터페이스 회로까지를 내장한 것을 마이크로컨트롤러라고 한다. 이것은 일반 마이크로프로세서가 널리 사용되기 시작하면서 1970년대 중반부터 나타난 형태로서 범용의 목적보다는 기기제어용에 주로 사용되므로 붙여진 이름이며, 이는 1개의 소자만으로 완전한 하나의 컴퓨터 기능을 갖추고 있으므로 "단일 칩 마이크로컴퓨터(one-chip 또는 single-chip microcomputer)"라고 한다. 제어응용 시스템에 마이크로컨트롤러를 사용하게 되면 범용 마이크로프로세서나 하드웨어 논리를 사용하는 데 비하여 다음과 같은 장점을 얻을 수 있다.

① 하드웨어에 의존하는 부분은 소프트웨어로 처리할 수 있게 되므로 기능의 변경이나 확장에 보다 유연하게 대응할 수 있다. 종래의 마이크로컨트롤러는 CPU 기능에다 한정된 용량의 RAM, ROM, 또는 플래시 메모리와 인터럽트 제어기, 직렬 및 병렬 인터페이스, 카운터/타이머 등을 내장하는 정도에 불과하였다.

② 최근에는 DMA 제어기와 같은 고성능의 I/O 기능, 고속의 직렬 통신기능, A/D 컨버터, PWM 출력, PLL 회로 등을 내장하여 각종 제어 시스템에 사용하기에 보다 편리해지고 있다.

③ 오늘날의 마이크로컨트롤러는 각 응용분야에 적합하도록 매우 많은 종류와 모델이 개발 · 사용되고 있으며, 범용 마이크로프로세서를 지칭하는 MPU와 구별하여 MCU (Micro Controller Unit, Micro Computer Unit)라고 한다.

3. 마이크로프로세서의 구조

마이크로프로세서와 기억장치, 입출력장치가 모여서 마이크로컴퓨터가 된다. 마이크로(Micro)란 말은 각 부품들의 물리적인 크기가 작음을 뜻한다. 또한 프로세서(processor)란 말은 '처리기' 혹은 중앙처리장치(Central Processor Unit)를 줄인 말이다. 마이크로컴퓨터는 그림 4-33과 같이 세 가지 기본 유니트로 이루어진다.

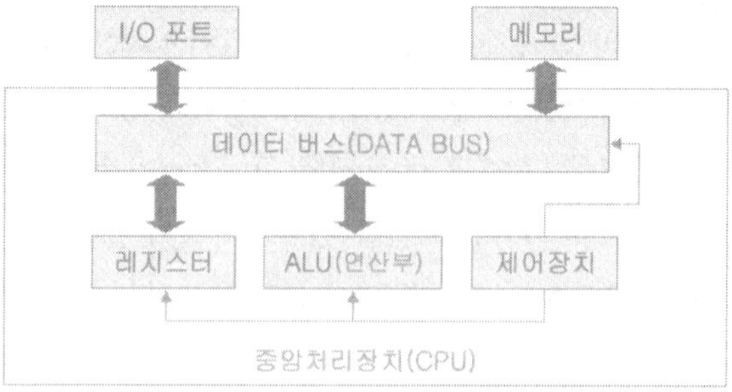

그림 4-33 • 마이크로프로세서의 구조

(1) 연산부

연산부(Arithmetic and Logic Unit : ALU)는 가산기 또는 곱셈기가 주요 구성요소로서 산술연산 및 논리연산 등의 연산기능을 수행한다.

(2) 제어부

제어부(control) : 프로그램 명령을 주기억장치에서 인출하여 해독하고 이를 실행하기 위한 제어신호를 발생하는 등 프로세서 내부와 외부의 모든 제어기능을 수행하는 회로로서 명령 레지스터, 명령해독기, 타이밍 및 제어신호 발생회로 등으로 구성된다.

① 명령 레지스터와 명령 디코더 : 마이크로프로세서는 2가지 동작에 의해 명령어를 가져오는데 처음에는 프로그램 카운터에서 메모리로 어드레스를 전송하고, 메모리가 마이크로프로세서로 지정된 어드레스의 내용을 읽게 한다.

② 마이크로프로세서 : 명령어를 명령 레지스터에 저장하고 명령어를 실행하며 이 명령어 부호의 디코더는 명령 디코더와 관련된 컨트롤 회로에 의하여 수행된다.

(3) 프로그램 카운터

프로그램 카운터(Program Counter : PC) : 다음에 실행할 명령이 저장되어 있는 메인 메모리상의 어드레스를 가지고 있는 레지스터를 말한다. 프로그램 카운터는 각 명령어가 실행된 후 곧 이어질 명령어의 주소를 가리키는 값이 자동적으로 증가된다.

(4) 플래그 레지스터

플래그 레지스터(Flag Register : FR) : 명령의 실행 중에 발생할 가능성이 있는 특정 조건에 의해 세트되는 비트를 갖는 전용 레지스터이다.

(5) 범용 레지스터

프로그램의 실행 동안 정보를 일시적으로 저장하는데 사용되는 하드웨어로 구성되어 있으며 외부 메모리보다 빠른 동작시간을 갖는다.

(6) 어드레스 버스

마이크로프로세서가 외부의 메모리나 입·출력 기기의 번지를 지정할 때 사용하는 단방향 버스(unidirectional bus)이다. 어드레스 버스 신호선의 수는 최대로 사용가능한 메모리의 용량이나 입·출력장치의 수를 결정한다.

(7) 데이터 버스

마이크로프로세서에서 메모리 또는 출력장치로 데이터를 출력하거나, 반대로 메모리나 입력장치로부터 데이터를 입력할 때 이들 데이터의 전송로로 사용되는 양방향 버스(bidirectional bus)이다.

일반적으로 데이터 버스 신호선의 수는 그 프로세서의 워드(word) 길이와 같으며, 이것은 마이크로프로세서의 성능을 결정하는 중요한 요소가 된다.

(8) 제어버스

마이크로프로세서가 현재 수행중인 작업의 종류나 상태를 외부의 메모리나 입·출력기기에 알려주는 출력신호와 외부에서 마이크로프로세서에게 어떤 동작을 취하도록 요구하기 위한 입력신호 등으로 구성되는 단방향 버스이다. 마이크로프로세서의 기능은 이들 제어신호에 의하여 크게 좌우된다.

(9) 스택 포인터

스택이란 메인 메모리내에 형성된 LIFO(Last In First Out) 형태의 메모리 블록이다.

① LIFO : 가장 늦게 저장된 데이터가 가장 먼저 읽혀지도록 되어 있어 별도의 어드레스는 주어질 필요가 없으나 데이터의 연속 호출만 가능한 메모리 구조를 말한다.
② 스택 포인터(Stack Pointer : SP) : 스택의 가장 윗부분의 주소를 가지고 데이터를 읽을 때는 이것이 호출된 데이터의 어드레스가 되고, 데이터를 쓸 때에는 가장 최근에 쓰인 데이터의 어드레스가 된다.

(10) 메모리

마이크로프로세서의 동작시 사용하는 임의 데이터 보관 및 일시 저장장소를 메모리라 한다. 모든 메모리는 각각의 주소(address)가 존재한다(8031의 경우 내부 메모리는 00H ~7FH이다). 각 주소에 해당하는 공간에는 1바이트(8비트 단위)의 정보를 저장한다.

(11) 메모리의 분류

1) ROM(읽을 수만 있는 메모리)

ROM(Read Only Memory)은 단지 읽을 수 만 있는 메모리란 뜻으로 일반적으로 ROM에서는 사용자의 프로그램을 저장하는 메모리이기 때문에 프로그램 메모리라고 한다. 물론 프로그램을 ROM에 저장해야 읽을 수 있으므로 대개의 경우 롬-라이터를 사용하여 프로그램을 저장(write)한다. 실제로 롬은 주기억장치로 사용하기보다는 주로 기본 입·출력 시스템(BIOS), 자가진단 프로그램(POST)같이 변경 가능성이 희박한 시스템 소프트웨어를 기억하는데 사용하며 표 4-34에 나타내었다.

표 4-34 ◦ ROM(읽을 수만 있는 메모리)

ROM의 종류	ROM의 종류의 해설
PROM	한번만 프로그램이 가능(재사용 불가)하다.
EPROM	자외선으로 지우고 재사용한다. 비휘발성 반도체 기억장치. 공장에서의 프로그램 내용을 소거해 다시 프로그램 할 수 있는 읽기용 기억장치이다.
EEPROM	전기적으로 지우고 재사용한다. 전기적으로 메모리의 내용을 소거하거나 쓸 수 있는 ROM이다. 종래의 자외선을 조사하여 메모리의 내용을 소거하는 EPROM과 비교해서 내용의 읽기, 쓰기가 용이하다.
FLASH	대용량으로 재사용이 가능한 메모리(PDA, 핸드폰)이다. 전원이 꺼져도 저장된 정보가 사라지지 않는 메모리 반도체 일종으로 이 특성 때문에 디지털 TV, 캠코더, 디지털 카메라, MP3 등에 폭 넓게 사용된다. 플래시 메모리는 저장용량이 큰 데이터 저장(NAND)형과 처리속도가 빠른 코드 저장(NOR)형의 2가지가 있다.
RAM	높은 집적도의 반도체 기억장치는 S-RAM과 D-RAM으로 대별된다. RAM이란 수시로 입출력이 가능한 메모리이다.

2) RAM(읽기, 쓰기가 가능한 메모리)

RAM(Random Access Memory)은 기억된 정보를 읽어내기도 하고 다른 정보를 기억시킬 수도 있는 메모리로써, 컴퓨터의 주기억장치, 응용 프로그램의 일시적 로딩(loading), 데이터의 일시적 저장 등에 사용된다.

표 4-35 ◦ RAM(읽기, 쓰기가 가능한 메모리)

구 분	DRAM(Dinamic RAM), 동적램	SRAM(Static RAM), 정적램
구성소자	콘덴서(커패시터)	플립플롭
특징	① 전원이 공급되어도 일정 시간이 지나면 내용이 지워지므로 주기적으로 재충전 ② 각 비트를 전하 형태로 저장하며 주기적으로 재충전이 필요하다. ③ 곤덴서에 선하를 충전하는 형태의 원리를 이용하는 메모리이다. ④ Refresh해야 하는 메모리이며 일반적으로 컴퓨터 램에 꽂히는 메모리이다.	전원이 공급되는 한 기억된 내용이 계속 유지되는 메모리, CPU 내부의 캐시메모리
전력소모	적음	많음
접근속도	느림	빠름
집적도	높음	낮음
가격	저가	고가
용도	일반적	캐시메모리

3) 메모리의 이름과 유형

기억장치에는 RAM(Random Access Memory)과 ROM(Read Only Memory)이 있으며, 단지 메모리 또는 기억장치라 하면 RAM을 가리키는 일이 많다. RAM은 기록, 판독을 할 수 있는 기억장치이고, ROM은 판독 전용의 기억장치이며 표 4-36에 나타내었다.

표 4-36 ◦ 메모리의 이름과 유형

메모리 이름	메모리 이름과 용량
27C256	27은 EPROM, CMOS type, 256은 256[kbit] (32[kbyte])
27C512	27은 EPROM, CMOS type, 512는 512[kbit] (64[kbyte])
28C16	28은 EEPROM, CMOS type, 16은 16[kbit] (2[kbyte])
28C64	28은 EEPROM, CMOS type, 64는 64[kbit] (8[kbyte])
29C010	29는 FLASH, CMOS type, 010은 1[Mbit] (128[kbyte])
29C040	29는 FLASH, CMOS type, 040은 4[Mbit] (512[kbyte])
62256	62는 S-RAM, CMOS type, 256은 256[kbit] (32[kbyte])

4. 주변장치 인터페이스

장치와 장치 혹은 마이크로프로세서와 주변 IC 간의 정보를 주고받기 위해 신호, 코드, 제어방식 등을 일치시켜 접속시켜 주기 위한 일련의 주변장치를 인터페이스라고 한다. 이러한 인터페이스를 쉽게 할 수 있도록 할 목적으로 설계된 IC를 프로그램 가능한 주변

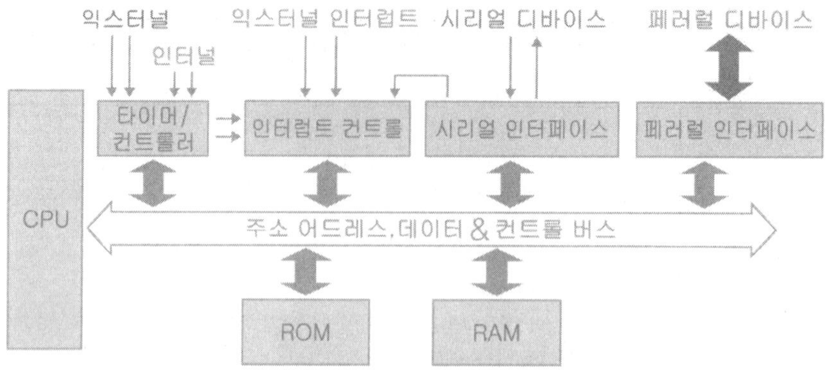

그림 4-34 ◦ 마이크로프로세서와 외부 인터페이스

인터페이스 장치라고 한다. 마이크로프로세서와 외부 인터페이스는 그림 4-34와 같다.

(1) I/O 인터페이스

I/O(Input/Output) 포트 : 주변장치의 전압과 동작속도의 차이를 극복하면서 시스템을 주변장치와 CPU를 연결해주는 직 · 병렬 입 · 출력 인터페이스이다. I/O 포트는 입 · 출력 인터페이스이므로, CPU에서 주변장치로 데이터를 전송 · 수신할 때에 이용한다.

(2) 병렬 I/O 포트의 기능

① 병렬 I/O 포트는 8051의 입 · 출력 인터페이스이며, 입력 포트의 기능도 하고 출력포트의 기능도 한다.
② 8051과 외부 장치를 연결하여 주는 역할(Interface)을 담당한다.
③ 8051에는 4개의 병렬 I/O 포트를 가지고 있다(P0, P1, P2, P3).

표 4-37 ◦ 4개의 병렬 I/O

포 트	포트의 설명
포트 0	범용 I/O 포트이다. 외부에 메모리를 둘 경우에 주소 버스와 데이터 버스 기능을 번갈아 수행한다.
포트 1	범용 I/O 포트이다.
포트 2	범용 I/O 포트와 직렬 포트, 외부 메모리를 둘 경우에 상위주소 버스로 동작한다.
포트 3	범용 I/O 포트와 직렬 포트, 인터럽트, 타이머 등의 입 · 출력 제어기능을 수행한다.

(3) 인터럽트

CPU 외부의 하드웨어적인 요청에 의해서 정상적인 프로그램의 실행순서를 변경하여 보다 우선순위의 작업을 먼저 실행한 후에 다시 원래의 프로그램으로 복귀하는 것을 인터럽트(interrupt)라고 한다. 인터럽트는 주변장치의 서비스 요청에 CPU가 가장 빠르게 대응할 수 있는 방법이며, 이것을 이용하면 주변장치 측으로부터의 발생시기를 예측하기 어려운 비동기적인 일을 CPU가 빠르게 처리할 수 있어서, 인터럽트는 서로 비동기적으로 동작하는 CPU와 주변장치 사이에서 효율적으로 일을 수행하는 중요한 수단이 된다.

① 인터럽트가 발생하면 서브루틴의 경우에서처럼 나중에 되돌아올 복귀주소가 자동적으로 스택(stack)에 저장되었다가 인터럽트 서비스 루틴의 마지막에서 복귀명령을 만나면 다시 자동적으로 주소를 되찾아서 인터럽트 발생 전의 위치로 정확하게 되돌아간다.

② 인터럽트 발생원인에 따른 분류

㉠ 하드웨어적인 인터럽트 : 하드웨어적인 방법으로 인터럽트를 요청한 장치를 판별하는 인터럽트 시스템이다.

㉮ 내부 인터럽트 : 정의되지 않은 명령의 실행(0으로 나누기)이다.

ⓐ 정의되지 않은 명령의 실행이다.

ⓑ 트랩이라고도 불린다.

ⓒ 프로그램 검사 인터럽트(program check interrupt)이다.

ⓓ 0으로 나누기가 발생한 경우에 사용한다.

ⓔ Overflow 또는 Underflow가 발생한 경우에 사용한다.

ⓕ 프로그램에서 명령어를 잘못 사용한 경우에 사용한다.

ⓖ 부당한 기억장소를 접근할 경우에 사용한다.

㉯ 외부 인터럽트 : 프로세서와 독립되어 있는 외부장치에 의해 발생되는 순수한 의미에서의 인터럽트이다.

ⓐ 프로세서와 독립되어 있는 외부장치에 의해 발생되는 순수한 의미에서 인터럽트이다.

ⓑ 전원이상 인터럽트 : 정전이나 전원 이상이 있는 경우에 사용한다.

ⓒ 기계착오 인터럽트 : CPU의 기능적인 오류동작의 발생의 경우에 사용한다.

ⓓ 외부 신호 인터럽트(external interrupt) : 타이머에 의해 규정된 시간을 알리는 경우에 사용한다.

ⓔ 키보드로 인터럽트 키를 누른 경우(operator의 console 조작)에 사용한다.

ⓕ 외부 장치로부터 인터럽트 요청이 있는 경우에 사용한다.

ⓖ 입 · 출력 인터럽트 : 입 · 출력 데이터의 오류가 발생한 경우에 사용한다.

ⓗ 입 · 출력 장치가 데이터의 전송을 요구하거나 끝났음을 알리는 경우에 사용한다.

㉡ **소프트웨어적인 인터럽트** : 하나의 프로그램 실행을 그 프로그램 내에 포함시킨 명령에 의하여 중단시켜 재개할 수 있도록 해두고, 다른 프로그램의 실행으로 제어를 옮기는 것이다. 하드웨어적으로 인터럽트를 거는 방식이 아니다.

ⓐ SVC(Super Visor Call) 인터럽트이다.

ⓑ 용자가 SVC 명령어를 써서 의도적으로 호출한 경우에 사용한다.

ⓒ 한 입·출력 처리를 해야 하는 경우에 사용한다.

ⓓ 기억장치 할당 및 오퍼레이터와 대화를 해야 하는 경우에 사용한다.

③ **인터럽트 발생시 마이크로프로세서의 반응방식에 따른 분류**

인터럽트 발생 시 반응방식에 의해 차단 가능 인터럽트와 차단 불가능 인터럽트로 나눌 수 있다.

㉠ **차단 가능 인터럽트**(Maskable interrupt : INT) : 프로그래머에 의하여 인터럽트 요청을 받아들이지 않고 무시할 수 있는 것으로서 시간적 제한이 있는 중요한 프로그램의 수행중에는 인터럽트 요청을 허용하지 않을 수 있다.

㉡ **차단 불가능 인터럽트**(Non-Maskable Interrup : NMI) : 프로그래머에 의하여 어떤 방법으로도 인터럽트 요청이 차단될 수 없는 것으로 전원 이상이나 비상정지 스위치 등과 같이 중요도가 높은 심각한 돌발상황에 대비하기 위하여 주로 사용한다.

④ **인터럽트 처리**

인터럽트의 처리는 하드웨어적·소프트웨어적 처리로 표 4-38과 같이 구분된다.

㉠ **소프트웨어적 처리**(polling) : 모든 장치가 인터럽트 처리를 위한 **공통 프로그램**이다.

㉮ 우선순위는 높은 순으로 차례로 **소스를 검사**한다.

㉯ 융통성이 크며, 경제적이며, **반응속도가** 느리다.

㉰ 장치 인터페이스와 중앙처리장치를 연결해서 **인터럽트 요청장치를 탐색**한다.

㉡ **하드웨어적 처리**(vectored interrupt)

㉮ 응답속도가 빠르다.

㉯ 추가적인 하드웨어가 필요하므로 비경제적이다.

표 4-38 ◦ 하드웨어적 처리

직렬방식	병렬방식
인터럽트 원인들을 우선순위별 **직렬로 연결**한다.	각 **장치별 개별적인 인터럽트 요청 비트**를 갖는 레지스터를 이용한다.
인터럽트 요구선은 모든 장치에 **공통으로 연결**한다.	각 장치의 **인터럽트 요청상태를 파악**하는 마스크 레지스터이다.
반응속도 빠르고, 비경제적이다(추가 하드웨어가 필요하다).	가장 빠르나 비경제적이다.

5. 마이크로프로세서의 응용

전자 산업분야에서 가장 많이 사용되고 제어, 통신, 계측기에서의 디지털 논리회로가 마이크로프로세서로 대치되면서 하드웨어적인 논리소자의 조합 대신 마이크로프로세서 프로그램이 많은 역할을 담당하고 있다.

① 컴퓨터 시스템, 통신, 산업, 사무, 교육, 군사 등 여러 분야에 사용한다.
② 회로의 부품이 감소, 저렴한 단가의 대량생산, 안정성과 신뢰성 향상, 쉬운 업그레이드와 추가적 기능의 부가가 가능하다.
③ 산업분야에서의 응용 : 산업현장에서 가장 보편적으로 사용되고 있는 8비트 마이크로컨트롤러인 AVR Atmega128 등 C 언어로 제작된 프로그램을 통해 하드웨어를 구동시키는 등 여러 분야에서 사용되고 있다. 표 4-39는 산업분야에서의 응용을 분리했다.

표 4-39 ◦ 산업분야에서의 응용

산업분야	마이크로프로세서의 산업 응용분야
자료처리분야	데이터의 처리, 변환, 검색, 재고관리, 공정관리, 재무관리, 과학기술계산, 전표발행, 고객관리, 의료기록 등이다.
공정제어분야	로봇제어, 공정 라인 제어, 공장설비 제어, 시퀀스 제어 등이다.
정보통신분야	데이터 전송, 네트워크, 원격 데이터 송수신, 전화기 등이다.
의료분야	의료기기 등이다.
계측분야	파형측정기, 각종 계측장비, 온도, 습도, 유해가스 센서장치 등이다.
교통분야	교통신호기, 주차관리 등이다.
일반분야	생활분야에서의 응용에 많이 쓰인다.

제5장 전기 · 전자계측 (Electrical · Electronic Instrumentation)

01 계측의 기초(Basics Of Instrumentation)

1. 측정의 종류

측정이란 어떠한 물리량(길이, 질량, 압력, 속도, 온도 등)을 측정기를 통해 수치로 나타내는 것으로 측정에 사용되는 장치를 측정기, 계측기 또는 계기라고 한다. 계측기의 세 가지 주요 기능은 기록, 지시, 제어가 있다. 이 중 한 가지 기능만 하거나 세 가지 기능 모두를 동작하기도 한다. 우리가 일반적으로 사용하는 계측기는 지시와 기록의 기능을 수행한다. 측정을 크게 나누면 계측기로부터 직접 측정하는 직접측정(direct measurement)과 계측기를 통해 측정한 값으로부터 계산에 의하여 간접적으로 측정하는 간접측정(indirect measurement)이 있으며, 정해 놓은 단위 및 원리를 기준으로 하여 측정하는 절대측정이 있다. 절대측정을 통해 구해진 절대측정값(표준값)에 비교하여 측정하는 상대측정이 있다. 표준값만 있으면 상대측정은 간단하고 편리하므로 공업상의 많은 측정은 대개 상대측정을 사용한다.

전기 기계 · 기구 등을 바르게 취급하기 위해서는 전압, 저항, 전류 등의 각종 전기량을 측정하여야 한다. 측정해야 할 전기량의 종류에는 직류와 교류가 있고, 각각의 크기도 미소전류에서부터 대전류 및 저전압에서 특별한 고전압까지 범위가 매우 넓기 때문에 각각의 특성에 적절한 계측기를 선정하여 사용해야 한다.

(1) 직접측정(비교측정)

측정하고자 하는 양을 같은 종류의 기준 양과 직접 비교하여 그 양의 크기를 결정하는 방법이 있다.

㉄ 자로 길이 재기, 전압계로 전압 측정하기, 전류계로 전류 측정하기 등이다.

(2) 간접측정(절대측정)

측정하고자 하는 양과 일정한 관계가 있는 다른 종류의 양을 각각 직접측정으로 구하여 그 결과로부터 계산에 의해 측정량의 값을 결정하는 방법이 있다.

㉄ 부하전력 측정하는 경우 부하에 흐르는 전류 I와 부하의 양단전압 V를 측정하여 부하전력 $P = VI$ [W]의 식으로부터 계산하여 전력을 구한다.

(3) 편위법과 영위법

비교측정의 방법으로는 영위법과 편위법으로 구분된다.

① 영위법(zero method) : 표준기의 표준값과 계측기로 계측한 측정값을 상호 비교하여 그림 5-1과 같이 그 차가 0이 되도록 하여 측정하는 방법이다.

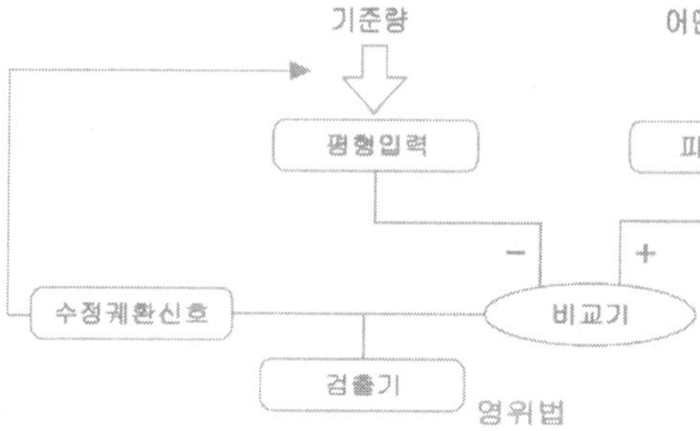

그림 5-1 ◦ 영위법

② 편위법(deflection method) : 전기량을 기계적으로 변환시켜서 이것을 이용하여 그림 5-2와 같이 눈금면 위에 지침이 움직이도록 하여 측정하는 방법이다.

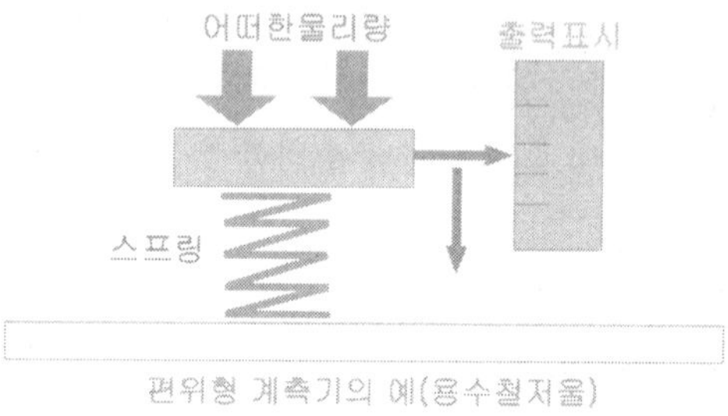

그림 5-2 ◦ 편위형 계측기(용수철저울)

표 5-1에서 전위차나 브리지 등을 측정하는 경우에는 주로 영위법을 사용하며, 전압계나 전류계 등의 경우에는 대부분 편위법을 사용한다.

표 5-1 ◦ 편위법과 영위법의 비교

	편 위 법	영 위 법
정 의	측정량의 크기에 따라 지침 등을 편위시켜 측정량을 구하는 방법이다.	어느 측정량을 그것과 같은 종류의 기준량과 비교하여 측정량과 똑같이 되도록 기준량을 조정한 후 기준량의 크기로부터 측정량을 구하는 방법이다.
기 기	전압계 및 전류계	휘트스톤 브리지 및 전위차계
특 징	감도는 떨어지지만 취급이 쉬우며, 신속하게 측정할 수 있으므로 공업용으로 많이 사용한다.	감도가 높고, 정밀한 측정에 적합하다.

③ 아날로그 계측기와 디지털 계측기

계측기에서 측정량을 나타내는 방법에는 두 가지 방법이 있다.

㉠ 측정량을 연속적으로 변화하는 표시기에 변환해서 나타내는 방법을 아날로그 계측기(analog instrument)라고 한다. 바늘과 눈금판이 달린 계측기들이 해당된다. 아날로그 계측기는 측정위치에 따라 개인오차가 생기기 쉬워서 높은 정확도가 필요한 측정에는 부적합하다.

㉡ 측정량을 불연속적인 수치로 나타내는 방식을 디지털 계측기(digital instrument)라고 한다. 디지털 계측기는 숫자로 표시되므로 개인오차가 없고 높은 감도를 측정할 수 있게 제작·측정할 수 있다.

2. 측정의 오차

일반적으로 계기가 지시하는 양 M은 측정하고자 하는 양의 참값 T와는 정확하게 일치하지 않는 경우가 많다. 여기서 $M-T$를 오차라 한다. 오차가 발생하는 원인은 측정에 사용한 계기에 의한 것과 측정법의 원리나 측정기술에 의한 것 등이 있다.

그러므로 전기량의 측정에는 오차를 가능하면 작아시게 하기 위하여 측정기를 잘 선정하여야 할 뿐만 아니라 측정기를 잘 조정하거나 또는 수차례 측정을 반복하여 그것의 평균값을 사용함으로써 오차를 줄이도록 하는 것이 바람직하다.

표 5-2 ◦ 오차와 보정의 비교

	오 차	보 정
정 의	지시값(M)과 참값(T)이 어느 정도의 차이가 있는가를 나타낸다.	지시값(M)을 참값(T)과 같게 하려면 얼마나 보정해야 하는가를 나타낸다.
오차 및 보정	지시값 M, 참값 T라 하면 오차 : $\varepsilon = M - T$	지시값 M, 참값 T라 하면 보정 : $\alpha = T - M$
오차율 및 보정율	오차율 $= \varepsilon / T$	보정률 $= \alpha / M$
백분율오차 및 보정	오차 백분율 $= \frac{\text{지시값} - \text{참값}}{\text{참값}} \times 100\,[\%]$	보정백분율 $= \frac{\text{참값} - \text{지시값}}{\text{지시값}} \times 100\,[\%]$
특 징	• 측정에는 오차가 따르기 마련이다. • 보정값 α와 오차 ε는 크기는 같고 부호는 반대가 된다.	

표 5-2에서 오차를 없애기 위해 조정해야 할 값을 보정값 이라고 하며, 이것은 오차와 크기는 같으나 부호는 반대이다. 오차백분율 또는 보정백분율이란 오차값 또는 보정값을 백분율로 나타낸 것이며, 식 (5-1)과 식 (5-2)와 같고, M은 지시값, T는 참값이다.

$$\text{오차백분율} = \frac{M - T}{T} \times 100[\%] \tag{5-1}$$

$$\text{보정백분율} = \frac{T - M}{M} \times 100[\%] \tag{5-2}$$

3. 오차의 종류

(1) 측정법이나 측정하는 방법으로 인한 오차

① 개인오차 : 측정의 부주의에 의하여 발생하는 것으로서 측정기의 눈금을 잘못 읽거나, 부정확한 조정, 부적당한 적용 및 계산의 실수 등에 의하여 발생하는 오차이다.

② 계통오차 : 측정기 자체가 결함인 눈금의 부정확, 부품의 마멸 등으로 인한 것과 측정장치나 사용자에 대한 환경의 영향, 즉 온도, 외부 자기장, 진동 등에 의한 오차이다.

③ 우연오차 : 개인오차나 계통오차를 제거하여도 오차는 발생하는데 이러한 원인으로서는 미세한 측정조건의 변동, 측정자의 주의력 동요 등에 의한 오차이다.

(2) 계기로 인한 오차

① 눈금의 부정확에 의한 오차이며, 베어링에 의한 오차이다.

② 외부 자기장에 의한 오차이며 정전계에 의한 오차이다.

③ 스프링의 탄성 복원력의 저하에 의한 오차이다.

④ 자기가열에 따른 온도변화에 의한 오차이다.

4. 확도와 정도 및 감도

① 확도(accuracy) : 지시값이 참값과 어느 정도 일치하는가 하는 정도를 나타내는 값이며, 높은 확도는 높은 정도를 말하지만, 확도가 낮다고 해서 정도가 낮다는 의미는 아니다. 즉, 정도가 높다고 해서 반드시 확도가 높다는 것을 의미하지는 않는다. 일반적인 측정에 있어서는 그 측정값의 참값을 알 수 없기 때문에 정확도 보다는 정밀도가 높은 측정값을 얻는다는 것이 중요하며 정밀도가 높으면 참값을 얻을 확률이 크다. 측정회수가 많을수록 정밀도는 더 믿을 수 있다.

② 정도(precision) : 측정기로 미세한 양을 측정하는 경우에 어느 정도 정밀하게 측정할 수 있는가를 나타내는 것이다.

③ 감도(sensitivity) : 측정기의 지시로 나타낼 수 있는 최소의 측정량이다.

④ 유효숫자 : 측정값을 사용하여 계산을 통하여 계측량을 구하는 경우가 많다. 이때 측정값을 다룰 때 유효숫자의 개념이 필요하다.

㉠ 유효숫자 : 신뢰 가능한 계측기로부터 얻어진 숫자이다. 유효숫자의 자리수는 측정값과 지시값의 정밀도를 나타내는 표준이 된다. 유효숫자는 양의 크기와 정밀함에 관한 정보를 전달한다. 즉 유효한 자릿수가 추가될수록 보다 더 정밀한 측정을 나타낸다. 따라서 측정과 정확도는 그 결과를 나타내는 유효숫자의 개수로부터 나타내어진다.

㉡ 유효숫자 규칙

㉮ 0이 아닌 숫자이어야 한다.

㉯ 0이 아닌 숫자 사이의 0은 유효숫자이다.

㉰ 소수점이 있을 때 0이 아닌 숫자의 우측에 있는 모든 0은 유효숫자이다.

㉱ 소수점이 있을 때 첫 번째 0이 아닌 숫자의 좌측에 있는 0은 유효숫자가 아니다. 만약, 0이 단순히 소수점을 나타내기 위해서 사용된 것이라면 그것은 유효숫자가 아니다. 하지만 계측기로부터 측정한 숫자라면 그것은 유효숫자이다.

02 계기의 분류(Classification Of The Instrument)

1. 계기의 동작상 분류

전기를 나타내는 계기에는 많은 종류가 있는데 종류를 구분하는 방법에도 여러 가지가 있다. 우선 계기상의 동작눈금에 따라 표 5-3과 같이 분류하였다.

표 5-3 • 계기상의 동작눈금의 분류

종 류	계기의 동작눈금 분류
지시계기	측정하려는 전기량, 즉 전류, 전압, 전력, 주파수 등을 지침이나 광점으로 직접 눈금판에 지시하는 계기이다.
숫자식 계기	측정하려는 전압, 전류 등을 숫자로 직접 지시하는 계기이다.
적산계기	임의의 시간 내에 소비되는 전류 및 전력을 적산하는 계기이다.
기록계기	시시각각으로 변화하는 전압, 전류 및 전력을 기록하는 계기이다.

표 5-4 ◦ 계측기기의 종류와 동작상 분류

종 류	계기의 동작상 분류
오실로스코프 (oscilloscope)	시간에 대하여 급격히 변화하는 전압, 전류, 전력 및 파형 등을 관측하는 장치이다.
브리지(bridge), 전위차계(potentiometer)	평형을 취하여 전기적인 양을 비교하는 계기이다.
검류계 (galvanometer)	미소한 전기량을 측정하는 데 사용되고 있으나 전압, 전류의 크기를 측정하는 것이 아니고 다만 전압, 전류의 유무를 검출하는 데 주로 사용된다.

계측기기의 종류를 표 5-4와 같이 분류하였다. 많은 계기 중에서 우리가 가장 많이 사용하고 있는 아날로그(지시)계기와 디지털(숫자식) 계기는 그림 5-3과 같다.

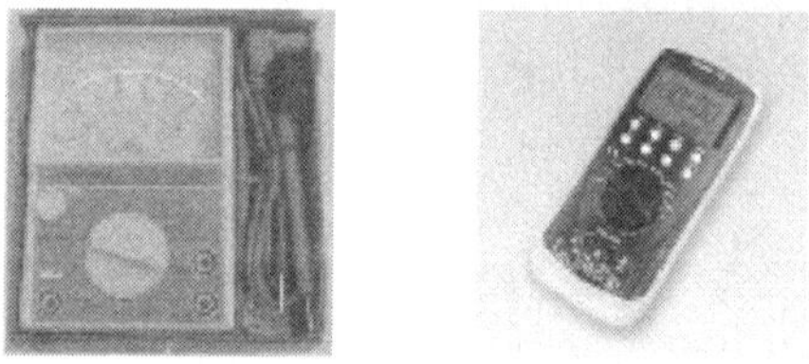

(a) 아날로그 계기 (b) 디지털 계기

그림 5-3 ◦ 각종 계기의 종류

2. 계기의 원리상 분류

(1) 가동 코일형 직류전용 계기

영구자석이 만드는 자기장 내에 가동 코일을 놓고, 코일에 측정하고자 하는 전류를 흘리면 이 전류와 자기장 사이에 전자력이 발생한다.

1) 구조 및 원리와 특징

전류와 자기장 사이에 전자력을 구동 토크를 이용한 계기로 영구자석 가동 코일형 계기라 하며 장 · 단점은 표 5-5와 같다.

표 5-5 ◦ 가동 코일형 계기의 장 · 단 점

장 점	단 점
감도와 정확도가 높다.	직류전용이므로 교류를 측정하려면 정류기를 삽입해야 한다.
구동 토크가 크고 정확한 측정이 된다.	
소비전력이 적다.	측정범위가 낮으므로 측정범위를 확대하기 위해서는 분류기나 배율기를 연결해야 한다.
균등눈금을 사용함으로써 측정범위를 간단히 변경시킬 수 있다.	

2) 온도오차와 보상

① 오차의 원인 : 온도변화로 가동 코일[1]의 저항(+0.4[%/℃])의 변화, 스프링의 제어 토크[2](−0.04[%/℃])의 변화, 공극[3]의 자속밀도[4](−0.02[%/℃])의 변화한다.

② 보상방법 : 실용상 온도계수가 0에 가까운 망가닌[5] 권선저항기[6]를 가동 코일과 직렬로 접속하여 종합 온도계수를 낮추어 온도의 영향이 없도록 한다.
스와핑 저항[7], 서미스터[8], 전자강편을 이용한 보상을 한다.

3) 계기의 감도 표시

① 계기의 감도 : 주어진 전기량에 대한 가동 부분의 변위 또는 회전각의 비를 말하며, 일반적으로 사용되는 가동 코일형 전류계의 감도는 편의상 그 계기가 지시하는 최대 지시 전류 값인 정격전류로 나타낸다. 따라서 작은 전류를 측정하는 계기일수록 감도는 높다.

② 전압계의 경우에는 전류계에 배율기를 달아 만든 것으로 전류계 자체의 감도를 간접적으로 나타내는 표시법을 사용하며 [kΩ/V]로 나타낸다.

(2) 가동 철편형 계기

고정 코일에 흐르는 전류에 의해서 자기장이 생기고, 이 자기장 속에서 연철편을 흡인, 반발 또는 반발, 흡인하는 힘을 구동 토크로 사용한 것이다.

1) 구조 및 원리와 특징

구동 토크의 발생방법에 따라 흡인식, 반발식 또는 반발 흡인식이 있다. 이러한 가동 철판형 계기의 장 · 단점은 표 5-6과 같다.

---

1) 가동 코일(movable coil) : 구동 토크에 의해서 회전되는 코일이다.
2) 토크(torque) : 물체를 그 회전축 주위로 회전시키려 하는 회전력이다.
3) 공극(void) : 고체 중에서 원자, 이온, 분자가 충전되어 있지 않은 빈 틈이다.
4) 자속 밀도(magnetic flux density) : 자기장의 세기이다.
5) 망가닌(manganin) : 구리 84%에 망가니즈 12%와 니켈 4%를 첨가한 합금이다.
6) 권선저항기(wire wound resistor) : 망가닌선이나 콘스탄탄선을 절연성의 통에 감아서 만든 저항기이다.
7) 스와핑 저항 : 계측기에서의 가동 코일과 직렬 및 병렬로 접속한 망가닌 저항으로, 측정회로의 온도에 의한 영향을 흡수하기 위한 것이다.
8) 서미스터(thermistor) : 반도체의 일종으로 전기저항이 온도의 상승에 따라 현저하게 감소하는 회로용 소자이다.

표 5-6 ◦ 가동 철편형 계기의 장 · 단점

장 점	단 점
구조가 간단하고 견고하며, 가격이 싸다.	히스테리시스 오차[9] 때문에 직류측정은 곤란하고, 교류전용 계기로 사용된다.
분류기 없이 큰 전류까지 측정할 수 있다.	오차가 많은 결점이 있고, 감도가 높은 것은 제작이 곤란하다.
눈금은 0부근을 제외하고는 균등눈금에 가깝게 할 수 있다.	고정 코일의 자기장이 적으므로 외부 자기장의 영향을 받기 쉽다.

2) 가동 철편형 전류계 및 전압계

① 전류계 : 정격전류가 작은 계기는 제작되지 않으며, 보통 수십[mA]~100[A] 정도의 것들이 있다.

② 전압계 : 보통 정격전압이 15[V] 이상의 것이 있으며, 정격전압이 높은 것에는 고정 코일에 망간 또는 콘스탄탄 저항을 직렬로 접속하여 600[V] 정도까지도 제작된다.

(3) 전류력계형 계기

1) 구조 및 원리와 특징

고정 코일에 피측정 전류를 흘려보내 자기장을 만들고, 그 자기장 중에 가동 코일을 설치하여 이 전류와 자기장 사이에 작용하는 전자력을 구동 토크로 이용하는 계기는 그림 5-4와 같다.

전류력[10]계형 계기의 장 · 단점은 표 5-7과 같다.

(a) 전류력계형 계기의 원리 (b) 전류력계형 계기의 구성

그림 5-4 ◦ 전류력계형 계기

---

9) 히스테리시스 오차(hysteresis error) : 같은 측정량에 대하여 측정의 전력에 의해서 생기는 계측기의 지시의 변동값이다.

10) 전류력(electrodvnamic force) : 서로의 전류에 의한 흡인 또는 반발하는 힘이다.

표 5-7 ◦ 전류력계형 계기의 장·단점

장 점	.단 점
실효값을 지시하며, 직류로 눈금교정을 할 수 있으므로 사용 주파수 교류의 표준용으로 사용할 수 있다.	고정 코일에 흐르는 전류로 자기장을 만들므로 가동 코일형에 비하여 자기장이 약하다.
코일의 인덕턴스에 의한 주파수의 영향이 크다.	• 외부 자기장의 영향을 받기 쉬우므로 계기에 자기 차폐를 하여야 한다. • 계기의 소비전력이 크고, 구조가 다소 복잡하므로 전류전력계로서 사용된다.
직류와 교류를 같은 눈금으로 측정할 수 있는 정밀급 계기이다.	• 1[A] 이상의 전류에서는 온도보상 및 주파수 보상을 하여야 한다. • 자기가열의 영향이 비교적 크므로 주의가 필요하다.

2) 전류력계형 전류계 및 전압계

전류력계형 전류계 및 전압계 계기는 구조가 복잡하고 가격이 비싸기 때문에 전류계나 전압계로는 사용되지 않는다.

3) 전류력계형 전력계

① 고정 코일(전류 코일) : 부하와 직렬로 접속시킨다.

② 가동 코일(전압 코일) : 부하와 병렬로 접속시킨다.

③ 전력계의 눈금 : 균등눈금으로 되어 있고, 균등 눈금 형태의 단상 전력계는 주로 상용 주파수에 사용되며 단상용과 3상용이 있다.

(4) 유도형 계기

1) 구조 및 원리와 특징

① 피측정 전류 또는 전압을 여자 코일에 공급해서 자기장을 만들고, 이 자기장과 가동부의 전자유도작용에 의해서 생기는 맴돌이 전류[11] 사이의 전자력에 의한 구동 토크를 이용한 계기는 그림 5-5와 같다.

---

11) 맴돌이 전류(eddy current) : 도체의 내부안에서 만들어지는 전류로서 도체 전체가 아닌 일부분에 소용돌이 모양으로 닫힌 통로를 흐르는 전류로 도체 내부를 지나는 자기력선속의 변화로 인해서 생기는 전류이다.

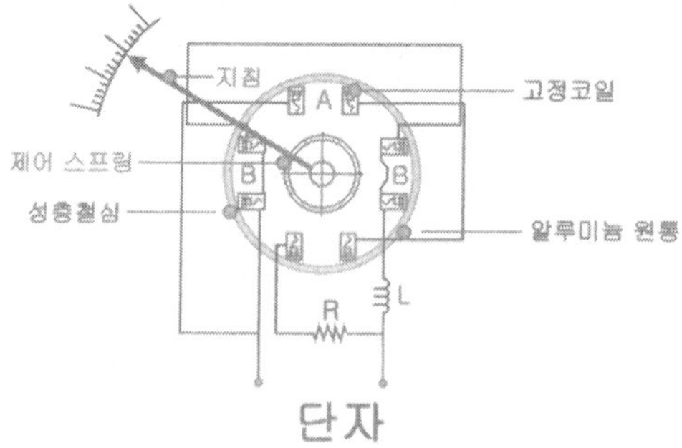

그림 5-5 ◦ 유도형 계기 구성

유도형 계기의 장 · 단점은 표 5-8과 같다.

표 5-8 ◦ 유도형 계기의 장 · 단점

장 점	단 점
• 가동부에 전류를 흘릴 필요가 없으므로 구조가 간단하고 견고하다. • 구동 토크가 다른 계기에 비하여 크고, 조정이 쉽다.	주파수의 영향이 다른 계기에 비하여 크므로 정밀급 계기에는 사용이 곤란하다.
• 공극 내의 자기장이 강하므로 외부 자기장의 영향이 작다. • 회전력은 가동부의 위치에 관계없으므로 극히 넓은 범위의 눈금으로 쓸 수 있다. • 교류 배전반용 기록장치와 전력계 및 이동 자기장식은 적산전력계로 이용된다.	교류용이며, 직류에는 사용할 수 없다.

② 유도형 계기의 종류

㉠ 회전 자기장형 : 회전 자기장에 의해서 원통에 맴돌이 전류가 발생하고, 이 맴돌이 전류와 자기장 사이의 전자력에 의한 구동 토크를 이용하는 것이다.

㉡ 이동 자기장형 : 측정하려는 전류 또는 전압에 의해서 만들어진 이동 자기장 속에 알루미늄 원판을 놓고, 여기에 생기는 맴돌이 전류와 코일에 생기는 자속 사이의 전자력에 의해서 구동 토크를 만드는 것이다.

2) 유도형 적산전력계

단상 유도형 적산전력계와 3상 유도형 적산전력계가 있으나 우리생활에 3상 유도형 적산전력계를 주로 사용하기 때문에 단상 유도형 적산전력계는 사용하지 않는다.

3) 3상 적산전력계

① 3상 3선식 부하의 전력량을 측정하는 유도형 계기로서 2전력계법[12]의 원리를 이용한 것이다.

② 2개의 단상용 적산전력계 소자를 각각 상하에 배치하고, 두 원판을 한 축에 붙여서 각 원판에 작용하는 **구동 토크의 대수합으로 계량장치**를 움직이도록 한 것이다.

(5) 정전형 계기

2장의 고정 전극과 그 사이에 알루미늄 가동 전극을 장치한 것으로 구동력은 양 전극에 걸어 준 전압에 의하여 축적된 정전 에너지로서 양 극판에 대전된 전하 사이에 작용하는 힘을 이용한 것으로 그림 5-6과 같다.

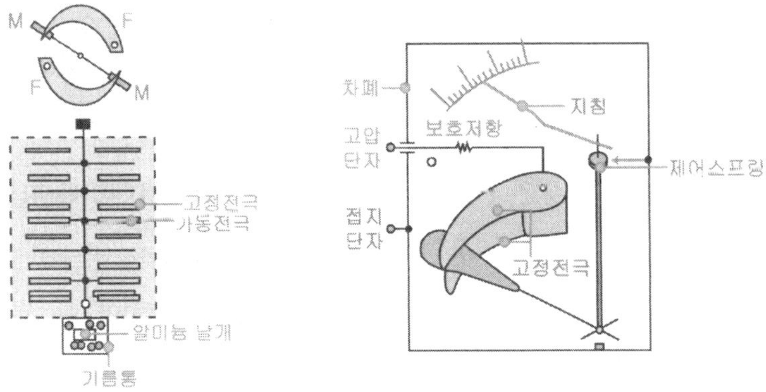

그림 5-6 ● 정전형 계기의 원리 및 구성

구조 및 원리와 특징은 다음과 같다.

① 정전 전압계 또는 전위계는 전압을 직접 측정하는 유일한 계기이다.

② 정전형 계기 : 대전된 도체 사이에 작용하는 정전 흡인력 또는 반발력을 이용한 것으로, 주로 고압 측정용 전압계로 쓰인다.

③ 정전 전압계를 동작원리 : 크게 나누면 양 전극 중의 한쪽 전극을 평행 이동시키는 것과 회전시키는 에이브러햄 빌라드형과 켈빈형의 정전 전압계가 있다.

④ 정전 전압계의 제동 : 공기제동[13]이나 액체제동[14] 또는 전자제동[15]을 사용한다.

---

12) **2전력계법**(two wattmeter method) : 단상 전력계 2개를 사용하여 3상 회로의 전력을 측정하는 방법이다.

13) **공기제동**(air brake) : 공기의 마찰을 이용하여 제동하는 것으로 선형 제동과 피스톤 제동이 있다.

14) **액체제동**(liguid damping) : 가동체를 제동하는 방법으로 오일 또는 글리세린을 사용한다.

15) **전자제동**(electromagnetic control) : 가동 코일에 감을 틀에 금속을 사용하고, 이것이 회전을 할 때 자계를 끊음으로써 감을 틀에 역기전력이 생겨 제동력이 작용하는 현상이다.

표 5-9 ● 정전형 계기의 장 · 단점

장 점	단 점
주로 고압 측정용으로 사용된다.	외부 자기장의 영향은 받지 않으나, 정전기장에 의한 오차를 발생한다.
눈금은 제곱눈금으로 되어 있다.	
입력 임피던스가 높고, 소비전력이 극히 적다.	
주파수와 파형의 영향이 없으므로 직 · 교류 겸용 및 직 · 교류 비교기로도 이용된다.	

정전형 전압계의 장 · 단점은 표 5-9와 같다.

(6) 열전형 계기

① 전류의 열작용에 의한 금속선의 팽창 또는 종류가 다른 금속의 접합점의 온도차에 의한 열기전력으로 가동 코일형 계기를 동작하게 하는 계기이며 그림 5-7과 같다.

② 금속선의 팽창을 이용한 열선형은 현재 사용되지 않으며, 열전쌍형이 고주파 전류계로 널리 사용되고 있다.

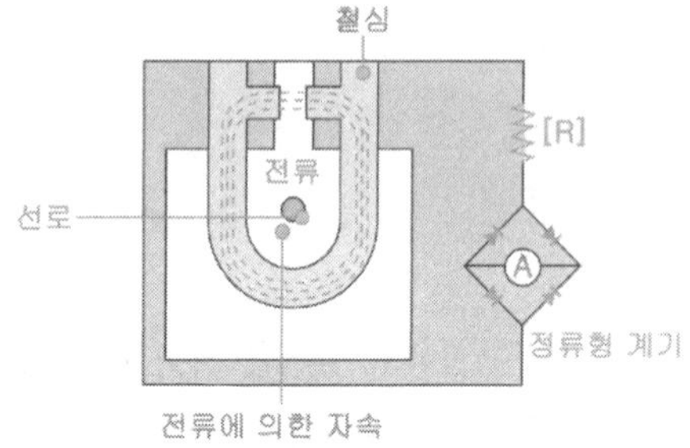

그림 5-7 ● 열전형 계기의 구성

(7) 열전쌍형 계기

종류가 다른 금속의 접합점의 온도차에 의한 열기전력으로 가동 코일형 계기를 동작시키는 계기이다.

① 열전쌍의 재료 : 구리 – 콘스탄탄, 철 – 콘스탄탄, 망가닌 – 콘스탄탄, 크로멜 – 알루멜 등의 합금을 사용한다.

② 열선의 재료 : 백금, 콘스탄탄, 망간, 나트륨 등을 사용한다.

③ 열전쌍 전류계 : 측정전류 I를 저항 R의 열선에 흘려 발생하는 열 RI^2[W]에 의하여 열전쌍에 발생하는 열기전력을 가동 코일형 직류 계기로 지시한다. 열기전력은 전류의 제곱에 비례하므로 눈금은 제곱눈금이고, 그 지시는 직류 · 교류의 실효값을 표

시하며, 오차가 없고, 주파수 특성이 우수하므로 주로 고주파용 전류계로 사용된다.

㉠ **진공 열전쌍** : 공기의 대류작용에 의한 열손실을 방지하고, 감도를 높이기 위하여 진공 유리구 안에 봉입한 열전쌍을 사용한다.

㉡ **노출형 열전쌍** : 1[A] 이상의 전류측정에는 공기 중에 노출한 노출식 열전쌍을 사용한다.

㉢ **고주파 변류기** : 대전류 측정에 사용한다.

㉣ **열전쌍 전압계** : 10~20[mA] 정도의 열전쌍 전류계에 고주파 직렬저항을 접속하여 사용하고, 측정전압은 0.5~150[V] 정도이며, 사용 한계 주파수는 100[kHz] 정도이고 소비전류가 크고, 입력 임피던스가 작으므로 별로 사용되지 않는다.

㉤ **열전쌍 전력계** : 열전쌍의 제곱특성을 이용한 기기이다.

1) 열전쌍형 계기의 오차와 방지책

① **공진오차** : 도입선의 인덕턴스와 포유용량의 직렬공진[16]에 의한 오차이다.

- **방지책** : 열전쌍의 바로 뒤에 초크 코일[17]을 삽입한다.

② **전위오차** : 계기의 정전용량을 통하여 고주파 전류가 흘러 열전쌍을 가열함으로써 열선을 손상시켜 발생하는 오차이다.

- **방지책** : 자석 또는 내부 금속부를 가동 코일로부터 절연하여 음(−)의 단자에 접속한다.

③ **분배오차** : 피측정 전류가 크면 열선이 굵어야 하는데, 열선이 굵으면 피복저항이 커지므로 복선을 사용할 때 복선 중 하나만을 이용하므로 굵기나 저항값이 다르면 오차가 발생한다.

- **방지책** : 전기적 규격이 일정한 것을 사용한다.

④ **표피오차** : 주파수가 높아지면(50[MHz] 이상) 열저항선이 표피효과로 인하여 전류가 도체의 표면에만 흐르게 되므로 열선의 저항값이 증가되어 발생되는 오차이다.

- **방지책** : 가는 열선을 사용한다.

2) 열전쌍형 계기의 특징

접합점의 온도차에 의한 열기전력을 이용한 열전쌍형 계기의 장 · 단점은 표 5-10과 같다.

---

16) **직렬공진**(series resonance) : RLC 직렬회로과 교류의 특정 주파수(f_0)에 대해 인피던스가 저항분(R)만으로 되어 있는 현상이다.

17) **초크 코일**(choke coil) : 인덕턴스를 얻기 위한 코일 부품이다.

표 5-10 ◦ 열전쌍형 계기의 장 · 단점

장 점	단 점
열기전력은 전류의 제곱에 비례하므로 눈금은 제곱눈금이다.	과전류에 약하고, 대전류용의 값을 지시 시간이 지연된다.
지시는 직류, 교류의 실효값을 표시하며, 파형오차가 없다.	
열선이 짧으므로 인덕턴스가 매우 작아 교류와 직류가 같은 저항값으로 된다.	
직류에서 무선 주파수(약 300[MHz])까지 동일눈금으로 측정할 수 있다.	

(8) 정류형 계기

측정하고자 하는 교류를 반도체 정류기에 의해 직류로 변환한 후 가동 코일형 계기로 지시시키는 계기이며 그림 5-8과 같다. 일반적으로 전류력계형이나 가동 철편형과 같은 교류용 계기는 직류형 계기에 비하여 감도가 낮기 때문에, 정류형 계기는 가동 코일형 계기가 가지는 정도의 감도를 교류 측정에 이용하는 것으로서 교류 계기 중 가장 감도가 좋다.

① 배전반용 등의 교류전류계 및 교류전압계로 널리 이용된다.

② 일반적으로 정류회로는 반파 정류보다 계기의 지시를 2배로 할 수 있는 전파 정류를 사용한다.

③ 정류형 계기로 제작되는 전류계의 정격전류는 500[μA]~100[mA] 정도이고, 전압계의 경우에는 정격전압이 1~1000[V] 정도이다.

④ 측정범위를 확대하려면 전류계는 계기용 변류기를, 전압계는 배율기 저항을 접속하여 사용한다.

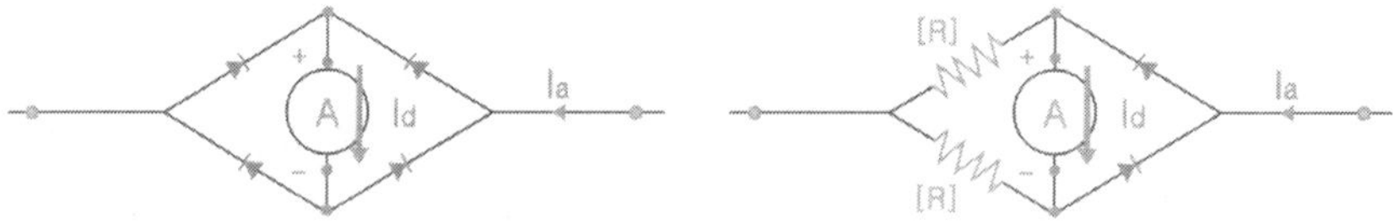

그림 5-8 ◦ 정류형 계기의 원리

(9) 검류계

미소전류나 전압의 유무를 검출하는 데 사용하는 고감도의 계기로서 검류계의 원리는 그림 5-9(a)와 같이 영구자석의 자극 사이에 가동 코일을 달아 놓으면, 코일에 미소전류가 흐를 때 코일 자체에 힘이 생겨서 코일이 한쪽으로 이동하게 되는데(편위), 이 편위로 전류의 유무를 측정하는 것으로 진동특성은 그림 5-9(b)와 같다.

(a) 검류계의 원리 (b) 검류계의 진동특성

그림 5-9 ◦ 검류계

1) 직류용 검류계

① 가동 코일형 검류계 : 가동 코일형 지시기와 구조가 같으나 감도를 높이기 위한 것으로 제어 스프링을 쓰지 않고, 영구자석의 자기장 속에 가동부의 관성을 작게 하기 위하여 세로의 폭을 길게 한 장방형의 가동 코일을 인청동의 가는 선으로 매달아, 이것을 제어 토크로 이용하므로 가동부가 가볍게 되어 있다. 일반적으로 검류계의 눈금은 눈금판 중앙을 "0" 위치로 정해 놓고, 좌우로 균등한 눈금선이 매겨져 있다. 눈금선에 표기된 숫자는 어떤 전류 값이 아니고 광점의 이동량을 나타낼 뿐이다. 그리고 검류계는 감도가 매우 높기 때문에 적절한 제동을 걸어주기 위하여 가동 코일에 제동용 직렬저항을 외부와 접속하여 사용할 때도 있다.

② 충격 검류계 : 보통 검류계가 축전기와 케이블 등의 정전용량을 구하는 경우, 또는 자성 재료의 자기 특성을 구하는 경우와 같이 축전기가 충전할 때, 또는 코일과 쇄교하는 자속이 급변할 때와 같은 과도전류는 충격적인 토크를 발생할 뿐 가동부는 그 값을 지시하지 못한다. 이를 위하여 만든 것이 충격 검류계 또는 진동 검류계이다. 이 검류계의 구조는 가동 코일형 검류계와 같으나, 가동 부분에 적당한 추를 달든지, 또는 코일의 나비를 넓게 만들어 제어 토크에 비하여 관성을 크게 한 것이다. 충격전류가 클 때에는 분류기를 사용하고, 분류기의 배율 계산은 일반 지시기에서와 같다. 가동부의 관성을 크게 하여 주기를 길게 한 것은 충격 감도는 감소하나 동작의 안정을 위한 목적이다.

③ 가동 코일형 충격 검류계 : 외부 자기장의 영향을 받지 않고, 보통 검류계로는 측정할 수 없는 축전기와 케이블 등의 정전용량의 측정, 자성 재료의 자속 측정 등에 적합하다.

2) 교류용 검류계

교류용 검류계로 가장 많이 사용되는 것은 진동 검류계이다. 가동 코일형 진동 검류계는 영구자석의 자기장 내에 가동 코일을 인청동 또는 은, 청동의 단선으로 매단 것이다. 반조 검류계에 낮은 주파수의 교류를 걸어 주면 그의 반주기마다 가동 부분에 걸리는 토크의 방향이 좌우로 변화하는 구동 토크가 생긴다. 따라서 가동 부분의 고유진동수를 적당한 바업(Bar-up)으로 조절하여 피측정 교류의 주파수에 일치시키면 가동 부분에 공진이 일어나고, 이에 따라 진동하는 진폭이 증대되기 때문에 거울에 반사되어 나오는 광점이 좌우로 크게 이동하고, 눈금판 위에는 한 줄의 긴 가로선을 그린다. 이와 같은 원리를 이용한 진동 검류계는 미소한 교류를 검출해 내거나 교류 전원을 사용하는 교류용 브리지의 검류계로 쓰인다.

3) 직 · 교류용 검류계

전류력계형 검류계는 가동 코일형 검류계의 영구자석을 전자석으로 대치한 것으로서, 감도는 가동 코일형 검류계와 같다. 또한, 이 계기는 직류 · 교류 겸용으로 할 수 있으며 상용 주파수에서 사용되고 있다.

(10) 기록계기

1) 기록계기

어떤 종류의 전기량이나 공업량 등을 측정할 때에는 측정량의 시간적 변화 상태를 관측, 기록해야 하는 경우가 많은데 이러한 목적을 위해 만들어진 계기가 기록계기이다.

기록계기에는 측정량의 시간에 대한 변화를 기록하는 형식에는 직동형 기록계, 펜 오실로그래프 및 자동 평형 기록계 등이 있으며, 두 측정량 사이의 관계를 나타내는 형식에는 X-Y기록계가 있다.

2) 기록계기의 구성

피측정량을 지시하는 구동장치와 그 지시를 하기 위한 기록기구로 구성되며, 구동부의 지시용 지침 끝에는 기록용 펜이 달려 있어 기록용 펜이 일정한 속도로 이동하는 기록용지 위에 접촉되어 지시값을 기록한다.

① 직동식 기록계기 : 편위법 지시계기의 동작원리로서 지침이 달린 기록용 펜을 직접 움직여 측정량을 기록하는 계기로서 실선식과 타점식이 있다.

② 자동 평형 기록계기

㉠ 펜과 기록계기 : 펜과 기록용지에서 생기는 마찰오차를 줄이기 위하여 고안된 것으로 영위법에 의한 측정원리를 이용한 것이다.

㉡ 펜의 구동력을 직접 피측정 에너지에서 받는 것이 아니라 별개의 구동 에너지로 움직이게 하는 자동 평형 서보 기구를 사용한다.

㉢ 직동식 계기에 비하여 고정밀도의 측정이 가능하다.

(11) 회로시험기

회로시험기는 의사의 청진기와 같은 시험기로서 전기 · 전자 및 통신기기의 회로를 점검하는 데 필수적인 기본 측정기이며, 구성은 그림 5-10과 같다.

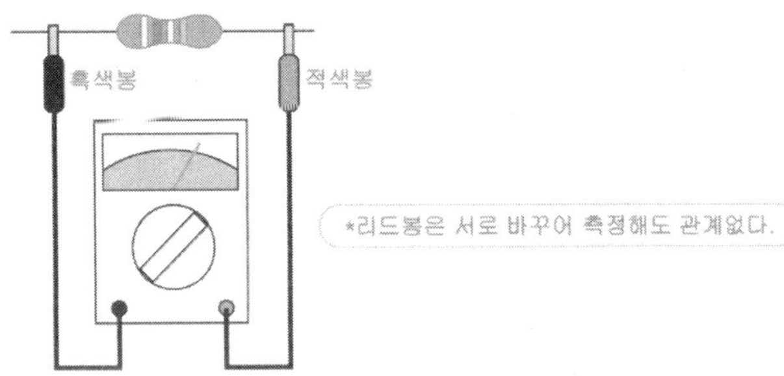

그림 5-10 ◦ 회로시험기 구성

1) 측정범위

① 일반용 회로시험기로 측정할 수 있는 내용은 주로 직류전류, 직류전압, 교류전압 및 저항이다.

② 회로시험기에 따라서는 콘덴서의 용량([μF]) 측정 및 인덕터[18]의 인덕턴스(H) 측정이 가능한 직동식 눈금이 있다. 그리고 통신기기의 레벨 측정에 편리하도록 dB[dBm] 눈금이 매겨져 있다.

③ 대부분의 회로시험기의 범위 전환은 로터리 스위치식이나 디지털형의 회로시험기에서는 누름 스위치가 쓰인다.

회로시험기의 측정범위를 요약하면 표 5-11과 같다.

표 5-11 ◦ 회로시험기의 측정범위

종 류	측정범위
DC[V]	1, 2.5, 10, 50, 250, 500, 1000[V] (내부저항 : 2.5[V] 이하 10 [kΩ/V], 10[V] 이상 4[kΩ/V])
AC[V]	10, 50, 250, 1000[V](내부저항 : 4[kΩ/V])
DC[A]	0.1, 2.5, 25, 250[mA]
OHMS	R, R-100, R-1000, R-10000[Ω]
[μF] 또는 [H]	0.001~0.3[μF], 20~1000 [H](ACV 10[V] 범위)
[dB]	−10~+22[dBm]

18) 인덕터(inductor) : 인덕턴스를 이용할 목적으로 만든 장치이다.

2) 회로시험기의 저항측정의 원리

회로시험기의 저항측정의 원리는 식 (5-3)과 같다.

$$I_0 = \frac{V}{R_{in}}, \quad I_X = \frac{V}{R_{in} + R_X}, \quad \frac{I_X}{I_0} = \frac{R_{in}}{R_{in} + R_X} \tag{5-3}$$

여기서 $R_X = R_{in}$이라면 $I_X = \frac{1}{2} I_0$로 지시계의 지침은 최대 눈금, 즉 정격전류의 1/2되는 곳을 지시한다. 그러므로 그 점에 저항값의 눈금을 표시해 둔다. 이와 같은 방법으로 여러 저항값을 계기눈금에 표시해 둔 것이 저항계이다 (단, R_M : 계기의 내부저항, R_V : 0점 조정용 가변 저항기, R_R : 직렬저항, R_{in} : 본 계기의 내부저항으로 설정한다).

3) 회로시험기의 인덕턴스 및 커패시턴스 측정의 원리

콘덴서의 용량 C 또는 인덕턴스 L의 리액턴스($X_C = 1/2\pi f C$, $X_L = 2\pi f L$)에 의한 전압강하를 이용한 것으로, 지정된(AC[V]) 범위(보통 10[V] 범위)에 변압기의 2차 전압(60[Hz], 10[V])과 직렬로 피측정물을 접속하여 지침이 지시하는 [μF] 또는 [H] 눈금을 읽어낸다.

4) 회로시험기의 dB 측정의 원리

① dB(데시벨)의 측정 : 기준 전압을 정하고, 그 값과의 비를 대수를 취하여 20배 한 값이며 식 (5-4)와 같다.

$$\text{dB} = 20\log\frac{V(\text{지시 전압})}{V_s(\text{기준 전압})} \tag{5-4}$$

그러므로 기준 전압이 1[V]일 때 지시 전압이 1[V], 5[V], 10[V]이면 dB은 각각 0[dB], 14[dB], 20[dB]이 된다.

② 회로시험기에서는 흔히 [dBm]눈금으로 표시되며, 이것은 기준 전압을 0.77[V][19]로 하고, 그 대수비에 20배 한 값이다. 식 (5-5)와 같다.

$$\text{dBm} = 20\log\frac{V(\text{지시전압})}{\text{기준 전압 } 0.77[\text{V}]} \tag{5-5}$$

따라서, [dBm]을 측정할 때에는 반드시 600[Ω] 부하의 단자전압을 측정한다.

③ 일반용의 회로시험기에는 [dBm]눈금을 AC 10[V]범위에 맞춰 놓았기 때문에 측정범위는 −10∼+22[dB]이다. 가동 코일형 계기와 가동 철편형 계기의 구조는 그림 5-11과 같다.

19) 기준 전압을 0.77[V] : 660[Ω] 부하에 1[mW]가 공급될 때의 부하에 걸리는 전압강하이다.

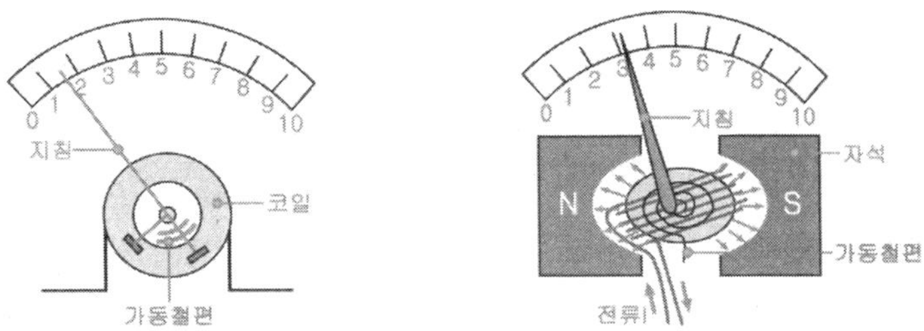

(a) 가동 고일형 계기 (b) 가동 철편형 계기

그림 5-11 ◦ 가동 코일형 계기와 가동 철편형 계기의 구조

측정기의 동작원리에 따른 분류를 표 5-12에 나타낸 것이다.

표 5-12 ◦ 동작원리에 의한 분류

동작원리에 의한 종류	기 호	적용기기	특 징
가동 코일형		직류전압계 직류전류계	고감도이다. 고감도이다.
가동 철편형		교류전압계 교류선류계	구조가 견고하다.
전류력계형	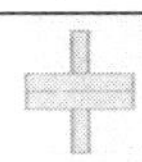	직류 및 교류의 전압계, 전류계, 전력계	오차가 작다. 실효값 지시, 주파수 교류의 표준용이다.
정류기형	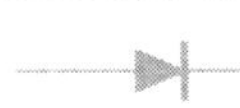	교류전압계 교류전류계	교류에서 고감도, 평균치에서 동작파형 오차가 크다.
열전형	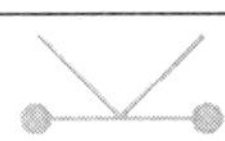	고주파 전류계	열작용에 의한 금속선의 팽창을 이용한 측정기구이다.
열선형	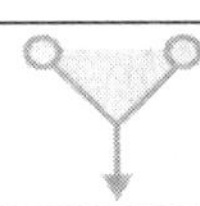	열선 전력계 고주파 변류기	주파수 특성이 우수하고, 실효값을 표시한다.
정전형	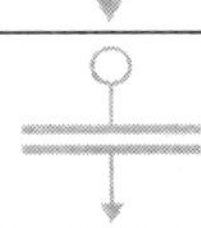	직 · 교류 비교기	입력 임피던스가 높고, 고압측정용으로 사용한다.
유도형		교류 배전반용 기록장치, 적산전력계	구조가 간단하고 견고하다.

3. 계기의 정확도에 의한 분류

한국산업규격에 의하면 지시계기는 그 정확도에 따라 표 5-13과 같이 5계급이 있으며, 각각 허용오차가 정해져 있다.

표 5-13 ◦ 전기계기의 계급

계 급	허용오차	용 도
0.2급	±0.2[%]	대형 부표준형 계기 / 고도의 정밀 측정, 계기의 시험용의 표준계기로 사용한다.
0.5급	±0.5[%]	휴대용 계기 / 정밀 측정용으로 사용한다.
1.0급	±1.0[%]	소형 휴대용 계기 / 준정밀 측정용으로 사용한다.
1.5급	±1.5[%]	배전반용 계기 / 공업 측정용으로 사용한다.
2.5급	±2.5[%]	정확도를 중요시하지 않는 배전반용 계기 / 소형 계기로 사용한다.

03 계기의 구성요소(Components Of The Instrument)

1. 구동장치

측정하려는 전기적인 양에 비례하는 구동력 또는 구동 토크를 발생시키는 것인데 가동부에는 지침이 붙어 있으며, 가동 부분의 회전 또는 변위에 따라서 지침이 이동하여 측정하려는 전기의 양을 지시하게 된다.

구동 토크를 발생시키는 방법에는 다음과 같은 것이 있다.

① 구동 토크 : 측정량에 따라 계기의 지침과 같은 가동 부분을 움직이게 하는 힘이다.
② 구동장치 : 구동 토크를 발생하는 장치이다.
③ 구성요소 : 고정부와 가동부가 있다.
④ 구동 토크를 발생시키는 방법과 분류 : 발생의 원리에 따라 유형을 표 5-14와 같이 나눌 수 있다. 이것은 어느 것이나 계기에 흐르는 전류, 전압 및 전력에 비례하여 토크를 발생시킨다.

표 5-14 ◦ 구동 토크 발생방법의 분류

	유 형	발생의 원리
구동 토크 발생방법	전자형	자장과 전류와의 사이에 작용하는 힘이다.
	가동철편형	자장 내에 있는 철편에 작용하는 힘이다.
	전류력계형	두 전류 사이에 작용하는 힘이다.
	정전형	충전된 두 물체 사이에 작용하는 힘이다.
	유도형	회전자장 또는 이동자장 내에 있는 금속도체에 사용하는 힘이다.
	열전형	열기전력에 의한 전자력을 이용한다.
	전해형	전류에 의한 전기분해작용을 이용한다.

2. 제어장치

구동장치에 전기를 가하여 구동력 또는 구동 토크가 작용할 때 그 운동을 방해하는 것이 없으면 가동부는 무한히 이동 또는 회전하게 된다. 따라서, 구동력 또는 구동 토크와 평형시켜 가동부를 일정한 위치에 정지시키는 제어력 또는 제어 토크를 발생시키는 제어장치가 필요하다.

(1) 스프링 제어

스프링 제어(spring control)는 스프링을 가동부분의 축에 고정시키는 방법으로 대부분의 계기는 이 방법을 사용한다.

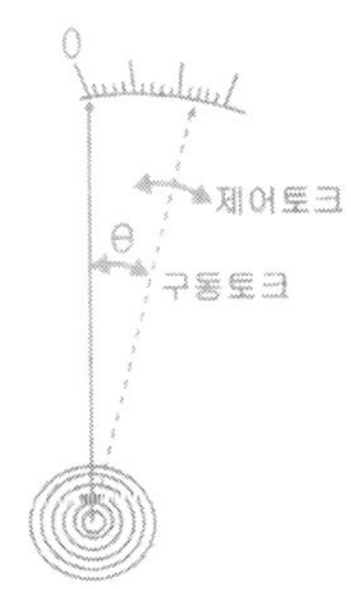

그림 5-12 • 스프링 제어

스프링 제어는 가느다란 나선식 스프링의 한쪽 끝을 고정시키고, 중심부의 끝을 가동부분의 회전축에 붙여 그림 5-12와 같이 설치하고 이것에 구동 토크 T_D를 가하면, 스프링이 퍼지거나 줄어들어 스프링의 탄성에 의해 T_D에 반항하여 회전각 θ에 비례하는 제어 토크 T_C가 발생하는데 제어 토크는 식 (5-6)과 같다.

$$T_C = k\theta \tag{5-6}$$

여기서 k는 스프링의 재질, 형태, 온도 등에 의하여 결정되는 상수이다.

구동 토크가 적은 검류계와 같은 계기에서는 인으로 만든 동선으로 제어할 때도 있다. 스프링에는 나선형 스프링, 코일 스프링, 판 스프링 등이 있다.

1) 나선형 스프링(spiral spring)

단면이 가늘고 일정한 긴 띠모양의 강을 한 평면상에 코일 형상으로 감은 스프링이다.

2) 코일 스프링(coiled spring)

단면이 원형이나 각형의 선재를 코일 상태로 감아 만든 스프링이며 헬리컬 스프링(helical spring)이라고도 한다.

3) 판 스프링(plate spring)

판상의 스프링을 몇 장씩 겹쳐 포갠 것을 겹판 스프링이라고 한다. 재료는 스프링강으로 그림 5-13과 같다.

(a) 나산형 스프링 (b) 코일 스프링 (c) 판 스프링

그림 5-13 ▪ 스프링 종류

(2) 중력제어

지구의 중력을 이용한 것으로 주로 수직 배전반용의 계기에 사용한다. 지침의 회전축에 2개의 추를 양 끝에 연결하여 지침이 회전을 하면 추가 원위치로 되돌아오려고 하는 토크인 제어 토크가 발생하는 원리를 이용한 것으로 그림 5-14와 같다. 중력제어(gravity control) 토크는 길이를 변화시켜 조정할 수 있다.

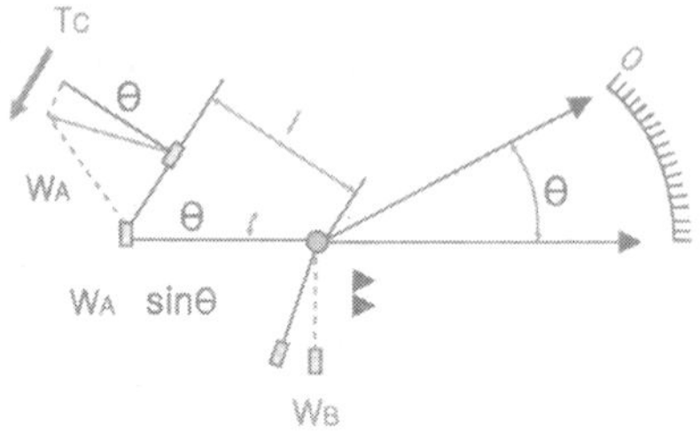

그림 5-14 ▪ 중력제어

(3) 전자제어

전자제어(electro magnetic control)에는 와류제어(eddy current control)와 교차 코일 제어(cross coil control)가 있다.

1) 와류제어

영구자석 안에 금속원판(알루미늄 원판)을 삽입하여 원판이 구동 토크에 의하여 회전하면 금속원판은 영구자석의 자력선을 끊게 되어 와전류를 발생하게 되는데 그림 5-15와 같다.

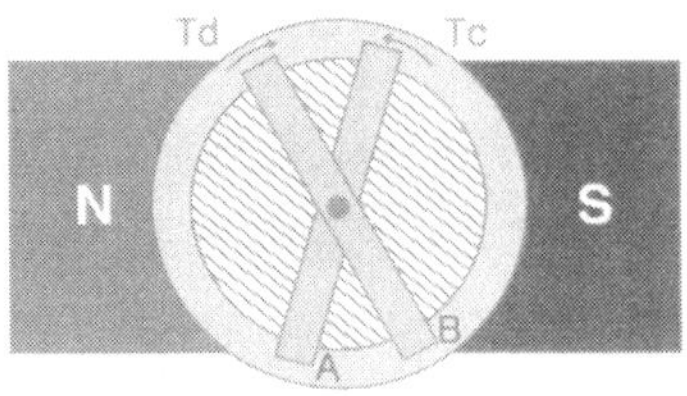

그림 5-15 • 와류제어

이 와전류와 자속과의 사이에 발생하는 토크는 원판의 회전에 반항하여 원판에 항상 일정한 제어 토크 T_C를 발생시킨다. T_C와 자속 Φ, 원판의 회전수 n의 사이에는 식 (5-7)과 같은 관계가 성립한다.

$$T_C = k\Phi^2 n \tag{5-7}$$

여기서 k는 상수이다. 자속 Φ는 일정하므로 T_C는 회전수 n에 비례하게 된다. 그러므로 원판은 구동 토크와 제어 토크가 평형하는 일정한 회전수로 회전을 계속하게 된다.

맴돌이 전류 제어장치는 자기장의 세기에 따라 구동 토크와 제어 토크가 맞물리는 것을 이용한 제어방식으로 그림 5-16과 같다. 교류용 적산진력계에 대표적으로 사용된다.

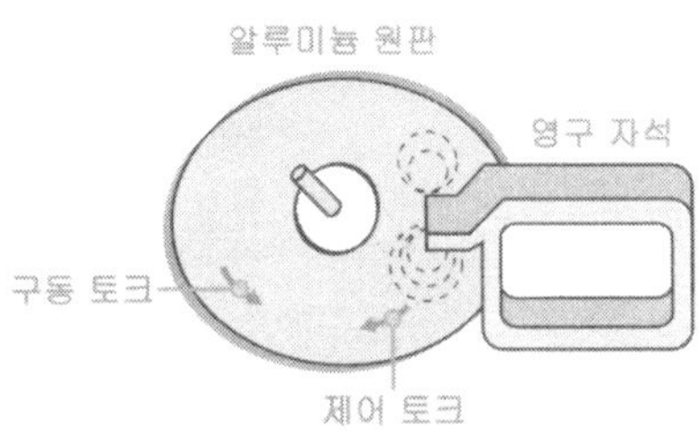

그림 5-16 • 맴돌이 전류 제어장치

2) 교차 코일 제어

한 회전축에 두 가동 코일을 교차로 장치하여 측정량에 비례하는 구동 토크가 생기는 가동 코일과 제어 토크가 생기는 가동 토크를 교차로 장치하여 구동 토크와 제어 토크가 상반되도록 하면 교차 코일은 항상 구동 토크와 제어 토크가 평형위치에서 정지한다. 이러한 교차 코일에 의한 제어는 절연저항체, 역률계, 지시형 주파수계 등에 사용된다.

(4) 자기적 제어

가동 자침형 검류계에 쓰이며, 작은 자침이 지구자기나 영구자석의 자기장에서 방위(각)를 가지는 성질을 이용한 제어이다.

3. 제동장치

이 계기의 가동 부분에 구동 토크가 작용하여 그 변화에 따라서 제어 토크가 생길 때 가동부는 가동 부분의 운동 에너지 때문에 구동 토크와 제어 토크가 평형을 이루어 정지하려는 위치 전후로 작은 진동을 하다가 마찰로 인하여 진폭이 점차로 작아져서 정지한다. 이와 같이 가동부가 정지하는 데 시간이 걸릴 뿐 아니라 베어링의 마모도 커지므로, 적당한 제동 토크를 주어서 이 운동 에너지를 흡수하여 관측을 빠르게 하고 불필요한 마찰을 방지할 수 있다. 즉, 운동하고 있는 기계의 속도를 감속하거나 정지시키는 장치이다. 제동장치에는 공기제동, 맴돌이 전류 제동, 와류제동, 액체제동, 전자제동 등이 있다.

(1) 공기제동

공기제동(air damping)은 물체가 공기 중에 운동할 때 받는 공기의 저항을 이용한 것이며, 구조에는 피스톤형과 날개형이 있다.

① 피스톤형 : 한쪽 끝을 막은 원통 속에서 얇은 금속제의 날개가 운동하는 것이다.

② 날개형 : 밀폐된 부채형 상자 속에서 얇은 금속제의 제동날개가 제동력을 일으키므로 피스톤형과 달리 어느 방향으로 움직일 때나 제동작용이 대칭이며 그림 5-17과 같다. 이들은 다른 제동장치에 비해서 구조가 간단하므로 널리 사용된다.

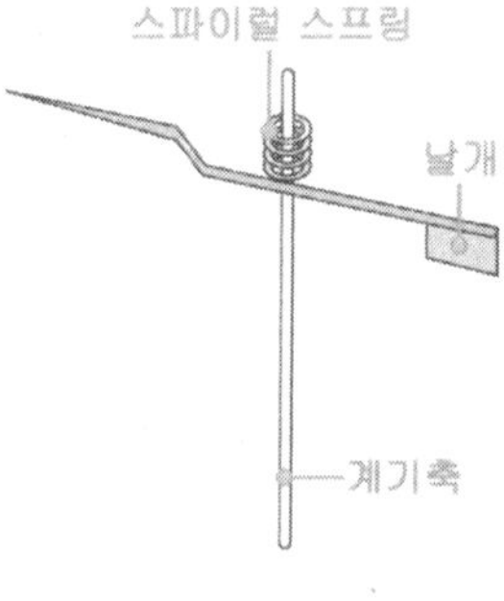

그림 5-17 ◦ 공기제동장치(날개형)

(2) 맴돌이 전류 제동

계기의 회전축에 알루미늄 원판을 영구자석의 강한 자기장 내에 회전시키면 원판에 맴돌이 전류가 흐르게 되어 있으며 그림 5-18과 같다. 이 맴돌이 전류와 자기장이 상호작용을 하여 원판의 운동을 방해하는 방향으로 전자력을 발생시켜 제동하는 방식으로 가동 코일형 계기와 적산전력계에 주로 사용된다.

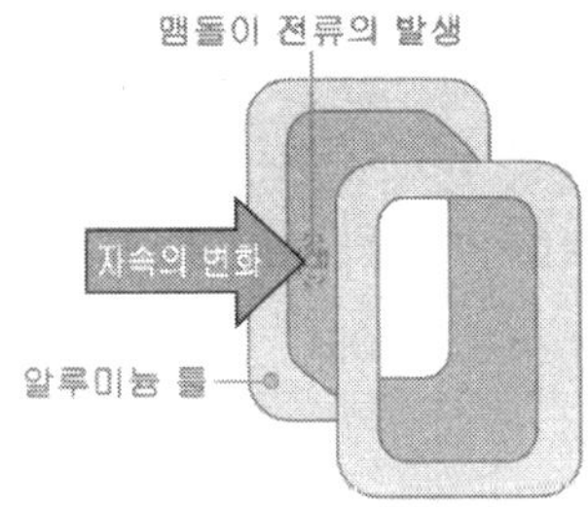

그림 5-18 ◦ 맴돌이 전류 제동

(3) 와류제동

회전축에 알루미늄판을 붙이고 영구자석의 자극 사이에서 움직일 때 알루미늄판에는 와전류가 생기고, 이 와전류와 영구자석에서 나오는 자력선과의 작용으로 알루미늄판의 운동방향과 반대방향으로 제동 토크를 얻게 된다.

제동 토크의 크기는 알루미늄판의 움직이는 속도에 비례한다. 가동 코일형 계기에서는 코일에 감은 틀에 알루미늄을 사용하여 틀에 흐르는 와전류와 영구자석의 자력선에 의하여 제동을 한다.

(4) 액체제동

공기제동의 공기 대신 기름이나 글리세린 등을 사용하는 방법이며, 제동효과는 크지만 온도에 의한 액체의 점도가 변화하는 결점이 있다.

4. 눈금과 지침

지시계기에서는 지침과 눈금 등의 지시장치가 필요하고, 기록계기에서는 타점식, 회선식 등의 기록장치가 필요하다. 또한, 적산계기에서는 계량장치가 필요하다.

(1) 눈 금

계기의 동작원리에 따라 눈금은 표 5-15와 같이 구분할 수 있지만 눈금은 정확하고 읽기 쉬워야 하므로 균등눈금이 일반적으로 가장 폭넓게 사용된다.

표 5-15 • 눈금의 종류와 특징

종 류	눈 금	특 징
균등눈금	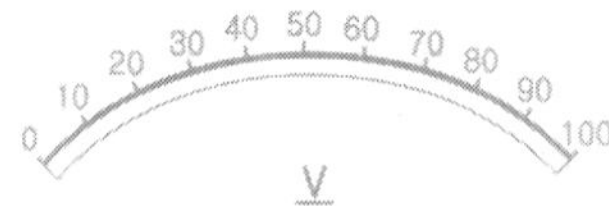	전체 눈금에 걸쳐 눈금읽기가 동일하다. 일반적으로 사용하는 계기이다.
불균등눈금	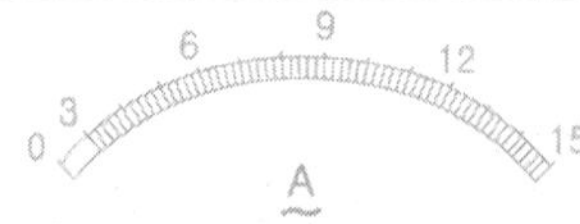	0부근의 눈금선이 좁아 정격 25[%]이하의 눈금에서 오차가 많다.
대수눈금		측정범위가 넓고, 절연저항계, 통신계기 등에 쓰인다.
사선눈금	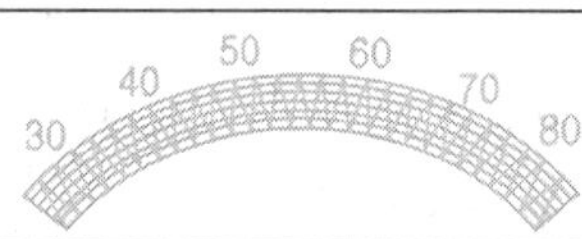	여섯 줄의 눈금과 사선으로 인하여 한 눈금의 1/5까지 읽을 수 있고, 0.2급 계기용으로 쓰인다.
광각눈금	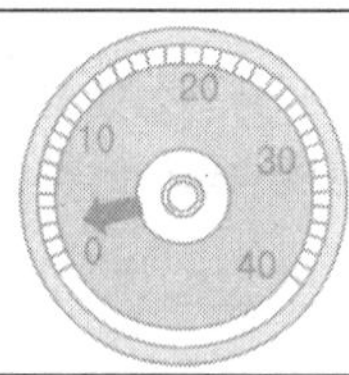	270[°] 정도 넓은 각도의 눈금으로 배전반용 계기에 쓰인다.
연형눈금	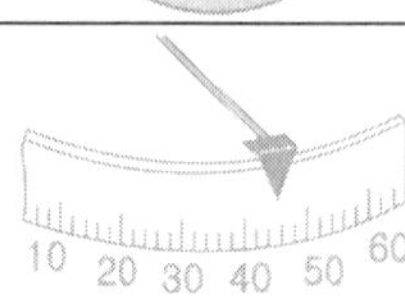	연형계기의 눈금으로 공업계기에 쓰인다.

(2) 지 침

계기의 정도나 사용목적에 따라 가볍고 튼튼하며, 관성이 작도록 알루미늄이나 우랄루민과 같은 얇은 판 또는 가는 판으로 만든다. 지침의 끝부분은 표 5-16과 같이 여러 가지 모양의 것들이 있어 목적에 따라 구분하여 사용한다.

표 5-16 • 지침의 종류

명칭	창형		연형	칼날형		활형	트러스형
지침	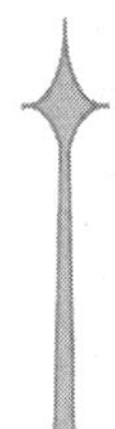		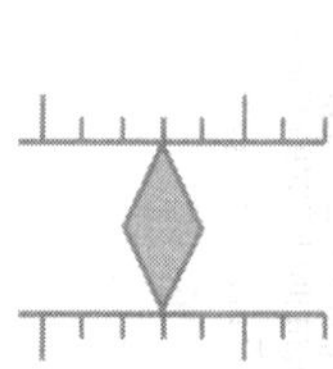				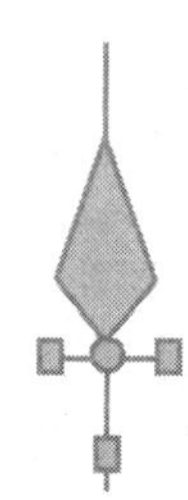

04 직류용 계기(DC Instrument)

직류의 측정에는 가동 코일형, 전류력계형, 가동 철편형, 열전형 및 정전형 계기가 쓰인다. 계기 중에서 가동 코일형 이외의 것은 교류의 측정에도 쓸 수가 있으므로, 여기서는 직류 전용이라고 할 수 있는 가동 코일형의 원리에 대하여 설명한다.

1. 가동 코일형 계기의 원리

① 영구자석의 자장 안에 가동 코일이 감겨진 원통형 고정철심을 설치하고, 이 코일에 측정하려는 전류를 흘려 그 전류에 의한 자장과 영구자석의 자장과의 사이의 전자력을 이용한 것으로 그림 5-19와 같다. 영구자석의 안쪽에 원통형의 자극편을 붙이고, 원통 모양의 알루미늄 철심에 장방형 가동 코일을 설치하고, 자성이 없는 금속으로 고정시킨 것이다. 스프링은 상하 서로 반대로 감아 온도의 변화에 의한 신축의 영향을 제거하며, 전류를 도입하는 역할도 겸하고 있다. 가동 코일에 전류가 흐르면 코일에는 플레밍의 왼손법칙에 의한 방향으로 전류에 비례하는 구동 토크가 발생하여 회전한다.

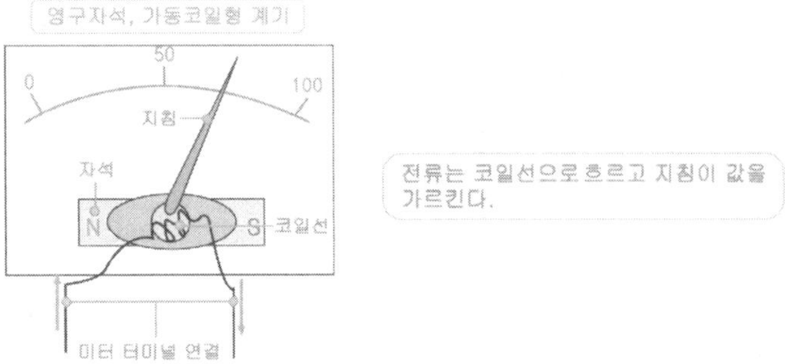

그림 5-19 ◦ 가동 코일형 계기의 구조

② 코일이 회전하면 스프링에는 제어 토크가 가동 코일의 회전각에 비례하여 발생한다. 따라서 구동 토크와 제어 토크가 평형이 되는 위치에서 코일은 정지하게 된다. 전류와 회전각은 비례하므로 눈금은 균등눈금이 된다. 가동 코일형 계기의 제동은 가동 코일을 감은 알루미늄 원통에 유도되는 와전류에 의한 역기전력을 이용하여 행한다. 가동 코일형 계기는 영구자석을 사용하고 있기 때문에 전류의 방향을 반대로 하면 지침은 반대로 회전하게 된다. 따라서 가동 코일형 계기는 직류에서만 사용할 수 있

는 것이므로 사용시에 극성에 주의한다.

③ 가동 코일형 계기의 가동 코일은 가는 동선으로 하여 극히 작은 전류로 동작한다. 이와 같이 동작전류를 작게 하는 이유는 코일 및 스프링의 온도상승을 작게 하고, 전력손실 및 전압강하를 적게 하기 위한 것이다. 따라서 이 가동 코일형 계기를 전압계로 사용하기 위해서는 적당한 저항(배율기)을 직렬로 접속하여 내부저항을 크게 하고, 전류계로 사용하기 위해서는 적당한 저항(분류기)을 병렬로 접속하여 내부저항을 적게 하고 있다.

2. 가동 코일형 계기의 특징

① 감도와 정확도가 높으며, 구동 토크가 크고 정확한 측정이 된다.

② 소비전력이 대단히 적고 균등눈금을 사용함으로써 측정범위를 간단히 변경시킬 수 있다.

③ 직류전용이므로 교류를 측정하려면 정류기를 연결한다.

④ 측정범위가 낮으므로 범위를 확대하기 위해서는 분류기나 배율기를 연결한다.

(1) 온도오차와 보상

① 오차의 원인 : 온도변화로 가동 코일의 저항(+0.4[%/℃]), 스프링의 제어 토크(−0.04[%/℃]), 공극의 자속밀도([−0.02[%/℃])가 변화한다.

② 보상방법 : 실용상 온도계수가 0에 가까운 망가닌 권선 저항기를 가동 코일과 직렬로 접속하여 종합 온도계수를 낮추어 온도의 영향이 없도록 한다.

③ 스왐핑 저항을 이용한 보상 : 스왐핑 저항(계측기에서의 가동 코일과 직렬 및 병렬로 접속한 망가닌 저항으로, 측정회로의 온도에 의한 영향을 흡수)으로 보상한다. 서미스터와 정자강편을 이용한 보상을 한다.

(2) 계기의 감도표시

① 계기의 감도 : 주어진 전기량에 대한 가동 부분의 변위 또는 회전각과의 비이며, 가동 코일형 전류계의 감도는 편의상 계기가 지시하는 최대지시 전류값인 정격전류이다. 따라서 작은 전류를 측정하는 계기일수록 감도는 높다.

② 전압계의 경우에는 전류계에 배율기를 달아 전압계로 만든 것이며, 전류계 자체의 감도를 간접적으로 나타낼 수 있는 표시법을 사용하며, [kΩ/V]로 나타낸다.

05 교류용 계기(AC Instrument)

1. 가동 철편형 계기

고정 코일에 흐르는 전류에 의하여 생기는 자장 안에 놓여진 가동 철편에 작용하는 전자력을 이용한 것으로 그림 5-20과 같다. 이 가동 철편형 계기는 원리적으로는 직류에서도 동작하나 철편의 자기이력 현상에 의한 오차 때문에, 가동 코일형에 비하여 소비전력이 높아 교류전용 계기로 사용되고 있다. 가동 철편형 계기의 종류에는 흡인형, 반발형 및 반발 흡인형 등이 있으며, 현재 사용되고 있는 것은 반발형과 반발 흡인형이다.

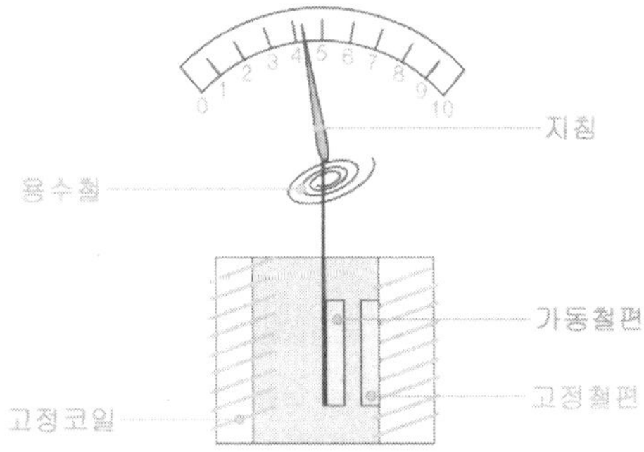

그림 5-20 ◦ 가동 철편형 계기의 구조

(1) 가동 철편형의 종류

① 흡인형 : 가동 철편과 고정 코일로 되어 있으며, 고정 코일에 전류가 흐르면 고정 코일이 자화되어서 가동 철편이 코일에 흡인되는 흡인력에 의하여 구동 토크를 발생하는 것이다.

② 반발형 : 고정 코일 안에 장치한 고정 철편과 회전축에 장치한 가동 철편을 서로 마주보게 배치하여, 고정 코일에 전류를 흘리면 양 철편이 동일한 극성으로 자화되어서 그 반발력으로 구동 토크를 발생하는 것이다.

③ 반발 흡인형 : 가동 철편과 고정 철편을 회전축에 상하로 두 개씩 배치한 것이다. 고정 코일의 전류가 작을 경우에는 가동 철편은 각각 마주보는 고정 철편으로부터 반발력을 받아 동작하지만, 전류가 증가하여 회전각이 커지면 가동 철편은 각각 마주보는 고정 철편으로부터 흡인력을 받게 된다.

(2) 가동 철편형 계기의 특징

① 구동 토크가 크고, 구조가 간단하고 견고하며, 가격이 싸다.
② 분류기 없이 비교적 큰 전류까지 측정할 수 있다.
③ 눈금은 0부근을 제외하고는 균등눈금에 가깝게 할 수 있다.
④ 히스테리시스 오차 때문에 직류측정은 곤란하고, 교류전용 계기로 사용된다.
⑤ 오차가 많은 결점이 있고, 감도가 높은 것은 제작이 곤란하다.
⑥ 고정 코일의 자기장이 적으므로 외부 자기장의 영향을 받기 쉽다.

(3) 가동 철편형 전류계 및 전압계

① **전류계** : 정격전류가 작은 것은 제작되지 않으며, 보통 수십[mA] 정도 이상 100[A] 정도의 것들이 있다.
② **전압계** : 보통 15[V] 이상의 것이 있으며, 정격전압이 높은 것에는 고정 코일에 망간 또는 콘스탄탄 저항을 직렬로 접속하여 정격전압 600[V] 정도까지도 제작된다.

2. 유도형 계기

이동자장 또는 회전자장 안에 금속의 원판 또는 원통을 놓으면 금속에는 와전류가 흘러서 전자력에 의해 자장의 이동 방향과 같은 방향으로 구동 토크가 발생하는데 이 원리를 이용한 것이 유도형 계기이며, 회전자장형과 이동자장형이 있다. 이동자장과 회전자장은 교류전류에 의하여 얻어지므로 유도형 계기는 교류전용 계기이다. 피측정 전류 또는 전압을 여자 코일에 공급해서 자기장을 만들고, 이 자기장과 가동부의 전자 유도작용에 의해서 생기는 맴돌이 전류 사이의 전자력에 의한 구동 토크를 이용한 계기이다.

① 회전자장은 방향이 시간과 함께 변화하여 일정한 속도로 회전하는 것처럼 보이는 자기장이며, 회전 자기장이라고도 한다. 회전 자기장에 의해서 원통에 맴돌이 전류가 발생하고, 이 맴돌이 전류와 자기장 사이의 전자력에 의한 구동 토크를 이용하는 것이다.
② 이동자장은 성층 철심에 코일을 감고, 극부분의 한쪽을 양쪽으로 나누어서 한쪽에 단락 코일인 셰이딩 코일을 감는다. 이 셰이딩 코일에 의하여 이동자장을 만들고 알루미늄 원판을 회전시킨다. 즉, 코일에 측정할 전류를 흘리면 셰이딩 코일에는 역기전력이 발생하게 되는데 그 역기전력 때문에 생기는 전류의 반작용에 의해서 그 극을 통과하는 자속은 셰이딩 코일이 없는 극의 자속과는 위상이 역상이 된다. 측정하려는 전류 또는 전압에 의해서 만들어진 이동 자기장 속에 알루미늄 원판을 놓고,

여기에 생기는 맴돌이 전류와 코일에 생기는 자속 사이의 전자력에 의해서 구동 토크를 만드는 것이다.

③ 유도형 계기의 특징은 다음과 같다.

㉠ 가동부에 전류를 흘릴 필요가 없으므로 구조가 간단하고 견고하다.

㉡ 구동 토크가 다른 계기에 비하여 크고, 조정이 쉽다.

㉢ 공극 내의 자기장이 강하므로 외부 자기장의 영향이 작다.

㉣ 회전력은 가동부의 위치에 관계 없으므로 극히 넓은 범위의 눈금으로 쓸 수 있다.

㉤ 주파수의 영향이 다른 계기에 비하여 크므로 정밀급 계기에는 사용이 곤란하다.

㉥ 교류용이며, 직류에는 사용할 수 없다.

㉦ 교류 배전반용 기록장치와 전력계 및 이동 자기장식은 적산전력계로 이용된다.

3. 정류형 계기

측정하고자 하는 교류를 반도체 정류기에 의해 직류로 변환한 후 가동 코일형 계기로 지시하는 계기로서, 일반적으로 **교류용 계기는 직류용 계기에 비하여 감도가 낮으므로, 정류기를 통해 교류를 직류로 정류하여 감도가 높은 직류계기로 측정**하도록 하고 있다. 게르마늄 · 실리콘 등의 반도체 다이오드를 사용하여 교류를 정류하고, 가동코일형 계기로 지시하게 한다.

사인파를 가정하고 그 실효값으로 눈금을 긋기 때문에 **파형**에 일그러짐이 있는 경우에는 오차가 생기게 된다. **정류기로서는 다이오드 또는 트랜지스터 등을 사용**하고 있다. 정류회로에는 반파 정류와 전파 정류가 있으나, 반파 정류는 반대방향의 반파에서는 정류기의 저항이 대단히 높고, 전압강하의 대부분이 일어나기 때문에 실제로는 이용되지 않는다.

① 전류력계형이나 가동 철편형과 같은 교류용 계기는 직류형 계기에 비하여 감도가 낮기 때문에, 정류형 계기는 가동 코일형 계기가 가지는 정도와 감도를 교류측정에 이용하는 것으로서 교류계기 중 가장 감도가 좋다.

② 배전반용 등의 교류 전류계 및 교류 전압계로 널리 이용한다.

③ 정류회로는 반파 정류보다 계기의 지시를 2배로 할 수 있는 전파 정류를 사용한다.

④ 정류형 계기로 제작되는 전류계의 정격전류는 500[μA]~100[mA]정도이고, 전압계의 경우에는 정격전압이 1~1000[V] 정도이다.

⑤ 측정범위를 확대하려면 전류계는 계기용 변류기를, 전압계는 배율기를 접속하여 사용한다.

06 직류-교류 겸용 계기(DC-AC Combined Instrument)

1. 전류력계형 계기

직류로부터 상당히 높은 주파수까지의 전류, 전압 및 전력의 정밀 측정에 사용할 수 있는 직류 · 교류 양용 계기이다. 전류력계형 계기는 실효값을 지시하며, 직류로 눈금을 작성할 수 있으므로 현재 상용주파수 교류의 표준용 계기로 사용되고 있다. 고정 코일에 피측정 전류를 흘려 자기장을 만들고, 그 자기장 중에 가동 코일을 설치하여 여기에도 피측정 전류를 흘려 전류와 자기장 사이에 작용하는 전자력을 토크로 이용하는 계기이다.

전류력계형 계기는 직렬로 접속한 고정 코일에 흐르는 전류가 만드는 자장과 이 자장 중에 가동 코일에 흐르는 전류와의 상호작용을 이용한 것이며 휴대용, 배전반용으로서는 계기의 소비전력이 크고, 구조가 다소 복잡하므로 그림 5-21, 5-22와 같이 주로 전력계로서 널리 사용되고 있다. 전류력계형 계기는 구조상으로 분류하면 전류 저울형, 지시 전류력계형, 반조 전류력계형이 있다.

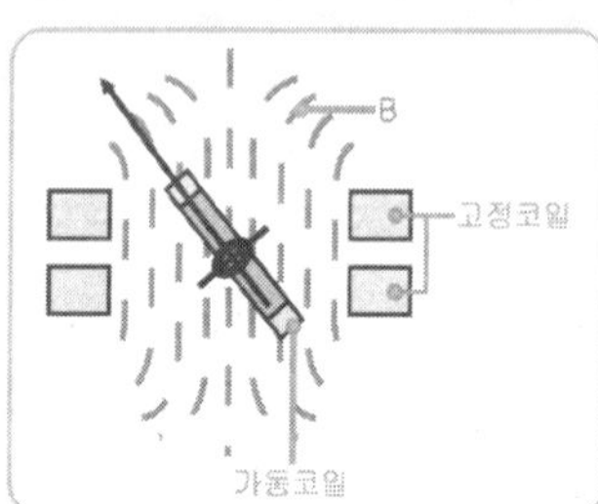

그림 5-21 ◦ 전류력계형 계기의 원리

그림 5-22 ◦ 전류력계형 디지털 멀티미터

(1) 전류력계형 계기의 특징

① 고정 코일에 흐르는 전류로 자기장을 만들므로 가동 코일형에 비하여 자기장이 약하고, 또한 외부 자기장의 영향을 받기 쉬우므로 계기에 자기차폐를 하여야 한다.

② 실효값을 지시하며, 직류로 눈금교정을 할 수 있으므로 사용 주파수 교류의 표준용으로 사용할 수 있다.

③ 코일의 인덕턴스에 의한 주파수의 영향이 크다.

④ 소비전력이 크고, 구조가 다소 복잡하므로 주로 전력계로 사용된다.

⑤ 직류와 교류를 같은 눈금으로 측정할 수 있는 정밀급 계기이다.

⑥ 1[A] 이상의 전류에서는 온도보상 및 주파수 보상을 한다.
⑦ 자기가열의 영향이 비교적 크므로 주의가 필요하다.

(2) 전류력계형 전압계 및 전류계

전류계나 전압계로는 별로 사용되지 않는다.

(3) 전류력계형 전력계

① 고정 코일(전류 코일) F는 부하와 직렬로, 가동 코일(전압 코일) M은 부하와 병렬로 접속시킨다.
② 전력계의 눈금은 균등눈금이며 단상 전력계는 주로 상용 주파수에 사용되고 단상용과 3상용이 있다.

2. 열전형 계기

측정하려는 전류, 전압, 혹은 전력을 저항선에 공급하여 발생하는 열량을 이용하는 계기이다. 전류의 열작용에 의한 금속선의 팽창, 또는 종류가 다른 금속의 접합점이 온도차에 의한 열기전력으로 가동 코일형 계기를 동작하게 한 계기이다. 구조상으로 분류하면 열선형, 바이메탈형, 열전형이 있다.

(1) 열선형

측정전류를 저항에 흘려서 그 온도상승에 의한 저항선의 늘어난 길이를 이용한 것인데 결점이 많아서 현재는 거의 사용되지 않고 있다.

① 금속선의 팽창을 이용한 열선형은 현재 사용되지 않으며, 열전쌍형이 고주파 전류계로 널리 사용되고 있다.
② 열전쌍의 재료 : 구리-콘스탄탄, 철-콘스탄탄, 망가닌-콘스탄탄, 크로멜-알루멜 등의 합금이 있다.

(2) 바이메탈형

저항선을 바이메탈의 소용돌이 모양의 스프링으로 만들어 그 발열에 의한 스프링의 변형을 이용한 것이다.

(3) 열전형

전류를 열선에 흘려 발생하는 열에 의하여 열전대(thermocouple)에서 발생하는 열기전력을 가동 코일형 계기로 측정하는 것으로서 직류, 교류, 고주파수까지 측정할 수 있으며 특히 고주파용 계기로 많이 사용되고 있다. 열선으로는 백금, 콘스탄탄, 망간, 니크롬 등이 쓰이며, 열전대의 조합에는 망간-콘스탄탄 또는 콘스탄탄-니크롬이 쓰이고 있다.

(4) 열전쌍 전류계

측정전류 I를 저항 R의 열선에 흘려 발생하는 열은 I^2R[W]에 의하여 열전쌍에 발생하는 열기전력을 가동 코일형 직류 계기로 지시하는 것이며, 열기전력은 전류의 제곱에 비례하므로 눈금은 제곱눈금이고, 그 지시는 직류, 교류의 실효값을 표시하며, 오차가 없고, 주파수 특성이 우수하므로 주로 고주파용 전류계로 사용된다.

① **진공 열전쌍** : 공기의 대류작용에 의한 열손실을 방지하고, 감도를 높이기 위하여 진공 유리구 안에 봉입한 열전쌍을 사용한다.

② **노출형 열전쌍** : 1[A] 이상의 전류측정에는 공기 중에 노출한 노출식 열전쌍을 사용한다.

③ **고주파 변류기** : 대전류를 측정한다.

(5) 열전쌍 전압계

10~20[mA] 정도의 열전쌍 전류계에 고주파 직렬저항을 접속하여 사용하고. 측정전압은 0.5~150[V] 정도이며, 사용 한계 주파수는 100[kHz] 정도이며 소비전류가 크고, 입력 임피던스가 작으므로 별로 사용하지 않는다.

(6) 열전쌍 전력계

열전쌍의 제곱 특성을 이용한 것이다.

(7) 열전쌍형 계기의 오차와 방지책

① **공진오차** : 도입선의 인덕턴스와 포유용량의 직렬공진에 의한 오차이다.

- 방지책 : 열전쌍의 바로 뒤에 초크코일을 삽입한다.

② **전위오차** : 계기의 정전용량을 통하여 고주파 전류가 흘러 열전쌍을 가열함으로써 열선이 손상한다.

- 방지책 : 자석 또는 내부 금속부를 가동 코일로부터 절연하여 일괄적으로 음(−)의 단자에 접속한다.

③ **분배오차** : 피측정 전류가 크면 열선이 굵어야 하는데, 열선이 굵으면 피복저항이 커지므로 복선을 사용할 때 복선 중 하나만을 이용하므로 굵기나 저항값이 다르면 오차가 발생한다.

- 방지책 : 전기적 규격이 일정한 것을 사용한다.

④ **표피오차** : 주파수가 높아지면(50[MHz] 이상) 열저항선이 표피효과로 인하여 전류가 도체의 표면에만 흐르게 되므로 열선의 저항값이 증가되어 발생되는 오차이다.
- 방지책 : 가는 열선을 사용한다.

(6) 열전쌍형 계기의 특징

① 열기전력은 전류의 제곱에 비례하므로 눈금은 제곱눈금이다.
② 지시는 직류, 교류의 실효값을 표시하며, 파형오차가 없다.
③ 열선이 짧으므로 인덕턴스가 매우 작아 교류와 직류가 같은 저항값으로 된다.
④ 직류에서 무선 주파수(약 300[MHz])까지 동일 눈금으로 측정할 수 있다.
⑤ 과전류에 약하고, 대전류용의 것은 지시시간이 지연된다.

3. 정전형 계기

전하를 띤 도체 상호간에는 정전력이 작용한다. 이러한 정전력을 이용한 계기가 정전형 계기로서 주로 전압계로서 사용되며 직류 및 교류에 모두 사용할 수 있는 계기이다. 측정하고자 하는 교류를 반도체 정류기에 의해 직류로 변환한 후 가동 코일형 계기로 지시시키는 계기이다.

① 동작원리 : 전극의 한쪽을 평행 이동시키는 것과 전극의 한쪽을 회전시키는 것이 있다.
② 정전 전압계 : 두 개의 고정전극과 알루미늄 가동판으로 서로 절연된 전극 사이에 측정하고자 하는 전압을 가하면, 전극에는 가한 전압에 비례하여 전하가 생기고 전하 사이에 작용하는 정전력을 구동 토크로 이용하는 것이다.
③ 정전형 계기 : 공기제동을 하며 과전류가 흐르는 것을 방지하기 위하여 안전저항을 넣어 주어야 한다.
④ 전류력계형이나 가동 철편형과 같은 교류용 계기는 직류형 계기에 비하여 감도가 낮기 때문에, 정류형 계기는 가동 코일형 계기가 가지는 정도와 감도를 교류측정에 이용하는 것으로서 교류 계기 중 가장 감도가 좋다.
⑤ 배전반용 등의 교류 전류계 및 교류 전압계로 널리 이용한다.
⑥ 정류회로는 반파 정류보다 계기의 지시를 2배로 할 수 있는 전파 정류를 사용한다.
⑦ 정류형 계기로 제작되는 전류계의 정격전류는 500[μA]~100[mA] 정도이고, 전압계의 경우에는 정격전압이 1~1000[V]정도이다.
⑧ 측정범위를 확대하려면 전류계는 계기용 변류기를, 전압계는 배율기 저항을 접속하여 사용한다.

07 테스터 장비의 활용(Utilization Of The Tester Equipment)

1. 오실로스코프의 개요

오실로스코프(oscilloscope)는 매우 빠른 진행현상이나 과도현상의 관측 및 파형의 분석 등을 할 수 있는 장치로 전자 계측 분야에 매우 많이 사용되고 있다.

오실로스코프는 브라운관 또는 음극선관(Cathode Ray Tude : CRT)이라고 하는 전자관을 갖고 있다. 음극선관내에는 전자빔(음극선)이라고 하는 가느다란 전자의 흐름이 발생한다. 전자는 음전하를 갖고 있으며 질량이 매우 작으므로 전장에 의해 그 운동을 자유롭게 제어할 수 있어 수[MHz] 또는 수백[MHz]의 고주파에도 사용 가능하다.

오실로스코프는 직류전압, 교류전압 및 주파수를 쉽게 측정할 수 있고, 시간에 따라서 변화하는 파형을 관찰할 수 있다. 기본적인 동작은 수평(X)축을 시간(T)축으로 하여 스코프 내부의 발진기로 톱니파를 발생시켜 공급하며, 수직(Y)축은 피측정 파형을 공급받아서 정전 편향의 방법을 통해 화면에 휘점은 나타낸다. 필요에 따라서는 수평, 수직축에 각각 다른 파형을 공급하여 그때 발생된 화면의 화상을 관찰하여 주파수의 비교위상의 측정, 변조특성의 측정 등에 효과적으로 이용되고 있다. 또한 오실로스코프는 입력 임피던스가 매우 높기 때문에 고감도 진공관 전압계로도 사용할 수 있다.

(1) 오실로스코프의 구조

오실로스코프의 구조는 그림 5-23과 같이 브라운관을 주체로 하며 관측전압을 수직 증폭기에 증폭하여 브라운관의 수직 편향에 가해 수직방향으로 휘점을 움직이게 하고, 톱니파(시간축) 전압을 수평 증폭기에 증폭하여 수평 편향판에 가해 수평방향으로 휘점을 움직인다.

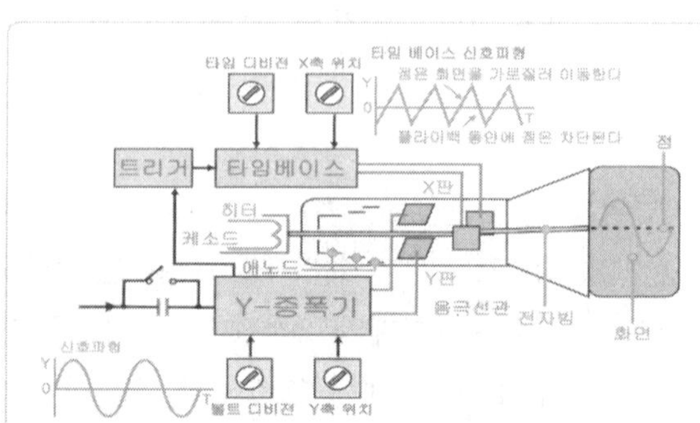

그림 5-23 • 오실로스코프의 구조

이것은 오실로스코프의 내부에서 발생하는 시간축 발생회로다. 따라서 수평 증폭기는 외부에서 전압을 가하여 증폭할 수 있다. 전원은 고압과 저압이 있고, 고압은 브라운관의 애노드에 가하고 저압은 증폭기에 가한다.

(2) 각 조절기의 명칭과 기능

오실로스코프의 프로브[20]를 교정단자에 연결하면 그림 5-24에 표현된 것과 같이 교정신호가 화면에 표시된다. 교정신호는 1[kHz] 0.1[Vp-p]의 구형파이므로 TIME/ DIV와 VOLT/DIV 스위치를 조절하여 정확하게 교정한다.

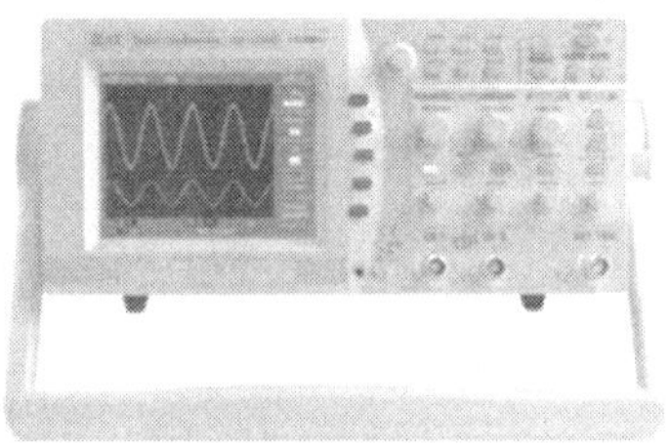

(a) 오실로스코프의 전면 조작부

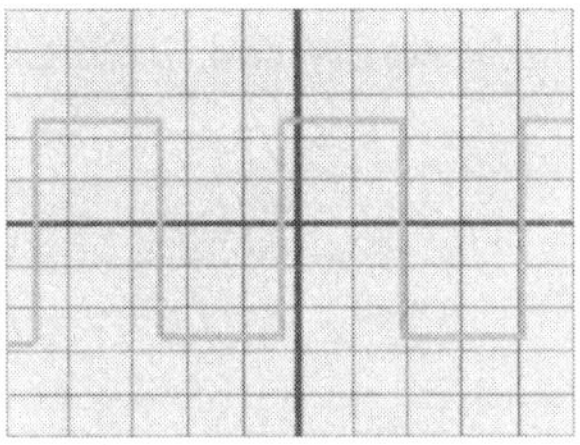

(b) 오실로스코프 교정신호

그림 5-24 오실로스코프의 전면 조작부와 교정신호

오실로스코프를 세분화하면 다음과 같다.

① **전원 스위치** : 전원을 켜고 끄는(ON, OFF) 스위치이다.
② **전원표시전구** : 전원이 켜진 상태일 때 전구가 켜져서 동작상태를 알려준다.
③ **휘도(intensity)** : 휘도는 브라운관의 그리드와 캐소드 사이의 바이어스를 조정하여 캐소드에서 나온 전자 광선량을 조정하는 것으로 광선량을 많게 하면 브라운관 화면상이 밝아지고 광선량이 적으면 어두워진다.
④ **초점(focus)** : 브라운관의 캐소드에서 나온 전자광선은 도중의 전자총에 의해 좁은 광선으로 되어 브라운관 화면상에 점을 그려낸다. 이 전자총에 가해진 전압을 조정해서 점을 둥글고 작게 한다. 이때 둥글게 하는 것이 파형이며 작게 하는 것이 초점이다.
⑤ **교정(cal : calibration)** : 오실로스코프의 자체 교정용 단자로 측정기 내부에서 1[kHz], 0.1[Vp-p]의 구형파를 발진하여 이 단자로 출력하게 되며, 프로브를 이 단자에 연결하고 화면에 나타나는 구형파의 수평·수직진폭을 계산하여 고정하기 위한 단자이다.

20) **프로브**(probe) : 진공관 전압계(VTVM)나 오실로스코프 등 입력단자로 접속하여 측정하는 물체에 접촉시키기 위하여 사용하는 것이다.

⑥ 수평위치(HORIZ. position) : 화면상의 파형을 왼쪽과 오른쪽으로 옮기기 위한 조절기로 시계방향으로 돌리면 왼쪽으로 간다.

⑦ 수직위치(VERT. position) : 화면상의 파형을 상하로 이동시키는 조절기로 시계방향으로 돌리면 파형은 위로 이동하고 반대방향으로 돌리면 파형은 아래로 이동한다.

⑧ 입력(INPUT) : 측정하고자 하는 신호를 받아들이는 입력단자로 채널 1, 채널 2가 표시되어 있고, 4채널이나 그 이상의 입력을 가진 오실로스코프도 있다.

⑨ 전압 구분(VOLTS/DIV 볼트/디비전) : 작은 신호에서 큰 신호까지 관측 가능하도록 감쇠기가 있고 또 입력전압을 정확하게 측정할 수 있도록 화면에 눈금이 그려져 있다. 화면의 모눈 한 칸이 수직방향으로 몇 [V]인가를 나타내 주는 조절기로 5[mV]/DIV에서 10[V]/DIV까지 배열되어 있다.

⑩ 전압 구분 가변(VOLTS/DIV variable) : 전압 · 구분 조절기 안쪽에 위치하는 가변소자로 전압 구분의 하나의 범위에서 다음 범위로 연속해서 파형의 진폭을 변화할 수 있도록 수직 증폭기의 이득을 조정하고 있는데, 시계방향으로 돌릴 때에는 2.5배 이상의 변화량이 있다.

⑪ 입력 선택기 : 입력신호를 관측하는 데 있어서 교류성분만 관측하는 경우(AC : Alternate Coupling)와 직류와 교류를 모두 나타내는 경우(DC : Direct Coupling) 및 증폭회로의 입력단자를 접지하는 경우(GND)에 따라 회로연결을 바꾸어 주는 것이다.

⑫ 모드(MODE) : 2현상 스코프에서 사용되는 모드 선택기로 다음과 같은 기능들이 있다.

㉠ CH1, CH2 : 채널 1 또는 채널 2만 화면에 나타내는 기능이다.

㉡ ALT : 2현상 동작의 하나로 첫 번째 소인 주기에서는 채널 1의 입력신호를 나타내고, 두 번째 소인 주기에서는 채널 2의 입력신호를 나타내는 방법으로 교대로 채널 1과 채널 2의 입력신호를 화면에 나타내 주는 기능이다.

㉢ CHOP : 파형을 표시할 때 100[kHz]에서 1[MHz] 정도의 구분된 신호에 따라 각 신호의 주증폭기를 구분함으로써 동시에 2현상 또는 4현상이 표시되는 방식이다. 각 채널의 파형은 점의 연속으로 보는 것이다. 이와 같이 단시간마다 각 채널의 신호를 전달하여 화면에 나타나는 것을 CHOP이라 한다.

㉣ ADD : 채널 1과 채널 2의 증폭기를 동시에 동작시킴과 동시에 채널 1과 채널 2의 신호를 더하여 화면에 표시하거나, 채널 2를 역전시키면 채널 1에서 채널 2를 뺀 신호가 표시된다.

㉤ TRIG VIEW : 트리거 수준(trigger level)에 따라 파형의 트리거 점의 변화를 볼 때 사용한다.

㉥ 소인시간 구분(sweep time/Div) : 수평축의 소인 선택기이다. 밀러 소인회로의

저항과 콘덴서를 구분하여 톱니파의 경사를 바꿈으로써 전자광선이 브라운관 면을 수평으로 이동하는 시간을 변화시킨다. 조절되는 시간은 화면의 수평축 한 칸 당 0.5[μs]에서 0.5[s]까지며, 오실로스코프를 X-Y 선택 스위치도 함께 조정되어 있다.

ⓢ 외부동기(EXT. TRIGGER) : 동기 신호원(trigger source)의 선택위치 등 EXT를 선택할 때에는 이것을 조정하여 보기 쉬운 상태로 한다.

ⓞ 동기수준(triggering level) : 오실로스코프는 입력에 파형이 가해져서 비로소 소인을 시작하고 브라운관에 파형을 나타낸다. 이것은 동기를 위한 동기위치 선정용 조절기로 조절기가 (+)에 있으면 동기신호의 (+) 위치를 동기점으로 선정하고 조절기가 (−)에 있으면 그 반대이다. 즉 입력이 가해지는 파형의 어느 부분에서 소인을 시작하게 되는가를 조절하는 조절기이다.

ⓙ 동시화(sync) : 4개의 위치를 선택할 수 있는 스위치이며 각 위치에서의 기능은 텔레비전의 복합 영상신호용의 두 개와 그 외의 파형에 이용되는 두 개로 되어 있다. 정상에서는 (+)쪽에 놓으면 파형의 (+)기울기에서 동기되고, (−)쪽에 놓으면 (−)기울기에서 동기된다. 영상에서는 (+)와 (−)가 정상과 같지만 다만 영상의 수직동기신호가 되면 자동적으로 0.5[s]에서 0.1[ms] 시이의 소인시간에 선택되는 기능을 더 갖고 있다.

ⓒ 접지 : 오실로스코프의 접지단자이다.

ⓚ 기준점 조정 : 화면의 기준선이 수평이 되지 않고 틀어져 있을 경우 드라이버로 돌려 기준선이 수평이 되도록 하는 조절기이다.

(3) 오실로스코프의 측정

1) 직류전압의 측정

① 직류를 측정할 때는 입력 선택기를 DC에 놓는다. 입력 선택기의 DC는 Direct Coupling으로 직류의 DC와는 개념이 다르다. 오실로스코프의 DC에서는 직류에 실려 있는 교류를 측정하는 데도 사용한다.

② 수직위치 조절기로 기준선이 화면의 가운데에 오도록 한다.

③ 프로브를 측정하고자 하는 회로단자에 연결하면 기준선이 위쪽 또는 아래쪽으로 이동한다. 기준선이 보이지 않게 되면 VOLTS/DIV(전압 구분)을 조절하여 기준선이 나타나게 한다.

④ 기준선이 중앙선보다 위에 있을 때에는 입력 선택기를 접지(GND)에 맞추고 수직위치 조절 스위치를 조절하여 기준선을 화면의 가장 아래의 눈금에 맞추고 입력 선택기를 DC로 하면 더욱 정확한 측정이 가능하다.

⑤ VOLTS/DIV(전압 구분)를 조절하여 가장 큰 폭이 되도록 하고 기준선부터 이동한 칸수와 VOLTS/DIV(전압 구분)의 눈금을 곱하면 DC전압이 측정된다.

2) 교류전압 및 주파수 측정

① 입력 선택기를 AC에 맞춘다. AC일 때는 교류의 교류성분만 측정이 가능하다. 만일 오프셋 전압을 가지고 있는 교류의 경우에는 입력 선택을 DC로 설정한다.
② 측정하고자 하는 교류전압을 연결한다.
③ VOLTS/DIV(전압 구분) 조절기를 조절하여 화면에 파형이 잘 나타나도록 한다.
④ 파형의 위쪽과 아래쪽 사이의 진폭을 칸수로 계산하여 VOLTS/DIV(전압 구분)의 값을 곱하면 교류전압의 첨두값(peak-to-peak value)[21]이 된다.
⑤ 주파수는 한 주기의 칸수와 TIME/DIV(시간 구분)의 값을 곱하면 한 주기의 시간이 되므로 그 역수를 취하면 계산할 수 있다.
⑥ 2채널 스코프를 이용하면 어떠한 회로의 입력과 출력을 동시에 화면에 나타낼 수 있고, 두 파형을 비교하여 위상차를 구할 수 있다. 만일 한 주기가 20[ms]이고 위상 차이가 2.5[ms]라면 두 파형의 위상차는 $360 \times (2.5/20) = 45[°]$가 된다.

2. 멀티 테스터의 종류

멀티 테스터는 전압(AC/DC), 전류(AC/DC) 및 저항 등의 값을 로터리 스위치를 사용하여 하나의 계기로 측정할 수 있도록 만든 것이다. 지침이 움직여서 값을 나타내는 아날로그 멀티 테스터와 숫자가 표시되는 디지털 멀티 테스터가 있으나, 최근에는 신뢰성과 편리함 등을 선호하여 디지털 멀티 테스터가 많이 사용되고 있다.

(1) 아날로그 멀티 테스터

고정된 영구자석과 움직이는 코일로 구성되어 있으며, 가동 코일에 전류가 흐르면 자기장이 발생한다. 이것이 고정된 영구자석과 작동하여 가동 코일을 회전시키게 되는 것을 이용한 가동 코일형 계측기의 일종이다. 그림 5-25는 아날로그 멀티 테스터이다. 테스터를 사용하기 전에는 영점 조정기를 조정하여 지침이 왼쪽 “0” 점에 있는지 확인하고 눈금에 지침이 정확하지 않을 때 드라이버 등으로 돌려 조정 후 사용한다.

---

21) 첨두값(peak-to-peak value) : 관측하는 구간 내의 변동값의 극대값이다.

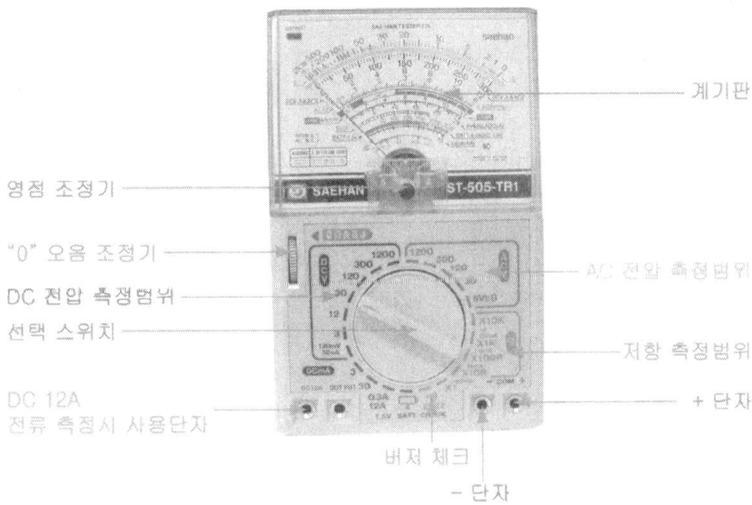

그림 5-25 ◦ 아날로그 멀티 테스터 각 부 명칭

(2) 디지털 멀티 테스터

전자 멀티 테스터로서 내부에 증폭기 등이 전자회로를 내장되어 있으며, 일반 밀터 테스터보다 측정감도가 높고 피측정회로에 거의 부하에 영향을 미치지 않는 장점이 있다. 그림 5-26은 디지털 멀티 테스터로 피측정 전압, 전류 및 저항의 정보를 전자회로를 통하여 직류전압으로 변화시킨 후 아날로그-디지털 신호변환(Analog to digital conversion : A/D 변환)을 하여 디지털 값으로 표시한다.

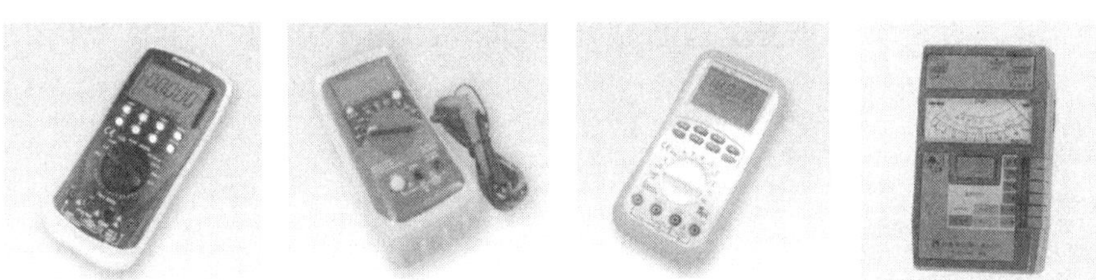

그림 5-26 ◦ 디지털 멀티 테스터

3. 전압 · 전류의 측정법

(1) 교류전압 측정

① 로터리 스위치를 교류전압 측정범위(AC[V])에 놓는다.

② 로터리 스위치를 측정 예상되는 전압보다 높은 배율값에 위치시킨다.

③ 측정하려는 전원에 단자를 연결하여 측정한다(교류이므로 극성은 고려하지 않아도 된다).

④ 측정된 값에 배율을 곱한 값이 측정하려는 교류전압이 된다.

⑤ 측정된 전압은 실효값이고 $\sqrt{2}\,(\fallingdotseq 1.414)$를 곱해주면 최대값을 얻을 수 있다.

⑥ 디지털 멀티 테스터 : 전압을 측정하는 방법이다. 디지털 멀티 테스터의 로터리 스위치를 "VOLTS(V)"로 선택하고 적색선을 전압 입력단자에 연결하고 흑색선은 공통 단자인 "COM"에 연결한다. 그리고 전압을 측정하려는 곳에 그림 5-27과 같이 연결하면 전압을 측정할 수 있다.

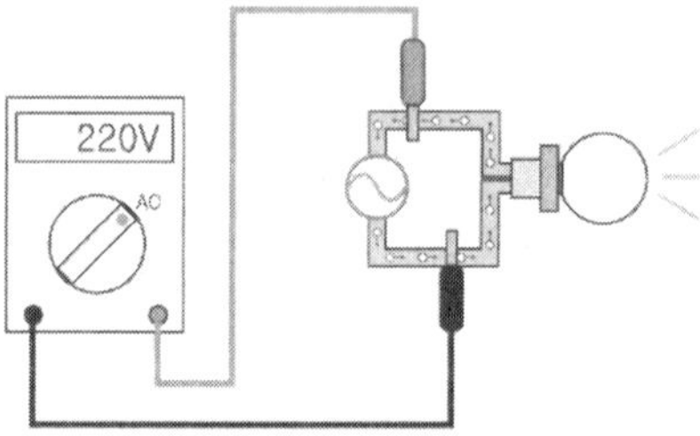

그림 5-27 ∘ 교류전압 측정

(2) 직류전압 측정

① 선택 스위치를 직류전압 측정범위(DC[V])에 놓는다.

② 선택 스위치를 측정 예상되는 전압보다 높은 배율값에 위치시킨다.

③ 전위가 높은 점에 +극(적색), 낮은 점에 −극(흑색)을 연결하여 측정한다.

④ 측정된 값에 배율을 곱한 값이 측정하려는 직류전압값이 된다(그림 5-28).

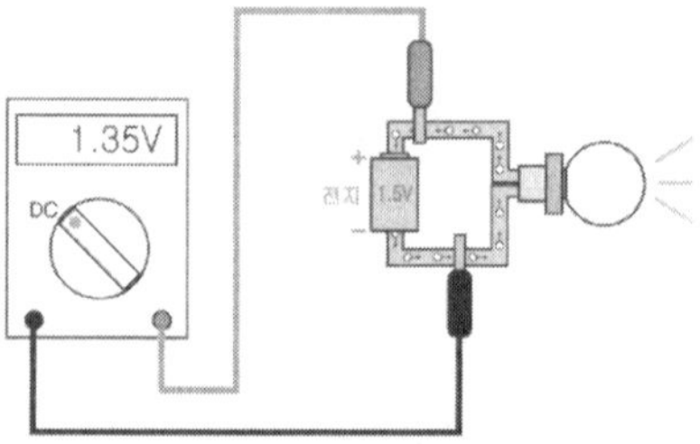

그림 5-28 ∘ 직류전압 측정법

(3) 직류전류 측정

① 로터리 스위치를 직류전류 측정범위(DC[A])에 놓는다.

② 로터리 스위치를 예상되는 전류값보다 높은 배율값에 위치시킨다.

③ +극, −극을 일치시켜 회로에 직렬로 연결하여 직류전류를 측정한다.

④ 측정된 전류값에 배율을 곱하면 측정하려는 직류전류값이 된다.

⑤ 디지털 멀티 테스터로 직류전류를 측정하는 방법은 그림 5-29와 같이 먼저 전원 스위치를 개방하여 전원을 차단시키고 전류계 흑색선은 공통 단자인 "COM"에 연결하고 이 흑색선을 회로에 연결하면 된다. 회로에 연결할 경우에는 테스터가 회로에 직렬이 되도록 연결하여야 한다. 적색선을 회로의 (+)극에 연결한다. 디지털 멀티 테스터의 로터리 스위치를 "AMPS(A)"로 선택하고 예상되는 전류의 값에 따라 큰 전류이면 10[A]에, 적은 전류이면 300[mA]의 입력단자에 적색선을 연결한다. 일반적으로 전자회로에서는 적은 전류인 300[mA] 단자에, 전기회로에서는 큰 전류인 10[A] 단자를 사용한다. 만약 테스터가 회로에 병렬로 연결되면 테스터 내로 큰 전류가 흘러 테스터가 소손되므로 특히 주의하여야 한다. 회로에 테스터의 연결이 완료되고 회로의 전원을 가하면 전류값을 측정할 수 있다.

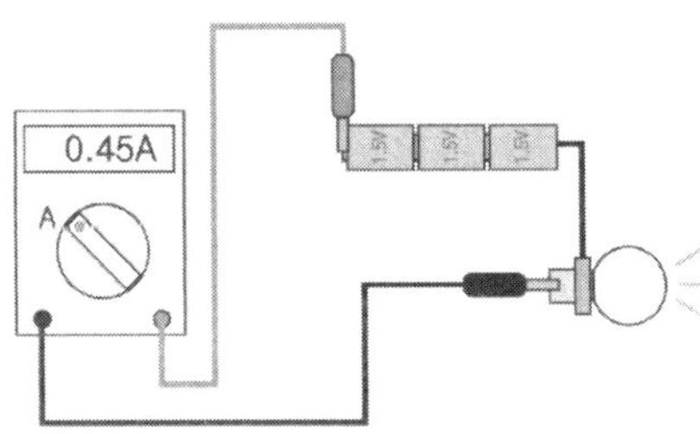

그림 5-29 • 직류전류 측정

(4) 교류전류 측정

교류전류 측정시에는 그림 5-30과 같은 교류전류 측정용 클램프미터가 있으므로 클램프 미터[22]를 사용하여 교류전류를 측정하면 된다.

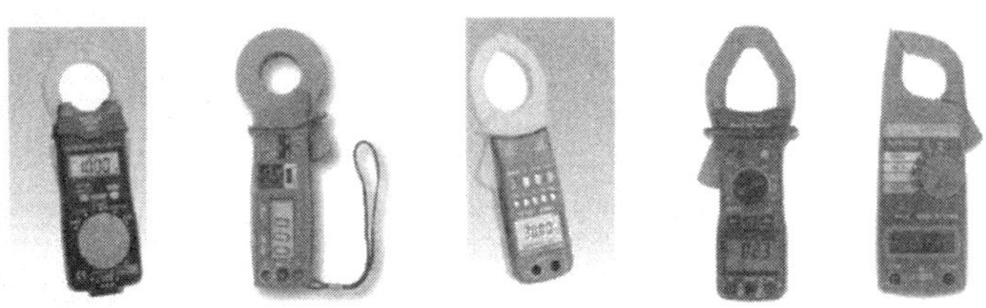

그림 5-30 • 클램프 미터

22) 클램프 미터(clamp meter) : 회로를 절단하지 않고도 전류를 측정할 수 있는 변류기 내장형의 전류계이다.

6. 저항측정법

① 로터리 스위치를 저항 측정범위 [Ω]에 놓는다.

② 영점 조절기를 사용하여 정확히 영점을 맞춘 후 로터리 스위치를 적당한 값의 배율값으로 위치시킨다.

③ 측정된 값에 배율을 곱한 값이 측정하려는 저항값이 된다.

④ 전류가 흐르고 있는 회로 내의 저항을 측정하면 정확한 저항값을 읽을 수 없을 뿐만 아니라, 과도한 전류가 흘러서 테스터가 파손되기 쉬우므로 저항측정시는 제일 먼저 회로의 전원을 차단하여야 한다.

⑤ 디지털 멀티 테스터로 저항을 측정하는 방법은 그림 5-31과 같다. 저항을 측정할 때는 회로의 전원을 제일 먼저 차단해야 한다. 로터리 스위치를 저항[Ω]으로 선택하고 흑색선을 "COM" 단자에, 적색선을 [Ω]로 단자에 끼우고 각 선을 측정하려는 곳에 연결하면 저항을 측정할 수 있다. 측정단위는 [Ω], [kΩ] 및 [MΩ]이 있다.

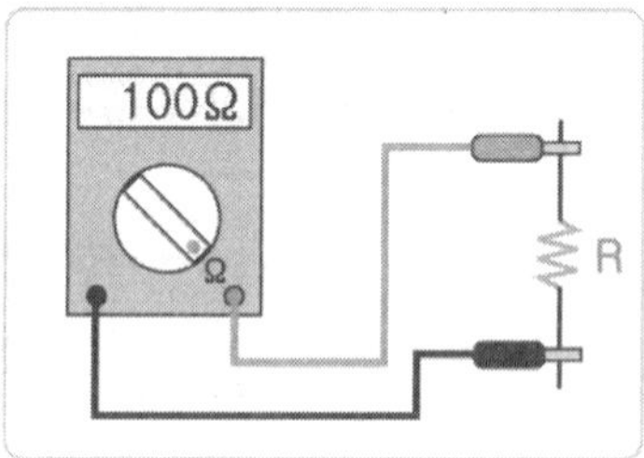

그림 5-31 ∘ 저항측정법

(6) 절연저항 측정

전기설비는 절연저항이 좋아야 하는데 만약 절연상태가 나쁘면 감전 또는 누전사고의 위험이 높다. 이러한 절연저항을 측정하는 것으로 절연저항 측정기(megger tester)가 있다.

절연저항계는 선로(line)단자와 접지(earth)단자가 있으며 이것에 리드선을 연결하여 절연저항을 계측한다. 일반적으로 고압전로 및 기기에는 1000[V] 정격을 사용하며 저압전로 및 기기에는 500[V] 정격을 사용한다. 절연저항계를 사용하기 전에 절연저항기의 "LINE" 단자와 "EARTH" 단자를 단락하여 지침이 "0"을 나타내는지를 확인해야 하며 단자 "LINE"과 "EARTH"를 개방하면 지침은 무한대를 나타내야 한다. 절연저항 측정기는 그림 5-32(a)와 같다.

절연저항을 측정할 경우에는 반드시 전로 또는 기기의 전원을 차단한 상태에서 절연저항을 측정해야 한다. 그림 5-32(b)와 같이 절연저항계의 "LINE" 단자를 전로 또는 기기의 단자에 접속하고 "EARTH" 단자를 접지선에 접속한 후 "MEASURE" 버튼을 누르면 절연저항값이 화면에 지시된다. 절연저항 측정값은 지시값이 안정되고 정지상태에서 읽는다.

절연저항계로 반도체 소자나 PCB 기판의 저항을 측정하면 안 된다. 절연저항 측정기의 고전압으로 소자나 PCB 기판이 파손될 수 있기 때문에 멀티 테스터로 측정하여야 한다.

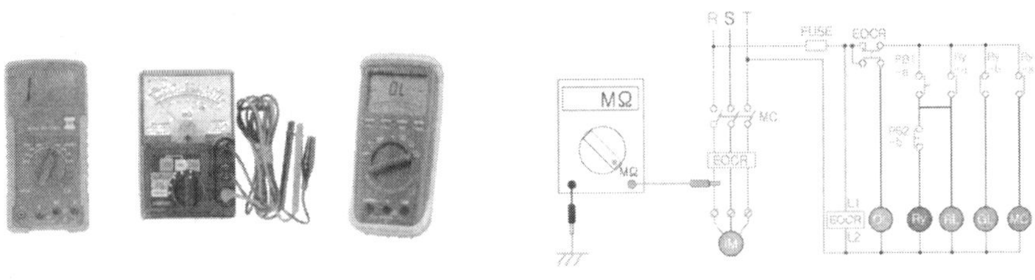

(a) 절연저항 측정기 (b) 절연저항 측정기 연결방법

그림 5-32 ▪ 절연저항 측정기 및 연결방법

(7) 콘덴서의 양부 판정

두 전극 사이에 유전체가 존재하고 있는 구조이므로 두 전극 사이는 완전히 절연된 상태이다. 따라서 직류전류는 흐를 수 없고 저항값은 ∞이다.

회로시험기의 로터리 스위치를 저항[Ω]에 놓고, 리드 단자를 콘덴서의 양단에 연결시키면 순간적으로 충전전류가 흘러 바늘이 움직이게 된다. 콘덴서의 용량이 작은 것은 충전시간이 짧으므로 바늘이 약간만 움직였다가 즉시 ∞로 되돌아가지만, 용량이 큰 것은 많은 충전전류가 흐르기 때문에 처음에는 거의 도통상태에서 점차로 충전전류가 감소하게

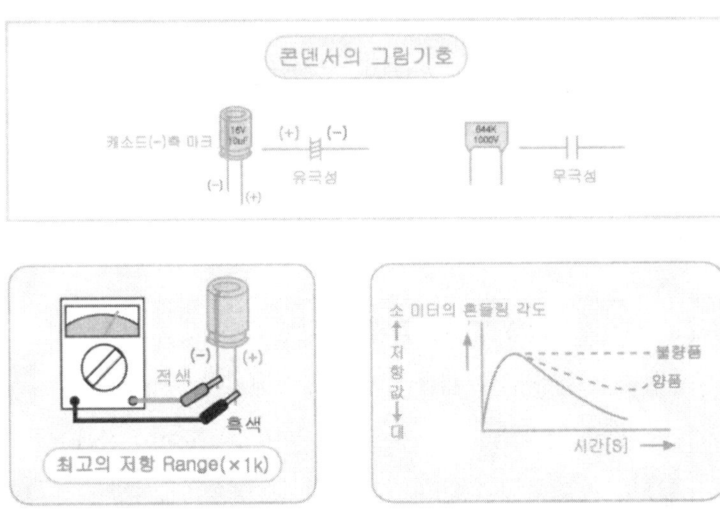

그림 5-33 ▪ 콘덴서 양부 판정방법

되므로 저항값은 커지고, 결국은 절연상태를 나타낸다. 그러므로 회로시험기로 콘덴서의 절연상태뿐만 아니라 용량의 대소를 판정할 수 있다. 테스터를 이용한 콘덴서의 양부를 판정하는 방법은 그림 5-33과 같다.

(8) 다이오드의 양부 판정

전류를 한쪽 방향으로 흐르게 하는 소자, 즉 정류작용을 하는 반도체 소자이다. 따라서 순방향에서는 전류가 잘 흐르고 역방향에서는 흐르지 않는다. 순방향에서의 저항값은 대략 50~100[Ω] 정도, 역방향에서는 200[kΩ]~15[MΩ] 정도이고, 이 저항값의 차이가 클수록 양호한 다이오드이다. 회로시험기 내부에 들어 있는 건전지의 (+)전극은 회로시험기 외부의 흑색 리드 단자 (−)에, 건전지의 (−)전극은 회로시험기 외부의 적색 리드 단자(+)에 그림 5-34와 같이 연결되어 있다.

따라서 다이오드의 순방향 저항을 측정할 때는 다이오드의 애노드(양극)에 흑색 리드 단자를, 다이오드의 캐소드(음극)에 적색 리드 단자를 접속하면 전류가 흐르게 되어 저항값은 작게 나타나고, 역방향의 경우에는 반대가 되어 저항값이 크게 나타나게 된다. 즉, 순방향과 역방향의 저항변화가 큰 다이오드는 양호한 것이고 그다지 크지 않으면 불량품이 된다.

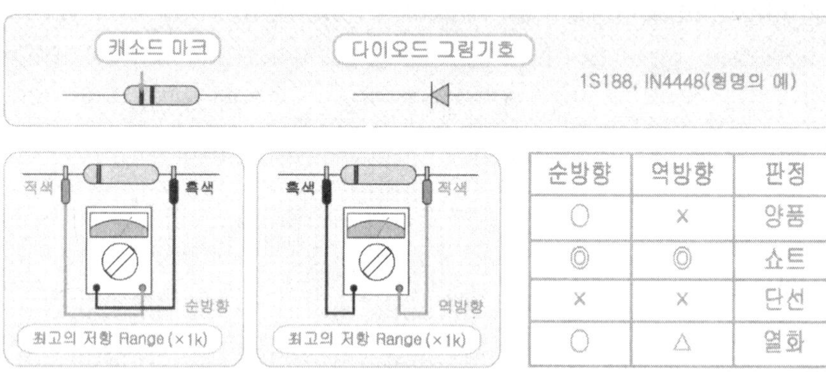

순방향	역방향	판정
○	×	양품
◎	◎	쇼트
×	×	단선
○	△	열화

그림 5-34 ◦ 다이오드 양부 판정방법

(9) 트랜지스터 극성판별 및 양부 판정

아날로그 테스터를 이용하여 트랜지스터 극성을 확인할 수 있다. 테스터 흑색 리드와 적색리드로 측정하여 PNP형과 NPN형을 먼저 구분하여야 한다.

① 트랜지스터의 세 개의 핀 중 임의의 핀에 흑색 리드를 고정하고 적색 리드를 나머지 두 개의 핀에 연결하였을 때 테스터의 지침이 중간 정도에서 움직이는 핀이 하나만 있을 때는 PNP형이고, 2개일 경우에는 NPN형이다.

② NPN형인 경우 : 테스터의 저항범위를 (10000R)에 두고 베이스를 제외한 두 개의 핀에 테스터 리드를 바꾸어 가며 연결하여 지침의 움직임이 클 때의 검정색 리드를 접속한 핀이 컬렉터이고 나머지 핀이 이미터이다.

③ PNP형인 경우 : 위 ②항의 방법과 같은 방법으로 접속하며, 지침의 움직임이 클 때의 검정색 리드를 접속한 핀이 이미터이고 나머지 핀이 컬렉터이다. 트랜지스터의 양부 판정은 트랜지스터의 베이스와 컬렉터, 베이스와 이미터간의 도통여부를 판정할 수 있다.

그림 5-35와 같이 트랜지스터 특성을 이용하여 NPN형 트랜지스터와 PNP형 트랜지스터의 기호, 양부 판정을 할 수 있다. 그림 5-35(b)와 같이 판정표에서 "○"는 저항이 작아서 전류가 흐르는 다이오드의 순방향 바이어스와 같은 경우이며, "×"는 저항이 너무 커서 전류가 흐르지 못하는 역방향 바이어스와 같은 경우이다.

트랜지스터의 극성을 알고 있을 경우에 디지털 테스터를 이용하여 간단하게 양부 판정을 할 수 있다.

④ 트랜지스터 검사 소켓에 트랜지스터를 극성을 맞추어 끼우고 로터리 스위치를 TR에 위치시킨다.

⑤ 적색 LED가 켜지면 PNP형이고, 녹색 LED가 켜지면 NPN 트랜지스터이다. 두 개의 램프가 점멸되면 측정하는 트랜지스터의 극간 단선상태, 둘 다 점멸되지 않으면 컬렉터-이미터 간의 단락상태를 나타낸다.

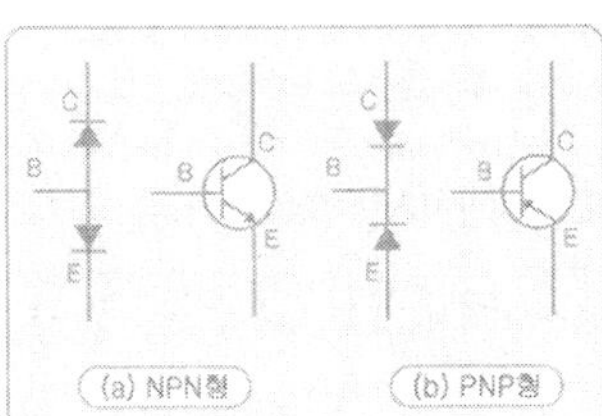

(a) 트랜지스터의 기호표시

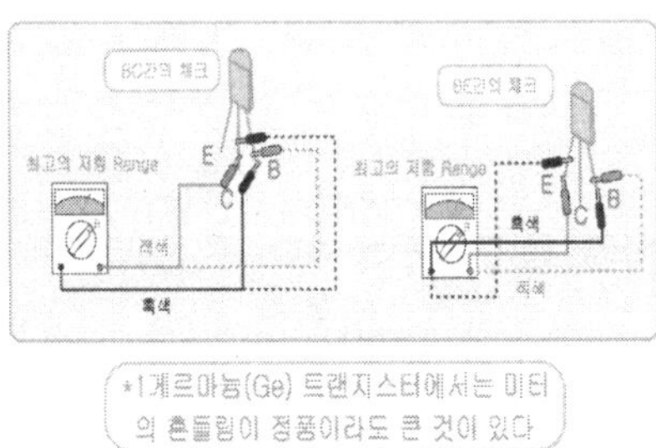

B-C 및 B-E간의 체크 판정표		
실선방향	점선방향	판정
○	×*1	NPN양호
×*1	○	PNP양호
◎	◎	쇼트
×	×	단선
○	△	NPN열화
△	○	PNP열화

E: 이미터 B: 베이스 C: 컬렉터

(b) 트랜지스터 양부 판정방법

그림 5-35 ◦ 트랜지스터 기호표시 및 양부 판정방법

제6장 정보통신 (Information And Communication)

01 정보통신 개요(Introduction To Information And Communication)

1. 정보화 사회

미국의 미래학사 앨빈 토플러는 사회를 '제1의 물결' '제2의 물결' '제3의 물결'로 구분하였다. 처음 농경기술을 발견하여 농사를 짓고 살았던 수 천 년 동안의 농업시대를 '제1의 물결'로, 산업혁명 후 약 300년 동안 진행된 산업시대를 '제2의 물결'이라는 말로 정의하였고, 과학 기술의 발전으로 이전 시대보다 훨씬 빠른 속도로 변화하고 있는 변혁기의 현대를 '제3의 물결'로 정의하였다.

㉾ 정보혁명 : 공업을 주체로 발전해 온 공업사회에서 벗어나 정보산업을 주체로 하며 다양한 정보의 생산과 전달을 중심으로 전개되는 사회를 말한다.

컴퓨터와 통신이 결합하여 정보의 처리, 전달 및 보관능력 등을 통해 정보의 가치가 물질이나 에너지 못지않게 증대되는 사회를 정보화 사회라 한다. 정보화 사회의 발전과 정보가치와의 관계는 그림 6-1과 같다.

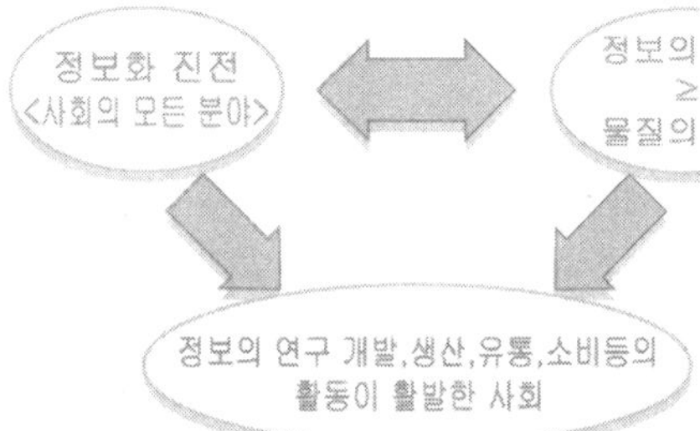

그림 6-1 • 정보화 사회의 특징

2. 정보통신의 정의

(1) 자료와 정보

① 자료(data) : 자료란 있는 그대로의 사실, 즉 가공되지 않은 사실 및 수치를 말하며, 어떤 현상을 나타내고 있지만 그것을 필요로 하는 사람에게 별다른 의미가 없는 상태로 되어 있는 것을 의미한다.

② 정보(information) : 자료를 처리(data processing)하여 의미를 부여할 수 있도록 재

가공하는 것을 의미한다. 즉, 그림 6-2와 같이 가공되지 않은 상태의 원유가 자료라면 이 원유에서 연료나 화학섬유를 추출해낸 것을 정보라고 할 수 있다.

그림 6-2 • 자료와 정보

(2) 통 신

통신이란 송신자와 수신자 사이에서 음성이나 문자, 영상과 같은 정보들을 주고 받는 행위이다. 통신의 종류 중 하나인 전화통신의 개념도는 그림 6-3과 같다.

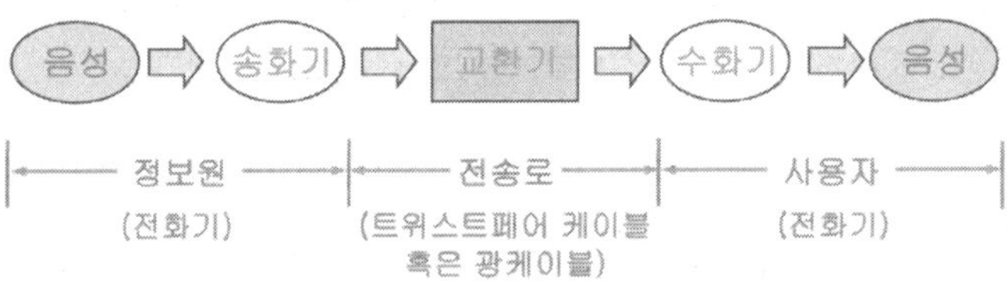

그림 6-3 • 전화를 이용한 통신의 모식도

(3) 통신의 3가지 구성요소

통신은 전달하고자 하는 정보와 신호를 나타내는 정보원과 전파수단인 전달매체 그리고 정보를 전달받는 사용자를 포함해 세 가지 요소로 구성되고 그림 6-4와 같이 이루어져 있다.

① 정보원(source) : 전달하고자 하는 정보의 생성 및 송신을 담당하고, 전송신호를 전송매체에 적합한 형태로 변환하는 과정(변조)이 필요하다.

② 전달매체(channel, media) : 변형된 정보신호를 전파하는 수단, 즉 정보전달의 통로이다.

③ 사용자(user) : 정보가 전달되어 도착하는 장소(sink), 즉 정보의 수신자이다. 전송된 신호를 수신자가 이해할 수 있는 형태로 변환하는 과정(복조)이 필요하다.

그림 6-4 • 통신의 3가지 구성요소

3. 정보통신의 구성

(1) 정보통신이란

전기통신회선에 문자, 부호, 영상, 음향 등 정보를 저장, 처리하는 장치와 그에 부수되는 입출력 장치 또는 기타의 기기를 접속하여 정보를 송신, 수신 처리하는 전기통신이다.

① 좁은 의미 : 송신지와 수신자가 서로 연결되어 필요한 정보를 교환하는 것이다(전기통신).

② 넓은 의미(최근) : 정보의 생산, 저장이나 가공처리, 상용통신, 방송통신, 탐지통신, 사람과 사람의 통신, 사람과 기계의 통신, 기계와 기계의 통신 등의 '의미가 담겨 있는 신호', 즉 정보를 상대방에게 전달하는 것을 의미한다.

(2) 정보통신의 기본구성

컴퓨터와 원격지에 있는 단말장치 또는 컴퓨터와의 사이를 통신회선으로 상호 접속하여 정보처리를 하는 시스템으로 구성요소는 크게 데이터 전송계와 데이터 처리계로 나눈다.

① 데이터 전송계 : 단말장치와 데이터 전송회선(신호변환장치, 통신회선), 통신제어장치로 이루어진다.

② 데이터 처리계 : 컴퓨터(중앙처리장치, 주변장치)로 이루어져 있으며 그림 6-5와 같이 구분할 수 있다.

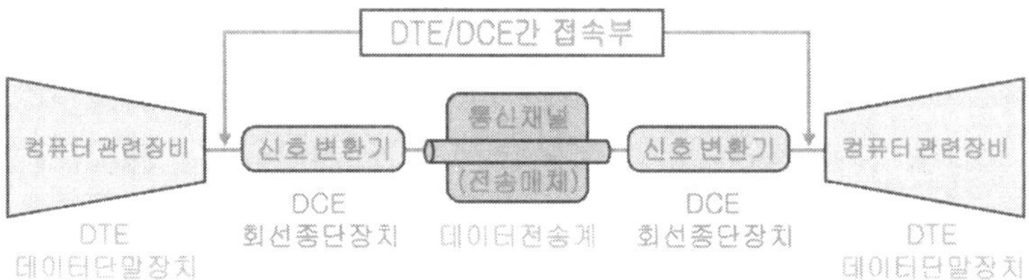

그림 6-5 ◦ DTE/DCE의 모식도

1) 데이터 단말장치

데이터 단말장치(Data Terminal Equipment : DTE) : 통신제어 기능을 위해 마련된 자료의 공급, 회수 기능 또는 앞의 두 가지 기능을 모두 포함하는 장비로서 통신로의 시작과 끝부분에 위치한다.

㉠ 컴퓨터가 모뎀을 통해 전화선에 연결되어 있을 경우 모뎀은 데이터 통신장치(DCE)에 해당하고, 컴퓨터는 데이터 단말장치에 해당한다.

2) 데이터 단말장치/DCE 접속부

DTE/DCE Interface[1](접속규격)는 DTE(Date Terminal Equipment)와 DCE(Data Circuit Terminating Equipment) 사이의 물리적 접속규격을 정의하고 조금 더 나가면 단말장치와 호스트 컴퓨터 사이에서 데이터를 원활히 교환할 수 있게 해주는 프로토콜(protocol)까지 정의한다.

3) 회선종단장치

회선종단장치(Data Circuit-termination Equipment : DCE) : 데이터 단말장치(DTE)가 데이터 회선을 통해 통신할 수 있도록 회선을 연결하고 유지하는 작업 등을 실시하는 장치이다.

4) 통신제어장치

통신제어장치(Communication Control Unit : CCU) : 데이터 전송회선과 컴퓨터 사이를 결합하고, 다수의 이용자에게 온라인 실시간 능력을 부여하며 통신회선과 중앙처리장치를 결합하여 데이터의 교통을 제어하는 역할을 한다.

4. 정보통신 시스템의 특징

정보통신 시스템은 크게 정보처리 시스템과 정보전송 시스템으로 나눠지며 유, 무선 선로를 사용하는 통신으로 표 6-1과 같은 여러 가지 특징을 가지고 있다.

표 6-1 ◦ 정보통신 시스템의 특징

정보통신 시스템의 특징	정보통신 시스템의 특징의 해설
공간과 시간의 극복	온라인 컴퓨터 서버-단말장치(server-client)를 이용한다.
대형 컴퓨터의 공동 이용	복수개의 단말장치에서 대형 컴퓨터를 사용할 수 있다.
대용량 파일의 공동 이용	파일 자원의 유효이용, 보수 및 개발비용 절감효과를 가질 수 있다.
분산처리 방법 활용	네트워크로 연결하여 서로 통신을 수행하면서 각각 맡은 일들을 처리하는 방법으로 폭넓은 자료의 이용이 가능하며, 높은 처리능력을 가진다.

1) 단말장치(DTE)의 접속규격(Interface) : 통신망을 구성함에 있어서 매우 중요하다. 이것은 물리적 장치의 규격을 정의하기도 하지만 논리적으로 보면 통신을 원활하게 통신규약(protocol)까지도 정의한다. 특히 DTE/DCE 사이의 인터페이스에 대한 기준이 없었다면 세계 각국의 통신장비 생산업자들은 각자 독자적인 방식으로 DTE/DCE를 생산하게 될 것이다. 그렇다면 세계 각국의 생산업체들이 서로 다른 회사에서 생산된 장비들을 연결할 때 매우 혼란스럽게 될 것이다.

02 정보신호(Information Signal)

1. 정보신호의 종류

정보신호의 종류로는 **아날로그 신호**(analog signal)와 **디지털 신호**(digital signal)가 있으며 이 두 개의 파형은 그림 6-6과 같다.

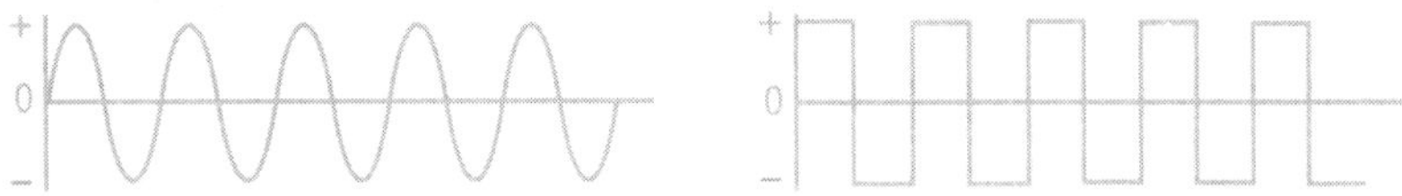

(a) 아날로그 신호 (b) 디지털 신호

그림 6-6 ◦ 아날로그 신호와 디지털 신호의 비교

(1) 아날로그 정보

연속적(continuous)인 값을 가지는 정보를 의미하며, 시시각각으로 그 값이 연속적으로 변하는 정보이다. 아날로그 정보와 디지털 정보는 그림 6-7과 같다.

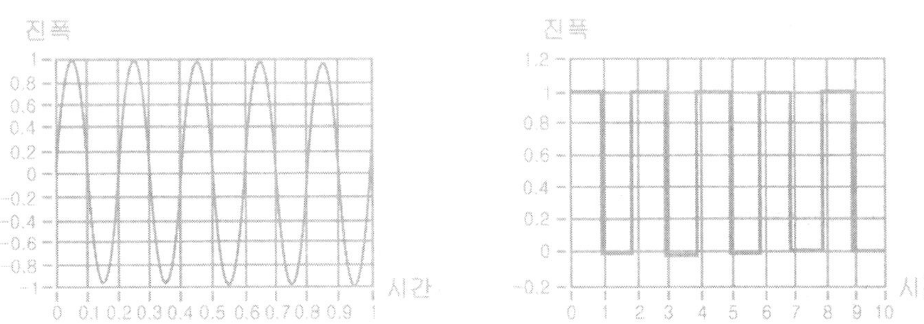

(a) 아날로그 정보 (b) 디지털 정보

그림 6-7 ◦ 아날로그 정보와 디지털 정보

① 전압과 전류가 시간에 의존하여 **연속적으로 변화**하는 물리량에 대한 표현이다.

② 음성과 같은 **연속적인 변이형태** 또는 센서에 의해 감지되는 **생체신호** 등과 같이 연속적인 값이다.

③ 아날로그 신호는 여러 개의 정현파로 이루어져 있다.

(2) 디지털 정보

시간에 따라 이산적 [문자에 의한 데이터의 표현으로 각각의 문자 또는 문자의 집합이 다수의 선택 가능한 것 중의 하나를 지정하는 것(discrete)]으로 변화하는 정보이며, 아날로그 정보를 부호화(coding) 및 압축처리를 통해 디지털 신호로 변환하여 한 지점에서 다른 지점으로 전송할 수 있다. 디지털 신호는 0과 1로 구성되는 이산적인 데이터 값이다.

(3) 아날로그 신호와 디지털 정보

온도, 습도, 속도, 소리, 빛과 같은 이러한 물리적인 양을 전기 · 전자적으로 측정하기 위하여 트랜스듀서를 이용해 전기 · 전자적 신호로 변환하면 원래의 물리적인 양과 연속적인 값을 갖는데, 이러한 전기 · 전자적 신호를 아날로그 신호라고 한다. 이에 반해 디지털 신호는 분명히 구별되는 두 레벨의 신호값만을 갖는다. 아날로그 정보와 디지털 정보는 그림 6-8과 같다.

(a) 아날로그 정보신호 (b) 디지털 정보신호

그림 6-8 ◦ 아날로그 정보와 디지털 정보

2. 신호의 형태

(1) 주기 신호

하나의 주파수로 구성된 신호로서 연속적으로 반복된 패턴으로 이루어진 신호이며 그림 6-9와 같다.

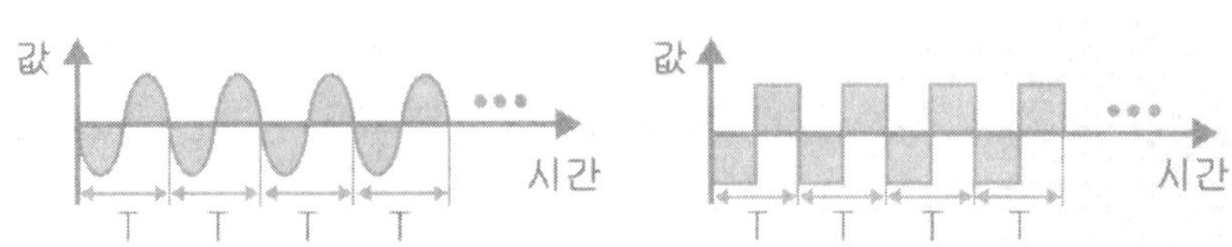

(a) 아날로그 신호 (b) 디지털 신호

그림 6-9 ◦ 주기신호

(2) 비주기 신호

주기적 신호와는 반대로 시간이 지나는 동안 동일하게 반복되는 사이클이나 패턴 없이 불규칙하게 계속 변하는 신호이며 그림 6-10과 같다.

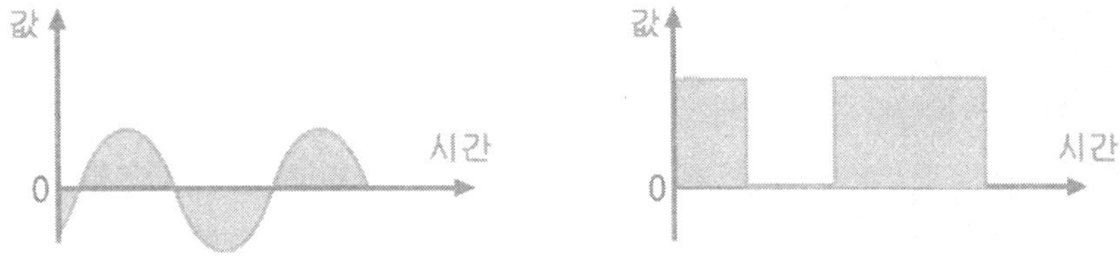

(a) 아날로그 신호 (b) 디지털 신호

그림 6-10 • 비주기 신호

3. 신호의 특성

아날로그 신호는 진폭, 위상, 주파수 특성을 가진다.

① 진폭 : 신호의 진폭은 임의의 점에서 신호가 가지는 값으로 신호의 크기를 나타낸다.

② 주기 및 주파수

㉠ 주기 : 신호가 한 사이클을 이루는 데 걸리는 시간을 나타낸다. 주기의 단위로는 초(sec)이다.

㉡ 주파수 : 1초당 발생되는 신호 주기의 수를 의미하며, 시간에 대한 변화율로서 초당 반복되는 패턴의 회수이다.

㉢ 주파수의 단위 : [Hz](Hertz)로 나타낸다.

㉣ 주파수와 주기 : 역의 관계에 있고 식 (6-1)과 같다.

$$T = 1/f,\ f = 1/T \tag{6-1}$$

③ 위상 : 진동이나 파동과 같은 주기적으로 반복되는 현상에 대해 어떤 지점에서의 변화의 상태로 파형의 상대적인 위치이다.

4. 정보의 표현

신호별 정보와 서비스의 형태는 그림 6-11과 같이 크게 아날로그 신호와 디지털 신호로 구분하여 나타낼 수 있다.

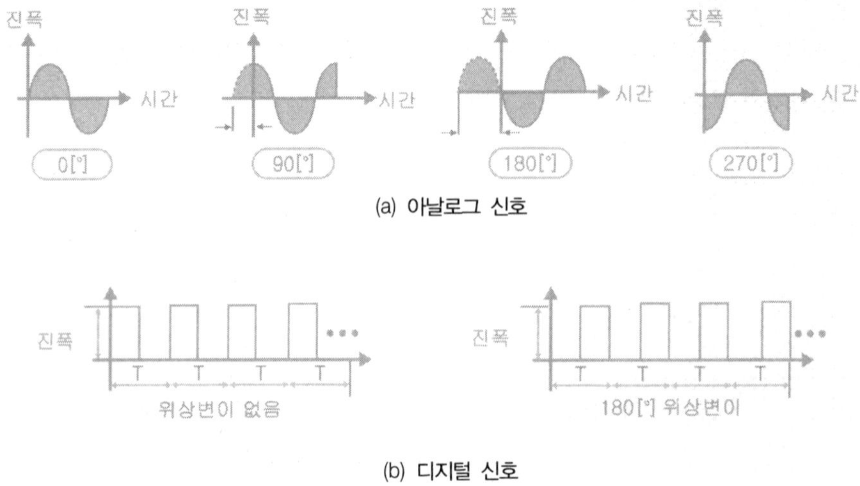

그림 6-11 ∘ 신호의 위상특성

(1) 기본적인 정보표현의 형태

음성, 자료, 정지화상, 동영상 서비스 등으로 표현된다.

(2) 멀티미디어 서비스

음성, 영상, 문자 등의 서비스들이 통합적인 환경에서 동시에 제공될 수 있다.

5. 신호처리 방법

신호처리는 신호가 포함하고 있는 정보를 좀 더 효율적으로 전달하기 위해 신호에 가하는 인위적인 조작을 의미한다.

(1) 아날로그 신호처리

1) 증 폭

어떤 파형의 진폭변화를 확대하는 것으로 전압증폭, 전류증폭, 전력증폭 등이 있다. 어느 것이나 출력쪽이 입력보다 큰 에너지를 갖는데, 이것은 따로 준비한 전원에서 공급되는 것으로 입력은 전원으로부터의 에너지 공급을 제어하는 구실을 한다.

① 신호증폭 : 센서에서 출력되는 신호의 크기가 매우 작은 경우 이를 적절한 크기로 확대하는 것이다.
② 생체신호 : 신호의 크기가 작기 때문에 증폭기의 사용이 필수적이다.

③ 생체신호의 증폭 : 연산증폭기(OP-Amp)가 사용된다.

④ 단일 신호원을 증폭하는 단일입력 신호증폭기와 두 입력 신호원의 차이를 증폭하는 차동증폭기가 있다.

2) 필 터

원하는 형태의 신호파형만 통과시키고 원하지 않는 파형을 걸러 내는 전자회로의 하나이다.

① 생체신호 : 그 측정대상에 따라 매우 다양한 주파수 특성을 가진다.

② 주파수 영역에서의 신호해석에 기반을 둔 필터는 필수적으로 사용된다.

③ 필터 : 능동소자나 수동소자를 사용한 전자회로로써 구현된다.

④ 필터의 종류 : 그림 6-12와 같이 4가지로 분류할 수 있다.

㉠ 저역통과 필터(Low-pass filter) : 고주파 차단 필터이며 연산증폭기에 대하여 R은 직렬로, 커패시터 C는 병렬로 구성 R, L, C 가장 간단한 형태로 구현되어 모든 필터의 기본형으로 쓰인다. 주어진 차단주파수보다 낮은 주파수 대역은 통과시키고 이보다 높은 주파수 대역은 감쇠시킨다. 전원부에서 저주파 리플을 제거하기 위한 용도 및 고주파 spurious 제거, 고주파 억제와 각종 검파 등 전 분야에 걸쳐 사용되는 필터이다.

㉡ 고역통과 필터(high-pass filter) : 주어진 차단주파수보다 높은 주파수 대역은 통과시키고 이보다 낮은 주파수 대역은 감쇠시킨다.

㉢ 대역통과 필터(band-pass filter) : 수신기에서 특정 범위의 주파수에 존재하는 신호는 통과시키고 이 범위를 벗어난 신호는 제거하는 필터이다.

㉣ 대역제거 필터(band-reject filter) : 차단주파수가 0도 아니고, 또 무한대도 아닌 단일의 감쇠영역을 갖는 필터이다.

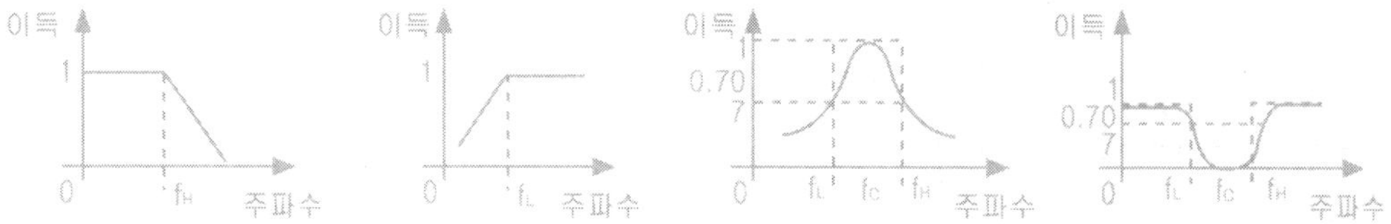

(a) 저역통과 필터 (low-pass filter) (b) 고역통과 필터 (high-pass filter) (c) 대역통과 필터 (band-pass filter) (d) 대역제거 필터 (band-reject filter)

그림 6-12 • 필터의 종류 및 대역특성

3) 연 산

한 개 또는 그 이상의 신호들에 대하여 가산, 감산, 미분, 적분 등의 수학적 연산을 아날로그 신호에 대하여 수행한다.

4) 변조 및 복조

아날로그 신호의 유·무선 통신에서 많이 사용되고 있는 신호처리방법으로 전달하고자 하는 아날로그 신호를 전송 시스템의 특성에 맞도록 변환하는 변조와 수신측에서 다시 원래의 전달신호로 재생시키는 복조 등이 있다.

(2) 디지털 신호처리

신호처리를 컴퓨터나 전용 하드웨어를 이용하여 디지털 형식으로 처리하는 기술을 디지털 신호처리(Digital Signal Processing : DSP)라 한다.

아날로그 신호처리 시스템은 열잡음, 외부 유도잡음 그리고 주위온도에 대한 불안정성 등을 가진다. 이에 반하여 디지털 신호처리는 적응처리, 비선형 처리 등이 가능하며, 신호처리를 소프트웨어로 기술되기 때문에 간단히 변경할 수도 있고 같은 회로를 여러 개 만들 때 동일한 특성을 가진 제품을 만들 수 있다. 또한 온도변화, 경년변화 등의 염려가 없고 안정성이 향상된다. 최근에는 반도체 집적기술과 디지털 컴퓨터의 발전으로 이러한 문제를 대부분 해결할 수 있게 되었다. 아날로그 신호처리를 이용하는 모든 분야가 디지털 신호처리 시스템으로 대체 사용되고 있다.

1) 신호복원

측정신호에서 잡음과 같은 불필요한 성분을 제거하여 신호 본래의 형태를 복구하기 위한 신호복원(signal restoration)을 할 수 있다. 잡음제거를 목적으로 하는 필터링 처리가 있다.

2) 신호해석

관측신호 자체로부터 그 성분을 기술하고 있는 특징을 추출할 수 있다. 이러한 처리를 신호해석이라 한다. 대부분은 통계적 요소의 추출로서, 확률밀도함수와 각종 통계량의 추정 등에 쓰이며 스펙트럼 해석이나 상관해석 등이 있다.

3) 시스템 추정

관측신호는 자신을 만들어 내는 시스템의 상태를 반영하는 것으로 신호처리에 의해 그 시스템의 구조 혹은 특성을 파악할 수 있다. 이러한 처리를 시스템 추정이라 하는데, 시스템 제어의 기본 기술로 사용된다. 스펙트럼 해석이나 필터 처리 분야에서 관측신호의 생성 모델을 추정하는 경우에 자주 이용된다.

4) 정보추출

관측신호에 포함되어 있는 정보를 추출하거나, 혹은 전처리에서 신호를 사용하기 편리한 형태로 변환하는 것은 신호처리의 중요한 분야이다. 이러한 정보추출을 목적으로 하는 처리는 패턴 인식이나 특징 요소의 추정 등에 이용된다.

5) 신호의 합성 및 부호화

앞에서 열거한 처리들은 기본적으로 주어진 관측신호의 분석이 중심이지만 반대로 기호 혹은 요소들로부터 신호를 합성하는 처리, 즉 신호의 합성도 신호처리의 중요한 분야이다. 음성이나 영상의 합성을 들 수 있다.

6. 디지털 신호처리의 장·단점

센서의 전기적 출력을 필요에 따라 적절하게 처리 증폭 혹은 감쇠과정을 통하여 신호의 크기를 조정해 여파기(필터, filter)를 통하여 신호의 주파수성분을 선택한다.

(1) 디지털 신호처리의 장점

디지털 신호처리의 최대의 장점은 유한하다는 것[2]이며 이것은 동시에 단점이 된다.

① 유한개의 샘플을 취하여 수치화한 디지털 데이터들은 전송과 조작이 용이하다.
② 데이터 전송 신뢰도가 높고 정보량이 적어 더 빠르게 전송이 가능하다.
③ 독립적인 데이터 조작이 가능하며 세부적인 신호처리가 가능하다.
④ 완벽한 신호의 복조가 가능하며 손실이 적다.

(2) 디지털 신호처리의 단점

① 기존의 신호를 유한개의 샘플들로 나누어서 이를 수치화했으므로 기존의 정보를 완벽하게 포함하지 못한다.
② 샘플링 비율을 높임으로써 해결할 수 있지만 처리 데이터가 증가한다.
③ 기존의 아날로그 신호를 완벽하게 재생하지는 못한다.
④ 충분치 못한 샘플링은 주파수의 겹침(aliasing)을 발생시킨다.

---

2) **디지털 신호처리의 최대의 장점**: 아날로그에서는 정보가 연속적으로 들어오지만 디지털에서는 여러 갈래로 끊어서 보내는 것을 '유한하다'라고 한다.

7. 신호처리에 사용되는 기법

신호가 가지고 있는 정보 또는 파라미터[3]를 연산이나 알고리즘을 적용한 기법이다.

(1) 컨볼루션

일반적인 선형 시스템 물론 인과성도 보장되고, 그 동작특성이 다른 시스템에 대해 독립적인 시스템의 입력 값과 출력값이 관계를 표현하기 위한 기본적인 개념이며 식 (6-2)와 같다.

$$y(t) = (X * h)(t) = \int_a^b x(\tau)h(t-\tau)d\tau \tag{6-2}$$

(2) 푸리에 변환

푸리에 변환(Fourier transform)은 시간의 함수로 표현되어 있는 함수를 주파수 영역에 있는 함수로 다시 표현하기 위해 사용되는 기본적인 연산이며 식 (6-3)과 같다.

$$X(j\omega) = \int_{-\infty}^{\infty} x(t)e^{-j\omega t}dt \tag{6-3}$$

(3) 라플라스 변환

라플라스 변환(Laplace transform)은 일반화된 푸리에 변환으로 시간영역의 함수를 복소 주파수 영역에서 해석하기 위한 연산이며 식 (6-4)와 같다.

$$X(s) = \mathcal{L}\{f(t)\} = \int_{\infty}^{\infty} x(t)e^{-st}dt \tag{6-4}$$

(4) 보드선도

보드선도(bode plots)는 계측 시스템의 크기(magnitude)－주파수(frequencye), 위상(phas)－주파수(frequency) 특성 그래프이다.

Y축의 그래프는 데시벨(dB)로 표현되고, 위상은 라디안(radians) 값으로 표현되고, 주파수 축은 로그(log) 스케일로 표현된다.

---

3) 파라미터 : 사용자가 원하는 방식으로 자료를 처리하기 위하여 명령어를 입력할 때 추가를 하거나 변경하는 수치 정보이다.

8. 신호의 물리적 의미

정보의 전달에 있어 시간과 거리의 제한에서 벗어날 수 있도록 가장 빠른 전자기파를 사용하여 실어 나른다. 전자기파의 전파원리는 다음과 같다.

① 전기장과 자기장이 서로 수직방향으로 상호작용으로 전파되는 원리이다. 진행방향은 그림 6-13과 같다.

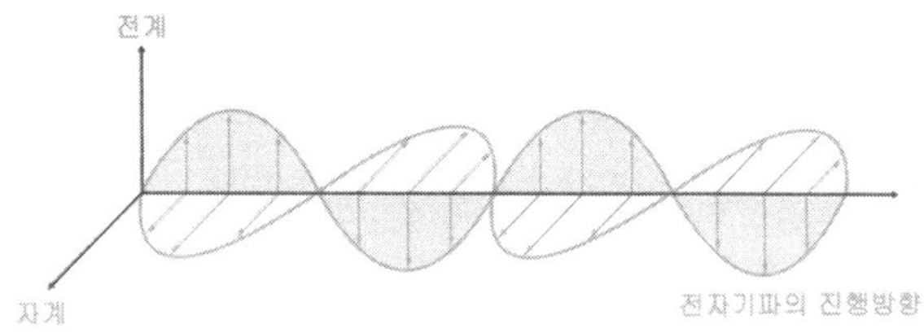

그림 6-13 ◦ 전자기파의 전파원리

② 패러데이의 법칙(Faraday's law) : 자기장이 변화하는 공간에서 전기장이 유도된다. 이때 발생하는 유도기전력(Electro Motive Force : EMP)의 크기는 자기장의 변화율에 비례하고 유도된 전기장의 방향은 변화하는 자기장의 방향에 수직이다.

③ 맥스웰(Maxwell) 방정식 : 전자기 현상의 대칭성을 생각하고, 전계가 시간적으로 변하여도 자계가 발생한다는 전자기 현상을 이론적으로 유도하였다.

9. 신호의 분석

분석기기에서 얻는 전기적 신호를 수치로 나타내는 일련의 작업을 의미한다.

(1) 전자기파를 사용하는 이유

① 전파 가능/메시지를 실어나를 수 있는 에너지(광자)를 가진다.
② 물질(매질)이 없더라도 파동을 전파시킬 수 있다.
③ 소리 에너지는 공기중에서 열로 소멸된다.

(2) 사인파의 특징

① 파형을 수학적으로 표현할 경우에 많이 사용한다.
모든 주기신호는 사인(sine)파의 합으로 나타낼 수 있으며, 일정한 파동의 형태이다.
또한 왜곡에 의한 파형의 변화가 없으며, 삼각함수 및 지수함수로 표현이 가능하다.

② 사인파를 합성하여 여러 가지 복잡한 파형이 표현 가능하다.

㉱ 푸리에(Fourier) 정리 : 모든 주기신호는 그 파형의 기본 주파수(fundamental frequency)를 갖는 파형과 기본 주파수의 정수배 주파수를 갖는 파형들의 합으로 표현될 수 있다.

③ 사인파는 파형과 벡터 값으로 나타낼 수 있으며 수학적 표현으로 그림 6-14와 같이 나타낼 수 있다.

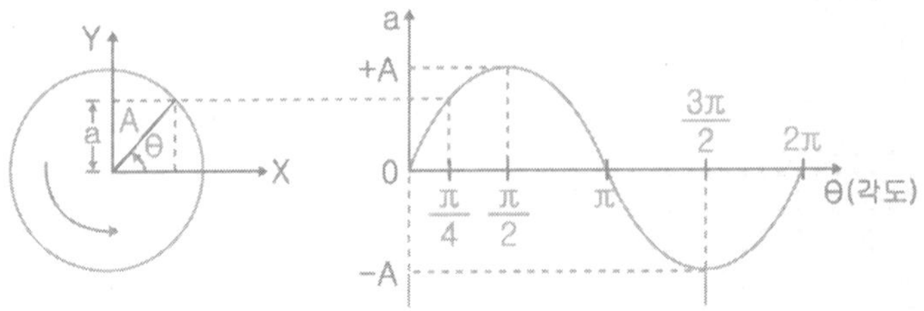

그림 6-14 • Sine(사인)파의 시간 영역과 주파수 영역

㉠ 수학적 표현 : $a = A\sin\theta$
㉡ 주기(T : Period) : 원주를 한 바퀴 도는 데 걸리는 시간[sec]
㉢ 주파수(F : Frequency) : 주기의 역수, 1초에 회전한 회전수
㉣ 진폭(A : Amplitude) : 신호의 강도, 사인파의 최대값
㉤ 위상(θ : Phase) : 신호주기상의 시간경과에 따르는 위치
㉥ 라디안(Rad : Radian) : 주상에서 회전의 정도를 표현 : $\omega = 2\pi f$로 식 (6-5)와 같다.

$$a(t) = A\sin(\omega t) = A\sin(2\pi ft) \quad (6\text{-}5)$$

㉦ 위상을 포함한 사인파의 일반적인 형태는 식 (6-6)과 같다.

$$a(t) = A\sin(\omega t + \theta) = A\sin(2\pi ft + \theta) \quad (6\text{-}6)$$

(3) 신호를 보는 관점

① 시간적 관점 : 시간에 따른 신호(시간에 따라 변하는 에너지의 변동)의 변화를 파악하는 것이다.

② 주파수 영역 관점 : 그 신호에 존재하는 주파수 요소를 기준으로 신호를 표현하는 것이다. Sine(사인)파의 시간 영역과 주파수 영역은 그림 6-15와 같다.

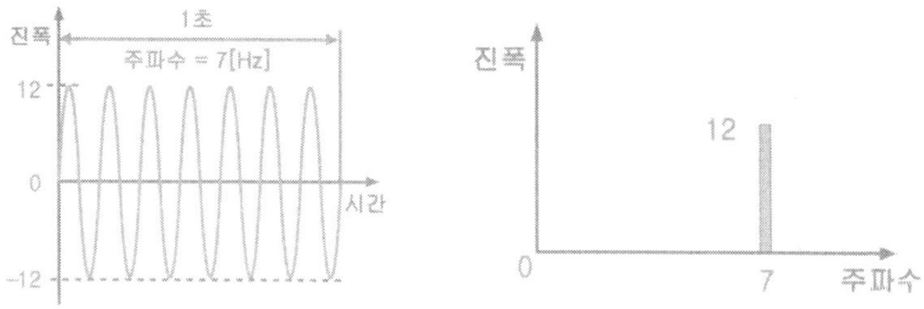

(a) 시간 영역 (b) 주파수 영역

그림 6-15 ◦ Sine(사인)파의 시간 영역과 주파수 영역에서의 표현

10. 신호변환과정

최대값, 파형, 타이밍 등 하나 또는 그 이상의 신호특성을 변경하는 과정이다.

① 변환하는 아날로그 양의 본질적 내용은 달라지지 않은 채 디지털로 바꾸는 전자적 처리과정이다.

② 아날로그를 디지털로 변환하는 이유는 디지털 신호들이 아날로그 신호보다 명확하고 규칙적이며, 무질서한 잡음을 구분하는 전자회로를 쉽게 만들 수 있어서 더 효율적이기 때문이다.

③ 연속변화량의 아날로그 신호를 받아 이산적[4]으로 부호화된 신호로 변환시키는 장치를 아날로그-디지털 변환기(Analog to Digital Converter : ADC 또는 AD변환기)라고 한다. 그리고 디지털 신호를 아날로그 신호로 변환하는 장치를 디지털-아날로그 변환기라 한다.

④ 아날로그 신호에서 디지털 신호로의 신호변환 과정은 표본화→양자화→부호화 순서를 거친다. 전형적인 신호처리 과정은 그림 6-16과 같다.

그림 6-16 ◦ 전형적인 신호처리 과정

---

4) 이산적 : 연속적인 값을 단속적인 값으로 나타내는 것. 디지털에서는 1, 0으로 처리할 수 있는 데이터값으로 나누는 것이다.

11. 아날로그-디지털 신호변환(A/D 변환)

아날로그-디지털 신호변환이란 아날로그 신호를 디지털 신호로 변환하는 것이며, 그 회로나 장치는 A/D인버터라고 한다.

(1) 표본화

PCM[5]에서 신호를 일정한 주기로 샘플링하는 과정을 표본화라고 한다.

① 필요한 정보를 취하기 위해 연속적인 아날로그 신호를 불연속적인 디지털 신호로 바꾸는 과정이며, 원 신호를 시간축 상에서 일정한 주기로 추출하는 것이다.

② 표본화(sampling) : 추출된 신호의 진폭을 표본값이라 하며, 이 표본값은 일정한 간격으로 추출되는데 이 간격을 표본간격(sampling inverter)이라 한다.

③ 생체신호와 같이 연속적으로 변하는 아날로그 신호를 불연속적인 디지털 신호로 바꾸어 전송함에 있어 그 파형을 모두 전송할 필요는 없다.

④ 아날로그 신호의 본래의 특성을 잃어버리지 않는 범위에서 필요한 정보만을 효율적으로 추출하여 전송해야 한다.

(2) 샤논(Shannon)의 표본화 정리

어떤 신호의 최고 주파수의 2배 이상의 속도로 균일한 간격의 표본화를 실시하면 표본화된 데이터는 원래의 신호가 가진 모든 정보를 포함하는 것이다.

① 표본화된 신호에서 원래의 신호를 왜곡없이 복원하기 위해서는 신호의 최고 주파수(Full frequency : F_m)와 표본화 주파수(Sampling frequency : F_s)와의 관계는 식 (6-7)과 같다.

$$f_s \geq 2 \cdot f_m \left(where\ f_s = \frac{1}{T_s} \right) \tag{6-7}$$

② 표본화된 신호로부터 원래의 신호로 정상복원이 가능한 최소 샘플링 주파수를 나이퀴스트 주파수(Nyquist frequency)[6]라 한다.

③ 아날로그 신호의 표본화 시 표본화 주파수가 신호의 최대 주파수의 2배 보다 작거나 필터링이 부적절한 경우에는 인접한 주파수 스펙트럼이 겹쳐 생기는 신호왜곡현상인 에일리어싱(aliansing)이 발생한다. 에일리어싱 현상은 그림 6-17과 같다.

---

5) PCM(Pulse Code Modulation) : 아날로그 신호를 디지털 신호로 변환하여 전송하는 방식이다.

6) 나이퀴스트 주파수(Nyquist frequency) : 아날로그 신호를 디지털 신호로 변환하기 위해 표본화하는 경우 표본화된 부호신호를 정확하게 아날로그 신호로 재생하기 위한 표본화한 주파수이다.

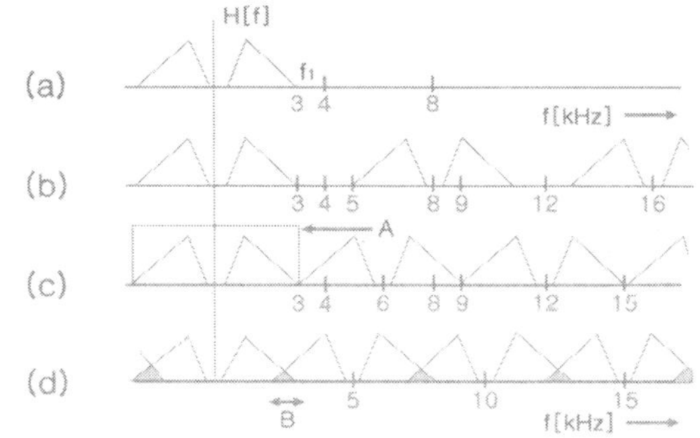

그림 6-17 • 에일리어싱 현상

※ 에일리어싱의 입력신호를 표본화하는 경우, 최소의 표본화는 신호에 포함되는 최고 유효 주파수의 2배 이상이어야 한다. 만일 2배 이하의 빈도로 표본화되면 표본화된 신호의 스펙트럼은 입력신호의 스펙트럼상에 그 고스트(ghost)를 중첩하여 필터 기타로 고스트를 제거할 수가 없는데 이것을 에일리어싱 또는 주파수의 겹침이라고 한다.

(3) 양자화

표본화된 PAM7) 신호를 진폭 영역에서 이산적인 값으로 변환하는 것이다.

① 표본화된 신호의 크기들을 이산적으로 단계화하는 과정이다.
② A/D변환 과정의 핵심은 연속적인 신호를 일정한 시간단위로 쪼개고 각 시간단위에서의 신호의 크기 또한 정해진 단계만큼 계단화시키는 것이다.
③ 연속적인 신호를 단계화하면서 어느 정도 오차가 발생하는데 이러한 원신호와 양자화 신호와의 오차를 양자화 오차라고 한다.
④ 원신호의 왜곡을 막기 위해선 신호의 성질과 상태에 따라서 양자화하는 디지털 레벨의 수를 조절함으로써 적절한 수준의 양자와 에러를 유지해야 한다.

(4) 양자화 오차

양자화 오차란 양자화를 할 때 생기는 오차를 말한다. 아날로그 양을 디지털 양으로 변환할 때에 보통은 양자화 오차가 생기면, 디지털 양은 그 최소 자리(계산기 처리에서는 1비트에 대응)까지 밖에 분해능력이 없으므로 그에 상당하는 아날로그량만큼의 양자화 오차를 가진다.

① 양자화 과정에서 연속되는 양을 이산값으로 근사화시킬 때 발생하는 오차이다.

7) PAM(Pulse Amplitude Modulation) : 아날로그 신호를 샘플링(Sampling)한 값에 따라 펄스열의 진폭 크기로 변화시키는 펄스 변조방식이다.

② 디지털화에 따르는 품질저하의 요인이 되므로 이를 최소화해야 한다.

③ 양자화 잡음제거 방법

㉠ 선형 양자화 : 양자화 잡음을 줄이기 위해 양자화 폭을 일정하게 고정하는 방법이다.

㉡ 비선형 양자화 : 신호의 진폭이 작은 영역에 대해서는 양자화 폭을 넓게 하는 방법으로 전체에 대한 신호 대 잡음비(Signal-to-Noise Ratio : SNR)를 개선하는 양자화 방법이다. 양자화 오차(quantization error)는 그림 6-18과 같다.

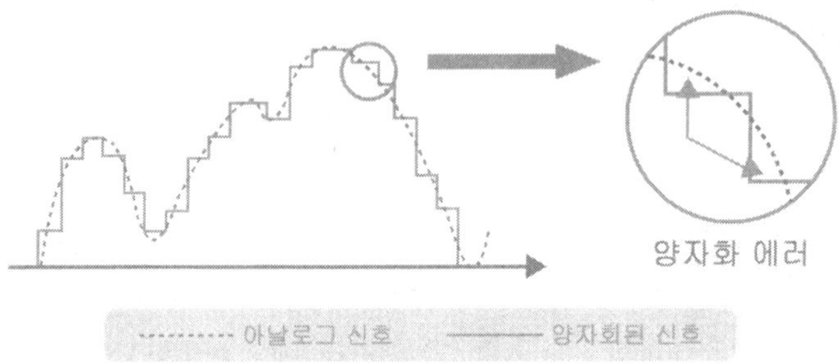

그림 6-18 • 양자화 오차

(5) 부호화

PCM[8] 통신방식에서 압축을 받아 양자화 스텝으로 판독된 아날로그 신호를 몇 개의 단위 펄스의 유·무선 조합으로 된 신호이다. 디지털 부호로 변환하는 작업이다.

① 양자화된 신호들은 전송시 잡음에 매우 민감하므로 전송 및 처리에 적합하도록 2진 데이터로 변환하는 과정이다.

② 부호화(Coding)에 있어서 대부분 2진 펄스의 형태가 전송 및 재생에 용이하다.

12. 디지털-아날로그 신호변환(D/A 변환)

디지털 신호를 아날로그 신호로 변환하는 것이다. 그 회로나 장치는 D/A 인버터라고 한다.

① A/D 변환의 역과정으로 디지털 신호를 다시 아날로그 신호로 변환하는 과정이다. A/D 변환과정은 그림 6-19와 같다.

8) PCM(Pulse Code Modulation) 송신측에서 아날로그 파형을 디지털화하여 전송하고 수신측에서는 그것을 다시 아날로그화해서 그 정보를 전송하는 방식이다.

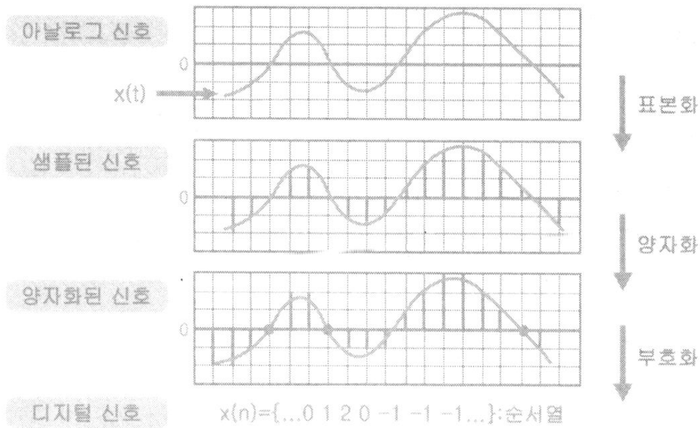

그림 6-19 ◦ A/D 변환과정

② 불연속적으로 표시된 디지털 신호를 일정한 시간간격으로 값을 갖도록 해주어 아날로그 신호로 변환시킨다.

③ 변환된 신호는 계단형태의 신호로 나타나므로 저역통과 필터를 적용하여 진폭에 관한 연속적인 형태로 바꾸어 준다. D/A 변환과정은 그림 6-20과 같다.

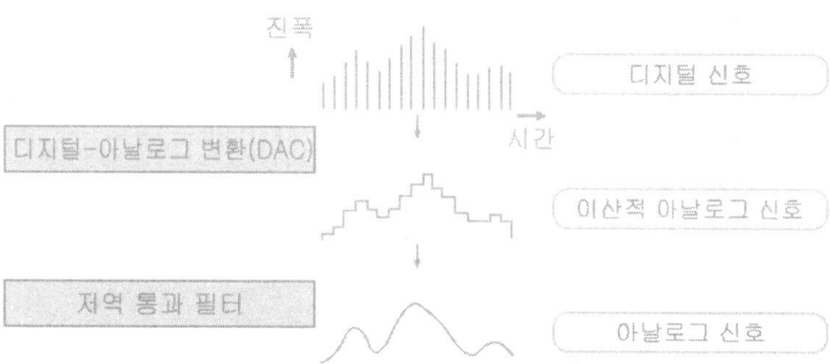

그림 6-20 ◦ D/A 변환과정

13. 생체신호 변환의 필요조건

생체신호의 특성과 신호처리 시스템의 응용목적에 따라 변환 시스템에 대한 요구조건들도 바뀌게 되는데, 생체신호 변환 시스템을 구성할 때 다음 6가지 사항들을 고려해야 된다.

① **표본화 주파수** : 표본화 과정에서 표본을 얻어 내는 빈도를 말하며 연속 시간 신호로부터 주기적으로 표본을 얻어 낼 때 표본 추출 주기의 역수를 말한다.

② **정확도** : 측정값이 어느 정도 신뢰할 수 있는지를 나타내는 것이며 오차의 대소 정

도를 나타내며 정밀도와는 구별된다. 그렇기 때문에 정확도가 높아야 한다.

③ 이득 : 제어계에서 입력신호로 일정한 사인의 정현파를 가하였을 때 출력 신호의 입력 신호에 대한 진폭의 비이다. 데시벨(dB) 단위로 나타내는 경우가 많다.

④ 처리속도 : CPU가 단위시간당 처리할 수 있는 명령 수를 말한다.

⑤ 전력소모 : 전력소모가 크면 유지비가 많이 들기 때문에 전력소모는 적어야 한다.

⑥ 시스템 크기 : 시스템 크기는 작아야 한다.

14. 생체계측기기의 특성

생체계측기기의 성능을 정량적으로 나타내기 위해서 기기의 정적 특성과 동적 특성으로 평가한다.

(1) 정적 특성

직류입력 또는 매우 낮은 주파수 성분의 입력에 대한 성능이다.

1) 정확도(accuracy)

① 정확도란 오차의 종류나 발생원에 상관하지 않는 모든 오차의 양을 측정한다. 측정값의 퍼센트, 전 범위에 대한 퍼센트, 디지털 표시방법인 경우에는 표시 숫자의 수, 아날로그인 경우에는 가장 작은 간격의 반으로 나타낸다.

② 참값과 지시값과의 차이를 참값으로 나눈 값이다.

③ 정확도는 지시값의 범위에 따라서 다르게 된다.

2) 정밀도

① 측정값을 표시할 수 있는 유효숫자의 범위이다.

② 고정밀도의 측정 : 고정확도의 측정을 의미하지는 않는다.

③ 정밀도(precession) : 참값과의 비교가 되지 않는다.

3) 해상도

화상이 어느 정도 세밀하게 재현되는지를 나타내는 정도이다.

① 측정될 수 있는 최소의 증감치, 혹은 감별해 낼 수 있는 최소량이다.

② 거의 같은 값을 갖는 양이 구별될 수 있는 정도이다.

4) 재현성

변함없는 입력신호에 의해 반복적인 처리를 수행 할 때 그 장치의 변화를 최소화하는 기능으로서 이것을 오류의 발생률로 표현하기도 한다.

① 일정한 기간 동안에 동일한 입력에 대해 같은 출력을 제공할 수 있는 기기의 능력정도이며 식 (6-8)과 같다.

$$\text{재현성} = \frac{\text{표준화}}{\text{평균값}} \times 100[\%] \tag{6-8}$$

② 재현성 : 정확성을 의미하지는 않는다.

5) 정적 감도

입력의 증감과 출력의 변화를 측정하여 기울기로 표시한 증감의 비를 나타낸다.

① 입력의 증감에 대한 출력의 증감의 비이다.
② 입력변수를 정상 작동구간 내에서 변화시키면서 출력의 변화를 측정하여 그린 교정곡선(calibration curve)상의 기울기로 표시한다.
③ 입력과 출력간의 관계를 희귀직선(regression line)으로 나타낼 때 기울기에 해당하는 것이 감도가 된다.
④ 입·출력 데이터가 직선인 경우 이 직선의 기울기(m)와 y축의 절편(Intercept, b)은 식 (6-9(~(6-11)과 같다.

$$m = \frac{n\Sigma x_d y - (\Sigma x_d)(\Sigma y)}{n\Sigma x_d^2 - (\Sigma x_d)^2} \tag{6-9}$$

$$b = \frac{(\Sigma y)(\Sigma x_d^2) - (\Sigma x_d y)(\Sigma x_d)}{n\Sigma x_d^2 - (\Sigma x_d)^2} \tag{6-10}$$

$$y = m x_d + b \tag{6-11}$$

6) 영점 표류

온도의 변화에 의하여 계측기의 영점이 변화하는 것이다.

① 교정 곡선상에서의 모든 출력값이 동일한 양만큼 증가 혹은 감소하는 현상이다.
② 영점 표류(zero drift)에 영향을 주는 것은 생산공정 중에서 잘못 조정된 경우, 주위온도의 변화, 히스테리, 진동, 충격, 원하지 않는 방법으로부터의 힘에 대한 감도 등이 있다.

㉔ 심전도 전극에서의 직류 오프셋 전압의 변동은 영점 표류이다.

7) 감도표류

온도는 스프링상수를 변화시켜 하중에 대한 감도를 변화시키는데 이 영향을 감도표류(sensitive drift) 또는 눈금자표류(scale-factor drift)라 한다.

① 방해 입력이나 변형입력들의 영향으로 교정곡선의 기울기가 변하는 현상이다.

② 감도표류(sensitivity drift) : 생산 공정상의 허용범위, 전원의 변도, 비선형성, 주위온도와 압력의 변화 등에 기인한다.

㉾ 심전도 증폭기에서 직류 전압의 변동 또는 주위 온도의 변화에 의한 전압이득의 변화는 감도표류이다.

8) 직선성, 선형성

직선성은 두 함수 사이의 상관관계가 비례하는 성질. 전기신호의 전송계에서는 입출력의 진폭 레벨이 비례관계에 있는지를 평가하는데 이용된다. 선형성은 어떠한 양의 변화가 다른 양에 비례적인 변화를 가져올 때 그 두 양 사이의 관계이다. 시스템이나 소자가 다음과 같은 특성을 가질 때 선형적(linearity)이라고 한다.

① 입력 x_1에 대한 출력은 y_1 입력, 입력 x_2에 대한 출력은 y_2일 때(조건 1)이다.

② 입력 x_1+x_2에 대한 출력이 y_1+y_2이고, (조건 2) 입력 Kx_1에 대한 출력은 Ky_1이다.

③ 교정곡선이 완전한 직선이면 선형성이 만족된다. 그러나 높은 정확성이 필수조건은 아니다.

9) 입력범위

측정이 가능한 측정대상의 양적 범위이다.

① 입력범위(input range) : 주어진 조건을 만족시킬 수 있는 최대한의 입력크기와 최소한의 입력크기 사이의 차이이다.

② 최대 동작범위 : 기기에 손상을 주지 않는 최대의 입력전압을 가리킨다.

③ 이 범위의 위쪽 부분에서는 비선형적일 가능성이 보다 크게 나타난다.

10) 입력 임피던스[9]

생체공학 분야의 센서나 기기들은 비전기적인 양을 전압이나 전류로 변환하는 것이기 때문에 일반화시킨 입력 임피던스(input impedance)의 개념을 사용한다.

---

9) 입력 임피던스 : 시스템이 측정대상에 미치는 영향. 통상 Ohm으로 표기하며 클수록 이상적이다.

① 일반화된 입력 임피던스 Z_x는 식 (6-12)와 같다.

$$Z_x = \frac{X_{d1}}{X_{d2}} \tag{6-12}$$

※ X_{d1}은 작용입력변수(effort input variable) : Voltage(전압), Force(전력), Pressure(압력)

※ X_{d2}는 유동입력변수(Flow input variable) : Current(전류), Velocity(속도), Flow(흐름)

② 전력 P는 측정 매질을 통과하는 시간에 따른 에너지의 전달률이며 식 (6-13)과 같다.

$$P = X_{d1} * X_{d2} = \frac{X_{d1}^2}{Z_x} = Z_x X_{d2}^2 \tag{6-13}$$

③ P의 값을 최소화시키기 위하여 작용변수 X_{d1}을 측정할 때 일반적인 입력 임피던스를 최대로 한다.

(2) 비선형성[10] 특성

입출력 특성이 직선에서 벗어나는 모든 경우가 비선형성에 해당한다.

① 포화[11](saturation) : 일정 크기의 이상 혹은 이하의 입력에 대해서는 출력이 무한대로 증가 혹은 감소한다.

② 브레이크다운[12](breakdown) : 한계 이상 혹은 이하의 입력에 대해서는 출력이 무한대로 증가 혹은 감소한다.

③ 불감대[13](dead zone) : 입력의 일정 범위 내에서는 출력이 반응하지 않는다.

④ 뱅뱅(bang-bang) : 특정 입력에서 출력이 일정량 점프하게 된다.

⑤ 히스테리시스[14](hysteresis) : 입력의 크기변화의 방향(증가방향 혹은 감소방향)에 따라 출력의 크기가 다르다.

---

10) 비선형성 : 입력에 대한 응답이 선형으로(이론적으로)되지 않는 현상이다.
㉠ 쉬운 예로 용수철에서 당기는 길이와 진폭 간에 관계를 수식으로 나타낼 수 있다. 근데 만약 용수철을 완전히 확 잡아당기면 용수철의 한계를 넘어서서 진동이 일어나지 않는 현상이다.

11) 포화 : 어떤 양이 일정한 값까지는 증가하나 그 이상은 증가하지 않는 현상이다.

12) 브레이크다운 : 절연물의 내부를 통과하는 방전이 생겼기 때문에 절연저항이 저하하고 이상전류가 흐르는 현상이다.

13) 불감대 : 프로세스나 계측, 제어 시스템이나 장치는 어느 크기의 입력 변화를 주면 이 입력 변화에 따라 출력의 변화가 있는데, 이 입력 변화량이 아주 작아져 어떤 변화량 이하에서는 출력에 아무런 변화를 보이지 않는 대역이 있다. 이러한 출력 측의 변화량이 전혀 감지할 수 없게 되는 입력 변화량의 유한 범위이다.

14) 히스테리시스 : 측정에 의하여 생기는 동일측정량에 대한 출력 혹은 지시의 차로서 나타나는 현상이다.

(3) 동적 특성

연속적인 시스템에서 동적 입력과 동적 출력을 관계시켜서 나타내기 위해서는 미분방정식 또는 적분방정식들이 요구되며, 고정상수를 갖는 선형적인 상미분방정식[15)]으로 나타낼 수 있으며 식 (6-14)와 같다.

$$a_n \frac{d^n y}{dt^n} + \cdots + a_1 \frac{dy}{dt} + a_0 y(t) = b_m \frac{d^m x}{dt^m} + \cdots\ b_1 \frac{dx}{dt} + b_0 x(t) \qquad (6\text{-}14)$$

미분동작자를 이용하여 $D^k \equiv \frac{d^k(t)}{dt^k}$는 식 (6-15)와 같다.

$$(a_n D^n + \cdots + a_1 D + a_0) y(t) = (b_m D^m + \cdots + b_1 D + b_0) x(t) \qquad (6\text{-}15)$$

① 전달함수(transfer functions) : 선형 시스템 또는 기기에서 전달함수는 입력신호와 출력신호와의 관계를 수학적으로 나타낸다.

㉠ 동작전달함수(operational transfer function) : 측정량이 변동할 때의 계측기의 지시 측정을 위한 입력신호와 출력신호의 관계는 식 (6-16)과 같다.

$$H(D) = \frac{y(D)}{x(D)} = \frac{b_m D^m + b_1 D + b_0}{a_n D^n + a_1 D + a_0} \qquad (6\text{-}16)$$

㉡ 주파수 전달함수(frequency transfer function) : 어떤 요소에 가한 정현파[16)] 입력 신호로 그 출력신호를 나눈 값으로, $j\omega$의 함수로 나타낸다. 입출력 신호는 정현파이고, 회전 벡터이므로 이 값은 $j\omega$의 함수가 된다. 이 함수의 절대값은 입출력 신호 진폭의 비가 된다. 위상각은 입력신호에 대한 출력신호의 지연을 나타낸다. 주파수 응답을 나타내는 데 식 (6-17)과 같다.

㉮ $$H(j\omega) = \frac{Y(j\omega)}{X(j\omega)} = \frac{b_m (j\omega)^m + b_1 (j\omega) + b_0}{a_n (j\omega)^n + a_1 (j\omega) + a_0} \qquad (6\text{-}17)$$

㉯ 출력의 크기에 대한 입력의 크기의 비를 갖고, 출력의 위상과 입력의 위상 차이를 위상으로 갖는 복소수의 양이다.

㉰ 주파수 전달함수 입력은 식 (6-18)과 같다.

$$x(t) = A_x \sin(\omega t) \qquad (6\text{-}18)$$

㉱ 주파수 전달함수 출력은 식 (6-19)와 같다.

---

15) 상미분방정식 : 미분방정식(Differential Equation)의 일종, 변수가 하나만(상미분만) 포함하는 미분방정식이다.

16) 정현파 : 사인파라고도 하고, 파장의 형태는 고주파가 없기 때문에 교류파형의 기본적인 형태이다.

$$y(t) = B(\omega)\sin[\omega t + \phi(\omega)] \tag{6-19}$$

② 0차 기기(zero-order instrument)는 식 (6-20)과 같다.

$$a_0 y(t) = b_0 x(t) \text{ and } \frac{y(D)}{x(D)} = \frac{Y(j\omega)}{X(j\omega)} = \frac{b_0}{a_0} = K = \text{정지감도} \tag{6-20}$$

㉠ 0차 시스템 : 출력이 모든 주파수의 범위에서 입력에 비례하여 나타닌다.

㉡ 진폭과 위상의 왜곡이 없기 때문에 이상적인 동적 성질을 갖고 있다.

㉢ 선형 가변저항기는 0차 기기의 좋은 예이다.

③ 1차 기기(first-order instrument) : 한 개의 에너지 저장소자를 갖고 있는 경우에는 미분방정식에서 $y(t)$의 1차 미분이 필요로 하게 되고 식 (6-21)~(6-23)과 같다.

$$a_1 \frac{dy(t)}{dt} + a_0 y(t) = b_0 x(t) \text{ or } (\tau D + 1) y(t) = K x(t) \tag{6-21}$$

$$K = \frac{b_0}{a_0} = \text{static sensitivity(정지감도)} \tag{6-22}$$

$$\tau = \frac{a_1}{a_0} = \text{time constant(시정수)} \tag{6-23}$$

㉠ 시정수(time constant) : unit step response가 지수함수 적으로 변화할 때 $y(t)$로부터 예상되는 $xm(t)$가 최종값의 63[%](=1 − 1/e)에 이르는 시간이다.

㉡ unit step response : $x(t)$가 순간적으로 일정량만큼 변화하여 변화상태를 유지할 때 얻어지는 $y(t)$로부터 예상되는 $xm(t)$의 변화이다.

㉢ RC로 구성된 저역 필터(1차 기기의 예)는 그림 6-21과 같다.

④ 2차 기기(second-order instrument) : 동적 반응을 나타내는데 2차 미분방정식이 요구되며 많은 의료기기들이 2차 또는 그 이상의 차수를 갖는 저역통과 시스템이며 식 (6-24)와 같다.

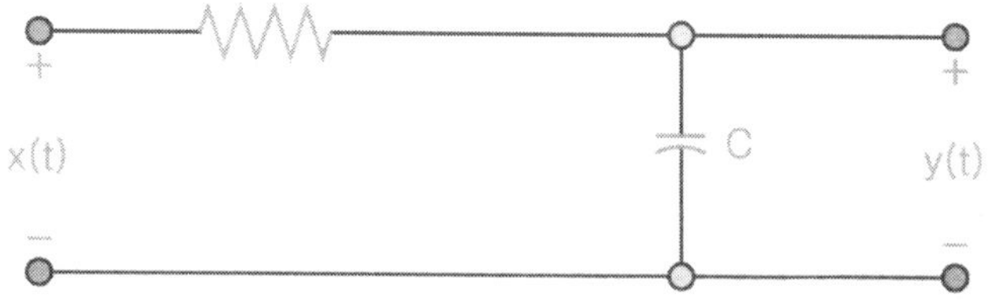

그림 6-21 ◦ RC로 구성된 저역 필터

$$a_2 = \frac{d^2 y(t)}{dt^2} + a_1 \frac{dy(t)}{dt} + a_0 y(t)$$

$$= b_0 x(t) \text{ or } \frac{D^2}{\omega_n^2} + \frac{2\zeta D}{\omega_n} + 1y(t) = Kx(t) \quad (6\text{-}24)$$

㉠ $K = \dfrac{b_0}{a_0}$: (정지 감도로 출력단위 나누기 : 입력단위의 단위를 가짐)

㉡ $\omega_n = \sqrt{\dfrac{a_0}{a_2}}$: (미제동 고유주파수, [rad/s])

㉢ $\zeta = \dfrac{a_1}{2\sqrt{a_0 a_2}}$: (단위가 없는 제동비율)

㉮ 동작 전달함수는 식 (6-25)와 같다.

$$\frac{y(D)}{x(D)} = \frac{K}{\dfrac{D^2}{\omega_n^2} + \dfrac{2\zeta D}{\omega_n} + 1} \quad (6\text{-}25)$$

㉯ 주파수 전달함수는 어떤 요소에 가한 정현파 입력신호로 그 출력신호를 나눈 값으로, jω의 함수로 식 (6-26)과 같다.

$$\frac{Y(j\omega)}{x(j\omega)} = \frac{K}{(j\omega/\omega_n)^2 + (2\zeta j\omega/\omega_n) + 1}$$

$$= \frac{K}{\sqrt{[1-(\omega/\omega_n)^2]^2 + 4\zeta^2\omega^2/\omega_m^2}} \angle\phi = \arctan\left(\frac{2\zeta}{\omega/\omega_n - \omega_n/\omega}\right) \quad (6\text{-}26)$$

03 정보신호 처리기술(Information Signal Processing Techniques)

1. PCM

(1) 펄스 부호변조

펄스 부호변조(Pulse Code Modulation : PCM) : 신호를 표본화한 뒤 얻어진 PAM(Pulse Amplitude Modulation) 신호를 양자화하여 양자화된 값을 기저대역신호(baseband signal)로 변조하는 방식이다. 즉, 원래의 정보는 표본화된 후 양자화가 되고, 다시 몇 비트의 코드워드(code word)로 부호화(encoding)되며, 기저대역에서의 전송을 위하여 코드워드는 다시 펄스 파형으로 변환되는 것이다. 현재 변조방식 중 가장 우수한 특성이 있고 표본화의 단계는 그림 6-22와 같다.

그림 6-22 • 표본화 과정

(2) PCM의 특징

① 전송로에 존재하는 잡음, 누화 등의 각종 방해잡음에 강하므로 저질의 전송로에도 사용할 수 있다. 즉 신호 대 잡음비(Signal to Noise Ration : S/N)가 양호하며 디지털 전송에 가장 적합하다.

② 전송로에 의한 레벨 변동이 적으며, 점유주파수 대역폭이 넓고, PCM 특유의 잡음이 있다.

(3) PCM 과정

1) 표본화

PCM에서 신호를 일정한 주기로 샘플링하는 과정을 표본화라고 한다. 표본화는 복원시 품질을 좌우하므로 표본화 주기 선정에 주의가 필요하다.

① 샤논(Shannon)의 표본화 정리 : 전송하려는 연속신호 $x(t)$의 최고 주파수가 f_{max}일 때 표본화(sampling) 주파수 f_s를 f_{max}의 2배 이상으로 설정하여 샘플링하면 본래의 연속신호 $x(t)$를 복원할 수 있는 것을 표본화 정리라 한다. 표본화는 아날로그 신호로부터 일정주기로 그 순간의 진폭을 끌어내는 조작이다.

㉠ $f_s \geq 2f_{max}$[Hz] : Nyquist 주파수(표본화 주파수)

㉡ $T_s \leq \dfrac{1}{2f_{max}}$[sec] : Nyquist 주기(표본화 주기)

㉢ $f_s = \dfrac{1}{T_s}$: (T_s : 샘플링 주기, f_s : 샘플링 주파수)

② 표본화 주파수 : 표본화 주파수의 물리적 의미는 초당 샘플(sample)수, 즉 $\dfrac{\text{샘플수}}{\text{sec}}$ 또는 초당 프레임(frame)수, 즉 $\dfrac{\text{프레임수}}{\text{sec}}$이며 표본화 주파수가 높다는 것은 초당 샘플수가 많다는 것을 나타내는 것이며, 표본화를 위해 자르는 주파수, 이 주파수의

주기를 표본화 주기라 한다. 이는 전송하려는 정보의 양이 많아져 채널 용량이 커지게 됨을 의미한다. 이러한 특성을 통해 음성신호를 표본화하면 그림 6-23과 같다.

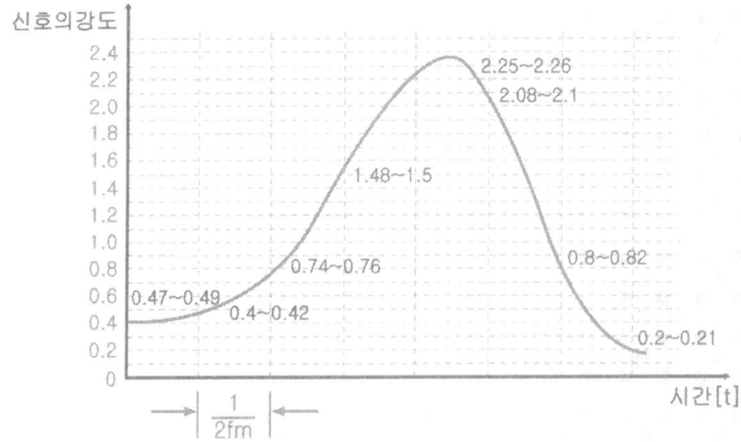

그림 6-23 ▪ 음성신호의 표본화

③ 에일리어싱(aliasing) 오차 : 스펙트럼이 겹쳐지므로 발생되는 오차로 표본화율이 Nyquist 주파수보다 작은 경우에 일어난다. 즉, 표본화율 이상으로 표본화되지 않을 때 주기는 $2f_{max}$보다 작아지므로 스펙트럼이 중첩하여 원래의 스펙트럼에 왜곡을 유발시키는 현상이다.

2) 양자화

아날로그 신호(이산신호)를 PAM으로 변환하는 과정, 즉 표본화 단계를 통한 PAM의 진폭을 디지털 양으로 변환하기 위하여 계단모양의 근사파형으로 만드는 것을 양자화(quantization : 이산신호의 디지털화)라 한다.

① 양자화 폭 : 양자화 폭은 신호를 몇 비트를 2진수로 표현하는가에 따라 결정된다. $M=2^n$에서 n은 사용 비트(bit) 수이고, 3개의 비트를 사용하면 8개의 양자화 스텝(step)을, 8개의 비트를 사용하면 256개의 양자화 스텝을 만들 수 있다. 즉 3개의 비트를 사용하면 8개의 양자화 스텝을 얻을 수 있고 순시 진폭값을 이 8가지 양자화 스텝 중 어느 하나에 대응시키게 된다.

② 양자화의 방법 : 라운딩(rounding : 사사오입)과 트렁케이션(truncation : 잘라버림)[17]의 방법이 있으며, 그림 6-24는 라운딩 기법의 양자화를 나타낸 것으로, 표본화된 신호의 진폭값을 반올림하여 양자화 값으로 표현하게 되는 방법이다.

---

17) 트렁케이션(truncation : 잘라버림) : 문자나 숫자의 시작 또는 끝을 지정한 기준에 따라 잘라 내는 것이다.

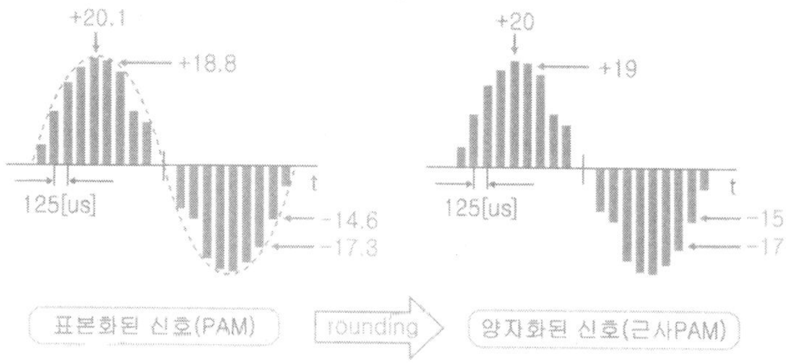

그림 6-24 • 신호의 양자화 방법 중 라운딩 기법

③ 양자화 잡음 : 신호를 양자화하는 과정에서 필연적으로 발생하는 오차(잡음)이다. 양자화 폭의 크기에 따라 오차의 크기가 변화하게 되는데, 잡음을 줄이기 위해 양자화 폭을 줄이면 양자화 스텝수(계단)가 많아지므로 양자화 오차는 줄어들지만 데이터가 많아지기 때문에 하드웨어 규모가 커지게 되는 단점이 있다. 아날로그 신호가 표본화 양자화 과정을 거친 파형의 오차는 그림 6-25와 같다.

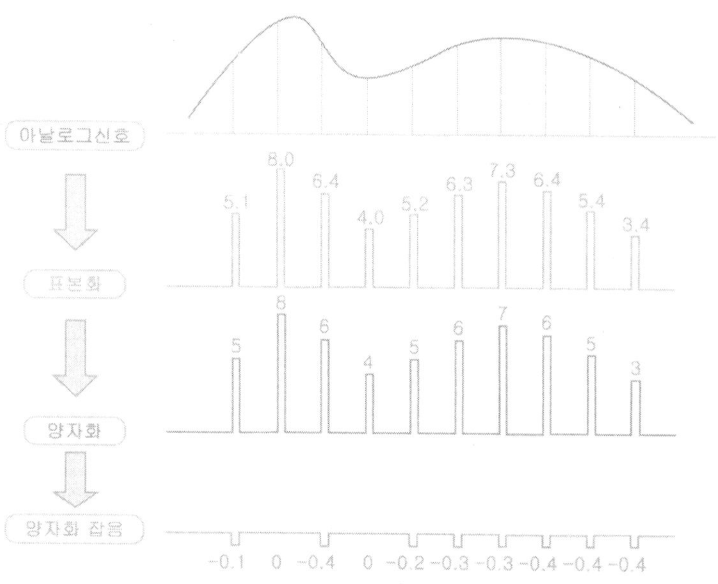

그림 6-25 • 양자화 잡음

3) 부호화

공기 중에 전파되는 음성정보나 컴퓨터에 저장된 디지털 정보 등 여러 형태의 정보를 전자적인 신호인 1과 0의 조합으로 변환하는 과정(A/D변환)이며 오차가 적은 그레이 부호를 사용한다. 신호의 부호화(digital)는 그림 6-26과 같다.

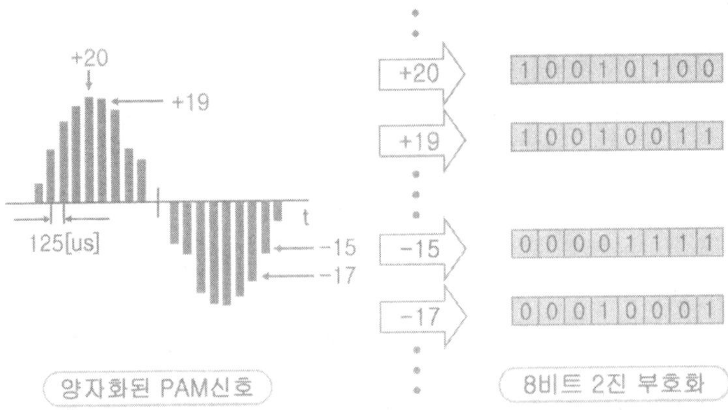

그림 6-26 ◦ 신호의 부호화

4) 복호화

전송로에서 전송된 PCM word(PCM Language)를 PAM(순시진폭값의 신호, 즉 표본화된 상태) 신호로 복원시키는 것이다.

2. 변 · 복조회로의 종류와 특성

(1) 변조의 정의

변조란 데이터 신호를 캐리어 신호를 이용하여 다른 형태로 바꾸는 과정이다. 전달하고자 하는 신호(정보)를 목적지까지 효율적으로 보내기 위해 신호를 적합한 형태로 바꾸는 조작으로 음성신호나 전파는 흡수 또는 반사되므로 원격과의 통신이 불가능해지지만 주파수가 높아지면 전파는 장거리 전송이 가능해진다.

① 변조 : 저주파의 교류신호로 교류신호를 제어하는 것을 변조라 하며, 신호전송을 위해 비교적 높은 주파수인 반송파에 낮은 가청주파수를 포함시키는 과정이며, 통신에 있어서 전송하려는 정보(음성, 컴퓨터의 데이터 등)를 전기적인 신호를 변환한 다음 이것을 그대로 보내지 않고 높은 주파수(반송파)의 정현파의 진폭, 주파수, 위상 등으로 변조(피변조파)하여 원신호를 변화시켜 보내는 과정을 변조라 한다.

② 높은 주파수로 변조를 수행하는 회로를 변조기라 한다.

③ 반송파 : 라디오나 텔레비전을 비롯하여 무선통신에서 정보를 실어 보내는 고주파의 사인(sine)파 또는 펄스(pulse)파이며, 변조에 사용되고 있는 고주파 신호로 음성 신호파를 운반하는 역할을 한다.

④ 신호파 : 신호를 포함하는 전자파나 음파 등의 반송파를 변조하는 파로 저주파이다.

(2) 변조를 하는 이유

변조는 정보의 장거리 전송과 잡음방지를 주목적으로 신호전송의 고품질화를 돕는다.

① **장거리 전송** : 정보신호를 반송파에 실어 보냄으로써 장거리 전송이 가능하게 된다.

② **안테나의 제작문제를 해결** : 음성신호를 그대로 전송하려면 파장이 너무 길어 송수신 안테나 제작이 곤란하기 때문에 변조를 한다(주파수가 높아질수록 안테나는 짧아지고 $\left(\frac{\lambda}{2}\right)$, 실용성은 높아진다).

③ FDM(Frequency Division Multiplexing : 주파수분할 다중화) : 주파수가 높아지면 대역폭이 넓어지게 되는데 이 넓어진 대역폭을 분할 사용하는 것이 유리하기 때문에 변조 후 다중화가 필요하다.

④ **부수적인 장점** : 잡음과 간섭이 제거되어 S/N비가 향상되며, 회로소자가 단순화되고 시스템이 소형화된다.

⑤ **잡음방지** : 주파수를 높이면 혼입되는 잡음의 영향을 줄일 수 있다. 또한 S/N(Signal to noise ratio)비를 개선할 수 있다.

⑥ **폭주하는 통신용량을 감당** : 가능한 채널 용량을 크게 하여 특정 주파수에 동시에 여러 개의 신호를 보내면 특정한 사람이 수신 가능하여 주파수 다중화로 채널 효율이 좋아진다.

⑦ 신호의 간섭을 적게 하기 위해 대역폭이 중심 주파수와 비교해서 좁아지는 협대역폭을 가질 수 있다.

(3) 복조의 정의

송신단에서 변조(modulation)된 신호를 다시 수신단에서 원래 신호로 돌리는 과정이다.

① 복조(demodulation)란 변조된 반송파(피변조파)를 수신하여 이것에 포함된 반송파를 제거하고 원래의 신호인 저주파인 신호파만을 분리해내는 과정을 복조, 또는 검파(detector)라 한다.

② 복조의 과정을 수행하는 회로를 복조기(demodulator)라 한다.

③ 피변조파 : 신호파+반송파로 반송파에 신호파를 가하면 그 반송파의 주파수나 위상이 변화하여 변조가 된 파형을 피변조파라 한다.

(4) 변조방식의 분류

변조(modulation)는 전송하고자 하는 신호(정보)를 주어진 통신로에 적합하도록 처리하는 과정이다. 일반적인 통신방식의 계통도는 그림 6-27과 같다.

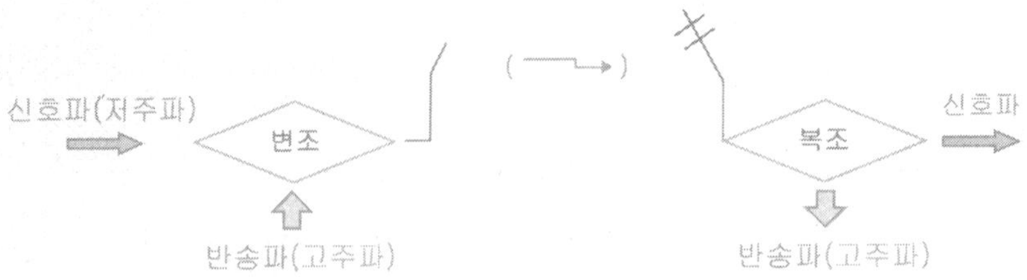

그림 6-27 ◦ 일반적인 통신방식의 계통도

① 진폭변조(Amplitude Modulation : AM) : 신호파의 진폭에 의해서 반송파의 진폭이 변하는 방식이다.

② 주파수변조(Frequency Modulation : FM) : 반송파 주파수를 신호파의 세기에 따라 변화시키는 방식이다.

③ 위상변조(Phase Modulation : PM) : 반송파의 위상을 신호파의 세기에 따라 변화시키는 방식이다.

④ 펄스 진폭변조(Pulse Amplitude Modulation : PAM) : 펄스의 주기폭은 일정하고 펄스의 진폭을 신호파의 크기에 비례하여 변화시키는 방식이다.

⑤ 펄스 폭변조(Pulse Wide Modulation : PWM) : 펄스의 주기진폭은 일정하고 펄스의 폭[(+)반주기]을 신호파의 크기에 비례하여 변화시키는 방식이다.

⑥ 펄스 주파수변조(Pulse Frequency Modulation : PFM) : 펄스의 진폭과 폭은 일정하고 펄스의 반복 주파수를 신호에 따라서 변화시키는 방식이다.

⑦ 펄스 위치변조(Pulse Position Modulation : PPM) : 펄스의 진폭과 폭은 일정하고 그 시간 축상의 위치를 입력신호의 크기에 비례하여 변화시키는 방식이다.

⑧ 펄스 부호변조(Pulse Code Modulation : PCM) : 표본화된 펄스 신호를 양자화하여 이것을 2진화 펄스를 써서 부호로 하는 방식으로 현재 변조방식 중 가장 우수한 특성이 있다.

⑨ 펄스 부변조(Pulse Number Modulation : PNM) : 변조 신호파의 진폭에 따라 반송파의 진폭이나 폭이 일정한 단위 펄스를 일정한 시간 내에 그 수를 변화시켜 변조하는 방식이다.

⑩ 펄스 변조(Pulse Modulation : PM) : 펄스파 신호를 원래의 신호모양에 따라서 조작하는 방식이다. 변조방식의 분류는 표 6-2와 같다.

표 6-2 • 변조방식의 분류

변조	연속파변조 (아날로그)	진폭변조		AM
		각변조	주파수변조	FM
			위상변조	PM
	펄스 변조	연속 레벨 변조	펄스 진폭변조	PAM
			펄스 폭변조	PWM
			펄스 위치변조	PPM
			펄스 주파수변조	PFM
		불연속 레벨 변조 (디지털 변조)	펄스 부호변조	PCM
			펄스 부변조	PNM
			적응 델타 변조	ADM
			델타 변조	DM

(5) 변조방식

변조방식은 진폭변조, 주파수변조, 위상변조로 크게 나눌 수 있다. 사인파의 반송하는 방식은 식 (6-27)과 같고 분류도 표시하였다.

$$V_c(t) \quad = \quad V_c\cos \quad (\omega_c t + \theta) \qquad (6\text{-}27)$$

진폭변조　　주파수변조　　위상변조

① V_c : 반송파의 진폭(최대값)으로 진폭이 변화하는 경우를 진폭변조(AM)라 한다.

② ω_c : 반송파의 각주파수($2\pi fc$)로 주파수 f_c가 변화하는 경우를 주파수변조(FM)라 한다.

③ θ : 반송파의 위상으로 θ가 변화하는 경우를 위상변조(PM)라 한다.

④ 주파수변조와 위상변조는 서로 밀접한 관계를 가지고 있어서 각변조(angle modulation)라 한다.

3. 진폭변조와 복조

송신하고자 하는 정보(변조신호)를 가지고 반송파의 진폭을 변화시켜 전송하는 것을 진폭 변조라 하고 복조는 송신단에서 변조된 신호를 다시 수신단에서 원래 신호로 돌리는 과정이다.

(1) 진폭변조

진폭변조(AM)는 송신하고자 하는 정보(변조신호)를 가지고 반송파의 진폭을 변화시켜 전송하는 것이고, **주파수변조**(FM) 방식은 송신하고자 하는 정보(변조신호)를 가지고 반송파의 진폭을 변화시켜 전송하는 것이다.

① 신호파의 진폭에 의해서 **반송파의 진폭**이 변하는 방식이다. 진폭변조 회로도는 그림 6-28과 같다.

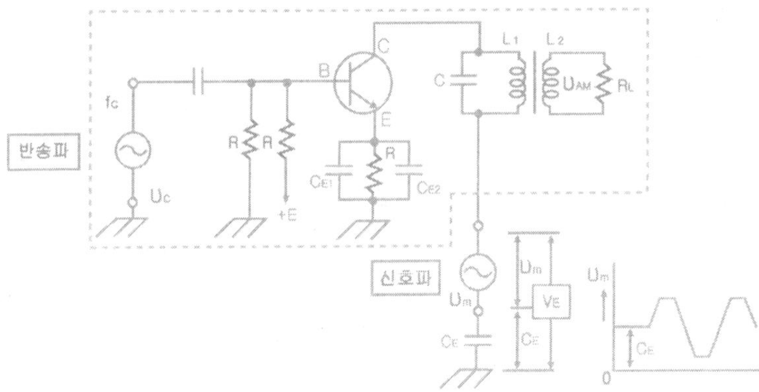

그림 6-28 ∙ 진폭 변조회로

여기서 f_c는 반송파 주파수, f_c+f_s는 상측파 성분, f_c-f_s는 하측파 성분이다.

㉠ 신호파(signal wave) : 신호를 포함하는 전자파나 음파 등의 반송파를 변조하는 파는 식 (6-28)과 같다.

$$i_s = I_s \cos\omega_s t v_s = V_s \cos 2\pi f_s t, \quad V_m(t) = V_m \cos\rho t \tag{6-28}$$

㉡ 반송파(carrier wave)는 라디오나 텔레비전을 비롯하여 무선통신에서 정보를 실어보내는 사인파 & 펄스파는 식 (6-29)와 같다.

$$i_c = I_c \cos\omega_c t,\ v_c = V_c \cos 2\pi f_c t$$

$$V_m(t) = V_C \cos(\omega_C t + \phi) \tag{6-29}$$

여기서 I_s, V_s : 신호파의 최대값, I_C, V_C : 반송파의 최대값,

f_s : 신호파의 주파수, f_c : 반송파 주파수이다.

㉢ 피변조파(i_{AM})는 식 (6-30)과 같다.

$$i_{AM} = I_S \cos\omega_s t \cdot I_C \cos\omega_s t \tag{6-30}$$

$$(\because A\cos a \cdot B\cos\beta = \frac{1}{2}AB[\cos(a+\beta)+\cos(a-\beta)]$$

$$= I_C \cdot \cos\omega_C t \ + \frac{mI_C}{2}\cos(\omega_{C+}\omega_S)t \ + \frac{mI_C}{2}\cos(\omega_C - \omega_S)t$$

반송파 (carrier) 상측파대 (upper side band) 하측파대 (lower side band)

㉮ 신호주파수 ω_s로 변조[18]시킴으로써 반송주파수 ω_C를 $\omega_C \pm \omega_s$의 매우 높은 주파수로 이동이 가능하다.

㉯ 측파대 : 반송파를 변조할 때 반송파의 양쪽에 발생하는 전파의 주파수 성분이다.

㉰ 상측파대 : 신호파의 스펙트럼을 그대로 높은 주파수대로 이동시킨 것이다.

㉱ 하측파대 : 신호파의 스펙트럼을 반전하여 낮은 주파수대로 이동시킨 것이다.

㉣ 변조도(modulation index : m)

신호파의 진폭과 반송파의 진폭비로서 일반적으로 [%]로 나타내며 식 (6-31)과 같다(I_C : 반송파 진폭, I_S : 신호파 진폭).

$$m = \frac{I_S}{I_C}, \tag{6-31}$$

㉮ m =1일 때를 100[%]변조라 하고 이 변조의 반송파 점유전력은 전 전력의 2/3이며 나머지 1/3의 전력이 상·하측파대가 점유하는 전력이 된다.

㉯ m 〈 1일 때는 신호파의 세기가 작아진다.

㉰ m 〉1일 때 포락선은 신호파(변조파)의 진폭이 일그러짐(왜곡)이 생기는 과변조현상이 나타난다. 변조도 m은 1 이하로 제한하여야 한다.

㉤ 점유주파수 대역폭은 식 (6-32)와 같다.

$$\mathrm{BW} = 2fs \tag{6-32}$$

㉥ 진폭변조파[19]는 $V_m(t)$에 의해서 V_C를 변화시키는 방식이므로 진폭변조파 $v_{\mathrm{AM}}(t)$는 식 (6-33)과 같다.

$$\begin{aligned} v_{\mathrm{AM}}(t) &= (V_C + V_m \cos\rho t)\cos(\omega_C t + \phi_0) \\ &= V_C(1 + m\cos\rho t)\cos(\omega_C t + \phi_0) \end{aligned} \tag{6-33}$$

$m = V_m / V_C$이며 m을 변조도(modulation degree)라고 한다.

---

18) **변조** : 조작에 의해 신호를 임의의 다른 주파수대역 주파수를 편이시킬 수 있다.

19) **진폭변조파** : 반송파의 진폭을 신호파의 순간 진폭에 따라서 변화시키는 변조방식이다.

(2) 과변조[20]의 특성

고조파가 발생하여 음성파(진폭)가 일그러짐이 생기고, 저주파 출력이 커지고, 주파수 대역이 넓어지며, 다른 통신기기에 혼선을 야기하고 변조기의 과부하의 원인이 된다. 진폭 변조 그래프는 그림 6-29와 같다.

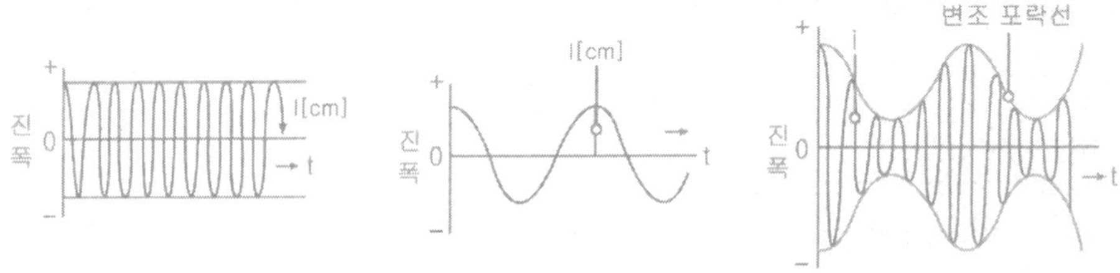

(a) 반송파 (b) 신호파 (c) 피변조파

그림 6-29 • 진폭변조 그래프

(3) 주파수 스펙트럼

신호를 주파수 영역의 모든 성분들을 사용하여 표현하는 것을 그 신호의 주파수 스펙트럼이라고 한다. 피변조파의 주파수 스펙트럼은 그림 6-30과 같다.

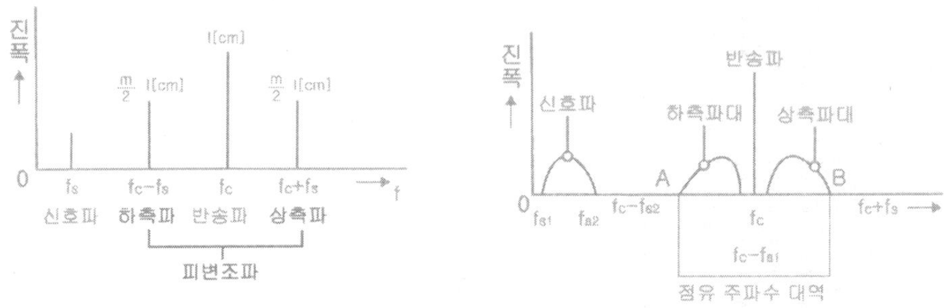

(a) 주파수 스펙트럼 (b) 주파수 대역

그림 6-30 • 피변조파의 주파수 스펙트럼

(4) 피변조파의 전력(P_M)

반송파가 신호파에 의해 변조되어 모양이 달라진 것이며, 변조의 방식에 따라 그 형태는 다르나, 반송파 성분이나 신호파 성분, 고조파 성분의 전력을 지칭한다.

① **반송파 전력** : 변조가 없는 상태에서 주파수 1주기 동안에 송신기에서 안테나계의

---

20) 과변조 : 반송파 송출형 진폭변조에서 변조도가 100[%]를 초과한 상태이다. 일반적으로 정격을 초과한 변조신호 입력이 가해진 상태이다. 과변조가 생기면 일그러짐이 생겨 측파대가 넓어져 결국 다른 통신에 방해를 주게 된다. 주파수변조나 위상변조에서는 이러한 현상이 일어나지 않는다.

급전선에 공급되는 평균전력이다. 식 (6-34)와 같다.

$$반송파\ 전력 = \left(\frac{반송파\ 진폭}{\sqrt{2}}\right)^2 \times 저항 = \frac{1}{2}(상측파\ 전력)^2 \times 저항[W]$$

$$P_C = \left(\frac{I_C}{\sqrt{2}}\right)^2 \times R = \frac{1}{2} I_C^2 \times R[W] \tag{6-34}$$

② **상측파 전력 :** 반송파이 주파수보다 높은 전력이다. 식 (6-35)와 같다.

$$상측파\ 전력 = \left(\frac{변조도 \times 반송파\ 진폭}{\sqrt[2]{2}}\right)^2 \times 저항$$

$$P_V = \left(\frac{m \cdot I_C}{\sqrt[2]{2}}\right)^2 \times R = \frac{1}{8} I_C^2 \times R = \left(\frac{1}{2} \times I_C^2 \times R\right) \times \frac{m^2}{4} = \frac{1}{4} m^2$$

$$= \frac{1}{4} m^2 \times P_C[W] \tag{6-35}$$

③ **하측파 전력 :** 반송파의 주파수보다 낮은 전력이다. 식 (6-36)과 같다.

$$하측파\ 전력 = \left(\frac{변조도 \times 반송파\ 진폭}{2\sqrt{2}}\right)^2 \times 저항$$

$$P_L = \left(\frac{m \times I_C}{2\sqrt{2}}\right)^2 \times R = \frac{1}{8} I_C^2 \times R = \left(\frac{1}{2} \times I_C^2 \times R\right) \times \frac{m^2}{4}$$

$$= \frac{1}{4} m^2 \times P_C[W] \tag{6-36}$$

④ **피변조파 전력(P_M) = 반송파 전력(P_C) + 상측파 전력(P_V) + 하측파 전력(P_L)**을 식으로 나타내면 식 (6-37)과 같다.

$$피변조파\ 전력 = 반송파\ 전력 + \frac{m^2}{4} \times 반송파\ 전력 + \frac{m^2}{4} \times 반송파\ 전력$$

$$= 반송파\ 전력\left(1 + \frac{m^2}{2}\right)[W]$$

$$P_M = P_C + \frac{m^2}{4} P_C + \frac{m^2}{4} P_C = P_C\left(1 + \frac{m^2}{2}\right)[W] \tag{6-37}$$

⑤ **반송파와 측파대[21]의 전력비**는 식 (6-38)과 같다.

$$반송파\ 전력 : 상측파\ 전력 : 하측파\ 전력 = 1 : \frac{m^2}{4} : \frac{m^2}{4}$$

---

21) **측파대** : 변조로 생기는 스펙트럼 중에서 반송 주파수의 위쪽 또는 아래쪽에 나타나는 부분의 주파수대이다.

$$P_C : P_H : P_L = 1 : \frac{m^2}{4} : \frac{m^2}{4} \tag{6-38}$$

반송파와 측파대 간의 전력비교는 표 6-3과 같다.

표 6-3 ◦ 반송파와 측파대간의 전력비교

구 분	반송파	상측파	하측파
전력	P_C	$\frac{m^2}{4}P_C$	$\frac{m^2}{4}P_C$
100[%]변조시	1	$\frac{1}{4}$	$\frac{1}{4}$

⑥ 효율(η) : 반송파로 전송되는 전력은 손실전력으로 나타내고, 양측파대로 전송되는 전력은 복사전력을 나타내며, 공급전력에 대한 복사전력의 비를 효율로 나타낸다. 이 효율을 변조도를 이용하여 나타내면 식 (6-39)와 같다.

$$\eta = \frac{\text{측파대전력}}{\text{파의전전력 (반송파 + 측파대)}} = \frac{m^2}{2 + m^2} \tag{6-39}$$

m =1일 때 $\eta = \frac{1}{3}$이다. 따라서 AM파의 최대효율 $\eta = 33.3[\%]$가 된다. 약 67[%]의 전력이 손실되므로 전력효율은 낮은 편이다.

4. 여러 가지 AM방식

AM파의 주파수 스펙트럼에 정보를 포함하고 있는 것은 반송파가 아니고 측파대 성분이다. 정보를 보낸다는 관점에서 보면 세 개의 성분을 모두 보낼 필요는 없다. 가장 적은 전력으로 정보를 전송하려면 한 쪽 측파대만 보내면 되는데 이 방식을 단측파대(Single Side Band : SSB)통신이라 하고 양측파대와 반송파 모두를 보내면 양측파대(Double Side Band : DSB)통신이라 하고, 반송파를 제거하고 양측파대만 보내면 반송파 억압양측파대(Suppressed Carrier Double Side Band : SCDSB) 통신방식이라 하며, Carrier와 측파대의 한쪽 일부를 억압시켜 전송하면 잔류측파대(Vestigial Side Band : VSB) 통신방식이라 한다. 여러 가지 AM방식은 그림 6-31과 같다.

① 단측파대(SSB) : 반송파와 상측 또는 하측의 측파대 하나를 제거시키고 남은 측파대 하나만 전송하는 방식이다.

㉠ 링 변조회로의 출력에 상 · 하측파대 중에서 한쪽 측파대만을 통과(pass)하거나 소거(erase)하는 여과기(filter)를 부착하면 된다.

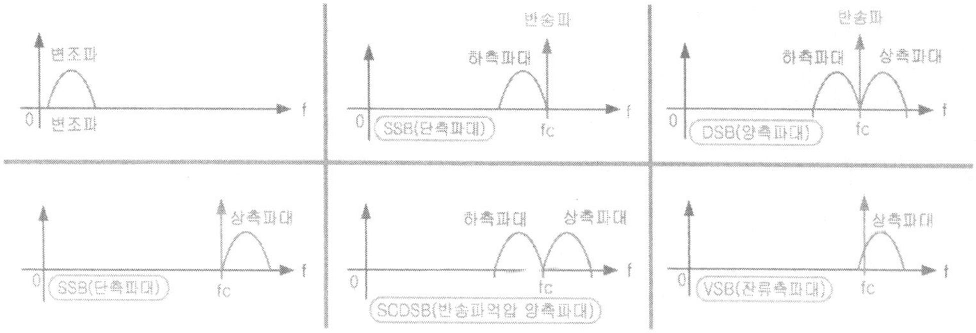

그림 6-31 ◦ 여러 가지 AM방식

㉡ 단측파대의 특징

㉮ DSB에 의해 점유주파수의 대역폭은 1/2 소비전력은 1/6이며, S/N비가 개선되므로 일반적으로 많이 이용된다.

㉰ 선택성 Fanding이 DSB에 비하여 1/2이고, 송 · 수신장치가 소형 및 경량이지만 복잡하고 고가이다.

② 양측파대 통신방식(Uble Side Band : DSB) : 보통 AM이라 하고 반송파와 상 · 하측파대를 동시에 전송하는 방식이다.

5. 진폭변조회로

진폭변조는 방식에 따라 직선변조와 비직선변조로 구분한다.

① 직선변조 : 반송파의 이득을 신호파에 따라 변화시키며, 비선형 특성을 이용할 필요가 없기 때문에 직선변조라 한다.

② 비직선변조 : 신호파와 반송파의 합을 비직선 전달특성을 갖는 증폭기의 입력에 인가하는 방법을 이용한다.

③ 변조파를 입력위치에 따라 분류하면 컬렉터 변조, 이미터 변조, 베이스 변조가 있다.

㉠ 장점 : 회로구성이 간단하고 경제적이다.

㉡ 단점 : 전력효율이 좋지 않고 잡음에 약하다.

(1) 직선변조회로[22)]

증폭기의 거의 직선적인 이득특성을 이용하는 것으로 **변조파를 입력하는 위치에 따라**

22) 직선변조회로 : 대 진폭변조라고도 하며, 반송파의 진폭이 큰 경우에 행하여지는 변조방식이다.

분류하며, 컬렉터 변조, 이미터 변조, 베이스 변조가 있다.

1) 베이스 변조회로

변조 전력이 매우 적고 광대역에 이용되며, 컬렉터(collector) 변조에 비해 변조신호와 반송파 전압이 낮아 변조도를 크게 할 수 없고 직진성이 좋지 않기 때문에 변조왜곡이 나타난다. 베이스 변조회로는 그림 6-32와 같다.

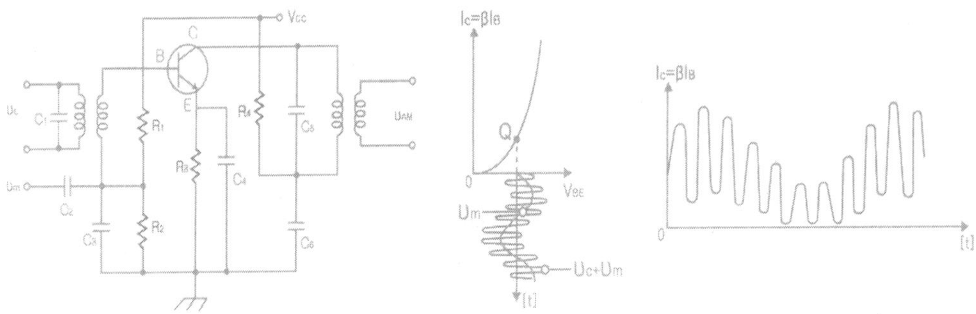

(a) 베이스 변조회로 (b) 부하직선 (c) 베이스 변조회로 파형

그림 6-32 ◦ 베이스 변조회로의 파형

① 이미터가 바이패스되고 입력 측 베이스에 반송파와 신호파를 주입하는 회로를 베이스 변조회로라 한다.
② 베이스에 부(−)의 전압을 인가하면 제곱변조, C급 증폭으로 동작한 동조증폭기이다.
③ 반송파와 변조신호의 측파대 성분만 얻는 회로이다.
④ 베이스에 반송파와 신호파를 가한다.
⑤ 다이오드나 트랜지스터 등 비선형 소자를 이용한다.
⑥ 일그러짐이 컬렉터 변조회로보다 크고 효율도 나쁘다.

2) 컬렉터 변조회로

입력 측의 베이스에 반송파를 주입하고, 컬렉터 측에 변조신호(신호파)를 주입하고 컬렉터 동조회로에 출력단자를 연결하면 컬렉터 변조회로가 된다. 컬렉터 변조회로는 그림 6-33과 같다.

① 100[%] 가까이 변조가 가능하고 직선성이 매우 우수하다.
② 피변조파의 파형이 그대로 유지되지 않기 때문에 송신기의 마지막 단에 신호파를 입력하면 직선변조, B급 또는 C급 동조증폭기이므로 효율이 높으나 피변조파를 증폭하는 데 적당하지 못하다.

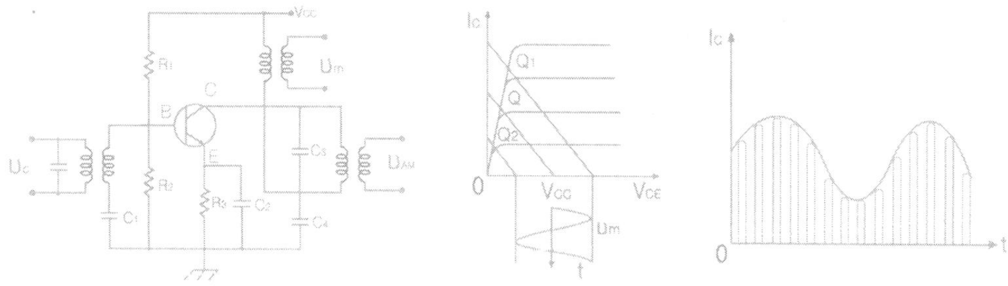

(a) 컬렉터 변조회로 (b) 부하직선 (c) 컬렉터 변조회로 파형

그림 6-33 ◦ 컬렉터 변조회로의 부하직선과 파형

③ 반송파의 진폭이 큰 경우에 적합하고, 변조회로가 대형이 되며 피변조파 출력이 크고, 큰 변조전력이 필요한 것이 결점이다.

3) 이미터 변조회로

입력 측 베이스에 반송파를 주입하고, 변조신호를 이미터에 주입한 회로를 이미터 변조회로라 한다. 베이스 변조의 원리와 비슷하고, 베이스 변조에 비해 큰 변조전력을 필요로 하지만 직선성은 좋아진다. 이미터 변조회로는 그림 6-34와 같다.

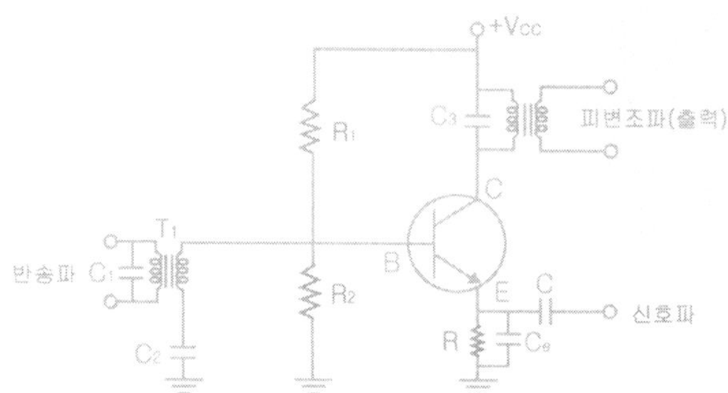

그림 6-34 ◦ 이미터 변조회로

(2) 비직선변조

입출력 특성이 비직선적인 소자의 입출력에 반송파와 변조파의 합을 인가하여 진폭변조파를 얻은 방식을 비직선변조라 한다.

1) 제곱 변조회로

제곱 변조회로는 변조 출력이 입력의 제곱에 비례하는 진폭변조회로의 일종이다.

① 피변조파에 포함된 반송파를 제거하고 양측파대만을 이용하는 것으로 평형변조의

일종이다. 출력의 한 쪽 측파대만을 선택하여 필터를 부착해 단측파대 통신에 이용된다.

② AM파에서 반송파를 제외한 상 · 하 측파대($fc+fs$)만의 출력을 얻는다.

③ 입출력특성이 비직선적인 특성을 가진 증폭기에 반송파와 신호파를 가해서 얻은 출력파형에서 저주파 성분은 제거하고 반송파 부근의 성분만으로 AM파를 얻는 방식이다.

④ 제곱 변조회로의 특징

㉠ 4개의 다이오드 특성을 이용하여 (+) 반주기 동안에는 D1, D4와 도통상태, (−) 반주기 동안에는 D2, D3가 도통되어 피변조파에서 반송파 성분을 제거하고 상 · 하측파대만 얻는다.

㉡ 신호 대 잡음비(S/N)가 매우 좋고, 송신기의 소비전력이 적으며, 무신호시 출력에 반송파가 나타나지 않으므로 일그러짐이 없다.

㉢ 단축파대(Single Side Band : SSB) 통신방식에 이용된다.

2) 평형 변조회로

피변조파 중에서 반송파는 제외하고 상 · 하 측파대만 얻는 변조회로를 평형변조라 하고 SSB파를 발생시킨다. SSB파에서 출력 측에 반송파를 제거하는 데 이용한다. 평형 변조회로 종류는 다이오드를 이용한 평형변조기, 트랜지스터를 이용한 평형변조기, 링(ring)변조기 등이 있다. 다이오드를 이용한 평형변조기 및 평형 변조회로는 그림 6-35와 같다.

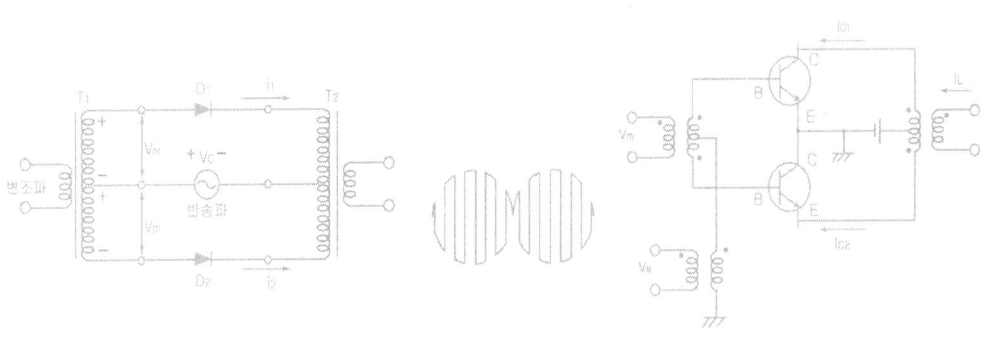

(a) 다이오드 평형 변조기회로 (b) 평형 변조기파형 (c) 평형 변조회로

그림 6-35 ◦ 다이오드를 이용한 평형변조기 및 평형 변조회로

3) 링 변조회로

링 변조회로는 반송파를 입 · 출력 변압기의 중간탭에 인가하므로 출력 변압기의 2차 측에서는 반송파 성분은 제거되고 상측파대와 하측파대만을 얻는 회로이다. 링 변조회로는 그림 6-36과 같다.

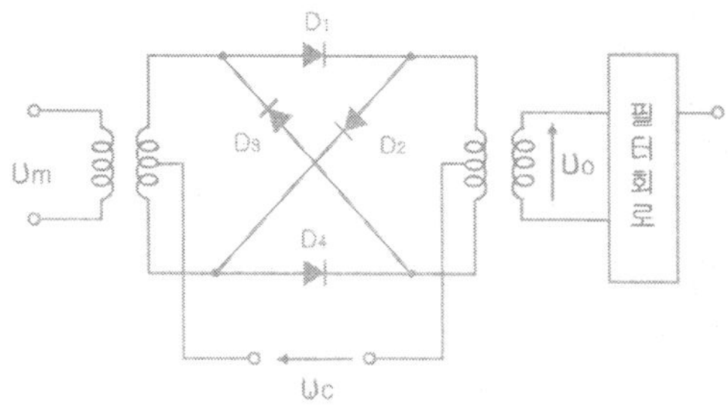

그림 6-36 • 링 변조회로

① 단측파 통신에 이용되며, 소형이며, 경제적이다.
② 대역 필터회로를 사용하여 측파대만 포함한 진폭변조이다.

6. 진폭의 복조

송신하고자 하는 정보(변조신호)를 가지고 반송파의 진폭을 변화시켜 전송하는 것이다.

① 상, 하측 두 개의 측파대를 가지며 피변조파에 반송파 포함여부에 따라서 DSB-LS 및 DSB-SC로 구분한다.
② 통상 AM이라고 하면 DSB-LS를 말한다.

(1) 복조회로의 종류 및 특성

복조(demodulation)란 안테나에 유기된 진폭변조파에서 원래 변조신호를 추출하여 신호파를 얻어내어 복원하는 과정이며 검파라고도 한다.

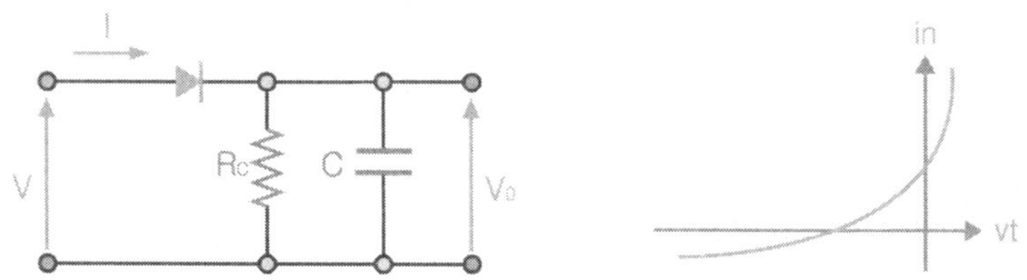

(a) 포락선 복조회로 (b) 자승검파회로

그림 6-37 • 포락선 복조회로 및 자승검파

① 포락선 검파(envelope detector) : 비동기 검파기로 사용되어 동기검파기인 정류검파기보다 효율이 좋고 구조가 간단하여 AM 피변조파 신호의 검파에 널리 사용된다. 포락선 복조회로는 그림 6-37(a)와 같다.

㉠ AM파의 입력전압(V_i)이 가해지면 검파전류가 흘려 시정수(RC)가 반송파 주파수

보다 크면 C가 충전 및 방전(R_C 을 통하여)을 하여 출력은 피변조파의 포락선[23]을 재현하게 된다.

㉡ 입력전압의 피크가 증가할 때 출력전압이 입력전압의 포락선에 충실히 따르려면 시정수 RC를 크게 하여야 하며, 비직선에 의한 일그러짐이 작아야 한다. 정류능률, 검파효율을 식 (6-40), (6-41)과 같다.

$$\text{정류능률} = \frac{\text{출력전압의 진폭}}{\text{입력피변조파의 전압진폭}} \times 100\,[\%] \tag{6-40}$$

$$\text{검파효율} = \frac{\text{정류능률}}{\sqrt{2}} \tag{6-41}$$

㉢ Diagonal Clipping : 방전곡선의 기울기는 시정수 RC로 결정되지만 이 시정수가 지나치게 커서 검파출력이 입력신호의 변화를 따라가지 못하는 경우이다.

② 제곱 복조회로(자승검파) : 검파기의 동작특성이 그림 6-37(b)와 같이 곡선인 경우 출력전류 I_o는 입력전압의 반송파 진폭의 제곱과 변조도의 곱에 비례하는 성분을 얻을 수 있는데 이와 같은 검파를 자승검파라 한다.

㉠ 자승검파기의 왜율(왜율= $m/4$)이 크기 때문에 일그러짐이 크고 특수한 경우에만 사용한다.

㉡ 비직선 소자의 제곱특성을 이용한 복조방식으로 직선검파기에 비해 검파능률이 떨어진다.

③ 헤테로다인 검파[24] : 반송파를 단속한 전신 신호파를 보통으로 검파해도 직류의 단속만 얻어지며 가청음의 수신은 불가능하다.

㉠ 그림 6-38처럼 반송파의 주파수 f_c와 국부 발진회로 f_{LO} (Local Oscilator : LO)의 지속파를 반송파와 함께 비직선 회로에서 혼합하면 그 출력에 f_c와 f_{LO}의 차 성분이 포함되므로 가청음의 전신신호가 얻어진다.

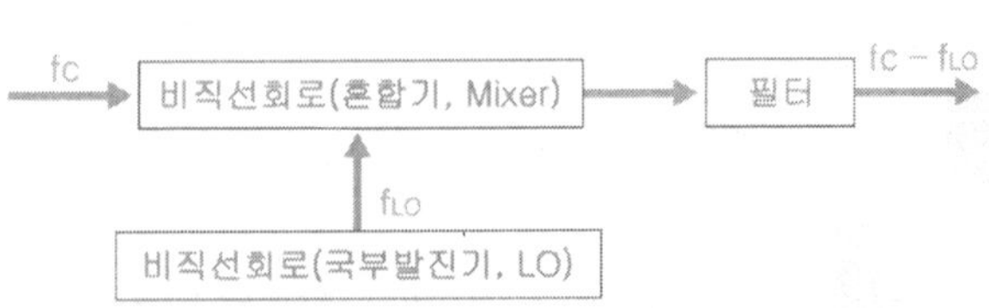

그림 6-38 • 헤테로다인 검파회로

23) 포락선(envelope) : 데이터 회선 단말장치 교환기 사이의 통신정보를 6비트 또는 8비트 단위로 분할하고, 거기에 2비트의 제어 비트를 부가한 정보단위이며 덧붙임이라고도 한다.

24) 헤테로다인 검파(heterodyne detection) : 수신전파의 주파수를 일단 어떤 정해진 낮은 주파수로 변환한 후 복조하는 일을 말하며, 헤테로다인 변환이라고도 한다.

이와 같은 회로를 복조 헤테로다인 검파(heterodyne detector)라 한다.

㉡ $f_c - f_{LO}$의 차를 중간주파수(초가청주파수의 455[kHz]) 등을 선택하여 증폭하는 방식이다. 즉 국부발진회로(LO)와 혼합기(mixer)를 합한 것으로 이런 회로를 주파수 변환회로(컨버터)라 한다.

(2) 주파수 변조

주파수 변조는 진폭이 일정한 교류신호의 주파수를 입력신호의 변화에 맞추어 변화시키는 방식이다.

화상이나 음성 등의 전달하고자 하는 신호를 반송파에 담아 송신할 때, 반송파가 신호를 담는 방법에는 진폭변조와 주파수 변조가 있다. 주파수 변조는 반송파의 진폭은 일정하게 한 채로 신호를 주파수로 변환해 송신하는 방법이다.

① 주파수 변조(Frequency Modulation : FM) : 전송하고자 하는 신호파의 세기에 따라 반송신호의 주파수를 변화시키는 방식이다. 장점은 잡음 및 혼성에 강하며, 단점으로는 넓은 대역폭이 필요하므로 속도가 느리다. 주파수 변조회로는 그림 6-39와 같다.

㉠ FM 변조방식에는 협대역 FM방식과 광대역 FM방식이 있으며, AM과 달리 새로운 수파수 성분들이 발생하므로 AM은 선형 변조에 속하고 FM은 비선형 변조에 속한다.

㉡ 반송파를 $V_C = V_C \cos(\omega_c t + \theta)$라 하면 반송파의 진폭은 일정하게 하고 신호파의 진폭에 따라서 W_c가 변하는 변조방식을 FM변조라 한다.

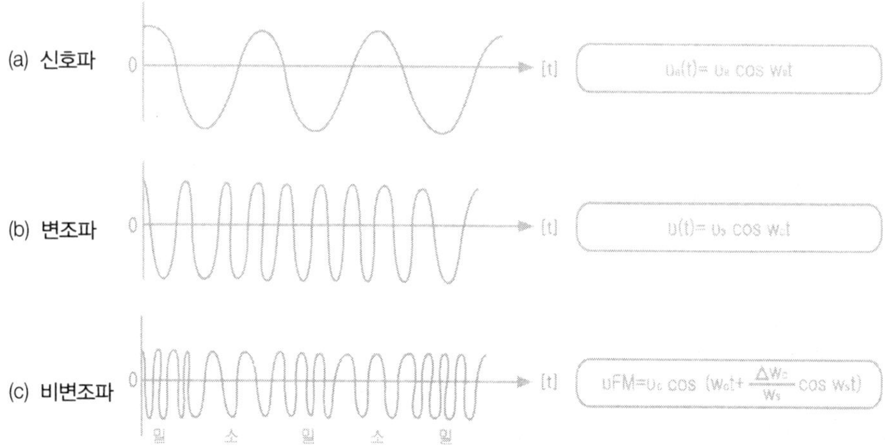

그림 6-39 ∘ 주파수 변조회로

㉢ 진폭이 일정한 교류파형의 일반식 $v(t) = A\cos(t)$에서 $\theta(t)$는 순시위상각이므로 순시주파수를 $\theta(t)$로 적분하면 식 (6-42)와 같다.

$$\theta(t) = \omega_c t + \theta \tag{6-42}$$

이것을 일반식에 대입하면 식 (6-43)과 같다.

$$v(t) = A\cos(\omega_c t + \theta) \tag{6-43}$$

여기서 $\theta(t)$가 신호 $f(t)$에 정비례하므로 식 (6-44)와 같다.

$$\theta(t) = \omega_c t + \theta + \kappa f(t) \tag{6-44}$$

여기서 κ는 비례상수이다. 반송파 각주파수 ω_c인 파형으로 표시하면 식 (6-45)와 같은 위상변조가 된다.

$$v(t) = A\cos(\theta)[\omega_c t + \theta + \kappa f(t)] \tag{6-45}$$

즉 입력신호 $f(t)$에 따라 반송파 위상을 변화시키면 식 (6-46)과 같은 PM파가 된다.

$$v(t) = A\cos\theta(t) = A\cos\theta[\omega_c t + \theta + \kappa\int_0^t f(t)dt] \tag{6-46}$$

여기서 변조신호 $f(t)$의 적분값에 비례하여 반송파의 위상을 변화시키면 주파수 변조(FM)파가 된다.

② 주파수 대역폭(BW_{FM})

$BW_{FM} = 2f_s(m_f + 1) = 2(\Delta f + f_s) = 2f_s \times m_f = 2\Delta f_s(m_f \gg 1$일 때) $\fallingdotseq 2\times f_s(m_f \ll 1$일 때), $m_f < 0.5$이면 협대역 FM(Narrow Band FM)이고, $m_f \geq 0.5$이면 광대역 FM(Wide Band FM)이라 한다.

③ 최대 주파수편이

반송파 주파수 f_C를 중심으로 변조에 의한 최대 주파수 변화분이다.

㉠ 일반통신 : $\Delta fc = \pm 15$[kHz]

㉡ TV 음성 : $\Delta fc = \pm 25$[kHz]

㉢ FM 방송 : $\Delta fc = \pm 75$[kHz]

④ 주파수 변조지수(m_f)는 최대 주파수편이 Δf_c에 반비례한다.

⑤ 주파수 변조의 특징

㉠ 매우 많은 측파대를 가지며 AM방식에 비해 잡음과 혼신의 방해가 적다.

㉡ 변조도가 클수록 일그러짐은 작아지고, S/N비가 개선된다.

⑥ S/N비(Signal-noise Ratio) : 신호전압(또는 신호전류, 신호전력)과 잡음전압(또는 잡음전류, 잡음전력)과의 비이며, 주로 데시벨[dB]로 나타낸다. S/N비 개선을 위해서 다음과 같은 방법을 취한다.

㉠ 변조도를 크게 한다.

㉡ 송신기 측에 변조파의 높은 주파수 성분을 저주파에 비해 dB을 크게 변조하는 방식인 Pre-Emphasis를 삽입한다.

㉢ 수신측에 복조한 다음 원신호를 회복하기 위해 적절히 고주파 성분의 진폭을 감쇠시키는 De-Emphasis를 삽입하면 잡음특성이 개선된다.

㉣ 대역폭(B)은 넓고 최대 주파수편이(Δf_c)는 변조지수(m_f)에 비례한다.

(3) Pre-Emphasis와 De-Emphasis 회로

송신신호의 주파수 성분의 고주파수 대역을 강조해서 송출하는 회로로 S/N을 개선하기 위해 송신 측에 Pre-Emphasis 회로를 삽입한다. Pre-Emphasis와 De-Emphasis 회로는 그림 6-40과 같다.

pre-emphasis는 주파수 변조방식에 의한 통신에서는 신호 주파수가 높아짐에 따라서 복조 후의 S/N비가 나빠진다. 주파수에 비례하여 변조를 많이 함으로써 S/N비를 개선하기 위하여 송신측에서 베이스밴드 신호의 주파수의 높은 쪽을 특히 강조하는 방법이 쓰이는데 이 조작을 프리엠퍼시스(pre-emphasis)라고 하며, 수신측에서 반대의 조작을 하는 방법을 디엠퍼시스(de-emphasis)라고 한다.

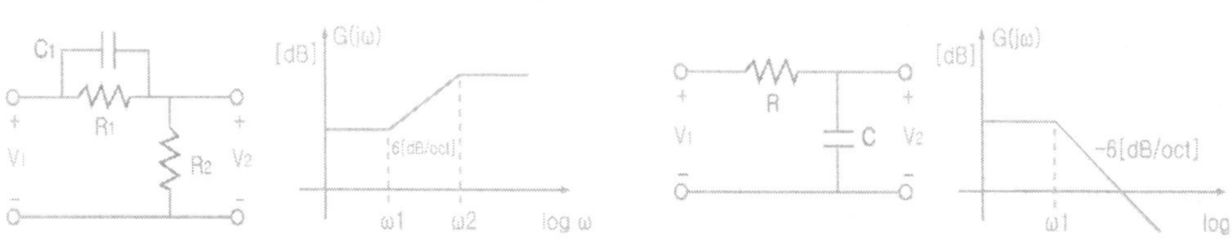

(a) 프리엠퍼시스 (b) 디엠퍼시스

그림 6-40 • 프리엠퍼시스와 디엠퍼시스 회로

(4) FM방식과 AM방식의 비교

① AM : 진폭변조는 전파에 소리를 실어 보낼 때 소리의 강약에 따라 전파의 진폭이 바뀌도록 하는 변조방식이다.

② FM : 변조시 전파의 진폭은 변화시키지 않고 반송파의 주파수만 변화시키는 방식이다. FM방식과 AM방식의 비교를 표 6-4에 나타내었다.

표 6-4 ◦ FM방식과 AM방식의 비교

구분 \ 방식	AM방식	FM방식
사용 주파수	좁은 대역폭으로 어느 주파수대에서도 사용가능하다.	넓은 대역폭이 요구되어 초단파대 이상에서 사용가능하다.
스펙트럼	상하측파대 스펙트럼 모두 위상반전이 없다.	하측파대 스펙트럼의 180[°] 위상반전이 있다.
대역폭	$2m_f \quad \left(m_f \propto \frac{1}{\Delta f_c}\right)$	$2(m_f + \Delta f)$
평균전력	$\left(1+\frac{m^2}{2}\right) \cdot P_C \quad (P_C : \text{반송파전력})$	$\frac{A_C}{2}^2 (A_C : \text{반송파의 크기})$
페이딩 영향	페이딩25)의 영향을 받는다.	진폭제한기26)를 사용하여 포락선을 유지하므로 페이딩의 영향을 받지 않는다.
송신기	• 소비전력이 크다. • 회로가 간단하다. • 과변조시 찌그러짐이 생긴다.	• 소비전력이 적다. • 과변조시 찌그러짐이 발생하지 않으므로 충실도가 높다.
수신기	• 이득이 낮아도 된다. • 회로가 간단하다. • 잡음 및 페이딩의 영향이 나타난다. • 고주파 및 중간주파 증폭기의 통과 대역폭이 작아도 된다. • 선택도가 좋다.	• 이득이 높아야 한다. • 회로가 복잡하다. • 잡음 및 페이딩의 영향이 나타나지 않는다. • 고주파 및 중간주파 증폭기의 통과대역폭이 커야 한다. • AM방식에 비해 선택도가 더 우수하다. • 체배단 수가 많아진다.

7. 주파수 변조회로

(1) 주파수 변조

변조신호에 의해 반송파의 주파수를 변화시키는 변조방식이고, 주파수 변조방법에는 직접 주파수 변조방식과 간접 주파수 변조방식이 있다.

1) 직접 주파수 변조방식

직접 주파수 변조방식은 발진회로의 발진주파수를 신호파의 진폭에 비례해서 직접 변화시키는 방법이다. 직접 주파수 변조방식의 특징은 다음과 같다.

---

25) 페이딩(fading) : 먼 거리로부터의 전파를 수신하고 있을 때 수신 전계강도가 수 초에서 수 분간의 간격으로 변동하는 현상이다.

26) 진폭제한기(amplitude limiter) : 일정 레벨 이상으로 된 전압파형 또는 전류파형의 진폭을 제한하기 위한 장치, 주파수 변조파에서 입력 때의 혼신, 잡음이 생긴 진폭변조 성분을 제거, 제한하는데 사용한다.

① 반송파 발진기의 공진회로에 리액턴스 트랜지스터, 가변용량 다이오드 등을 사용하여 발진주파수를 변화시키는 방식으로 구조가 간단하고 주파수편이를 한 번에 쉽게 얻을 수 있다.

② 반송파를 신호파에 의해 직접 주파수를 변조하는 방식으로 자동주파수 제어(Automatic Frequency Control : AFC)회로가 필요하다.

③ 반송파 발진기의 공진회로에 등가 콘덴서 C 또는 인덕턴스 L을 접속하여 그 리액턴스를 신호파에 따라 변화시킴으로써 발진주파수 자체를 변화시키는 방식이다.

㉠ 리액턴스 트랜지스터에 의한 주파수변조 : 트랜지스터를 하나의 리액턴스로 동작시켜 신호에 따라 발전주파수를 변화시키는 방식이다. 직접 FM방식(리액턴스) 트랜지스터 회로는 그림 6-41과 같다.

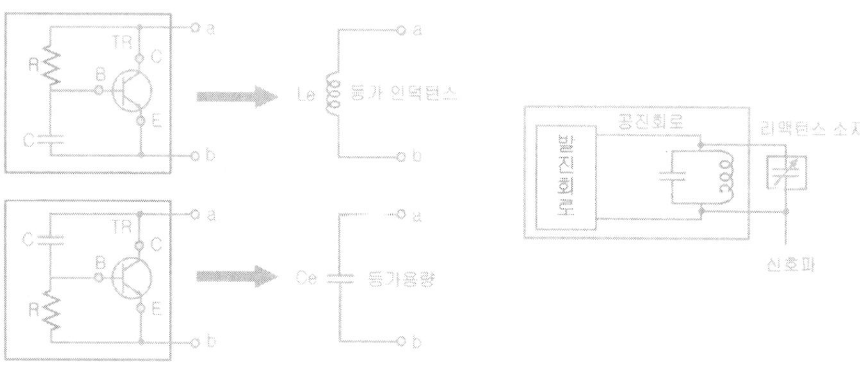

(a) TR 회로 (b) 등가회로 (c) 직접 FM방식의 원리

그림 6-41 ◦ 직접 FM방식(리액턴스) 트랜지스터 회로

㉡ 가변용량 다이오드에 의한 주파수변조

㉮ 가변용량 다이오드 : 발진회로의 발진주파수를 결정하는 동조회로의 콘덴서 일부로서 사용하며 주파수변조를 한 것이다.

㉯ 바랙터 다이오드와 같이 역전압의 크기에 따라 다이오드의 등가용량이 변하는 방식이다.

㉢ 특징 : LC 발진기 사용으로 주파수 안정도가 나쁘고, 변조회로 구조가 간단하고, 큰 주파수편이를 쉽게 얻을 수 있어 채배기가 필요 없거나 적어도 된다.

2) 간접주파수 변조회로

발진회로의 L, C를 음성 등으로 직접 변화시키지 않고, 리액턴스 등을 사용하여 회로의 주파수변조를 하는 방식이다. 간접주파수 변조회로는 다음과 같은 특징을 갖다.

① 위상변조에 의해 간접적으로 FM파를 만든다.

② 신호파에 의하여 먼저 진폭변조나 위상변조파를 만든 후 주파수를 변조하는 방식이다.

③ 전치보상회로(pre-distorter : 일종의 적분회로) : 주파수에 반비례하는 출력을 얻을 때 사용하는 회로이다.

④ 신호파 주파수 f_s에 반비례하고 위상이 90[°] 다르게 하는 전치보상회로(적분회로)를 통해 위상변조를 시켜 FM파를 만든다.

⑤ 중심주파수는 충분히 정적이고 정확도가 높은 것을 얻을 수 있으며, 주파수편이가 작다. 주파수 변조파의 파형은 그림 6-42와 같다.

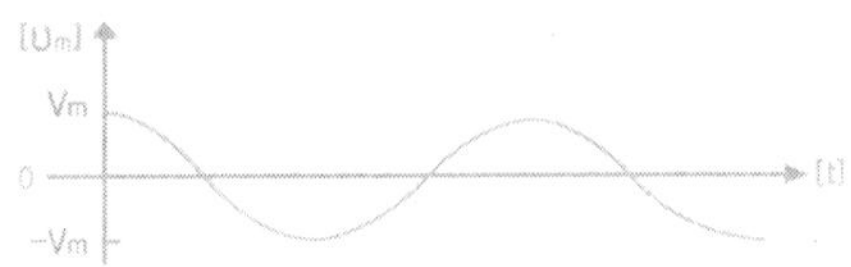

(a) 주파수 변조

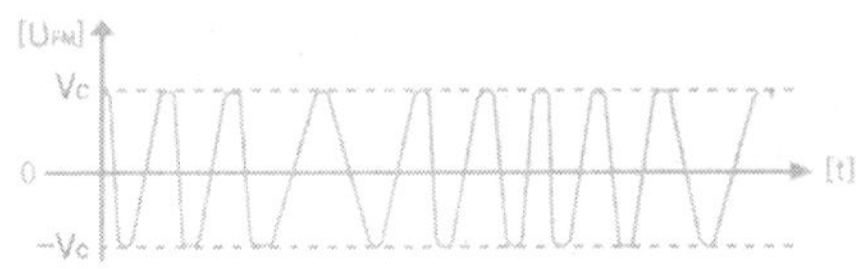

(b) 변조파의 파형

그림 6-42 • 주파수 변조파의 파형

⑥ 암스트롱 변조회로 : 수정발진기의 발진주파수를 평형변조기에서 신호파로 위상변조 시킨다.

⑦ 간접 FM의 특징 : 주파수 변조회로의 일종으로, 직접 주파수 변조방식과 달리 위상 변조기에서 주파수 피변조파를 얻는 방식이다. 간접 FM의 특징으로 다음과 같다.

㉠ 회로가 복잡하고 안정된 수정발진기를 사용하므로 AFC가 불필요하며, 주파수 안정도와 중심 주파수의 안정도가 우수하다.

㉡ 대용량 무선송신기에 적합하다.

㉢ 큰 주파수편이를 얻지 못하므로 주파수 채배단에는 다단이 필요하다.

(2) 주파수 복조회로

주파수 판별기를 이용해 주파수 복조회로를 만든다.

1) 주파수 변조된 수신파

진폭이 일정하여 주파수가 변조신호의 진폭변화에 대응하여 변화하므로 직접적으로 검파(정류)하여 변조신호를 재현할 수 없다. 수신파의 변조는 FM파를 AM파로 변환하고 그 후에 검파하는 방법을 채용한다. FM파는 주파수변화를 진폭변화로 바꾸는 방법이므로 동조곡선의 기울기를 이용하는 것이다.

2) 주파수 복조의 종류

스태거 동조형 판별기(stagger-tuned frequency discriminator), 변별기(foster-seeley),

비검파기(ratio detector) 등이 있다.

① **스태거 동조 주파수 판별기** : 반송파를 중심으로 서로 떨어져서 동조된 2개의 동조회로를 만든 다음 각기 검파 출력의 차를 취함으로써 직선성의 향상을 꾀하는 주파수 복조기이다.

② **판별기** : 주파수 판별기의 일종으로 FM 피변조파의 복조에 사용된다.

③ **주파수 변별회로**

㉠ 주파수 변조파의 **진폭을 일정하게** 하기 위해 **진폭제한회로**를 삽입한다.

㉡ 주파수 변조파를 **진폭 변조파로 변환**시킨 다음 이것을 다시 **신호파로 복조**한다.

④ **포스트실리 주파수 변별회로**

㉠ 주파수편이가 작은 범위에서는 직선성이 우수하다.

㉡ Sweep 발진기가 필요하고, **출력전압**은 **비검파회로의 두 배**가 된다.

㉢ 입력 진폭에 의한 **복조감도**가 변화하고, **진폭제한작용**이 없기 때문에 **주파수 변조파의 진폭을 일정하게 하기 위해 진폭제한기**(lomitter)를 설치하여 진폭의 변화를 방지한다.

㉣ 주파수편이가 크면 S자형의 **특성**을 갖는다. 포스트실리 주파수 변별회로는 그림 6-43과 같다.

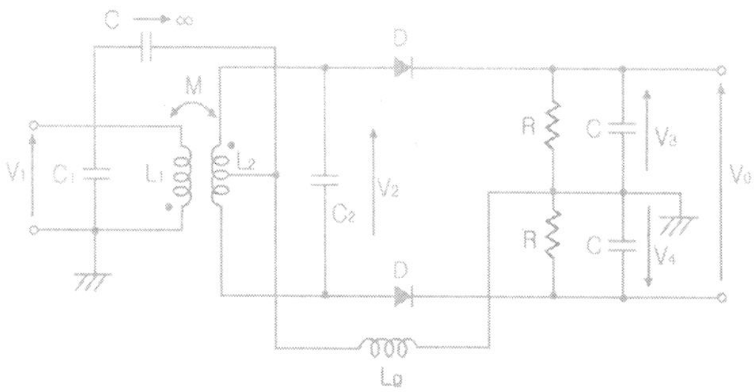

그림 6-43 • 포스트실리 주파수 변별회로

⑤ 비검파기 : 주파수 판별기의 하나로, **포스트실리 판별기 회로에서 정류기의 한 방향이 반대 방향으로 된 것이다.** 이 회로는 주파수 변조파 입력의 진폭변화에는 비교적 감응하지 않는 이점이 있으며, 따라서 진폭제한기는 필요하지 않다. 주파수 판별기의 하나로 포스트실리 판별기 회로에서 정류기의 한 방향이 반대 방향으로 되어 있다.

㉠ **진폭제한회로**가 필요하지 않는 **주파수 복조회로**이다.

㉡ **진폭제한작용**(R_1, R_2, C_S)을 하기 때문에 별도의 **진폭제한장치**를 붙일 필요가 없다.

㉢ 포스트실리 주파수 변별회로와 달리 다이오드의 방향이 역방향이고, 대용량의 콘덴서 C_0가 접속된다.

㉣ 포스트실리 회로의 일부를 개량한 것으로 감도는 1/2로 낮고, 출력도 1/2로 줄어든다. 비검파기(ratio detector) 회로는 그림 6-44와 같다.

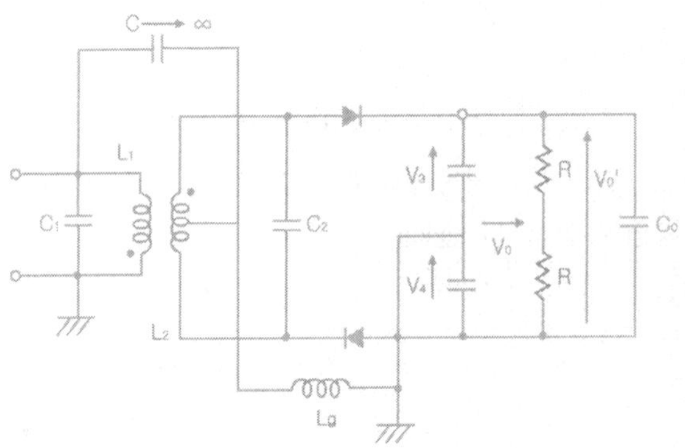

그림 6-44 • 비검파기 회로

⑥ 특성상 차이점(AM 복조회로와 비교)

㉠ 잡음, 간섭, 페이딩의 영향을 받지 않으므로 S/N비가 좋다.

㉡ 넓은 주파수 대역폭을 필요로 하고 선택도가 좋고 이득이 큰 장점이 있다.

⑦ 위상변조(Phase Modulation : PM) : 전송하고자 하는 신호에 따라 반송신호의 위상을 변조시키는 방식이다. 반송파 $v_C = V_C \cos(\omega_c t + \theta)$라 하면 반송파의 진폭은 일정하게 하고, 신호파의 진폭에 따라서 위상각 θ가 변하는 변조방식이다. 아날로그 변조방식 중 가장 고속도 전송을 할 수 있다(그림 6-45).

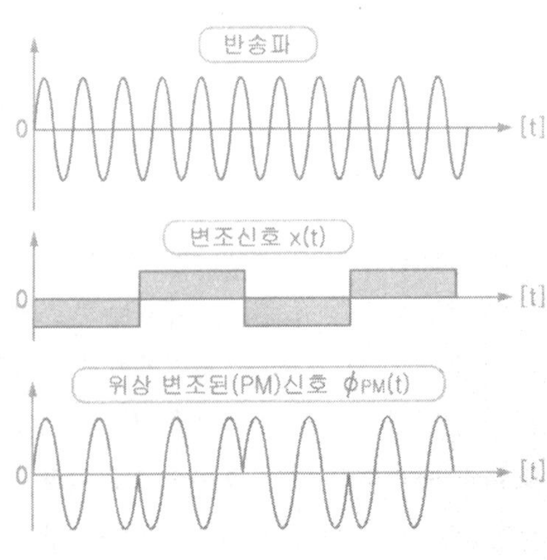

그림 6-45 • 위상변조 회로

(3) PM과 AM과의 관계

① AM(Amplitude Modulation) 은 구조가 간단하고 구현이 쉬워 여러 분야의 통신에 사용된다.

㉠ 변조신호를 미분한 다음 주파수변조하면 위상변조를 얻을 수 있다.

㉡ 변조신호를 적분한 다음 위상변조하면 주파수변조를 얻을 수 있다.

㉢ 변복조 시스템을 논할 때 기본이 되는 시스템이다.

㉣ 구조가 간난하고 구현이 쉬워 여러 분야의 통신에 광범위하게 사용된다.

② PM(Phase Modulation)

㉠ 반송파의 진폭을 일정하게 하고 반송파의 위상을 메시지 신호에 따라 변화시키는 방식이다.

㉡ 피변조파의 순시 위상이 메시지 신호에 비례한다.

(4) 기저대역 전송

기저대역 전송(baseline transmission)이란 디지털화된 신호를 주파수 대역의 이동 없이 그대로 전송하거나 또는 전송로의 특성에 알맞은 부호(전송부호)로 변환시겨 전송하는 방식으로 그림 6-46과 같다.

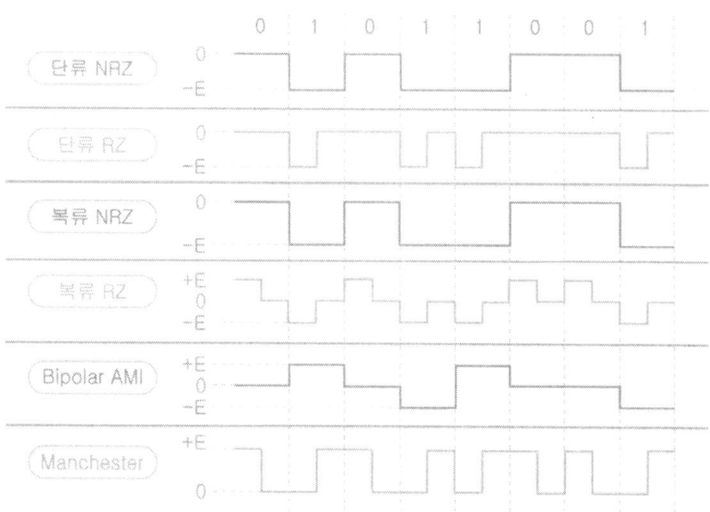

그림 6-46 • 전송부호

1) 단류방식

단류(single current)방식은 가장 단순한 전송방식으로서 잡음에 약하기 때문에 근거리 데이터 전송에 주로 이용되는 전송방식으로 0을 전압 0[V]에, 1을 (+)전압이나 (−)전압에 대응시키는데 수신 측에서 "0" 또는 "1"을 판단하기 위한 기준은 "1"에 대응하는 전압의 1/2이 최적이지만 전송로의 상태에 따라서 수신 전위가 변하므로 최적치를 유지하기가 쉽지만은 않다.

종류에는 단류 RZ(Retrun to Zero) 방식과 단류 NRZ(Non-Return to Zero) 방식으로 구분된다. 클록 한 주기 내에서 0과 1을 어떻게 표시하느냐에 관한 것이다.

① 단류 RZ : 신호 1에 양의 전압, 0에는 전압을 주지 않고 신호를 보낸 후 반드시 0으로 돌아온다.

② 단류 NRZ : 데이터를 보낼 때 신호의 있고(1) 없음(0)으로 구분하여 전송하는 방식이다.

㉠ 디지털 통신에서는 이를 흔히 OOK(On-Off Keying)이라고도 한다.

㉡ Unipolar NRZ는 구현 구조가 매우 간단하게 할 수 있어 가장 널리 쓰이는 방식이다.

㉢ 통신의 IM/DD(Intensity Modulation/Direct Detection) 전송의 대표적인 변조방식이다.

2) 복류방식

"0"을 (+)전압, "1"을 (−)전압에 대응시킨 신호로 전송하는 방식으로서 수신 측에서 "0" 또는 "1"의 판단을 하기 위한 기준은 전위 0[V]에 고정 가능하므로 안정된 전송을 할 수 있다. 단류와 마찬가지로 복류 RZ(Retrun to Zero) 방식과 복류 NRZ(Non-Return to Zero) 방식으로 구분된다.

① 복류 RZ : 신호 1에 대해 정(+)의 전류를, 신호 0에 대해 부(−)의 전류를 주어 신호 간에는 반드시 전류가 0의 상태를 취하는 방식이며, 1이나 0이 연속되어도 하나하나의 신호를 구별할 수 있기 때문에 식별이 쉽다.

② 복류 NRZ : 수신 동기에 유리하고, NRZ은 신호의 전이가 있는 경우에는 동기에 용이하지만 같은 값을 계속 유지되는 경우에는 동기에 아무 소용이 없으며, 전송대역폭이 RZ(Return to Zero) 방식의 1/2만 소요된다.

3) RZ 방식

부호의 비트 시간 길이보다 짧은 펄스를 보내고 비트 시간 길이의 나머지 시간은 펄스를 보내지 않는 것으로서 전압 0[V]의 상태로 돌아오는 신호방식이고, 시작과 끝을 구분하기가 좋다.

① 디지털 신호에 대한 선로부호화(인코딩) 방식의 한 형태이다.
② 신호 중 1(High) 신호가 들어왔을 경우, 1비트 정도 후에 다시 0(Low) 신호로 복귀하는 신호부호방식이다.
③ 비트 펄스 사이에서 반드시 일정시간 동안 0 전위를 유지한 후 다음 신호를 전송한다.

4) NRZ 방식[27)]

비트 펄스 사이에 전위 0[V]로 유지하지 않고 계속해서 펄스를 전송하는 방식이며, 시작과 끝을 구분하기 어렵다는 단점이 있다(비트 동기화를 포함할 수 없다).

5) 바이폴러 방식

이원 입력신호의 0은 0레벨의 펄스로 1은 (+), (−) 두 개의 레벨의 펄스로 서로 교대로 변환시키는 방식으로 AMI라고도 하며, 부호 에러의 검출이 가능하고 직류성분이 포함되지 않는다.

6) 맨체스터 펄스

1은 한 펄스폭을 두 개로 나누어 반구간은 (+)펄스 나머지 반구간은 (−)펄스로 구성하며 0은 1과 반대로 구성한다.

① 맨체스터 신호의 극성은 각 비트의 중앙에서 반전되며 천이되는 방향이 논리(logic) 상태를 결정하게 된다.
② 높은 레벨에서 낮은 레벨로의 천이가 1을 나타낸다.
③ 낮은 레벨에서 높은 레벨로의 천이가 0을 나타낸다.
④ 맨체스터 부호화 방식은 주로 LAN 이더넷(10[Mbps]) 방식에서 사용
⑤ 수신 동기 용이하며 직류성분이 없다.
⑥ 항상 매 비트마다 펄스의 변화가 있게 하여 수신측에서 동기 타이밍을 쉽게 찾는다.
⑦ 대역폭 : NRZ의 2배이다.

(5) 모뎀(MODEM=(변조 : MOdulation)+(복조 : DEModulation))

디지털 정보를 그림 6-47과 같이 전화망의 음성 주파수 대역의 아날로그 신호로 변환하고 수신 측은 변조된 신호를 복조하여 원래의 디지털 데이터로 변환하는 장치로 아날로그 전송매체를 통해 데이터를 전송하는 반드시 필요한 변복조기로서 일종의 신호변환기라 하며 송신부와 수신부로 나눌 수 있다.

27) NRZ 방식 : 1 또는 0을 나타내는 하나의 펄스파형 시간간격을 하나의 주기와 같게 한 선로부호이다.

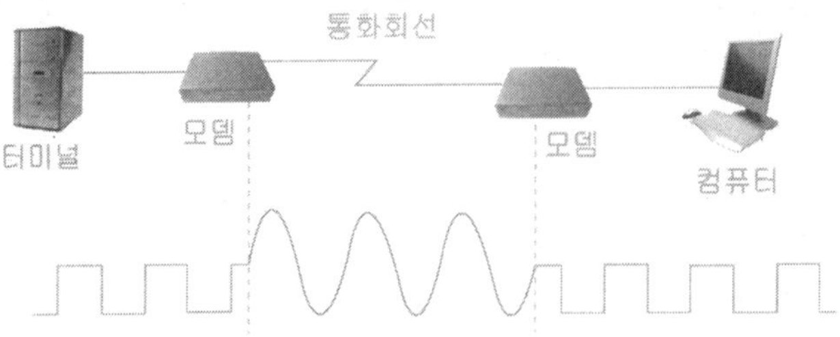

그림 6-47 • 모뎀의 기본기능

① 송신부 : 디지털 신호가 인코더에 입력되어 변조기로 변조하고 아날로그 형태로 변형된 다음 송신선으로 나가게 된다.

② 수신부 : 통신선으로부터 들어오는 아날로그 신호를 복조기를 통해 복조한 후 디지털 신호로 변환하고 다시 데이터 복호화기를 거쳐 본래의 데이터로 환원된다.

(6) 음성의 디지털화 장치(코덱, CODEC)

Coder[28](부호화기)와 Decoder(복호화기)의 합쳐진 것이다. 코덱과 모뎀의 신호변환은 그림 6-48과 같다.

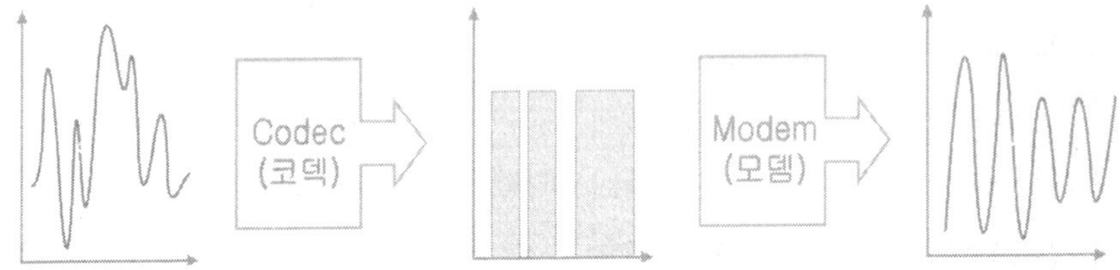

그림 6-48 • 코덱과 모뎀의 비교

① 부호기(coder) : 아날로그 신호(PAM 신호)를 입력받아 이를 디지털 신호(PCM word, 8[bit])로 부호화하는 장치이다.

② 복호기(decoder) : 전송받은 디지털 신호(PCM word, 8[bit])를 아날로그 정보(PAM 신호)로 복원하는 장치이다.

28) CODEC : 음성 또는 영상의 신호를 디지털 신호로 변환하는 코더와 그 반대로 변환시켜 주는 디코더의 기능을 함께 갖춘 기술이다.

8. 디지털 변복조

(1) 아날로그 변조방식(아날로그 데이터 → 아날로그 신호)

아날로그(analog) 변조기술은 전송하고자 하는 정보신호가 아날로그 신호이고 반송파로 cos, sin 함수와 같은 연속함수 형태의 반송파를 사용하는 변조방식이다. 아날로그 신호의 세 가지 요소에는 진폭, 주파수, 위상이 있다. 아날로그 변조방식의 종류와 모양은 그림 6-49와 같다.

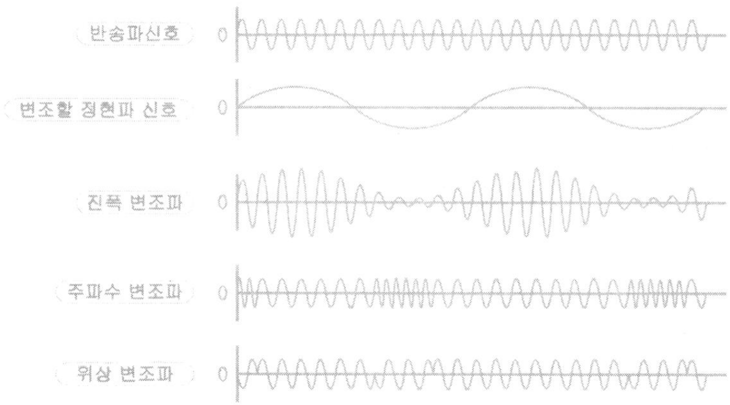

그림 6-49 • 정현 반송파의 변조

(2) 폭변조

폭변조(Amplitude Modulation : AM)를 전송하고자 하는 신호에 따라 반송신호의 진폭을 변화하는 방식이다. AM 변조의 종류와 장점은 표 6-5와 같다.

표 6-5 • AM 변조의 종류와 장점

종 류		장 점
DSB	Double Side Band	원신호 복원이 가능하다.
SSB	Single Side Band	전송하기 쉽다.
VSB	Vestigial Side Band	원신호 복원이 가장 쉽다.

(3) 펄스 변조

펄스(pulse) 변조는 아날로그(analog) 신호를 고주파 펄스의 반송파를 이용하여 이산적으로 전송하는 방식이다.

1) PAM(Pulse Amplitude Modulation) 변조

아날로그(analog) 신호의 크기에 따라 펄스(pulse)의 크기를 변화시키는 방법으로 그림 6-50과 같다.

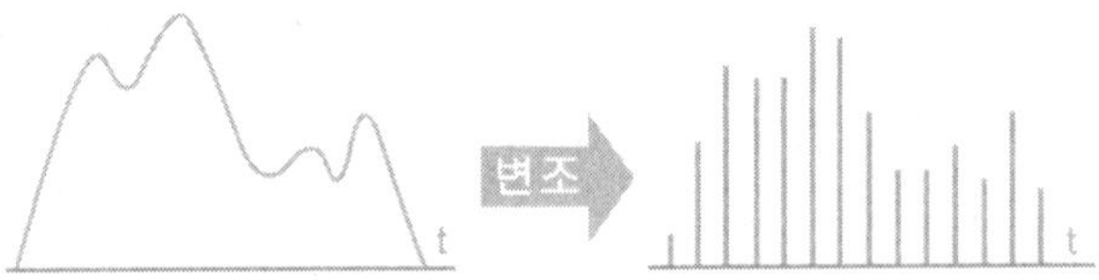

그림 6-50 • PAM 변조

2) PPM(Pulse Position Modulation)

아날로그 신호의 크기에 따라 펄스의 위치를 변화시키는 방식이다. PWM(Pulse Width Modulation) 신호가 미분회로를 거쳐 PPM 신호로 변조되는 과정은 그림 6-51과 같다.

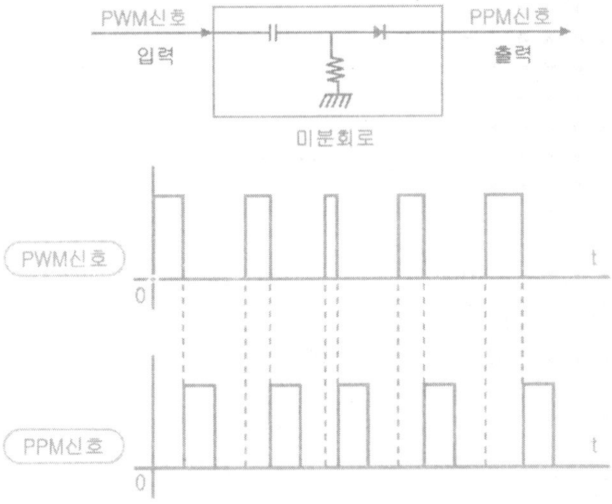

그림 6-51 • PPM 변조

3) PCM(Pulse Code Modulation)

아날로그 신호의 크기에 따라 펄스의 크기를 변화시키는 PAM(Pulse Amplitude Modulation)을 만든 다음 양자화, 부호화의 과정을 거쳐 디지털(digital) 신호로 만들어 전송하는 변조방식이다. PCM 변조는 그림 6-52와 같다.

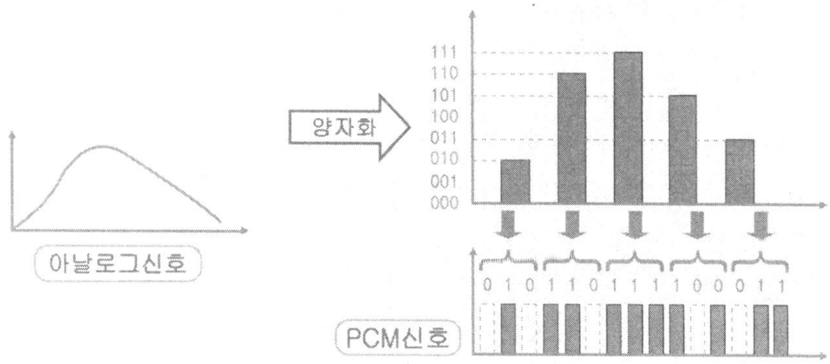

그림 6-52 • PCM 변조

4) 델타 변조(Delta Modulation)

아날로그 입력을 신호의 마지막 추정값과 비교, 비교기 출력을 통해 추정값이 큰지 작은지 알려준다. 정보량이 적고 회로구성이 간단하며, 신뢰성이 높다. 델타 변조는 그림 6-53과 같다.

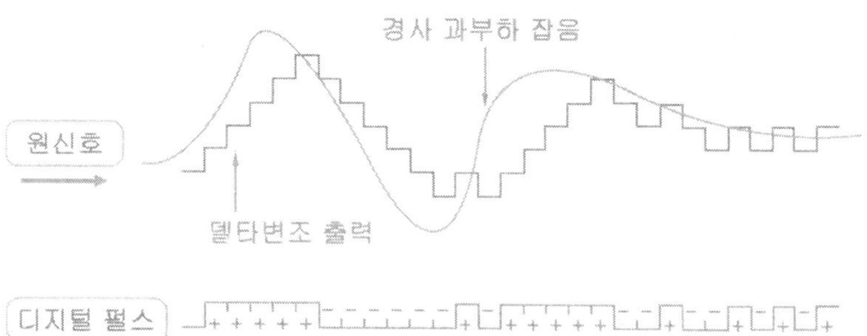

그림 6-53 • 델타 변조

① 경사 과부하 잡음(slope overload noise) : 아날로그 파형이 급격하게 변화하는 경우 그 변화를 추적할 수 없을 때 나타나는 잡음이다.
② 그래뉼러(granular) 잡음 : 아날로그 파형이 완만하게 변화할 경우 발생하는 잡음이다.

5) 차동 펄스 부호변조(Differential PCM : DPCM)

가장 우수한 S/N비를 가지며, PCM(Pulse Code Modulation)에 비해 과잉의 양자화를 생성하므로 비효율적이다. 차분 펄스 부호변조(DPCM)에서 양자화의 단계폭(step size)을 신호의 진폭에 따라 적응적으로 변경시키는 방식이다. 즉, 진폭이 큰 곳에서는 단계폭을 크게 하여 신호의 변화에 따라서 적응적으로 예측값과 실제값의 차분만을 부호화하여 전송한다.

9. 펄스 변조와 복조

(1) 펄스 변조

입력된 신호의 진폭에 따라 출력 펄스의 폭, 진폭, 위상수 등을 변화시키는 것으로 아날로그 펄스 변조와 디지털 펄스 변조로 나누어진다. 펄스 복조는 수신측에서 수신한 펄스파에서 신호분(정보)을 빼내는 회로로 펄스 진폭변조파의 복조회로, 펄스 폭변조파의 복조회로이다.

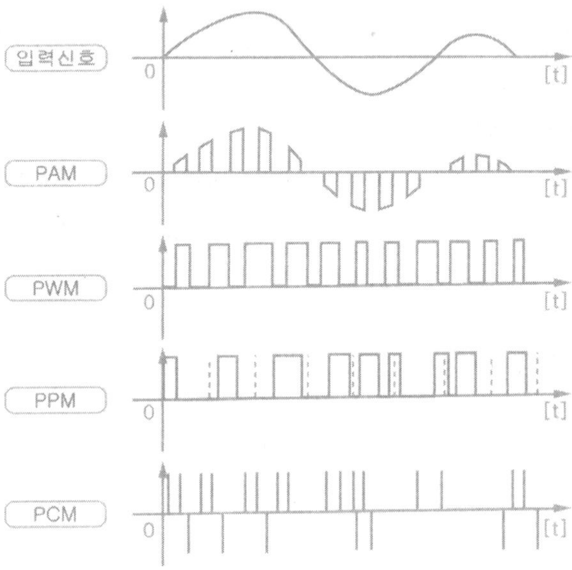

그림 6-54 ■ 여러 가지 펄스 변조방식

연속적인 아날로그 변조신호를 가지고 주기적인 펄스의 진폭, 주기(폭), 위치, 펄스수, 그리고 주파수 등을 변화시키는 변조방식으로 PAM(Pulse Amplitude Modulation), PPM(Pulse Position Modulation), PFM(Pulse Frequency Modulation) 등이 있으며, 이 중 PWM(Pulse Width Modulation), PPM, PFM을 하나로 묶어서 PTM(Pulse Time Modulation)이라 하며, PAM, PTM은 연속 레벨 변조라 하고 PNM(Pulse-Number Modulation)과 PCM은 불연속 레벨 변조라 한다. 여러 가지 펄스 변조방식은 그림 6-54와 같다.

1) 연속 레벨 변조

PAM과 PTM은 변조신호가 연속적으로 변화하고 변조되는 양도 연속적으로 변화한다. 펄스 진폭변조(PAM) 스펙트럼은 그림 6-55와 같다.

① PAM

㉠ 변조 및 복조회로가 간단하고 점유주파수 대역폭을 좁힐 수 있다.

㉡ 비직선 왜곡을 일으키기 쉽고 잡음이나 페이딩의 영향을 받기 쉽다.

② PTM

㉠ PPM : 변복조장치가 가장 안전하고 PAM 및 PWM에 비해 S/N비가 크고, 입력 S/N비가 작으면 증폭기의 출력 S/N비가 급격히 저하한다.

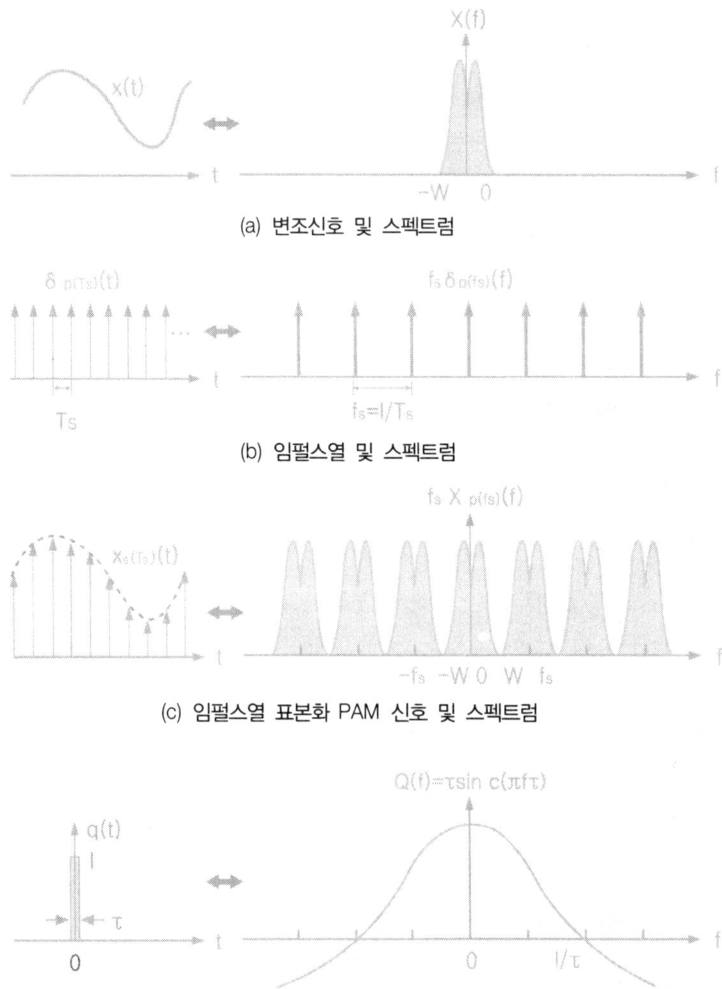

(a) 변조신호 및 스펙트럼

(b) 임펄스열 및 스펙트럼

(c) 임펄스열 표본화 PAM 신호 및 스펙트럼

(d) 펄스 및 스펙트럼

그림 6-55 ◦ 펄스 진폭변조(PAM) 스펙트럼

㉡ PWM이 PAM보다 S/N비가 크며, PPM보다 전력부하의 변동이 크기 때문에 가장 큰 펄스폭을 다루는 데 충분한 출력용량을 필요로 하고, LPF(Low Pass Filter)를 이용하여 간단히 복조할 수 있다.

2) 불연속 레벨 변조

PNM과 PCM은 변조신호를 연속적으로 변화시키거나 변조되는 양은 단계적(discrete)이므로 불연속 레벨 변조라 한다.

① PCM : 일정 수의 펄스를 한 조로 한 부호를 만들고 표본화 레벨에 대응시켜서 송출하는 방식이다.

② PNM : 신호파 레벨에 대응하여 일정시간 내의 펄스수를 변화시키는 변조방식으로 펄스 간격이 동일한 펄스를 사용하므로 변조출력을 변화시키는 것이 되며, 그 단계의 수를 크게 잡을 수 없다.

③ PNM은 펄스 간격이 동일한 펄스를 사용하므로 변조출력을 변화시키는 것이 되며 그 단계의 수를 크게 잡을 수 없다.

3) 펄스 변조의 특징

① 매우 넓은 주파수 대역이 필요하고 장거리 고품질 통신이 가능하다.

② 신호의 일그러짐이나 잡음의 발생이 없고 전송로에 의한 레벨 변동이 없다.

③ 단국장치[29]는 디지털 시스템을 사용하므로 경제적으로 구성할 수 있고 PCM의 고유잡음이 발생한다.

(2) 펄스 복조

펄스 복조의 종류에는 펄스 위상변조파의 복조회로, 펄스 주파수 변조파의 복조회로가 있다. 펄스 복조의 특징으로는 다음과 같다.

① 수신 측에서 수신한 펄스파에서 신호분(정보)을 빼내는 회로를 펄스 복조회로라고 한다.

② PAM파는 저역 필터(적분회로)로 복조할 수 있다.

③ 주파수 성분은 PAM파의 고주파 성분(펄스)이 콘덴서를 통해 접지로 흐르고 남은 신호를 출력단자에서 빼낼 수 있도록 한다.

④ PPM과 같게 해서 신호파를 빼낸다.

---

29) 단국장치(terminal equipment) : 다중 전화회선에는 단국과 중계선으로 구성되어 개개의 신호내용을 양 단말에서 변복조 작용에 의해 다수가 일괄되어 공통의 중계선을 통하여 전송하는데, 이 양 단말의 다수 신호내용을 일괄하는 장치, 변조기, 필터, 증폭기 등으로 구성되어 있고, 음성회선의 경우에는 4선식 장거리 회선의 단말에서 2선식 회선과 접속하는 혼성 코일을 가진 장치를 단국장치라 한다.

(3) 디지털 변조방식

디지털 변조방식(디지털 데이터 → 아날로그 신호) : 반송파의 진폭과 주파수, 위상을 데이터 비트(1, 0)에 따라 변화시키는 것이다. 펄스 변조된 신호를 이용하여 2진 부호화된 신호들을 디지털 변조시켜 전송하면 잡음의 영향을 적게 받고 다중화가 가능하게 된다. 정보(신호)를 원하는 곳까지 오류 없이 전달하기 위해 반송파를 이용하여 전송 채널에 알맞은 신호의 형태로 변환하는 과정이다. 전송되는 신호의 특성에 따라 ASK(진폭변조), FSK(주파수변조), PSK(위상변조) 등으로 분류한다. 디지털 변조방식은 그림 6-56과 같다.

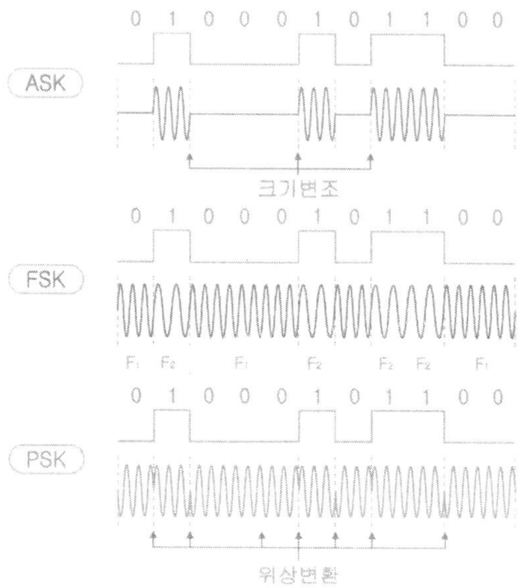

그림 6-56 ◦ 디지털 변조

1) 진폭편이변조[30](Amplitude Shift Keying : ASK)

디지털 신호 0과 1의 2진수 값을 각각 다른 진폭을 갖는 반송주파수로 표현하는 방식으로 단극 NRZ 형태의 2진 데이터에 대응하여 반송파를 on시켰다가 off시키는 방식이라 해서 OOK(On-Off-Key in)이라고도 한다. 비교적 저속 데이터 전송에 이용되며, 매우 간단히 구성할 수 있으나 에러 성능이 다소 떨어지는 단점이 있다. Base band 방식에 비해 2배의 전송대역폭을 필요로 하며 비동기 검파를 이용한다.

---

30) ASK(Amplitude Shift Keying) : 전송하고자 하는 디지털 신호에 대응하여 반송파의 진폭을 변화시켜 전송하는 방식으로 다음은 한 신호를 '0' (혹은 '−1')을 다른 한 신호는 '1'의 값을 갖는 디지털 신호전송시 사용될 수 있는 On-Off Keying(OOK)의 예를 보여주고 있다.

2) 주파수편이 변조[31](Frequency Shift Keying : FSK)

디지털 신호 0과 1의 값이 서로 다른 주파수로 표현되는 방식(전이중 : Full duplex)으로 전송속도가 비교적 저속에 이용되며, 협대역이면서 잡음에 강한 모뎀의 전송방식에 이용되는 변조방식이다.

3) 위상편이변조(Phase Shift Keying : PSK)

디지털 신호를 반송신호의 위상을 다르게 할당하는 방식으로 PRK(Phase Reverse King)라고 한다.

10. 다중화 방식

다중화(MUltipleXing : MUX) : 제한된 용량을 갖는 통신자원에 대하여 다수의 독립적인 사용자들이 서로 공동의 자원으로 채널을 공유하기 위하여 다중화가 필요하다. 몇 개의 DTE(Data Transmission Equipment)가 하나의 통신회선을 통하여 결합된 형태로 신호를 전송하고 이를 수신 측에서 원래의 형태로 나누어주는 방식으로, 2개 혹은 그 이상의 신호를 결합하여 물리적 회선이나 라디오 링크를 통하여 전송해 주는 방식이다. 1개의 전송로로 복수의 데이터 신호를 중복시켜서 전송하는 것이다(그림 6-57).

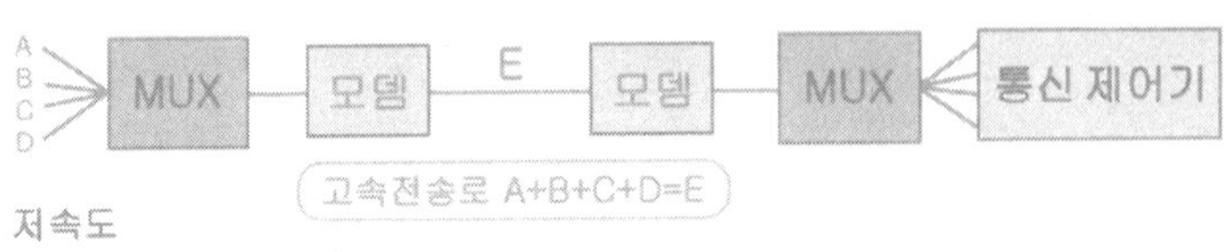

그림 6-57 • 다중화장치의 구성형태

(1) 주파수분할 다중화 방식(Frequency Division Multiflexing : FDM)

일정한 폭을 가진 통신선로의 주파수 대역폭을 몇 개의 작은 대역폭으로 나누어 여러 대의 저속도 장치를 동시에 이용한다. 전송하려는 신호의 대역폭보다 전송매체의 유효대역이 클 경우에 사용되며, 간섭파의 영향에 강하고 누화가 많이 발생하며 광대역 전송이 가능하다(그림 6-58).

31) FSK(Frequency Shift Keying) : 전송하고자 하는 디지털 신호에 대응하여 반송파의 주파수를 변화시켜 전송하는 방식으로 다음은 한 신호를 '0'(혹은 '−1')을 다른 한 신호는 '1'의 값을 갖는 디지털 신호전송시 '0'의 값 전송시 주파수 f_0를 사용하고 '1'의 값 전송시 주파수 f_1을 사용하는 BFSK 방식의 예를 보여주고 있다.

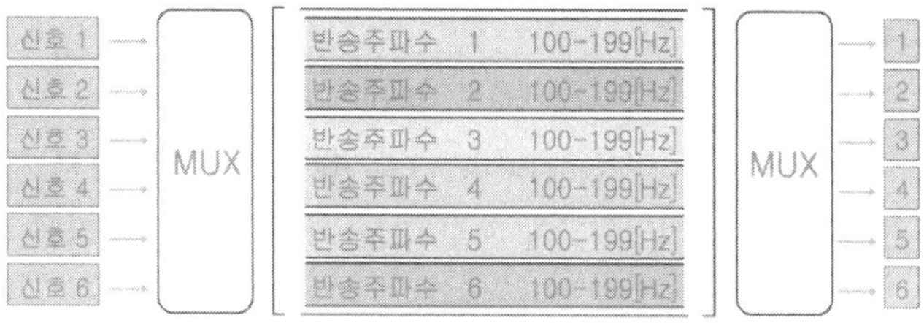

그림 6-58 ◦ 주파수분할 다중화 방식

(2) 시간분할 다중화 방식(Time Division Multplexing : TDM)

한 전송로의 대역폭을 일정한 시간간격(time slot)으로 나누어 각 채널에 할당함으로써 몇 개의 채널들이 한 전송로를 나누어 사용하는 방식이며 아날로그 방식에 비해 약 2~3배 정도의 수용용량을 갖고 있다. 통신속도가 높고, 통화회선이 적을 때 경제적이며, 지연 왜곡 및 누화가 적다. 또한 통화로의 구성단가가 싸다. 하지만 통화로망 점유주파수 대역폭이 넓으며, 기존 유선망과 간단히 전송할 수 없는 단점이 있다(그림 6-59).

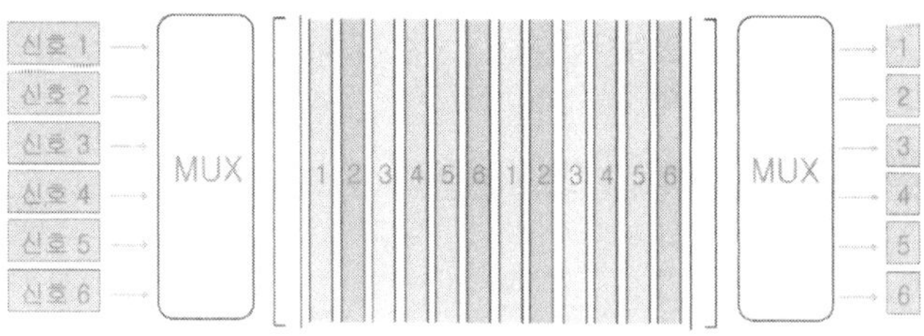

그림 6-59 ◦ 시간 분할다중화 방식

(3) 코드 분할 다중화 방식(Code Division Multiple Access : CDMA)

할당된 주파수 대역을 채널로 분할하지 않고 통째로 채널 하나로 활용하는 코드 분할 다중 접속방식으로 통화자 각각의 음성신호를 디지털 신호로 변환하고, 변환된 신호에 통화자의 신분을 알 수 있는 암호(코드)를 사용하여 통화비밀을 유지할 수도 있다. 아날로그 방식(Frequency Division Multiple Access : FDMA)과 비교하여 약 10배 이상의 수용용량을 가지며, 이동통신과 위성통신에 사용된다.

(4) 파장분할 다중화 방식(Wavelength Division Multiplexing : WDM)

광신호를 전송할 때 사용되는 방식으로 전송하고자 하는 여러 신호를 서로 다른 파장을 할당하여 다중화하는 동시에 데이터를 전송하는 방식이다. 합파기, 분파기를 사용하며, 다른 파장들을 묶어 하나의 광섬유를 통해 전송하는 방식이다. 수신측에서는 각 채널을 파장별로 분해하여 각 채널을 활용하며 광전송에 이용된다.

(5) IMT-2000(International Mobile Telecommunication 2000)

새로운 무선접속기술인 W-CDMA(Wideband Code Division Multiple Access : 광대역 부호 분할 다중 접속)를 이용, 하나의 단말기를 통해 여러 가지 서비스와 접속 가능하고 인터넷의 그래픽 접속, 멀티미디어 메일 교환, 대량의 데이터 파일 전송 등을 동시에 하면서 비디오 화상회의도 진행할 수 있다. 또한 국제적인 로밍 서비스와 무선 비디오 서비스 등의 안정된 부가 서비스도 가능하여 음성 위주의 서비스를 탈피하여 고속 데이터와 영상 서비스까지지도 전송할 수 있는 무선 멀티미디어 통신기술이다.

04 정보통신(Information And Communication)

1. 정보통신 네트워크의 개요

(1) 통신망의 구성요소

큰 시스템에서 주 처리기, 원격 시스템, 모든 구성요소를 서로 연결해 주는 전송로나 채널이다.

① 가입자(station) : 공중통신망의 이용자이다.
② 노드(node) : 네트워크 내의 교환 센터로서 가입자에게 접속경로를 제공하는 장치이다.
③ 링크(link) : 공중통신망을 구성하는 요소 중 노드 간을 연결하는 전송로를 의미한다.
④ 인터페이스(interface) : 네트워크와 가입자 간의 상호접속이다.

(2) 통신망의 특징

데이터를 주고받기 위하여 컴퓨터나 전화 팩시밀리를 사용하여 정보를 주고받는 역할을 한다.

① 정보전달이 대량이며 신속하고 정확하게 전달한다.
② 정보의 장거리 전송이 가능하고 신뢰성이 높다.
③ 통신의 전송품질에 대해서는 전송품질의 동일성이 있다.

(3) 통신망의 기본조건

통신망의 대표적인 기본조건으로 다음 네 가지를 들 수 있다. 명료성, 신속성, 안정성,

경제성이 갖추어져야 한다.

(4) 통신망의 종류

전화망, 컴퓨터망, 데이터 통신망, 데이터 교환망, 근거리 통신망 등이 있다.

① **전화망**(telephone network) : 전기 통신망에서 전화 서비스를 주체로 하여 만들어진 통신망. 단순히 가입 전화망을 가리킬 때도 있다.

② **컴퓨터망**(computer network) : 컴퓨터 상호 간을 통신 선로로 연결함으로써 구성되는 통신망이다. 컴퓨터 자원의 상호 이용을 주목적으로 하고 있다.

③ **데이터 통신망**(data communication network) : 여러 지역에 분산된 사용자들에게 정보를 전달해줄 수 있는 정보전달용 통신망이다.

④ **근거리 통신망**(LAN) : 근거리통신망 한 건물 안에서나 제한된 지역 내에서 컴퓨터 및 주변장치 등을 연결하여 정보와 프로그램을 공유할 수 있도록 해주는 네트워크를 말한다.

2. 교환방식

(1) 회선교환방식[32)]

통신전에 발신측과 착신측 간에 데이터를 전송할 때마다 회선을 미리 연결하여 회선의 접속경로를 설정한 다음 통신이 종료될 때까지 회선을 독점하게 되므로 한 번 설정된 회선은 통신이 완료되기 전에는 다른 이용자가 사용할 수 없게 된다. **실시간 대화용에 적합**하다. 전화망의 구성은 그림 6-60과 같다.

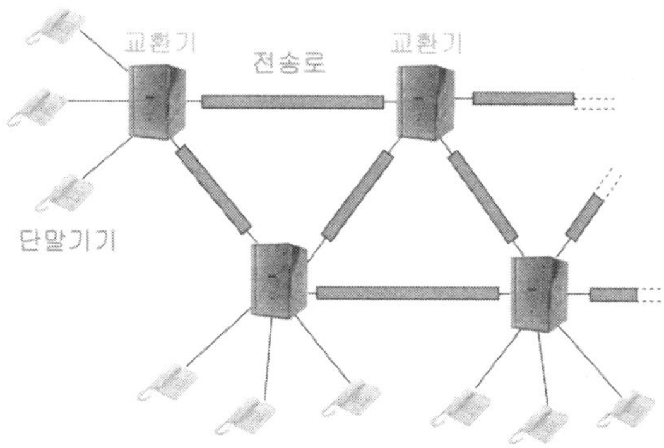

그림 6-60 • 전화망의 구성

32) **회선교환방식** : 두 개의 컴퓨터 단말기 간에 정해진 통신로나 회선을 설정하여 정보를 교환하는 시스템이다.

1) 회선교환방식의 장점

전송 데이터가 길고 연속적인 정보교환에 적합하며, 데이터 전송과정에서 중간에 교환기를 필요로 하지 않고, 전송지연은 거의 없으며, 고정된 대역폭을 이용해서 데이터를 전송하는 동기전송이다.

2) 회선교환방식의 단점

전송 중 데이터가 전달되지 않는 낭비시간이 있고, 동일한 속도나 코드를 가진 단말기기끼리만 통신할 수 있기 때문에 데이터의 전송속도나 코드 변환이 불가능하다. 또한 수신 측이 통신을 위한 준비상태에 있지 않으면 데이터 전송이 불가능하다.

(2) 메시지 교환방식

전송하고자 하는 메시지의 헤더(header)[33] 부분에 목적지의 주소를 부착하여 전송하면 교환기에서는 교환기 내의 입력되는 메시지들을 차례대로 교환기 내의 버퍼(buffer)에 저장한 후 메시지의 헤더 정보에 따라 다른 교환기로 전송하는 방식이다. 전송속도나 코드 변환이 가능하며, 응답시간이 느려 실시간 대용으로는 부적합하다. 또한 회선교환방식에서는 전송하는 메시지량이 많은 경우에는 단절된 현상이 일어날 수 있지만 메시지 교환방식에서는 전달이 지연될 뿐 단절되는 현상은 일어나지 않는다. 메시지 교환방식은 그림 6-61과 같다.

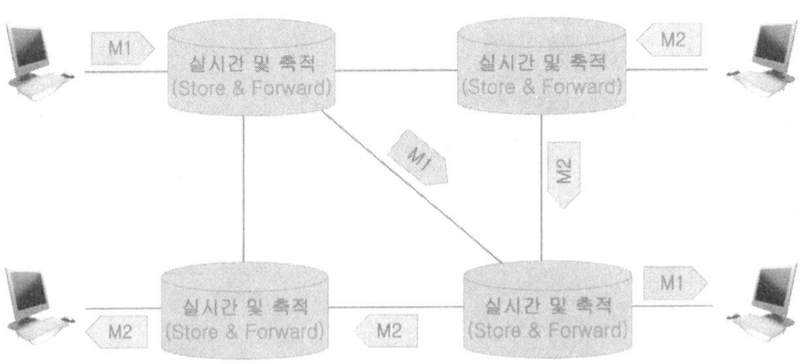

그림 6-61 • 메시지 교환방식

33) 헤더(header) : 데이터의 선두에 놓인 문자군. 머리부에 이어지는 데이터의 내용, 성격을 식별 또는 제어하기 위해 사용된다.

1) 메시지 교환방식의 장점

회선교환방식에 비해 적은 비용으로 네트워크 구성이 가능하고, 축적교환을 기본으로 정보전송이 이루어지므로 송신자와 수신자가 동시에 운용상태가 아니어도 교환이 이루어진다. 또한 하나의 통신회선이 여러 메시지를 공유할 수 있으므로 선로의 이용효율을 증가시킬 수 있다.

2) 메시지 교환방식의 단점

축적교환방식이기 때문에 송신정보가 교환기 내의 버퍼에 축적되는 동안 전송지연이 발생하게 되므로 실시간 통신에는 적합지 않다. 또한 전송 메시지마다 순서번호와 목적지 주소 등의 추가 데이터를 항상 필요로 하기 때문에 오버헤드(overhead)[34]가 존재한다.

(3) 패킷 교환방식

메시지 교환과 회선교환의 장점을 이용하고, 단점을 최소화한 교환방식으로 발신 측 회선에서 발생한 정보를 일단 교환기의 버퍼에 저장하여 일정한 크기의 패킷으로 만든 다음 패킷 헤더에 들어 있는 주소를 보고 착신 측 단말에 전송하는 방식이다. 송수신측간에 직접적인 전기적 접속이 존재하지 않으며, 종류에는 가상회선(virtual circuit)[35]과 데이터그램(datagram)[36] 패킷 교환방식이 있다(그림 6-62).

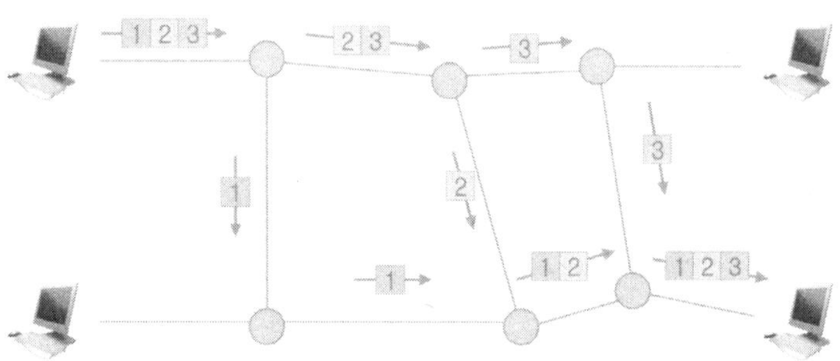

그림 6-62 • 패킷 교환방식

34) 오버헤드 : 컴퓨터가 유저 프로그램을 실행할 때에 직접 유저 프로그램 처리를 하지 않는 부분을 오버헤드라고 한다.

35) 가상회선 : 패킷 교환망에서 통신하려는 두 접속점 사이의 전송경로가 논리적으로 고정되어 통신하는 동안은 물리적으로 고정된 전송경로상에서 통신하는 것과 같은 효과를 나타내도록 하는 연결방식이다.

36) 데이터그램 : 패킷 교환망에서 취급되는 패킷의 일종이며 다른 패킷과는 독립적으로 취급한다. 발신 단말에서 수신 단말에 이르는 경로를 결정하기 위한 정보를 내부에 포함하는 패킷이다.
㉠ 동일 발신자, 수신자 사이에 통신로를 설정하는 것도 하지 않는다.

1) 패킷 교환방식의 장점

패킷 단위로 축적 전송되므로 메시지 교환방식보다 빠른 응답시간이 요구되는 통신에 주로 이용되며 전송품질과 신뢰도가 우수하다. 또한 이용자가 지정된 시간에 정보를 전송하거나 동시에 여러 곳의 단말에 정보의 전송이 가능하고, 전송과정에서 전송 에러 검사를 하여 에러가 발생되면 재전송을 하여 고신뢰성이며, 경제적인 망구축이 가능하다.

2) 패킷 교환방식의 단점

메시지 교환방식과 같이 전송 데이터의 패킷에는 목적지의 주소, 순서번호 등의 추가 데이터로 인한 오버헤드가 존재하게 된다.

제7장 전기 · 전자공학 정리 (Electrical · Electronic Engineering Cleanup)

01 단위계(System Of Unit)

1. 기본단위

양	명 칭	기 호	비 고
길 이	미터	m	인쇄체 소문자
질 량	킬로그램	kg	인쇄체 소문자
시 간	초	s	인쇄체 소문자
전 류	암페어	A	인쇄체 대문자
열역학적 온도	켈빈	K	인쇄체 소문자
물질량	몰	mol	인쇄체 소문자
광 도	칸델라	cd	인쇄체 소문자

2. 기본단위로 표시되는 유도단위

유도량	SI 유도단위	
	명 칭	기 호
넓이	제곱미터	m^2
부피	세제곱미터	m^3
속력, 속도	미터 매(퍼) 초	m/s
가속도	미터 매(퍼) 초 제곱	m/s^2
유량	세제곱미터 매(퍼) 초	m^3/s
동점도	제곱미터 매(퍼) 초	m^2/s
파동수	역 미터	m^{-1}
밀도, 질량밀도	킬로그램 매(퍼) 세제곱미터	kg/m^3
비(比) 부피	세제곱미터 매(퍼) 킬로그램	m^3/kg
전류밀도	암페어 매(퍼) 제곱미터	A/m^2
자기장의 세기	암페어 매(퍼) 미터	A/m
농도 (물질량의)	몰 매(퍼) 세제곱미터	mol/m^3
휘도	칸델라 매(퍼) 제곱미터	cd/m^2
굴절률	하나(숫자)	1

3. 특별한 명칭과 기호를 갖는 국제단위계(SI) 유도단위

유도량	SI 유도단위			
	명 칭	기호	SI 단위로 표 시	SI 기본단위로 표시
평면각	라디안	rad		$[m]\cdot[m^{-1}]=[1]$
입체각	스테라디안	sr		$[m^2]\cdot[m^{-2}]=[1]$
진동수, 주파수	헤르츠	Hz		$[s^{-1}]$
힘	뉴턴	N		$[m]\cdot[kg]\cdot[s^{-2}]$
압력, 응력	파스칼	Pa	$[N/m^2]$	$[m^{-1}]\cdot[kg]\cdot[s^{-2}]$
에너지, 일, 열량	줄	J	$[N\cdot m]$	$[m^2]\cdot[kg]\cdot[s^{-2}]$
일률, 전력, 복사선속	와트	W	$[J/s]$	$[m^2]\cdot[kg]\cdot[s^{-3}]$
전하량, 전기량	쿨롱	C		$[s]\cdot[A]$
전위차, 기전력	볼트	V	$[W/A]$	$[m]\cdot[kg]\cdot[s^{-3}]\cdot[A^{-1}]$
전기용량	패럿	F	$[C/V]$	$[m^{-2}]\cdot[kg^{-1}]\cdot[s^4]\cdot[A^2]$
전기저항	옴	Ω	$[V/A]$	$[m^2]\cdot[kg]\cdot[s^{-3}]\cdot[A^{-2}]$
전기전도도	지멘스	S	$[A/V]$	$[m^{-2}]\cdot[kg^{-1}]\cdot[s^3]\cdot[A^2]$
자기선속	웨버	Wb	$[V\cdot s]$	$[m^2]\cdot[kg]\cdot[s^{-2}]\cdot[A^{-1}]$
자기선속밀도	테슬라	T	$[Wb/m^2]$	$[kg]\cdot[s^{-2}]\cdot[A^{-1}]$
인덕턴스	헨리	H	$[Wb/A]$	$[m^2]\cdot[kg]\cdot[s^{-2}]\cdot[A^{-2}]$
섭씨온도	섭씨도	℃		$[°K]$
광선속	루멘	lm	$[cd\cdot sr]$	$[m^2]\cdot[m^{-2}]\cdot[cd]=[cd]$
조명도	럭스	lx	$[lm/m^2]$	$[m^2]\cdot[m^{-4}]\cdot[cd]=[m^{-2}]\cdot[cd]$
방사능 (방사성 핵종의)	베크렐	Bq		$[s^{-1}]$
흡수선량, 비(부여) 에너지, 커마	그레이	Gy	$[J/kg]$	$[m^2]\cdot[s^{-2}]$
선량당량, 주변 선량당량, 방향 선량당량, 개인 선량당량, 장기 등가선량	시버트	Sv	$[J/kg]$	$[m^2]\cdot[s^{-2}]$

4. 특별한 명칭과 기호가 포함된 유도단위의 예

유도량	SI 유도단위		
	명 칭	기호	SI 기본단위로 표시
점성도	파스칼 초	Pa · s	$[m^{-1}] \cdot [kg] \cdot [s^{-1}]$
힘의 모멘트	뉴턴 미터	N · m	$[m^{2}] \cdot [kg] \cdot [s^{-2}]$
표면장력	뉴턴 매(퍼) 미터	N/m	$[kg] \cdot [s^{-2}]$
각속도	라디안 매(퍼) 초	rad/s	$[m] \cdot [m^{-1}] \cdot [s^{-1}]=[s^{-1}]$
각가속도	라디안 매(퍼) 초 제곱	rad/s^2	$[m] \cdot [m^{-1}] \cdot [s^{-2}\ ]=[s^{-2}]$
열속밀도, 복사조도	와트 매(퍼) 제곱미터	W/m^2	$[kg] \cdot [s^{-3}]$
열용량, 엔트로피	줄 매(퍼) 켈빈	J/K	$[m^{2}] \cdot [kg] \cdot [s^{-2}] \cdot [K^{-1}]$
비열용량, 비엔트로피	줄 매(퍼) 킬로그램 켈빈	J/(kg · K)	$[m^{2}] \cdot [s^{-2}] \cdot [K^{-1}]$
비에너지	줄 매(퍼) 킬로그램	J/kg	$[m^{2}] \cdot [s^{-2}]$
열전도도	와트 매(퍼) 미터 켈빈	W/(m · K)	$[m] \cdot [kg] \cdot [s^{-3}] \cdot [K^{-1}]$
에너지 밀도	줄 매(퍼) 세제곱미터	J/m^3	$[m^{-1}] \cdot [kg] \cdot [s^{-2}]$
전기장의 세기	볼트 매(퍼) 미터	V/m	$[m] \cdot [kg] \cdot [s^{-3}] \cdot [A^{-1}]$
전하밀도	쿨롱 매(퍼) 세제곱미터	C/m^3	$[m^{-3}] \cdot [s] \cdot [A]$
전기선속밀도	쿨롱 매(퍼) 제곱미터	C/m^2	$[m^{-2}] \cdot [s] \cdot [A]$
유전율	패럿 매(퍼) 미터	F/m	$[m^{-3}] \cdot [kg^{-1}] \cdot [s^{4}] \cdot [A^{2}]$
투자율	헨리 매(퍼) 미터	H/m	$[m] \cdot [kg] \cdot [s^{-2}] \cdot [A^{-2}]$
몰에너지	줄 매(퍼) 몰	J/mol	$[m^{2}] \cdot [kg] \cdot [s^{-2} \cdot [mol^{-1}]$
몰엔트로피, 몰열용량	줄 매(퍼) 몰 켈빈	J/(mol · K)	$[m^{2}] \cdot [kg] \cdot [s^{-2}] \cdot [K^{-1}] \cdot [mol^{-1}]$
조사선량 (X선 및 γ선)	쿨롱 매(퍼) 킬로그램	C/kg	$[kg^{-1}] \cdot [s] \cdot [A]$
흡수선량률	그레이 매(퍼) 초	Gy/s	$[m^{2}] \cdot [s^{-3}]$
복사도	와트 매(퍼) 스테라디안	W/sr	$[m^{4}] \cdot [m^{-2}] \cdot [kg] \cdot [s^{-3}]=[m^{2}] \cdot [kg] \cdot [s^{-3}]$
복사휘도	와트 매(퍼) 제곱미터 스테라디안	$W/(m^2 \cdot sr)$	$[m^{2}] \cdot [m^{-2}] \cdot [kg] \cdot [s^{-3}] =[kg] \cdot [s^{-3}]$

5. 국제단위계(SI)와 함께 사용이 허용된 단위

명 칭	기 호	SI 단위로 나타낸 값
분	min	1[min] = 60[s]
시간	h	1[h] = 60[min] = 3600[s]
일	d	1[d] = 24[h] = 86400[s]
도	°	1[°] = [π/180] [rad]
분	'	1['] = [1/60]° = [π/10800] [rad]
초	"	1["] = [1/60]' = [π/648000] [rad]
리터	l, L	1[L] = 1[dm^3] = [10^{-3}][m^3]
그램	g	1[g] = 10^{-3}[kg]
톤	t	1[t] = 10^3[kg]
네퍼	Np	1[Np] = [1]
벨	B	1[B] = (1/2)[ln] 10 [Np]

6. 보조잠정단위

명 칭	기 호	SI 단위 값
역량(힘)	kgf	9.80665[N]
압력	kgf/m^2	9.80665[Pa]
	mHg	133322[Pa]
	mH_2O	9806.38[Pa]
일	kgf · m	9.80665[J]
공률	kgf · m/s	9.80665[W]
열량	kgf · m	9.80665[J]
농도	Nor	1[kg/m^3]
충격치	kgf · m	9.80665[J]
인장강도, 압축강도	kgf/m^2	9.80665[Pa]
에너지 프로언스	erg/m^2	1/10000000[J/m^2]
에너지 선속밀도	erg/(m^2 · s)	1/10000000[J/(m^2 · s)]

※ 보조잠정단위는 2001년 6월 30일까지 제작 · 수입하는 계량기에 한하여 사용한다.

7. 특수단위

(1) 국제단위계(SI)와 함께 사용이 허용된 단위

명 칭	기 호	SI 단위로 나타낸 값
전자볼트	eV	$1[eV]=1.60217733(49)\times10^{-19}[J]$
통일 원자질량 단위	μ	$1[\mu]=1.6605402(10)\times10^{-27}[kg]$
천문단위	μa	$1[\mu a]=1.49597870691(30)\times10^{11}[m]$

(2) 국제단위계(SI)와 함께 사용이 허용된 기타의 단위

명 칭	기 호	SI 단위로 나타낸 값
해리	n, mile	1해리=1852[m]
노트	Kt, Kn	1해리 매(퍼) 시간=(1852/3600)[m/s]
아르	a	$1[a]=1[dam^2]=10^2[m^2]$
헥타르	ha	$1[ha]=1[hm^2]=10^4[m^2]$
바	bar	$1[bar]=0.1[MPa]=100\ [kPa]=1000[hPa]=10^5\ [Pa]$
옹스트롬	Å	$1[Å]=0.1[nm]=10^{-10}[m]$
바안	b	$1[b]=100\ [fm^2]=10^{-28}[m^2]$

(3) 특별한 명칭을 가진 센티미터 · 그램 · 초(CGS) 단위

명 칭	기 호	SI 단위로 나타낸 값
에르그	erg	$1[erg]=10^{-7}[J]$
다인	dyn	$1[dyn]=10^{-5}[N]$
포아즈	P	$1[P]=1[dyn]\cdot[s/cm^2]=0.1[Pa\cdot s]$
스토크스	St	$1[St]=1[cm^2/s]=10^{-4}[m^2/s]$
가우스	G	$1[G]=10^{-4}\ [T]$
에르스텟	Oe	$1[Oe]=(1000/4\ \pi)[A/m]$
맥스웰	Mx	$1[Mx]=10^{-8}\ [Wb]$
스틸브	sb	$1[sb]=1[cd/cm^2]=10^4\ [cd/m^2]$
포트	ph	$1[ph]=10^4[lx]$
갈	Gal	$1[Gal]=1[cm/s^2]=10^{-2}[m/s^2]$

(4) 국제단위계(SI) 외의 기타 허용단위

명 칭	기 호	SI 단위로 나타낸 값
퀴리	Ci	1[Ci]=3.7 × 10^{10}[Bq]
뢴트겐	R	1[R]=2.58 ×10^{-4}[C/kg]
라드	rad	1[rad]=1[cGy]=10^{-2}[Gy]
렘	rem	1[rem]=1[cSv]=10^{-2}[Sv]
X 단위	XU, XE	1[X단위]=1.002 × 10^{-4}[nm]
감마	γ	1[γ]=1[nT]=10^{-9}[T]
잰스키	Jy	1[Jy]=10^{-26} [W] · [m^{-2}] · [Hz^{-1}]
페르미	f	1페르미=1[fm]=10^{-15}[m]
메트릭 카라트		1메트릭 카라트=200[mg]=2×10^{-4}[kg]
토르	Torr	1[Torr]=(101 325/760)[Pa]
표준기압	atm	1[atm]=101 325[Pa]
칼로리	cal	1[cal]=4.186[J]
마이크론	μ	1[μ]=1[μm]=10^{-6}[m]

1) 국제단위계(SI)의 접두어

인 자	접 두 어	기 호	인 자	접 두 어	기 호
10^{24}	요타	Y	10^{-1}	데시	d
10^{21}	제타	Z	10^{-2}	센티	c
10^{18}	엑사	E	10^{-3}	밀리	m
10^{15}	페타	P	10^{-6}	마이크로	μ
10^{12}	테라	T	10^{-9}	나노	n
10^{9}	기가	G	10^{-12}	피코	p
10^{6}	메가	M	10^{-15}	펨토	f
10^{3}	킬로	K	10^{-18}	아토	a
10^{2}	헥토	h	10^{-21}	젭토	z
10^{1}	데카	da	10^{-24}	욕토	y

2) 로마자 표기 및 읽기

그리스 문자		호 칭		그리스 문자		호 칭	
대문자	소문자			대문자	소문자		
A	α	alpha	알파	N	ν	nu	뉴
B	β	beta	베타	Ξ	ξ	xi	크시
Γ	γ	gamma	감마	O	o	omicron	오미크론
Δ	δ	delta	델타	Π	π	Pi	파이
E	ε	epsilon	입실론	P	ρ	rho	로
Z	ζ	zeta	제타	Σ	σ	sigma	시그마
H	η	eta	에타	T	τ	tau	타우
Θ	θ	theta	세타	Υ	υ	upsilon	입실론
I	ι	iota	요타	Φ	φ	phi	파이
K	κ	kappa	카파	X	χ	chi	카이
Λ	λ	lambda	람다	Ψ	ψ	psi	프사이
M	μ	mu	뮤	Ω	ω	omega	오메가

3) 법정단위와 비법정 단위 대비표

<table>
<tr><th>분 야</th><th>법정단위</th><th>비법정 단위</th><th>비 고</th></tr>
<tr><td rowspan="2">길이,
거리
치수</td><td>[mm], [cm], [m], [km]</td><td rowspan="2">리, 마, 자, 치
인치, 피트,
마일, 야드</td><td rowspan="2">단위표기는 인쇄체 소문자로 표기하여야 하며 숫자와 단위 사이는 한 칸 띄움
• 해리 : 1 852[m]
• 노트 : 1 852[m/h]</td></tr>
<tr><td>해리, 노트</td></tr>
<tr><td rowspan="2">넓이,
면적</td><td>[mm^2], [cm^2], [m^2], [km^2]</td><td rowspan="2">평, 마지기,
에이커, 정보작</td><td>제곱밀리미터, 제곱센티미터, 제곱미터, 제곱킬로미터</td></tr>
<tr><td>[a], [ha]</td><td>• 아르 : 100[m^2]
• 헥타르 : 10000[m^2]</td></tr>
<tr><td>무게</td><td>[mg], [g], [kg], [t]</td><td>돈, 근, 관, 톤
파운드, 온스,</td><td>밀리그램, 그램, 킬로그램, 톤</td></tr>
<tr><td>부피</td><td>[l] 또는 [L], [m^3]</td><td>홉, 되, 말, 섬
석, CC, 가마
니, 자루, 배럴</td><td>배럴은 비법정 단위이나 국제관례로 사용하고 있음.</td></tr>
<tr><td rowspan="2">압력</td><td>[Pa], [atm[(표준기압)</td><td rowspan="2">PSI</td><td rowspan="2">[kgf/m^2], [mmHg], [mH_2O] 단위는 2001년 6월 30일까지 허용</td></tr>
<tr><td>[kgf/m^2], [mmHg], [mH_2O]</td></tr>
<tr><td rowspan="2">일
(에너지)</td><td>[Nm/s](뉴턴미터 매 초)
또는 [J/s](줄 매 초)</td><td rowspan="2">영국마력
1[HP]=745[W]
프랑스마력
1[PS]=[735.5W]</td><td rowspan="2">[kgf] 단위는 2001년 6월 30일까지 허용</td></tr>
<tr><td>[kgf]</td></tr>
<tr><td>조명(광도)</td><td>[Lux]</td><td>촉</td><td>럭스</td></tr>
<tr><td>전기</td><td>[A], [W], [V], [Ω]</td><td>촉</td><td>암페어, 와트, 볼트, 옴</td></tr>
</table>

4) 전자회로에 쓰이는 약호

약 호	원어 및 기능
IC	Integrated Circuit : **집적회로** : 트랜지스터나 저항을 실리콘 위에 고집적화하여 복잡한 회로를 실현했다.
FET	Field Effect Transistor : 접합형 전계효과 트랜지스터, 전압을 증폭시킨다.
MOS-FET	Metal Oxide Semiconductor FET : **금속 산화 피막 전계효과 트랜지스터** : 상당히 높은 입력 임피던스를 갖고 있으며 on 저항도 낮기 때문에 대전력용으로 취급할 수 있다.
Tr	Transistor : 반도체 증폭 소자의 기본이다.
OP-Amp	Operational Amplifier : **연산증폭기** : 아날로그 증폭회로를 IC화한 것이다.
D	Diode : 정류소자로서 고주파용에서 전원용까지 다양한 종류가 있다.
LED	Light Emitting Diode : 발광 다이오드에 전압을 가하면 접합면에서 발광하는 소자이다.
SCR	Silicon Controld Rectifier : **실리콘 제어 정류 소자** : on/off 게이트 기능을 갖는 다이오드.
R	Registor, Resistance : 저항 또는 저항기이다.
C	Capacitor, Capacitance : 콘덴서 또는 정전용량이다.
L	Indector, Inductance : **코일, 인덕턴스** : 고주파 회로의 동조용이나 필터로 많이 사용.
T	Transformer 교류전압을 변화시키는 것으로 전원이나 고주파 회로 등에 사용한다.
PT	Power Transformer **전원 트랜스** : 전원용이나 전압측정용 변압기
X-TAL	Crystal : 수정진동자 : **크리스털 발진자** : 안정된 발진주파수를 얻는데 사용한다.
IFT	Internediate Frequency Transformer : **중간주파 트랜스** : 고주파 회로의 단간 동조에 사용하는 트랜스이다.
RFC	Radio Frequency Choke : 고주파 초크 코일 : 고주파의 필터용 코일이다.
S/W	Switch : 일반회로에 on, off를 하는 소자이다.

02 수동소자(Passive Element)

1. 저 항

물질은 자유전자의 이동에 따라 전기적인 성질을 가지게 된다. 자유전자가 그 물질을 통과할 때 물질을 구성하고 있는 원자는 전자의 흐름을 방해하려는 성질을 저항(resistor)이라고 하며 전자의 이동이 전류라고 할 때 전류의 흐름을 억제하는 기능을 저항이라고 한다.

(1) 고정저항 : 기호 : R, 단위 : [Ω], 극성 : 무극성

표 7-1 ▪ 고정저항의 종류 및 실물과 기능

명 칭	실 물	기 호	기 능
카본 (탄소피막)			일반용으로 가격이 싸며 가장 많이 사용되며 **칩형 또는 포밍형은 프린트 배선**으로 실장밀도를 높이는 경우에 사용한다. **저항범위** : 1.0[Ω]~100[MΩ] **전력범위** : 1/8[W], 1/4[W], 1/2[W] **오차범위** : ±5[%] **온도계수** : +350~−1500[ppm/°C]
솔리드 (몰드)			저가형이며 **열에 강한 대전력용**으로서 잡음이 크므로, 증폭기의 전단부분에 사용하는 것은 적당하지 않다. **저항범위** : 2.2[Ω]~2.2[MΩ] **전력범위** : 0.5[W], 1[W], 2[W], 3[W] **오차범위** : ±2[%], ±5[%] **온도계수** : ±200~±350[ppm/°C]
권 선	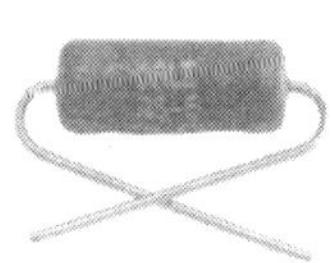		**온도에 의한 영향이 적고, 잡음도** 비교적 **작지**만, 주파수 특성이 나쁘고, 고주파회로에는 적당하지 않다. **저저항이며 전력용으로 사용**한다. **저항범위** : 0.1[Ω]~400[kΩ] **전력범위** : 1/2~10[W] **공칭오차** : ±0, ±1[%] **온도계수** : ±30~±[100]
금속피막			**저잡음, 주파수 특성이 양호**, 온도에 의한 저항값의 변화도 적지만 고가이다. 측정 및 통신기 등에 사용한다. **고정밀도** : 0.1~0.5[%] **저항범위** : 1[Ω]~3[MΩ] **전력범위** : 1/8[W], 1/4[W], 1/2[W] **오차범위** : ±0.5[%], ±1[%], ±2[%] **온도계수** : ±25~±250[ppm/°C]
시멘트 (세라믹)			**내열성이 우수하며, 전원회로, 제어기기 등에 사용.** 대전력용으로 전력과 저항치가 숫자로 인쇄되어 있다. **저항범위** : 0.1[Ω]~400[kΩ] **공칭오차** : ±5[%] **전력범위** : 1~10[W]

〈표 7-1〉 계속

명 칭	실 물	기 호	기 능
어레이 (네트워크)	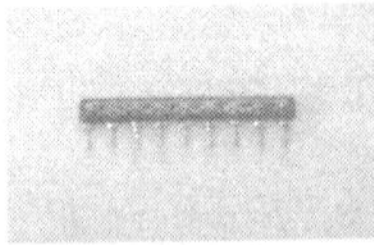		여러 개(4~10개 정도)의 저항을 하나의 패키지 형태로 한 것이다.
칩	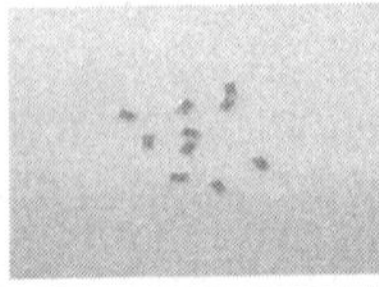		칩 저항기는 길이 1~6.3[mm], 폭 0.5~3.15[mm], 두께 0.35~0.55[mm]인 박막으로 된 저항기로 주로 표면실장기법의 회로에 사용된다.

(2) 반고정저항과 가변저항

가변저항기는 저항에 의한 전압강하나 전류 등을 분배할 때 사용하는 것으로 저항의 윗부분을 회전시킴으로써 저항값이 변하게 된다. 주로 3개의 단자가 있는 구조로 되어 있으며, 최대의 저항값이 숫자로 표시되어 있다. 가변저항은 볼륨이라고 하는 가변저항과 조정은 할 수 있으나, 그 값을 유지하려는 반고정저항으로 나눌 수 있다.

표 7-2 • 반고정저항 및 가변저항 실물과 기능

명 칭	실 물	기 호	기 능
반고정저항	 	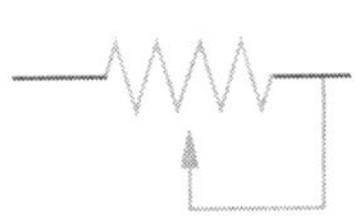	한 번만 조정하면 거의 조정할 필요 없는 곳에 사용하며 기기의 특성이 변동하거나 시간에 따른 변화시 다시 조정할 수 있도록 한 저항기로 조정을 드라이버나 조정봉을 이용해서 조정할 수 있도록 되어 있다. 서미트는 고가이지만 안정성이 양호하며 카본 타입은 가격이 싸지만 안전성이 좋지 않다.
가변저항		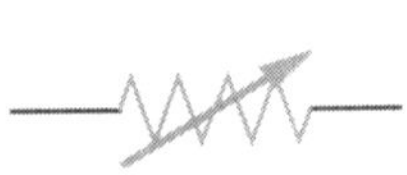	일반적으로 널리 사용되며 가격이 싸고, 안정성이 양호하며, 항상 조정을 필요로 하는 곳에 사용하는 저항기로 회전축에 손잡이를 달아 저항값을 가변할 수 있도록 되어 있으며 주로 음량조절 등에 사용된다. 2연 타입형과 스위치 부착형 등의 종류가 있다.

(3) 가변저항의 특성곡선 및 용도

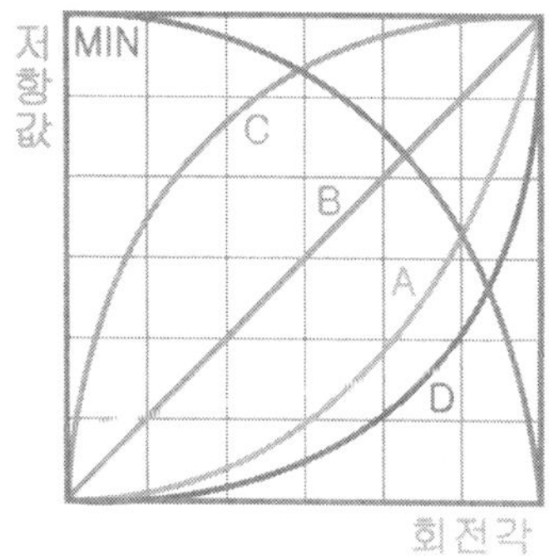

형태	용 도
A	음량 조절용
B	음질 조절, 감도 조절
C	진공관의 스크린 그리드 전압에 의한 이득조절
D	고 이득 앰프나 이어폰을 사용하는 라디오 이득 조절
MIN	밸런스

그림 7-1 ◦ 가변저항의 특성곡선 및 용도

(4) 저항값 읽기

1) 저항의 색깔 판별법

색 상	제1색 띠	제2색 띠	제3색 띠	제4색 띠	제5색 띠	승수	오차
	첫째자리	둘째자리	승수자리	오차자리			
	첫째자리	둘째자리	세째자리	승수자리	오차자리		
흑색(검정)			0			10^0	
갈색			1			10^1	± 1[%]
적색(빨강)			2			10^2	± 2[%]
등색(주황)			3			10^3	
노란색			4			10^4	
녹색			5			10^5	± 0.5[%]
청색			6			10^6	± 0.25[%]
자색(보라)			7			10^7	± 0.1[%]
회색			8			10^8	
백색			9			10^9	
금색						10^{-1}	± 5[%]
은색						10^{-2}	± 10[%]
무색			아무런 표시가 없음				± 20[%]

그림 7-2 ◦ 저항의 4색 띠 · 5색 띠의 저항판별법

2) 저항의 저항값

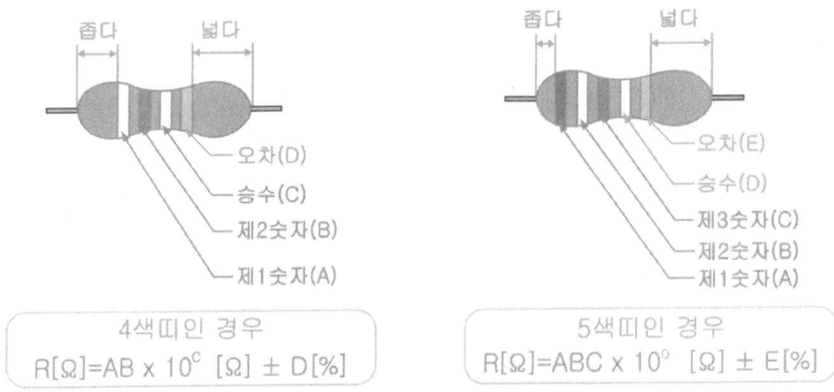

그림 7-3 ▪ 저항의 색깔 판별법 및 저항값

2. 인덕터

(1) 특성에 따른 인덕터 : 기호 : L, 단위 : [mH], 극성 : 무극성, 유극성

인덕터(inductor : reactor)는 인덕턴스(도선이나 코일의 전기전자적 성질)를 가지는 코일을 말하며 교류에 대해 방해하려는 성질을 유도 리액턴스라고 한다. 코일 간의 유도작용을 원리로 하며, 권심에 의해서 공심 코일, 자심 코일, 성층철심, 페라이트 등의 종류가 있으며, 용도에 따라서 동조 코일, 초크 코일, 발진 코일, 트랜스포머 등으로 분류된다.

표 7-3 ◦ 인덕터의 종류와 실물 및 기능

분류	명 칭	실 물	기 호	기능 및 용도
코 일 인덕터	초크 코일	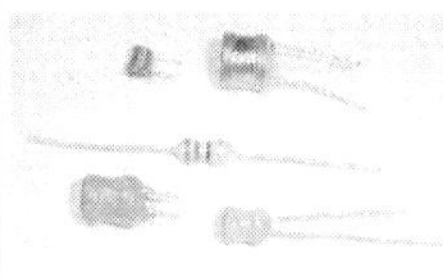		**고주파에 대하여 저항작용**을 하고, 고주파를 감쇠시키는 데 사용한다. **용도** : 고주파 필터
	고주파 동조 코일 (FCZ)		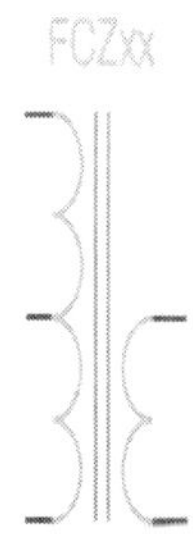	**코일과 콘덴서를 병렬접속**하고 어느 특정 주파수에 동조하여 **신호를 추출**하기 위해 사용한다. **용도** : TV나 라디오의 동조회로 등
	중간주파 동조 코일 (IFT)	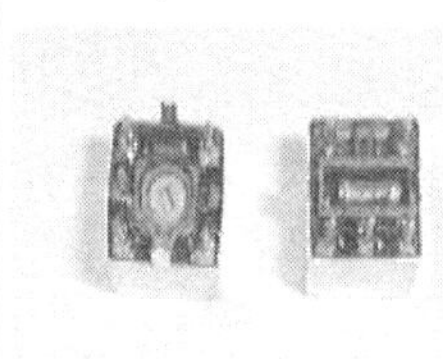		중간주파 트랜스는 **슈퍼헤테로다인 수신기에서 수신 주파수를 낮추어 수신기의 감도, 안정성을 좋게** 할 수 있게 중간 주파수 증폭기를 사용하며, 이 증폭회로에 사용되는 트랜스를 말한다. • AM용 : 455[kHz]의 중간 주파수가 사용되며 3개(황, 백, 흑색)가 1조로 되어 있다. • FM용 : 10.7[MHz] 중간 주파수가 사용되며 4개(황, 녹, 등, 청색)가 1조로 되어 있다.
	바 안테나	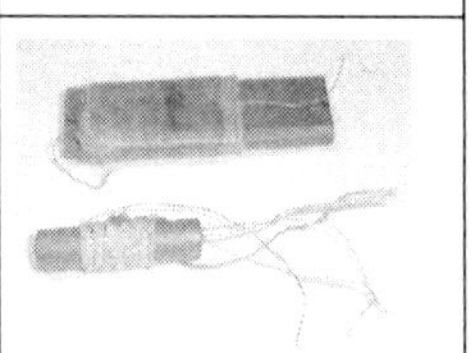		**동조용**이지만 내부에 페라이트 코어를 삽입하고 특히 길게 하여 안테나와 동등의 특성을 갖게 한 것으로 휴대용 라디오의 안테나로 사용되고 있다.
코 일 인덕터	전원용 쵸크	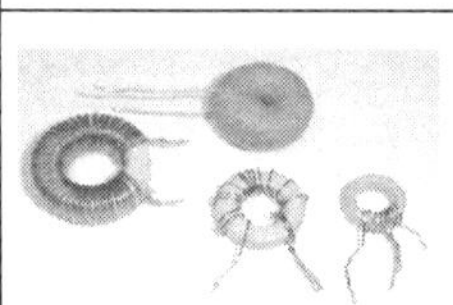		저주파에 특히 큰 저항을 나타내도록 하여 **전원 노이즈 방지용의 필터나 평활회로의 필터**에 사용한다.
트랜스	전원 트랜스		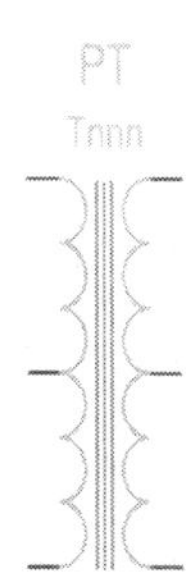	여러 가지 코일을 동일한 철심에 감은 것으로 전압의 변환 기능을 갖는다. 전원 트랜스를 이용하여 **전압을 높이거나 낮추는 데 사용**한다.
	스위칭 전원용 트랜스			전원용 트랜스와 동일하지만 주파수가 높기 때문에 **소형으로 효율이 좋은 코어를 사용**하고 있다.
	오디오용 트랜스			트랜지스터 회로 등으로 임피던스가 크게 다른 경우 **전달 로스를 적게 하기 위해 임피던스 변환용**으로 쓰이는 트랜스로 최근에는 회로의 발전으로 많이 쓰이지 않게 되었다.

3. 콘덴서

콘덴서(condenser : capacitor)는 전하를 축적하는 장치로 두 장의 금속판을 마주 대고 사이에 유전체에 절연물질을 끼워 넣은 형태로 되어 있으며, 전극판으로는 알루미늄이나 주석이 사용되고 유전체로는 절연지, 공기, 기름, 운모 등을 사용하는 구조로 되어 있다. 콘덴서는 직류를 저지하고 교류전류만을 흐르게 하거나 공진회로를 구성하여 특정 주파수만을 취급하는 곳 등에 쓰이며 종류는 고정형과 가변형이 있다.

(1) 고정 콘덴서 : 기호 : C, 단위 : [μF], 극성 : 무극성, 유극성

표 7-4 ◦ 고정 콘덴서의 실물 및 기능

<table>
<tr><th>명 칭</th><th>극성 유무</th><th>실 물</th><th>기 호</th><th>기 능</th></tr>
<tr><td>세라믹 콘덴서</td><td rowspan="5">무</td><td>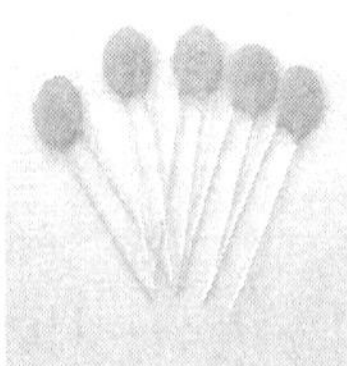</td><td rowspan="5">─┤├─</td><td>티탄산바륨 등의 원판을 전극 사이에 넣은 것을 도료로 피복한 것으로서 유전체로 세라믹을 사용하는데 양면에 전극을 붙여 리드선을 납땜하여 방습도장을 한 것. 온도에 대해 안전성이 좋으므로 온도 보상회로에 쓰인다. 온도보상용과 고유전율의 2종류가 있으며 고주파회로에 사용되며 저가이다.
• 용량 : 0.5~500[pF](온도보상용)
• 내압 : 2[V]~5[kV],
100[pF]~0.47[μF](고유전율로서 바이패스용)</td></tr>
<tr><td>마일러 콘덴서</td><td>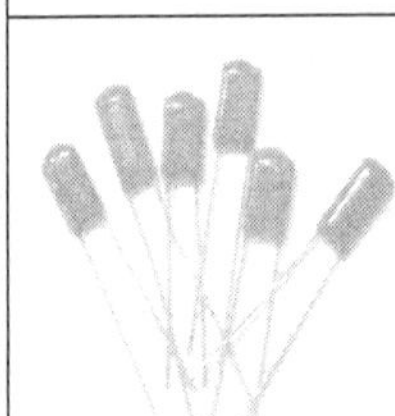</td><td>마일러 플라스틱 필름을 전극 사이에 넣어 롤감이로 한 마일러 콘덴서와 폴리에틸렌을 유전체로 한 금속화 플라스틱 적층 필름 콘덴서가 있다. 고주파특성이 나쁘므로 저주파 회로에 사용하며 자기회복력이 있다.
• 용량 : 1000[pF]~1[μF]
• 내압 : 50~500[V]</td></tr>
<tr><td>필 름 콘덴서</td><td></td><td>폴리스티롤이나 폴리에틸렌 등의 플라스틱 필름을 유전체로 하고 전극 사이에 끼워 감은 형태로 되어 있으며, 절연저항이 높고 손실이 적으며 용량 오차가 적고 고주파 특성이 좋으나, 사용온도 범위가 60[°] 정도이다.</td></tr>
<tr><td>마이카 콘덴서</td><td></td><td>알루미늄박 사이에 유전체로 마이카(운모)판을 번갈아 겹쳐 만들고 마이카에 금속막을 형성한 형태로 되어 있으며, 전기적인 특성이 좋고 내압이 높으며 정전용량의 온도계수와 손실이 작아 고주파 회로에 사용한다. 내압, 내열에 우수하며 용량변화가 없고 안정적이다. 고주파회로에 사용하며 고가이다.
• 용량 : 1[pF]~0.1[μF]
• 내압 : 50~1000[V]</td></tr>
<tr><td>종 이 콘덴서</td><td></td><td>주석박 또는 알루미늄박 전극 사이에 종이를 끼워 감은 것이다.</td></tr>
</table>

〈표 7-4〉 계속

명 칭	극성 유무	실 물	기 호	기 능
전해 콘덴서	유		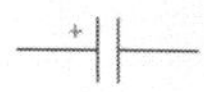	알루미늄박의 전극표면을 전해 처리하여 표면적을 크게 한 (+)전극과 (−)전극으로 되는 알루미늄박 사이에 전해액을 먹인 가제나 종이를 끼워 넣고 알루미늄 케이스에 넣은 구조, 주로 용량이 크며 전원에 사용한다. • 용량 : 0.47~1백만[μF] • 내압 : 3~500V
탄탈 콘덴서				전해 콘덴서의 일종으로 탄탈 산화물을 유전체로 하여 탄탈 금속 위에 산화피막을 형성하여 (+)전극으로 하고 그 위에 산화망간, 카본층을 형성하여 (−)전극을 붙인 구조, 전해 콘덴서보다 주파수특성, 온도특성, 누설전류 특성이 좋고 소형이므로 커플링 회로, 필터 회로 등에 사용한다.

(2) 콘덴서의 허용오차

문자	B	C	D	F	G	J	K	M	N	V	X	Z	P
허용오차 (%)	±0.1	±0.25	±0.5	±1	±2	±5	±10	±20	±30	+20 −10	+40 −10	+80 −20	+100 −0
허용오차 (pF)	±0.1	±0.25	±0.5	±1	±2								

(3) 콘덴서의 내압

	A	B	C	D	E	F	G	H	J	K
0	1	1.25	1.6	2.0	2.5	3.15	4.0	5.0	6.3	8.0
1	10	12.5	16	20	25	31.5	40	50	63	80
2	100	125	160	200	250	315	400	500	630	800
3	1000	1250	1600	2000	2500	3150	4000	5000	6300	8000

(4) 콘덴서의 규격 판별법

종 류	용량계산법		예
세라믹	• 1자릿수 : 유효숫자 • 3자릿수 : 승수	• 2자릿수 : 유효숫자 • 4자리 알파벳 : 오차	223K 22×10^{3}[pF]±10[%]
마일러	• 1자릿수 : 내압 • 3자리숫자 : 유효숫자 • 5자리숫자 : 승수	• 2자리 알파벳 : 내압 • 4자리숫자 : 유효숫자 • 6자리 알파벳 : 오차	1H224J 내압 50[V] 22×10^{4}[pF]±5[%]
전 해	• 용량 : 숫자로 표기 • 내압 : 숫자로 표기		47[μF]/16[V] 용량 : 47[μF] 내압 : 16[V]
탄 탈	• 용량 : 숫자로 표기 • 내압 : 숫자로 표기		47[μF]/16[V] 용량 : 47[μF] 내압 : 16[V]

03 반도체(Semiconductor)

1. 반도체 이론

(1) 대표적 반도체의 원자구조

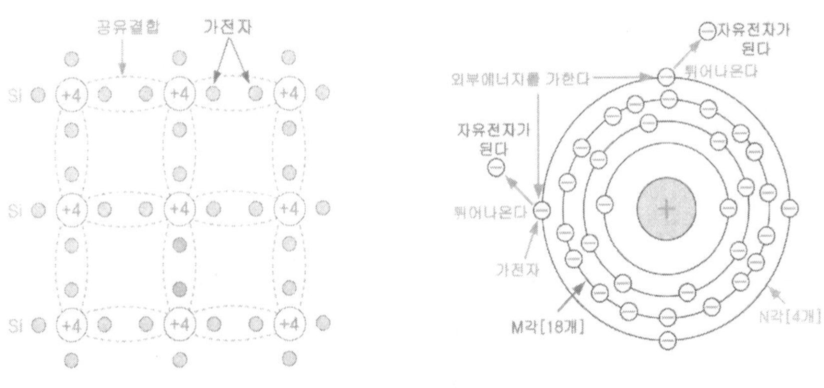

(a) 규소(실리콘, Si)의 원자구조 (b) 게르마늄(Ge)의 원자구조

그림 7-4 • 반도체의 원자구조

(2) 반도체의 성질

① 부(−)의 온도계수를 갖는다 : 반도체(D : 다이오드, TR : 트랜지스터, FET : 전계효과)는 어떤 온도범위 내에서 온도가 상승하면 저항률이 감소하고 도전율이 증가한다.
② 정류작용을 갖는다 : 금속과의 접촉 및 다른 종류의 반도체와의 접합에서 정류작용이 나타난다.
③ 광도전성 및 광기전력 효과를 나타낸다 : 반도체에 빛을 투광하면 저항값이 감소하여 도전성이 증가하거나 기전력이 생긴다.
④ 불순물 첨가에 의한 저항률이 변한다 : 반도체 결정 속에 포함된 불순물이 증가되면 저항률이 감소되고 도전성은 증가한다.

2. 다이오드

(1) 기호 : D, 극성 : 유극성, 명칭 : 애노드(A), 캐소드(K)

반도체 내에서 전기를 운반하는 역할을 하는 것을 캐리어(carrier : 반송자)라고 하며, 정공(hole)이 전기전도의 역할을 하는 것을 p형 반도체라 하며, 전자(electron)가 전기전도 역할을 하는 것을 N형 반도체라 한다. 이러한 두 반도체를 접합한 것을 PN접합 다이오드라고 한다.

다이오드 소자는 PN접합으로 불리는 구조를 가지고 있으며 반도체의 P측 단자를 양극(anode), N측 단자를 음극(cathode)이라 한다. 다이오드는 양극에서 음극으로, 즉 순방향으로만 전류가 흐르며, 그 역방향은 거의 전류가 흐르지 않는 성질을 이용한 것이다. 이러한 효과를 정류작용이라 하며 교류를 직류로 변환하기 위해서 사용되고 있다.

(2) 구조 및 기호

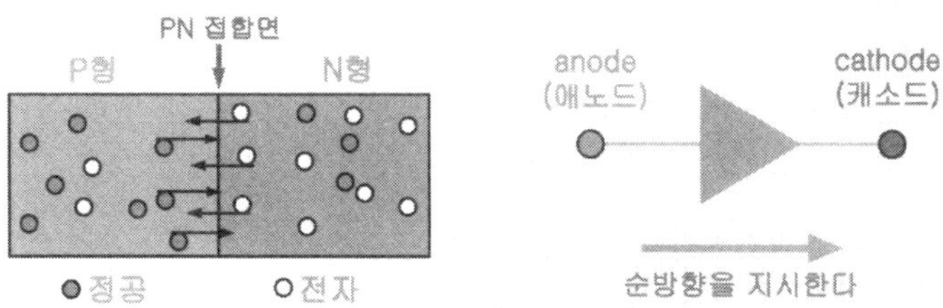

그림 7-5 • 다이오드의 구조 및 기호

다이오드의 기능은 쉽게 생각하면 전류 스위치라고 할 수 있다.

㉮ 물의 흐름에 비유해 보면 양극은 물의 상류, 음극은 하류에 해당하며 상류에서 하류로 물이

흐르는 것처럼 양극(애노드)에서 음극(캐소드)으로 전류가 흐르며 하류에서 상류로 물이 흐르지 않는 것처럼 음극(캐소드)에서 양극(애노드)으로는 전류가 흐르지 않는다. 이것이 다이오드의 정류원리이다.

(3) 다이오드의 종류 및 기능

표 7-5 ▪ 다이오드의 주파수 대역 및 명칭

<table>
<tr><th>주파수 대역</th><th colspan="2">다이오드 명칭</th></tr>
<tr><td rowspan="5">high frequency band
(tv/radio frequency band</td><td colspan="2">band switching diode</td></tr>
<tr><td colspan="2">pin diode</td></tr>
<tr><td colspan="2">varactor diode</td></tr>
<tr><td colspan="2">high speed switching diode</td></tr>
<tr><td colspan="2">high frequency schottky diode</td></tr>
<tr><td rowspan="7">general purpose
frequency band
(general rectification)</td><td colspan="2">schottky barrier diode</td></tr>
<tr><td colspan="2">zener(constant voltage)diode</td></tr>
<tr><td rowspan="3">rectifier diode</td><td>fast recovery diode</td></tr>
<tr><td>high speed rectifier diode</td></tr>
<tr><td>general purpose rectifier diode</td></tr>
<tr><td rowspan="2">switching diode</td><td>high speed switching diode</td></tr>
<tr><td>switching diode</td></tr>
</table>

표 7-6 ◦ 다이오드 종류 및 실물 기능

명 칭	실 물	기호	약호	기 능
범용 다이오드	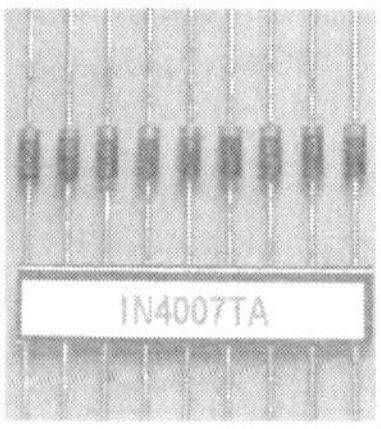	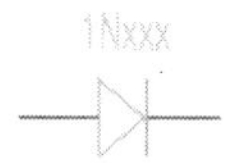	D	• 정류 : 교류전원의 3배 이상의 내압을 사용한다. • 스위칭 : 1S1588과 같이 회로의 스위칭에 사용한다. • 검파용 : 소신호의 검파 등에 사용하며, 게르마늄(Ge)을 이용한 것을 주로 사용하고 1N60 등이 있다.
제너 다이오드		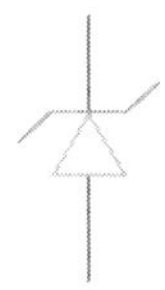	ZD	정전압용 다이오드 : 역방향 포화전류가 흐르는데 이 상태에서 역방향 전압을 더 증가시키면 어느 일정한 전압에서 역방향에 큰 전류가 흐르는 현상이다.
쇼트키 다이오드			SD	고주파 스위칭용 : 고속 스위칭이나 마이크로파대의 믹서 등에 사용되고 있으며 통상 순방향 전압강하는 0.2[V] 정도로 매우 낮은 것이 특징이다.
터널 다이오드 (에사끼)	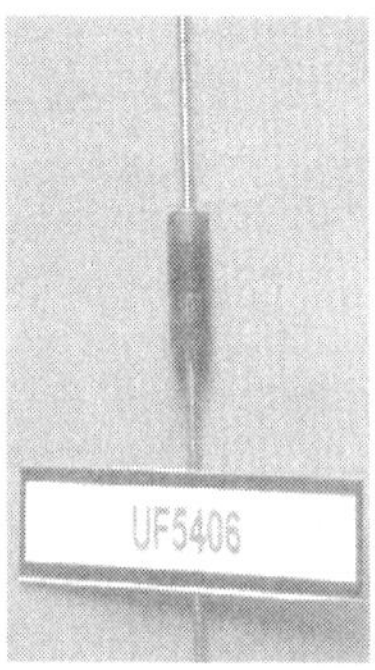	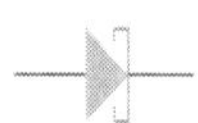	TD	• 1957년 일본의 에사끼가 개발한 다이오드로 도너 밀도를 매우 높게 하여 공핍층을 좁게 하고 전계의 세기를 증가하게 한 것으로 응답속도가 매우 빠르다. • 발진작용, 스위칭작용, 증폭작용 • 소비전력, 잡음이 적다. • 온도특성이 안정되어 있다. • 터널 효과 = 부성저항(역방향으로 우수한 도전성 : 다이너트론 = 제너 현상)현상
바리캡	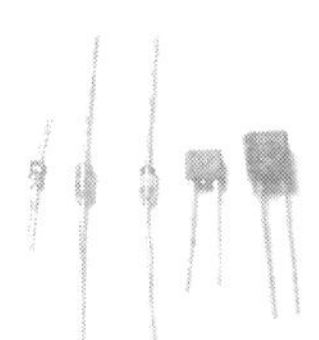	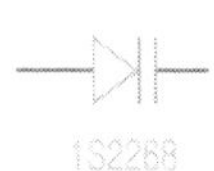	VD	가변용량 다이오드(고주파 동조용) : PN접합 다이오드에 역방향 전압을 인가하면 공간전하 영역이 콘덴서 역할을 하는 것으로 직류전압에 비례하여 용량이 변하는 다이오드이다.
브리지 다이오드		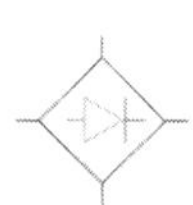	BD	전원 정류용 : 정류용 다이오드의 조합으로 구성되어 있다.
발광 다이오드		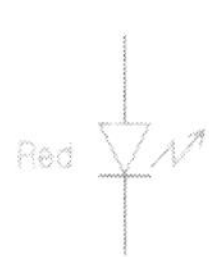	LED	표시용 다이오드 : GaP, GaAsP 등의 화합물 반도체로 PN접합을 만들고 여기에 순방향 전압을 가하면 접합면에서 발광하는 소자이다.

(4) 다이오드 바이어스 형태

표 7-7 ▪ 다이오드의 바이어스 형태

① 순바이어스	② 역바이어스
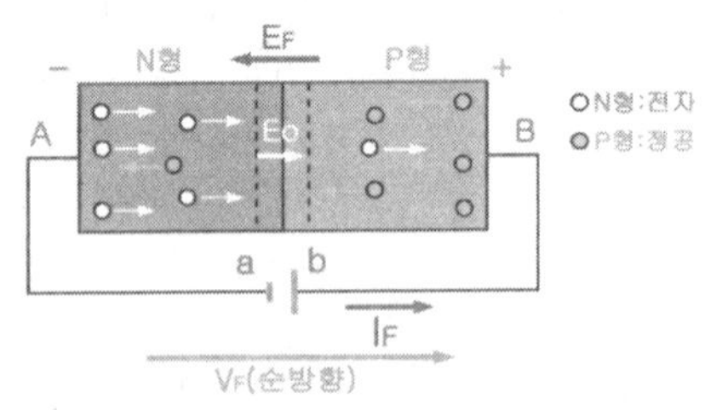	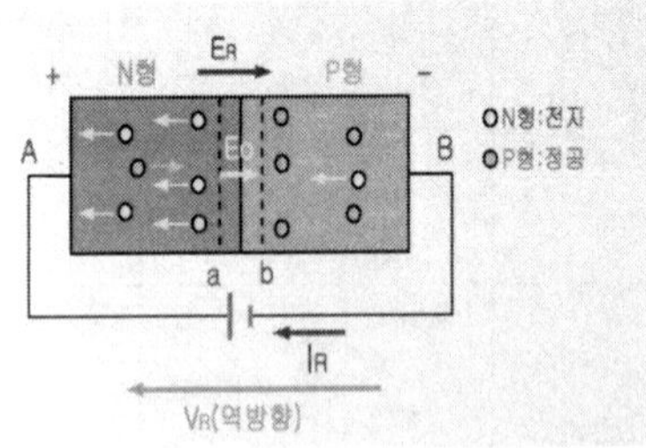
P형 반도체 속에는 정공(hole), N형 반도체 속에는 전자(electron)가 존재하므로 P형에 전지의 (+)극을 연결하고, N형에 (−)극을 연결하여 전압을 걸면 전자는 정공에 이끌려 P형 영역으로 이동하면 P형 영역에서 N형 영역으로 순방향 전류가 흐르게 되는 것을 순방향 바이어스라 한다.	(−)극을 P형 반도체에 연결하고 (+)극을 N형 반도체에 연결하여 전압을 인가하면 역방향으로 전류는 흐르지 않으므로 역방향 바이어스라 한다.

(5) 다이오드의 특성곡선(I (전류) − V (전압))

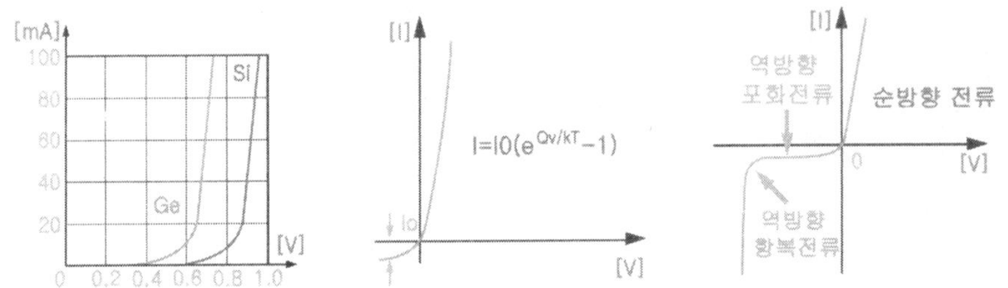

(a) 순방향 다이오드 특성곡선 (b) 다이오드 그래프 (c) 역방향 다이오드 특성곡선

그림 7-6 ▪ 다이오드 특성곡선

(6) 다이오드의 종류별 특성곡선

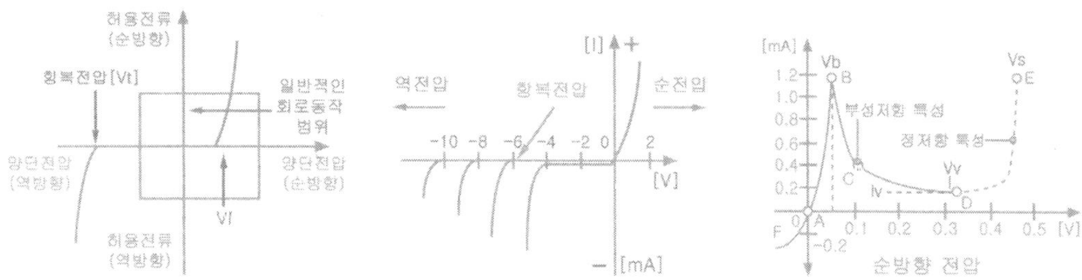

(a) 범용 다이오드 (b) 제너 다이오드 (c) 터널 다이오드

그림 7-7 ◦ 다이오드의 종류별 특성곡선

(7) 다이오드 명명법

다이오드의 명칭에 관하여는 EIAJ 등록에 의하여 부여하는 EIAJ형 명칭이 있고, JEDEC에서 사용하는 명칭, 유럽에서 사용하는 명칭이 많이 사용되고 있으며, 또한 메이커에 따라 독특한 명칭을 사용하기도 한다.

표 7-8 ◦ 다이오드 명명법

명 칭	기 호	다이오드 종류
JEDEC	1N xxxx	미국의 JEDEC(Joint Electron Device Engineering Council) : 세계 반도체 표준협회에서 부여한 명칭이다.
유럽형	0Axx, BOXxxx	0Axx, BOXxxx 등으로 명칭한다.
메이커별 명칭	독자적인 명칭	
EIAJ(Electronic Industry Association of japan) : 일본전자 공업협회 (1S로 시작한다. 처음에는 1S 다음에 등록번호만 사용하였으나, 등록 부품의 수가 너무 많아짐에 따라, 다음과 같이 분류하여 품명을 할당하고 있다.)	1SE xxx	터널 다이오드
	1SG xxx	건 다이오드
	1SS xxx	일반 다이오드, 검파용, 스위칭, 펄스 발생용, 스냅오프다이오드, 마이크로파 다이오드
	1ST xxx	임펙트 다이오드
	1SV xxx	가변용량 다이오드, PIN 다이오드, 스냅오프다이오드, 배럭터
	1SR xxx	정류용 다이오드
	1SZ xxx	정전압 다이오드
	ISQ	발광 다이오드

3. 트랜지스터

(1) 기호 : TR, 단자 명칭 : 이미터(E), 컬렉터(C), 베이스(B)

트랜지스터(Transister : TR)는 반도체 가운데에서도 가장 많이 쓰여 왔던 기본적인 반도체 부품으로 증폭작용을 발견하여 사용되기 시작하였다. 트랜지스터에는 용도나 특성에 따라 아주 많은 종류가 만들어지고 있으며, 실생활에도 여러 분야에서 보편적으로 사용되고 있다.

표 7-9 ◦ 트랜지스터 실물 및 기능

명 칭	실 물	기호 및 구조	약호	기 능
PNP형		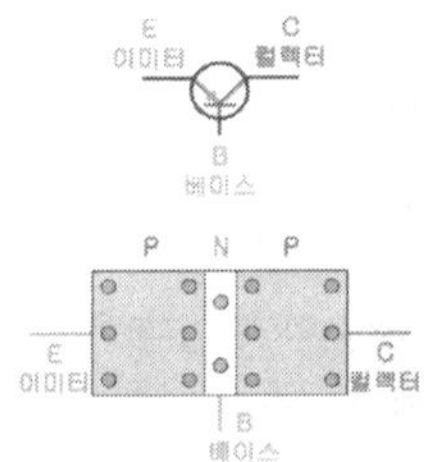	TR	• 트랜지스터의 기능을 수도에 비유해 보면 이해가 쉽다. 트랜지스터에는 3개의 핀이 있다. 각각 **베이스**와 **컬렉터**그리고 **이미터**라고 하며 **베이스** : 수도의 밸브 **컬렉터** : 수도꼭지, **이미터** : 수도배관에 비유할 수 있다. 수도 밸브를 작은 힘(베이스의 입력신호)으로 조정하면, 수도꼭지에서 많은 물이 나오며 물의 양(컬렉터에 흐르는 전류)을 조절할 수 있다. • **용도** : **전류증폭용** 및 **스위칭용**
NPN형	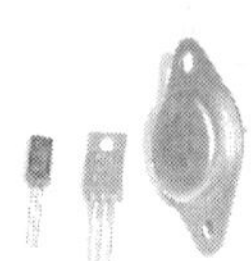	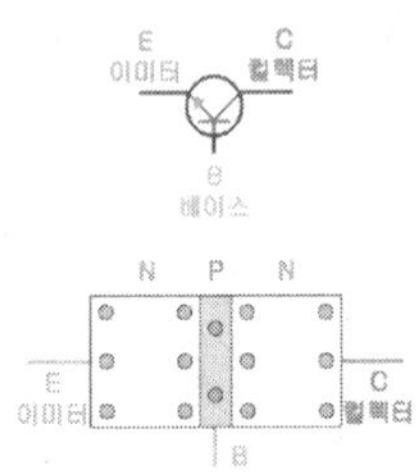		

(2) 트랜지스터의 리드선 배치

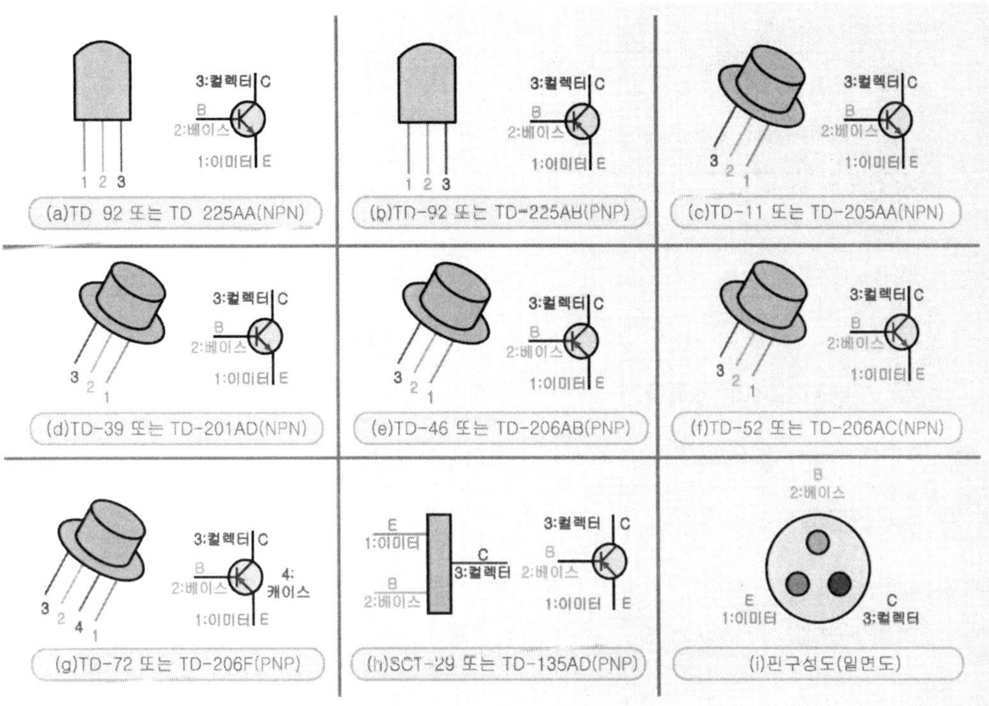

그림 7-8 ◦ 트랜지스터의 핀번호와 배치도

(3) 트랜지스터 동작 모드

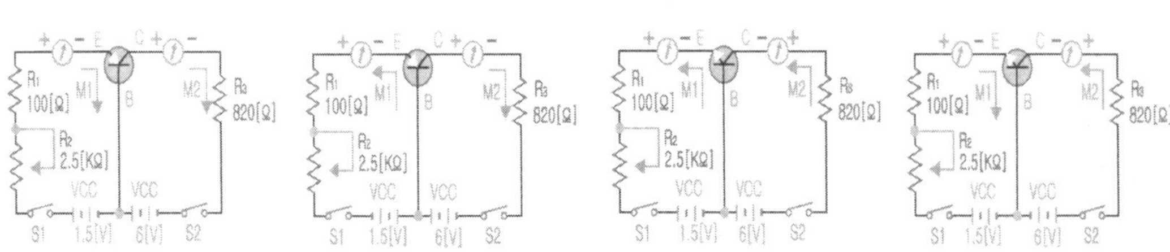

(a) PNP 활성 동작 모드 (b) PNP 차단 동작 모드 (c) NPN 활성 동작 모드 (d) NPN 차단 동작 모드

그림 7-9 ◦ 트랜지스터의 동작 모드

(4) 트랜지스터의 종류

표 7-10 ◦ 트랜지스터의 종류

PNP 트랜지스터	NPN 트랜지스터
접합의 구성에 의한 종류로 (−)전원으로 동작한다.	접합의 구성에 의한 종류로 (+)전원으로 동작한다.
2SA××× : 고주파용 (저주파용에도 사용할 수 있다)	2SC××× : 고주파용 (저주파용에도 사용할 수 있다)
2SB××× : 저주파용	2SD××× : 저주파용

(5) 트랜지스터의 동작구분

표 7-11 ◦ 트랜지스터의 동작구분

영역 접합	$E-B$	$C-E$	비 고	* E : 이미터, C : 컬렉터, B : 베이스
활성 영역	순바이어스	역바이어스	증폭회로	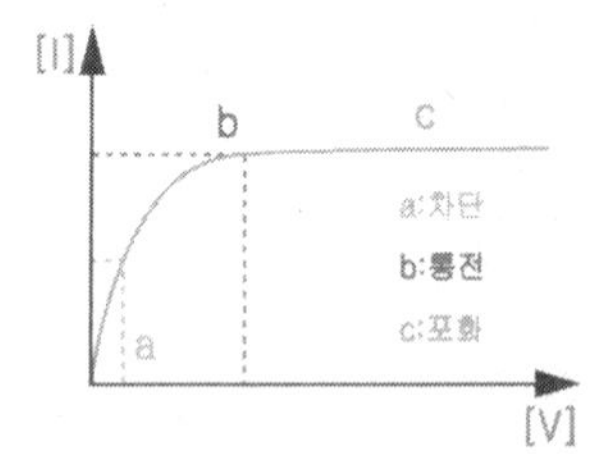
포화 영역	순바이어스	역바이어스	펄스 회로	
차단 영역	역바이어스	역바이어스	펄스 회로	
역활성 영역	역바이어스	순바이어스		

(6) 트랜지스터의 공통 접지회로 및 특징

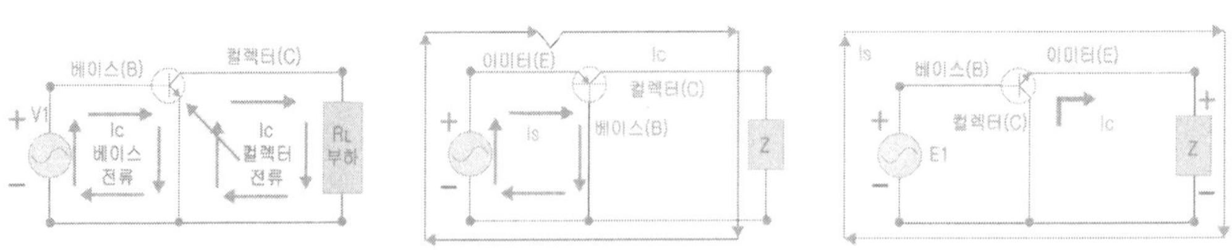

(a) 이미터 공통 (b) 베이스 공통 (c) 컬렉터 공통

그림 7-10 ◦ 트랜지스터의 공통 접지회로 및 특징

표 7-12 • 트랜지스터 접지에 의한 적용 구분표

적용/구분	베이스 접지	이미터 접지	컬렉터 접지
입력 임피던스	낮음, 수 10[Ω]	중간, 수 100[Ω]~수[kΩ]	높음, 수 100[kΩ]
출력 임피던스	높음, 수 100[kΩ]	중간, 수 10[kΩ]	낮음, 수 10[Ω]
전압이득	높음, 수 100배	높음, 수 10~수100배	낮음, 1보다 적음
전류이득	낮음, 1보다 적음	높음, 수 100배	높음, 수 10배
전력이득	중간, 수 100배	높음, 수 1000배	낮음, 수 10배
입출력 선압의 위상	동위상	역위상	동위상
주파수 특성	양호	약간 불량	양호
찌그러짐률	양호	약간 불량	양호
특성의 불균일	적다	크다	적다

4. 전계효과 트랜지스터

(1) 기호 : FET, 명칭 : 드레인(D), 소스(S), 게이트(G)

전계효과 트랜지스터(filde effect transistor)는 진공관과 비슷한 원리로 입력전압으로 출력전류를 제어하는 특성을 갖고 있다. 바이폴라 트랜지스터와는 다르게 다수 캐리어 하나에 의해서만 전류가 만들어지므로 유니폴라(unipolar) 트랜지스터라고 할 수 있다. N채널과 P채널의 두 종류가 있으며 소스(Source), 드레인(Drain), 게이트(Gate)로 구성되어 있다.

표 7-13 • 전계효과 트랜지스터의 실물 기능

명 칭	실 물	기 호		기 능
JFET		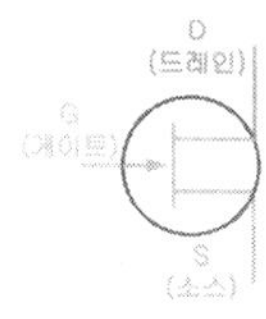 (a) N채널 J FET	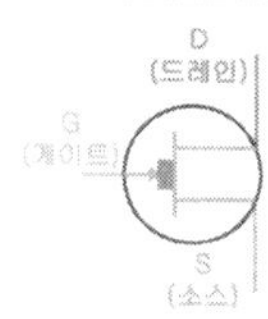 (b) P채널 J FET	입력 게이트가 반도체의 접합으로 구성되고 있는 FET로 트랜지스터와 비교하여 훨씬 적은 입력전류로 동작한다.
공핍형 MOS-FET		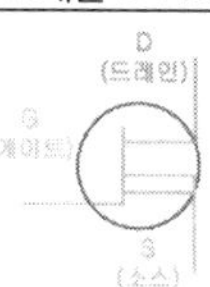 (a) N채널 Enhancement MOS-FET	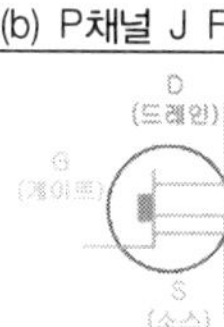 (b) P채널 Enhancement MOS-FET	게이트에 전압을 가하지 않아도 드레인과 소스 사이에 전류가 흐른다.
증가형 MOS-FET		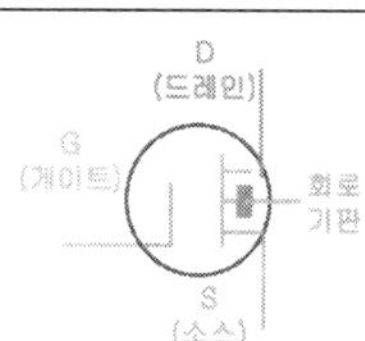 (a) N채널 MOS=FET	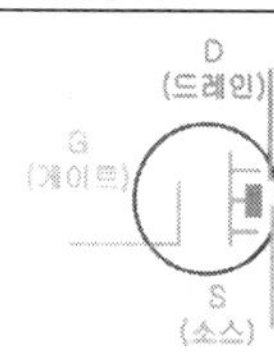 (b) P채널 MOS=FET	게이트에 전압을 가하지 않으면 드레인과 소스 사이에 전류가 흐르지 않는다.

역방향 바이어스 상태에서 사용되어야 하므로 입력저항이 높고 오프셋(offset) 전압이 없는 것이 특징이다. 출력전류는 소스와 게이트의 입력전압에 의해 컨트롤(control)되며 큰 전류에서 사용된다. 구조가 단순하며 크기도 작으므로 IC에서 많이 사용되며, 노이즈(noise)가 작고 증폭도가 크고 열에 안전한 장점이 있어 널리 사용되고 있다.

그림 7-11(a)는 Drain Curve를 얻기 위한 N채널 JFET 회로, (b) N채널 Depletion : MOS-FET의 특성곡선을 얻기 위한 회로, (c) N채널 Enhancement : MOS-FET의 특성곡선을 얻기 위한 회로이다.

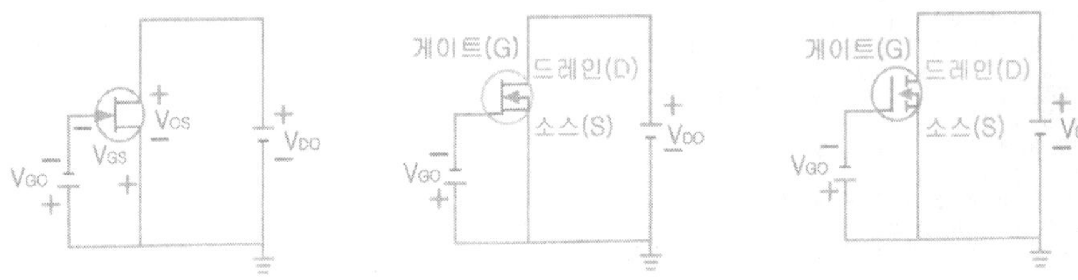

(a) (b) (c)

그림 7-11 ◦ 전계효과 트랜지스터의 회로동작

(2) TR과 FET 비교

그림 7-12는 (a), (b) 두 개의 PN접합으로 이루어져 있으며, 전자와 정공이 전도과정에 관여한다는 점에서 쌍극성이라 하며, 입력전류에 따라서 출력전압이 쉽게 변화된다.

그림 7-12(c), (d)의 FET는 단극성소자라 하며, 전도과정이 주로 한 가지의 전하 운반자에 의해서 이루어진다.

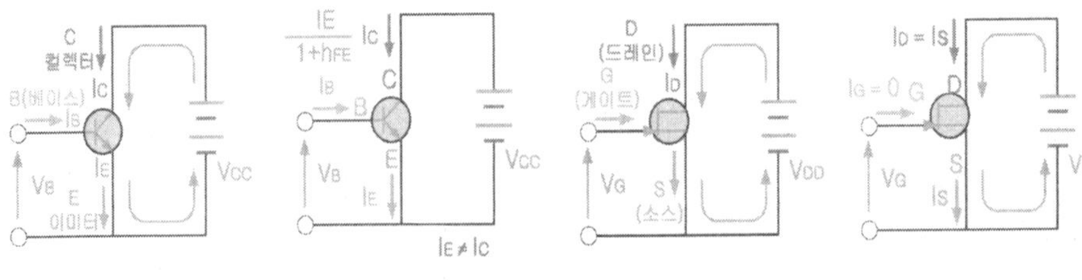

(a) NPN TR (b) NPN TR (c) N채널 FET (d) N채널 FET

그림 7-12 ◦ 트랜지스터와 전계효과 트랜지스터의 회로비교

04 특수 반도체(Special Semiconductor)

1. 실리콘 제어정류기

(1) 기호 : SCR, 명칭 : 애노드(A), 캐소드(K), 게이트(G)

실리콘 제어정류기는 전류를 제어하는 기능을 가진 반도체 소자이다. 실리콘 반도체로 만들어진 전력용 3단자 스위칭 소자로 제어전극에 의해 오프(off) 상태에서 온(on) 상태로 바꾸는 것이 가능하다. 실리콘 제어정류기 또는 SCR(Silicon Controlled Rectifier)이라고도 한다. 사이리스터라는 말은 처음에 미국의 제너럴 일렉트릭사의 상품명이었는데 후에 국제전기표준회의(IEC)에서 그 사용이 인정되었다.

표 7-14 실리콘 제어정류기 실물 기능

명칭	실 물	기 호	기 능
SCR	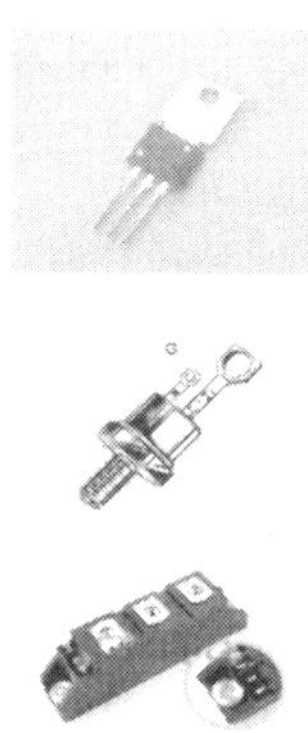	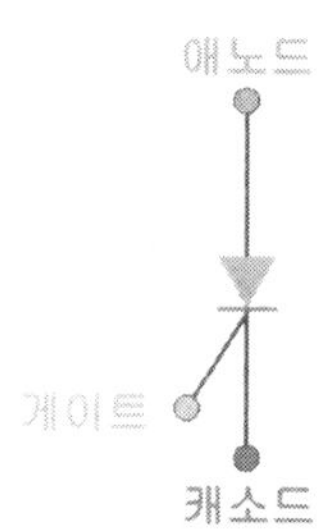	• SCR에서 게이트를 통하여 트리거 펄스를 입력시키면 순간적으로 역방향 항복전압이 무너지면서 평범한 순방향 다이오드처럼 도통한다. 그러므로 SCR 게이트의 역할은 NP 역방향 항복전압을 제어하기 위한 것이다. • SCR의 전류 · 전압특성은 순방향 바이어스에서 내부의 PN 역방향 항복전압을 일단 넘게 되면 사이리스터는 단순한 PN접합 다이오드와 같은 특성을 따르게 된다. 일반적으로 사이리스터는 무접점 on/off 스위치로 동작하는 반도체 소자이다.

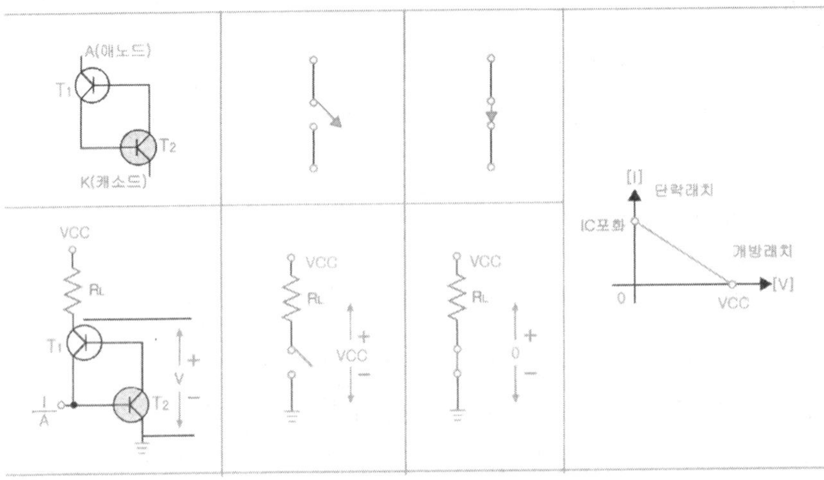

(a) 트랜지스터 래치 (b) 개방 래치 (c) 단락래치 (d) 특성곡선

그림 7-13 ◦ 실리콘 제어정류기 각 래치 및 특성곡선

(2) 역극성 사이리스터

1) 기호 : PUT, 명칭 : 애노드(A), 캐소드(K), 게이트(G)

1967년에 미국의 GE사가 개발하여 발표한 PUT(Programable Unijunction Transistor) 소자로 조절하는 전압에 의해 전류특성을 가지는데, 그 특성 중 외부 붙임 저항의 선정방법에 따라 자유롭게 프로그램으로 나타낼 수 있는 장점 때문에 이름이 붙여졌다.

표 7-15 ◦ 역극성 사이리스터 실물 및 기능

명 칭	실 물	기 호	기 능
PUT	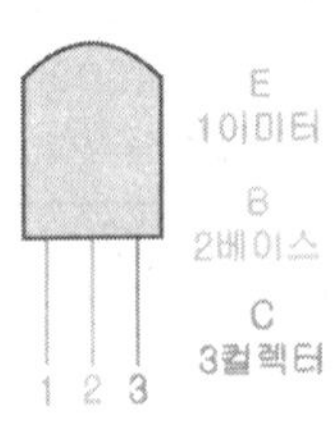	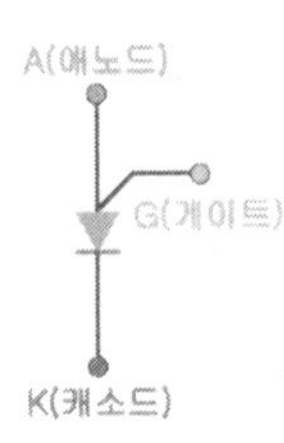	PUT : 게이트 전압이 어떤 값으로 계속 유지되어 있는 경우 애노드 전압이 게이트 전압보다 높을 경우에만 턴 온한다.

2) 기본회로와 출력파형

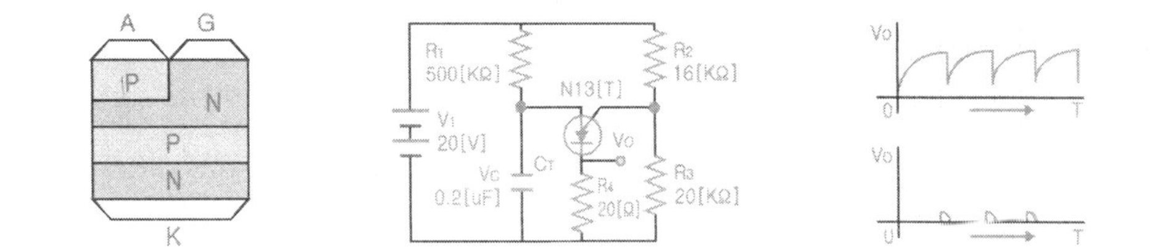

(a) 역극성 사이리스터 구조　(b) 역극성 사이리스터 기본회로　(c) 역극성 사이리스터 발진파형

그림 7-14 ◦ 역극성 사이리스터의 기본회로 및 출력파형

3) 출력파형의 비교

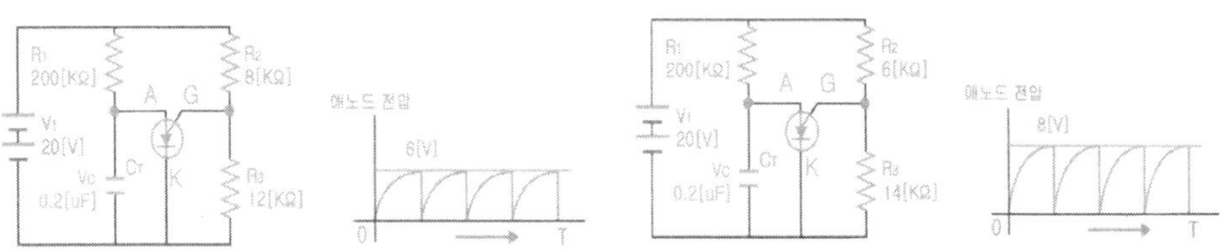

(a) PUT를 사용한 톱니파 발진기　(b) PUT의 스탠드 오프비 변경

그림 7-15 ◦ 역극성 사이리스터의 출력파형의 비교

(3) GTO 사이리스터

GTO(Gate Turn Off) 사이리스터는 SCR 사이리스터와 마찬가지로 PNPN접합이 4층이지만 역방향의 게이트 신호에 의해 on 상태로부터 off 상태로의 스위칭이 가능해 전류차단기능을 갖는 사이리스터이다.

표 7-16 ◦ GTO 사이리스터의 실물 기능

명 칭	실 물	기 호	기 능
GTO	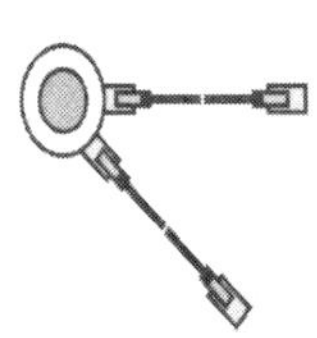 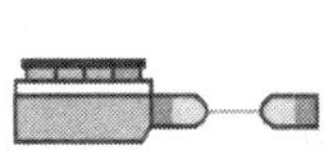	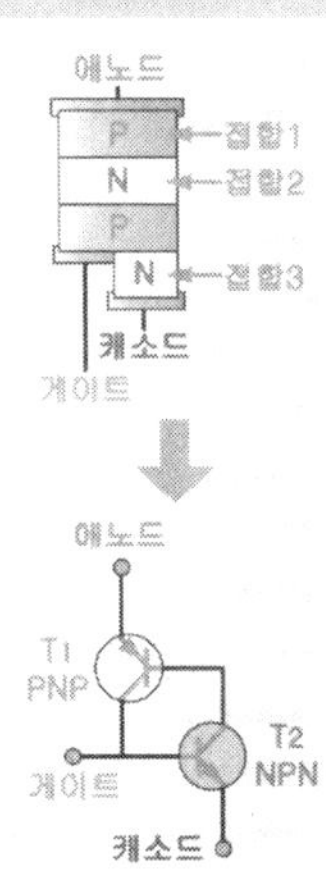	GTO 사이리스터(Gate-Turn-Off thyristor) (3단자 턴 오프 사이리스터) GTO 사이리스터의 각 단자의 명칭은 SCR 사이리스터와 같고, 전류는 항상 애노드에서 캐소드로 흐른다. 게이트에 양(+)전류를 흘리면 on 되고, 음(−)전류를 흘리면 off되는 SCR이며, SCR 사이리스터와 달리 음의 게이트 전류 펄스에 의하여 턴 오프가 가능하며, 일단 off되면 게이트 전류 없이도 off 상태를 유지하는 트리거 오프(trigger off) 기능을 갖는다. GTO는 양(+)의 펄스에서 턴 온 되고 음(−)의 펄스에서는 턴 오프된다.

2. 그 외 반도체

(1) IGBT

IGBT(Insulated Gate Bipolar Transistor)는 MOS-FET, BJT, GTO 사이리스터의 장점을 결합한 일종의 하이브리드 소자로서 바이폴라 트랜지스터와 MOS-FET를 복합한 형태이다.

표 7-17 ◦ IGBT의 실물 및 기능

명 칭	실 물	기 호	기 능
IGBT		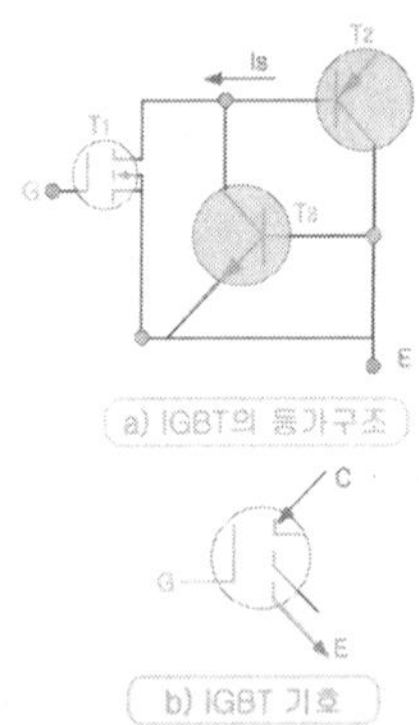	MOS-FET와 마찬가지로 **입력부**(gate)의 임피던스가 무한대에 가까우나 바이폴라 트랜지스터와 같이 **도통 손실이 낮고**, 출력 $C-E$ 간은 트랜지스터의 특성을 갖는 **전력용 반도체 소자**

(2) UJT

UJT(Uni-Junction Transistor)는 접합부가 하나인 트랜지스터이며 일종의 브레이크 오버 소자이다. 타이머, 발진기, 파형 발생기, 사이리스터의 게이트 제어회로 등에 널리 사용된다.

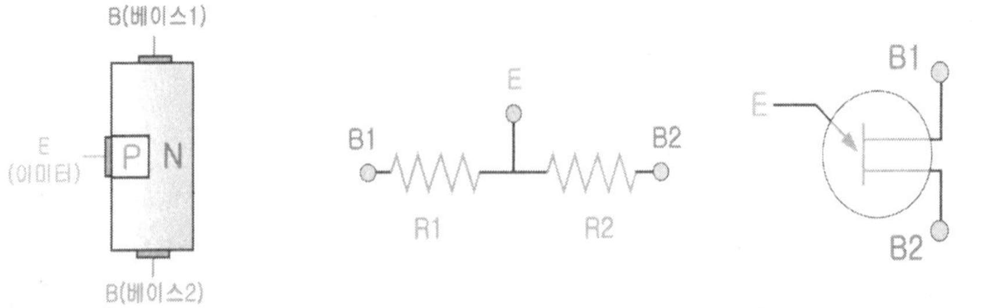

(a) 유니정션 트랜지스터 구조 (b) 유니정션 트랜지스터 등가회로 (c) 유니정션 트랜지스터 기호

그림 7-16 ◦ 유니정션 트랜지스터의 구조 및 기호

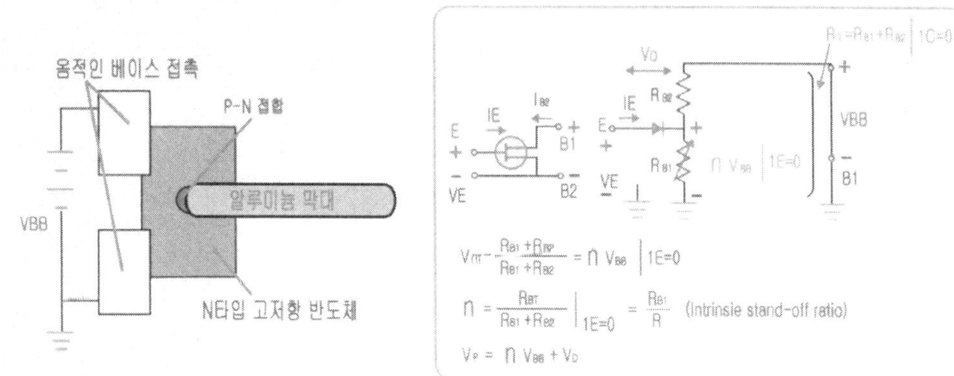

그림 7-17 • 유니정션 트랜지스터의 회로도

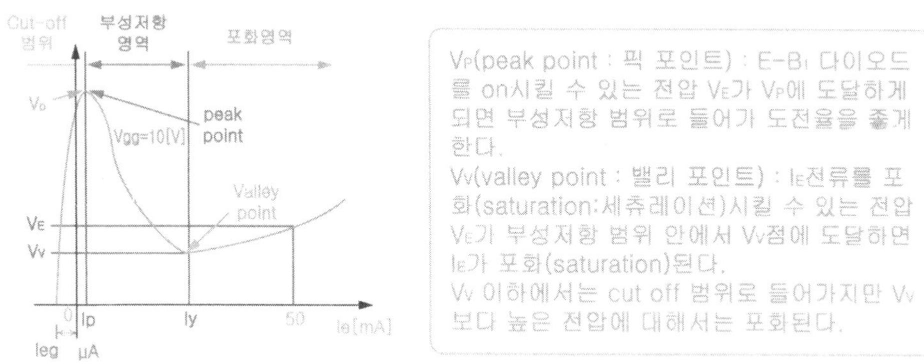

그림 7-18 • 유니정션 트랜지스터의 곡선

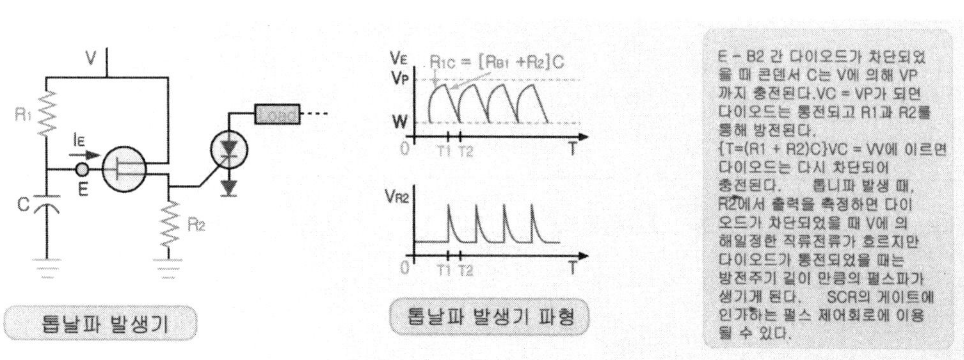

그림 7-19 • 유니정션 트랜지스터의 파형

(3) 다이액 – 극성 : 없음

Diode AC는 2방향으로 래치(latch) 전류를 갖는 소자로서 병렬연결의 4층 다이오드쌍으로 구성되어 있다. 이 다이액(DIAC) 소자는 두 방향에서 항복전압 이상으로 소자 양단의 전압이 상승될 때까지 도통되지 않으며, 일단 다이액이 도통되면 저전류 중단으로서 이를 개방하는 것인데, 이는 소자의 유지전류(holding current) 이하로 전류를 감소해야 한다.

(4) 트라이액 – 명칭 : T_1, T_2, 게이트(G)

트라이액(Triac)은 3단자 교류 스위치의 약어로 이를 개발한 GE사의 상품명에서 기인하여 지금까지 사용되고 있지만 쌍방향 3단자 제어 정류소자라고 한다.

표 7–18 • 트라이액 실물 및 기능

명 칭	실 물	기 호	기 능
트라이액	 	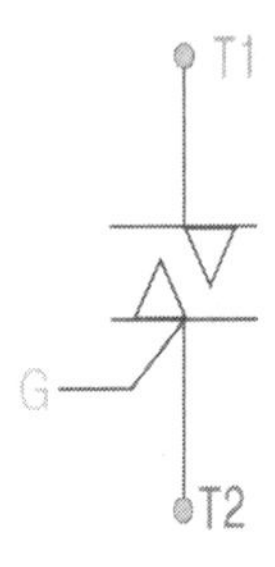	스위치용 반도체의 일종이며, 미국 제너럴 일렉트릭(GE) 회사의 상품명이다. P-N-P-N-P의 5층의 반도체를 포개서 만든다. 양단(兩端)의 전극 외에 제3의 제어전극(게이트)을 가지고 있으며, 마치 3극관(트라이오드)처럼 전류를 제어할 수 있다. 단, 사인파 모양인 교류전류의 통과개시를 제어하는 것으로 평균전류를 제어할 수 있을 뿐이며, 순간적인 진폭의 제어나 전류의 차단은 할 수 없다. 또 P-N-P-N 4층 사이리스터는 1방향 전류의 평균제어를 할 수 있었으나, 트라이액은 2방향 제어가 가능하다. 따라서 교류로 사용하는 가정용 기구, 선풍기 · 세탁기 · 조리용 믹서 등의 전동기의 회전수 제어, 냉장고 · 전기담요의 온도제어 등에 널리 쓰인다. 또, 사용하는 데 있어서는 특수한 두 방향성 다이오드, 다이액과 함께 사용되는 수가 많다.

※ 트라이오드(triode) – 3극관 : 증폭, 발진, 검파 등의 여러 동작을 하게 할 수 있는 전자장치의 주역 구실을 하는 것으로 고진공전자관의 가장 기본적인 것이며 그 후에 4극관, 5극관으로 발전되었다.

5) 포토트랜지스터

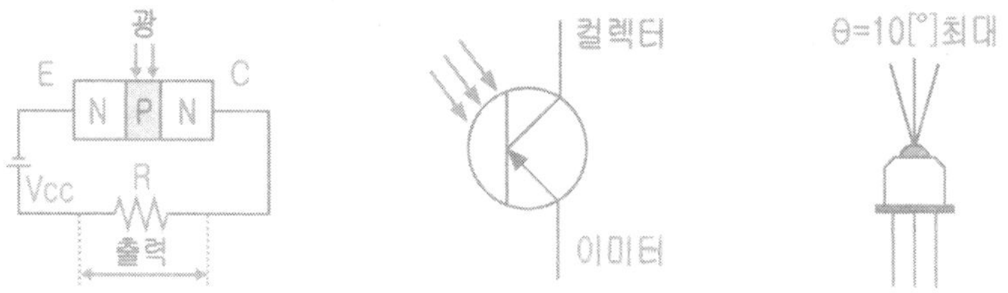

(a) 포토트랜지스터 원리 (b) 포토트랜지스터 기호 (c) 포토트랜지스터 입사광의 각도

그림 7-20 ◦ 포토트랜지스터의 실물 및 원리

표 7-19 ◦ 반도체 소자 사용시 주의사항

정전기	IC는 정전기에 매우 약하기 때문에 IC를 취급하기 전에는 인체의 정전기를 완전히 방전해야 한다. 특히 건조한 겨울철이나 정전기 발생이 많은 나일론 옷을 입은 경우에는 정전기가 발생하기 쉽기 때문에 주의가 필요하다.
납땜	납땜시 가장 주의해야 할 점은 온도와 누전이다. 디핑할 때는 매우 높은 온도이기 때문에 주의가 필요하다. 또한 땜납할 때에는 AC전원이 누전되어 IC를 파괴할 수도 있기 때문에 누전에 주의하여야 한다.
방열판	반도체 소자와 방열판의 열전도를 좋게 하기 위해 실리콘 수지를 사용하는데 실리콘 수지는 전도율을 높이기 위해 가능한 한 얇게 바르기 때문에 방열기를 나사로 고정할 때 무리한 힘을 가하면 칩이 깨질 수도 있으므로 주의해야 하며, 소자와 방열기 사이에 이물질이 들어가지 않도록 해야 한다.
온도 환경	일반적인 IC는 주위온도를 섭씨 85[°]까지 보증하고 있다. 대기의 기온이 85[°]까지 오르는 일은 없으나, IC가 밀폐한 케이스에 들어 있을 경우에는 방열에 의하여 주위온도가 85[°]를 넘을 수 있기 때문에 주의해야 한다. 특히 소비전력이 큰 소자인 경우에는 특별한 주의가 필요하다.
강전계 · 강자계	IC가 강한 자계에 노출될 경우 몰드 수지와 IC 칩 내부의 분극현상으로 누설전류의 증가현상이 발생하여 텔레비전의 편향 코일 근방에 LSI를 설치한 경우 오동작을 일으키는 사례가 있다. 이러한 경우에는 설치장소의 변경이나 전계 및 자계의 실드가 필요하다.
외란 광	몰드 수지에 따라 적외선을 통과시키는 것이 있는데 이러한 경우 반도체 소자에 빛이 닿게 되면 광전효과에 의해 전압이 발생하여 오동작을 일으키는 경우가 있다.
최대정격 설계상의 주의사항	최대정격이란 한순간이라도 초과할 경우 소자가 열화하거나 파괴될 수 있으므로 한계 규격을 정해 놓은 것이다. 최대정격의 항목에는 단자전압, 전류, 허용손실, 온도 등이 있으며, 특히 외부에서 서지 전압의 유입이 우려될 경우 최대정격을 넘지 않도록 보호회로를 넣어 주어야 한다.

〈표 7–19 계속〉

래치 업	C-MOS 구조의 디바이스에는 래치 업이라고 하는 특유의 상태가 있으며, 이것은 C-MOS IC 자신이 내장하는 기생의 PNPN접합(사이리스터 구조)부가 도통하여 IC에 수백 [mA] 이상의 많은 전류가 흐르고 파괴에 도달하는 현상이다. 래치 업 : 입력 및 출력전압이 정격을 초과하여 내부소자에 큰 전류가 흐른 경우, 혹은 전원단자의 전압이 정격을 넘어가 내부소자가 항복상태가 되었을 때에 일어나며, 이러한 상태는 순간적일지라도 한번 IC가 래치 업 상태가 되면 사이리스터 구조에 의하여 전원을 끌 때까지 계속 유지된다. 래치 업을 방지하기 위해서는 다음 사항을 고려해야 한다. 입출력 단자의 전압 레벨을 Vcc보다 높게 하거나 Vss보다 낮게 하지 말며, 노이즈나 서지의 유입이 없도록 해야 하고, 미사용 입력단자의 전위를 Vcc 또는 Vss에 고정해야 하며, 출력에 과전류가 흐르지 않도록 고려해야 한다.
열설계	반도체 소자의 고장률은 사용온도에 많은 영향을 받으며 내부의 온도는 주위온도와 소자 자신의 전력소비에 의해 온도가 올라간다. 신뢰성 확보를 위해서는 다음 사항을 고려해야 하는데 소자의 주위온도(T_a)는 발열의 영향을 피하고 가능한 한 낮게 유지해야 한다. 소자의 소비전력이 큰 경우 방열기나 강제 공냉을 사용하며 소비전력을 가급적 억제하여 사용할 것 등이다.
반도체 소자의 수 명	온도는 수명을 짧게 하는 최대의 요인이다. 가급적 소비전력을 낮게 사용하는 것이 신뢰성을 올리는 방법이며, on/off의 반복 등에 의한 반복적인 온도변화는 열팽창계수의 차이에 의하여 접합 부분이 파손될 수 있다. 알루미늄 부식 몰드 수지는 수분을 어느 정도 통과시킨다. 또한 수지와 리드의 경계는 벗겨져 떨어지기 쉬워서 그 사이로 수분이 침입할 수 있다. 수분과 함께 염소이온 등이 유입되면 알루미늄 배선을 부식시켜서 단선에 이르게 한다. 땜납의 플럭스에는 염소이온이 들어 있기 때문에 납땜 후 세정을 잘 하지 않으면 알루미늄 부식을 일으킬 수 있다.
표 면 오 염	수분과 함께 나트륨 이온 등이 칩에 유입되면 오염에 의한 고장이 발생한다. 나트륨 이온은 실리콘 산화막 중에서 자유롭게 이동하여 전위가 낮은 곳에 모이게 되며 이러한 이온은 칩 표면에 리크 전류를 발생시켜서 고장에 이르게 한다.
리드 핀의 이상	전원의 on/off 등에 의한 온도 사이클이 있을 경우 열팽창계수의 차이에 의한 응력이 발생하게 되는데, 기판과 소자의 팽창계수의 차에 의한 응력은 리드와 납땜에 의해 대부분 흡수되나 응력이 반복되면 리드 핀이나 납땜 부분에 이상이 발생할 수 있다.

05 논리회로(Logic Circuit)

1. 집적회로의 분류와 장 · 단점

1957년 미국의 RCA사에서 마이크로모듈이 개발되어 발표됨으로써 전자부품의 소형화가 시작되었다. 집적회로는 **인터그레이션 서킷**(Intergration Circuit)의 약자를 사용하여 IC라고 하는데, 한 개의 실리콘 칩 내부에 **여러 개의 트랜지스터, 다이오드 등의 능동소자**와 **저항, 인덕터, 콘덴서와 같은 수동소자**를 만들어서 동시에 상호 접속하여 일정한 기능을 갖는 회로로 구성된 것이다.

(1) 집적회로의 분류

표 7-20 · 집적회로의 분류

분류	IC의 종류	특 징
규모면	SSI(Small Scale Intergration)	하나의 칩에 100 **미만의 소자**로 구성한다.
	MSI(Midium Scale Intergration)	하나의 칩에 100~1000 **정도의 소자**로 구성한다.
	LSI(Large Scale Intergration)	하나의 칩에 1000~수 1000 **정도**의 소자로 구성한다.
	VLSI(Very Large Scale Intergration)	칩의 내부에 10000~수 10000 **정도**의 소자로 구성한다.
	SVLSI(Super Very Large Scale Intergration)	칩 내부에 **수십 만 개의 소자**로 구성한다.
기능면	디지털 IC	**논리회로**(logic circuit)를 집적한 것이다.
	아날로그 IC	**증폭회로** 등을 집적한 것이다.
구성면	바이폴러(bipolar) IC	일반 **실리콘 트랜지스터의 구조**를 이용하여 실리콘 기판에 회로를 구성(DTL, TTL, CTL)한다.
	MOS(Metal Oxide Semiconductor) IC	MOS-FET를 이용한 것으로 **유니폴러**(unipolar) IC라고도 한다.
제조법	반도체 IC	실리콘 칩으로 된 기판에 **회로소자를 상호 접속**시킨 것이다.
	막(膜) IC	기판에 구성된 **회로소자의 상호 접속**이 막으로 구성된다.

(2) 집적회로의 장 · 단점

표 7-21 ◦ 집적회로의 장 · 단 점

장 점	단 점
경제성이 우수하다.	전압이나 전류에 약하다.
시스템의 **소형화** 및 **경량화**가 가능하다.	마찰에 의한 정전기의 영향을 고려해야 하는 등 **취급에 주의해야 한다.**
신뢰성이 우수하다.	**발진이나 잡음이** 나기 쉽다.
	열에 약하다(납땜할 때 주의).

2. 논리회로

(1) 부울 대수

① 1848년 영국 수학자 부울(Bool)에 의해 제안되었다.

② 어떤 명제가 **참**(true)인지, **거짓**(false)인지를 논하는 것이다.

㉠ 인간의 지식이나 사고과정을 수학적으로 해석한 것이다.

③ 논리값이 **참**일 때는 "1", 거짓일 때는 "0"으로 **표현**한다.

㉠ 수치값이 아니라 논리의 참(1), 거짓(0), 스위치의 on(1), off(0), 신호의 유(1), 무(0) 상태를 의미한다.

㉡ 스위칭 대수 또는 논리대수라고 한다.

④ 부울 대수 기본원리는 **논리회로** 또는 **2진 디지털 회로의 설계**에 **이용**된다.

⑤ **기본연산 : 논리곱**(AND), **논리합**(OR), **논리부정**(NOT), **배타적 논리합**(EX-OR)

⑥ 디지털에서는 ON과 OFF로 표기하고 표 7-22와 같다.

표 7-22 ◦ ON 과 OFF의 정리

구 분	의 미		구분	의 미	
	1	0		1	0
스위치		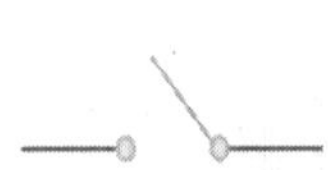	전기램프		
	단힘	열림		켜짐	꺼짐
펄스신호		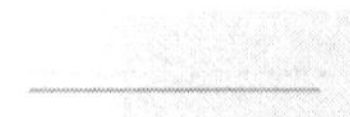	천공카드		
	펄스 있음	펄스 없음		구멍 있음	구멍 없음

(2) 부울 함수

① 뜻 : 부울 대수에 의하여 표현된 식이다.

㉮ 논리함수 또는 논리식이라 한다.

② 부울 변수와 기본연산인 논리곱, 논리합, 논리부정으로 표현한 식이다.
③ 컴퓨터 회로설계 및 회로의 해석을 쉽게 하기 위하여 사용된다.

3. 논리 게이트

① 논리 게이트란 0 또는 1로 구성된 2진 정보를 취급하는 논리회로이다.
② 구성 : 2개 이상의 입력단자와 하나의 출력단자이다.
③ 종류 : AND, OR, NOT, EX-OR, NAND, NOR

(1) AND 게이트

2개 이상 조건이 모두 참인 경우에만 참이고, 그 밖에는 모두 거짓인 경우이다.

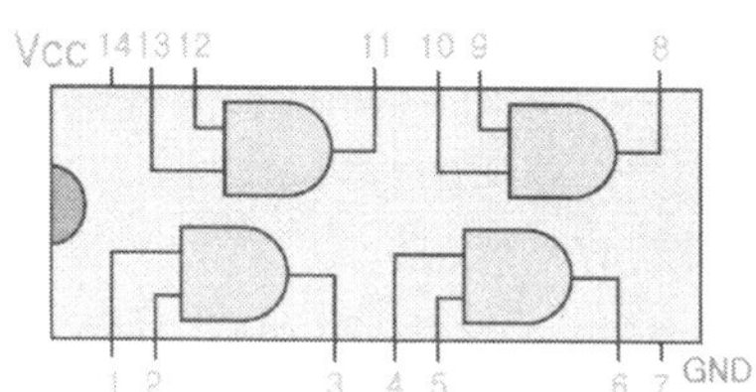

(a) 74LS08

① 2-input(인풋) : 74LS08, 74LS09
② 3-input(인풋) : 74LS11, 74LS15
③ 4-input(인풋) : 74LS21

(b) TTL IC 번호

그림 7-21 • AND 회로의 IC 핀 구조

(2) OR 게이트

어느 하나만 1이면 결과가 1이고, 모두 0이면 결과가 0이 되는 것이다.

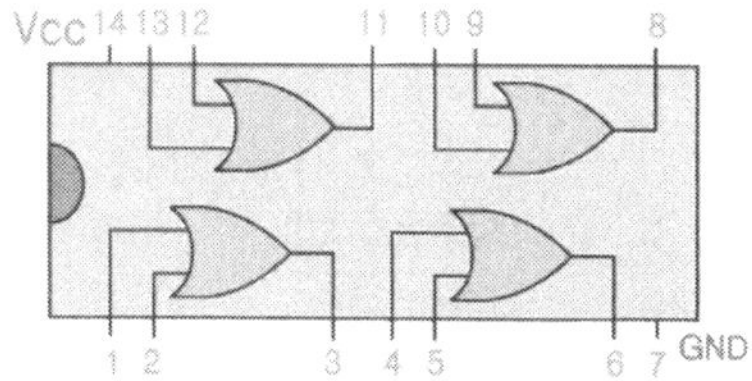

(a) 74LS32

① 2-input(인풋) : 74LS32

(b) TTL IC 번호

그림 7-22 • OR 회로의 IC 핀 구조

(3) NOT 게이트

단자에 0이 입력되면 결과는 1이 출력되고 1이 입력되면 0이 출력이다.

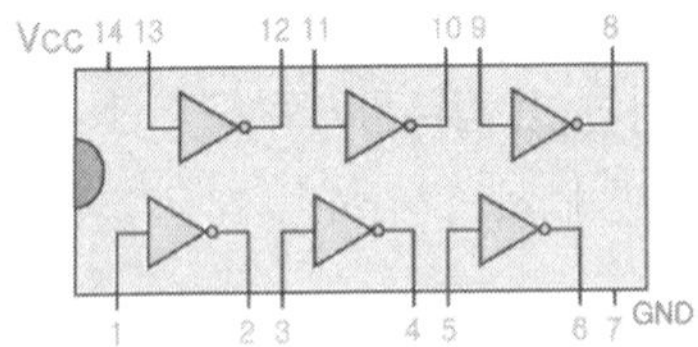

① 1-input(인풋) :
74LS04, 74LS05, 74LS06

(a) 74LS04 (b) TTL IC 번호

그림 7-23 ◦ NOT 회로의 IC 핀 구조

(4) EX-OR 게이트

입력단자에서 같은 입력이 주어지면 0이 출력되고 서로 다른 내용이 입력되면 1이 출력된다.

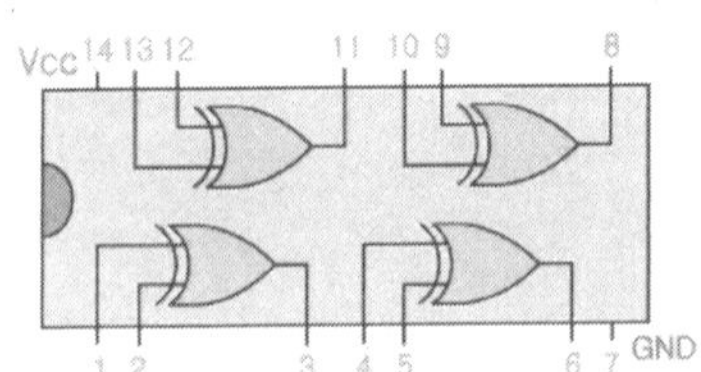

① 2-input(인풋) : 74LS86

(a) 74LS86 (b) TTL IC 번호

그림 7-24 ◦ EX-OR 회로의 IC 핀 구조

(5) NAND 게이트

AND+NOT 게이트로 나타내며 AND 회로의 출력을 NOT 게이트를 통하여 반전시키는 게이트이다.

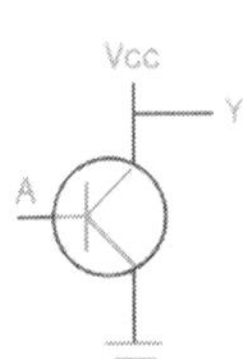

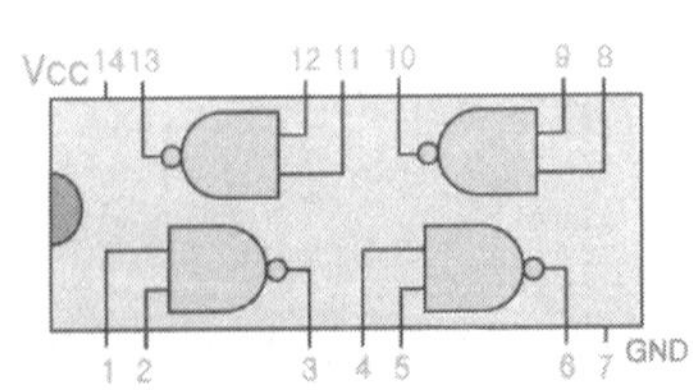

입력		출력
A	B	Y
0	0	1
0	1	1
1	0	1
1	1	0

74LS00, 74LS01, 74LS03, 74LS10, 74LS12, 74LS20, 74LS22, 74LS30, 74LS40

(a) TR로 표현 (b) 74LS00 (c) 진리표 (d) TTL IC 번호

그림 7-25 ◦ NAND 회로의 기호 및 진리표

(6) NOR 게이트

OR+NOT 게이트로 나타내며 OR 회로의 출력을 NOT 게이트를 통하여 반전시키는 게이트이다.

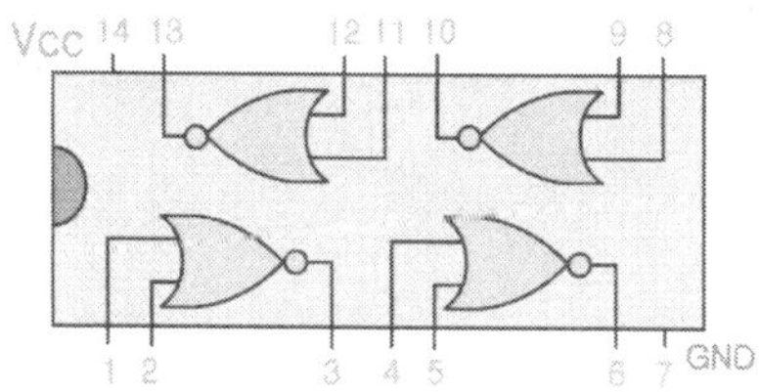

(a) 74LS02

입력		출력
A	B	Y
0	0	1
0	1	0
1	0	0
1	1	0

(b) 진리표

74LS02, 74LS25,
74LS27, 74LS28,
74LS33

(c) TTL IC 번호

그림 7-26 ◦ NOR 회로의 기호 및 진리표

(7) 버퍼 게이트

NOT+NOT 게이트로 나타내며 NOT 회로의 출력을 NOT 게이트를 통하여 반전시키는 게이트이다.

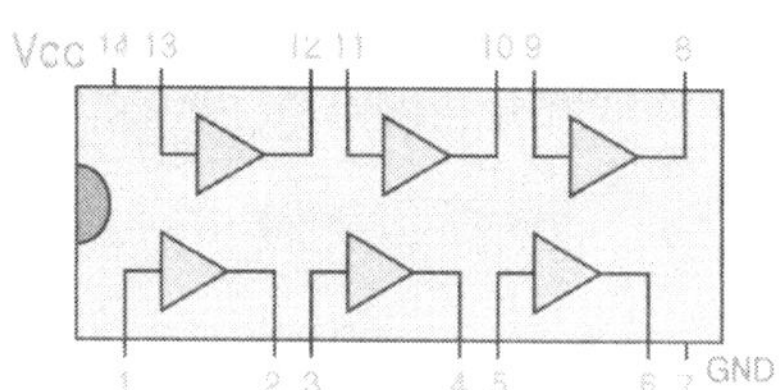

(a) 74LS07

입력	출력
A	Y
0	1
1	0

(b) 진리표

74LS07,
74LS34,
74LS35,
74LS175

(c) TTL IC 번호

그림 7-27 ◦ 버퍼 게이트의 기호 및 진리표

(8) EX-NOR 게이트

EX-OR+NOT 게이트로 나타내며 EX-OR 회로의 출력을 NOT 게이트를 통하여 반전시키는 게이트이다.

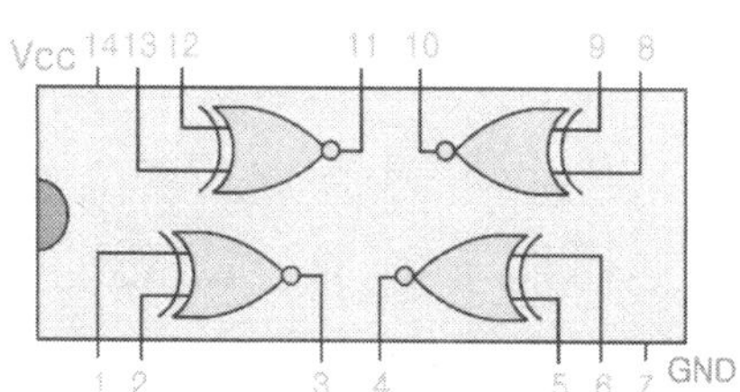

(a) 74LS66

입력		출력
A	B	Y
0	0	1
0	1	0
1	0	0
1	1	1

(b) 진리표

74LS266,
74LS7266

(c) TTL IC 번호

그림 7-28 ◦ EX-NOR 회로의 기호 및 진리표

06 법칙 · 정리 · 효과(Low · Theorem · Effect)

전기 · 전자에 쓰이는 기본적인 법칙을 정리하면 회로해석에 도움이 된다.

1. 옴의 법칙

도체는 전기가 잘 통하는 물질이기는 하나, 그 종류에 따라 또는 굵기나 길이에 따라 전류를 통하는 정도가 다르다. 수돗물의 경우를 생각해 보면 수압이 같은 경우, 물의 양은 파이프가 굵을수록 많아지고 가늘수록 적어진다. 파이프의 굵기가 같더라도 그 내면의 거칠기에 따라 흐르는 물의 양은 달라진다.

이와 같이 도체에 전류가 흐를 경우에도 전류의 흐름을 방해하는 작용이 존재하며, 도체의 종류나 굵기, 길이 등에 따라 달라지는데 대체로 길이에 비례하고 단면적에는 반비례한다. 이러한 전류의 흐름을 방해하는 작용을 전기저항 또는 단순히 저항(resistance)이라 하고 단위로는 옴(Ohm : [Ω])을 사용한다. 또한 전류가 잘 흐르는 정도를 나타내는 상수로는 컨덕턴스(conductance, G)를 사용하며, 단위로는 지멘스(S), 또는 [℧](Mho)를 사용하고 식 (7-1)과 같다.

$$R(\text{저항}) = \rho\frac{l}{S}[\Omega],\quad G(\text{컨덕턴스}) = \frac{1}{R}[℧],\ \sigma(\text{도전율}) = \frac{1}{\rho}[℧] \tag{7-1}$$

즉, 회로에 흐르는 전류는 가해준 전압에 비례하고 회로의 저항에 반비례하며, 같은 전압을 가해준 상태에서도 부하의 저항값에 의해 회로에 흐르는 전류가 다르고 식 (7-2)와 같다.

$$I(\text{전류}) = \frac{V}{R}[\text{A}],\ R(\text{저항}) = \frac{V}{I}[\Omega],\ E(\text{전압}) = IR\,[\text{V}] \tag{7-2}$$

(1) 옴의 법칙을 외우는 방법

그림 7-29에서 원하는 부분을 손가락으로 가리면 옴 식이 된다.

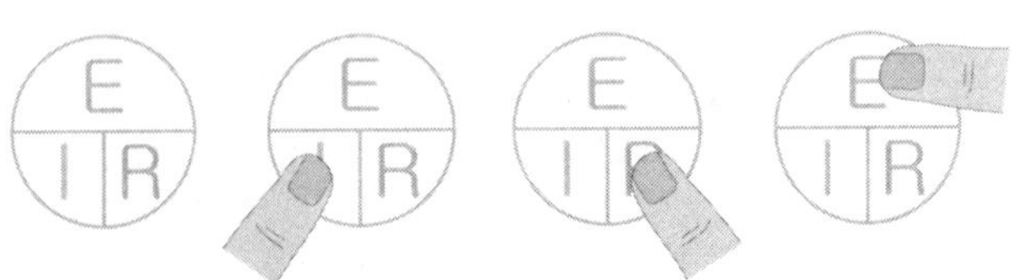

그림 7-29 ◦ 옴의 법칙 표현방법

(2) 저항의 단위 : 옴[Ω]

MKS 단위계의 전기저항의 단위로 국제단위계(SI)의 유도단위 기호 1[A]의 전류가 흐르는 도체 두 점 사이의 전압이 1[V]일 때 그 두 점 사이의 전기저항을 1[Ω]으로 정의한다.

즉, 1[Ω] = 1[V/A] = 1[$m^2kgs^{-3}A^{-2}$]이다. 단위의 명칭은 독일의 물리학자 G.S. 옴의 이름에서 유래하였다. 지름 1[mm]의 구리선은 온도가 20[°C]일 때 약 46[m]의 길이에서 1[Ω]의 전기저항을 가진다.

2. 키르히호프의 법칙

키르히호프의 법칙은 전류에 관한 제1법칙과 전압에 관한 제2법칙이 있다.

(1) 제1법칙(전류법칙 : KCL)

회로에 가해진 전원전압으로 인해 각 저항에는 전류가 흐르게 되는데 전류는 각 저항에 반비례하여 흐를 것이다. 이와 같이 전원전압이 가해져 전체 회로에 흐르는 전류는 각 저항에 흐르는 전류를 합한 것과 같게 된다. 7[A]가 회로에 흘러들어가 2[Ω]의 저항에 5[A]가 흐르고, 5[Ω]의 저항에 2[A]가 흐르게 되어 전류의 합은 7[A]가 되는 것이다.

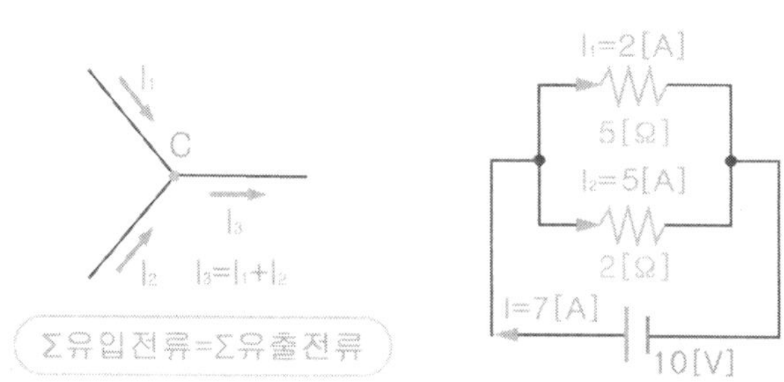

그림 7-30 ◦ 키르히호프의 제1법칙

(2) 제2법칙(전압법칙 : KVL)

회로에서 가해진 전원전압은 저항 세 개로 나누어 소비된다. 즉, 부하는 세 개의 저항이 되고 각 저항마다 전압강하가 생기게 되는데, 각 저항의 전압강하를 모두 합하게 되면 가해진 전원전압(12[V] = 2+4+6)과 같다.

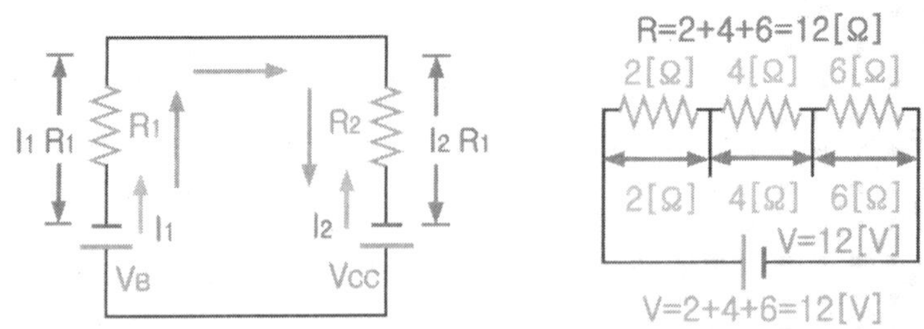

(a) Σ기전류 = Σ전압강하 (b) 직렬회로의 전압분배

그림 7-31 • 키르히호프의 제2법칙

3. 테브난의 정리

(1) 정 의

임의의 회로에서 부하저항을 제외한 나머지 회로부분을 부하저항에 대한 등가회로로 바꿀 수 있으며, 이 등가회로는 **등가 전압원(V_{th})과 등가 임피던스(Z_{th})를 직렬로 연결시** 킨 형태와 같다.

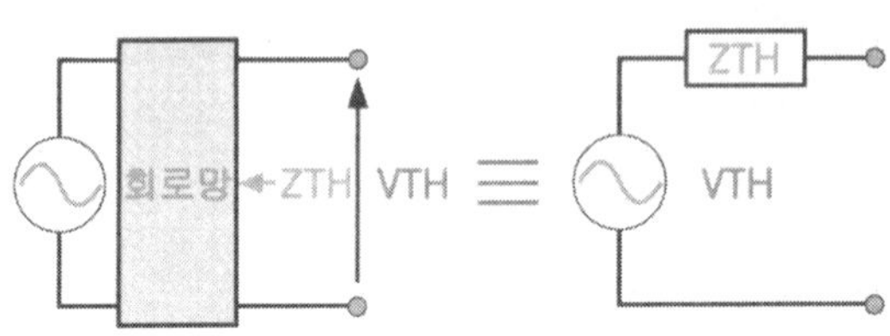

그림 7-32 • 테브난 정리의 등가회로

(2) 테브난 등가회로의 소자값을 구하는 방법

표 7-23

등가 전압원 (V_{th})	부하저항을 **개방(open)**시켰을 때 **개방단자에 나타난 전압의 크기이다.**
등가 임피던스 (Z_{th})	부하저항을 **개방(open)**시키고 회로의 모든 전원을 무시[전압원은 단락(short), 전류원은 개방(open)]하였을 때 **개방단자에 나타난 합성 임피던스의 크기이다.**

4. 노튼의 정리

(1) 정 의

임의의 회로에서 부하저항을 제외한 나머지 회로부분을 부하저항에 대한 등가회로로 바꿀 수 있으며, 이 등가회로는 **등가 전류원(I_s)**과 **개방단 컨덕턴스(G_o)**를 **병렬로 연결**시킨 형태와 같다.

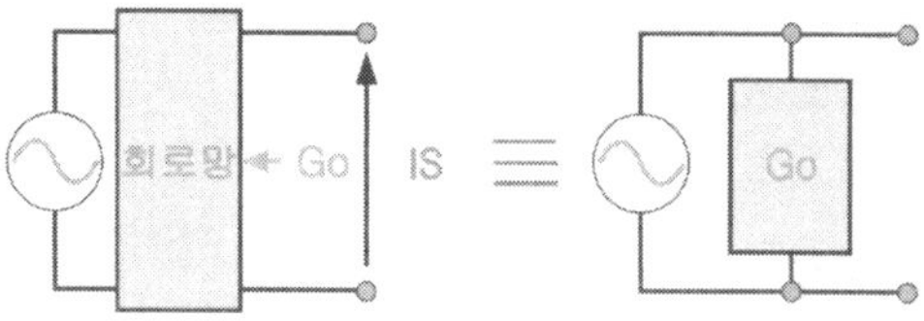

그림 7-33 ◦ 노튼 정리의 등가회로

(2) 노튼 등가회로의 소자값을 구하는 방법

등가 전류원(I_s)	부하저항을 단락(short)시켰을 때 단락 도선에 흐르는 전류의 크기이다.
개방단 컨덕턴스(G_o)	부하저항을 개방(open)시키고 회로의 모든 전원을 무시[전압원은 단락(short), 전류원은 개방(open)]하였을 때, 개방단자에 나타난 합성 컨덕턴스의 크기(테브난 개방단 저항 R_o의 역수 : $G_o = \frac{1}{R_o}$)이다.

5. 줄의 법칙

저항이 큰 도선에 전류가 흐르게 되면 열이 발생한다. 이러한 열의 발생은 도선내의 자유전자가 활발하게 운동하여 원자와 많은 충돌을 일으키게 되고, 충돌에 의해 원자가 가지고 있던 운동 에너지가 열에너지로 전환이 되기 때문이다. 이때 저항에 의해 발생한 열량을 줄(J)열이라고 한다.

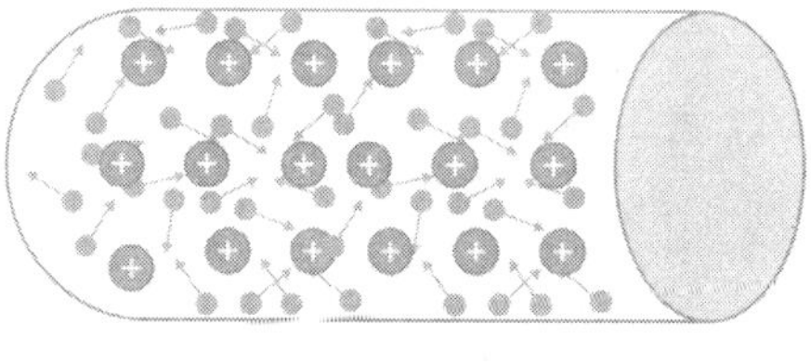

그림 7-34 ◦ 줄의 법칙

전압 V인 전지에 저항 R인 도선을 연결하여 전류 I를 흐르게 하면 저항 양끝의 전위차는 $V = IR$이다. 또, 시간 t 동안에 이동한 전하량 $q = It$ 이다.

$$Q = \frac{1}{J} VIt = \frac{1}{J} I^2 Rt = \frac{1}{J} \frac{V^2}{R} \tag{7-3}$$

전위차 V인 두 점 사이에 전하 q가 이동할 때 한 일 $W = qV$이므로, 저항에 흐르는 전류가 하는 일 W는 $W = VIt$이다. 이 전기 에너지가 모두 열에너지로 바뀌었다면 물이 얻은 열량 Q는 식 (7-3)과 같다. 여기서 J는 열의 일당량이며 이것을 **전류의 열에 관한 줄의 법칙**이라고 한다.

6. 펠티에 효과와 제벡 효과

양끝이 접합되어 있는 두 개의 서로 다른 종류의 금속선이 있다(그림 7-35). 처음에는 아무런 일도 일어나지 않는다. 그러나 한쪽 접점에 열을 가하면 신기하게도 닫힌 회로 내에서 소량의 전류가 흐르게 된다. 이 현상을 **제벡 효과**(seebeck effect)라 한다. **제벡 효과는 서로 다른 종류의 금속으로 이루어진 폐회로에서 양 접점의 온도가 다르면 전류가 흐르는 현상이다.** 반대의 현상도 일어날 수 있다.

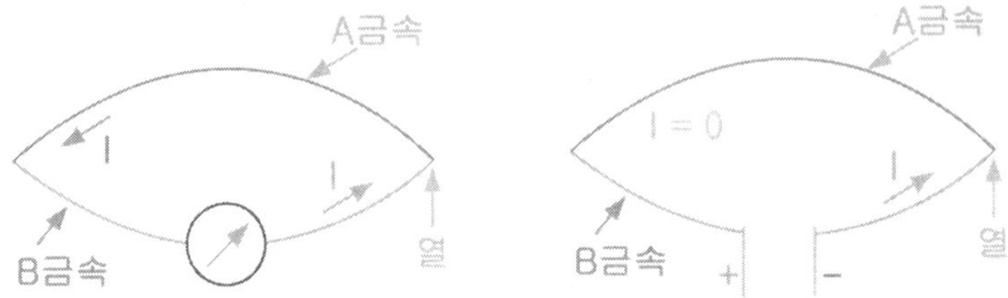

(a) 제벡 효과 : 두 개의 서로 다른 금속선에 한 쪽에 열을 가하면 닫힌 회로 내에서 소량의 전류가 흐르게 된다.

(b) 펠티에 효과 : 두 개의 서로 다른 금속으로 이루어진 폐회로에 전류를 흘리면 양 접점의 온도가 달라진다.

그림 7-35 • 제벡 효과와 펠티에 효과의 비교

즉 **두 개의 서로 다른 금속으로 이루어진 폐회로에 전류를 흘리면 양 접점의 온도가 달라지는 현상을 펠티에 효과**(Peltier effect)라 한다. **제벡 효과와 펠티에 효과를 통칭하여 열전효과**(thermoelectric effect)라 한다.

제벡 효과는 온도를 측정하는 열전대(thermocouple)에 응용된다. 그림 7-35(b)처럼 온도차가 있을 때 회로를 단절시키면 전류는 흐르지 않게 되지만 전위차가 생기게 된다. 전위차, 즉 전압은 볼트미터(voltmeter)로 측정할 수 있으며, 이렇게 생성된 전압은 온도차에 비례하므로 한 접점의 온도를 알고 있다면 다른 쪽 접점의 온도는 전압을 측정함으로써 알 수 있으며, 온도를 측정할 수 있게 만든 전선을 열전대라고 한다.

열전대를 사용하여 온도를 측정할 때 일반적인 연결회로는 그림 7-36과 같고 7-36(a)는 보조전선인 구리선을 사용하여 연결한 경우를 보여주고 있는데, 열전대의 값은 일반 전선에 비해 매우 비싸므로 온도 측정점과 전압측정기 사이가 멀리 떨어진 경우 사용하면 좋다. 그러나 멀지 않다면 그림 7-36(b)와 같은 연결회로를 사용해도 좋다.

그림 7-36(c)는 보다 정확하게 온도를 측정하기 위한 것으로서 측성 접점과 기준 접점이 3개씩 있으므로 볼트미터에는 3개 쌍의 평균 전압이 나타나게 되며, 기준 접점의 온도로는 0[°C]를 대체적으로 사용한다. 얼음에 물을 부어놓으면 얼음이 녹게 되며 얼음이 다 녹을 때까지는 0[°C]로 일정하므로 손쉽게 일정 온도를 만들고 유지시킬 수 있다.

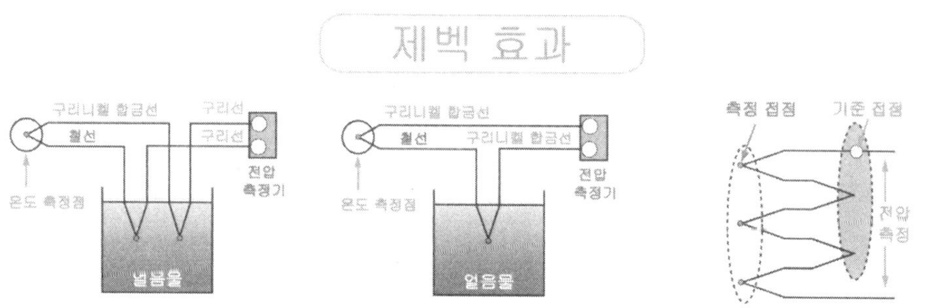

(a) 구리선을 사용한 연결 (b) 구리-니켈 합금선을 사용한 연결 (c) 열전기선을 사용한 연결

그림 7-36 ∘ 제벡 효과와 금속재료

① 열전대 : 구리 – 구리니켈합금(copper-constantan) : 코퍼 – 콘스탄탄(ttype), 철 – 구리니켈합금(iron-constantan) : 아이론 – 콘스탄탄(jtype) 및 크롬 – 산화알루미늄(chromel- lumel) : 크로멜 – 알루멜(K type) 등이 있다.

② 제벡 효과 : 전류를 만드는, 즉 전력을 생산하는 장치로 이용할 수도 있는데 이것을 열전발전(thermoelectric generator)이라 한다.

③ 펠티에 효과 : 전류를 일부러 흘려주어 온도차를 만들게 되므로 상대적으로 찬 부분을 이용한다면 냉동기로 사용될 수 있는데 이것을 열전냉동기(thermoelectric refrigerator)라 한다.

7. 플레밍의 법칙

(a) 플레밍의 왼손의 법칙(전동기의 원리) : 자기장 내에 있는 도체에 전류를 흘리면 도체에 전자력(electro-magnetic force)이 작용한다. 이때 전자력(힘) F, 자속(자기장) B, 전류 I의 방향은 손가락과 같이 각각 왼손의 엄지, 검지, 중지 방향을 따르게 된다.

(b) 플레밍의 오른손의 법칙(발전기의 원리) : 자기장 내에서 도체를 이동시키면 도체에 기전력(electromotive force)이 발생하여 외부에 전류를 공급한다. 이때 도체의 방향(힘) F, 자속(자기장) B, 전류 I의 방향은 손가락과 같이 각각 오른손의 엄지, 검지, 중지 방향을 따른다.

그림 7-37 ∘ 플레밍의 왼손법칙과 플레밍의 오른손법칙

8. 패러데이 법칙과 렌츠 법칙

표 7-24 ∘ 전자법칙 비교표

코일을 관통하는 자속을 변화시킬 때 기전력이 발생하는 현상	전자유도
발생된 기전력	유도기전력
유도기전력 크기 V = 총쇄교자속의 시간변화량 = 코일의 권수 × 매초 변화하는 자속 = $\dfrac{N\Delta\Phi}{\Delta t}$ [V]	패러데이 법칙
유도기전력 방향은 원인이 되는 자속의 변화를 방해하려는 방향으로 발생. 즉, 코일을 지나는 자속이 증가될 때는 자속을 감소시키는 방향으로, 또 감소될 때는 자속을 증가시키는 방향으로 유도기전력이 발생한다.	렌츠의 법칙

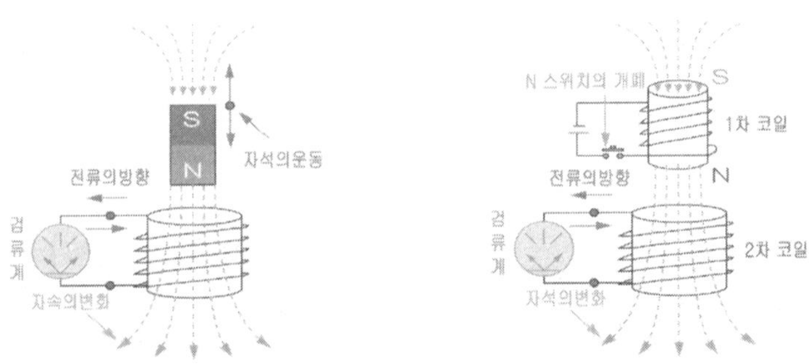

(a) 자석과 코일 (b) 2개의 코일

그림 7-38 ∘ 전자기 유도 실험

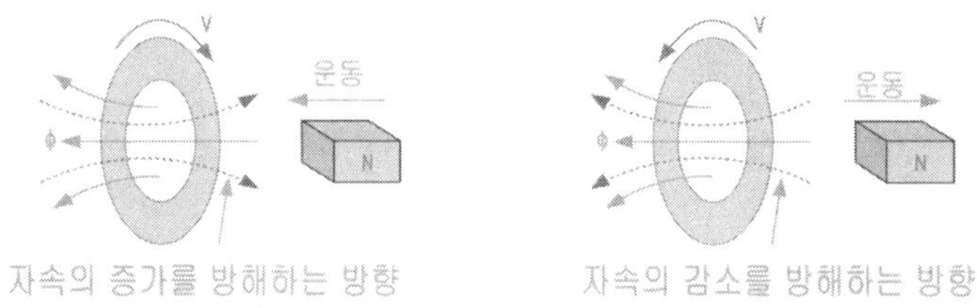

(a) 자속을 증가시킬 때 (b) 자속을 감소시킬 때

그림 7-39 ◦ 유도 기전력의 방향

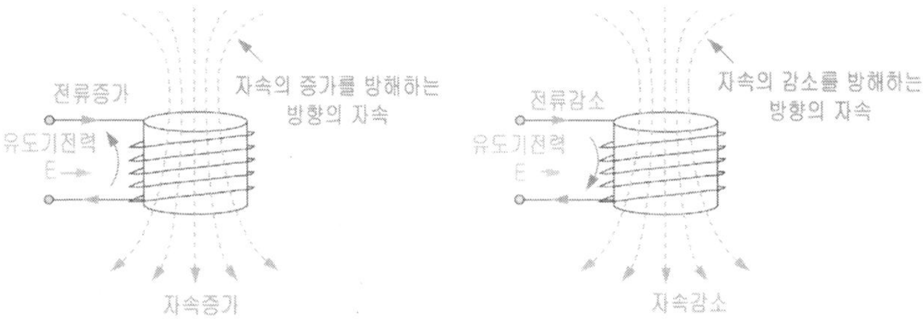

유도기전력 E는 전류의 변화를 방해하는 방향으로 발생한다

그림 7-40 ◦ 자체 유도와 유도기전력의 방향

07 회로 시험기(Citcuit Tester)

멀티 테스터를 VOM(Volt-Ohm-Meter) 또는 회로시험기라 하고 전자회로의 점검, 전압측정, 저항측정, LC값 측정, 반도체 극성구분, 이득측정, 고장수리 등에 사용된다.

표 7-25 ◦ 아날로그와 디지털 계측기

1. 아날로그 멀티 테스터기	2. 디지털 멀티 테스터기
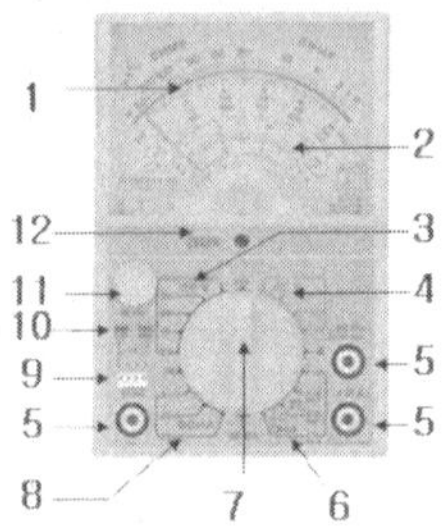	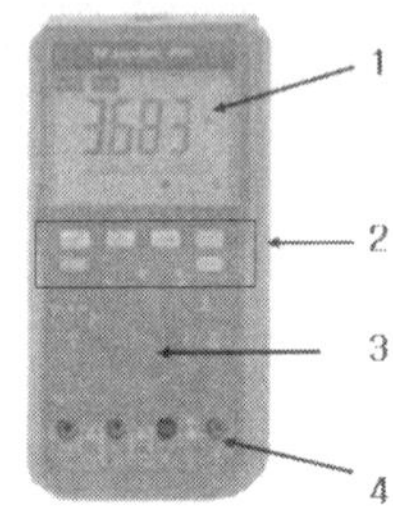
1. **저항값**을 읽는 눈금 2. **전압 및 전류 값**을 읽는 눈금 3. DC V : 직류전압을 측정하는 곳, 측정범위는(2.5, 10, 50, 250, 1000[V])이다. 4. AC V : 교류전압을 측정하는 곳, 측정범위는(10, 50, 250, 1000[V])이다. 5. **입력 소켓** : 플러스가 적색, 마이너스가 흑색 6. Ω : 저항을 측정하는 곳 7. **레인지 선택 스위치** : 스위치 방식으로 측정할 값을 돌려서 결정할 수 있다. 8. DC mA : 직류전류를 측정하는 곳, 측정범위는(2.5, 25, 250[10mA], 10[A])이다. 9. **트랜지스터 검사 소켓** : PNP형과 NPN형을 검사할 수 있다. 10. **트랜지스터 판정 장치** : 적색 및 녹색 LED로 되어 있으며 적색이 켜지면 PNP, 녹색이 켜지면 NPN형 트랜지스터이며, 2개의 LED에 빛이 들어오면 측정 트랜지스터의 극간의 단선고장이며, 2개의 LED에 빛이 들어오지 않으면 컬렉터-이미터 간의 단락고장이다. 11. **0옴 조정기** : 지침이 정확하게 0점에 정확히 오도록 조정한다. 전압이나 전류측정과는 무관하다. 12. **지침 영점 조정기** : 측정 전에 지침이 왼쪽 0점에 있는지 확인하고 필요시엔 조정한다.	1. LCD **디스플레이** : 각종 측정값을 표시한다. 2. 버튼 키 • on/off **스위치** : 전원 스위치 • MENU : 메뉴모드로 들어간다. • FUNCTION : 선택된 측정값의 단위를 바꿀 때 사용한다. • DATA HOLD : 측정한 데이터 값을 고정시킬 때 사용한다. • RANGE : 측정한 값의 범위를 바꿔 준다. 3. **측정값 선택 스위치** : 스위치 방식으로 측정소자(저항, 전압, 전류, 다이오드, 커패시터 등)에 따라 돌려서 선택한다. 4. **입력 소켓** : 플러스가 적색, 마이너스가 흑색이다. 측정할 값의 범위에 따라 적색 봉을 넣는 위치가 다르다.

08 수학공식(Mathematical Formula)

1. 수와 단위

(1) 수

$\begin{pmatrix} +j : lead \\ -j : lag \end{pmatrix}$ 복소수

- 실수
  - 유리수
    - 정수 : $-3,\ -2,\ -1,\ 0,\ 1,\ 2,\ 3$
    - 분수와 소수 : $\frac{1}{4},\ -\frac{3}{4},\ 0.01$
  - 무리수 : $\sqrt{\ }$ 를 붙여서 표시되는 양의 수
    - ㉮ $\sqrt{2} = 1.4142,\ \sqrt{3} = 1.7321$
- 허수 : 제곱해서 음이 되는 수
  - 위상의 뒤짐이나 앞섬을 표현
  - ㉮ $j^2 = -1 \Rightarrow \sqrt{-1} = j$ 이다.
  - $j\pm \Rightarrow \begin{pmatrix} +j = \text{앞섬 전류} \\ -j = \text{뒤진 전위} \end{pmatrix}$

(2) 단위와 실용단위

① MKS 단위 → [m], [kg], [sec]

㉮ N, V, A, C, Wb(웨버)

② CGS 단위 → [cm], [g], [sec]

㉮ dyne(다인), e · s · u, e · m · u

$c = e \cdot s \cdot c$ (정전 단위)

㉮ 정전용량 : 100[pF] = 100×10^{-12}[F]

100[μF] = 100×10^{-6}[F]

단 위	예
p(피코) →10^{-12}	파장의 길이 : 7600[Å]~3800[Å], 760[nm]~380[nm]
Å(옹스트롱) → 10^{-10}	
n(나노) → 10^{-9}	누설전류(mA) = 최대공급전류× $\frac{1}{2000}$ 10[mA] = 10×10^{-3}[A]
μ(마이크로) → 10^{-6}	
m(밀리) → 10^{-3}	저항의 단위 : 1000[Ω] = 1[kΩ]
k(키로) → 10^{3}	전압의 단위 : 1000[V] = 1[kV]
M(메가) → 10^{6}	
G(기가) → 10^{9}	전력의 단위 : 1[W] = 1[kW] = 10^3 1[MW] = 10^6
T(테라) → 10^{12}	

(3) 사칙연산

① 교환법칙 : $ab = ba$

② 결합법칙 : $(ab)\times c = a\times(bc)$

③ 분배법칙 : $a(b+c) = ab + ac$

㉠ 덧셈과 뺄셈

$$2x + 3x = x(2+3) = 5x$$

$$(3y+1) - y = (3y - y) + 1 = 2y + 1$$

$$(7x + 6y + z) - (3x + 4y - z) = 7x + 6y + z - 3x - 4y + z$$

$$= 4x + 2y + 2z$$

㉡ 곱셈 : 결과가 곱이다.

$$(-5x^2y^3)\times(2xy^2) = (-5\times2)\times(x^2\times x^1)\times(y^3\times y^2) = -10x^3y^5$$

$$(a+b)\times(c+d) = a(c+d) + b(c+d) = ac + ad + bc + bd$$

㉢ 나눗셈 : 결과가 몫이다.

$$(6x^2 - x - 15) \div (2x+3)$$

$$\begin{array}{r|l} & 3x - 5 \\ \hline 2x+3 & 6x^2 - x - 15 \\ & 6x^2 + 9x \\ \hline & -10x - 15 \\ & -10x - 15 \\ \hline & 0 \end{array}$$

㉣ 분수

㉮ 곱셈 : $\frac{A}{B} \times \frac{C}{D} = \frac{AC}{BD}$

예 $\frac{2}{3} \times \frac{4}{5} = \frac{8}{15}$

㉯ 나눗셈 : $\frac{A}{B} \div \frac{C}{D} = \frac{A}{B} \times \frac{D}{C} = \frac{AD}{BC}$

$$\frac{2}{3} \div \frac{4}{5} = \frac{\frac{2}{3}}{\frac{4}{5}} = \frac{2}{3} \times \frac{5}{4} = \frac{10}{12}$$

예1 $\begin{pmatrix} A = x^2 - 2x - 3 \\ B = x^2 - x - 6 \end{pmatrix}$ 에서 $\frac{A}{B}$ 의 값은?

예2 $\frac{A}{B} = \frac{x^2 - 2x - 3}{x^2 - x - 6} = \frac{(x+1)(x-3)}{(x-3)(x+2)} = \frac{x+1}{x+2}$

$$\frac{1}{3} - \frac{1}{4} = \frac{4}{12} - \frac{3}{12} = \frac{1}{12}$$

㉰ 인수분해 : 문자나 수

예 $x^2 + \underline{x} - \overline{2} = (x-1)(x+2)$ (2 → 곱한 수, x → 더한 수)

예 $x^2 + 3x + 2 = (x+1)(x+2)$

$$\begin{array}{rr} & x - 1 \\ \times) & x + 2 \\ \hline & x^2 - x \\ & 2x - 2 \\ \hline & x^2 + x - 2 \end{array} \qquad \begin{array}{rr} & x + 1 \\ \times) & x + 2 \\ \hline & x^2 + x \\ & 2x + 2 \\ \hline & x^2 + 3x + 2 \end{array}$$

(공식) $x^2 - y^2 = (x+y)(x-y)$

예 $x^2 - 4 = x^2 - 2^2 = (x-2)(x+2)$

(4) 최대공약수와 최소공배수

1) 최대공약수

$\begin{pmatrix} X = GV \\ Y = GW \end{pmatrix}$ 에서 최대공약수 G는

$$\begin{array}{cc} 4 & 6 \\ \| & \| \\ 2\times 2 & 2\times 3 \end{array}$$

최대공약수 2이다.

2) 최소공배수

$\begin{pmatrix} X = GV \\ Y = GW \end{pmatrix}$ 에서 최소공배수 GVW 는 두 수로 나누어지는 최소의 수이다.

$$\begin{array}{cc} 4 & 6 \\ \| & \| \\ 2\times 2 & 2\times 3 \end{array}$$

$G=2$, $V=2$, $W=3$, 최소공배수$(GWV)=2\times 2\times 3=12$이다.

(5) 비례와 반비례

1) 비 례

y가 x에 비례할 때 $y = ax$ 로 표시한다.

㉮ $V = IR$ (R=비례상수)

예1 $y = 2x$ 에서

x	1	2	3	4	5
y	2	4	6	8	10

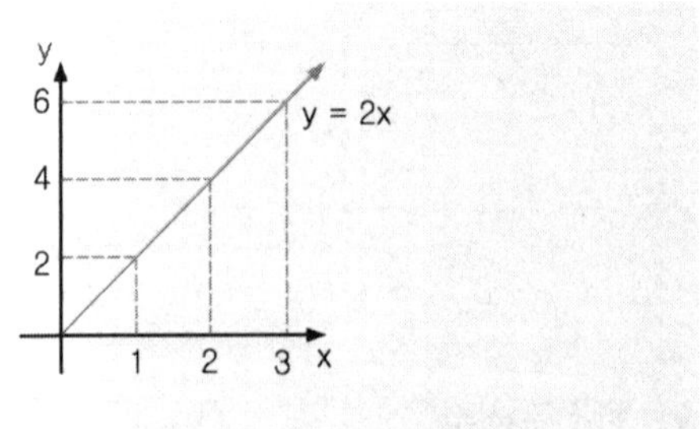

그림 7-41 ▪ $y = 2x$

㉮① $V=IR$ 에서 전류가 5[A], 전압이 100[V]이면 $R=\frac{V}{I}=\frac{100}{5}=20[\Omega]$

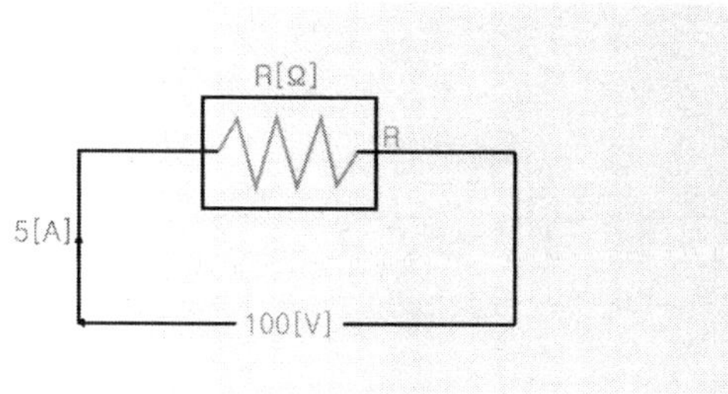

그림 7-42 ◦ $V=IR$

즉, R이 20[Ω]일 때 R에 흐르는 전류가 다음과 같이 나타낼 수 있다.

I	1	2	3	4	5
V	20	40	60	80	100

2) 반비례

$y=\frac{1}{x}$: y가 x에 반비례할 때

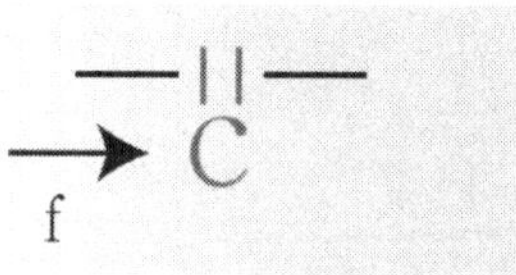

그림 7-43 ◦ X_C는 주파수에 반비례

용량 리액턴스 X_C 는 주파수에 반비례한다. 즉 $X_c=\frac{1}{\omega C}=\frac{1}{2\pi f C}$

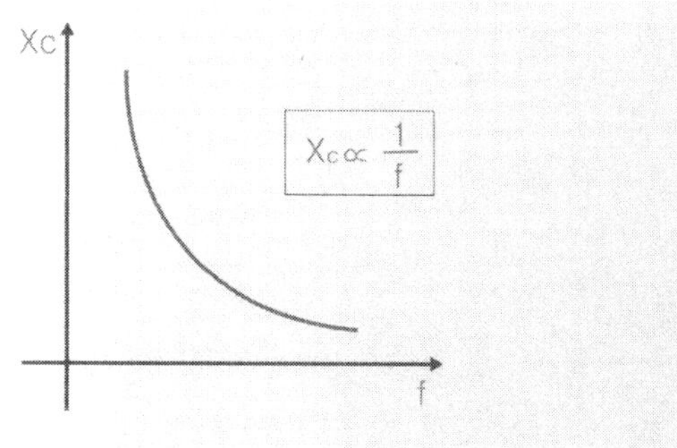

그림 7-44 ◦ 용량 리액턴스는 주파수에 반비례

3) 응용 : 저항접속

① 직렬 : 각 저항양단의 전압강하는 저항의 크기에 비례해서 발생한다.

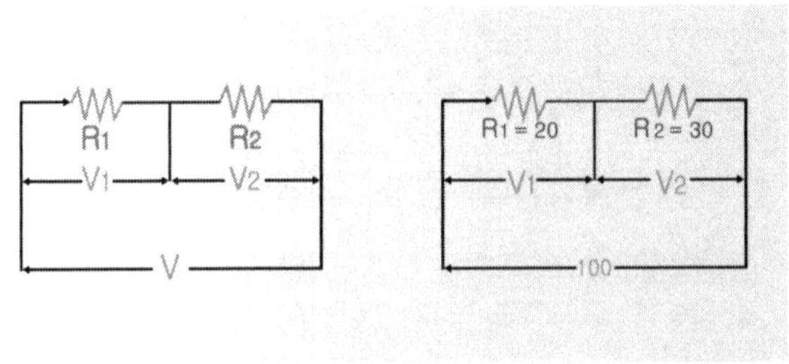

그림 7-45 • 직렬접속

$$V_1 = IR_1 = \frac{V}{R_1 + R_2} \times R_1 = \frac{100}{20 + 30} \times 20 = 40[\text{V}]$$

$$V_2 = IR_2 = \frac{V}{R_1 + R_2} \times R_2 = \frac{100}{20 + 30} \times 30 = 60[\text{V}]$$

② 병렬 : I_1, I_2 는 저항 R의 역수에 비례해서 흐른다.

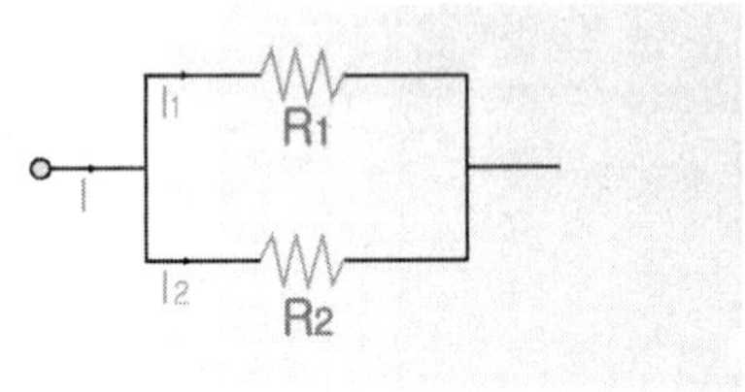

그림 7-46 • 병렬접속

$$즉\ I_1 = \frac{R_2}{R_1 + R_2} V = \frac{10}{20 + 10} \times 30 = 10[\text{A}]$$

$$I_2 = \frac{R_1}{R_1 + R_2} V = \frac{20}{20 + 10} \times 30 = 20[\text{A}]$$

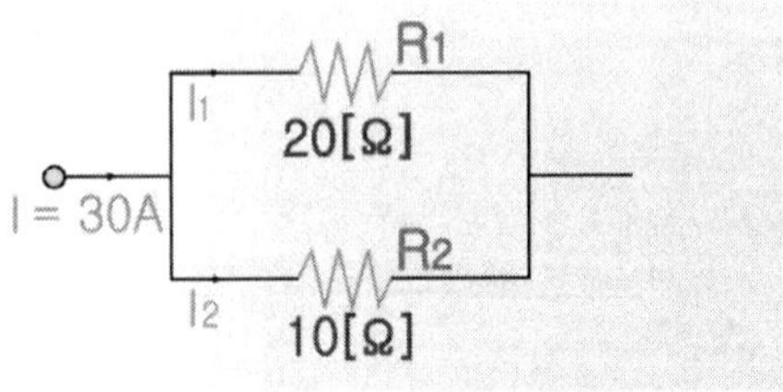

그림 7-47 • 병렬접속계산

(6) 항등식

$(a \pm b)^2 = a^2 \pm 2ab + b^2$	$a^2 - b^2 = (a+b)(a-b)$
$(x+a)(x+b) = x^2 + (a+b)x + ab$	$a^3 \pm b^3 = (a \pm b)(a^2 \pm ab + b^2)$
$(ax+b)(cx+d) = acx^2 + (ab+bc)x + bd$	$(a \pm b)^3 = a^3 \pm 3a^2b + 3ab^2 \pm b^3$

(7) 로 그

$y = \log_a x \longleftrightarrow x = a^y$	$\log_a a = 1$
$\log_a 1 = 0 \ (a > 0,\ a \neq 1)$	$\log_a(xy) = \log_a x + \log_a y$
$\log_a\left(\dfrac{y}{x}\right) = \log_a y - \log_a x$	$\log_a x^n = n \log_a x$
$\log_c a = \log_c b \times \log_b a$	$\log_b a \times \log_a b = 1$

(8) 지수법칙

a, b가 양의 실수이고 m, n이 양의 정수일 때	$a > 0,\ b > 0$이고 m, n이 실수일 때
$n\sqrt{a} \times n\sqrt{b} = n\sqrt{ab} = (ab)^{\frac{1}{n}}$	$a^m \times a^n = a^{m+n}$ ㉠ $a^2 . a^3 = a^5$
$(n\sqrt{a})^m = n\sqrt{a^m} = a^{\frac{m}{n}}$	$(a^m)^n = a^{mn},\ a^0 = 1(a \neq 0)$ 예 $(a^2)^3 = a^6$
$m\sqrt{n\sqrt{a}} = mn\sqrt{a} = a^{\frac{1}{mn}}$	$a^{-m} = \dfrac{1}{a^m},\ (ab)^m = a^m b^m$ 예 $(ab)^2 = a^2b^2$
$\dfrac{n\sqrt{a}}{n\sqrt{b}} = n\sqrt{ab} = (ab)^{\frac{1}{n}}$	$a^m \div a^n = a^{m-n}$ 예 $a^2 \div a^3 = a^{-1}$
$\left(\dfrac{b}{a}\right)^m = \dfrac{b^m}{a^m}$ 예 $\left(\dfrac{b}{a}\right)^2 = \dfrac{b^2}{a^2}$	

$a^0 = 1$: 모든 수의 0승은 1이다.

예 $\dfrac{1}{a^n} = a^{-n},\quad \dfrac{1}{2^3} = 2^{-3},\quad \dfrac{1}{10^2} = 10^{-2}$

(9) 근의 공식

인수분해 불가능시 사용 : $ax^2 + bx + c = 0\ (a \neq 0)$

$$X = \frac{-b \pm \sqrt{b^2 - 4ac}}{2a}$$: 근의 공식

㉠ $x^2 - 2x - 8 = 0$

$$x = \frac{-b \pm \sqrt{b^2 - ac}}{a} = \frac{2 \pm \sqrt{4+8}}{1} = \frac{2 \pm \sqrt{12}}{1} = 2 \pm 2\sqrt{3}$$

(10) 행렬식

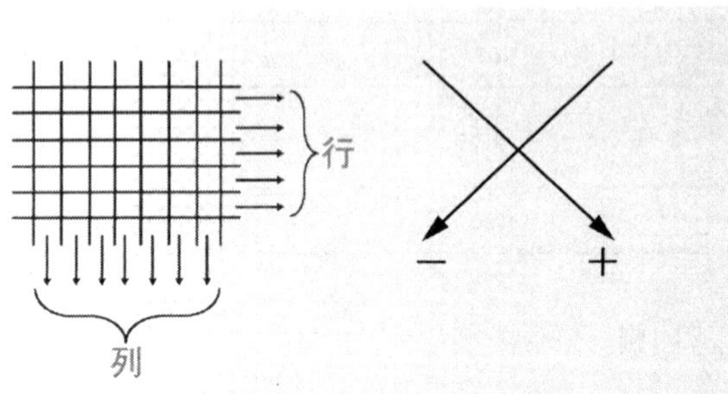

그림 7-48 • 행렬식

① $\begin{vmatrix} 1 & 2 \\ 3 & 4 \end{vmatrix} = 4 - 6 = -2$

② $\begin{vmatrix} 1 & 2 & 3 \\ 4 & 1 & 2 \\ 1 & 1 & 2 \end{vmatrix} = \begin{vmatrix} 1 & 2 & 3 \\ 4 & 1 & 2 \\ 1 & 1 & 2 \end{vmatrix} = 1\begin{vmatrix} 1 & 2 \\ 1 & 2 \end{vmatrix} + 2\begin{vmatrix} 2 & 4 \\ 2 & 1 \end{vmatrix} + 3\begin{vmatrix} 4 & 1 \\ 1 & 1 \end{vmatrix}$

$= 2 - 2 + 2(2 - 8) + 3(4 - 1) = 0$

③ $\begin{pmatrix} 2x + 5y = -4 \\ 3x - 4y = 7 \end{pmatrix}$에서

$$x = \frac{\begin{vmatrix} -4 & 5 \\ 17 & -4 \end{vmatrix}}{\begin{vmatrix} 2 & 5 \\ 3 & -4 \end{vmatrix}} = \frac{+16 - 85}{-8 - 15} = 3,\ y = \frac{\begin{vmatrix} 2 & -4 \\ 3 & 17 \end{vmatrix}}{\begin{vmatrix} 2 & 5 \\ 3 & -4 \end{vmatrix}} = \frac{34 + 12}{-8 - 15} = -2$$

(11) 벡 터

1) 벡터(Vector)량

크기와 방향을 가진 양이다.

㉠ 힘(N), 전기적의 힘, 전장의 세기, 전계의 세기, 기전력

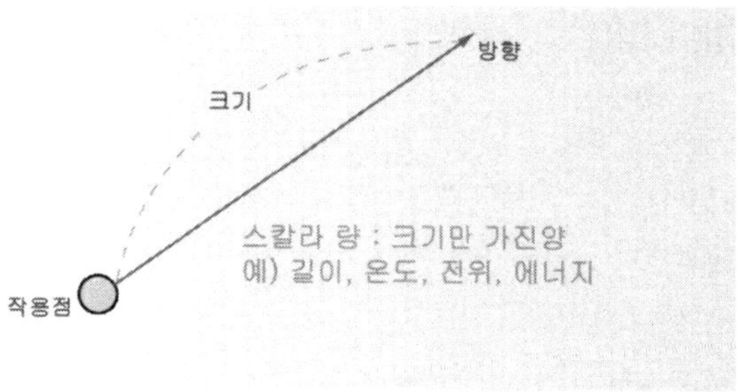

그림 7-49 ◦ 벡터의 양

2) 벡터의 합성

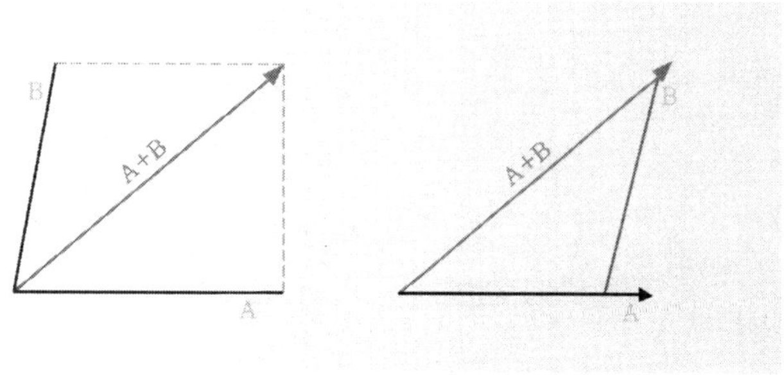

그림 7-50 ◦ 벡터의 합성

$A = Axi + Ayi + Az\kappa , \quad B = Bxi + Byi + Bz\kappa$

$A + B = (Ax + Bx)i + (Ay + By)i + (Az + Bz)\kappa$

① 기본 벡터 : $i,\ j,\ k$(크기 1)

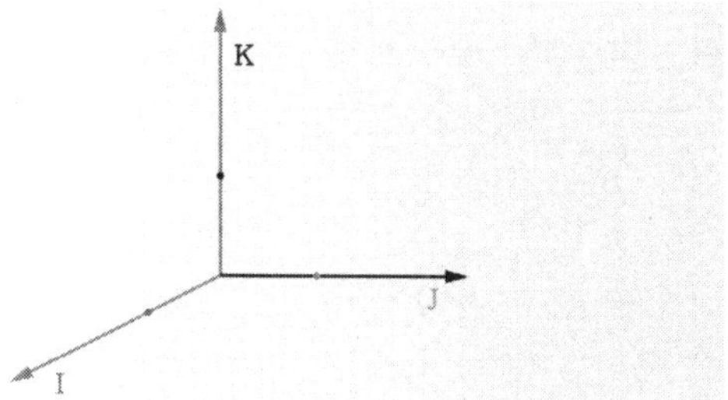

그림 7-51 ◦ 기본 벡터

② 단위 벡터

$$A = a1_0 = \frac{A}{|A|} = \frac{A}{A} \quad \begin{cases} \overline{A^1} : \overrightarrow{\text{tor}}\, A \\ A \;\; : A\,\overrightarrow{\text{tor}}\text{의 크기} \\ a1_0 : \text{단위 } \overrightarrow{\text{tor}} \end{cases}$$

③ 법선 벡터

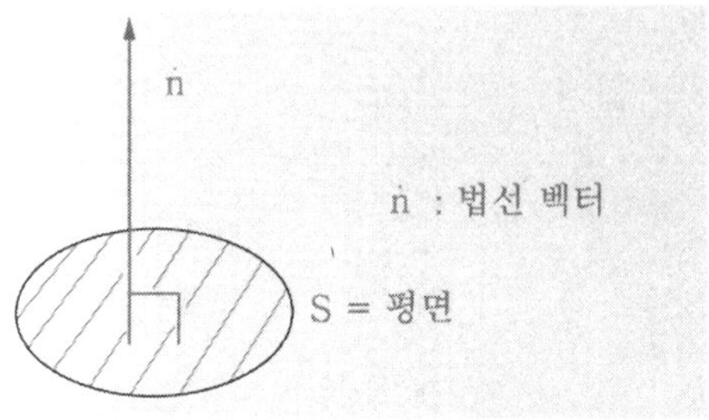

그림 7-52 ◦ 법선 벡터

3) 좌표계

① 직각 좌표계$(x,\ y,\ z)$

② 원통 좌표계$(r,\ \phi,\ z)$

③ 구 좌표계$(r,\ \theta,\ \phi)$

4) 벡터 곱

내적과 외적이 있다.

① 내적 : "dot", (◦)로 표현 $A \circ B = AB\cos\theta$

② 외적 : "cross"로 표현 $A \times B = AB\sin\theta\dot{n} = \begin{vmatrix} i & j & K \\ A_x & A_y & A_z \\ B_x & B_y & B_z \end{vmatrix}$

$*\ i \times j = K, \quad j \times K = j, \quad K \times i = j$

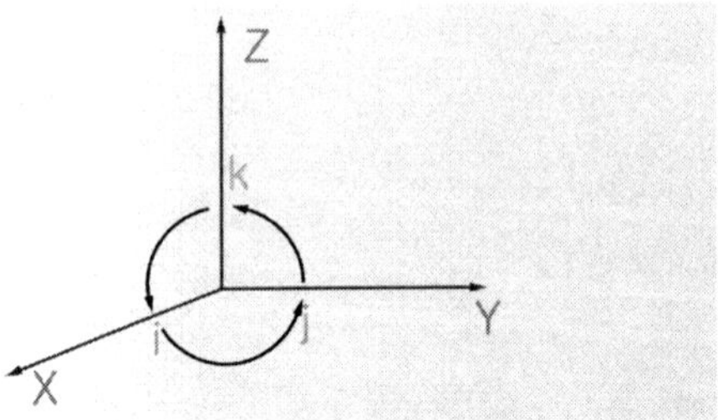

그림 7-53 ◦ 법선 벡터

5) 벡터의 미분

① 연산자

$$\nabla = i\frac{\partial}{\partial x} + j\frac{\partial}{\partial y} + \kappa\frac{\partial}{\partial z}$$

② 기울기(grad)

$$\text{grad V} = \left(i\frac{\partial}{\partial x} + j\frac{\partial}{\partial y} + k\frac{\partial}{\partial z}\right)V = i\frac{\partial V}{\partial x} + j\frac{\partial V}{\partial y} + k\frac{\partial V}{\partial z}$$

③ div(발산)

$$\text{div}\,A = \nabla \times A = \frac{\partial Ax}{\partial x} + \frac{\partial Ay}{\partial y} + \frac{\partial Az}{\partial z}$$

④ rot(회전)

$$\text{rot}\ A = \text{curl}A = \nabla \times A = \begin{vmatrix} i & j & k \\ \frac{\partial}{\partial x} & \frac{\partial}{\partial y} & \frac{\partial}{\partial z} \\ Ax & Ay & Az \end{vmatrix}$$

예 기전력

$$e = v \times B$$

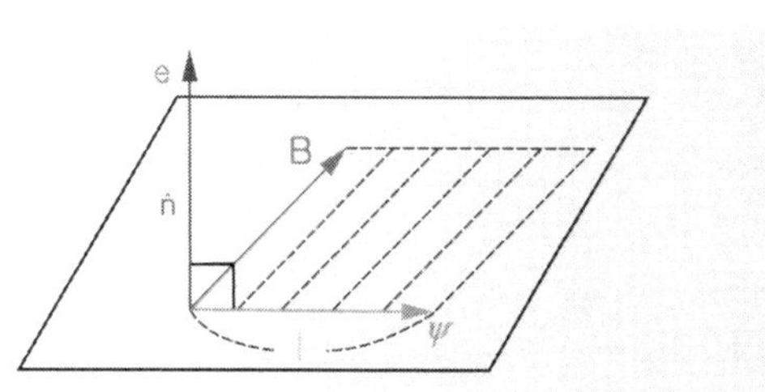

그림 7-54 • 기전력

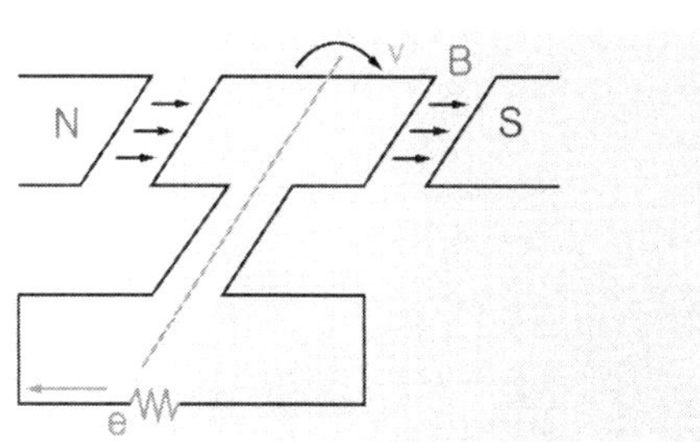

그림 7-55 • $e = v \times B$

㉮ $\begin{pmatrix} v = 3i + j + 2k[\mathrm{m/s}] \\ b = 2i + 3j - 3k[\mathrm{Wb/m^2}] \end{pmatrix}$일 때

$$e = \begin{vmatrix} i & j & k \\ 3 & 1 & 2 \\ 2 & 3 & -3 \end{vmatrix} = (-3-6)i + (4+9)j + (9-2)k = -9i + 13j + 7k$$

$$e = \sqrt{9^2 + 13^2 + 7^2} = \sqrt{81 + 169 + 49} = \sqrt{299}\,[\mathrm{V}]$$

(12) 평면각과 입체각

1) 평면각(전기각) θ[rad]

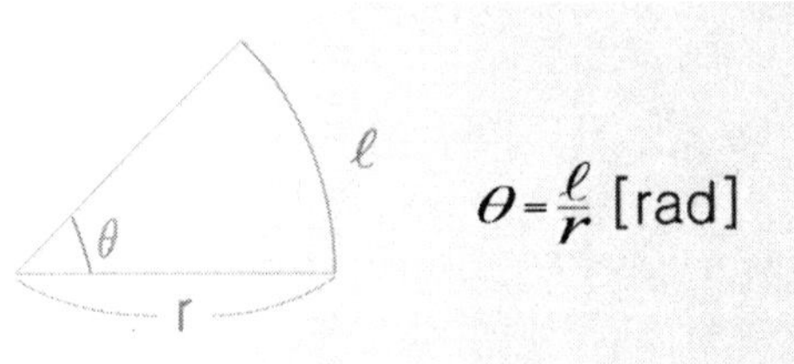

그림 7-56 • 평면각

2) 입체각(공간각)

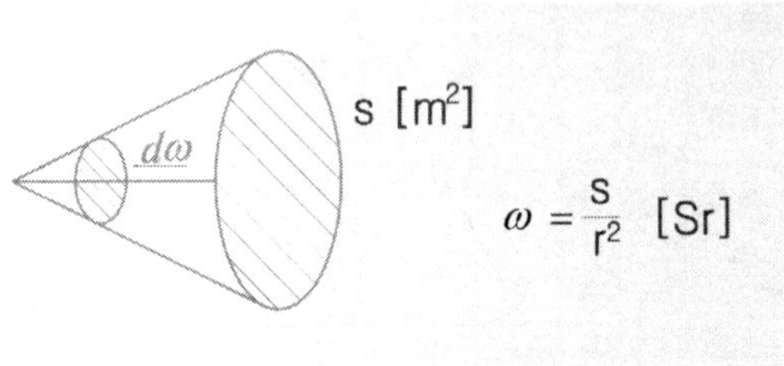

그림 7-57 • 입체각

㉮ $\omega = 2\pi(1 - \cos\theta) = 2\pi\left(1 - \dfrac{x}{\sqrt{a^2 + x^2}}\right)[\mathrm{Sr}]$

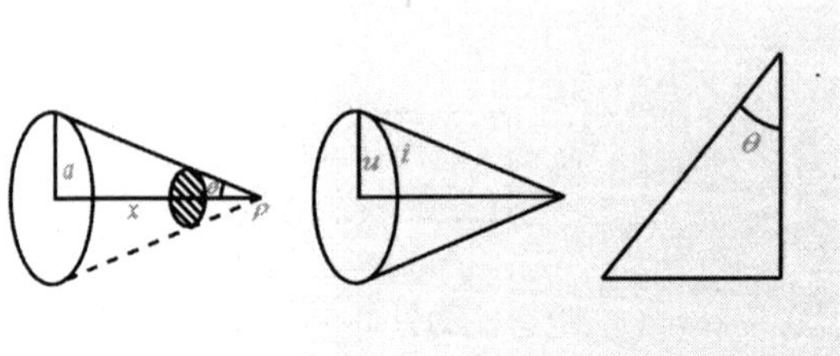

그림 7-58 • 입체각, 평면각

(13) 삼각함수 공식

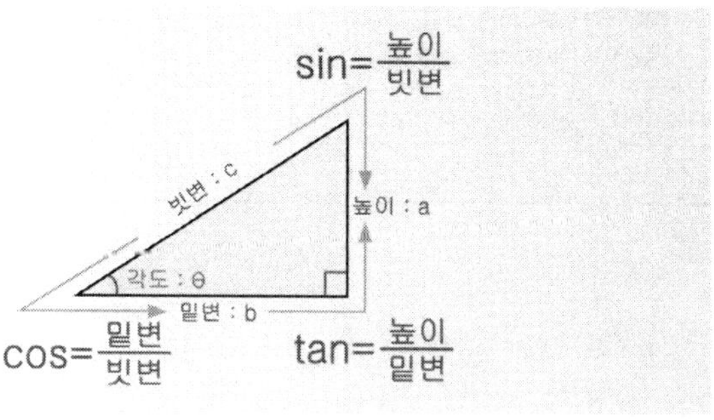

그림 7-59 삼각함수

① $\sin\theta = \frac{\text{높이}}{\text{빗변}}$, $\cos\theta = \frac{\text{밑변}}{\text{빗변}}$, $\tan\theta = \frac{\text{높이}}{\text{밑변}}$

② 피타고라스 정리 : 빗변^2=밑변^2+높이^2, $C^2 = \sqrt{a^2 + b^2}$

1) 삼각함수의 기본

사인(Sine)	$\sin\theta = \frac{u}{c}$	코시컨트(Cosec)	$\mathrm{cosec}\,\theta = \frac{c}{a}$
코사인(Cosine)	$\cos\theta = \frac{b}{c}$	시컨트(Sec)	$\sec\theta = \frac{c}{b}$
탄젠트(Tangent)	$\tan\theta = \frac{a}{b}$	코탄젠트(Cot)	$\cot\theta = \frac{b}{a}$

2) 삼각함수의 기본공식

역수관계	상제관계	제곱관계
$\csc\theta = \frac{1}{\sin\theta}$	$\tan\theta = \frac{\sin\theta}{\cos\theta}$	$\sin^2\theta + \cos^2\theta = 1$
$\sec\theta = \frac{1}{\cos\theta}$	$\cot\theta = \frac{\cos\theta}{\sin\theta}$	$\tan^2\theta + 1 = \sec^2\theta$
$\cot\theta = \frac{1}{\tan\theta}$		$1 + \cot^2\theta = \csc^2\theta$

3) 삼각함수의 변환(θ가 임의의 실수이고, $n=0,\ \pm1,\ \pm2,\ \cdots$일 때)

주기공식	음각공식	보각공식	여각공식
$\sin(360^\circ n+\theta)=\sin\theta$	$\sin(-\theta)=-\sin\theta$	$\sin(180^\circ-\theta)=\sin\theta$	$\sin(90^\circ-\theta)=\cos\theta$
$\cos(360^\circ n+\theta)=\cos\theta$	$\cos(-\theta)=\cos\theta$	$\cos(180^\circ-\theta)=-\cos\theta$	$\cos(90^\circ-\theta)=\sin\theta$
$\tan(180^\circ n+\theta)=\tan\theta$	$\tan(-\theta)=-\tan\theta$	$\tan(180^\circ-\theta)=-\tan\theta$	$\tan(90^\circ-\theta)=-\cot\theta$

① 덧셈정리

$$\sin(A\pm B)=\sin A\cos B\pm\cos A\sin B$$

$$\cos(A\pm B)=\cos A\cos B\pm\sin A\sin B$$

② 배각공식

$$\sin 2A=2\sin A\cos A,\quad \tan 2A=\frac{2\tan A}{1-\tan^2 A}$$

$$\cos 2A=2\cos^2 A-1=1-2\sin^2 A=\cos^2 A-\sin^2 A$$

③ 반각공식

$$\sin\frac{A}{2}=\pm\sqrt{\frac{1-\cos A}{2}},\quad \cos\frac{A}{2}=\pm\sqrt{\frac{1+\cos A}{2}}$$

$$\tan\frac{A}{2}=\pm\sqrt{\frac{1-\cos A}{1+\cos A}}$$

④ 합을 곱으로 고치는 공식

$$\sin A+\sin B=2\sin\frac{1}{2}(A+B)\cos\frac{1}{2}(A-B)$$

$$\sin A-\sin B=2\cos\frac{1}{2}(A+B)\sin\frac{1}{2}(A-B)$$

$$\cos A+\cos B=2\cos\frac{1}{2}(A+B)\cos\frac{1}{2}(A-B)$$

$$\cos A-\cos B=-2\sin\frac{1}{2}(A+B)\sin\frac{1}{2}(A-B)$$

⑤ 곱을 합으로 고치는 공식

$$\sin A\cos B=\frac{1}{2}(\sin(A+B)+\sin(A-B))$$

$$\cos A\sin B=\frac{1}{2}(\sin(A+B)-\sin(A-B))$$

$$\sin A\sin B=\frac{1}{2}(\cos(A-B)-\cos(A+B))$$

$$\cos A \cos B = \frac{1}{2}(\cos(A-B)+\cos(A+B))$$

⑥ $\sin\left(\theta+\frac{\pi}{2}\right)=\cos$, $\cos\left(\theta+\frac{\pi}{2}\right)=-\sin\theta$

⑦ $\sin(\theta+\pi) = -\sin\theta$, $\cos(\theta+\pi) = -\cos\theta$

⑧ $\sin(\alpha \pm \beta) = \sin\alpha\cos\beta \pm \cos\alpha\sin\beta$

$\cos(\alpha \pm \beta) = \cos\alpha\cos\beta \mp \sin\alpha\sin\beta$(복호동순)

⑨ $\sin 2\alpha = 2\sin\alpha\cos\alpha$

$\cos 2\alpha = \cos^2\alpha - \sin^2\alpha = 1-2\sin^2\alpha = 2\cos^2\alpha - 1$

⑩ $2\sin\alpha\cos\beta = \sin(\alpha+\beta) + \sin(\alpha-\beta)$

$2\cos\alpha\sin\beta = \sin(\alpha+\beta) - \sin(\alpha-\beta)$

⑪ $2\cos\alpha\cos\beta = \cos(\alpha+\beta) + \cos(\alpha-\beta)$

$-2\sin\alpha\sin\beta = \cos(\alpha+\beta) - \cos(\alpha-\beta)$

4) 곡선

① $y = \sin x$

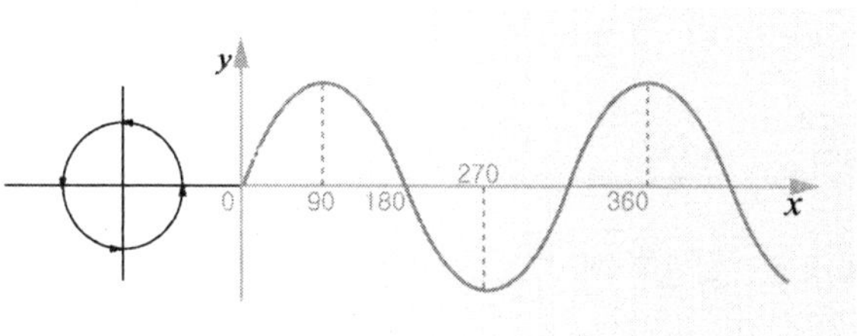

그림 7-60 • $y = \sin x$

② $y = \cos x$

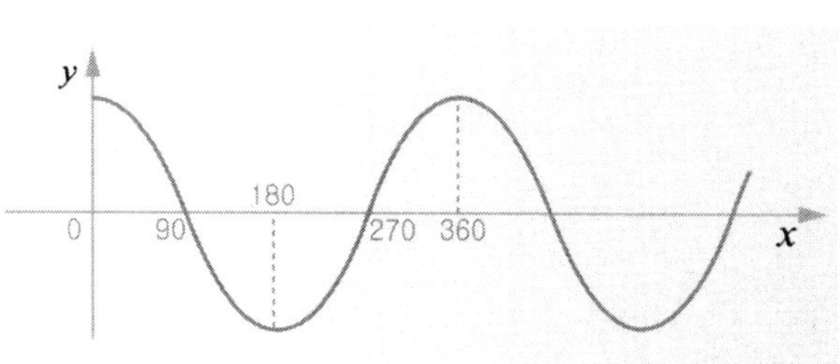

그림 7-61 • $y = \cos x$

㊎ $y=\sin\omega t$ (ω = 각속도, t = 시간)

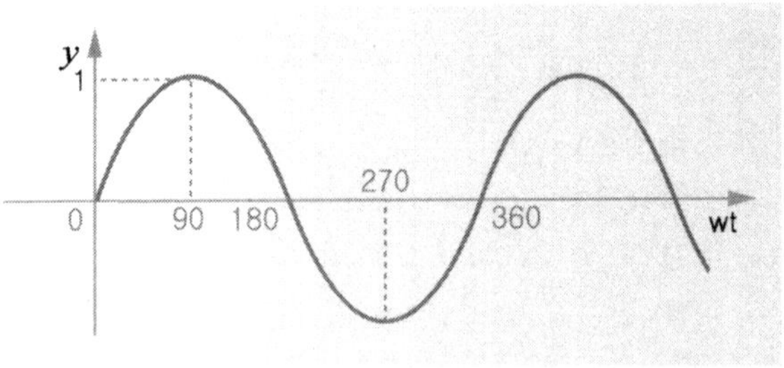

그림 7-62 • $y=\sin\omega t$

5) 60분법과 라디안 각의 삼각함수

θ	라디안	0	$\frac{\pi}{6}$	$\frac{\pi}{4}$	$\frac{2\pi}{6}$	$\frac{2\pi}{4}$	$\frac{4\pi}{6}$	$\frac{3\pi}{4}$	$\frac{5\pi}{6}$	π
	각도[°]	0	30	45	60	90	120	135	150	180
sin θ		0	$\frac{1}{2}$ (0.5)	$\frac{1}{\sqrt{2}}$ (0.707)	$\frac{\sqrt{3}}{2}$ (0.866)	1	$\frac{\sqrt{3}}{2}$	$\frac{1}{\sqrt{2}}$	$\frac{1}{2}$	0
cos θ		1	$\frac{\sqrt{3}}{2}$ (0.866)	$\frac{1}{\sqrt{2}}$ (0.707)	$\frac{1}{2}$ (0.5)	0	$-\frac{1}{2}$	$-\frac{1}{\sqrt{2}}$	$-\frac{\sqrt{3}}{2}$	-1
tan θ		0	$\frac{1}{\sqrt{3}}$ (0.577)	1	$\sqrt{3}$ (1.732)	무한대	$-\sqrt{3}$	-1	$-\frac{1}{\sqrt{3}}$	0

6) 삼각함수의 상호관계

① $\sin(180° - \theta) = \sin\theta$, $\cos(180° - \theta) = -\cos\theta$

$\sin(90° - \theta) = \cos\theta$, $\cos(90° - \theta) = \sin\theta$

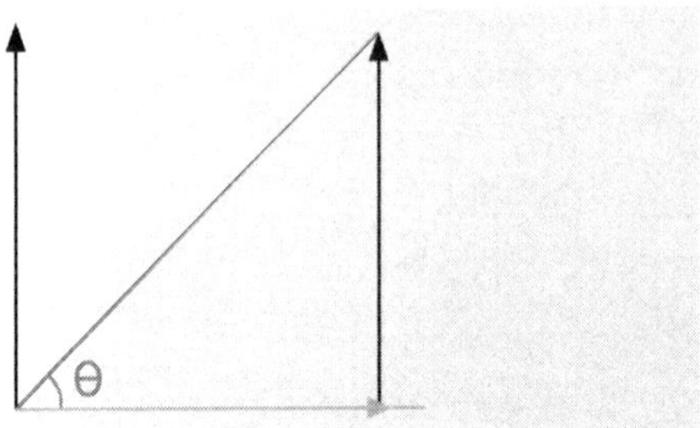

그림 7-63 • 삼각함수

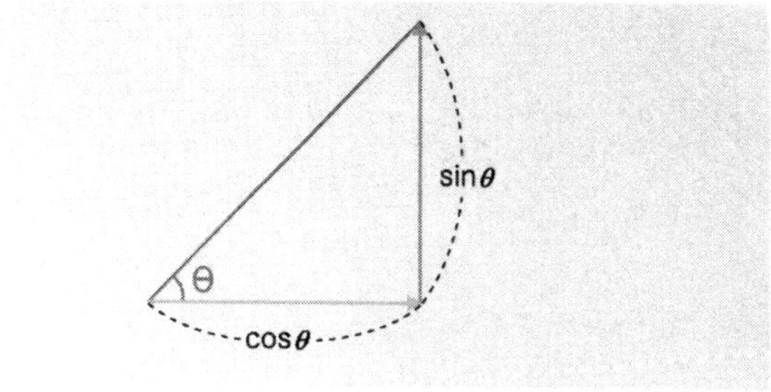

그림 7-64 • 삼각함수의 상호관계

② $\sin^2\theta + \cos^2\theta = 1$

sin(+)	all(+)
tan(+)	cos(+)

③ 교류의 일반식

㉠ $e = E_m \sin\omega t$[V] (E_m : 최대값, ω : 각속도, t : 시간)

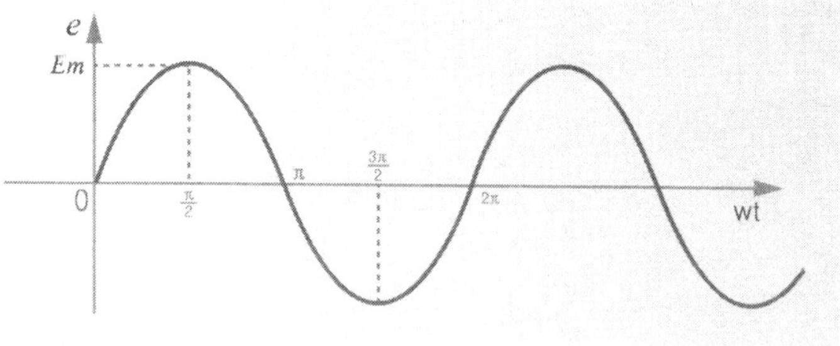

그림 7-65 • $e = E_m \sin\omega t$[V]

㉡ $e_1 = E_m \sin\omega t,\ e_2 = E_m \sin\left(\omega t + \frac{\pi}{2}\right)$

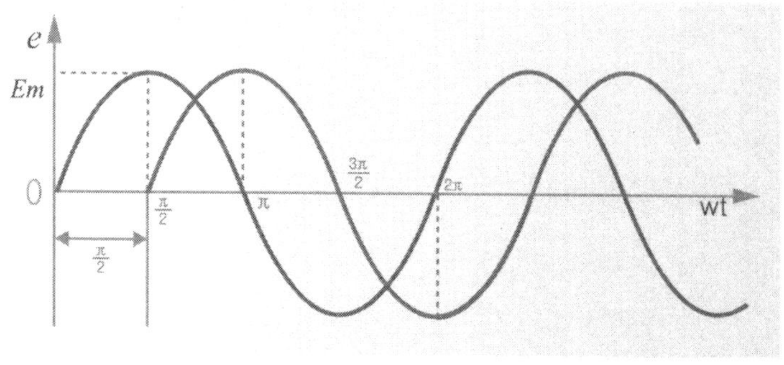

그림 7-66 • $e_1 = E_m \sin\omega t,\ e_2 = E_m \sin\left(\omega t + \frac{\pi}{2}\right)$

7) 역삼각 함수

$y = \sin\theta \rightarrow \theta = \sin^{-1}y, \quad y = \cos\theta \rightarrow \theta = \cos^{-1}y, \quad y = \tan\theta \rightarrow \theta = \tan^{-1}y$

㉮ $\dfrac{X}{Z} = \sin\theta \rightarrow \theta = \sin^{-1}\dfrac{X}{Z}, \quad \dfrac{R}{Z} = \cos\theta \rightarrow \theta = \cos^{-1}\dfrac{R}{Z}$

$\dfrac{X}{R} = \tan\theta \rightarrow \theta = \tan^{-1}\dfrac{X}{R}$

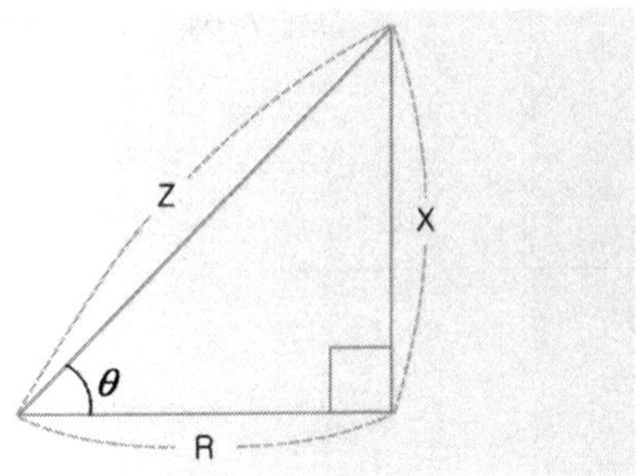

그림 7-67 · 역삼각 함수

(14) 복소수

$j = 90[^\circ], \quad j^2 = 180[^\circ], \quad j^3 = j(j^2) = -j, \quad j^4 = (j^2)^2 = 1$

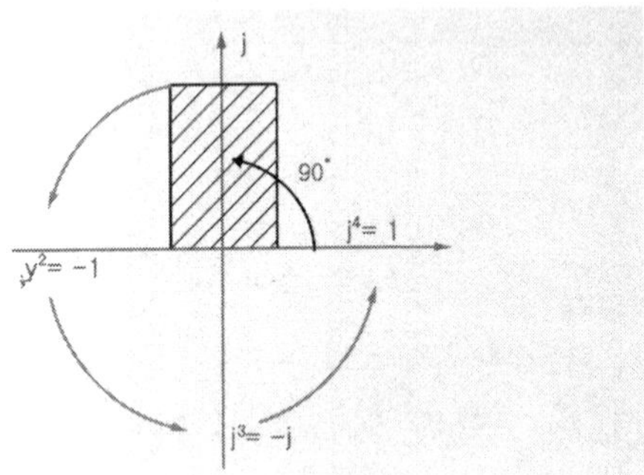

그림 7-68 · 복소수

1) 복소수 구성

$\dot{Z} = a + jb(a = \text{실수부},\ b = \text{허수부}), \quad Z = |Z| = \sqrt{a^2 + b^2}$

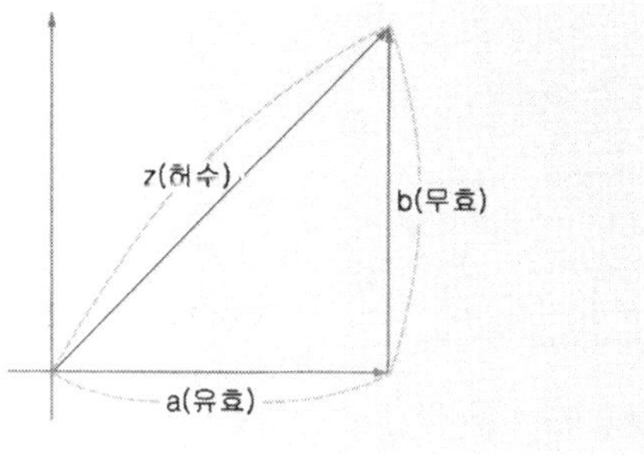

그림 7-69 ∙ 복소수 구성

2) 복소수 성질

$a + jb = c + jd(a = c,\ b = d), \quad a + jb = 0(a = 0,\ b = 0)$

$\begin{pmatrix} a + jb \\ \\ a - jb \end{pmatrix}$ (공액복소수)

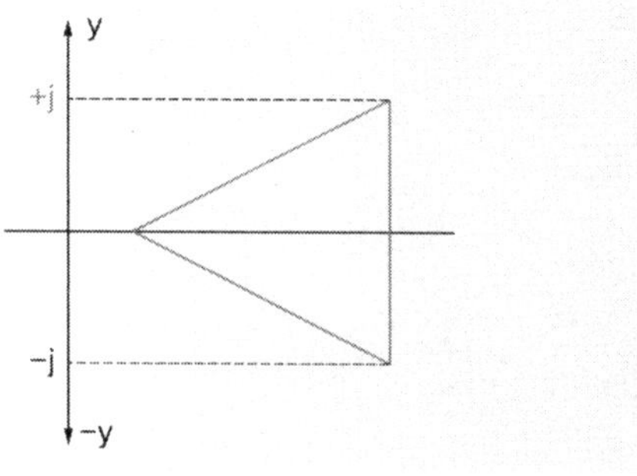

그림 7-70 ∙ 복소수 성질

3) 정 리

$$(a + jb) \pm (c + jd) = (a \pm c) + j(b \pm d)$$

$$(a + jb)(c + jd) = (ac - bd) + j(ad + bc)$$

$$\frac{(a + jb)}{(c + jd)} = \frac{(a + jb) \times (c - jd)}{(c + jd)(c - jd)} = \frac{ac + bd}{c^2 + d^2} + j\frac{bc - ad}{c^2 + d^2}$$

예 $\dfrac{6 - j8}{4 + j3} = \dfrac{(6 - j8) \times (4 - j3)}{(4 + j3)(4 - j3)} = -j2$

4) 극좌표 표시

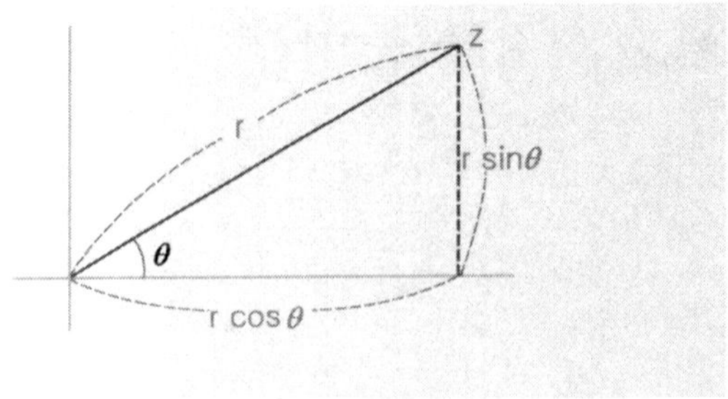

그림 7-71 • 극좌표 표시

① 크기 : $\dot{Z} = r\angle\theta = r\cos\theta + jr\sin\theta = r(\cos\theta + j\sin\theta)r$

② $\angle\theta = x$축에 대한 편각

$$\dot{E} = 10\angle 60 = 10(\cos 60[°] + j\sin 60[°]) = 10\left(\frac{1}{2} + j\frac{\sqrt{3}}{2}\right) = 5 + j5\sqrt{3}$$

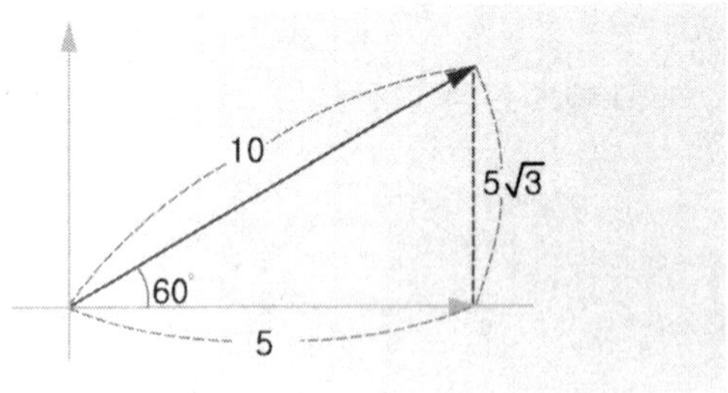

그림 7-72 • 극좌표 표시의 예

문제 1 $v = 100\sqrt{2}\sin\left(\omega t + \frac{\pi}{3}\right)$를 풀면

풀이 실효값을 정지 벡터로 표현하면

$$v = 100\angle\frac{\pi}{3} = 100(\cos 60[°] + j\sin 60[°]) = 50 + j50\sqrt{3}$$

문제 2 $i_1 = 20\sqrt{2}\sin\left(\omega t + \frac{\pi}{3}\right)[A], \quad i_2 = 10\sqrt{2}\sin\left(\omega t - \frac{\pi}{6}\right)[A]$

풀이 $i_1 + i_2 = 20\angle\frac{\pi}{3} + 10\angle -\frac{\pi}{6} = 1.34 + 12.32j[A]$

문제 3 $I_1 = 5\left(\cos\frac{\pi}{6} + j\sin\frac{\pi}{6}\right)$, $I_2 = 4\left(\cos\frac{\pi}{3} + j\sin\frac{\pi}{3}\right)$로 표시되는 두 벡터의 곱은?

풀이 $I_1 \times I_2 = 5\angle\frac{\pi}{6} \times 4\angle\frac{\pi}{3} = 20\angle\frac{\pi}{6} + \angle\frac{\pi}{3} = 20\angle\frac{\pi}{2}$

$= 20(\cos 90[^\circ] + j\sin 90[^\circ]) = j20$

문제 4 $A_1 = 20\left(\cos\frac{\pi}{3} + j\sin\frac{\pi}{3}\right)$, $A_2 = 5\left(\cos\frac{\pi}{6} + j\sin\frac{\pi}{6}\right)$로 표시되는 두 벡터가 있다. $A_3 = \frac{A_1}{A_2}$의 값은?

풀이 $A_3 = \frac{A_1}{A_2} = 20\angle\frac{\pi}{3} / 5\angle\frac{\pi}{6} = 4\angle\frac{\pi}{3} - 4\angle\frac{\pi}{6} = 4\angle\frac{\pi}{6}$

문제 5 저항과 리액턴스의 직렬회로에 $V = 14 + j38$[V]인 교류전류압을 가하니 $I = 6 + j2$[A]의 전류가 흐른다. 이 회로의 저항과 리액턴스[Ω]은?

풀이 $Z = \frac{V}{I} = \frac{14 + j38}{6 + j2} = \frac{(14 + j38)(6 - j2)}{(6 + j2)(6 - j2)} = 4 + j5[\Omega]$

$R = 4[\Omega]$, $X_L = 5[\Omega]$

(15) 미 분

① $y = x^n$ 일 때 $y' = \frac{dy}{dx} = nx^{n-1}$

예1 $y = x^2 ex$, $y' = 2x$

예2 $y = t^3$, $y' = 3t^2$

② 상수항 미분

$y = c$, $y' = \frac{dy}{dx} = 0$

예 $y = 5$, $y' = 0$, $y = 100$, $y' = 0$

③ 삼각함수의 미분공식

㉠ $y = \sin x$, $(\sin x)' = \cos x$

㉡ $y = \cos x$, $(\cos x)' = -\sin x$

㉢ $y = \tan x$, $(\tan x)' = \sec^2 x$

④ $y = e^{mx}, \quad y' = \dfrac{de^{mx}}{dx} = me^{mx}$

예1 $e = E_m \sin \omega t, \quad e' = \omega E_m \sin \omega t$

예2 $e = -\dfrac{d\phi}{dt} = -\dfrac{d}{dt}(\phi_m \sin \omega t) = -\omega \phi_m \cos \omega t$

$= \omega \phi_m \sin\left(\omega t + \dfrac{\pi}{2}\right) = 2\pi f \phi_m \sin\left(\omega t - \dfrac{\pi}{2}\right)$ [V]

문제 6 $L = 2$[H]인 인덕턴스 $i(t) = 20e^{-2t}$[A]의 전류가 흐를 때 L의 단자전압은?

풀이 $v = -L\dfrac{di(t)}{dt} = -2\dfrac{d}{dt}(20e^{-2t}) = -2 \times (-2) \times 20e^{-2t} = 80e^{-2t}$

문제 7 $i[t] = Ie^{st}$로 주어지는 전류가 C에 흐르는 경우 임피던스?

풀이 $v[t] = \dfrac{1}{C}\int i[t]dt = \dfrac{1}{C}\int I_\circ \times e^{st} = \dfrac{1}{SC}I_\circ e^{st}$

$\therefore Z(s) = \dfrac{v[t]}{i[t]} = \dfrac{\dfrac{I_\circ}{SC}e^{st}}{I_\circ e^{st}} = \dfrac{1}{SC}$

(16) 적 분

1) 적분의 정의

① 가속도(a) ⇄ 속도(v) ⇄ 거리(ℓ)

② $\ell = vt$: 적분식 → $v = \dfrac{\ell}{t}$: 미분식

③ $a = \dfrac{dv}{dt}$: 미분식 → $v = at$: 적분식

2) x의 부정적분(C : 적분상수)

① $y = x^n, \quad Y = \dfrac{1}{n+1}x^{n+1} + C$

② $y = x^2, \quad Y = \int x^2 = \dfrac{1}{3}x^3 + C$

3) 삼각함수의 적분공식

① $\int \sin x\, dx = -\cos x + C, \quad \int \cos x\, dx = \sin x + C$

② $n = -1$ 일 때 $\int x^n dx = \int \frac{1}{x} dx = \ln|x| + C$

4) 부분적분

$$\int u' v dv = uv - \int uv' dx + C$$

문제 8 $i = 3000(2t + 3t^2)$[A]의 전류가 어떤 도선을 2[s] 동안 흘렀다. 통과한 전전기량은?

풀이 $Q = \int_0^t i dt = \int_0^2 3000(2t + 3t^2) dt = 3000[t^2 + t^3]_0^2 = 36000\,[\text{A.S}] = 10[\text{Ah}]$

문제 9 $i(t) = \sin\omega t$일 때 반파 정류파의 평균값은?

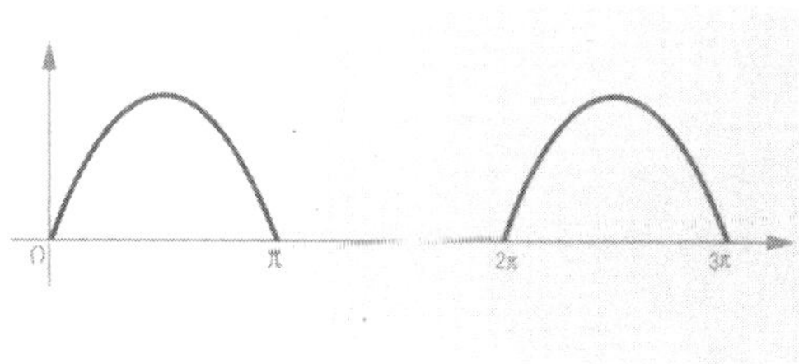

그림 7-73 • 반파 정류파

풀이 $I_a = \frac{1}{2\pi}\int_0^{\pi} i d(\omega t) = \frac{1}{2\pi}\int_0^{\pi} \sin\omega t d(\omega t)$

$= \frac{1}{2\pi}[-\cos\omega t]_0^{\pi} = \frac{1}{\pi} = 0.32$

㉮ 반파 정류의 평균값은 최대값의 $\frac{1}{\pi}$이다. 즉 $V_{av} = \frac{1}{\pi} V_m$

문제 10 실효값 $3t$[s]마다 같은 모양이 반복되는 전류의 실효값은?

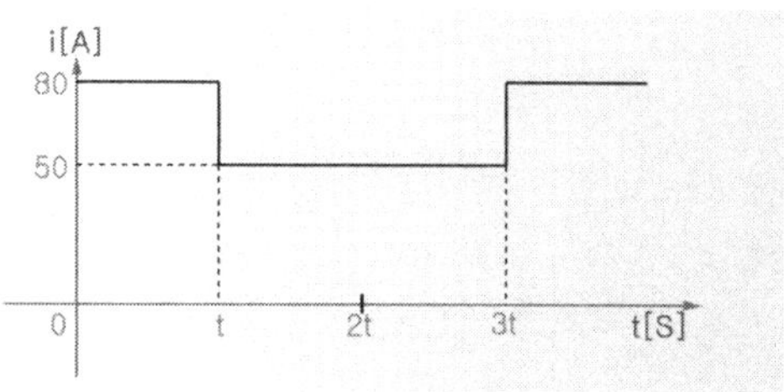

그림 7-74 • 전류의 실효값

풀이 $I = \sqrt{\frac{1}{T}\int_0^T i^2 dt}$: $I = \sqrt{i^2\text{의 평균값}}$

$$= \sqrt{\frac{1}{3t}\left(\int_0^t 80^2 dt + \int_t^{3t} 50^2 dt\right)} = \sqrt{\frac{1}{3t}\left([6400t]_0^6 + [2500t]_t^{3t}\right)}$$

$$= 10\sqrt{38}\,[\mathrm{A}]$$

참고문헌

- Logic and Computer Design Fundamentals, Morris Mano, Prentice Hall
- 강찬희 외 공저, 전기전자의 기초, 북스힐
- 김동욱 외 26인 공저, 의공기사(산업기사) 기초의학 및 의공학, 대한의용생체공학회, 교육개발연구원
- 김선태 외 5인 공저, 전기 · 전자 측정, 한국직업능력 개발원
- 김원배 · 나승권 · 문명룡 · 이재규 · 조명현 · 차익수 공저, 알기 쉬운 자동제어, 동일출판사
- 김종수 외 공역, 기초전기전자공학(Electronics Fundamentals), Floyd 원저, 청문각
- 김평호 · 나승권 · 이동원 · 최성재 공저, 전자회로의 이해, 남두도서
- 나승권(2007, 2009), 현대 기초의학 및 의공학, 도서출판 상학당
- 나승권(2007, 2009), 현대 의료기기, 도서출판 상학당
- 나승권(2007, 2009), 현대 의료안전 · 법규 및 정보, 도서출판 상학당
- 나승권(2007, 2009), 현대 의용기계공학, 도서출판 상학당
- 나승권(2007, 2009), 현대 의용전자공학, 도서출판 상학당
- 서영수 · 황락훈 · 조문택 · 심광영 · 곽동걸 · 채수형 · 나승권 공저, PSPICE와 PSIM 시뮬레이션중심의 전력전자공학, 동일출판사
- 양윤석, 정보전송 공학/개론, 세화
- 이기학 · 백주기 공저, 디지털 논리회로 설계와 실험, 성안당
- 이다까 시게오 저 · 전자회로 연구회 역, 전기 · 전자의 기초, 대광서림
- 이덕출 · 공용혁 · 김성남 · 나승권 · 장창현 공저, 센서공학(Sensor&Transducer), 엔트미디어
- 임승하 · 황호웅 · 나승권 · 이종성 공저, 최신전자기초실습, 남두도서
- 황락훈 · 조문택 · 이충식 · 나승권 공저, 초급자를 위한 PSPICE 활용, 동일출판사
- Lower-limb prosthesis : including prosthetist's supplement, New York University Medical Center
- Analog Integrated Circuit Application, Michael Jacob, Prentice hall
- Basic Engineering Circuit Analysis, David Irwin, Wiley
- Design of Pulse Oxieter, Webster, Institute of Physics publishing
- Fundamentals of Analog Circuit, Floyd, Prentice Hall
- Fundamentals of biomechanics, Nihat Ozkaya, Springer

찾아보기

≡ 저자 약력 ≡

■ **나 승 권**

- 한국폴리텍대학 강릉캠퍼스 전자통신과 교수(현)
- 한국폴리텍대학 인천캠퍼스 전기과기능장과정 졸업
- 충북세명대학교 대학원 전기전자학과 졸업(의공학 및 전력전자응용전공, 공학박사)
- 의공기사, 병원코디네이터(Hospital Coordinator)사, 의료정보관리사, 의료기기상품기획사
- 전기·전자기술지도사, 전기기기기능장, 전기공사기능장, 산업안전기사
- 전기공사특급기술자, 한국전력기술인특급기술자, 한국전력기술인특급감리사
- 한국산업인력공단 의공(신입)기사, 의료전자기능사 이론, 실기(출제, 검토, 채점)위원(현)
- 강원도교육청 인정도서심의회 심의위원(현)
- 한국보훈복지의료공단 감사자문위원 및 평가위원(현)
- 식품의약품안전처 의료기기자문위원 및 평가위원(현)
- (재)원주의료기기테크노밸리 의료기기자문위원 및 평가위원(현)
- 한국산업단지공단 원주단지혁신클러스터추진단 기술과제 평가위원(현)
- 국가직무능력표준(NCS) 기반의 훈련과정 편성 주강사(현)
- 직업능력개발훈련 사업심사평가의원(현)
- 강원도산업경제진흥원 강원지식재산전문위원 및 평가위원(현)
- 강원테크노파크 기술개발사업선정(의료기기) 평가위원(현)
- 한국방송통신전파진흥원 강원본부 ICT산학동반성장협의회 자문위원(현)
- 강원일보, 메디칼디바이스저널, 월간의약정보 매월 의료기기기술 및 포럼 기고(현)
- ㈜메디아나, ㈜씨유메디칼시스템, ㈜리스템, ㈜태연메디칼, ㈜대화기기, ㈜메디코넷, ㈜청파이엔지, ㈜메디칼써프라이, ㈜바이오프로테크, ㈜조양디엠, 의료기술자문위원(현)
- ISO9001:2008 국제심사원, 대한의용생체공학회교육이사, 한국보바일학회총무부회장, 한국컴퓨터정보학회 이사, 한국통신학회 학술이사, 한국항행학회 회원

전기·전자·통신공학

2017년 2월 20일 1판 2쇄 발행

저 자 나 승 권
발행인 남 승 우

발행처 도서출판 상尙 학學 당堂
서울시 동작구 사당로9가길 6(사당동)
TEL : 02) 595-1692~4
FAX : 02) 595-1394
E-mail : namdoo6@unitel.co.kr
신고 : 2-155호 (1968. 11. 29)

정가 32,000원

ISBN 978-89-6587-067-8 93560

〈디자인〉 편집 엄해숙 / 표지 나아기획